工科系学生のための化学

L. S. Brown・T. A. Holme 著
市村禎二郎・佐藤 満 訳

東京化学同人

Chemistry for Engineering Students
Second Edition

Lawrence S. Brown
Texas A&M University

Thomas A. Holme
Iowa State University

© 2011, 2006 Brooks/Cole, Cengage Learning

ALL RIGHTS RESERVED. No part of this work covered by the copyright herein may be reproduced, transmitted, stored, or used in any form or by any means graphic, electronic, or mechanical, including but not limited to photocopying, recording, scanning, digitizing, taping, Web distribution, information networks, or information storage and retrieval systems, except as permitted under Section 107 or 108 of the 1976 United States Copyright Act, without the prior written permission of the publisher.

著者紹介

Larry Brown は Texas A&M 大学で工科系学生のための一般化学を教える上級講師である．彼は，1981 年，Rensselaer Polytechnic Institute で学士をとり，Princeton 大学で 1983 年に M.A.（修士），1986 年に Ph.D. の学位を取得した．彼は大学院生時代に当時の西ドイツで 1 年間研究した．1986 年から 1988 年まで，Chicago 大学でポスドクをして，1988 年からは Texas A&M 大学の教員としての経歴をもつ．この間，1 万人以上の学部学生に一般化学を教えてきたが，そのほとんどは工学を専攻する学生である．彼の講義がうまいことは，理学部やその他学部を含む大学の同窓会から表彰されていることからもわかる．彼の講義は大学がもっている放送教育用ケーブルテレビの KAMU-TV で放映されたこともある．彼は，2001〜2004 年，NSF（米国科学財団）の物理部門で，教育と境界領域研究のプログラムオフィサーを務めた．また，カタールのドーハにおいて Texas A&M の工学プログラムの化学コースを企画している．化学を教えていないときは，ロードサイクリングや，娘のステファニーのサッカーチームの指導を楽しんでいる．

Tom Holme は Iowa 州立大学の化学科教授で，化学教育現場での学習用問題作成などに関する ACS（アメリカ化学会）の Examinations Institute の所長である．彼は，1983 年，Loras College で学士をとり，1987 年に Rice 大学で Ph.D. の学位を取得した．彼の教育者としての経験はアフリカのザンビアでのフルブライト奨学生に始まり，イスラエルのエルサレムや韓国のスウォン（水原）にも及ぶ．彼はコンピューター化学の研究分野に興味をもち，特に植物の成長にとって重要な過程を理解するための応用研究をしている．また，化学教育研究にも熱心で，Iowa 州立大学と，化学・生化学科に所属していたことのある Wisconsin 大学 Milwaukee 校の両方で工科系コースの一般化学の教育に携わっている．彼は，化学の評価手法に関する研究で NSF（米国科学財団）から予算を何度も獲得しており，この教科書の特徴である"問題を解くときの考え方"はこれらのプロジェクト研究の成果の一つといえる．彼は百科事典"Chemistry Foundations and Applications"の副編集者も務めている．1999 年，彼が ACS より，社会啓蒙活動に対する Helen Free 賞を受賞したのは，ミルウォーキー地域において化学実験の生放送を実施する努力が認められたからである．

要約目次

第1章 化学の紹介 …………………………… 1
　始めの洞察　アルミニウム ………………………… 2
　終わりの洞察　素材の選択と自転車のフレーム …… 17

第2章 原子と分子 …………………………… 21
　始めの洞察　高分子 ………………………………… 21
　終わりの洞察　ポリエチレン ……………………… 40

第3章 分子，モル，化学反応式 …………… 43
　始めの洞察　爆発 …………………………………… 43
　終わりの洞察　爆薬とグリーンケミストリー …… 61

第4章 化学量論 ……………………………… 65
　始めの洞察　ガソリンと他の燃料 ………………… 65
　終わりの洞察　代替燃料と燃料添加剤 …………… 77

第5章 気体 …………………………………… 79
　始めの洞察　大気汚染 ……………………………… 79
　終わりの洞察　気体センサー ……………………… 94

第6章 周期表と原子構造 …………………… 99
　始めの洞察　白熱灯と蛍光灯 ……………………… 100
　終わりの洞察　現代の光源 —— 発光ダイオードとレーザー ……… 124

第7章 化学結合と分子構造 ………………… 129
　始めの洞察　医用生体工学用材料 ………………… 130
　終わりの洞察　薬物送達の分子工学 ……………… 151

第8章 分子と材料 …………………………… 155
　始めの洞察　炭素 …………………………………… 155
　終わりの洞察　新材料の発明 ……………………… 178

第9章 エネルギーと化学 …………………… 181
　始めの洞察　エネルギー利用と世界経済 ………… 181
　終わりの洞察　電池 ………………………………… 199

第10章 エントロピーと熱力学第二法則 ……… 203
　始めの洞察　プラスチックのリサイクル ………… 203
　終わりの洞察　リサイクルの経済学 ……………… 215

第11章 化学反応速度論 219
   始めの洞察　オゾン層破壊 219
   終わりの洞察　対流圏オゾン 239

第12章 化学平衡 243
   始めの洞察　コンクリートの製造と風化作用 243
   終わりの洞察　ホウ酸塩とホウ酸 266

第13章 電気化学 269
   始めの洞察　腐食 269
   終わりの洞察　防食 290

第14章 核化学 293
   始めの洞察　宇宙線と炭素年代測定法 293
   終わりの洞察　現代医学における画像診断法 310

付録A　原子量表 313
付録B　物理定数 314
付録C　元素の基底状態の電子配置 315
付録D　いくつかの一般的な物質の比熱と熱容量 316
付録E　代表的な物質の298.15 Kにおける熱力学データ 317
付録F　酸の25°Cにおける解離定数 322
付録G　塩基の25°Cにおける解離定数 323
付録H　代表的な無機化合物の25°Cにおける溶解度積 324
付録I　水溶液の25°Cにおける標準還元電位 325
付録J　理解度のチェックの解答 328

目 次

第1章 化学の紹介 12
- 1・1 洞察: アルミニウム 2
- 1・2 化学の学習 2
  - 巨視的視点 3
  - 微視的視点あるいは粒子概念 4
  - 記号による表記 6
- 1・3 化学というサイエンス——観察とモデル 7
  - サイエンスにおける観察 7
  - 観察を解釈すること 8
  - サイエンスにおけるモデル 9
- 1・4 化学における数値と測定 10
  - 単 位 10
  - 数値と有効数字 12
- 1・5 化学と工学における問題解決 13
  - 比を使うこと 13
  - 化学の計算における比 14
  - 概念的化学の問題 15
  - 化学における視覚化 16
- 1・6 洞察: 素材の選択と自転車のフレーム 17
- 問題を解くときの考え方 18
- 要 約 19
- キーワード 19

第2章 原子と分子 21
- 2・1 洞察: 高分子 21
- 2・2 原子構造と原子量 23
  - 原子の基本概念 23
  - 原子番号と質量数 24
  - 同位体 24
  - 元素記号 25
  - 原子量 25
- 2・3 イオン 26
  - 数学的記述 27
  - イオンとその特性 27
- 2・4 化合物と化学結合 28
  - 化学式 28
  - 化学結合 29
- 2・5 周期表 31
  - 周期と族 31
  - 金属, 非金属, 半金属 33
- 2・6 無機化学と有機化学 34
  - 無機化学——主族元素と遷移元素 34
  - 有機化学 35
  - 官能基 36
- 2・7 化合物命名法 37
  - 二元系 38
  - 共有結合性化合物の命名 38
  - イオン性化合物の命名 39
- 2・8 洞察: ポリエチレン 40
- 問題を解くときの考え方 41
- 要 約 42
- キーワード 42

第3章 分子, モル, 化学反応式 43
- 3・1 洞察: 爆 発 43
- 3・2 化学式と化学反応式 44
  - 化学反応式の書き方 45
  - 化学反応式のつり合いのとり方 46
- 3・3 水溶液と正味のイオン反応式 49
  - 溶液, 溶媒, 溶質 49
  - 水系における化学反応式 51
  - 酸-塩基反応 53
- 3・4 化学反応式の解釈とモル 55
  - 化学反応式の解釈 55
  - アボガドロ数とモル 56
  - モル質量の決め方 57
- 3・5 モルとモル質量を使った計算 57
  - 元素分析——実験式と分子式の決定 59
  - モル濃度 60
  - 希 釈 61
- 3・6 洞察: 爆薬とグリーンケミストリー 61
- 問題を解くときの考え方 63
- 要 約 63
- キーワード 63

第4章　化学量論　65

- 4・1　**洞察**: ガソリンと他の燃料　65
- 4・2　化学量論の基礎　67
  - つり合いのとれた化学反応式から比を求める　67
- 4・3　制限反応物質　71
- 4・4　理論収量と収率　74
- 4・5　溶液の化学量論　75
- 4・6　**洞察**: 代替燃料と燃料添加剤　77
- 問題を解くときの考え方　78
- 要　約　78
- キーワード　78

第5章　気　体　79

- 5・1　**洞察**: 大気汚染　79
  - 気体の性質　81
- 5・2　圧　力　81
  - 圧力測定　82
  - 圧力の単位　83
- 5・3　気体の法則の歴史と応用　84
  - 単位と理想気体の法則　86
- 5・4　分　圧　86
- 5・5　気体反応の化学量論　88
  - 標準状態　89
- 5・6　分子運動論, 理想気体と実在気体の対比　89
  - モデルの仮定　90
  - 実在気体と運動論の限界　92
  - 理想気体の状態方程式の修正　93
- 5・7　**洞察**: 気体センサー　94
  - キャパシタンス マノメーター　94
  - 熱電対真空計　95
  - 電離真空計　95
  - 質量分析計　96
- 問題を解くときの考え方　96
- 要　約　97
- キーワード　97

第6章　周期表と原子構造　99

- 6・1　**洞察**: 白熱灯と蛍光灯　100
- 6・2　電磁スペクトル　101
  - 波としての光の性質　101
  - 粒子としての光の性質　104
- 6・3　原子スペクトル　107
  - ボーアの原子モデル　109
- 6・4　原子の量子力学モデル　110
  - ポテンシャルエネルギーと原子軌道　111
  - 量子数　111
  - 原子軌道の視覚化　114
- 6・5　パウリの排他原理と電子配置　116
  - 軌道エネルギーと電子配置　116
  - フントの規則と構成原理　118
- 6・6　周期表と電子配置　119
- 6・7　原子の性質の周期性　120
  - 原子の大きさ　120
  - イオン化エネルギー　121
  - 電子親和力　122
- 6・8　**洞察**: 現代の光源——発光ダイオードとレーザー　124
- 問題を解くときの考え方　126
- 要　約　126
- キーワード　127

第7章　化学結合と分子構造　129

- 7・1　**洞察**: 医用生体工学用材料　130
- 7・2　イオン結合　130
  - カチオンの生成　130
  - アニオンの生成　131
- 7・3　共有結合　134
  - 化学結合とエネルギー　134
  - 化学結合と反応性　135
  - 化学結合と分子構造　136
- 7・4　電気陰性度と結合の極性　138
  - 電気陰性度　138
  - 結合の極性　138
- 7・5　結合のでき方を追跡する——ルイス構造　140
  - 共　鳴　143
- 7・6　軌道の重なりと化学結合　144
- 7・7　混成軌道　146
- 7・8　分子の形（分子構造）　147
- 7・9　**洞察**: 薬物送達の分子工学　151
- 問題を解くときの考え方　152
- 要　約　153
- キーワード　153

第8章 分子と材料 ……… 155

- 8・1 洞察:炭素 ……… 155
- 8・2 凝縮相——固体 ……… 157
- 8・3 固体における結合——
  金属,絶縁体,半導体 ……… 161
  - 金属結合のモデル ……… 162
  - バンド理論と伝導性 ……… 163
  - 半導体 ……… 164
- 8・4 分子間力 ……… 167
  - 分子間の力 ……… 167
  - 分散力 ……… 167
  - 双極子間力 ……… 168
  - 水素結合 ……… 168
- 8・5 凝縮相——液体 ……… 170
- 蒸気圧 ……… 170
- 沸点 ……… 171
- 表面張力 ……… 172
- 8・6 高分子 ……… 173
  - 付加重合体 ……… 173
  - 縮合重合体 ……… 174
  - 共重合体 ……… 176
  - 物理特性 ……… 176
  - 高分子と添加剤 ……… 177
- 8・7 洞察:新材料の発明 ……… 178
- 問題を解くときの考え方 ……… 179
- 要約 ……… 179
- キーワード ……… 180

第9章 エネルギーと化学 ……… 181

- 9・1 洞察:エネルギー利用と世界経済 ……… 181
- 9・2 エネルギーの定義 ……… 183
  - エネルギーの形 ……… 184
  - 熱と仕事 ……… 184
  - エネルギー単位 ……… 185
- 9・3 エネルギー変換と
  エネルギーの保存 ……… 185
  - 廃棄されたエネルギー ……… 186
- 9・4 熱容量と熱量測定 ……… 187
  - 熱容量と比熱 ……… 187
  - 熱量測定 ……… 189
- 9・5 エンタルピー ……… 190
  - エンタルピーの定義 ……… 190
  - 相転移の ΔH ……… 191
- 蒸発と電気の生産 ……… 192
- 反応熱 ……… 193
- 結合とエネルギー ……… 193
- 特定の反応の反応熱 ……… 194
- 9・6 ヘスの法則と反応熱 ……… 195
  - ヘスの法則 ……… 195
  - 生成反応とヘスの法則 ……… 196
- 9・7 エネルギーと化学量論 ……… 197
  - エネルギー密度と燃料 ……… 198
- 9・8 洞察:電池 ……… 199
- 問題を解くときの考え方 ……… 200
- 要約 ……… 201
- キーワード ……… 202

第10章 エントロピーと熱力学第二法則 ……… 203

- 10・1 洞察:プラスチックのリサイクル ……… 203
- 10・2 自発性 ……… 204
  - 自然の矢 ……… 204
  - 自発的過程 ……… 205
  - エンタルピーと自発性 ……… 205
- 10・3 エントロピー ……… 206
  - 確率と自発的変化 ……… 206
  - エントロピーの定義 ……… 207
  - 過程におけるエントロピー変化を
    判断する ……… 207
- 10・4 熱力学第二法則 ……… 208
  - 第二法則 ……… 209
- 第二法則が意味することとその応用 ……… 209
- 10・5 熱力学第三法則 ……… 210
- 10・6 ギブズエネルギー ……… 211
  - 自由エネルギーと自発的変化 ……… 211
  - 自由エネルギーと仕事 ……… 213
- 10・7 自由エネルギーと化学反応 ……… 213
  - 反応の $\Delta G°$ の意味 ……… 214
- 10・8 洞察:リサイクルの経済学 ……… 215
- 問題を解くときの考え方 ……… 217
- 要約 ……… 217
- キーワード ……… 217

第11章　化学反応速度論 …… 219

- 11・1　洞察：オゾン層破壊 …… 219
- 11・2　化学反応速度 …… 221
  - 速度の概念と反応速度 …… 221
  - 化学量論と速度 …… 222
  - 平均速度と瞬間速度 …… 223
- 11・3　速度式と速度の濃度依存性 …… 224
  - 速度式 …… 224
  - 速度式の決定 …… 225
- 11・4　積分形速度式 …… 226
  - ゼロ次の積分形速度式 …… 227
  - 一次の積分形速度式 …… 227
  - 二次の積分形速度式 …… 228
  - 半減期 …… 230
- 11・5　温度と反応速度論 …… 231
  - 温度効果と反応する分子 …… 231
  - アレニウス挙動 …… 232
- 11・6　反応機構 …… 236
  - 素過程と反応機構 …… 236
  - 機構と速度――律速段階 …… 237
- 11・7　触媒作用 …… 237
  - 均一系触媒と不均一系触媒 …… 238
  - 触媒作用の分子論的見方 …… 239
  - 触媒作用とプロセス工学 …… 239
- 11・8　洞察：対流圏オゾン …… 239
- 問題を解くときの考え方 …… 241
- 要約 …… 241
- キーワード …… 242

第12章　化学平衡 …… 243

- 12・1　洞察：コンクリートの製造と風化作用 …… 243
- 12・2　化学平衡 …… 245
  - 正反応と逆反応 …… 245
  - 数学的関係 …… 247
- 12・3　平衡定数 …… 247
  - 平衡定数式（質量作用の式） …… 248
  - 気相平衡――K_p と K_c …… 248
  - 均一平衡と不均一平衡 …… 249
  - 平衡定数式の数値的重要性 …… 249
  - 平衡定数の数学的取扱い …… 250
  - 化学反応式の逆転 …… 250
  - 化学量論の調整 …… 250
  - 一連の反応についての平衡定数 …… 251
  - 単位と平衡定数 …… 252
- 12・4　平衡濃度 …… 252
  - 初濃度から平衡濃度を求める …… 252
  - 平衡計算の数学的手法 …… 254
- 12・5　ルシャトリエの原理 …… 254
  - 反応物または生成物の濃度変化が平衡に与える影響 …… 254
  - 気体が存在する場合の平衡に及ぼす圧力変化の影響 …… 255
  - 平衡に及ぼす温度変化の影響 …… 257
  - 平衡に及ぼす触媒の影響 …… 257
- 12・6　溶解平衡 …… 258
  - 溶解度積 …… 258
  - 溶解度積の定義 …… 258
  - K_{sp} とモル溶解度の関係 …… 258
  - 共通イオン効果 …… 259
  - モル濃度の信頼性 …… 260
- 12・7　酸と塩基 …… 260
  - 酸と塩基のブレンステッド・ローリー理論 …… 261
  - ブレンステッド・ローリー理論における水の役割 …… 261
  - 弱酸と弱塩基 …… 262
- 12・8　自由エネルギーと化学平衡 …… 264
  - グラフによる理解 …… 264
  - 自由エネルギーと非標準状態 …… 265
- 12・9　洞察：ホウ酸塩とホウ酸 …… 266
- 問題を解くときの考え方 …… 266
- 要約 …… 267
- キーワード …… 267

第13章　電気化学 …… 269

- 13・1　洞察：腐食 …… 269
- 13・2　酸化還元反応とガルバニ電池 …… 270
  - 酸化還元と半反応 …… 270
  - ガルバニ電池の構成 …… 271
  - ガルバニ電池に関する専門用語 …… 272
  - ガルバニ電池の原子レベルでの理解 …… 273
  - 電解腐食と均一腐食 …… 273
- 13・3　電池電位 …… 274
  - 電池電位の測定 …… 275
  - 標準還元電位 …… 277

非標準状態 ……………………………… 278	電気めっきにおける電気分解 …………… 287
13・4 電池電位と平衡 ……………………… 279	13・7 電気分解と化学量論 ………………… 287
電池電位と自由エネルギー ……………… 279	電流と電荷 ………………………………… 287
平衡定数 …………………………………… 280	質量を用いた電気分解の計算 …………… 288
13・5 電　　池 ……………………………… 281	13・8 洞察：防食 …………………………… 290
一次電池 …………………………………… 281	被　覆 ……………………………………… 290
二次電池 …………………………………… 283	カソード防食 ……………………………… 290
燃料電池 …………………………………… 284	宇宙での防食 ……………………………… 291
電池の限界 ………………………………… 285	問題を解くときの考え方 ………………… 291
13・6 電気分解 ……………………………… 285	要　　約 …………………………………… 292
電気分解と極性 …………………………… 285	キーワード ………………………………… 292
アルミニウムの電解精錬 ………………… 285	

第14章　核 化 学 …………………………………………………………………………………… 293

14・1 洞察：宇宙線と炭素年代測定法 …… 293	14・6 核変換――核分裂と核融合 ………… 303
14・2 放射能と核反応 ……………………… 294	核変換――別の核種へ変える …………… 303
放射壊変 …………………………………… 294	核分裂 ……………………………………… 303
アルファ壊変 ……………………………… 295	原子炉 ……………………………………… 305
ベータ壊変 ………………………………… 295	核廃棄物 …………………………………… 306
ガンマ壊変 ………………………………… 296	核融合 ……………………………………… 306
電子捕獲 …………………………………… 296	14・7 放射線と物質の相互作用 …………… 307
陽電子放出 ………………………………… 297	放射線の電離能力と透過能力 …………… 308
14・3 放射壊変の速度論 …………………… 298	放射線の検知法 …………………………… 309
放射性炭素年代測定法 …………………… 299	線量の尺度 ………………………………… 310
14・4 核安定性 ……………………………… 300	14・8 洞察：現代医学における画像診断法 … 310
14・5 核反応のエネルギー論 ……………… 301	問題を解くときの考え方 ………………… 311
核結合エネルギー ………………………… 301	要　　約 …………………………………… 311
魔法数と原子核の殻構造 ………………… 303	キーワード ………………………………… 312

付　　録 …………………………………………………………………………………………… 313
付録A　原子量表 ……………………………………………………………………………………… 313
付録B　物理定数 ……………………………………………………………………………………… 314
付録C　元素の基底状態の電子配置 ………………………………………………………………… 315
付録D　いくつかの一般的な物質の比熱と熱容量 ………………………………………………… 316
付録E　代表的な物質の298.15 Kにおける熱力学データ ………………………………………… 317
付録F　酸の25 ℃における解離定数 ……………………………………………………………… 322
付録G　塩基の25 ℃における解離定数 …………………………………………………………… 323
付録H　代表的な無機化合物の25 ℃における溶解度積 ………………………………………… 324
付録I　水溶液の25 ℃における標準還元電位 …………………………………………………… 325
付録J　理解度のチェックの解答 …………………………………………………………………… 328

用 語 解 説 ………………………………………………………………………………………… 331
索　　引 …………………………………………………………………………………………… 345

はじめに

本書のめざすところ

　化学者の目で見れば，化学はほとんどすべてのことに関係がある．したがって，工科系の学生が化学を学ぶべきであることは化学者にとっては自明のことである．しかし，現場の技術者が知っておくべき科学領域は広く，学部の教育カリキュラムはぎゅうぎゅう詰めの状態である．そのため，多くの大学で，工学用カリキュラムの一般化学は，1年間を通して学ぶ伝統的なスタイルから，1学期のみの授業へとシフトしてきている．ただし，ほとんどの場合は，特に工科系学生のために工夫されたコースを提供している．私たち自身も含め，初めてこのようなコースを提供し始めたときは，そのようなコース専用の教科書は市販されていなかったので，通年用の教科書を苦労して使っていた．このようなまにあわせは理想から程遠いものであり，短いコースに合った特別な教科書が必要であることは明らかであった．私たちはこのようなニーズを満たすためにこの本を書きあげたのである．

　私たちの目的は，一般的な工学と技術の多くの分野において化学が果たす役割や，各種の最新技術において化学と工学が連携して果たす役割が正しく理解されるように教えることである．ほとんどの工科系の学生にとって化学のコースを修了することは，材料特性を学ぶうえでの前提条件である．材料に関するコースでは，現象論的なアプローチをとることが多く，化学者のやるような分子レベルでの見方はしない．そこで本書の目的の一つは，材料科学の基礎となる構造と結合に関する化学的原理についての知識を提供し，それを正しく理解するようにすることである．つまり，この本は材料科学の教科書としてではなく，学生たちに将来材料分野で学ぶ準備をさせることを意図して書かれている．

　本書はまた，専門教育を受けた技術者に対しても，化学について十分な基礎を提供するものである．結局のところ，工学とは広範な科学的原理を創造的かつ実用的に応用する分野であり，それを実施する技術者は，自然科学の諸分野に関しても広い基礎をもつべきである．

内容と構成

　伝統的な一般化学のコース内容を1学期で教えることはできないので，取上げる項目は取捨選択した．一般化学のカリキュラムをコンパクトにまとめるには基本的に二つのやり方がある．一つは要点 "essentials" の本をめざし，内容の深さや例題の数を減らして伝統的な内容を維持する方法である．二つめはより困難な方法であるが，化学のどんなトピックスが読者，この場合は将来の技術者にとって適切で役に立つか決めて選ぶ方法である．この本では後者のアプローチを選択し，著者が考えている以下に示すようなコース目標を達成できるよう14章から構成されている．

- 化学の諸分野について簡潔であるが徹底した導入部を提供し，
- 学生が将来学ぶ材料科学の基礎として，構造や化学結合の原理についてしっかりと身につけさせ，
- 分子のふるまいと観測可能な物理量との関連性を示し，
- 化学と，工科系学生が学ぶ他の科目，特に数学や物理との関連性を示す．

　これらをまとめた14章から成る本書の内容は，それでも一学期には収まりきらないと思われるので，履修する学生にとって最も適した内容をさらに選択する必要があるだろう．たとえば第12章の平衡に関する内容をそっくり除外する先生は多いかもしれない．同じく第8章の凝縮相の項には普通より多くのトピックスが含まれている．

トピックス紹介

　本書で取上げたトピックスには，化学者は自分たちの分野を理解するために，いつも複数の概念やモデルを使用するという事実が反映されている．つまり化学は，複数の観点から，すなわち巨視的（マクロ的）に，微視的（ミクロ的）に，そして化学記号を使って考えることができる．後者の二つの観点は特に第2章と第3章で取扱う原子，分子や反応のところで顕著になる．第4章と第5章で化学量論と気体を取扱う際に，微視的観点と巨視的観点の関連が確立される．第6章から第8章では原子の構造や化学結合について詳しく述べる際に再び微視的観点に戻る．巨視的観点から導かれる重要な結論を含む化学のエネルギー的な側面については第9章と第10章で考慮し，反応速度論や平衡論は第11章と第12章で取扱う．第13章では電気化学と腐食を取扱い，こ

の章は多くの工学的分野にとって大切な応用化学の分野である．最後は第14章の核化学についての議論で仕上げとする．

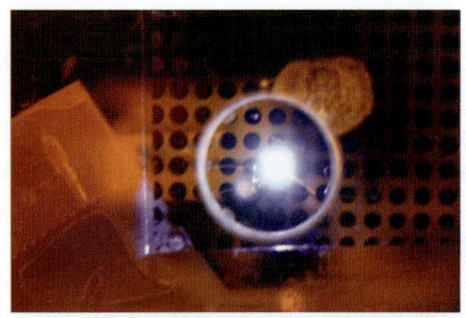

[写真: the U.S. Department of Energy's Ames Laboratoryの厚意による]

特定の内容の紹介

一般化学には，将来技術者をめざす人にとって必須となる特定のトピックスがある．そこで，この本ではこれらのトピックスをつぎのように取扱っている．

有機化学: 有機化学は，特にポリマー（高分子）の性質に関係するような工学の広い領域において重要な学問分野である．そこで，一つの章で有機化学を解説することはせず，高分子に着目して本書全体のなかで有機化学を包括するようにした．§2・1で有機高分子を紹介し，同じ章に出てくる多くの事例中で高分子やそのモノマーを取上げる．第2章では有機化合物の線状構造表記や官能基について十分に議論した後，ポリエチレンの合成，構造と性質に関する節で終わる．第4章は燃料に終始するが，第9章でトピックスとして再出する．第8章は炭素と高分子に関する内容を多く含んでおり，高分子のリサイクルは第10章で取扱う熱力学第二法則と関連している．

酸-塩基の化学: 酸-塩基反応は工学の応用面をもつ化学の重要な学問領域であり，本書の適当と思われるところで包括して取扱う．まず，第3章の溶液の序論と関連づけて酸と塩基の定義を行う．簡単な溶液の化学量論は第4章で述べる．最後に第12章の平衡論と関連づけて酸-塩基の化学をより詳しく取扱う．

核化学: 核化学を扱う章は以前はオプションであったが，この第2版から標準項目として追加された［訳注: 原著は第2版である］．この章では核反応の基礎的事項，原子核の安定性や放射能，放射壊変の速度論，そして核反応のエネルギー的影響について紹介する．

数学: 工学専攻に入学する学生の数学能力は通常，大多数の学生よりも優れており，この本が意図しているコースを履修する学生は同時に微積分学コースも履修するであろう．そこで，必要なところに**数学とのつながり**という欄を設けて，微積分学の役割についてもふれることにした．この欄の記述は，学ぼうとするトピックスに関連する数学の概念を拡大し再検討するもので，そのトピックスと数学との関連性が特に強いと思われるところに設けてある．この欄は控えめに書いてあるので，微積分学の前学習コースを履修している学生に悪影響を及ぼすことはないであろう．微積分を取入れることで，書かれている内容のレベルを上げるのではなく，むしろ学生が学ぼうとしているいろいろな科目との自然な結びつきを示すことが狙いである．

化学と工学の関連性

この本は工学専攻のコースを念頭においているので，そのような学生の興味にアピールする文脈で化学を記述するように努めている．化学と工学のつながりがテキストの構成上，中心に位置している．各章は**洞察**という節で始まり，終わるが，それが，化学と工学の相互作用を示すテーマを紹介する役割を果たしている．この項目は単にそのつながりの発端を示すものであって，最初に紹介されたテーマがその章のなかでもよく登場する．

[写真: Lawrence S. Brown]

工学の応用面に関しては可能なかぎり最新情報を選び，本全体を通じて，いろいろな分野における最近の技術革新を話題として取上げる．たとえば，第1章ではOLED（有機発光ダイオード）がデジタルカメラやコンピューターのモニターに使われている液晶画面にとって代わる新しい進歩であることを簡単に記述・議論している．OLEDは第6章でも再出する．第2章では新しい高分子であるUHMWPE（超高分子量ポリエチレン）について記述し，これがKevler^{TM}（ケブラー）より強くて軽い性質をもち，防弾チョッキの充填物としてKevlerにとって代わることを紹介している．第7章ではメソポーラスシリカのナノ粒子について述べ，将来のバイオ医療分野で重要な応用になるかもしれない研究の

最前線を紹介する．

問題の解決へのアプローチ

　問題の解答・解決能力は大学の化学コースでは鍵となるもので，特に工科系学生にとっては広い分野で使えるスキルである．したがって，本書では解くべき問題をいたるところに提示してある．どの例題でも問題文のすぐ後に 解 法 があり，問題を解くために考えなければならない概念や関連事項が強調されている．その解答の後には，しばしば 解答の分析 という項があり，学生自身が求めた解答が理にかなっているかどうかを推測する手助けとなるはずである．また，多くの場合，考 察 の項を設けて，問題を解決する概念の重要性を説明したり，陥りやすい落とし穴を避ける手段を指摘したりしている．最後に，各例題には 理解度のチェック があり，学生がその例題から学んだことを一般化したり，拡張したりすることを手助けする．

　このような一般化学の履修体験が工科系学生の問題の解答・解決能力を上達させる手助けになることを確信している．さらに，このようなスキルは，たとえ化学的な内容を含んでいない他の工科系カリキュラムの科目を受講したときでも役立つと思われる．そこで各章の終わりに 問題を解くときの考え方 というユニークな項目を設けた．そこで提示された質問に対して数値解答をする必要はないが，学生が問題を解くときに使った解法や理由を確認し，その問題で欠けている情報を確認してほしい．ほとんどの場合，与えられた情報だけで最終の数値解に到達することはできないので，普通の問題のように単にアルゴリズムを確認し実行してもだめで，解答を導き出すことに集中せざるをえない．別冊問題集にはそのような問題も追加されているので，"問題を解くときの考え方"は学習コースのなかに組込んでよい．以上の取組みは，NSF（米国科学財団）の予算で実施した，化学教室における問題の解答・解決に関する実態評価の産物である．

テキストの特徴

　一部はすでに述べたが，この本は化学の有用性と工学とのつながりを理解できるようにするため，いくつか特徴的な工夫をしている．

　洞 察　各章は"洞察"のテーマに沿って構成されている．各章の始めと終わりにあるこれらのテーマは工学と化学との関連性をはっきりと見せるために選択されているものである．各章の始めと終わりだけではなく，このテーマは章全体に編み込まれており，何度も議論や例題で取上げられる．右に示すこのアイコンは，その章の始めの節で示された考えを話のなかで再度取上げる場所を示すために使われている．

　問題を解くときの考え方　工学部の新入生には問題解決の演習が必須である．しかし，問題と演習を区別することは重要である．演習では特定の問題に特化したやり方を練習するが，問題の方は複数の段階を経て与えられた情報内容以外のことも考える必要がある．"問題を解くときの考え方"では，学生に真の意味での問題解決能力を高めて練習する機会を与える．このセクションは各章の終わりにあり，定量的な問題と定性的問題が混じっており，解答それ自身ではなく問題を解決する過程に重点をおいている．

　数学とのつながり　工科系学生は，概して他の一般化学の学生とは異なり，数学能力が高い．この本で学ぶ学生のほとんどは微積分学も学ぶだろうから，化学の概念の基礎となっている数学についても述べておくことは自然なことである．そうすることで化学と数学の意識的なつながりを構築する手助けになるはずだからである．同時に，微積分学コースの学生が化学を受講することを妨げるべきではない．これらを考慮して，高等数学に関する事項は特別の"数学とのつながり"のセクションに設定し，本文から切り離した．関係する数学が得意な学生は，積分反応速度式のような物事の根源を見極めることをすればいいし，他方，数学の基礎があまりない学生でも，本文を読めば，その内容を習得することができるであろう．

　例　題　この本の例題では，すぐに計算にとりかかるのではなく，その前に，答えるために必要な合理的推論にまず着目することで，うまく問題を解くやり方を説明している．この，"まず考えることから始める"というスタイルを強調するため，問題への取組み方を説明する 解 法 セクションから始める．多くの学生は急ぎすぎて，計算機が表示した答えをうのみにしがちである．このような傾向に対処するため，解答に加えて 解答の分析 の項を設け，概算手法などにより学生に自分の解答の再確認をさせている．すべての例題の最後には 理解度のチェック があり，学生が身につけたスキルを実践して伸ばすことができるようにしている．この解答は巻末の付録Jに載せてある．

　要約とキーワード　各章の最後には 要　約 でその章のおもな結論が記述され，キーワード（重要語句のリスト）でその語句が初めて出てきた節番号が記されている．すべての重要語句の定義は用語解説に掲載されている．

脚 注 脚注では，本文の補足，強調や，前後の章にある関連項目の指摘を行う．

第2版での改訂内容

このテキストの第2版ではいくつかの重要な変更がなされた．第1版の些細な誤植などの誤りを修正しただけでなく，第1版の"洞察"の節のなかで学生の興味をひくことができなかった項目に代わり，二つの新しいトピックス，すなわち第7章と第12章の始めにそれぞれ"医用生体工学用材料"と"コンクリートの製造と風化作用"を導入した．この両テーマの方が第1版の入れ替えた内容よりも工学的応用と結びつけやすい．第3章と第7章の終わりの洞察の節も，最新の関連性をもつトピックスを強調するために書き直した．

教師のなかには，授業のコースの中でこのトピックスを取上げたいと思う人がいるので，第2版では最後の章で核化学を取扱うことにした．

謝　辞

著者らはこの第2版での前進をみて大変興奮している．たくさんの才能のある専門家チームの支援のおかげであると感謝している．この本の完成に欠かすことのできない人たちがたくさんいる．なかでも特に，私たちの家族にこの本を再び捧げる．

この本の発端は何年も前にさかのぼることができるが，Brooks/Cole 社の多くの人たちが重要な役割を果たした．Jennifer Laugier が最初に私たち2人と工科系の学生のための本に取組んだ．第1版の責任編集者である Jay Campbell の仕事はものすごいものであり，彼の努力なしでは本は出版されなかったであろう．Jay が加わるまでは，そのプロジェクトはしばらくの間沈滞していた．その後の勢いは明らかに偶然ではなかった．その当時の編集統率チームは Michelle Julet, David Harris, Lisa Lockwood で構成されていたが，彼らの存在こそがこの出版プロジェクトの成功にとって大変重要であった．実際には存在しない市場に本を売り出すことを決定するのは容易ではない．そして，Brooks/Cole 社の誰もが私たちに寄せてくれた信頼に感謝する．

近代ビジネスと同様，出版産業も絶えず変化をしているようである．本書の出版社もいまや Brooks/Cole Cengage Learning 社として知られている．この第2版の仕事を始めるにあたり，Brooks/Cole チーム内でいくつかの変更があった．Charlie Hartford と Lisa Lockwood は私たちが新版を出すことを支援し，実質的改善につながる貴重なアイデアを与えてくれた．新しい編集者として Rebecca Heider はすべての改訂作業を通して私たちを見守ってくれた．物事の進行が予定より遅れたときは，彼女の援助により正常に戻ることができた．Lisa Weber はテキストと OWL 自宅学習システムとの一体化を調整してくれた．この一体化が今回の改訂のおもな作業の一つであった．Teresa Trego が実際の製作過程を管理し，ほとんどの作業は Patrick Franzen の指導のもと Pre-Press PMG サービスで行われた．そこでは，個々の能力をもったチームがコピー編集，図版，写真調査やページレイアウトなどの造本作業のすべてを担当した．Allen Apblett は再度，校正刷の段階で正確な点検を行った．Jon Olafsson は補助材料の改訂を監督した．諸君が手にしている本は多くの専門家が一生懸命努力した賜物であり，このプロジェクトで果たしたこれらの人々の役割に感謝している．

この版の新しい教材を提供するために，同僚から特定の分野で手助けしてもらった．Iowa 州立大学の Victor Lin や Klaus Schmidt-Rohr はバイオ材料やコンクリートに関する新しい洞察の節を書くのを助けてくれた．Texas A&M 大学の Sherry Yennello は核化学の章について適切なアドバイスと支援を提供してくれた．

初版が出版されてからほぼ4年が経過し，その間，多くの学生や同僚から有益な意見をいただいた．それらのフィードバックは非公式なものが多く，学生や学部の同僚からの電子メールによって過ちを見つけたことやお気に入りのセクションに関することを知らせてくれた．このような方法で貢献してくれた人たちすべてをリストアップするすべはないけれども，とにかくすべての人たちに感謝の意を表したい．

いろいろな機関の教員たちからもこの教科書が出版されるまでのいろいろな段階で公式のコメントを受け取った．今回の改訂作業に携わった以下の校閲者の方々に感謝を申し上げる．

Paul A. DiMilla, *Northeastern University*
Walter England, *University of Wisconsin-Milwaukee*
Mary Hadley, *Minnesota State University, Mankato*
Andy Jorgensen, *University of Toledo*
Karen Knaus, *University of Colorado-Denver*
Pamela Wolff, *Carleton University*
Grigoriy Yablonsky, *Saint Louis University*

＊　原著には教師用・学生用の補助教材があるが，日本語版では使用できない．

また，初版本の刊行に携わった以下の校閲者の方々に対しても感謝を申し上げる．

Robert Angelici, *Iowa State University*
Allen Apblett, *Oklahoma State University*
Jeffrey R. Appling, *Clemson University*
Rosemary Bartoszek-Loza, *The Ohio State University*
Danny Bedgood, *Charles Sturt University*
James D. Carr, *University of Nebraska*
Victoria Castells, *University of Miami*
Paul Charlesworth, *Michigan Technological University*
Richard Chung, *San Jose State University*
Charles Cornett, *University of Wisconsin-Platteville*
Robert Cozzens, *George Mason University*
Ronald Evilia, *University of New Orleans*
John Falconer, *University of Colorado*
Sandra Greer, *University of Maryland*
Benjamin S. Hsaio, *State University of New York at Stony Brook*
Gerald Korenowski, *Rensselaer Polytechnic Institute*
Yinfa Ma, *University of Missouri-Rolla*
Gerald Ray Miller, *University of Maryland*
Linda Mona, *Montgomery College*
Michael Mueller, *Rose-Hulman Institute of Technology*
Kristen Murphy, *University of Wisconsin-Milwaukee*
Thomas J. Murphy, *University of Maryland*
Richard Nafshun, *Oregon State University*
Scott Oliver, *State University of New York at Binghamton*
The late Robert Paine, *Rochester Institute of Technology*
Steve Rathbone, *Blinn College*
Jesse Reinstein, *University of Wisconsin-Platteville*
Don Seo, *Arizona State University*
Mike Shaw, *Southern Illinois University-Edwardsville*
Joyce Solochek, *Milwaukee School of Engineering*
Jack Tossell, *University of Maryland*
Peter T. Wolczanski, Cornell University

2009年10月

Larry Brown
Tom Holme

学生諸君への内容紹介

化学と工学

　諸君がこの化学コースを始めるにあたり，"なぜ，化学なんかとらなきゃいけないのだろう．技術者になるのに化学について知る必要などないのに"と思っているかもしれない．そこで，この本に出てくる化学の分野と工学のいろいろな分野とは，じつは多くのつながりがあるということを紹介したい．最もはっきりしているのはもちろん，化学工学の分野である．多くの化学技術者は化学産業界でプロセスの設計や最適化の業務に携わっているので，日々，化学の概念を取扱っていることは明らかであろう．同様に，環境の保全や改善を仕事にしている土木技師や環境工学者は，多くの時間を費やして水の供給や大気で起こる化学反応について考えている．しかし，他の工学分野ではどうであろうか．

　近代の電気工学は半導体デバイスに大きく依存し，そのデバイスの性質はその化学成分を注意深く制御することによって調節できるのである．電気工学者はいつも半導体チップを製作しているわけではないが，そのチップが原子スケールでどのように作動するのかを理解していることは間違いなく役に立つはずである．より微細な回路部品を求めつづけるかぎり，化学と電気工学の関係はますます強くなるであろう．有機発光ダイオード（OLED）から単分子トランジスターまで，化学基礎研究からデバイスを新規開発する動きはますます加速されるであろう．

　工学分野への化学の応用例には，少しも目立たないものもある．マレーシアのクアラルンプールにあるペトロナスタワー（Petronas Towers, 高さ452 m）は1998年当時，世界一高いビルであった．マレーシアでは鋼鉄が足りないので，タワーの設計者は国内に多量にあり，しかもその地域の技術者が慣れ親しんでいるコンクリートを使用することに決めた．しかし，そのタワーは高いがゆえに，例外的に強固なコンクリートが必要であった．結果的に，技術者は後に高強度コンクリートとして知られるようになる材料を使うことに決めた．そのコンクリートではシリカフューム（シリカ微粒子）とポルトランドセメントが化学反応を起こすことによって，より圧縮に耐える材料ができたのである．これは工学の最も伝統的な分野においてさえも化学が関連していることを示す例である．コンクリートの化学については第12章で論述する．

このテキストについて

　著者の二人は，長年，一般化学を教えてきたので，学生たちが直面するかもしれない困難はわかっている．さらに大切なことは，私たちが過去数年間，1学期コースで工科系学生に教えてきたのであり，この教科書はそのために書かれたものである．このテキストで取上げた題材は2人の経験から得たものである．

　私たちはこの教科書を学生にとって読みやすく親しみやすくするために努力を惜しまなかった．他の本と比較して，この教科書の特徴は，各章の基本的な構成要素として化学と工学の関連性を取入れていることである．各章は **洞察** という節で始まり，この名の節で終わる．この始めの節で化学と工学の関連性をまず示すが，そのテーマはその章のなかで何度もふれられることになる．この右のアイコンがついていれば，そこの内容が，章の始まりの洞察セクションのテーマに密接に関係していることを示している．多くの学生はどの化学が自分の分野と関係しているのかわからないと不平を言うが，この目印を活用してほしい．

　工科系の学生は学部の1年生のときに標準的なコースを履修する傾向がある．つまり，微積分学や物理を化学と一緒に履修する．そこで，私たちはこれらの科目が強く関連する箇所を指摘し，同時に微積分学をまだ習っていない学生に不利にならないように配慮した．たとえば，ここで出てくる方程式と物理の教科書で見かける式の類似性について述べたとしても，諸君がこれらの方程式を知っているという前提に立ってはいない．数学に関しては，**数学とのつながり** という特別のセクションを使って，化学における数学，特に微積分の利用について議論した．もしも諸君が微積分に慣れているか，このクラスと同時に履修している場合は，化学で使う方程式が微積分とどのように関連しているかをこのセクションで理解できるであろう．しかし，もしまだ微積分学を履修していない場合は，このセクションは飛ばしてもよく，それでも必要な方程式で計算ができる．

　私たちのおもな目的は諸君の化学の学習を手助けすることであるが，この教科書やそれを使っている学習コースも，今後の学習や将来の職業で使うさまざまな能力を高める手助けとなる．とりわけ問題解決能力である．諸君が化学の授業で取組むべき問題は，工学，物理あるいは数学でみかけるものとは違っている．しかし，統合す

ると，これらの科目は実質的にいかなる問題に挑戦するときにも使える一貫性のあるアプローチを考えるのに役立つ．クラスの学生たちは問題を見るとすぐに飛びついて式を書き始める傾向がある．しかし，問題に取組むときは，特に難問や見知らぬ問題のときには，解く前にその問題への取組み方を考えた方がよい．したがって，本中で取上げた例題には，なにかの計算を始める前に，解答を得る筋道の要点を述べた**解法**の項がある．つぎの**解答**の項が，その解法を実行に移す場である．数値計算の例題では，解答を補うため，**解答の分析**の項で概算をしたりわかっている値と比較することで，得られた答えが妥当であるかを確かめる．多くの学生は計算機が出した答えはいかなるときも，たとえそれが明らかなミスを犯していると容易にわかる場合でさえも，正解であると信じる場合が多い．また，例題の多くには**考察**の項があり，そこでは諸君が避けるべき落とし穴についてや，その例題と他の事例との関連性について述べている．最後に，**理解度のチェック**という問題で終わるが，そこで諸君はその例題で得た能力を実践したり，さらには伸ばしたりする機会が与えられる．理解度のチェックの問題に対する解答は付録Jにある．

例題に関連して，丸めた数値（四捨五入）や有効数字について少し説明しておく．例題を解く際に，裏見返しの周期表に掲載されている原子量で全桁数の有効数字を用いた．また，光速や気体定数の値も得られるかぎり多くの有効数字を用いた．文中に途中経過の数値を載せるときには，有効数字を考慮して書いた．しかし，この途中の計算値をつぎの計算に続けて用いるときはこの丸めた数値は使わずに，全桁数の数値を用いた．［訳注：文中には有効数字のみ示されているが，その後の計算には計算機の数値をそのまま使ったという意味である．したがって，本書の数値をそのまま使って計算すると結果がわずかに違っている場合があるが，それはこのためであって誤植ではない．］最後の答えだけが実際に丸めた数値である．諸君がこれと同じ計算をしてみれば同じ答えが出るはずである（別冊問題集の解答も，同じ操作で得られた数値が掲載されている）．直線の傾きや切片を求める問題のときは，表計算ソフトまたはグラフ計算機に組込まれたアルゴリズムを使って，線形回帰法で求めた数値が記されている．

本書の大きな特徴は，各章の終わりに**問題を解くときの考え方**という設問があることである．これらは諸君が単に答えを手にするのではなく，その問題を解く過程について考えさせるように意図している．多くの場合，これらの問題には最終的な答えに達するのに十分な情報は与えられていない．工学を始めたばかりの学生はいらいらするかもしれないが，実際に働いている技術者が直面する問題と似通った面があると考えている．問題解決に必要なすべての情報が得られることなど滅多にないのである．

学生からよく受ける質問は，"化学をどのようにして学ぶべきでしょうか？"である．悲しいことに，これは1～2回の試験が終わって成績が悪かった後に出てくる質問である．勉強するのに最善の方法は人それぞれだから，誰でも化学が得意になる魔法のようなやり方などあるわけがない．しかし，推奨できる戦略ややり方はある．まずやるべきことは，自分が履修しているクラスのいかなる科目でも後れをとらないようにすることである．勉強には時間がかかるものなので，大きな試験の前夜に化学（あるいは物理，数学，工学）の科目の三つの章をマスターすることができる人はほとんどいないはずである．一つの科目で後れをとると，必然的にそれが他の科目にも影響することになるので，最初から落ちこぼれないように努力するべきである．予習するように強く勧める教授が大半で，これが最善の近道であることを私たちも認める．なぜなら，授業に出てくる考え方を前もってたんに知っているだけでも，授業中により多くのことを学ぶ手助けになるはずだからである．

試験勉強では，何がわかっていて何がわかっていないかを判別することから始めるべきである．わかりそうもない問題に取組むのはつらいけれど，理解していることに時間を割いても単位はとれそうにない．工科系の学生は数値計算問題にかかりきりになる傾向がある．そういう計算も化学の授業で大切ではあるが，もっと奥にある化学的な考え方を修得するよう勧めたい．たぶん，定性的あるいは概念的な問題も試験に出るだろうから．

最後に，この教科書には多くの情報が詰まっていることをいっておきたい．化学科の通年の授業で出てくるようなトピックスも多く含まれているが，単学期の授業用に合わせてある．本のボリュームを減らすために，除いたトピックスもあるし，議論を短くしたところもある．しかしインターネットを使えば，この本を読んで興味をもったところがあれば，いつでもより多くの情報を得ることができる．

この本を諸君に届けることができ，嬉しく思う．化学の履習を楽しんでほしい．そしてこの本がその役に立つことを願う．

2009年10月

Larry Brown
Tom Holme

訳 者 序

本書はBrooks/Cole Cengage Learningから刊行された，Lawrence BrownとThomas Holmeによる"Chemistry for Engineering Students"，第2版の翻訳である．本書は，著者が大学の学部の授業でいわゆる「一般化学」を長い間教えた経験に基づいて書かれている．工科系の学部・学科に入学した新入生が口にする"なぜ化学を学ばなければならないのか？"という質問に対して応えたのが本書である．とにかく，読みやすく，学生の身になって書かれた化学の教科書といえる．本書は，通年用ではなく，前期または後期の1学期で教えられるように内容が構成されている．つまり従来の一般化学で教えていた内容を「要点を絞って教える」のではなく，工科系学生にとって将来役に立つであろう化学的内容を選んで教えることをめざしており，また，構造と結合に関連する基本的な化学の原理についての知識を，学生たちが正しく理解できるように種々の工夫が凝らされている．このように本書は，学生たちがそれぞれの工学分野で学ぶうえで必要な化学的素養を身につけさせることを意図したものである．また，本書は技術教育を受けた専門家に対しても化学の基礎知識を十分に提供するものである．

なお，原著には，米国の国内事情を反映した記述が散見されたが，できるだけ日本の読者に違和感のないように配慮して訳した．また，古い用語などはできるだけ最新のものに変えてある．さらに，随所に訳注をつけて本文を補うとともに，読者がいっそうの理解を得られるよう務めたのでぜひ注目してほしい．

本書は14章から構成されており，いろいろなトピックスを取上げて，化学の複眼的な考え方，すなわち，巨視的（マクロ的）観点，微視的（ミクロ的）観点，そして化学記号を使った考え方を解説している．巷にある同類の本と比べて，特徴的なことは，すべての章にわたって，化学と工学のつながりを最重要視して書かれていることである．各章の始めと終わりの"洞察"という節でトピックスを取上げ，その内容は化学と工学とのつながりを示す端緒になっている．各章を読み進めると，洞察の内容とその章で学ぶいろいろな内容とが深く関連していることがわかるだろう．また，問題解決能力は工科系学生にとっては広い分野で使えるスキルなので，その修得を助けるため，最大限の努力がはらわれている．数多くの例題は"解法"，"解答"，"解答の分析"，"考察"，そして"理解度のチェック"の項から成り，"解法"でおおよその考え方が示されたあと，"解答"で懇切丁寧に計算の仕方が示される．たとえば例題4・2を見てほしい．これほど丁寧に単位の変換に注意して計算手順を示した教科書があっただろうか．さらに学生が陥りやすい計算間違いなどについても"考察"の項で注意喚起がなされている．これに加えて，各章の終わりには"問題を解くときの考え方"というユニークな項目があり，技術者として将来直面するだろう現場での問題解決のための考え方が培われる．また，取上げたトピックスと数学との関連性が特に強いと思われるところには"数学とのつながり"という欄が設けてある．さらに多数の問題も用意されており（別冊"工科系学生のための化学 演習編"），これらの問題を解くことが問題解決能力を向上させる手助けになることは間違いない．

ほかにもいろいろと工夫して書かれており，化学を学ぶ楽しさが味わえる本といえる．この本を学生諸君が手にとることを考えるとワクワクするが，化学を楽しく学び，この本に出会ってよかったと思ってもらえることを願っている．

なお，本書のような魅力的な教科書を訳す機会を与えて下さった東京化学同人編集部の田井宏和氏にまず感謝申し上げるとともに，田井氏を引き継ぎ，献身的な努力をもって訳者を叱咤激励してくれた進藤和奈さんに心よりの感謝を捧げたい．細かい表現を直してくれたおかげでどれほど読みやすくなったことか．「3人目の訳者」なくしてこの日を迎えることはできなかったに違いない．

2012年3月

市 村 禎 二 郎
佐 藤　　満

1 化学の紹介

概要

1・1 洞察: アルミニウム
1・2 化学の学習
1・3 化学というサイエンス ―― 観察とモデル
1・4 化学における数値と測定
1・5 化学と工学における問題解決
1・6 洞察: 素材の選択と自転車のフレーム

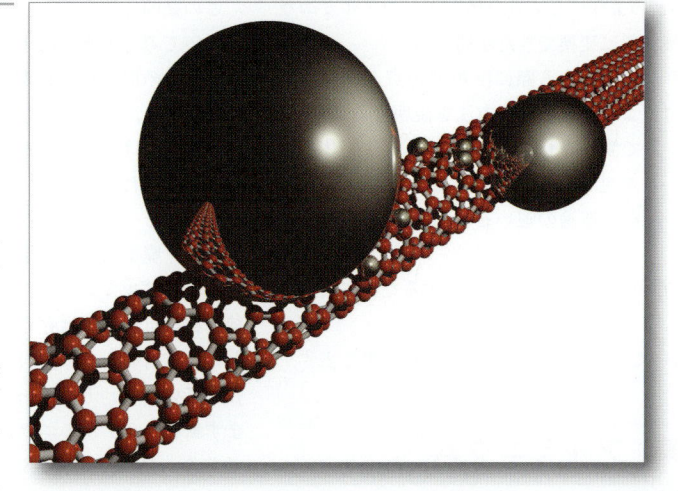

ローレンスバークレー国立研究所とカリフォルニア大学バークレー校の科学者はナノスケールの"ベルトコンベア"を開発した。個々の金属原子は1個の金属液滴から別の金属液滴へとカーボンナノチューブに沿って運ばれる。この研究は光学、電子、機械の分野のデバイスを原子スケールで製作できる手段になりうる。[図提供: ローレンスバークレー国立研究所とカリフォルニア大学バークレー校のZettl研究グループ]

さほど遠くない将来に、エンジニアたちはミニチュアの機械や電子デバイス、原子スケールで組立てた部品などを設計し、作製することができるようになるかもしれない。そのようなデバイスは、原子を1個ずつ積み上げて作ることが可能である。その原子は、関連する設計基準に基づいて特定化され、上の図にある"ベルトコンベア"のような技術を使うことによって操作されるであろう。このようなナノマシーン*1はねじやリベットではなく、異なる原子間の引力、すなわち化学結合で結びつけられるから、未来を担うエンジニアは原子や原子を結びつける力を理解する必要がある。言い換えれば、化学を理解する必要がある。

少なくとも今のところ、この原子レベルで扱う技術はまだまだ先の未来のことであるが、現代の実習エンジニアに関してはどうだろうか。化学の知識をどのように使って物事を決めているのだろうか。工学系学生の観点からなぜ化学を学ぼうとしなければならないのだろう。

米国工学系高等教育課程認定機関(ABET)は工学教育を監督する立場にある専門家の機関である。ABETの定義では、エンジニアとは、学習、経験や実習によって身につけた数学や自然科学の知識をもって、人間の役に立つように自然界にある物質や自然の力を経済的に利用する方法を開発する職業である。そこで、化学はサイエンス(科学)の一分野として、エンジニアが自由に使える知識となりうる。しかし、工学系の学生は自分が選んだ職業における化学の役割を十分に認識しているとは限らない。この教科書の主目的の一つは、工学や技術のいろいろな分野で化学がいかに役立っているか、またいろいろな最新技術が化学と工学の連携によって開発されているかを理解してもらうことである。

化学の学習においては、たくさんの概念やスキルを身につける必要がある。本書の趣旨はそのような基礎的な考え方を示し、またそれらを化学が重要な役割を果たす工学的な概念に応用することである。各章は工学に関連する化学の話題で始まる。たとえば燃料の燃焼を扱う場合には化学の原理や反応を使うことは自明である。化学の役割があまり明らかではない例もあるかもしれない。第6章では化学的特性に関する知識が単純な白熱電球から、最先端機器のレーザーや有機発光ダイオード(OLED, 有機EL)の設計へといかに発展していったかを考えてみる。ほかのテーマでは、いろいろな用途に使われる材料の設計や選択の仕方、環境工学問題における化学の重要性を取上げる。章の最初の節は洞察という項目で始まり、それと関連する質問が章全体を通して出てきて、化学との基本的なかかわりを検討していくことになる。第1章ではまずアルミニウムの製造と、建築材料としてのアルミニウムの歴史を取上げ

---

*1 "ナノサイエンス"では原子や分子の大きさを扱う。ナノサイエンスや"分子機械"の用語をウェブで検索してもっと知ろう。

本章の目的

この章を修めると以下のことができるようになる.

- 化学と工学がどのようにして貴金属であったアルミニウムを安価な建築材料に変換できたか述べる.
- 化学のシステムを理解する際に巨視的視点,微視的視点,そして記号による視点の活用方法を説明する.
- 分子のスケールで簡単な化学現象(たとえば固体,液体,気体の違い)を説明する図を描く.
- 帰納的推論と演繹的推論の違いを自分の言葉で説明する.
- 測定値をある単位から別の単位に変換するために,適切な比を使う.
- 有効数字に合った正しい桁数を使って計算結果を表す.

1・1 洞察:アルミニウム

のどが渇いたとき,誰でもまず何を飲もうかと考えるだろう.しかし,買った飲料の缶がどこで作られたのか,なぜアルミニウム製なのかと考えることはまずない.現在アルミ缶は広く流通しており身近な存在である[*2].アルミニウムはなぜ飲料缶の素材として,さらには生活に密着した材料として重要な位置を占めるようになったのだろうか.

飲料缶の素材としてアルミニウムがいくつかの優れた特性をもつことは容易に想像できる.第一の特長は,他のほとんどの金属と比べ,軽くて丈夫な点である.そのため一般にブリキやスチールの缶よりアルミ缶の方がはるかに軽くできる.したがって缶自体の重さによる重量増加は少なく,流通時の持ち運びが楽になりコストも抑えられる.もし鉛で缶を作ったら持ち運びは著しく大変になる.第二の特長は,アルミニウムが飲料と容易に化学反応を起こさない点である.そのため運搬や貯蔵の際に飲料が変質しにくい.しかし,このような優れた性質を備えていても,もしアルミニウムが入手しにくい高価な材料だったなら,これほど普及しなかっただろう.

アルミニウムの利用を広めた立役者は,化学と工学すなわち基礎科学と応用科学の連携であった.19世紀にはアルミニウムは希少で貴重な金属だった.当時ヨーロッパではナポレオンが皇帝として広大な領土を治めていたが,彼は自らの威厳を誇示するため来客を高価なアルミニウム製食器でもてなしていた.米国においても,初代大統領ワシントンの記念碑にアルミニウム製の冠をかぶせて"わが祖国の父"を賞賛している.そのとき用いられたアルミニウムの重量は3kgに及び,当時鋳造された純アルミニウムとしては最大であった.今日では,10kg以上ありそうなアルミニウム板を日曜大工の店でもよく見かける.なぜアルミニウムは高価だったのだろうか.そして何が価格を大きく引き下げたのか.

この疑問に答えるため,まず人間社会と地球のかかわりについて考えよう(図1・1).人間社会(図中の地球)は,製品とその原材料を必要としている.現在,そして近未来においても,そのような原材料はさまざまな方法で地球から取出さなければならない.製品は使い終わると廃棄物として処分され,生態系に戻る.この一連の流れにおける工学の役割を一言でいうならば,原材料の取出しの効率を最大にし,廃棄物量を最小にすることである.

ここでアルミニウムについて考えよう.アルミニウムの純金属は自然界には存在しない.その代わりボーキサイトという鉱石のなかに,岩石成分と混じって酸化物の形で存在している[*3].したがってアルミ缶として使用するには,まず鉱石からアルミニウムを取出し,精製することが必要である.アルミニウムは酸素と非常に素早く結合するので,金属の精製(精錬)には工夫を凝らした方法が必要となる.化学的な精錬法については第13章で解説するが,精錬の初期段階では物理的特性を利用した巧妙な方法が用いられている.そのうちのいくつかは本章で取上げる.鉱石のような複雑な混合物を取扱うとき,化学者はどのように目的成分を分離しようと考えるのだろうか.

この質問に答えるには,サイエンスにおいて広く認められている方法論,いわゆる**科学的手法**(scientific method)を用いなければならない.科学的手法という言葉にはさまざまな定義がありうる.それについては§1・4で詳しく述べるが,ここではとりあえずつぎのような方法論であるとみなす.すなわち科学的手法とは,自然現象を観察することから始まり,その観察結果にふさわしい仮説やモデルを提案し,さらに実験によりその仮説を実証し修正する.ここでいう仮説とは,知識と経験に基づいて自然現象を解明するために組上げられた推論であって,たんなる推測ではない.本章では,この方法論が化学とどのように結びついているかを概説し,さらにアルミニウムのような原材料およびその社会的利用に関するさまざまな問題と科学的手法との関係について解説する.

1・2 化学の学習

化学は"中心のサイエンス"といわれている.なぜなら,化学はほかの多くのサイエンス分野を学習する際に重要な学問だからである.このため,たとえ化学を履修していなくても,何らかの化学を見る機会はあったであろう.この教科書と授業は諸君がすでにもっている知識の断片を

[*2] 米国では毎年1000億個以上のアルミ缶が製造されている.
[*3] ボーキサイト中のアルミニウムは一般に3種の鉱物,ギブス石,ベーム石,ダイアスポアのいずれかの形で存在する.

つなぎ合わせ，化学的な概念の理解を増進し，より筋の通った系統的な化学の姿を描けるように設定されている．学部初年度の化学の授業は，自然界を理解するときに助けとなる化学的な見方や化学的な方法を身につけることを最終目的としている．化学者やエンジニアがこのような見方，考え方をすることによって，鉱石から金属を精製する戦略を考え出したり，これから検討しようとしている多くの応用的な課題に取組むことができるのである．

このように化学の世界を理解し理路整然とした描像を描くには，三つの視点，すなわち**巨視的**見方（**マクロ**な，macroscopic），**微視的**見方（**ミクロ**な，microscopic），そして**記号**を使った（symbolic）視点が必要となる．本書を学習し終える頃には，さまざまな化学が関係する課題をこれらの三つの視点で切り替えて考えられるようになるだろう．物質やその反応について，目に見える物事は巨視的視点で扱える．微視的（あるいは"粒子"の）視点から巨視的現象を解釈しようとすると，その系の最も小さな成分に注目する必要がある．最終的にこれらの概念を効果的に伝えるために，化学者は記号表現を考案した．ではまず最初に，これからの学習を組立てるこれら化学の三つの視点を検討してみよう．

巨 視 的 視 点

実験室や身の周りで化学反応を観察するとき，物質は巨視的レベルで観察される．**物質**（matter）とは質量をもち，観察することができるものである．われわれは物質にあまりにも慣れ親しんでいるので，その定義から物質の存在を直感的な感覚として受け入れている．しかし，化学を学ぶときには，自然に観察しているもののいくつかは物質ではない．たとえば光は物質ではない．なぜなら，光は質量をもたないからである．

物質をよく観察するといろいろな疑問が出てくる．たとえばアルミニウムを考えよう．アルミ缶のふるまいは予測できる．空中に投げると，重力によって落ちてくるだけだろう．図1・2に示したアルミ缶やほかの雑貨は空中で壊れることも化学反応を起こすこともない．しかし，アルミ缶のアルミニウムを粉末状にして空中に投げると，空気中の酸素と結びついて発火するかもしれない．飛行船ヒンデンブルク号が大爆発した理由は，水素ガスを充填していたからではなく，現在ではアルミニウム粉末入りの塗料を使っていたことが主因とみられている（ウェブで調べるとその証拠が容易に見つかるだろう）．

物質を観察する際よく使われる方法は物質を変化させて

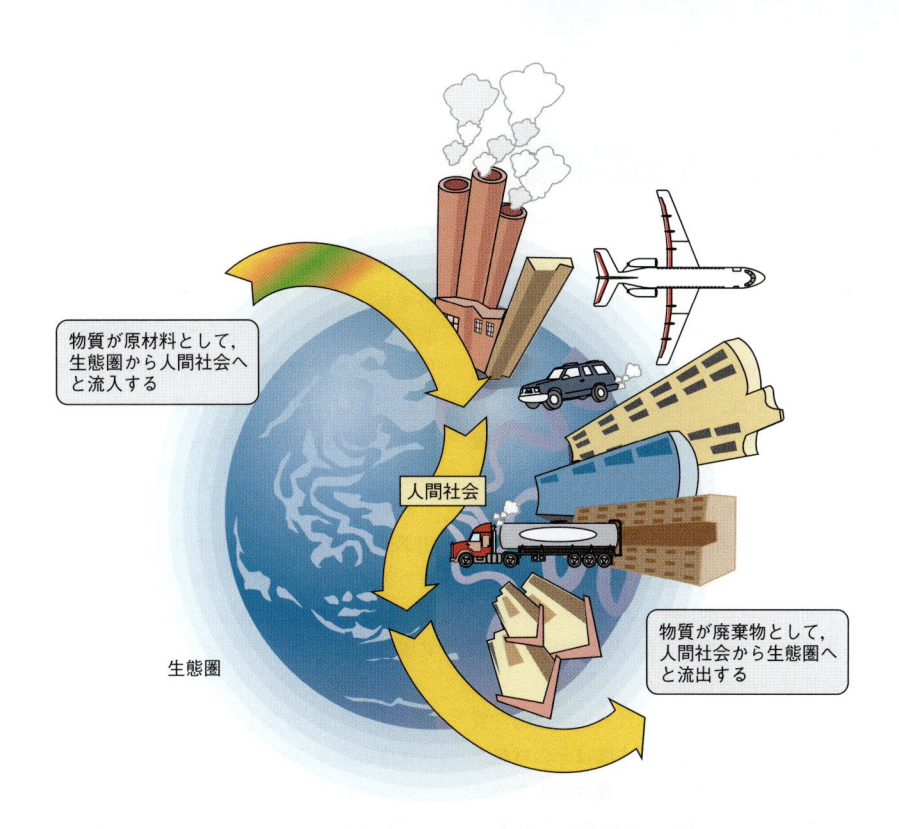

図1・1 人間社会と地球との主要なかかわりは，原材料から廃棄物に至る物質の変換である．工学の目的の大半は，その物質変換に用いられるプロセスを最適化することである．そのプロセスを設計する際に基盤となる知識を与えてくれる"物質のサイエンス"として，化学は重要な位置を占める．

みることであり，化学変化と物理変化の2通りがある．物質の物理変化では化学的に固有な性質は変わらない．**物理的性質**（physical properties）はその物質に固有の性質を変えることなく測定できる性質のことである．質量や密度が物理的性質であることはよく知っているだろう．質量は測定しようとする物質と標準物質をはかりを使って比較して測る．**密度**（density, mass density）は質量と体積の比で表される．密度を決めるには質量と体積の両方を測定しなければならないが，これらの数値は物質を変化させることなく求められるので，密度は物理的性質である．ほかによく知っている物理的性質には色，粘度，硬度，温度があり，後の章では熱容量，沸点，融点，揮発度を定義する．

図1・2 よく見かける台所用品はほとんどアルミニウム製である．アルミニウムが軽くて，さびにくく，低価格であることが多くの消費財に使われている理由である．[© Cengage Learning/Charles D. Winters]

化学的性質（chemical property）は物質に起こる化学変化と関係している．たとえば，容易に燃える物質もあれば，燃えないものもある．酸素があると燃えることは**燃焼**（combustion）という化学変化である．腐食は空気と湿気があると金属が劣化することで，よく見かける化学変化である*4．金属の表面を塗料のような別の物質で処理すると腐食を防げる．したがって塗料は腐食を防ぐことができるという重要な化学的性質をもつ．すなわち，ある物質が化学変化によってその固有の性質をどのように変えるかを観察すれば，化学的性質が決められる．

アルミニウムを使うときには，化学的性質と物理的性質の両方が重要である．建築材料として使う際はその材料を希望の形状に成型できること，つまり打ち延ばしできることが必要である．**展性**（malleability）は圧延したり叩いて薄板にするしやすさの目安であり，金属はこの性質をもつことからも価値がある．叩いて加工しても金属は金属のままであり形状が変わっただけなので，展性は物理的性質である．アルミ缶は製造工程で成型されるが，容易につぶしてリサイクルできる*5．同様に，アルミニウムの化学的性質も重要である．純粋なアルミニウムは清涼飲料に入っている酸と容易に反応する．このためアルミ缶の内部は薄いポリマーすなわちプラスチックで被われていて，アルミニウムが内容物と反応しないようにしている．すなわち，製品を設計する人が使う材料の化学的性質を知っていれば，起こる可能性がある有害な反応を避けられるということである．

化学反応を巨視的に観察すると，通常，物質は三つの**相**（phase），すなわち固体，液体，気体の状態で存在することがわかる*6．**固体**（solid）は見かけ上，固くて容易に変形しない．したがって個体を容器に入れると，容器の形によって変わらずにそのままの形を維持する．粉末の固体の場合でも，その集合体は入れる容器の形に沿って変わったように見えるが，個々の粒の形は変化していない．

一方，**液体**（liquid）は巨視的にみると，固体とは異なり，入れた容器の形に変形する．容器を液体でいっぱいに満たさない場合でも，一部の液体はその部分の容器の形で決まってくる．最後に，**気体**（gase）は巨視的にみて，液体や固体とは異なり，入れた容器全体に広がる．多くの気体は無色透明で見えないが，気体がその空間をびっしり満たしていることはみんなわかっているので，大きな部屋のどこかに空気が存在しないところがないか心配などしない．

普段見かけるアルミニウムは固体だが，精錬の過程では溶融しているか液体になっていなければならない．溶融金属を取扱い，容器に注いだり，不純物を分離する操作は，アルミニウム製造工場を設計する化学者やエンジニアにとって非常に困難を伴う作業である．

化学的性質と物理的性質を巨視的に区別しにくいことがある．水の沸騰は明らかに物理的変化である．しかし沸騰したポット内の水が見えなくなる現象を観察するだけで，化学変化と物理変化のどちらが起こったか知るにはどうしたらよいだろうか．この種の質問に答えるには，水を構成する粒子を考え，微視的に何が起こっているのか考慮する必要がある．

微視的視点あるいは粒子概念

化学の基本原則は，すべての物質が原子や分子からできているということである．そのため化学者はすべての物質を何らかの"化学的なもの"として考えようとする．多く

---

*4 腐食とその予防については第13章で詳しく議論する．
*5 金属のうち，アルミニウムは金についで展性が大きい．
*6 物質の状態にはこのほかプラズマとボース–アインシュタイン凝縮があるが，通常の温度では存在しない．

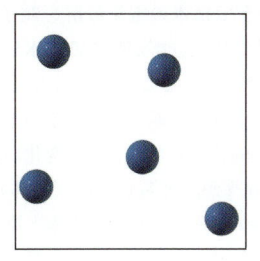

図1・3 物質の固体，液体，気体の状態を粒子で描いた概念図．固体では分子は規則正しく配列した構造を維持し，大きさも形も変わらない．液体では分子は互いに近くにあるが，規則的な配列は崩れている．巨視的な現象としては，液体が流れたり，容器によって形を変えたりすることに対応している．気体では分子は互いに離れており，独立して動いている．それゆえ気体をある体積の容器に満たすことができるのである．

の場合，身の周りの物質は"化学的なもの"が複雑に混じり合っている．私たちはその個別の成分のことを化学物質とよぶ．この本を進むにつれ，これらの用語はずっと多様に定義することになるが，ここでは基本的な定義を用いることにする．すなわち，すべての物質は限られた数の**元素**（element）という"積み木"でできている．元素は周期表（本書の見返しに掲載，教室にもあるかも）と共に使われる．**原子**（atom）はそれ以上分割できない極微の粒子であるが，ある化学系としてふるまう[*7]．原子よりさらに小さな視点で物質を学ぶのが，核物理や素粒子物理の学問である．原子は何が起ころうとその固有の性質を保持して存在しており，最小の微粒子である．また，**分子**（molecule）は原子が何個か結びついてできているもので，個々の構成原子とは異なる固有の性質をもった粒子である．最終的には，どのようにして"化学結合"という力が働いて原子同士を結びつけるかを考えていく．

粒子の概念を使うと，化学変化と物理変化をより詳しく区別して考えられる．原子や分子は直接観察したり写真に撮ることができないほど極微の粒子なので，この本では簡単な概念図たとえば球などで表現して，その変化の仕方を考えることにする．

固体，液体，気体は，粒子レベルではどのように異なるのだろうか．図1・3に簡単だが役に立つイラストを示す．固体中の原子はぎっしり詰まっており，その形（ここでは塊として描かれている）を維持するように描いてあることに注意しよう．液相でも同じように構成粒子がかなり詰まってはいるが，容器の底付近では形を保持するというより底の形を埋めるように粒子が少し移動していることがわかる．気体では粒子同士の間隔が大きく開いており，容器内を自由に飛び回っている．このような図はこれまでのいろいろな実験結果に基づいて描かれている．たとえば固体の多くは結晶とよばれる整然と並んだ構造をもつので，粒子で表現する際はこのような概念図を使う．

では粒子の概念を用いて，化学変化と物理変化をどのように判別できるだろうか．その違いは見た目ではわからなくても粒子レベルでは明らかである．物理変化では原子や分子はまったく変化しない．これを確かめるために，有名な水分子を考えてみよう．水の化学式はH_2Oであり，図1・4のように酸素は少し大きい球，水素は少し小さい球で描く．図1・4をみると明らかように，水が沸騰するとき，液相でも気相でも個々の水分子は相変わらず水分子である．水はまったく変化しておらず，このことが物理変化の特徴である．

H_2O（液体）$\longrightarrow$ H_2O（気体）

巨視的にみたところ　　微視的にみたところ

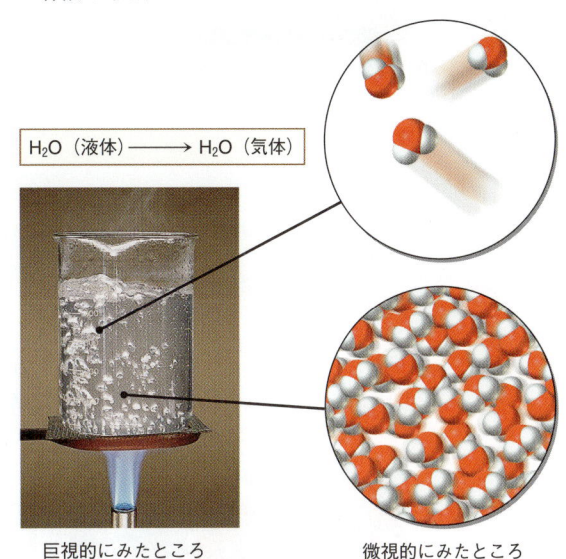

図1・4 水の沸騰は物理変化であり，液体の水が気体に変わっている．液相も気相も水分子から構成され，各水分子は2個の水素原子と1個の酸素原子から成る．挿入図はそれを強調して描いてあり，液体中よりも気体中の方が水分子の間隔がはるかに大きいことがわかる．［写真：© Cengage Learning/Charles D. Winters］

[*7] atom（原子）という言葉は分割できないことを意味する atomos というギリシャ語からきている．

一方，図1・5では水の電気分解を粒子レベルで示す．水に電流を流すと電気分解が起こる．水分子が水素分子と酸素分子に変わっていることに注目してほしい．すなわち，ここでは化学変化が起こっているのである．

これらを巨視的にみると，どんな変化が見えてどんな違いがわかるだろうか．どちらも泡（気体）が観察されるが，一方は水蒸気であり，他方は水素と酸素である．似たような実験結果ではあるがこの二つを見た目で実験的に区別することができる．例題1・1の実験によって観察できることを検討してみよう．

例題 1・1

下のような実験装置（ろうそくが沸騰する水の上に浮かんでいる）を考えてみよう．この装置を使って，沸騰する水から出てくる泡はどんな化学物質か，仮説を立てて実証することができる．泡の成分が (a) 水，(b) 水素，(c) 酸素だとしたら何が観察されるか．

［写真: Thomas Holme and Keith Krumnow］

解法 ある実験をしたときに何が観察されるか，また異なる仮説ではどうか，考える問題である．この段階で水素ガスは炎があるとどのような化学的なふるまいをするかを調べる必要があるかもしれない．また，化学の燃焼実験をやったことがあれば，燃え続けるには燃料と酸化剤，普通は空気中の酸素が必要なことがわかるだろう．

解答
(a) もし泡が水を含んでいたら，炎は小さくなるか消えてしまうだろう．水は燃焼の化学反応を継続させないので，泡が水であれば炎は明るく燃えないはずである．

(b) ウェブで調べればすぐわかるように，水素は爆発的に燃焼する性質がある．もし泡が水素なら，何かしらの爆発で炎は水素の気体を発火させるだろう（願わくは小さい爆発）．

(c) もし泡が酸素なら，炎はもっと激しく燃えるだろう．燃料の量は同じだが，泡が酸素の供給量を増やすので，化学反応が激しく起こるはずである．

理解度のチェック クラスの学生かインストラクターと一緒にこの装置を組立て，観測した結果がどの仮説と一致するか確かめてみよう．観測結果を粒子レベルで説明する図を描いてみよう．

記号による表記

化学者が，その対象を理解するために用いる第三の方法は，原子，分子やそれらの反応を表現するために用いる記号表記である．詳しくは第2～3章に譲るとして，これまでの学習ですでに化学の記号に遭遇しているはずである．

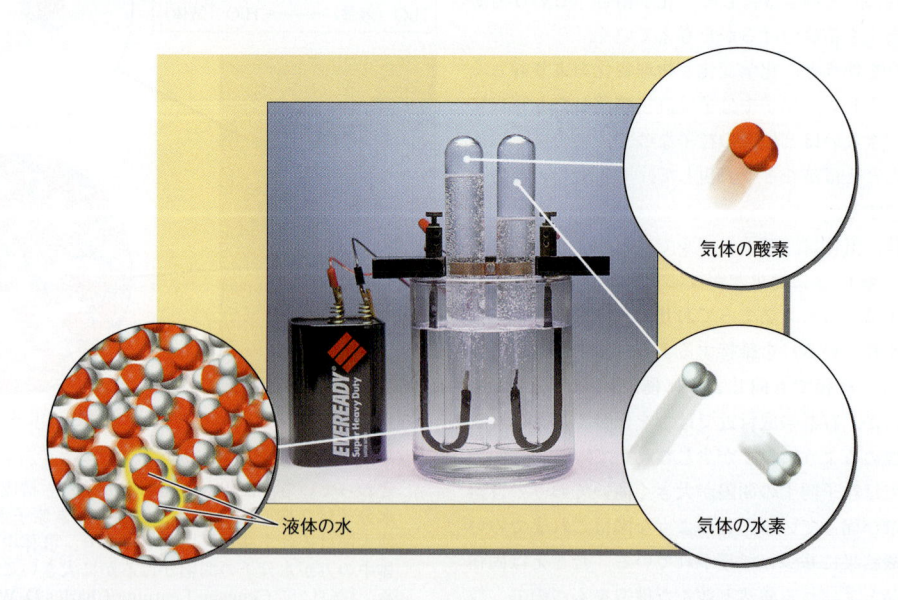

図1・5 液体の水に電流を流すと，電気分解とよばれる化学変化が起こる．この過程で水分子は水素と酸素の分子に変わる．その様子が粒子レベルで挿入図に描かれている．［写真: © Cengage Learning/Charles D. Winters］

水を表すのに用いるかの有名な H_2O などの表記である．第2章で化学式を詳しくみていき，第3章では化学反応式を使って反応を記述する方法を考える．ここでは記号を使って理解することの重要性を述べるにとどめる．すなわち記号表記によって，化学の抽象的な概念を考察できるのである．原子や分子について考えるとき，実際には見ることができないこれらの粒子を把握するために記号表記はとても便利であり，記号を使うと粒子レベルで考えることができる．

ではこの記号表記はアルミニウム鉱石やアルミニウム金属を考える際どう役立つだろうか．巨視的な表現が特にエンジニアには最も馴染みがある．実用的な観点から，未精製の鉱石と使用可能なアルミニウムの違いは明白である．

ボーキサイト．[写真: Stan Celestian and Glendale Community College]

アルミニウムの塊．[写真: © Cengage Learning/Charles D. Winters]

アルミニウムを精製する主要な鉱石はボーキサイトとよばれ，見た目はきれいな普通の岩石であり，アルミニウム金属と見間違うことはない．鉱石中の酸化アルミニウム（アルミナともいう）とアルミニウム金属を分子レベルで比較してみよう（図1・6）．鉱石は異なる種類の原子から構成されているのに対し，金属には1種類の原子しか存在しない（金属は普通，少量の不純物を意図的に加えて特定の望ましい性質を付与するが，ここでは図を簡単にするために不純物は除いてある）．図1・6には酸化アルミニウムの化学式も示した．これは水の化学式より少し複雑だが，第2章で記号を体系的に考えることにする．

1・3 化学というサイエンス──観察とモデル

化学は経験に基づくサイエンスである．化学を研究する科学者は化学物質の種々の性質を測定したり，化学反応を観察したりする．そうして得られたデータをまとめて，説明できるようにモデルを組立てる．つまり，観察とモデルを組合わせることによって，サイエンスの背景がどうなっているかを理解できる．このことを本書では今後，検討していく．エンジニアと化学者が異なる点は，化学者は自然を理解するために知力を使って新しいモデルを創造するのに対し，エンジニアは知力と好奇心をもって自然をうまく利用または制約できるよう設計することが普通である．結局，いずれも自然を観察することから始めなければならない．

サイエンスにおける観察

化学での観察には多種多様な方法や理由がある．ある性質をもつ物質が必要なときに観察することもある．たとえば，清涼飲料入りの容器にはその性質として液体を保持できるだけの強さが必要だが，重すぎると運搬のコストが増えて問題になる．アルミ缶の普及以前は，世間の要望はスチール缶であった[*8]．しかしスチールはかなり重いので，別の包装材料を見つけようという動機があった．そこで科学者とエンジニアが協力していろいろと観察した結果，この用途に合った材料はアルミニウムであることを確かめた．

自然を観察する際はたいてい，ある程度の不確実さを伴

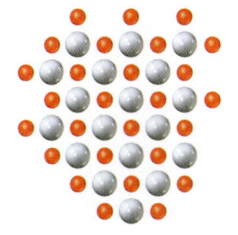

酸化アルミニウム（アルミナ）
Al_2O_3

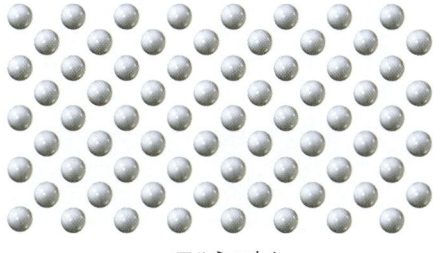

アルミニウム
Al

図1・6 粒子概念として描いた酸化アルミニウム（左）と純粋なアルミニウム（右）．灰色の球はアルミニウム原子，赤い球は酸素原子を表す．

---

*8 アルミ缶1個の重さは約14 gである．[訳注] スチール缶は約25 gである．

う．たとえばサッカーの試合の入場者数について考えてみよう．試合を観るために何人が入場券を買ったか正確に数えれば，有料入場者数がわかる．しかしその数は必ずしもそこにいた観客数を表しているとは限らない．なぜなら記者，業者，コーチなどを含んでいないからである．この例は観察するということの特徴を表している．すなわち観測しようとする対象を注意深く決めておく必要がある．しかし，いくら測定値をきちんと定義したからといって，不確定な要素をすべて取除けるものではない．事実，科学的な測定は1回だけでなく数回行わなければならない．

自然の観察を完璧にすることはできないので，観察に伴ってどのような不確実さがあるかを分類しておく必要がある．そのために，二つの概念，正確さと精密さについて考えてみる．これらは日常会話では同義語として使われるかもしれないが，自然科学や工学の世界ではそれぞれ異なる意味で使われる．**正確さ**（accuracy）は"真実の"値と観察した値がどれだけ近いかを表す．**精密さ**（precision）は測定で求めた値同士の隔たりを意味している．精密な観察とは数回の測定によって近い値が得られることである．図1・7は正確さと精密さの概念を図示したもので，違いがよくわかるだろう．

測定に誤差はつきものである．ここで，誤差も分類できる．**ランダムな誤差**（random error）はどんな測定にも必ずある．ランダムな誤差は測定する装置によって決まっており，その装置の測定限界と関連している．一方，**系統的な誤差**（systematic error）は測定値をつねに大きくするかあるいは小さくしすぎる．この誤差は測定装置に未知の系統的なバイアスがあることと関連している．金属中の不純物は誤差の原因となることがある．アルミ合金が少量の他の元素，たとえばケイ素を含んでいる場合を考えてみよう．試料中のケイ素の量を決定しようとすると，その不純物が均一に分布していないと，かなりの測定誤差が出るだろう．特に小さな試料だけを測定すると誤差は大きくなる．系統的な誤差もあるかもしれない．たとえば飲料缶のアルミニウムの密度を見積もる際に，その缶に使われている高分子の薄い膜を考慮しなかったら，どうなるだろうか．高分子薄膜の密度はアルミニウムの密度とは異なるので，その測定は系統的に不正確である．

観察を解釈すること

実験によって疑問がすべて解決するとはかぎらない．多くの場合，得られたデータから答えを推論することが求められる．その際に有用な方法には帰納的推論と演繹的推論の2通りがある．

帰納的推論（inductive reasoning）とは一連の個別の観察や試みから広くより普遍的な結論を見いだそうとする推論方法のことである．すべての気体はそれを入れた容器の全体積中に広がるというのは自明のことである．この普遍的な結論は，いろいろな実験条件下でいろいろな気体を観察したことに基づいて得られた帰納的推論によって導かれたものである．すべての気体をすべての条件下で可能な限りの容器中で観察したわけではないので，それに従わない気体が見つかるかもしれないと異議を唱えることはできる．

演繹的推論（deductive reasoning）とは二つ以上の一般的な前提からそれらを結びつけて明確で反論できない個別の結論を導き出す推論方法のことである．これは"もしAとBの前提が成り立つとすれば，必然的にCである"という論法であり，詳しくは論理学で学習する．

(a) 正確さと精密さの両方に欠ける　　(b) 精密さはよいが正確さに欠ける　　(c) 正確さと精密さの両方ともよい

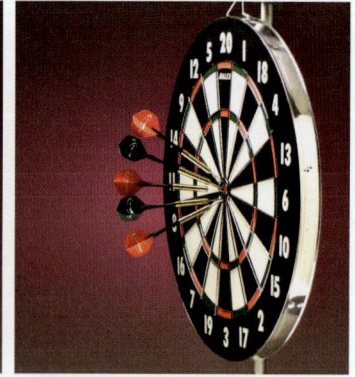

図1・7　精密さと正確さという二つの概念とその違いをよく説明できるダーツ盤．標的上の数値はある量の真実の数値を表し，ダーツの刺さった位置はその量を測定して得られた測定値を表すものとする．左側のパネルのダーツの位置はバラバラで中心の目標値からもはるかに離れており，精密さと正確さの両方が欠けている．中央のパネルではダーツは一箇所に集中して近い値を得ているが，その値は中心の目標値から離れている．つまり精密さはよいが，正確さに欠ける．右側のパネルではダーツは集中し，しかも中心の目標値に近いので，精密さと正確さの両方を達成している．［写真：© Cengage Learning/Charles D. Winters］

この二つの推論方法を考えて，アルミニウム精錬の開発を検討してみよう．19世紀においても，アルミニウム鉱石は入手できた．冶金家や一部の科学者は鉱石中のアルミニウムと酸素の結びつきが非常に強く，安定であることに気づいていた．いろいろな観察結果から演繹的推論として，酸化アルミニウムの化学結合力は強く，アルミニウムと酸素を分離することは困難だろうと考えていた．アルミニウム金属の精錬の概要は，最初に加熱して，つぎに炭素の材料を添加してそれが酸素と反応して取除くというものであった．この方法は鉄の精錬で確立されており，帰納的推論からアルミニウムを含む他の金属にも一般的に通用すると思われた．これは確かに理にかなった仮定だと思われたが，鉄で成功した精錬法は結局アルミニウムではうまくいかなかった．そして電気化学の分野における新発見がアルミニウム精錬の実現に結びついた．このとき，演繹的推論が用いられた．(A) 電気が流れると，困難な化学反応でも起こすことができる，(B) アルミニウム精錬には困難な化学反応が含まれている，(C) それならば電流を用いてアルミニウムの精錬ができるはずである，という論法である．さらに実験を重ねて，これが正しいことはわかったが，エネルギー的にも経済的にも効率をよくする必要があった．結果的に，ホール (Charles Hall) が工夫した方法により，アルミニウム鉱石を電気化学的に精錬するために必要なエネルギーを減らすことが可能になった．後に，比較的安価な水力電気を使ってアルミニウムの精錬をするようになりいちだんとアルミニウムの利用が拡大した．結局，演繹的推論と帰納的推論の両方がきわめて重要な役割を果たすことで，アルミニウムの精錬技術が進歩した．

サイエンスにおけるモデル

サイエンスの歴史のなかで行われた観察は莫大な数にのぼる．得られた莫大な情報を整理して，さまざまな観察を理解するために科学者はいろいろな"モデル"や"理論"を考え出す．これらの言葉は同じように使われることもあるが，その二つの区別が重要だという科学者もいる．普通，**モデル** (model) とは，気体の圧力は温度に比例するという事実のような経験的記述のことをいう[*9]．一方，**理論** (theory) とは，ある系のふるまいをさらに基本的な原理や仮定に根ざして説明することをいう．たとえば気体の圧力と温度の比例関係について考えると，分子運動論という理論は物理の議論を使って，なぜ気体の分子としての性質がその圧力と温度の比例性に結びつくかを説明する．モデルは以下の理由で重要である．第一に，モデルを使って数多くの観察を簡潔にまとめることができる．つぎに，モデルによって未知の状況下でのふるまいを予測できる．第三に，モデルは創造的な考え方や問題解決を例示できる．最後に，モデルを構築し改良することによって，最終的に問題をより基本的に理解できるようになる[*10]．

普通，モデルは時間をかけて発展するものである．初めてのいくつかの観察例に直面すると，創造力のある科学者はそこに同じパターンが存在するのはなぜかを説明しようとするだろう．その説明は定性的なものかもしれないし，また定量的に調べて予測できる数学的な要素を含むかもしれない．この洞察は新たな観察結果によって支持されるまでは仮説と考えるべきである．サイエンスが発展する方法には循環過程を経るものがある．まずデータを入手し，仮説を立て，さらに新データを集めてその仮説を支持するかあるいは反論する．反論された説明は捨て去られるか，新データに合うように修正された後，再度試される．結局，いろいろな説明を提案し，その提案から予想されることを試験するという過程を繰返すことで，自然の一面を説明できる理論にたどり着く．モデルや理論はしばしばダイナミックであり，新情報が得られると進化する．科学者はいつも寛容で，自然を説明する提案を無効にするような新しい観察があれば，これまでの理論がひっくり返る可能性があることを認めている．しかし，本書でこれから考察するモデルや理論はかなりの数の実験や測定に基づいており，何年にもわたって確立されているものである．"それはたんなる理論にすぎない"というせりふを日常会話や政治の世界でもよく耳にするが，科学者は十分に確立されたモデルに対してしかこの文言を使わない．

数ある理論のなかから，十分に改良され，十分に試験され，広く受け入れられるようになった2～3の理論だけが**法則** (laws) として知られるようになる．これらの法則のなかには数百年にわたって認められているものもあり，それらは自明であるかもしれない．たとえば質量は保存されるという事実を真剣に質問することもなく受け入れている[*11]．しかし，質量保存の法則は，初期の科学者が化学変化や物理変化を実験的に観察したことにその起源がある．しかし理論の場合と同様，法則とみなされているような原理でも，予想もしていなかった実験でひっくり返されるかもしれない可能性はつねにある．しかし，普通はそれが法則であるかぎりその有効性を十分信頼できるので，それが無効になるという心配をする必要はない．

上述の過程は§1・1で定義したように，科学的方法とよばれる．"方法"という言葉は科学が実際に進歩してきたなかで意味するものよりもっと体系的なアプローチを意味しており，科学の進展は多くの場合セレンディピティー

[*9] 気体と分子運動論については第5章で学ぶ．
[*10] 一般の人たちが"それはたんなる理論"などというときは不確実なことを意味しているが，科学の世界では理論とは多くの観察によりその正しさが確認された信頼性の高いものを意味する．
[*11] 質量は通常の化学反応では保存される．第14章で扱う核反応では質量とエネルギーは相互変換できる．

（偶然に素晴らしい幸運に巡り合うこと）の産物である．しかし，中断や再開は科学の進歩の過程では特徴的なことであり，ときには仮説を組立て自然を観察することによって導かれるものである．その際に重要な概念は懐疑主義，すなわち疑うことである．実験的観察の精査が済んで初めて説明が受け入れられる．

経済的なアルミニウム精錬方法の発見に重要だったモデルは，実は化学結合の性質と密接に関連している．この話題は第6章と第7章で改めて取上げ，化学結合のモデルがどのように発展したかを考える．

1・4 化学における数値と測定

身の周りの世界を観察するにはいろいろな方法がある．たとえばプロバスケットボールの選手を見て，彼は背が高い，とコメントすることは妥当である．しかし，もしその彼がバスケットボールのコート上にいたら，背がどの程度高いかを知りたくなる．その場合の答えは"6-10"かもしれない．米国のバスケットボールファンにとっては，この答えは妥当なものである．二つの数字はフィートとインチを意味し，背の高さが6フィートと10インチであることが暗黙の了解だからである．メートル法を使い慣れた他国のファンにとっては，6-10では意味を成さない．なぜなら，身長6メートルの人など存在しないからである[*12]．

このバスケットボール選手のたとえ話は定性的情報と定量的情報の違いを端的に示す例であり，また，情報のやりとりの際に必要なことも示唆している．科学や工学は定量的に扱う学問であると考えられており，この評価は正しい．しかし，科学者は，その選手は"背が高い"という評価に似た一般的な方法でも身の周りの世界を観察している．そのような一般的あるいは定性的な観察によって，自然を系統的に理解できる．しかしその理解が深まるにつれて，定量的あるいは数値的な測定やモデルを使うことも必要になる．化学を定量的あるいは定性的に考察する際に大切なことは，自分たちが観察したことやその結果をできるだけ明確に伝えることである．すなわち，定量的な観測においては，用いる用語を注意深く定義する必要がある．本書を読み進むにつれて，"日常的な言葉"がサイエンスの文脈において特別な意味で使われる例にしばしば出くわすだろう．数値の測定においても同様に，値や単位の使い方に十分注意する必要がある．

単　位

先ほどの例でバスケットボール選手の背の高さに関して，ファンの出身国によっては間違いが起こりうると述べたが，同様なことが科学や工学を学ぶ際にも起こりうる．科学は何世紀にもわたって，いろいろな文化や個人の寄与によって発展してきた．数世紀に及ぶ発展の遺産として，科学のすべての基礎的な測定には膨大な数の単位が存在する．エネルギーを例にとっても，それは人類の文明にとって長い間重要なことだったので，多くの単位が存在する．長さや質量もまた，事実上数千年にわたって測定されてきた．

科学や工学の国際化が進むにつれ，標準化によって多様な観察を取扱う必要性に順応できるようになった．**国際単位系**（International System of Units, SI）では，注意深く定義した単位が10のべき乗を指定する接頭語と組合わせて使われる．図1・8に描かれているように，いかなる大

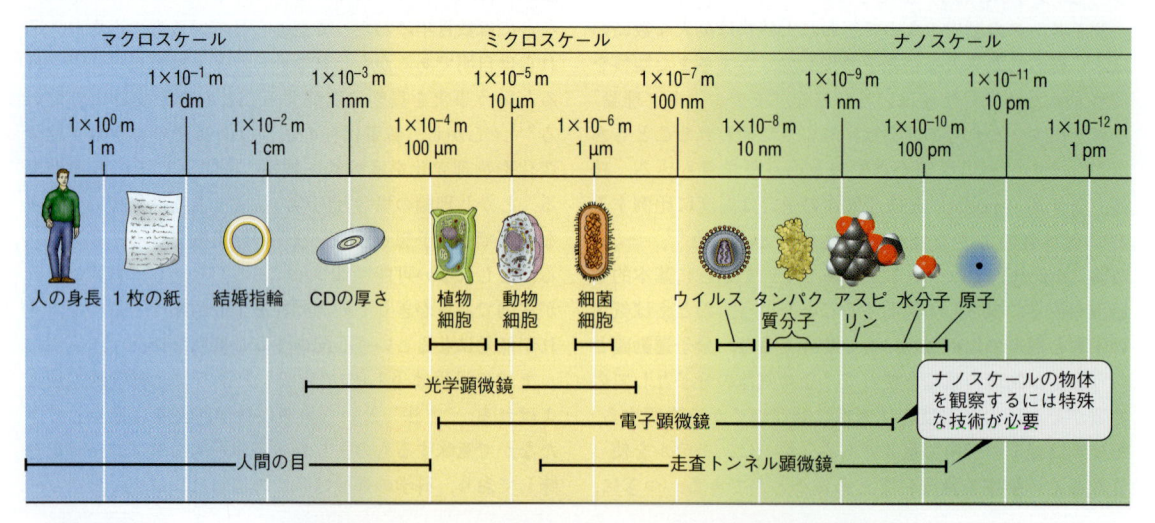

図1・8　種々の物体の大きさを何桁にもわたって表示しているが，SI単位の接頭語が有用であることをよく示している．

[*12] 単位を混同すると身長の間違いどころでは済まない重大な結果をもたらす．NASAの発表によれば，1999年の火星探査機の失敗は，設計に用いた単位を混同したためである．

きさ（長さ）の量も説明し，理解することができる．

観察結果をこのSI単位で説明するときは，その基本単位は測定量の種類も指定することになる．たとえば，メートル（m）で書いた量は長さであるとわかる．表1・1には化学者が測定したいと思ういろいろな量の基本単位を示す．しかしこれらの基本単位は測定対象の大きさと必ずし

表1・1 国際単位系（SI）の基本単位．kg は質量を表す基本単位と考えられるが，質量の単位は g に接頭語をつけて表すと定義されている．1 kg = 1000 g．

量	単位，記号
質 量	kg（キログラム）
時 間	s（秒）
長 さ	m（メートル）
電 流	A（アンペア）
温 度	K（ケルビン）
物質量	mol（モル）
光の明るさ	cd（カンデラ）

も都合よく合致するとは限らない．1個の原子や分子のサイズは 0.0000000001 m のオーダーである．このように小数点以下の0がたくさんある小数で表すと，混乱をまねくことがある．したがって，測定量の大きさに見合った単位を選んだ方がよい．普通は基本単位のサイズを変換する接頭語を使用する．使い慣れた接頭語の例は，キロ（k）の単位であろう．1 km（キロメートル）は 1000 m（メートル）であり，コンピューター技術でよく使われるキロバイトはおよそ 1000 バイトである[*13]．接頭語のキロはその基本単位が何であろうと 1000 個の集まりを意味する．大小さまざまな接頭語が存在する（表1・2）．前出の 0.0000000001 m の長さは接頭語を使うと 0.1 nm（ナノメートル）あるいは 100 pm（ピコメートル）と表現できる．時間の測定に関連した単位で興味のある例は，レーザーを利用した超高速の化学反応速度の測定実験で時間単位として fs（フェムト秒）を使用するが，1 fs は 10^{-15} s を表し，千兆分の1秒の時間である．

もちろん，すべての測定量が表1・1に示した7種類の単位で表現できるわけではない．そこで，いくつかの基本単位を組合わせて使用する．それらは組立単位とよばれる．たとえばエネルギーを表すSI単位はジュール（J）であるが，1 J は 1 kg m^2 s^{-2} と定義される．

原則としてSI基本単位を適切に組合わせればいかなる量も表現できるが，実際には多くの単位が従来の習慣として使われつづけている．たとえば時を表す表現では，分，

表1・2 SI単位に使われる接頭語

倍量	名称	記号	分量	名称	記号
10^{24}	ヨタ	Y	10^{-1}	デシ	d
10^{21}	ゼタ	Z	10^{-2}	センチ	c
10^{18}	エクサ	E	10^{-3}	ミリ	m
10^{15}	ペタ	P	10^{-6}	マイクロ	μ
10^{12}	テラ	T	10^{-9}	ナノ	n
10^{9}	ギガ	G	10^{-12}	ピコ	p
10^{6}	メガ	M	10^{-15}	フェムト	f
10^{3}	キロ	k	10^{-18}	アト	a
10^{2}	ヘクト	h	10^{-21}	ゼプト	z
10^{1}	デカ	da	10^{-24}	ヨクト	y

日，年が習慣的に使われており，分をキロ秒で表現することはない．化学実験やガラス容器で取扱う体積（容積）を表すには通常，SI単位の m^3（立方メートル）ではなく L（リットル）や mL（ミリリットル）を用いる．また，化学者は混合物中に含まれるある物質の濃度を表すためにいろいろな単位を使う．金属はしばしば不純物を含み，たんに%（パーセント，百分率）を使ったり，場合によっては ppm（ピーピーエム，百万分率）や ppb（ピーピービー，十億分率）を使うこともある．ppm という単位は百万個の試料中に存在するその物質の個数を表し，ppb は十億個中の個数を表す．数 ppm の不純物がその物質の性能に悪影響を与えることもあるし，逆に意図的に添加して望ましい機能を付与することもある．この章の後半では科学や工学の計算でしばしば必要とされる単位交換を取上げる．

SI単位の多くは徐々に日常でも使われるようになってきたが，温度の単位だけはなじみが薄い．通常はカ氏（ファーレンハイト）あるいはセ氏（セルシウス）の温度を見慣れているだろう．しかし"完全なメートル制"を採用している国々でさえも，天気予報では絶対温度（ケルビン）は使わない．一般に**温度目盛り**（temperature scale）を決める際は，二つの基準となる点の取り方を決めて，それに従って温度計の目盛りをつける．カ氏度（°F）は体温を 100 °F として一方の基準点にした[*14]（カ氏度が提案された当時は測定精度はさほど重要ではなかった）．他方の基準点は，氷の融点を下げるために食塩を氷水に加えて到達できる最低温度を 0 °F とした．そして2点間の温度を 100 等分して目盛りをつけた．カ氏度は現在では水の凝固点を 32 °F，水の沸点を 212 °F と定義している．

セ氏度（°C）も同様に，純水の凝固点を 0 °C，水の沸

[*13] 計算機科学では2のべき乗が重要なので，1キロバイトは実際には1024バイトと定義されている（1024 = 2^{10}）．
[*14] ファーレンハイト（G. D. Fahrenheit）は1714年に水銀温度計を発明した．

点を 100 °C とした．図 1・9 はこれら 3 種類の温度の相対的な関係を示している．セ氏度とカ氏度の温度目盛りを変換する関係式は次式で与えられる．

$$°F = (1.8 \times °C) + 32 \quad (1・1)$$
$$°C = (°F - 32)/1.8 \quad (1・2)$$

しかし，科学的に温度を取扱う際にはもう一つの温度目盛り，すなわちケルビンを使う必要がある．それはなじみやすさよりも数学的な利便性を優先している．ケルビン (K) の目盛りはセ氏度と似ているが，理論的に可能な最低温度は 0 K であるという事実からケルビン温度は使われている．第 10 章で示すように 0 K 以下の温度になることは自然の法則に反することになる．この定義が数学的に重要であることは，式の分母に温度の項を含む公式を用いる際に 0 で割り算することはないことからも確かである．セ氏度とケルビンの変換はよく行われることで，つぎの簡単な関係式で表される．

$$K = °C + 273.15 \quad (1・3)$$
$$°C = K - 273.15 \quad (1・4)$$

工学のある専門分野では，ランキン度 (°R) を使うこともある．これはカ氏度で表した絶対温度目盛である．

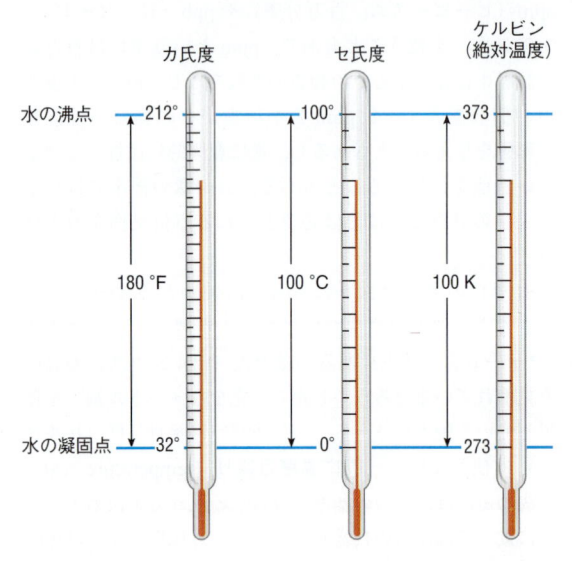

図 1・9 カ氏度，セ氏度，ケルビン (絶対温度) の目盛りの比較．水の凝固点はそれぞれ 32 °F，0 °C，あるいは 273 K と表され，水の沸点は 212 °F，100 °C，または 373 K と表示される．

数値と有効数字

化学の演習問題ではきわめて小さい数字や大きい数字を扱ったりする．たとえば世界中で製造される農薬は何百万 t という量に達する一方で，動物や人に害を及ぼす農薬の残さはほんの数 ng の質量で影響が出る．いずれの数値を扱う際にも**科学的記数法** (scientific notation) が役立つ．科学的記数法は数値の 10 のべき乗の部分を分けて表記する方法で，たとえば 54,000 という数値は 5.4×10^4 と記す．$10^{-x} = 1/10^x$ なので，小さい数値もマイナスのべき乗を用いて記すことができる．たとえば 0.000042 は 4.2×10^{-5} と記す．

自然観察から得られた数値を取扱う際には，有効数字を考慮した正確な値を報告する必要がある．**有効数字** (significant figures) は測定値を考察する際にその数値が何桁まで信頼できるかを表す．"純粋な" 数値を数学的に処理する場合はどれだけの情報が信頼できるかどうかを気にする必要はない．整数 5 を整数 8 で割ると答えは正確に 0.625 であり，四捨五入して 0.6 に丸めることはしない．一方，観察によって得られた数値を報告する際には桁数に注意を払う必要がある．なぜかというと，ある測定値に対して一つの意見だけを認めるかどうかを考えてみればよい．

たとえば，ある年鑑に載っているカナダの人口は 33,507,506 である．ある研究によるとカナダ在住の 24% の人がフランス語を話すとわかっているので，この情報だけから求めるとフランス語を話すカナダ人は 8,041,801 人ということになる．この数値を認めていいのだろうか．もしその数値が約 800 万人だったらどうなるだろう．こちらの方がよりよい数値だろうか．このシナリオは有効数字の大切さを示唆している．24% という数値が正確に 24.000000% であるかどうかはわからないので，8,041,801 という数値は信じがたい．24% の数値は 23.95% かもしれないので，その場合には 8,025,048 が正しい答えになる．この両者の答えから有効数字も考慮して，答えは "約 800 万" とするのが妥当であろう．

このような議論から科学的な観察で報告される数値に対して有効数字 (桁数) を決める規則が定められている．測定値を報告するとき，その各桁の数値が正しいかどうかを考慮して数値を報告する．ただし 0 だけは例外で，それが有効な場合とそうでない場合で特別の規則がある．数値のなかで 0 が占める場所によってそれが決まる．たとえば 51,300 m という測定値の二つの 0 は有効ではないし，0.043 g という測定値の二つの 0 も同様に有効ではない．0 が小数点以下の最後についた場合や他の有効な数値の中間に位置する場合は有効になる．したがって 4.30 mL や 304.2 kg の場合の 0 は有効である．科学的記数法に従って正しく記された数値はすべての桁の数値が有効になる[*15]．例題 1・2 で測定値の有効数字の決め方についてさらに学ぶ．

[*15] 科学的記数法を用いると，示された数値がすべて有効数字なので便利である．つまり小数を表すのに 0 をつける必要がない．

例題 1・2

ある合金が 2.05% の不純物を含んでいる．この値の有効数字は何桁か．

解法 小数点以下に位置する 0 以外の数値は有効数字であるという一般的規則を適用しよう．

解答 この場合は記述された数値はすべて有効なので，この数値の有効数字は 3 桁である．

理解度のチェック つぎの測定値の有効数字は何桁か．

　　　(a) 0.000403 秒　(b) 200,000 g

計算によって求めた値を評価する際にも有効数字を考慮する必要がある．一般的には計算に用いたデータの有効数字に合わせる．前述のフランス語を話すカナダ人の話もこの件で示唆に富んでいる．理由は，その数が約 800 万（8.0 の百万倍，有効数字は 2 桁）であり，フランス語を話す割合である 24% と同じ有効数字（桁数）だからである．以下に計算結果の数字の有効数字を決める三つの規則を記述する．

規則 1：掛け算や割り算を行った際には，得られた計算結果の数値の有効数字は，用いた数値の有効数字のなかで最も少ないものに合わせる．0.24 kg に 4621 m を掛け算すると 1109.04 になるが，有効数字を正しく考慮すると 1100 あるいは 1.1×10^3 となる．0.24 kg の数値の有効数字は 2 桁なので，計算結果も同じく有効数字は 2 桁にすべきである．

規則 2：足し算や引き算の際には，有効数字の桁数でなく，最も不確かな数値の位置に注目する．計算結果（和あるいは差）の有効桁数は最も不確かな数値の桁数に合わせて丸める．足し算や引き算をした測定値の数値が 10 進法で表記した科学的記数法によるもので数値の桁数が同じであれば，計算結果は小数点以下の有効桁数が最小である数値に合わせる．4.882 m に 0.3 m の数値を加算すると，計算結果は 5.182 m と得られるが，計算の答えは 5.2 m とすべきである．加算された数値の最も不確かな数値は 0.3 m の "3" なので，小数第一位で丸める．この場合，小数第二位の数値が 8 であり 5 より大きいので，四捨五入して切り上げる．ほかの丸め方もあるが，本書では 4 以下の数値は切り下げ，5 以上の数値は切り上げることにする．例題 1・3 で有効数字の演習問題を考える．

例題 1・3

有効数字を考慮して以下の数値計算をせよ．ただし値はすべて測定量とする．

　　　(a) 4.30×0.31　(b) $4.033 + 88.1$
　　　(c) $5.6 / (1.732 \times 10^4)$

解法 有効数字に関する規則を確認し，適用する規則を決めて計算を実行し，有効数字に合わせて計算結果を表示する．

解答　(a) $4.30 \times 0.31 = 1.3$
　　　　(b) $4.033 + 88.1 = 92.1$
　　　　(c) $5.6 / (1.732 \times 10^4) = 3.2 \times 10^{-4}$

理解度のチェック 正しい有効数字を使って，次式の計算値を決めなさい．

　　　(a) $7.10 \text{ m} + 9.003 \text{ m}$,　(b) $0.004 \text{ g} \times 1.13 \text{ g}$

上述の規則はほとんどの測定値に対して適用できる．しかし，数えることができる物体を扱う場合は特につぎの規則を考慮する必要がある．

規則 3：離散している物体の数を数えるときは計算結果にあいまいさはない．そのような測定は厳密な数値を使うので，事実上，有効数字は無限になる．1 分は 60 秒とか，1 個の水分子中にある 2 個の水素原子のような情報を使用する必要がある場合には，有効数字には制限がない．SI 単位に含まれているいろいろな接頭語を使う際にもこの決まりが適用されることに注意しよう．1 m は厳密に 100 cm であるから，100 という倍数は計算上，有効数字に何の制限も与えない．

1・5 化学と工学における問題解決

計算はおもに化学演習で役に立つと同時に，実際の世間の関心事や問題解決にも応用できる．そして工学設計は常時，膨大な計算を頼りにしている．本書で紹介する演習形式は化学に特化しているが，工学にも応用できる技術演習を提供する．アルミニウム鉱石に関連した質問は化学者に化学結合の性質を考えさせ，アルミニウムと酸素が強く結合して安定化しているものをどうして切り離すかを問いかける．他方，エンジニアはその鉱石を精錬する際に，必要なときに必要なところに十分な電気を供給する方法に注目するかもしれない．いずれにしろ定量的なまたは数学上の論理を注意深く考える必要がある．

比を使うこと

比はよく見かけるし，よく使用する．車のスピードが毎時何マイルだとか，果物をポンド当たり 1.09 ドルで購入するとかの話をする．ほとんどの場合，直感的に比を使っている．もしもこのような方法を化学観察に応用すれば，正式な規則の数を減らすことができるかもしれない．では，食料雑貨として重さ 5.0 ポンドの袋詰めのりんごを 4.45 ドルで買ったとしよう．ポンドあたりいくら払っただろうか．そんなことは考えないかもしれないが，適切な

比を求めて簡単な算術を行うと答えが出る．

$$\text{価格} = \frac{4.45\,\text{ドル}}{5.0\,\text{ポンド}} = \text{ポンドあたり}\,0.89\,\text{ドル}$$

"あたり"という表記は特定の単位の一つに対して意味する．ポンドあたりの価格は1ポンドの価格であり，時間あたりのマイル数は1時間に旅行する距離を意味する．1という数字は掛け算するのに便利な数である．このように比を出して単純化することでこの種の情報を得ることができる．

袋詰めのりんごに関して，ドルあたり何ポンドのリンゴかという別の比を出すこともできる．

$$\frac{5.0\,\text{ポンド}}{4.45\,\text{ドル}} = \text{ドルあたり}\,1.1\,\text{ポンドのりんご}$$

店では1.1ポンドのりんごを売るわけではないので，この例はさほど便利ではないかもしれない．しかし有益な洞察も得られる．比を形成して指示された数値計算を行えば，分子のどれだけの量が分母の1単位に相当するかがわかる．一般的に，同量のAとBがある（A＝B）とすると，つぎの二つの比を書くことができる．

A/B（どれだけのAがBの1単位に相当するか）
B/A（どれだけのBがAの1単位に相当するか）

例題1・4では化学事情に言及する前に，化学ではない事例を用いて比の問題の解法を考えてみよう．

> **例題 1・4**
> 市販のえびには値札が張ってあり，平均してポンドあたりえび何匹かを示す"個数"が書かれている．大きなえびほど個数は少なくなる．店でえび20匹が5.99ドルで売っているとき，1ダースのえびを買うと何ドルになるか．
> **解法** えび1匹あたりの値段を計算し，それに必要な数を掛けて支払額を求める．
> **解答**
> $$\frac{5.99\,\text{ドル}}{20\,\text{匹のえび}} \times 12\,\text{匹のえび} = 3.59\,\text{ドル}$$
> **解答の分析** 数値の解答を計算で求めたとき，その解答に意味があるかどうか考えてみるとよい．そうすることで計算器のキーの押し間違えや計算方法の誤りに気づくこともあるだろう．この例題の場合，12匹のえびの値段が3.59ドルだとわかっており，20匹の値段に相当する5.99ドルの半額より少し高い．12匹は20匹の半分より少し多いから，この値段は妥当と思われる．
> **理解度のチェック** 農夫が5ガロン入りの缶に入った農薬を1缶あたり23.00ドルで購入する．農地にまく農薬が65ガロン必要だとすると，総額はいくらになるか．また，必要な農薬量が5ガロンの整数倍でない場合はコストはどうなるか．

化学の問題を解くときには測定量の単位が正しい比を導く手助けになることがある．上記の問題の場合，支払額（ドル）を求める代数的判断から単位を考えると，分母に（20と共に）ある"えび"は分子の（12とともに）ある同じ単位と"消去"し合うはずである．

$$\frac{5.99\,\text{ドル}}{20\,\text{匹のえび}} \times 12\,\text{匹のえび} = 3.59\,\text{ドル}$$

この論理は**次元解析**（dimensional analysis）あるいは**因子標識法**（factor-label method）とよばれる．どのような比を使うべきか，次元がヒントを与えてくれる場合がある．この方法が利用できる問題の場合にはそのことを指摘することにする．

化学の計算における比

化学で取扱ういろいろな計算では比をよく使う．工学においても，大きさの異なる単位を互換する際に必ず比が必要となる．例題1・5ではこの種の変換を紹介する．

> **例題 1・5**
> 可視光線は一般に波長で表し，単位は通常 nm（ナノメートル）である．その測定値を計算する際，しばしば m（メートル）の単位で表現する必要が生じる．615 nm のオレンジ色の光の波長は何 m か．
> **解法** nmとmを関係づける比を使って答えを求める．
> **解答**
> $$1\,\text{m} = 1 \times 10^9\,\text{nm}$$
> これは比で表すことができる．nmからmへ変換するので，比の分子にはm，分母にはnmがある必要がある．
> $$\frac{1\,\text{m}}{10^9\,\text{nm}}$$
> そして計算を仕上げればよい．
> $$615\,\text{nm} \times \frac{1\,\text{m}}{10^9\,\text{nm}} = 6.15 \times 10^{-7}\,\text{m}$$
> **解答の分析** 用いた数値の単位をすべて書いてみると，正しい比を使っているか確かめられる．たとえ光の典型的な波長を知らなくても，答えが理にかなっているかどうかを確認できる．nmはmよりもはるかに小さいので，答えとして極小の値が得られたことは正しいと思われる．有効数字を考慮すると，SI単位間の互換は厳密な数値間で行う必要があることに注意しよう．
> **理解度のチェック** 鉱石からアルミニウムを製造する際には，W（ワット）単位で測定される電気量が膨大に使われる．ある製造プラントがある期間に 4.3 GW を使用したとすると，それは何 W か．

このほか比を使う問題で一般的なのは，二つの量が化学的あるいは物理的に関連づけられた性質をもつ場合である．その一例が密度である．密度は単位体積（容積）あた

りの物質の質量で定義される．この定義自体が質量と体積（容積）を変換する比であり，例題 1・6 で取扱う．

例題 1・6

25 ℃ における水の密度は 0.997 g mL^{-1} である．子供の水浴びプールにこの温度の水が 346 L 入っている．プール内の水の質量はいくらか．

解法 密度を比として扱う前に，まず体積を適当な単位で表そう．プールの体積の単位を L から mL に変換して，与えられた密度の値に適用し，答えを導く．

解答 1 L = 1000 mL であるから，1000 mL/1 L により L から mL へ単位が変換される．

与えられた水の密度の値は 0.997 g/1 mL であり，これが体積と質量を関連づけるので，次式により水の質量が求められる．

$$346 \text{ L} \times \frac{1000 \text{ mL}}{1 \text{ L}} \times \frac{0.997 \text{ g}}{1 \text{ mL}} = 3.45 \times 10^5 \text{ g}$$

解答の分析 この答えの大きさを直観的に予測するのは難しいかもしれないが，346 L の水はほぼ 100 ガロンに当たり，かなり重いと思われる．1 ポンドは 454 g に相当するので，答え（3.45×10^5 g）の値は 700 ポンドより重いことがわかる．少なくともこれはもっともらしいと思われる．ここでたとえば mL から L への単位変換の比を逆にして使ったとしたら，答えはちょうど 345 g となり，1 ポンドより少なくなる．これでは明らかに非常に小さいプールの水量となり，答えが間違っていることに気づくだろう．

考察 上記の解法では体積の単位を mL から L に変換し，つぎに密度の関係式から質量を求めるという二つの過程を一つの式として計算し，解答を導いた．学生のなかにはこの二つの過程を分けて計算する者もいるかもしれない．すなわち，その体積が 346,000 mL であることは明らかなので，これに密度の値を掛け算すれば質量を求められるはずだ，という考えである．計算さえ正しく行えれば結果は同じになる．この計算方法を選んだ際は，計算途中の値を四捨五入してはいけないことに注意しよう．四捨五入は最終の計算値に対して行う．

理解度のチェック 液体の農薬の密度が 1.67 g mL^{-1} であるとする．20.0 L の容器を満たしたその農薬液体の質量はいくらか．

化学の計算では頻繁に比を使う．例題 1・6 では組合わせて使う例を示した．連続して掛け算を行う計算方法を会得すれば，化学の多くの問題を解くのに大変役立つ．適切な比を書くのに役立つ指針は使われている単位に注目することである．たとえば，1000 mL と 1 L が等しいということを表すには 2 通りの表記方法，すなわち 1000 mL/1 L あるいは 1 L/1000 mL がある．上記の例ではリットル単位を始めに用いたので，前者（L が分母にくる）を用いたのである．比の取り方に関しては，今後の例題の"解法"の項で考察する．

密度は計算するための比を与えるだけでなく，物質の性質も示してくれる．アルミニウムが建材としてよく使われる理由の一つは，密度が比較的低いからである．設計上強くてしかも軽い材質が要求される場合，アルミニウムは候補になりうる[*16]．§1・6 で自転車のフレームに使われる素材を考える際に，この側面をもう一度取上げる．

概念的化学の問題

数値計算はつねに化学の重要な要素の一つではあるが，分野の一部にすぎない．化学に含まれる概念が理解できているか確かめるため，特別な表現や他の概念に注目した問題を解いてみよう．この種の問題の解法はこれまでに説明したものとはしばしば異なる．

図を使って化学的な概念を視覚化しようとするとき，§1・2 で導入した化学の粒子概念を使うことから始めてみよう．この種の問題では，たとえば水蒸気が凝縮して液体の水になるとき，水分子に起こる事象を図で描写することが求められる．例題 1・7 でこれを考えてみよう．

例題 1・7

ドライアイスは固体の二酸化炭素である．"ドライ（乾いた）"とよばれる理由は，通常の条件下でドライアイスは固体から液体にならずに直接気体になるからである．二酸化炭素の分子は固体のときと気体のときそれぞれどのような状態か，図を描け．

解法 この概念的な質問に答えるには，二つの相（気相と固相）の違いを描かなければならない．図は模式図になるかもしれないが，その違いをはっきり示す必要がある．固体では分子が整然と詰まっており，一方，気体では分子間に十分な空間があることがわかっているので，そのように描く．

解答

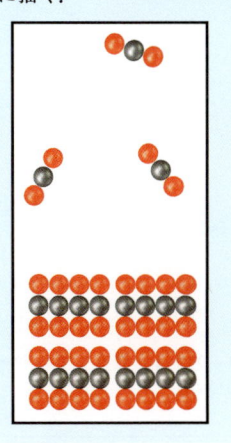

[*16] 密度は浮力を決める際にも重要である．密度が低い物体は密度の高い物体の上に浮く性質がある．

この図はいろいろなことを示唆している．まず2色の球は分子の化学組成である原子を表す．つぎに図の下に描かれている固体の分子配列は整然と層を成し，その上の空間にある分子とは区別されている．最後に，気体分子は数個だけ描かれ，分子と分子の間には十分な空間がある．

考察　この例題のような概念的な質問の答えは，数値解のように厳密ではない．したがって若干違う図でも正しい．図中に描いた気体分子や固体分子の形が上記とまったく同じでなくてもよいが，粒子概念に基づいて気体と固体の基本的な考え方を伝える図である必要はある．

理解度のチェック　水蒸気が凝縮して液体の水になる様子を分子レベルで表した図を描け．

分子や原子のふるまいについて考える際に役立つ手法として，本書ではこの後もひきつづき"事象の概念的なとらえ方"に関する事項を取上げていく．

化学における視覚化

概念的に事象をとらえる際に工学と化学で大きく異なることの一つに，事象を視覚化する方法があげられる．化学では多彩な視覚化手法がある．たとえば，実際は直接見ることができない原子や分子を，球と棒を使った立体図で視覚化することがよくある．この種の大胆な視覚化は，化学を教えるときや学ぶときに大いに役立つ．このような視覚化について，金属アルミニウムの製造を例としてさらに考えてみる．

アルミニウム鉱石の代表的なものであるボーキサイトにおいて，アルミニウムは酸化アルミニウム（アルミナ）の形で岩石中に存在している．金属アルミニウム製造の第一段階は，この酸化アルミニウムを岩石から分離（抽出）する工程である．図1・10に示すように，この工程は実際にはいくつかの段階から成る．第一段階は鉱石の蒸解条件における酸化アルミニウムの抽出である．プロセスエンジニアが設計した蒸解条件における抽出装置（ダイジェスター）中で，粉砕した鉱石を苛性ソーダおよび石灰[*17]と高温で混合し，懸濁液を得る．この過程を原子レベルで視覚化すると図1・11のようになる．ここではアルミナをアルミニウム原子と酸素原子で表し，岩石はすべてシリカとみなしてケイ素原子と酸素原子で表している[*18]．岩石の部分はかなり単純化した表現であるが，地殻の大部分がケイ素と酸素に富んだ組成をもつので，これは妥当な単純

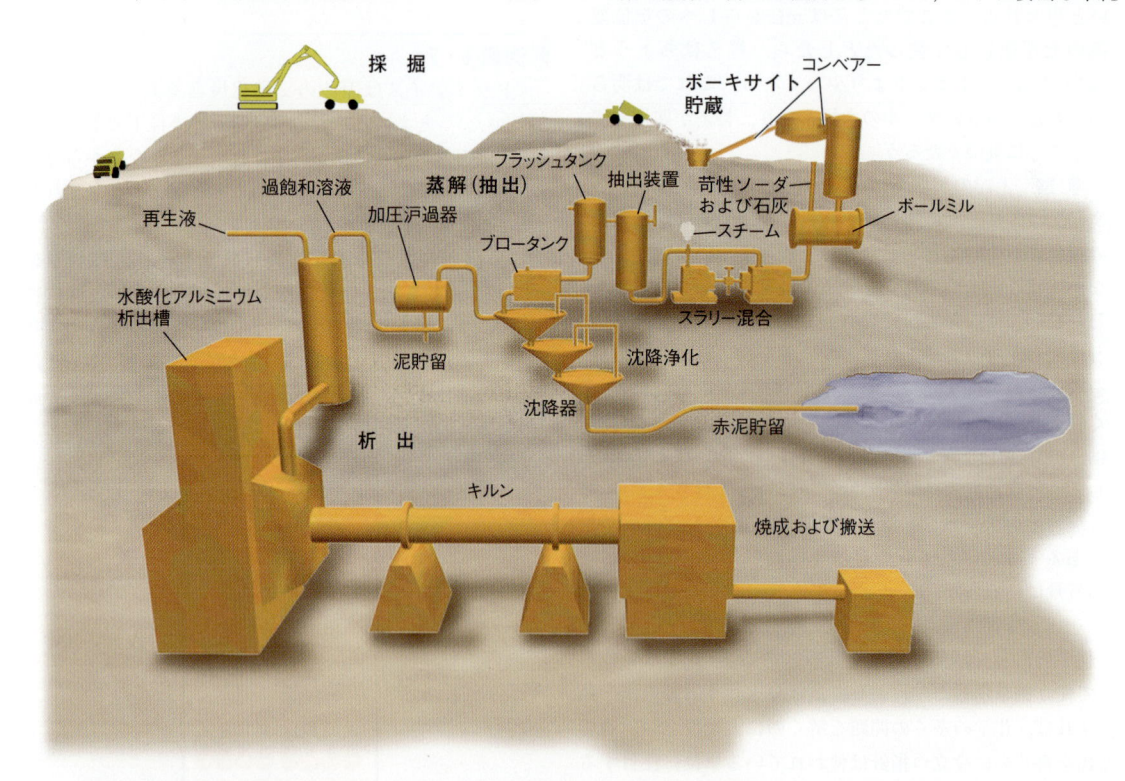

図1・10　アルミナ製造までのボーキサイト処理工程の流れ．［西インド諸島大学の Robert J. Lancashire の作図に基づく］

[*17] 苛性ソーダの化合物名は水酸化ナトリウム，化学式は NaOH である．石灰は酸化カルシウム CaO である．
[*18] 図1・11と図1・12は概念図であり，実際の粒子（原子，分子，イオン）の詳細を忠実に再現したものではない．それぞれの化学工程に関与している粒子の種類を，視覚的に理解するためのものである．

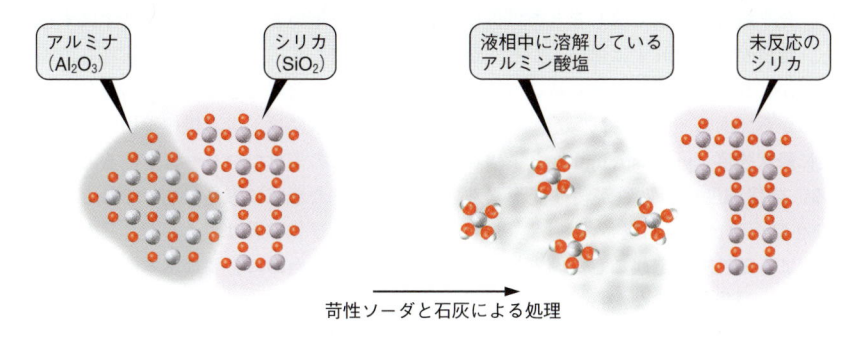

図1・11 蒸解工程においてボーキサイトは苛性ソーダと石灰により処理される．鉱石中のアルミニウムは化学反応により溶解する．それにより，アルミニウムとその他の種々の鉱物から成る不純物とが分離される．

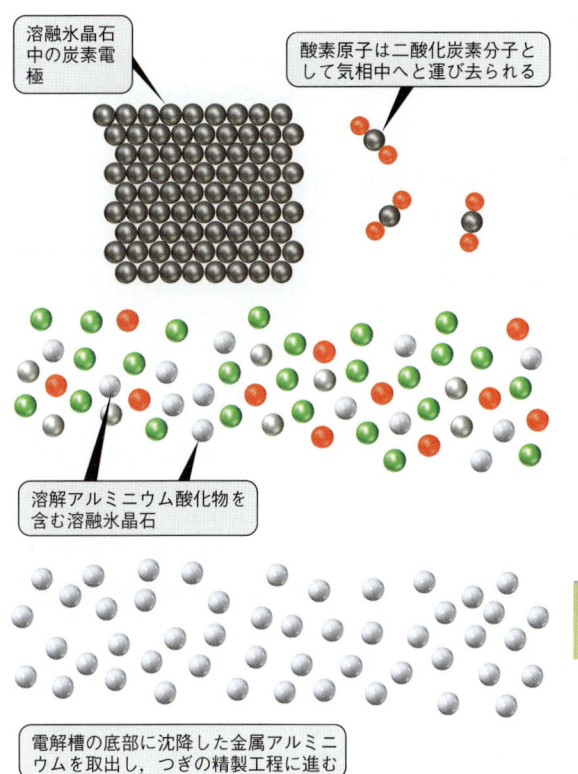

図1・12 アルミニウムの電解精錬を原子レベルで理解するための概念図．

化といえる〔ボーキサイト鉱石には酸化鉄や他の鉱物も含まれているが，蒸解（抽出）の過程においてはシリカとほぼ同様な挙動を示す〕．この図をみると，蒸解（抽出）中にアルミナは苛性ソーダや石灰と反応して液相に組込まれるが，シリカは反応しないことがわかる．このようなやり方で，大規模な工業プロセス装置を眺めながら，頭の中では原子レベルで視覚化された化学反応を思い描くことができる．

水酸化アルミニウムの析出，焼成によるアルミナ精製を経て，つぎに電解精錬の段階へと進む．ここではアルミニウムは高温で溶融した氷晶石（Na_3AlF_6）中にアルミン酸塩の形で溶けているが，電気化学反応により酸素を炭素電極に渡して純度の高いアルミニウム金属となり，同時に二酸化炭素が生成する．この過程を視覚化すると図1・12のように表せる．原子レベルの視覚化の手法により化学反応で原子が組変わる様子を見ることができるが，この過程が実際は巨大なスケールで運転されていることも忘れないでほしい．たとえばアメリカでは年間260万tものアルミニウムが製造されている．

本書ではこれからさまざまな化学の概念について解説していくが，読者が粒子レベルで理解しやすいように，ここで示したような視覚化の手法を可能なかぎり用いる．つぎに，アルミニウムの実生活における利用例として自転車を取上げ，アルミニウムの金属としての性質が自転車という商品の設計とどのようにかかわっているかを考えてみる．

1・6 洞察: 素材の選択と自転車のフレーム

通常の消費者が購入する手頃な価格の自転車の車体（フレーム）は，おそらく鉄合金（スチールすなわち鋼）製であろう．フレームに他の素材を使うと，自転車の性能を向上できるかもしれないが，コストも上がる可能性がある．自転車を選ぶときはまずフレームを設計するエンジニアの考えを理解するとよい．

フレームの素材を選ぶときにエンジニアが考慮しなければならない物性は，強さ（強度），密度（重量に影響を及ぼす）および固さ（剛性）である．密度については説明するまでもないが，強度と剛性については少し説明が必要であろう．剛性は，物質の**弾性率**（elastic modulus）という物性値に関連づけられる．弾性率とは，伸展あるいは圧縮したとき物質がひずむ現象（弾性変形）において，加えた力（応力）をひずみで割った値である．したがって弾性率が高い物質は大きな力を加えてもほとんど伸び縮みしない．このような物質で作ったフレームは剛性が高くなる．

剛性に関する概念は，化学結合について論じるときに再び取上げる．なぜなら，物質が破壊されずに伸びるかどうかは，物質中の原子同士がどれだけ緊密に，強く結びついているかによって決まるからである．

物質の強度は一般に**降伏強度**（yield strength）とよばれる物性値で表される．降伏強度は，物質が塑性変形（破壊）を起こすために必要な力として測定される[*19]．強い素材とは強い力に対しても塑性変形を起こさない素材であり，高い降伏強度をもつ．最後に当然ながらフレームが軽いことは大きな長所であるから，密度の低い素材がもちろん望ましい．

自転車フレーム用に普及している典型的な素材は，アルミニウム，スチールおよびチタンである．表 1・3 にこれらの素材の物性値を示す．

表 1・3 自転車のフレームに用いられる素材の弾性率，降伏強度および密度．

素　材	弾性率[†] 〔Pa〕	降伏強度[†] 〔Pa〕	密　度 〔g/cm³〕
アルミニウム	6.89×10^{10}	$3.4 \times 10^7 \sim 4.1 \times 10^8$	2.699
スチール	2.07×10^{11}	$3.1 \times 10^8 \sim 1.1 \times 10^9$	7.87
チタン	1.10×10^{11}	$2.8 \times 10^8 \sim 8.3 \times 10^8$	4.507

[†]［訳注］原本は単位 psi であるが，国際的に標準的に用いられる単位 Pa に換算して表示した．

この表を見ると，フレームにしたときの性能という観点から，それぞれの物性値がいわゆるトレードオフ（二律背反）の関係にあることがわかる．アルミニウムは軽量（低密度）という利点をもつが，強度と剛性ではスチールとチタンに及ばない．スチールは最も高い強度と剛性をもつが，最も重い．ここで，降伏強度には幅があることに注意しよう．アルミニウムやスチールの強度はその化学組成やフレーム成型時の処理方法によって大きく変わるからである．

もちろん，自転車フレームの設計において，素材の選択以外にもエンジニアが考慮すべきことはたくさんある．たとえば管状のフレームの太さや接合性である．アルミニウムのフレームは一般に，スチールやチタンのものと比べてかなり太く作られている．太いフレームを用いると固い乗り心地となるが，アルミフレームは固すぎて乗り心地が悪いと感じるライダーが多い．一方，自転車走行に特有な力のかかり方に対処するため，最近のフレームでは断面が円ではなく楕円のものが増えている．また競技用自転車では，特殊な素材を使った非常に高価なフレームも使用されている．たとえばスカンジウムを少量含む新しいアルミニウム合金を用いると管径を太くせずにすむため，軽量にできるだけでなく，アルミフレーム特有の固さからくる乗り心地の悪さが改善できる．また高速レース用の空力特性に優れた自転車には，炭素繊維を用いた複合材料が用いられている．この素材でフレームを作ると，空気抵抗を抑えるための特殊な形状に容易に加工できる．

化学および化学者は，エンジニアが新しい素材を開発および利用するために必要な基本的情報を与えるという重要な役割をもつ．化学と工学設計との深いかかわりについて，自転車とアルミ缶を例として述べてきたが，他の多くの身近な製品においても同様である．化学が工学に影響を及ぼしているさまざまな事例について，今後本書のなかで述べていく．ここまでで言えることは，もし軽い自転車フレームを望むなら密度の低いアルミニウムを使うということである．第 2 章ではつぎの段階へ進む．すなわち，原子と分子について詳細に検討し，さらにもう一つの重要な工業素材である高分子について解説する．

問題を解くときの考え方

工学系の学生は大学で学んだ化学の講義が将来役に立つかどうか不安になるかもしれない．本書の各章の最初と最後に掲載している"洞察"の節において，化学の学習内容とそれが工学へ応用される側面との関連づけを行っている．また，この"問題を解くときの考え方"の項においても，化学で学んだ事柄が将来のエンジニアにとってどのように役に立つかを示している．

エンジニアは問題を解決しなくてはならない．実際，本書でいろいろな問題を解決する技術を学ぶことにより，自分の能力を発展させ，多様化することができるようになる．各章の終わりには"問題を解くときの考え方"の項を設けて，その章で学んだ化学問題と問題解決との関連づけを検討する．その際の"正しい"答えは正しい数値を求めることではなく，むしろどうやって問題を解くのか，その解法の方が重要である．

問題 半径 4.00 mm の鉄の球と一辺 4.00 mm のニッケルの立方体の質量はどちらが大きいか．どんな公式が必要で，ほかにどんな情報を調べる必要があるか．

解法 世の中に数多く存在する問題と同様，この質問は答えを導くために必要な情報が不足している．解法を考え出すために，2 種類の物質，鉄とニッケルを比較するにはどうすればよいか考えなければならない．さらに，その 2 種類の物質の質量を比較することが問われている．これが問題解決の糸口になる．与えられた次元（長さ）と知っているかあるいは調べないとわからない公式を使えば，体積（容積）を導くことができる．質量と体積はこの章で学んだように密度を関係づけられ，一般的な物質の密度の値は容易に見つけられるだろう．

[*19] 弾性率や降伏強度などは温度に依存する．特に製品が金属製ではなくプラスチック製の場合，その温度依存性が製品の設計に対して重大な影響を及ぼす．

解答 まず鉄とニッケルの密度を調べる．そして与えられた値を使って2種類の試料の体積を求める．立方体の体積は一辺の長さ (s) の3乗をとって，s^3 で計算できる．一方，球の体積は $(4/3)\pi r^3$ で求められる．密度の値に計算で求めた体積を掛ければ質量が求められるので，密度の値を調べ，計算した体積を用いて答えを導く．

要　約

　化学は物質のサイエンスであり，すべての工学設計は物質と密接にかかわっているので，化学と工学のつながりは多岐にわたる．工学における材料として，まずアルミニウムを取上げ，その役割を探究した．簡単な化学的概念を使って，アルミニウムを高価な金属から一般的な安価な金属に転換できることがわかった．

　経験のある化学者はいくつかの視点で与えられた状況を考察できるという特徴をもっている．考えるべき質問や問題の性質に応じて，物質の物理的な性質と化学的な性質の両方を巨視的（マクロ）レベルあるいは微視的（ミクロ）レベル（粒子概念）で考察することができる．しかも，化学者は化学系で起こっていることをしばしば記号で表記する．このような異なった視点で考えることを習熟することにより，学生はいろいろな化学の問題を理解できるようになる．

　化学は経験に基づいたサイエンスである．物質の理解を深めるためには実験観察が必須である．宇宙を理解するために観察しようとする場合，通常いくつかの段階があり，演繹的推論あるいは帰納的推論，さらには両方を使うこともある．観察した事象にこれらの推論法を適用し，化学現象を理解するモデルを作成する．本書で探ろうとしていることは科学的な方法論によって発展してきたいろいろなモデルや理論を取込むことである．

　理論やモデルを発展させる観察をするには，定量的である必要がある．すなわち，どのようにして観察したかを数値的に評価する必要がある．化学（や他のサイエンス）の発展過程を通して，数値観察の重要性が情報伝達の組織化を生み出した．数値だけでは測定の意味するところをすべて伝えるのは不十分であり，実験観察は測定単位を含むものである．化学や工学の学習では，数値情報をその情報に付随する単位も含めて取扱うことができる能力が重要である．比を取扱うこと，しかもある単位で測定された値を別の関連した必要な単位に変換することは，化学や工学の問題を解く際に必須の能力である．一般的な方法として次元解析やときには因子標識法とよばれる方法を使えば，単位変換をすることができる．

　以上の基本的な考えに従って本書では化学の学習を続けていく．いろいろな視点から問題を検討し，数値情報を引き出し取扱って，究極には宇宙のふるまいの根底にある化学的原理を広範に理解する能力を身につければ，本書のめざすサイエンスと工学のつながりを概観するという挑戦ができるだろう．

キーワード

科学的手法（1・1）
巨視的（1・2）
微視的（1・2）
記号（1・2）
物質（1・2）
物理的性質（1・2）
密度（1・2）
化学的性質（1・2）
燃焼（1・2）
展性（1・2）

相（1・2）
固体（1・2）
液体（1・2）
気体（1・2）
元素（1・2）
原子（1・2）
分子（1・2）
粒子の概念（1・2）
正確さ（1・3）
精密さ（1・3）

ランダムな誤差（1・3）
系統的な誤差（1・3）
帰納的推論（1・3）
演繹的推論（1・3）
モデル（1・3）
理論（1・3）
法則（1・3）
単位（1・4）
国際単位系（SI）（1・4）
百万分率（ppm）（1・4）

十億分率（ppb）（1・4）
温度目盛り（1・4）
科学的記数法（1・4）
有効数字（1・4）
次元解析（1・5）
因子標識法（1・5）
概念的化学の問題（1・5）
化学における視覚化（1・5）
弾性率（1・6）
降伏強度（1・6）

2 原子と分子

概　要

2・1　洞察: 高分子
2・2　原子構造と原子量
2・3　イオン
2・4　化合物と化学結合
2・5　周期表
2・6　無機化学と有機化学
2・7　化合物命名法
2・8　洞察: ポリエチレン

消費財や工業製品に使われているプラスチックは高分子の例である．ここに示した射出成形サンプルは，固い包装材や耐久性商品に用いられる．[写真: ダウケミカル社]

　原子と分子は化学の基本単位である．このことは中学校から習っているだろうから，原子の存在そのものを疑うことはないだろう．しかし，日常生活で原子や分子について考えることなどはめったにないだろう．しかし化学者たちは周りを取巻く世界について何か理解しようとするときは，注意を原子や分子のレベルにまで向ける．したがって，自然を解釈する際に原子や分子のふるまいについて考えることは，化学の学習において重要なことである．確かに，この種の考え方になじむには時間がかかるかもしれない．個々の原子や分子を観察することは難しいので，間接的な証拠から，それらのふるまいを推測しなければならないことが多い*1．化学は，原子と分子をより深く理解することによって，20世紀を通じて大いに成熟した．この章で原子と分子の基礎概念のいくつかを紹介し，先へ進むにつれさらに洗練したものにしていく．

本章の目的

この章を修めると以下のことができるようになる．
- 少なくとも三つの一般的な高分子の名前を言い，それらの用途をあげる．
- 原子，分子，同位体，イオン，化合物，高分子，モノマー，官能基などの用語を自分の言葉で定義する．
- 原子の原子核モデルを説明し，ある同位体の陽子，電子，中性子の数を，その元素記号から特定する．
- ある元素の原子量を，その同位体の質量と存在比から計算する．
- 分子式と実験式の違いを説明する．
- 分子中の原子の数を，その化学式から決定する．
- 周期表の元素の配列を述べ，周期表の有用性を説明する．
- 有機分子の線形構造から正しい化学式を得る．
- 標準化学命名法を用いて単純な無機化合物の名前をその化学式から推定する．またはその逆を行う．
- 異なる形のポリエチレンをあげ，それらの性質や用途と分子構造の関係について述べる．

2・1　洞察: 高分子

　人類の文明や技術の進歩に伴う歴史的な時代区分は，その時代の主要な材料にちなんで名づけられてきた．つまり石器時代の後は青銅器時代，またその後は鉄の時代というように．これらの時代の呼称はずっと後世になって歴史的観点から選ばれたのだから，いまこの時代を名づけようとするのは無理かもしれない．しかし将来の考古学者や歴史学者たちが，20世紀後半と21世紀初頭を高分子時代と名づけるであろうことは容易に想像できる．日常生活で目にする多くのプラスチックや合成繊維は，化学者が**高分子**（polymer）とよぶものの例である．これらの高分子の特

---

*1　走査プローブ顕微鏡法として知られるさまざまな技術により，ある条件下では単一原子の像が得られる．

図2・1 高分子は多くの日用品に適した材料である．左の写真に示したものは高密度ポリエチレンでできている．真ん中はポリスチレン，右の写真にあるのはポリ塩化ビニルでできている．[© Cengage Learning/Charles D. Winters]

性や用途は非常に広範にわたっているので，それらに共通点があることすら気づかないかもしれない．固くて丈夫なプラスチックはパソコンのケースや日常家具などの構造材料としてごく普通に使われている．もっと柔らかくて曲げやすいプラスチックはサンドイッチの袋やサランラップ®になるし，ナイロンやレーヨンといった，じゅうたんや衣服に使われる高分子もある．さらに多くの高分子材料，たとえば多くの防弾チョッキの詰め物に使われるものの類は，軽くて高強度という，通常であれば相反するような性質を兼ね備えている．高分子のこの多様性にはまったく感服するほかない．しかしもし，私たちも化学者たちと同じように高分子を原子・分子レベルでみたならば，それらには多くの共通点があることに気づくだろう．

ギリシャ語の語源をたどると，polymer（高分子）という言葉は，文字どおり"多くの部分"という意味をもつ．この定義から，見かけ上は異なる性質をもつこれらの物質がどんな共通点をもっているのか知る手がかりが得られる．つまり，すべての高分子は非常に大きな分子からできている[*2]．これらの大きな分子は，端と端が結ばれた多くのより小さな分子からできている．この小さな構成分子は**モノマー**（monomer）とよばれ，標準的な高分子は数百あるいは数千ものモノマーから成る．高分子の構成をさらに深くみていくと，モノマーはそれ自身，原子の集合体であることがわかるだろう．しかし高分子は非常に大きいので，多くの場合，原子の集合として考えるよりは，モノマーから成る鎖ととらえた方がよい．

ある特定の高分子の巨視的に観察できる性質は，その構成モノマーの種類，数，結合の仕方に依存する．高分子の性質がいかにその組成に大きく依存するかを示すため，三つの日用品を例にとり，それらをつくっている高分子を調べてみよう．ジュースやシャンプーの入ったプラスチックボトルは，通常ポリエチレンというプラスチックでできている[*3]．ポリエチレン分子はたった二つの元素，炭素と水素とからできている．炭素原子は，互いに結びついて**高分子の主鎖**（polymer backbone）とよばれる長い鎖となっており，その炭素原子それぞれに二つずつ水素原子がついている．図2・2のいちばん上の分子モデルは，ポリエチレン分子の一部を表す．この炭素についている二つの水素のうち一つを，一つおきに塩素原子で置き換えると，

図2・2 ポリエチレン，ポリ塩化ビニル，ポリ塩化ビニリデン分子中の原子の配列を示す模式図．

---

*2 これらの分子はとても大きいので，巨大分子ともよばれる．
*3 ポリエチレンの他の用途については本章の最後（§2・7）を参照されたい．

図2・2の真ん中に示すように，ポリ塩化ビニル（PVC，塩ビ）となる．塩ビでできたパイプは，長年にわたり広く配管に用いられているので，自宅やホームセンターなどで見たことがあるだろう．パイプに使われる塩ビは，察しがつくように，炭酸飲料の容器に使われるポリエチレンよりずっと固くて強い．しかし化学組成や構造は，これら二つの材料でとても似通っている．ここで，塩ビの一つおきの炭素についた残りの水素原子も塩素原子で置き換えてみよう．するとポリ塩化ビニリデンという高分子が得られる．この高分子は，家庭で食べ残しをくるむのに使われる"ラップフィルム"の原料である．

これらの三つの一般的な例は，高分子の物理的性質がその化学組成によりどれほど影響されるかを示している．高分子の世界を順序立てて探検するために，これらの構成要素である原子についてもう少し考えてみよう．

2・2 原子構造と原子量

ポリエチレン，ポリ塩化ビニル，ポリ塩化ビニリデンを比較すると，分子中の原子が何であるかによりその分子特性が大きく影響されることがわかる．そこでまず原子の構造について調べてみよう．そうすれば塩素原子は水素原子とどのように異なるのかという問題に取組むことができる．そのためには素粒子の領域にまでズームインする必要がある．

原子の基本概念

現在の原子構造モデルは，ほぼ1世紀にわたって受け入れられているが，それには偉大な創造性と多くの巧妙な実験が必要であった[*4]．原子は，**電子**（electron）の分散した雲に囲まれた，**原子核**（atomic nucleus）とよばれる小さくて緻密なコアから成る．この原子核は，2種類の粒子，**陽子**（proton）と**中性子**（neutron）から成る．電子と原子核の間には非常に大きな空間があるので，一つの図に拡大して示すことは不可能である．高校の化学か物理の教科書にあるような図に似た，図2・3(a)について考えてみよう．この図は陽子と中性子と電子の相対的位置を示している．しかし，もし陽子と中性子が本当に示した大きさだったら，電子は数百メートルも離れていることになる．この種の図でまねきやすいもう一つの誤解は，電子が原子核の周りを規則正しい軌道に沿って運動しているという描写である．よりよい原子構造モデルでは，電子は，原子核の周りを規則正しく周回している粒子ではなく，原子核を取巻く負電荷の雲であると考えている（図2・3b）．

ここで原子中の陽子，中性子，電子の数に注意を向けよう[*5]．電荷はこれらの数に重要な制約を与える．陽子は正に荷電しており，電子は負に荷電しているが，中性子は荷電していない．原子それ自身も電気的に中性であるので，陽子と中性子の数は，それらの電荷が互いに打ち消し合うようになっていなければならない．物理で電荷のSI単位がクーロン（C）であると習っただろう．実験によれば，陽子と電子の電荷は等しく，符号が反対である．電子はそれぞれ -1.602×10^{-19} C の電荷をもち，陽子は $+1.602 \times 10^{-19}$ C の電荷をもつ[*6]．したがって原子が中性であるためには，電子と陽子の数が等しくなければならない．中性子は電荷をもたないので，中性子の数はこの電気的中性条件には制約されない．後でみるようにほとんどの元素で中性子の数は原子ごとに異なっている．

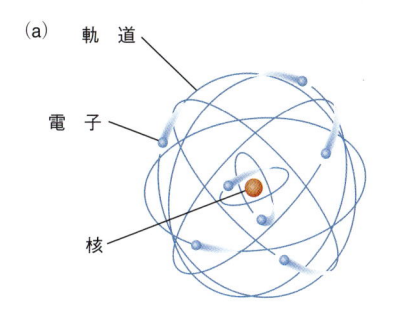

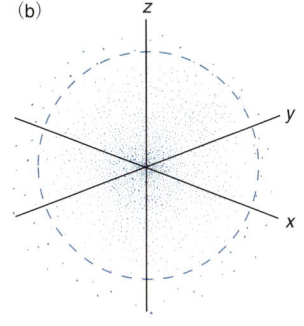

図2・3 原子はしばしば太陽系に似せて描かれる．つまり(a)のように，原子核が中心にあって，電子はその周りを周回している図である．このような描写は陽子，中性子，電子が原子中でどのように分布しているかを強調する助けにはなるが，現在受け入れられている原子モデルを正確に示すことはできない．その代わりに，(b)に示すように，電子を原子核を取囲む負電荷の雲として描く．このような図では，小さな点の密度はある特定の位置に電子を見いだす確率を表す．

[*4] 第6章で原子の構造についてもっと詳しく調べる．
[*5] 陽子と中性子はクォークとよばれるさらに小さな粒子から成る．
[*6] 一般に電荷は，電子の電荷の大きさを単位として表す．そのため，電子の電荷を1−，陽子の電荷を1+と書く．

原子番号と質量数

　ある特定の原子に含まれる陽子の数は**原子番号**（atomic number）とよばれ，元素によって決まっている．炭素原子はほとんどすべての高分子の主鎖を形成しているので，まず初めに炭素原子を考えてみよう．炭素の原子番号は6であり，このことから中性な炭素原子は6個の陽子をもつことがわかる．電気的中性条件より，炭素原子は電子も6個もっている．炭素原子の大多数（およそ99％）は中性子も6個であるが，7個や8個もつ炭素原子もある．同じ元素の原子でも中性子の数が異なるものは**同位体**（isotope）とよばれる．陽子と電子が原子の重要な化学的性質をほとんどすべて決めてしまうので，同位体は一般に化学的に分離することはできない．しかし，同位体が実際存在すること，さらにはその相対存在量も，原子の質量の注意深い測定により実証することができる．

　陽子と中性子はほぼ同じ質量をもつ．それぞれ電子の約2000倍である．したがって原子の質量は原子核に集中している．個々の原子はとても小さくて軽いので，kgやgなどの標準的な単位でその質量を表すのは不便である．代わりに原子スケールにふさわしい単位，**原子質量単位**（atomic mass unit）すなわち **amu** を用いる[*7]．

$$1 \text{ amu} = 1.6605 \times 10^{-24} \text{ g}$$

中性子も陽子も1 amuに非常に近い質量をもつ．中性子の質量は1.009 amu，陽子は1.007 amuである．これに対し電子の質量はたった0.00055 amuしかない．したがって実用上多くの場合，陽子と中性子の数を数えるだけで原子の質量を決定できる．その数はamu単位の質量として十分正確である．このため陽子と中性子の数の合計は原子の**質量数**（mass number）とよばれる．同位体は中性子数の異なる同じ元素の原子であるので，原子番号は同じだが質量数が異なる．

同位体

　これらの同位体の存在はどうしたらわかるだろうか．質量分析計とよばれる最新の装置が直接的な実験的証拠を与える．質量分析計の第一の重要な機能は，原子や分子などの微粒子の流れを取込んで質量に応じて"選別する"ことである（図2・4）．質量選別ができると，つぎの機能は質量選別された粒子の数を正確に測定することである．このデータは，通常"質量スペクトル"として与えられる．スペクトルというときはいつでも，ある変数のある領域にわたって測定が行われたことを意味している．この場合，変数は質量なので，質量スペクトルは検出された粒子の数を質量の関数として表したプロットにすぎない．ある特定の質量の位置にピークがみられるときは，分析した試料にはその質量をもつ何らかの成分が含まれることを意味する．

　図2・5に炭素試料の質量スペクトルの例を示す．グラフを見ると，質量12のところに大きなピークがあることがすぐにわかる．これは6個の陽子と6個の中性子を原子核に含む炭素12（^{12}C）とよばれる同位体を表している[*8]．この同位体は原子質量単位amuを定義するのに用いられている．すなわち，炭素-12の原子は正確に12 amuの質量をもつ．しかしよくこのスペクトルを見てみると，

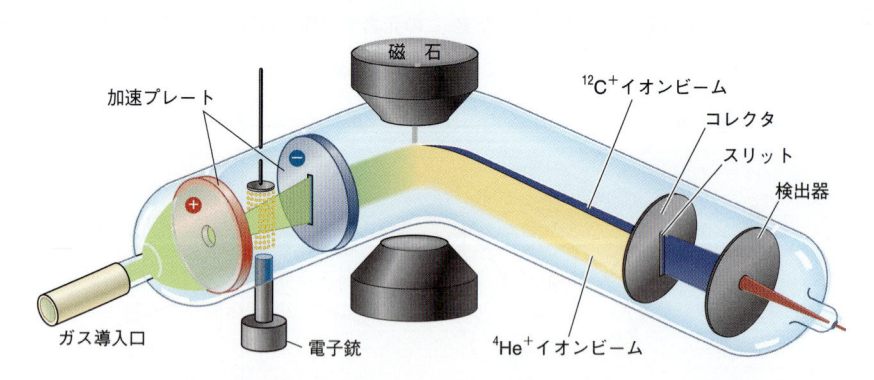

図2・4　ここに示す模式図は質量分析計の機能の主要原理を説明している．分析する気体の流れが左から入り，電子銃がいくつかの原子の電子を奪い，イオンとよばれる荷電粒子とする．これらのイオンビームは電場で右方向へ加速され，磁場中を通過する．この磁場がイオンをその電荷の質量に対する比に応じて偏向させる．電荷が一定なら，軽い粒子ほど偏向の度合いは大きくなる．もしここに示すように試料に ^{4}He$^+$ と ^{12}C$^+$ が含まれていたなら，ヘリウムイオンは炭素イオンよりずっと大きく偏向される．これにより，スリットを使ってある特定の質量電荷比をもつイオンを選別することができ，スリットに入ったイオンは検出器に衝突する．この検出器の電流が，望みの質量電荷比をもったイオンの数に比例するシグナルを生み出し，これが質量分析器へ入れた元の気体分子の量と関係づけられる．

[*7]　［訳注］現在ではamuの使用は推奨されていない．代わりに統一原子質量単位（unified atomic mass unit），uまたはDa（ドルトン）を用いる．なお第14章ではuを用いている．

[*8]　炭素の同位体のうち，^{14}Cは放射性同位体としてよく知られ，その存在度は考古学的試料の炭素年代測定に用いられる．

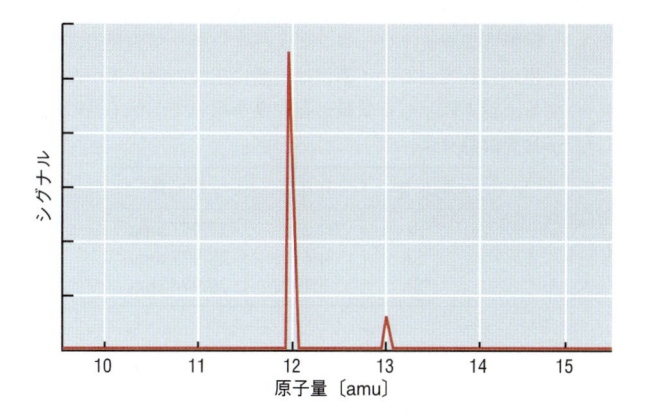

図 2・5 元素状炭素の質量スペクトルの略図. 大きなピークは ^{12}C, その右の小さなピークは ^{13}C である. ^{13}C ピークの大きさはここではいくぶん大きくしてあるが, 実際は ^{12}C ピークの 1/99 になる.

質量 13 近くに中心をもつずっと小さなピークもあることに気づく. これは, 7 個の中性子をもつ炭素-13 という同位体が少量あることを教えている. この二つのピークを比べてみると, 炭素-12 が炭素原子の約 99% を占めると決定できる. もっと正確な測定をすると, 98.93% が炭素-12 で, 炭素-13 は 1.07% しかないことがわかる. 炭素-13 の正確な質量が 13.0036 amu であると決定することもできる. どんな測定試料も, 莫大な数の原子を含んでいるので, 天然に存在するどんな炭素試料中にもこれと同じ割合, すなわち **同位体存在度**(isotopic abundance)が見いだされる.

表 2・1 元素記号が英語名に基づいていないいくつかの一般的元素の名称と元素記号

名　　称	元素記号（名前の起源）
gold（金）	Au (*aurum*)
iron（鉄）	Fe (*ferrum*)
lead（鉛）	Pb (*plumbum*)
mercury（水銀）	Hg (*hydragyrum*)
silver（銀）	Ag (*argentum*)
sodium（ナトリウム）	Na (*natrium*)

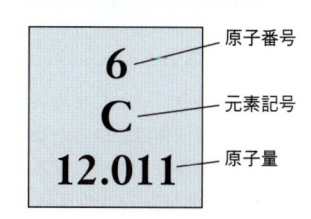

元 素 記 号

いま議論した原子の構造は, 元素記号を用いて科学的省略表現で書くことができる. 一般的には

$$^{A}_{Z}\text{E}$$

のように書くことができる. ここで E は元素の元素記号, 肩つき文字の A は質量数, 添え字の Z は原子番号である. たとえば炭素-12 は $^{12}_{6}\text{C}$ となる.

多くの元素記号が元素の名前に由来している. たとえば炭素(carbon)には C を使う. ラテン語に基づいた元素記号もある. たとえば鉄の元素記号は Fe だが, これはラテン名の *ferrum* から来ている*9. 26 個の陽子と 30 個の中性子をもつ鉄原子は, $^{56}_{26}\text{Fe}$ と表される. 元素記号が英語名に基づいていないいくつかの一般的元素を表 2・1 に示す. 元素と元素記号の完全な表は, 巻末の付録 A にある.

原　子　量

周期表には, いま定義した元素記号や原子番号のような情報が示されている. 周期表にはそれ以外の情報もあり, 一般的には原子量が示されている. 原子量は原子の平均質量を amu 単位で表したものである. 周期表で炭素を調べ

図 2・6 周期表にある炭素の記入項目. 原子番号 (6) と原子量 (12.011) が元素記号 (C) と共に示されている. これ以外の情報を示す表もあるが, レイアウトは表ごとに異なる. しかし一度周期表に慣れ親しんでしまえば, どんなデータが示してあっても容易に読み取ることができる.

ると図 2・6 のように示されている. その原子量は元素記号の下に 12.011 と記されている. しかし炭素-12 の原子 1 個の質量は厳密に 12 amu で, 炭素-13 では 13.0036 amu である. したがって 12.011 という値はいかなる個別の炭素原子の質量でもない. それでは原子量はどのように定義され, また決定されるのだろうか.

原子量はある特定の元素の原子 1 個の平均質量として定義される. 炭素は質量がそれぞれ 12.0000 amu と 13.0036 amu の二つの安定な同位体をもつ. ではその平均質量はなぜ 12.011 で, 12.5 に近い値とならないのだろうか. その答えは, 平均をとるときは, 個々の同位体の相対存在比を考慮しなくてはならないからである. 100 個の原子から成る試料を測定できるとしよう. 同位体存在度に基づく

---

*9 **鉄鋼材料**(ferrous metals)とは, 鉄またはかなりの量の鉄を含む鋼(スチール)のような合金のことをいう.

と，炭素-12 が 99 個と炭素-13 が 1 個だけあると期待される．実際に秤量できる試料には，100 よりはるかに多くの原子が含まれている．最も精密な実験用天秤を使ったとしても，秤量できる最小量は ng，つまり 10^{-9} g ほどである．1 ng の炭素には 10^{13} 個以上の原子が含まれる．このように多数の原子の場合，含まれる個々の同位体の分率が天然の同位体存在度で決定できると仮定してよい．炭素の場合，二つの安定な同位体についてのみ考えればよいので，計算はかなり単純になる．個々の同位体の原子量への寄与を重みづけするためには，存在度を質量にかければよい．

炭素-12 　　$12.0000 \times 0.9893 = 11.87$
炭素-13 　　$13.0036 \times 0.0107 = 0.139$
重みづけされた平均質量 $= 11.87 + 0.139 = 12.01$

周期表にみられる 12.011 という値は，もっと有効数字の多い同位体存在度を使えば得ることができる．

例題 2・1

塩化ビニル (PVC) 中にある塩素は二つの安定な同位体をもつ．質量が 34.97 amu の ^{35}Cl が天然に見いだされる塩素の 75.77% を占める．もう一つの同位体は ^{37}Cl で，その質量は 36.95 amu である．塩素の原子量はいくらか．

解法 原子量を決定するためには，それぞれの塩素同位体の存在度で重みづけして平均質量を計算しなくてはならない．安定同位体は二つしかないので，それらの存在度を足し合わせると 100% になる．したがって与えられた ^{35}Cl の存在度から ^{37}Cl の存在度を計算することができる．

解答 まず，塩素-37 の同位体存在度を計算する．

^{37}Cl の存在度 $= 100\% - 75.77\% = 24.23$ %

これで個々の同位体の原子量への寄与分が計算できる．

^{35}Cl 　　$34.97 \times 0.7577 = 26.50$
^{37}Cl 　　$36.95 \times 0.2423 = 8.953$
重みづけされた平均質量 $= 26.50 + 8.953 = 35.45$

したがって塩素の原子量は 35.45 amu である．

解答の分析 存在度の相対関係に基づけば，この答えが理にかなっているかどうか判定できる．個々の同位体の質量はおよそ 35 と 37 なので，50 対 50 の比なら平均質量は 36 ぐらいになるはずである．しかし実際には ^{35}Cl 同位体存在度の方が ^{37}Cl のそれより大きいので，平均質量は 35 により近くなるはずである．したがって求めた答え 35.45 は合理的であるように思われる．もちろん，周期表を見て答えを確かめてもよい．

考察 元素のなかには安定な同位体を数種もつものもある．しかしその場合も，個々の同位体の質量と存在度を明らかにして同じ計算をすればよい．

理解度のチェック コンピューターチップの製造に広く用いられているケイ素には天然に三つの同位体が存在する．以下に示した質量と存在度を用いて，ケイ素の原子量を計算せよ．

同位体	存在度	質量
^{28}Si	92.2%	27.977 amu
^{29}Si	4.67%	28.977 amu
^{30}Si	3.10%	29.974 amu

2・3 イオン

前節で原子の構成についての考えを展開する際，原子は電気的に中性であるという事実を用いて，陽子と電子の数は等しくなくてはならないと結論した．陽子と電子の数が合わないと，**イオン** (ion) とよばれる正味の電荷をもった種が得られる．そのような種の挙動は原子とは顕著に異なる．

図 2・4 に説明した質量分析計の働きは，その装置が原子をイオンに変える能力に依存する．質量による粒子の選別は一般に荷電粒子の磁場中での挙動に基づいており，粒子を数える検出器は通常イオンのみを検出して中性原子は検出しない．イオンは，多くの化学プロセスにおいても重要な役割を果たすが，そのなかのいくつかは高分子の大量生産において重要である．

イオンが単一原子から得られるとき，それは**単原子イオン** (monoatomic ion) とよばれる．原子団が電荷をもっているときは，**多原子イオン** (polyatomic ion) とよばれる．単原子イオンや多原子イオンは，負の電荷か正の電荷のどちらかをもつ．負に荷電したイオンは**アニオン**（**陰イオン**，anion）とよばれ，陽子より多くの電子を含んでいる．同様に，電子より多くの陽子をもつイオンは正電荷をもち，**カチオン**（**陽イオン**，cation）とよばれる．

イオンを表す記号は原子と同様に書くが，その種のもつ電荷を元素記号の右肩に加えて書く．表 2・2 に単原子イオンの例をいくつか示す．単原子アニオンは -ide で終わる名前をもつのに対し，カチオンは元素名にたんに"イオン"をつけてよぶ．

表 2・2 単原子イオンの例

カチオン名	記号	アニオン名[†]	記号
ナトリウムイオン	Na$^+$	フッ化物イオン	F$^-$
リチウムイオン	Li$^+$	塩化物イオン	Cl$^-$
カリウムイオン	K$^+$	臭化物イオン	Br$^-$
マグネシウムイオン	Mg^{2+}	硫化物イオン	S^{2-}
アルミニウムイオン	Al^{3+}	窒化物イオン	N^{3-}

† ［訳注］一般に日本語で単原子アニオンは"元素名の最初の一文字＋化物"イオンとよぶ．

電荷の挙動と相互作用は物理の重要なトピックスだが，化学の多くの特性について考える基礎も与える．目下の関心事項としては，電荷についての基本知識を二つだけ指摘しておこう．一つめは反対符号の電荷は引きつけ合い同符号の電荷は反発するということであり，二つめは電荷は保存されるということである．これら二つの知識は，化学過程におけるイオンの形成に重要な意味をもっている．まず，電荷は保存されるということから，もし中性の原子や分子がイオンへと変換されるとしたら，何らかの反対符号の粒子（おそらくは電子か別のイオン）が同時に生じなければならない．さらに，反対符号の電荷は互いに引きつけ合うのであるから，中性の原子や分子を一対の反対符号の電荷をもつ粒子へ変えるためには，何らかのエネルギーの投入がつねに必要である．

数学的記述

"異なるものは引きつけ，同じものは斥ける"との記述は，数学的に定量化できる．物理の授業で学んだことを思い出すかもしれないが，**クーロンの法則**（Coulomb's law）は荷電粒子の相互作用を表している．反対符号電荷の引力と同符号電荷の斥力は，ともに一つの簡単な式で数学的に表される．

$$F = \frac{q_1 q_2}{4\pi \varepsilon_0 r^2} \quad (2 \cdot 1)$$

ここで q_1 と q_2 は電荷，ε_0 は真空の誘電率とよばれる定数，r は電荷間距離である．F は電荷のため物体間に互いに作用する力である．この式をみると，両電荷が正であれ負であれ，同じ符号であれば作用する力は正の値となる．反対符号の電荷であれば，その値は負である．これは化学や物理で使われる力やエネルギーについての符号に関する通常の慣例に一致していて，式(2・1)の F が負であれば引力を表し，正の値であれば斥力を表す．

さて今度は二つのイオン間の距離 r の変化による効果について考えよう．もし二つの正に荷電した粒子が初めは非常に離れていた（事実上無限遠）とすると，式(2・1)の分母の r^2 項は非常に大きくなる．これは，力 F が非常に小さく，粒子は互いに大きな相互作用はしないことを意味する．この二つの同符号電荷がもっと近づけられると，r^2 項は小さくなるので正の力はより大きくなる．すなわち粒子は反発し合う．もし何らかの方法で粒子をさらに近づけると，その反発力は増大しつづける．クーロン力のこの距離依存性は，図 2・7 に説明されている．

イオンとその特性

多くの単原子カチオンとアニオンが存在する．これらのイオンは気相中にも存在していて，大気化学で重要なものも多い．しかし最もよくイオンに遭遇するのは，水に溶けた物質の化学を扱うときである．たとえばナトリウム原子は，比較的容易に電子を1個失ってナトリウムカチオン Na$^+$ となる．陽子の数は11のままなので，このイオンはナトリウムのままであるが，ナトリウム原子のようにはまったくふるまわない．フライドポテトのことを考えてみよう．1人前のフライドポテトには大量のナトリウムが入っていて，ナトリウムのとりすぎによる健康への影響に関心が高まっているという話を最近聞いたことがあるだろう．この話は誤解をまねきやすい．なぜならここで"ナトリウム"というのは金属ナトリウムのことではないからである．実際，もし金属ナトリウムをできたてのフライドポテトの上に置いたら，ぱっと燃え上がるだろう！ 食事や健康の話で耳にするナトリウムというのは，実際にはナトリウムイオンであり，これは塩をふりかけたときにフライドポテトに添加される．食塩の過剰摂取は健康問題ではあるが，食塩の発火など心配には及ばない．このようにイオンと原子の間には，少なくともこの場合は，大きな違いがある．

ナトリウムとは対照的に，塩素は電子を1個余分に獲得して塩化物イオン Cl$^-$ となる．塩素のイオンと原子の間にもかなりの違いがある．上で議論した食卓塩は塩化ナトリウムであり，これは塩化物イオンを含む．ナトリウム同様，塩化物イオンはフライドポテトや他の塩味の食品に含まれている．一方，塩素原子は対になって黄緑色の気体，塩素 Cl$_2$ となるがこれは肺を刺激して有毒である[*10]．このイオンの挙動は，中性の原子または分子とは明らかにまったく異なっている．

高分子にもイオンを含むものがあり，多くの汎用プラス

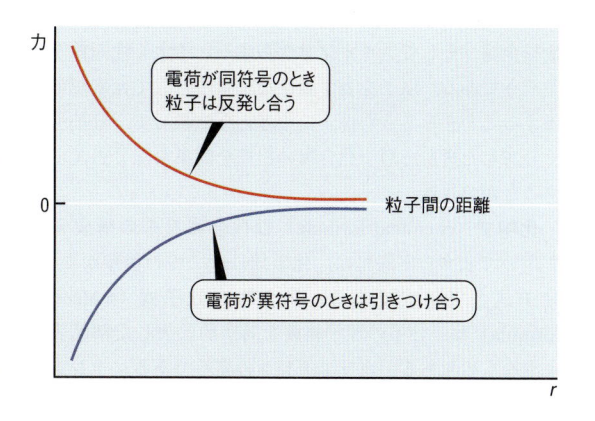

図 2・7 この図は異符号または同符号に荷電した二つの粒子間の距離 r に対して，クーロン力（式2・1）がどのように変化するか示している．電荷が同符号のとき，粒子は反発し合うので力の値は正となる．もし電荷が異符号なら，粒子は引きつけ合い，力の値は負となる．

[*10] 2005年1月のサウスカロライナ州で起こった列車事故での塩素ガスの放出のため，8人が死亡し，多くの住民が数日間自宅からの避難を余儀なくされた．

チックを生産するのに用いられる化学反応においてもイオンは重要である．イオンはその電荷によって，中性の原子や分子よりもしばしばずっと反応性が高い．そのため少量のイオンが，モノマーを結合して高分子を形成する化学反応を開始したり維持したりするためによく用いられる．

2・4 化合物と化学結合

原子の基本的描像は高分子の特性を理解するためのよい出発点である．しかし，高分子の目に見える性質が，その原子や分子構造とどのように関係しているかを理解するためには，原子間の結合について考える必要がある．実際にはどの原子がくっつき合っているのか，そしてどのような種類の結合，すなわち**化学結合**（chemical bond）が関与しているのか．いくつかの用語を定めることから始めよう．それは化合物や化学結合を理解するのに役立つ．

化 学 式

化合物（compound）とは，二つまたはそれ以上の原子が，化学結合によって結びつけられてできた純物質のことである．いかなる化合物においても，原子は一定の整数比で結合している．どのような組合わせで原子が結合するにせよ，結果としてできた物質は，原子が単独で存在しているときとは違った挙動をする．多くの化合物において，原子は結合して**分子**（molecule）とよばれる別個の粒子を形成する．分子は構成原子へと分解することができるが，そうしてできた原子の集まりは，もはや元の分子と同じ挙動はしない．個別の分子を形成せず，膨大な数の原子やイオンが配列したり広く分布した構造から成る物質もある．合金や金属，そして（イオン対から成る）イオン性固体などがそうである．原子を表す簡便な表記法として元素記号が使えることをみてきたが，この考えを拡張して，分子や広く分布した構造をもつ化合物の組成を簡単な記号表記で表すことができる．

化学式（chemical formula）は化合物をその構成元素を用いて表す．実際には，化学式には二つの種類がある．分子式と実験式である．化合物の**分子式**（molecular formula）は，分子の原子組成を効率的に表した部品表のようなものである．ポリエチレンの原料であるエチレンモノマーの分子式は C_2H_4 で，1分子あたり2個の炭素原子と4個の水素原子があることがわかる．**実験式**（empirical formula）からは，含まれる元素の原子数の相対比しかわからない[*11]．エチレンの場合，炭素と水素の比は1：2で，実験式は CH_2 と表される．実験式を扱うときは，そ

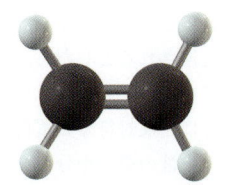

の化合物の個々の分子がどれほど大きいか小さいかについては読み取れない，つまりそれぞれの元素の原子の相対数しかわからないということを理解することが大切である．この事実を強調するため，しばしば添え字の n を式全体につける．エチレンの場合は $(CH_2)_n$ となり，これは個々の分子は CH_2 単位を整数倍含むことを意味している．

エチレン（エテン）
C_2H_4

実験式またはそれを少し変えたものは，特に高分子を扱うときには一般的である．高分子は非常に大きいので，1分子あたりのモノマー単位の正確な数は，一般には特に重要ではない．実際，高分子鎖の正確な長さは，ある特定の試料中の分子ですべて同じなわけではない．普通は，その高分子がどのようにしてつくられたかに依存して，鎖長にはある範囲の分布が存在する．鎖長がある合理的な範囲内であれば，その高分子の巨視的な性質は実質的に影響されない．したがって，高分子の化学式は実験式に似た式で表されることが最も多い．それぞれのモノマー分子に由来する繰返し単位がカッコ内に書かれ，添え字の n をつけて個々の分子中にはこれらの単位が多数あることを強調する．ポリエチレンの場合，化学式は $-(CH_2CH_2)_n-$ のように書く．ここで横棒はこれらの単位が端と端でつながって高分子の長い鎖をつくり上げることを強調するために加えられている．最も一般的なポリエチレンの場合，モノマー単位の数（すなわち n の値）は数万のオーダーである[*12]．§2・1で述べた他の高分子にも同様の式を書くことができる．

| ポリ塩化ビニル | $-(CH_2CHCl)_n-$ |
| ポリ塩化ビニリデン | $-(CH_2CCl_2)_n-$ |

つぎの四つの決まりを覚えれば，この本で必要となるほとんどの式を書ける．

1. 物質中の原子の種類を元素記号で書く．
2. 化合物中のそれぞれの原子の数を，元素記号の右に添え字として示す．たとえばエチレンの化学式 C_2H_4 はそれぞれの分子が2個の炭素原子と4個の水素原子を含むことを示す．
3. 原子団はカッコを使って表すことができる．このカッコの外についた添え字は，カッコ内に含まれる原子は

[*11] §3・5では実験データから化合物の実験式を求めるやり方を学ぶ．
[*12] §2・8で鎖長の大きな変化がポリエチレンの特性にどう影響するかもっと詳しくみる．

2・4 化合物と化学結合

すべて，添え字で示された数の倍だけあることを意味する．

4. **水和物**（hydrate）とよばれるある種の化合物の場合は，水分子だけを別に示す．

例題 2・2 は，化学式を，これらの決まりのいくつかを逆に使って解釈するやり方を示す．

例題 2・2

一般に，大量のモノマーをたんに混ぜただけでは高分子は得られない．重合を始めるには<u>開始剤</u>または<u>触媒</u>とよばれる添加物が必要である．塩化ジエチルアルミニウム $Al(C_2H_5)_2Cl$ という重合触媒があるが，この化合物 1 分子中にそれぞれの原子はいくつあるか．

解 法 式中の添え字は分子中に各原子がいくつあるか示している．カッコは原子団を表し，カッコにつけられた添え字は原子団中のそれぞれの原子にかかる．

解 答 $Al(C_2H_5)_2Cl$ のそれぞれの分子中には，1 個のアルミニウムと 1 個の塩素と 2 個の C_2H_5 基がある．C_2H_5 基はそれぞれ 2 個の炭素原子と 5 個の水素原子を含む．C_2H_5 は二つあるので，これらの数に 2 をかけると，炭素原子は 4 個，水素原子は 10 個となる．

考 察 $Al(C_2H_5)_2Cl$ を $AlC_4H_{10}Cl$ と書いた方が，存在する原子の数はわかりやすいかもしれない．この時点ではこの方が簡単だと感じるかもしれないが，$Al(C_2H_5)_2Cl$ と書くことにより，原子の結合の仕方についていくつかの付加的情報が得られる．具体的にいうと，炭素原子と水素原子は二つの C_2H_5 基として並んでいて，そのそれぞれがアルミニウム原子についていることが示されている．後に，この C_2H_5 基は<u>エチル基</u>とよばれることを学ぶ．

理解度のチェック 2,2′-アゾビスイソブチロニトリルというかなり印象的な名前の化合物は，ポリ塩化ビニルを含むいくつかの高分子の重合を開始するために使われる．その分子式が $C_8H_{12}N_4$ だとして，この化合物 1 分子にそれぞれの原子はいくつあるか．この化合物の実験式はどうなるか．

化 学 結 合

原子は化学結合を形成して化合物となる．数種類の異なる化学結合があるが，その区別がつくようになれば，多くの物質の化学的性質をいくらか理解する助けになるだろう．

すべての化学結合には二つの共通点がある．第一に，すべての結合は，電子の交換または共有を伴う．この本で化学反応や分子特性について調べるときは，しばしばこの概念に立ち返ることになるだろう．第二に，この電子の交換や共有により，原子が別個のときと比べてその化合物のエネルギーは低くなる．化学結合は，関与する原子が結合して総エネルギーが低くならないかぎり形成されないし，されたとしてもつかの間しか存在しないだろう．

化学結合は大まかに三つに分類される．イオン結合，共有結合，金属結合である．ある種の化合物は，**格子**（lattice）とよばれる広がった配列を形成する反対符号イオンの集まりから成る．これらの化合物中での結合は**イオン結合**（ionic bond）とよばれ，その構造中ではある物質は電子を失ってカチオンとなり，また別の物質は電子を得てアニオンとなる．これは異なる物質間の電子移動とみなすことができる．図 2・8 は，イオン性化合物である NaCl についてこの概念を示す．

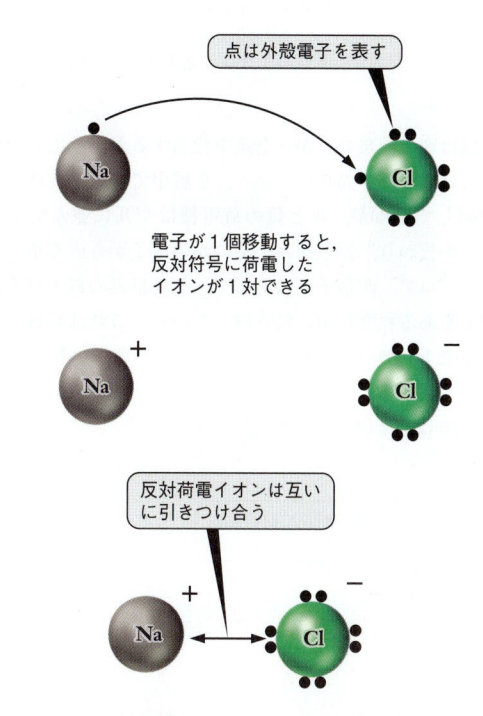

図 2・8 1 個の電子がナトリウム原子から塩素原子へ移動して，1 対のイオン（Na^+ と Cl^-）になることを示す概念図．電子移動が起こると，クーロン力によりこれらのイオンは引きつけ合う．

イオン性化合物は，広がった構造，すなわち図 2・9 に示すような正と負の電荷が交互に並んだ格子を形成する[*13]．NaCl という化学式はナトリウムと塩素が 1：1 の比で存在することを正しく示しているが，NaCl という個別の分子とみなすことは実際にはできない．イオン性化合物について話すときは，この区別を強調して，分子ではなく**式単位**（formula unit）ということがある[*14]．式単位とは，イオン性化合物中の原子を最小の整数比で表したものである．

[*13] 格子はしばしば立方体として描かれるが，実際には 17 種もの異なった格子があり，すべてが立方体というわけではない．
[*14] ［訳注］このような場合，日本語では一般的に**組成式**（composition formula）という語が用いられる．

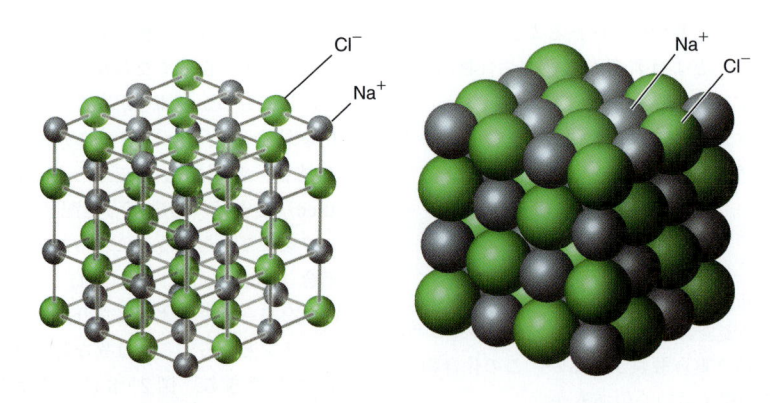

図 2・9 NaCl 結晶構造が二つの異なった表示で示されている．どちらの図でも緑の球は塩化物イオンを，灰色の球はナトリウムイオンを表す．左の図はイオンの位置を強調し，右の図はイオンの相対的な大きさをよく表している．巨視的な塩の結晶ではさらに多数のイオンが加わり，この構造が同じパターンで広がっている．

　金属は別の種類の広がった系を代表するが，そこでの化学結合はまったく異なっている．金属中でも原子は格子状に配列しているが，正と負の荷電種は交互に並んでいない．その代わり，原子核といくつかの電子から成る正に荷電した"コア"が格子点にあって，それ以外の電子がその配列中をある程度自由に動き回っている．これは**金属結合**（metallic bond）とよばれる．この場合，電子は物体の中を容易に動けるので，金属結合は電気伝導性をもたらす．図 2・10 は，金属結合の概念図である．

電子は通常 2 個 1 組で共有される．2 個（ときには 4 個または 6 個）の電子が二つの原子核の間にあって共有される結果，原子核間に引力をもたらす．高分子の長い鎖は共有結合でできていて，そこでは電子が隣合った炭素原子間で共有されている．水や二酸化炭素やプロパンといったもっと小さくてなじみのある分子は，よりわかりやすい例である．以上 3 種の化学結合は第 7 章と第 8 章で，より詳細に議論される．

原子核と内殻電子が正に荷電した"コア"を与える

外殻電子は正に荷電したコアを取巻く負電荷の"海"を形成する

水，H_2O

二酸化炭素，CO_2

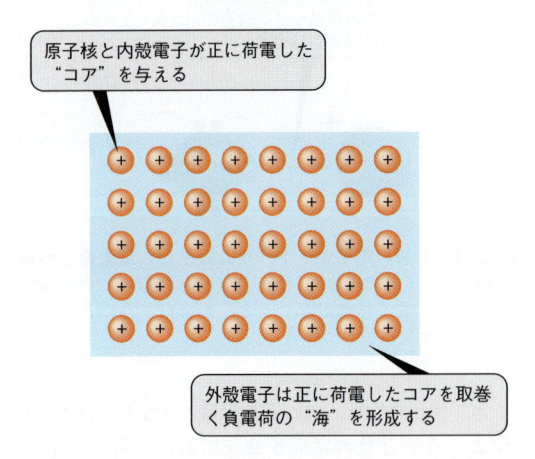

プロパン，C_3H_8

図 2・10 金属結合のこの簡単な概念図においては，各金属原子は 1 個またはそれ以上の電子を可動性の"電子の海"へと提供する．電子はこの"海"を自由に動けるので，金属は電気を流すことができる．この図で青い領域は可動（すなわち"非局在化"）電子を表し，赤い円は正に荷電した個々の原子の"コア"を表す．

　電子が一方から他方へ供与されたり，格子全体を動き回ったりするのではなく，対となった原子間で共有されると，**共有結合**（covalent bond）となる．共有結合では，

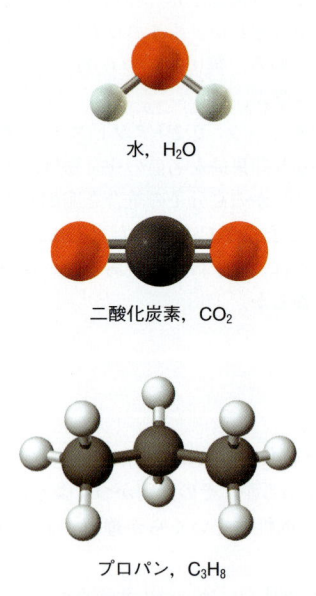

　高分子は，モノマーが連続して付加して特徴的な長い主鎖を形成することでできている．モノマーを互いに保持する結合も，各モノマー単位内の原子間の結合も，共有結合である．しかし，高分子を成長させるのに必要な反応を開始したり維持するために用いる多くの化合物において，イオン結合は重要である．

2・5 周期表

化学の最もわかりやすい道具の一つは**周期表**（periodic table）である．それはほとんどすべての化学教室で目立つ場所に貼られ，多くの化学者たちはその職業を誇らしげに示すように周期表が描かれたTシャツ，ネクタイ，マグカップなどをもっている．なぜ化学者たちは周期表をそれほど重視するのだろうか．ひとたび慣れ親しむと，周期表は元素の挙動に関する情報の宝庫であり，それらを原子番号順かつ化学的挙動によりグループ分けして整理してあることがわかる．熟練した化学者なら，周期表の位置だけで元素の特性がおおよそわかる．

今日では，さまざまな用途を示す特性に応じて色分けされ，芸術的に描かれた周期表を購入したりダウンロードしたりすることができる．しかし，科学における多くの発展と同様，周期表としていま認められているものが生み出されたときは，かなりの論争があった．多くの科学者たちは，元素を並べるさまざまな仕組みを考え出した[*15]．しかしながら，元素に関する理解を整理しようとするこれらの試みは，あまり評判がよくなかった．ニューランズ（John Newlands）が1866年に行った提案は，元素を音階になぞらえて八つにグループ分けしようとするものであった．このアイデアはある学会で文字どおり笑いものにされ，ある批評家は皮肉たっぷりに，"どんな配列でもたまたま合うことはあるのだから，もうアルファベット順は試したのかい"と尋ねた．

19世紀の科学界の懐疑主義にもかかわらず，元素を配列する努力は続けられた．数多くの観察が，当時知られていた元素のふるまいに，ある規則性すなわち**周期性**（periodicity）があることを示唆していた．1869年までにロシア人科学者メンデレーエフ（Dmitri Mendeleev）は，彼の最初の周期表を出版し，**周期律**（periodic law）を列挙した．元素は，適切に並べると，その化学特性に規則的，周期的変化を示す．メンデレーエフの研究で最も重要で印象深いのは，彼が未知の元素の存在を予言したことである．彼は，彼の提案した周期表中の，未知の元素が収まるであろう位置を空欄にしておいた．のちに，空欄に当てはまる元素が確認されると，科学界はメンデレーエフの研究を認めた．周期律の発見と周期表の構成は，化学の歴史のなかでも最も重要で創造的な洞察の一つである．メンデレーエフより前の時代では，化学者は各元素の性質を個別に学ばなければならなかった．つぎつぎと多くの元素が発見されるにつれ，それはますます気が遠くなるような作業となった．周期表は，化学的，物理的特性によって元素を簡単に視覚的に体系づけることにより，化学の研究が急速に発展するのを助けた．

周期と族

現代の周期表は，元素を，二つの方向すなわち**周期**（period）とよばれる表の横の行と，**族**（group）とよばれる縦の列へ同時に配列する．"周期"という用語は，一つの行を動くにつれて元素の多くの重要な性質が系統的に変化するので用いられている．図2・11 は，すべて固体状態の元素の密度を，原子番号に対してプロットしたものである．グラフから，密度は極小と極大を繰返すかなり規則的なパターンで変化していることは明らかである．密度の変化が，周期表中の位置とどのように相関しているのかを示すために，この表ではデータ点に異なる色を使っている．それぞれの色は周期表中の周期（行）を表す．周期表

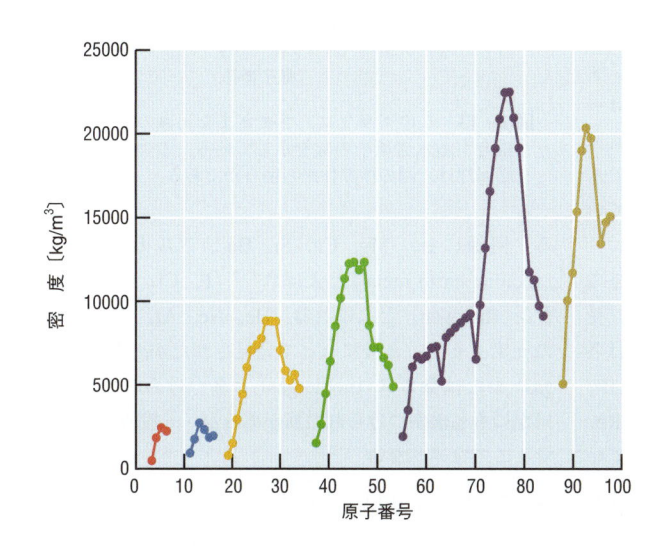

図 2・11 元素の固体状態での密度が，原子番号に対してプロットされている．ここで密度は $kg\,m^{-3}$ の単位である．さまざまな色は，周期表の異なる周期（行）を表す．各行を動くと，同じパターンが繰返されることに注意しよう．すなわち，密度は行の左端（1族）で低く，行の左から右へ表を横断すると，増大して極大値に達し，その後また低下する．（通常の条件下で固体として存在する元素のみ示した．）

[*15] 周期表をつくり出す過程で続いた困難の一つは，原子量の決め方に関する論争であった．原子量を計る基準がなかったので，科学者たちは元素を"順に"並べるのにさまざまな結論を導き出した．

1																	18
H	2											13	14	15	16	17	He
Li	Be											B	C	N	O	F	Ne
Na	Mg	3	4	5	6	7	8	9	10	11	12	Al	Si	P	S	Cl	Ar
K	Ca	Sc	Ti	V	Cr	Mn	Fe	Co	Ni	Cu	Zn	Ga	Ge	As	Se	Br	Kr
Rb	Sr	Y	Zr	Nb	Mo	Tc	Ru	Rh	Pd	Ag	Cd	In	Sn	Sb	Te	I	Xe
Cs	Ba	La	Hf	Ta	W	Re	Os	Ir	Pt	Au	Hg	Tl	Pb	Bi	Po	At	Rn
Fr	Ra	Ac	Rf	Ha	Sg	Ns	Hs	Mt									

Ce	Pr	Nd	Pm	Sm	Eu	Gd	Tb	Dy	Ho	Er	Tm	Yb	Lu
Th	Pa	U	Np	Pu	Am	Cm	Bk	Cf	Es	Fm	Md	No	Lr

図 2・12 図 2・11 のデータがここでは別の形で示されている．周期表の各欄の色は各元素の密度を示し，色が濃いほど密度が高い．密度の一般的傾向は，一つの行または列を左右・上下に動いてみると明らかである．

中の元素は原子番号順に並んでいるので，この図の各区分を横断するのは，周期表の対応する行を左から右へ移動することに対応する．容易にわかるように，このように行を移動すると，元素の密度は小さい値から増大して極大値に達し，その後また減少する．図 2・12 は同じ密度のデータを各元素の欄に色をつけることで表したものである．この表示は，元素の密度が周期表の各行に沿っていかに規則正しく変化するかをはっきりと示している．

周期表のなかの元素の性質には大きな幅があるが，同じ列の元素は似た性質である．ほとんどの元素は水素と結合して化合物をつくることができるが，図 2・13 はその水素原子の数を示す．原子番号にしたがって規則的に変化することから，これは周期的な性質であることがはっきりとわかる．族（列）が同じ元素は，同じ数の水素原子と結合する．たとえばフッ素，塩素，臭素は 1 個の水素原子と結合するが，これらはすべて同じ族に属している．

この種の化学的類似性の一部は周期表が組まれるときの根拠に用いられたので，いくつかの族は周期表が一般に受け入れられる前に知られていた．それらの元素の族には名前がつけられたが，それはいまでも使われる．たとえば，いちばん左端の列の水素を除く元素（Li, Na, K, Rb, Cs）は**アルカリ金属**（alkaline metal）として知られてい

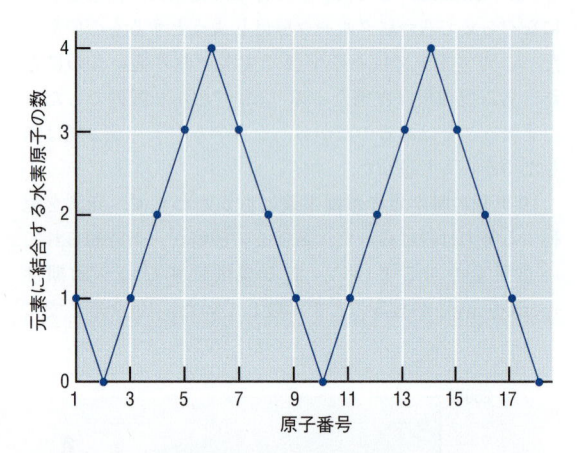

図 2・13 このグラフは，さまざまな元素の原子 1 個が結合する水素原子の数を示している．この化学特性の周期性は，図の循環性から明らかである．

る．同様に Be, Mg, Ca, Sr, Ba は**アルカリ土類金属** (alkaline earth metal) とよばれ[*16]．F, Cl, Br, I は**ハロゲン** (halogen) とよばれる．He, Ne, Ar, Kr, Xe は他の元素よりずっと後になって発見されたが，**希ガス** (rare gas) または**貴ガス** (noble gas) と名づけられている[*17]．ほかにも名前がつけられた族があるが，一般的ではないのでここでは述べない．

---

* 16 ［訳注］わが国では従来，Be と Mg は一般にアルカリ土類に含めていないが，IUPAC では 2 族のすべての元素をアルカリ土類金属としている．
* 17 希ガス元素は完全に非反応性と考えられていたので，かつては不活性ガスとよばれていた．いまでは数種の希ガス化合物が知られているので，不活性という言葉はもはや使われない．［訳注］IUPAC は "noble gas（貴ガス）" の使用を推奨しているが，本書ではわが国で一般的な "希ガス" をおもに用いる．

周期表の他のところにも名前がある．表の左側の二つの族と，右側の六つの族の元素は，まとめて**典型元素**(representative element) または**主族元素**(main group element) とよばれる*[18]．周期表の真ん中にあって，典型元素を二つの部分に分けている元素は，**遷移元素**(transition element) とよばれる．たとえば鉄は遷移元素である．表のいちばん下にある元素は**ランタノイド**(lanthanoid, 原子番号 57 のランタンにちなんで名づけられた) と**アクチノイド**(actinoid, 原子番号 89 のアクチニウムにちなんで名づけられた) とよばれる．

これらの名前に加えて，数種の族番号が使われてきた．現在での慣習では，左から右へ順に 1 から 18 まで番号をつけることになっている．たとえば C，Si，Ge，Sn，Pb を含む族は 14 族とよばれる．

金属，非金属，半金属

元素は**金属**(metal)，**非金属**(nonmetal)，**半金属**(semimetal) に分類することもできる*[19]．この場合でも，周期表は元素を都合よく配列しているので，元素をこれらの分類の一つに簡単に当てはめることができる．

元素のほとんどは金属である．周期表でのそれらの一般的位置は，図 2・14 の周期表の色分けからわかるように，左と下の方である．金属には多くの化学的および物理的類似性がある．物理的には金属は光沢があり，展性と延性(引き延ばして針金にできる) がある．電気伝導性もあるので，電線はつねに金属で作られる．化学特性も金属を識別するのに用いることができる．たとえば，金属元素は，ほとんどの化合物中でカチオンになる傾向がある．

非金属は周期表の右上部を占める．非金属は金属より少ない．しかし元素の相対的重要性を考えると，非金属の方が生き物の化学において重要な役割をしている．人間の体をつくり上げている分子の大部分は，非金属元素である炭素，水素，酸素，窒素，硫黄そしてリンのみから成る，またはそれらを主成分とする．これまであげた例からもわかるように，高分子もほとんど非金属元素だけからできている．金属元素とは対照的に，非金属元素は光沢も，展性も延性もなければ，電気の良導体でもない．これらの物理特性により，金属と非金属を区別することができる．

上述の物理特性に基づいて，ある元素が金属か非金属かを決めるのは，簡単なことに思えるかもしれない．しかし，ある種の元素は金属とも非金属とも容易には分類できない．たとえば，ある物質が電気を通すか通さないかという質問には，イエスかノーでは答えられないことがある．この二つの分類の間にはっきりとした境界をひく方法がないので，科学者たちは中間的な場合を半金属とよぶことにした．周期表で半金属は，図 2・14 に示すように，斜めの線に沿って集まっている．このように分類すると，融通が利いて便利であり，また，周期表を横や縦にたどっても元素の性質は急には変わらず徐々にしか変わらないこともよく表している．

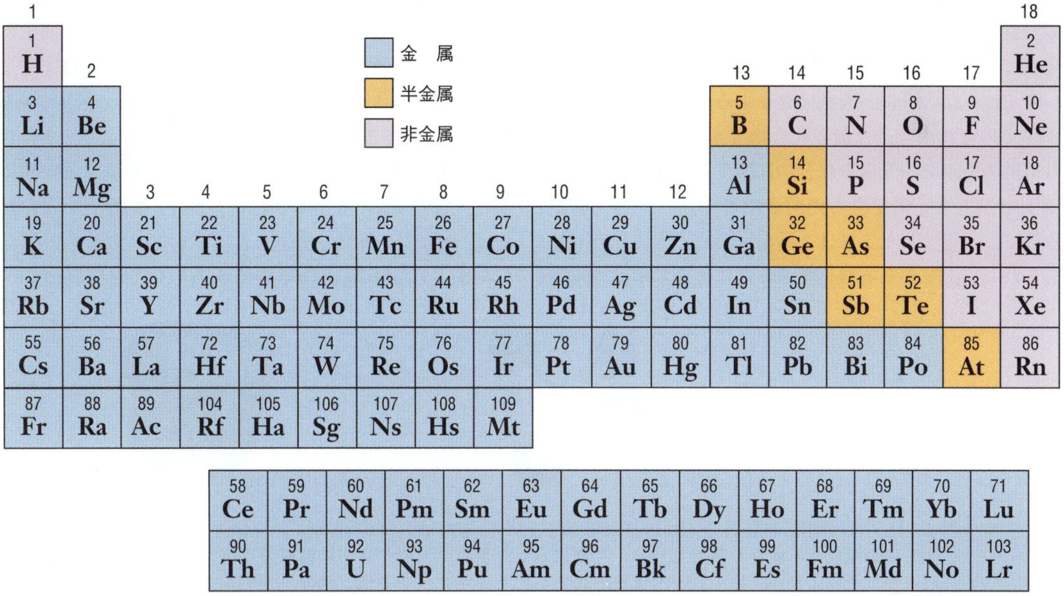

図 2・14 この周期表では，各元素を金属，非金属，半金属に色分けしている．金属は左と上に，非金属は右上にまとまっていることに注意しよう．

---

*[18] [訳注] IUPAC の勧告により，水素を除く主族元素を主要族元素とよぶ場合もある．
*[19] 周期表を順にたどっていくと，原子の性質は急にというより徐々に変化する．このためこれらの分類の境界にはあいまいなところがある．

これまで述べてきた高分子はすべて炭素をもとにしている。その主鎖は炭素原子だけでできている[20]。周期表の同じ族の元素は同じような化学的性質をもっているから、14族の炭素のすぐ下にある、ケイ素に基づいた似た高分子もつくれるのではないかと思うかもしれない。ケイ素樹脂として知られるケイ素に基づいた高分子は確かに存在する。しかしそれらは重要な点で炭素の高分子とは異なっている。ケイ素原子間に共有結合はできるのだが、炭素原子間の結合ほど強くないのである。それゆえケイ素原子の鎖は10原子ぐらいの長さになると不安定になってしまい、ポリエチレンに対応するケイ素高分子はつくることができないのである。ケイ素樹脂の主鎖は、ケイ素だけではなく、ケイ素と酸素が交互に並んでいる。Si–O結合は十分強いので鎖が非常に長く成長できる。ケイ素に原子や原子団がつくとこの高分子の性質は変化する。つくることのできる高分子は炭素の高分子ほど多様ではないが、ケイ素樹脂は、グリース、コーキング剤、撥水剤、界面活性剤などとして広く使われている。

2・6 無機化学と有機化学

工学がさまざまな専門に分類できるのとちょうど同じように、化学もまた、いろいろな分野の集合体とみなすことができる[21]。化学の最も基本的な二つの領域は、**有機化学**（organic chemistry）と**無機化学**（inorganic chemistry）である。これらの名称は、一時、有機化学が生物の化学として定義されたという事実に基づいている。もっと近代的な定義では、有機化学は炭素化合物を研究する学問である。すでにみたように、天然に存在する生体分子やほとんどすべての合成高分子は炭素化合物である。無機化学は、それ以外のすべての元素や化合物に関する学問である。炭素は100以上も元素を含む周期表中たった一つの元素であるので、一見するとこれは奇妙な区別のように思われるかもしれない。しかし有機化学は非常に豊かで多様で重要なので、実際には有機化学者の方が無機化学者より多い。本書では重要な化学原理を簡潔に概観することを意図しているので、興味のほとんどは分子の挙動一般に集中して、これらの分野のどちらにも深入りはしない。この節では有機化学と無機化学の類似性と相違のいくつかを簡潔に述べ、本書を進むにあたり必要となる専門用語と表記法を紹介する。

無機化学 ── 主族元素と遷移元素

多くの無機化合物は、元素が共有結合で結ばれた比較的小さな分子として存在する。一つの例は四塩化ケイ素 $SiCl_4$ で、これは半導体の製造に重要な用途がある。図2・15は、$SiCl_4$ をいくつか視覚的に表示しているが、これを使って原子が実際にどのように配列して分子となっているか説明できる。四つの塩素原子が中心のケイ素原子を取囲み、各塩素はケイ素と一対の電子を共有している[22]。

ケイ素と塩素はどちらも主族元素で、それぞれ周期表の14族と17族に属する。前節で述べたように、同じ族の元素は似た化学特性を示す傾向がある。たとえば、ひとたび $SiCl_4$ が存在することがわかれば、同じ族同士の別の組合わせでも似た化合物がつくられるのではないかと期待できる。そしてこの予測は正しい。$SnCl_4$ や CF_4 といった化合物は実際に存在するし、図2・15の $SiCl_4$ と同じような構造と結合をもっている。

主族元素のほかの化合物には、図2・9の NaCl のようにイオンから成る広がった構造を形成するものがある。しかし上の例と化学結合の種類は違っても、同じ族同士の別の元素の組合わせで、同様の化合物が存在するはずだと容易に予測することができる。周期表から、ナトリウムは1族、塩素は17族であるとわかる。したがって、これらの列の元素の別のペアでもイオン性固体を形成すると期待できる。この予測も正しい。LiCl、NaF、KBr といった化合物は、NaCl に類似の構造をもっている。これらの似た化合物が存在する理由は単純である。1族の金属はすべて

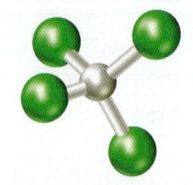

図2・15 この図は、$SiCl_4$ を三つの描写で示している。左の図では、各原子は元素記号で表され、記号間の線は化学結合を表している。左端に示した構造で、黒塗りと縞模様の三角は、塩素原子の一つは紙面より前に出て、一つは後ろにあることを示す。中央は"球棒"モデルで、各原子は球で、結合は球を結ぶ棒で示されている。右は空間充填モデルで、原子は互いに強く重なり合った球として示されている。どれも一般に使われているが、それぞれに長所と欠点がある。

---

[20] タンパク質は主鎖に炭素、酸素、窒素が含まれる天然高分子である。タンパク質の主鎖に特有の原子配列はペプチド結合とよばれる。
[21] 化学をいくつかの分野に分けることは歴史上行われてきた。化学の最新研究は、複数の分野の境界領域で生まれている。
[22] 化学結合と分子の形については第7章で詳細に学ぶ。

2・6 無機化学と有機化学

1+ の電荷をもつカチオンとなり，7族の元素はすべて 1− の電荷をもったアニオンになるからである．これらのどのカチオンも，どのアニオンとも 1：1 の比で結合して中性の化合物をつくることができる．

ほとんどの遷移元素は異なる電荷をもつ複数のカチオンを形成できるので，その化学は主族元素よりいくぶん複雑である．鉄は一般に二つの異なる単原子カチオン，Fe^{2+} と Fe^{3+} を形成する．結果として鉄は，1族元素より多様な化合物を形成できる．塩素と結合して $FeCl_2$ か $FeCl_3$ のどちらかを形成できるが，これらの化合物はかなり異なった物理的性質をもつ（図 2・16）．おもに複数のカチオンを形成できるという理由で，遷移元素の化学的性質は，族が変わっても急には変化しない．たとえば周期表中の位置によらず，ほとんどの遷移元素は 2+ のカチオンを形成できる．したがって，単純に族の数に基づいた予測は，典型元素の場合ほど信頼できない．遷移元素とその化合物について考えるときは，各元素の個別の化学的性質に頼らなくてはならない．

塩化鉄(Ⅲ), $FeCl_3$
（ここでは試験管の底に固体として生成している）
橙褐色，密度 2.90 g cm^{-3}，融点 306 ℃

塩化鉄(Ⅱ), $FeCl_2$
緑黄色，密度 3.16 g cm^{-3}，融点 670 ℃

図 2・16 遷移元素は，一般的には 2 種以上のカチオンを形成するので，多様な化学的性質をもたらす．たとえば鉄は，2+ と 3+ の電荷をもつカチオンを形成するので，塩素と二つの異なるイオン性化合物を形成できる．$FeCl_2$ と $FeCl_3$ は，異なる外見と性質をもつ．

有機化学

すべての有機化合物は炭素骨格をもつ．有機化合物によくみられる他の元素には，水素，酸素，窒素などがある．このように元素の種類は少ないが，18,000,000 を超える有機化合物が存在する．この莫大な数の化合物は，炭素自身の化学のいくつかの例外的な特徴から生じる．最も重要なことは，炭素原子は容易に結合し合って鎖となり，きわめて長くなるまで成長できることである．本章で議論してきた高分子の多くは，数千個もの炭素原子を含む．さらに，これらの長い鎖は 1 本のものもあれば何箇所かで枝分かれしているものもある．そして最後に，炭素原子同士が結びつくときには，三つの異なるやり方，すなわち 2 個の電子を共有して一つの電子対をつくる場合，4 個の電子を共有して二つの電子対をつくる場合，さらに 6 個の電子を共有して三つの電子対をつくる場合がある．これらの因子が総合した結果，炭素は莫大な数の化合物を形成することができるのである．

有機化合物の多様性は，いくつかの課題ももたらす．たとえば，いくつかの異なる化合物が同じ分子式をもっていても，原子の結合の仕方によって性質が異なることは珍しくない（このような化合物は異性体とよばれる）．したがって有機化学者は，分子式によるばかりでなく，原子の配列に関する重要な情報も伝えられるやり方で，分子を描かなくてはならないことがよくある．これは，図 2・15 でみたような種類の構造式を用いることでも可能である．しかし有機化学はしばしば非常に大きな化合物や複雑な構造を取扱うので，そのやり方では少々やりにくい．そこで **線形構造**（line structure）として知られる簡単な表記法が，有機化合物を単純に明確に表す最も一般的な方法として登場してきた．この線形構造は，構造式の変形版である．構造式と同様に，原子間の結合を線で表すが，多くの元素記号は省略される．有機化合物は炭素原子に基づいているため，炭素原子の記号 C を書かないことで，線描をよりすっきりさせる．さらに，有機化合物はたいてい多くの水素原子を含んでいるので，炭素原子に直接結合した水素原子の記号 H も書かない．炭素に直接ついていない水素と，炭素と水素以外の元素記号だけが書かれる．以下に構造式と線形表記の関係を例を使って説明する．

例題 2・3

ポリメタクリル酸メチルはアクリルガラス（プレキシガラス®）として広く知られている．そのモノマー，メチルメタクリル酸の構造式を下に示す．対応する線形構造を書け．

解法 この構造を，すべての炭素原子と，炭素に直接結合した水素原子の記号を取除くことで，線形表記に変える．炭素原子への結合または炭素原子間の結合は残すので，炭素原子の位置は線の交差点か線の端である．炭素と水素の間の結合は省略する．

解答 まず，水素原子はすべて炭素に直接ついているので，その記号と結合を取除く．

つぎに，炭素原子の記号を取除いて，結合を表す線はそのまま残す．こうして線形構造の最終形が得られる．

考察 この線形構造は元の構造式よりずっとコンパクトである．熟練した化学者なら，記号が示されていない原子の位置はすぐわかる．

理解度のチェック 一般的なプラスチックであるポリスチレンのモノマー，スチレンの構造式を下に示す．これを線形表記に変えよ．

本書ではこれから線形構造表記を用いるが，薬の処方箋についてくる情報シートといったほかのところでもこの表記に出会うかもしれない．多くの場合，分子構造を決定するにはその線形構造を解釈する必要があるので，それを系統的に行う方法をつくっておかなくてはならない．構造式を線形構造表記へ変形するのに用いた規則に加えて，化学結合に関する二つの重要な一般則を導入する必要がある．

1. 有機分子中の水素原子は，1個の別の原子と1個の共有結合しか形成しない．
2. 有機分子中のすべての炭素原子は，つねに厳密に四つの共有結合を形成する．

これら二つの事実を合わせることにより，線形構造に明示されていないすべての炭素と水素を記入することができる．まず，線の交点や線の端に炭素を置く．それから各炭素の結合数が4になるように水素原子を加える．

例題 2·4

ポリフェニレンオキシドとよばれる耐熱性プラスチックは，GE のノリル® として知られる樹脂の主成分であり，パソコンのケースや自動車のダッシュボードなどに広く用いられている．下の線形構造は，ポリフェニレンオキシドをつくるモノマー，2,6-ジメチルフェノールを表す．2,6-ジメチルフェノールの分子式を示せ．

解法 まず，あてはまる場所に炭素原子を書き込む．それから水素原子を必要に応じて加える．原子がすべて特定されたら，それらを合わせて必要な構造式とするのは容易であろう．

解答 線の端または線の交点に炭素原子を置く．

つぎに各炭素に示されている結合の数を数える．もしその数が3以下なら，4になるのに必要なだけ水素原子を加える．

これですべての原子が明示された．全部数え上げると，分子式は $C_8H_{10}O$ となる．

考察 この構造の環に含まれる二重線は二重結合を表し，そこでは2対の電子が二つの原子間で共有されている．炭素原子を置くとき，二重線を一本線のときと同じように扱ったことに注意しよう．すなわち，各交点は，何本の線が集まっていようとも，1個の炭素原子がそこにあることを表している．

理解度のチェック かつてポリビニルピロリドンはヘアスプレーの製造に使われたが，いまでも合板を貼り合わせるのりに使われている．ビニルピロリドンモノマーの線形構造を下に示す．対応する分子式を求めよ．

官 能 基

莫大な数の有機化合物があることを考えると，それらの化学を理解するために何らかの系統的な方法が必要であるのは明らかである．有機化学者にとって最も重要な概念の一つは，原子がある特定の配列をとると，いつも同じような化学特性を示す傾向があるという考えである．そのような原子の配列は**官能基**（functional group）とよばれる．

最も単純な官能基の一つで，多くの重合反応で重要なものは，二重結合で結ばれた一対の炭素原子である．もしこ

の二重結合が単結合に転換すると，各炭素原子は別の原子と新しい結合をつくることができる．このように，炭素-炭素二重結合の特徴的反応は，分子へ新しい原子や原子団が付け加わる**付加反応**（addition reaction）である[*23]．線形構造だと C=C 基はすぐわかるので，付加反応が起こりやすい場所を見つけることができる．

最も単純な有機化合物は**炭化水素**（hydrocarbon）であり，炭素と水素のみを含む分子である．炭化水素の水素原子を一つ以上官能基で置換すると，より複雑な分子ができることは想像できる．水素原子をたとえば-OHで置換した化合物は，集合的にアルコールとよばれる[*24]．-OHの存在はこの種の分子に，元の炭化水素よりはるかに水と混ざりやすくなるといった，ある種の特性を与える．しばしば，官能基の概念は，化学式の書き方に影響する．もしアルコールの化学式を-OHを強調して書くならば，この基があることがわかりやすくなるだろう．したがって，最も簡単なアルコールであるメタノールの化学式は，ほとんどの場合 CH_4O ではなく CH_3OH と書かれる．同様に，エタノールは一般に，C_2H_6O ではなく C_2H_5OH と書かれる．他の一般的な官能基を表 2・3 に示す．

2・7 化合物命名法

元素は限られた数しか存在しないが，それからつくられる化合物の数は実際上無限である．このつくりうる分子の数の莫大さを考えると，化合物に系統的に名前をつける方法が必要である．その命名方式は，その規則を知っている人ならその系統名がわかればどんな化合物でもその構造を描くことができるように定義されていなければならない．この分子の命名法は，**化合物命名法**（chemical nomenclature）とよばれる．ここではまずこの方法の基本的前提のいくつかを確立し，あとで新しい状況や新種の化合物が出てきたときに，必要に応じてこの最初の規則を補うことにする．

表 2・3 いくつかの一般的な官能基

官能基	化合物の種類	例
C=C	アルケン	エチレン（エテン）
—C≡C—	アルキン	アセチレン
—X (X = F, Cl, Br, I)	有機ハロゲン化合物	メチルクロリド
—OH	アルコール，フェノール	エタノール，フェノール（ベンゼノール）
C—O—C	エーテル	ジエチルエーテル
N	アミン	メチルアミン
—C(=O)OH	カルボン酸	酢酸
—C(=O)N	アミド	アセトアニリド
—C(=O)H	アルデヒド	ホルムアルデヒド
—C(=O)—	ケトン	メチルエチルケトン

 [*23] 高分子の製造における付加反応の役割は §2・8 で調べる．
 [*24] -OH を含む有機化合物がすべてアルコールというわけではない．たとえばカルボン酸は-COOHを含む．

二 元 系

2種類の元素だけを含む化合物は**二元化合物**（binary compound）とよばれる．たとえば Fe_2O_3 は二元化合物である．このような化合物はたくさんあるが，便宜上その結合傾向によって分類することができる．たとえば，共有結合で結合した二元化合物を命名するときは，イオン性化合物に名前をつけるときとは少し異なった規則がある．これはすなわち，ある化合物がイオン性か共有結合性かを，化学式から判断できることが重要だということである．これは，化学式の扱いになじめばもっと簡単にできるようになる．ある元素が金属か非金属か認識することから始めるのがいいだろう．二つの非金属が化合すると，通常，共有結合性化合物を形成する．しかし金属と非金属が化合すると，しばしばイオン性化合物ができる．表2・5と表2・6に示すような一般的な多原子イオンを知ることも役に立つ．これらのイオンがあるということは化合物がイオン性であるという印である．

共有結合性化合物の命名

特定の元素の組合わせから，いくつかの異なる化合物ができることがある．たとえば窒素と酸素は，NO, N_2O, NO_2, N_2O_3, N_2O_4, N_2O_5 を形成するが，どれも観察するに十分安定である．したがって，命名法ではこれらの異なる分子が区別できることが肝要である．これをするために，命名法では，存在する各元素の数を明示するのに接頭語を用いる．表2・4に，数を表すギリシャ語が元になった，1から10までの接頭辞を示す．

二元化合物では，分子式に初めに出てくる元素は，その化合物名でも初めにくる．その初めの元素はフルネームのままであるが，2番目の元素は最後を接尾辞 -ide で置き換えて表す．どちらの元素にも，数を表す接頭辞を前につけるが，最初の元素が1原子の場合はモノ（mono-）はつけない．このやり方の例を例題2・5でみてみよう．

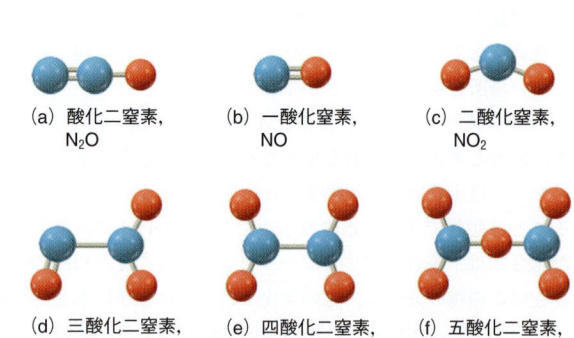

(a) 酸化二窒素, N_2O
(b) 一酸化窒素, NO
(c) 二酸化窒素, NO_2
(d) 三酸化二窒素, N_2O_3
(e) 四酸化二窒素, N_2O_4
(f) 五酸化二窒素, N_2O_5

窒素は酸素と多くの二元化合物をつくる

例題 2・5

つぎの化合物の系統名は何か．

(a) N_2O_5 (b) PCl_3 (c) P_4O_6

解法 最初の元素はフルネームのままで，2原子以上あれば接頭辞をつける．2番目の元素は語幹だけ残して -ide をつけ，原子の数を表す接頭辞をつける．［訳注］日本語名では以下のようになる．二元化合物では，分子式での元素の順と，その化合物名での順は一般に逆になる．式中初めの元素はフルネームのままであるが，2番目の元素は最後に"化"をつけて表す．どちらの元素にも，数を前につけるが，最初の元素（名前では2番目）が1原子の場合は一はつけない．また，○○化となる場合，元の元素名の後の部分が省略されている．酸素，窒素，塩素などの場合はそれぞれ"素"をとって酸化，窒

表2・4 1から10までのギリシャ語の接頭辞

数	接頭辞
1	モノ
2	ジ
3	トリ
4	テトラ
5	ペンタ
6	ヘキサ
7	ヘプタ
8	オクタ
9	ノナ
10	デカ

表2・5 一般的なカチオン

ナトリウムイオン	Na^+	カリウムイオン	K^+
マグネシウムイオン	Mg^{2+}	カルシウムイオン	Ca^{2+}
鉄(Ⅱ)イオン	Fe^{2+}	銅(Ⅰ)イオン	Cu^+
鉄(Ⅲ)イオン	Fe^{3+}	銅(Ⅱ)イオン	Cu^{2+}
銀イオン	Ag^+	亜鉛イオン	Zn^{2+}
アンモニウムイオン	NH_4^+	オキソニウムイオン	H_3O^+

表2・6 一般的なアニオン

ハロゲン化物イオン	F^-, Cl^-, Br^-, I^-	硫酸イオン	SO_4^{2-}
硝酸イオン	NO_3^-	水酸化物イオン	OH^-
リン酸イオン	PO_4^{3-}	シアン化物イオン	CN^-
炭酸イオン	CO_3^{2-}	炭酸水素イオン	HCO_3^-

化，塩化となり，硫黄の場合は硫化となる．

解　答　(a) 五酸化二窒素（dinitrogen pentoxide），(b) 三塩化リン（phosphorus trichloride）（注意：これは三塩化一リンとはいわない），(c) 六塩化四リン（tetraphosphorus hexoxide）（注意：penta- の a，hexa- の a は，発音しやすいようにここでは落ちている．）

理解度のチェック　以下の化合物名は何か．

(a) CS_2　(b) SF_6　(c) Cl_2O_7

イオン性化合物の命名

図 2・16 に以前示した塩化鉄は，二元イオン性化合物の例である．イオン性化合物は中性でなければならないので，イオンの正電荷と負電荷はつり合いがとれていなくてはならず，したがって分子式は一つだけ可能である．それゆえ，名前のなかで電荷の一つが明らかになっていれば，式全体がわかる．命名法の規則では，完全な式を示すために，正に荷電した粒子，カチオンについて十分な電荷情報を明らかにすると明記している．1種類の電荷しかとらない族もあるが，化学の初心者にとっては不運なことに（鉄を含む 8 族のように）二つ以上の可能性がある族もある．

最も一般的なカチオンを表 2・5 にまとめて示す．1 族の金属はすべて 1+ の電荷をもち，2 族は 2+ の電荷をもつことに注意しよう．命名法は，化学者によって化学者のために設計されたので，この種の事実情報は知っているものと仮定している．したがって命名法は，つねに同じ電荷をもつ族の電荷は表示しない．しかし遷移元素の電荷をみてみると，それらはしばしば 2 種類のカチオンをもち，3 種以上の場合さえある．そのような場合には，元素名の後ろにカッコをつけ，その中にローマ数字を使ってカチオンの電荷を示す．たとえば，Fe^{2+} は鉄（Ⅱ），Fe^{3+} は鉄（Ⅲ）という名である．古い命名法では，かつて接尾辞を使ってこれらのイオンを区別していた．小さい方の電荷のイオンの名前には -ous が最後につき（鉄の場合は ferrous で，語幹の ferr は鉄を意味するラテン語からきている），大きな電荷の方には -ic がつく（鉄の場合は ferric）．本書ではこの方式はとらないが，実験室の試薬にはこのような古い名前がついているかもしれない．

単原子アニオンを形成する元素をすでにいくつかみてきた．最も一般的なのはハロゲンである．いくつかの多原子イオンも本書でしばしば出てくるだろう．本文中に出てくる最も一般的なアニオンを表 2・6 に示した．

単原子アニオンの命名における慣習は，上述の共有結合性分子の場合に似ている．すなわち，元素名の語幹に -ide をつける．たとえば，Cl^- は chloride〔塩化物（イオン）〕，Br^- は bromide〔臭化物（イオン）〕などである．そこで $FeCl_2$ と $FeCl_3$ の名前は，iron(Ⅱ)chloride〔塩化鉄(Ⅱ)〕と iron(Ⅲ)chloride〔塩化鉄(Ⅲ)〕となる．

多くの化合物は表 2・6 に示したような多原子アニオンを含んでいる[*25]．ほとんどの場合，これらの**多原子イオン**（polyatomic ion）の名前は，系統的な命名法により得られるというより，暗記されている．しかし，酸素ともう一つ別の元素を含む多原子アニオン，**オキソアニオン**（oxyanion）には，一つの系統だった命名法がある．オキソアニオンの名前のもとは，酸素ではない方の元素の名前で与えられる．もしその元素と酸素の組合わせが二つある場合は，より多くの酸素をもつ方に接尾辞 -ate を付け，少ない方に -ite をつける．4 種類のオキソアニオンが可能な場合は，最も酸素が多いものに接頭辞の per- と接尾辞の -ate をつけ，最も少ないものには hypo- と -ite をつける[*26]．塩素は四つのオキソアニオンをつくる典型例で，それらの名前を表 2・7 に示す．

表 2・7　塩素のオキソアニオン

ClO^-	次亜塩素酸イオン（hypochlorite）
ClO_2^-	亜塩素酸イオン（chlorite）
ClO_3^-	塩素酸イオン（chlorate）
ClO_4^-	過塩素酸イオン（perchlorate）

正負イオンの名づけ方がわかれば，イオン性化合物の名前は，たんにその二つの名前を合わせるだけでできる．カチオンが，化学式でも化合物名でも初めにくる．例題 2・6 にイオン性化合物の名前の決め方を数例示す．（訳注：この場合も，日本語名ではカチオンが後にくる．）

例題 2・6

つぎのイオン性化合物の名前を決めよ．

(a) Fe_2O_3　(b) Na_2O　(c) $Ca(NO_3)_2$

解法　構成イオンの名前をまず決めなくてはならない．必要なら，アニオンがカチオンの電荷についてヒントを与える．

解　答　(a) 表 2・6 で気づくように，これらの化合

[*25] 一般に，多原子イオン内の原子間結合は共有結合である．
[*26]［訳注］オキソアニオン（オキソ酸）のわが国での慣用名は，中心元素（この場合は塩素）の酸化数で決められており，塩素の酸化数は上から順に +1，+3，+5，+7 である．"亜" は酸化数が低いこと，"次" はさらに低いことを，"過" は酸化数が高いことを意味する．

物中で酸素はつねに 2− のイオンである．したがって，式単位中の三つの酸化物イオンには全部で 6− の電荷がある．それゆえ，二つの鉄イオンは合わせて 6+ の電荷をもたなくてはならないので，各鉄から 3+ 必要である．したがって名前は酸化鉄(III)である．

(b) 1 族のナトリウムはつねに 1+ の電荷をもち，酸素はいつでも 2− である．それゆえ名前は酸化ナトリウムである．ナトリウムは 1 種類しかイオン電荷をもたないので，ローマ数字は必要ない．

(c) カルシウムは 2 族の元素でつねに 2+ の電荷をもつ．NO_3^- は硝酸イオン (nitrate) と一般によばれる多原子アニオンである．したがって名前は硝酸カルシウム (calcium nitrate) である．

理解度のチェック つぎのイオン性化合物に名前をつけよ．

(a) $CuSO_4$ (b) Ag_3PO_4 (c) V_2O_5

本書では名前を決めるのに新しい規則が必要となる新種の化合物が出てくることがある．必要に応じてそれらの命名法を紹介する．

2・8 洞察: ポリエチレン

この章を終えるにあたり，おそらくこの世で最もありふれた高分子であるポリエチレンについてもう少し詳しくみてみよう．2007 年における米国内のポリエチレンの総生産量は 1770 万 t を上回っている．また，ポリエチレンはさまざまな形で使われており，その範囲はスーパーの袋から子供のおもちゃ，車のガソリンタンク，はては防弾チョッキにまで及ぶ．まず初めにポリエチレンがどのように作られているのかみてみよう．

§2・4 で，ポリエチレンは，分子式が C_2H_4 のエチレンとよばれるモノマーが集まってできていることを指摘した．ポリエチレンそれ自身の化学式は，しばしば $-(CH_2CH_2)_n-$ と書かれることも述べた．このモノマーがいかに結合して高分子となるのか理解するためには，p.28 に示したエチレンの構造式をみる必要がある．

前述の線形構造のところで，分子中の個々の炭素原子は，つねに全部で 4 個の共有結合を形成すると説明した．エチレンの炭素原子は，四つの結合のうち二つを水素原子と形成し，残りの二つは二つの炭素原子間に二重結合をつくる．したがってこのモノマーを互いに結びつけて高分子をつくるためには，この二重結合を単結合に変えてやる必要がある．すると個々の炭素原子は余った一つの結合で隣のモノマーと結合して鎖となる．この重合反応は，少量の開始剤分子を添加することで始まる．この分子は容易に分解してフリーラジカル (free radical) とよばれる高反応性の分子の断片を生み出す[*27] (フリーラジカルを以下では R・と表す．ここで・は不対電子を表す)．これらのフリーラジカルの一つが 1 個のエチレン分子に付加してその二重結合を開き，分子末端を非結合状態にする．

$$R\cdot \quad \overset{H\ \ H}{\underset{H\ \ H}{C=C}} \longrightarrow R-\overset{H\ H}{\underset{H\ H}{C-C}}\cdot$$

ついでこのエチレンの非結合末端が，フリーラジカルの役割を引き受けて，2 番目のエチレンモノマーを攻撃して成長鎖に付け加える．このようにして，エチレンモノマーがたくさん残っているかぎり，この高分子は成長を続けることができる．

$$R-\overset{H\ H}{\underset{H\ H}{C-C}}\cdot \quad \overset{H\ \ H}{\underset{H\ H}{C=C}} \longrightarrow R-\overset{H\ H\ H\ H}{\underset{H\ H\ H\ H}{C-C-C-C}}\cdot$$

こうして数千もの単量体分子が結合して 1 個のポリエチレン分子ができあがる．その構造は下の図のように，ただずっと長く伸びている鎖のようである．

$$-\overset{H\ H\ H\ H\ H\ H\ H\ H\ H\ H}{\underset{H\ H\ H\ H\ H\ H\ H\ H\ H\ H}{C-C-C-C-C-C-C-C-C-C}}-$$

最終的には，成長鎖のフリーラジカル末端は，開始剤や別の成長鎖のフリーラジカルと出会い，鎖の成長は停止する．上記のように，モノマー単位が端から端まで成長すると線状ポリエチレンが得られる．これはすべての炭素原子が 1 本の主鎖に沿って存在するからこうよばれる．

枝分かれ鎖をもたせるような条件でポリエチレンを成長させることも可能である．この場合，主鎖の水素原子がいくつか，ポリエチレン様の鎖で置き換えられている．線状分子と枝分かれ分子の形の違いを図 2・17 に示す．

線状ポリエチレンは概念的にはより単純だが，実際は枝分かれポリエチレンの方が安価で生産しやすい．意外に思うかもしれないが，この直鎖状と枝分かれのポリエチレンは，実際にはかなり異なった巨視的性質をもっている．線状ポリエチレンは横に並べると，そのまっすぐで長い鎖は

[*27] フリーラジカルはどんなところでできても反応性である．老化を含む生理学的過程もフリーラジカルの存在と結びつけられてきた．したがってその重要性は広範にわたる．

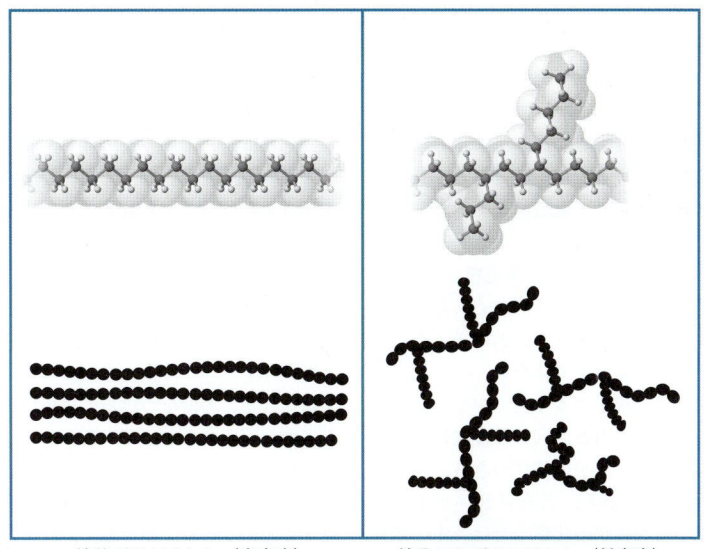

図 2・17 線状ポリエチレンと枝分かれポリエチレンの違いを説明した図．左の図は線状，または高密度ポリエチレンを，右の図は枝分かれ，または低密度ポリエチレンを示す．上部の図は高分子鎖の分子構造の一部を表す．下部の図は高分子鎖が固体プラスチックとなるときの充塡の様子を示す（これらの図で水素原子はわかりやすくするため省いてある）．枝分かれ鎖は互いに接近できないので，ずっと低密度の物質となる．

非常にしっかりと充塡できるので，比較的密度の高いプラスチックとなる．そのため線状ポリエチレンは高密度ポリエチレン（HDPE）としても知られている．これは丈夫で固い材料なので，瓶，台所用品や，多くの子供用玩具の素材として用いられている．一方，枝分かれポリエチレン鎖はまっすぐ伸ばすことができないので，線状ポリエチレンほど密に充塡することができない．この緩い充塡のため，密度がずっと低いプラスチックとなり，通常，低密度ポリエチレン（LDPE）とよばれている．LDPE は，プラスチックフィルムやサンドイッチ用保存袋，小型密閉容器などに用いられる．

最近の重合技術の発展により，モノマーユニットが数十万にも及ぶほど，きわめて長く線状ポリエチレンを成長させることができるようになった．個々の分子は大きくて重いので，"超高分子量ポリエチレン"（UHMWPE）とよばれている．この非常に長い鎖はとても強いので，この材料は，防弾チョッキに詰めるケブラー®という高分子材料の代替となりつつある．UHMWPE は大きなシート状にも成形できるので，その耐摩耗性，潤滑性を利用して氷を使わないスケートリンクとしても用いられている．

ポリエチレンのさまざまな形態や用途をざっとみてきたが，高分子の目に見える性質が，いかに密接にその化学構造と結びついているかがわかる．また，化学と工学が協力すると，特定の設計仕様に見合った個別の高分子をつくり出すことができることもわかる．

問題を解くときの考え方

問題 ホウ素はほうろうやガラスの製造に広く用いられる．天然に存在するホウ素の平均原子量は 10.811 amu である．もし存在する同位体が ^{10}B と ^{11}B だけだったら，その相対存在比はどのように決定できるか述べよ．調べる必要のある情報をすべて含めて説明せよ．

解法 この問題は，同位体存在度を用いて原子量を求める本章での問題の逆である．ここでは原子量から同位体存在度を求めなくてはならない．二つの同位体があるので，未知数は二つである．したがって，^{10}B と ^{11}B の割合すなわち分率を関係づける式を二つ書く必要がある．各同位体の質量も知る必要があるだろうが，たぶんそれらは調べられる．

解答 二つの同位体存在度を足すと 100% になる．これより最初の式が得られる．

(^{10}B の存在度) + (^{11}B の存在度) = 1.00

平均原子量が 10.811 だという事実によりもう一つの式が得られる．

(^{10}B の存在度) × (^{10}B の質量)
  + (^{11}B の存在度) × (^{11}B の質量) = 10.811 amu

二つの同位体の質量は見つけられるとすると，二つの未知数に二つの式があるから，この問題は解くことができる（^{10}B の質量を 10 amu，^{11}B の質量を 11 amu と仮定して粗い近似をすることもできるが，そのような仮定では正確な結果は得られない）．

要　約

　重くて正に荷電した原子核が，周りを軽くて動きの速い電子で囲まれているという，広く教えられている原子の描写は，多くの精巧な実験に基づいている．このモデルのいくつかの詳細は，化学の知識を築くうえでも重要である．原子核中の陽子の数は元素の種類を決定し，電気的に中性であるためには電子の数と等しくなくてはならない．もし陽子と電子の数が同じでなければ，イオンとよばれる荷電粒子となる．イオンはその電荷のため，中性原子とはまったく異なった挙動をする．たとえば，食事でとるナトリウムとは必ずナトリウムイオンであって，ナトリウム原子ではない．

　電荷は，原子と分子の構造を決定するうえで中心的な役割を果たす．反対符号荷電粒子の引力と，同符号荷電粒子の斥力は，クーロンの法則で表され，原子の結びつき方，つまり化学結合を理解するのに重要である．共有結合，イオン結合，金属結合などのさまざまな種類の化学結合は，すべて負電荷と正電荷間の相互作用によって理解することができる．

　原子は互いに結合して化合物を形成することをひとたび認めると，今度は莫大な数の化合物をまとめる仕事に直面する．広範な化学物質のデータを体系化するのを助けるため，多くの分類法が長年にわたって開発されてきた．周期表は，そのような目的のための最も一般的でかつ重要な発明である．それは，元素の多くの性質，特に化学的傾向を簡潔にまとめている．周期表は，傾向に枠組みを与えることで，化学を学ぶ手助けもしてくれる．たとえば，金属元素は表の左と下の方にあるが，非金属は右上部にあると覚えることができる．周期表がなければ，どの元素がどの分類に属するかを覚えるのはずっと難しいであろう．

　別の分類も化学の研究を系統立てるのに役立つ．有機化学と無機化学といった広い分類でも役に立つ場合がある．たとえば化合物に名前をつけるのに用いる化合物命名法は，これら二つの部門で異なっている．分子についての情報を象徴的に付与する仕方も変わる．有機化学においては，炭素がすべての分子に含まれるため，炭素はつねに4本の化学結合を形成するという事実を利用して，分子の描写を線形構造として単純化する．しばしば二元化合物と出会う無機化学の場合は，比較的少数の規則に基づいてかなり大まかな命名系を考案することができる．これを覚えることは，化学コミュニケーションの重要な一段階である．

キーワード

高分子 (2・1)	化学結合 (2・4)	周　期 (2・5)	線形構造 (2・6)
モノマー (2・1)	化合物 (2・4)	族 (2・5)	官能基 (2・6)
高分子の主鎖 (2・1)	分　子 (2・4)	アルカリ金属 (2・5)	付加反応 (2・6)
電　子 (2・2)	化学式 (2・4)	アルカリ土類金属 (2・5)	炭化水素 (2・6)
原子核 (2・2)	分子式 (2・4)	ハロゲン (2・5)	化学的命名法 (2・7)
陽　子 (2・2)	実験式 (2・4)	希ガス (2・5)	二元化合物 (2・7)
中性子 (2・2)	水和物 (2・4)	典型元素 (2・5)	多原子イオン (2・7)
原子番号 (2・2)	格　子 (2・4)	主族元素 (2・5)	オキソアニオン (2・7)
同位体 (2・2)	イオン結合 (2・4)	遷移元素 (2・5)	フリーラジカル (2・8)
原子質量単位 (2・2)	式単位 (2・4)	ランタノイド (2・5)	高密度ポリエチレン (HDPE) (2・8)
質量数 (2・2)	組成式 (2・4)	アクチノイド (2・5)	
同位体存在度 (2・2)	金属結合 (2・4)	金　属 (2・5)	低密度ポリエチレン (LDPE) (2・8)
イオン (2・3)	共有結合 (2・4)	非金属 (2・5)	
アニオン (2・3)	周期表 (2・5)	半金属 (2・5)	超高分子量ポリエチレン (UHMWPE) (2・8)
カチオン (2・3)	周期性 (2・5)	有機化学 (2・6)	
クーロンの法則 (2・3)	周期律 (2・5)	無機化学 (2・6)	

3 分子, モル, 化学反応式

概 要

3・1 洞察：爆 発
3・2 化学式と化学反応式
3・3 水溶液と正味のイオン反応式
3・4 化学反応式の解釈とモル
3・5 モルとモル質量を用いた計算
3・6 洞察：爆薬とグリーンケミストリー

爆発は，左のように非常に大きくもなりうるし，右の実験室でのデモ実験のようにきわめて小さくもなりうる．しかしすべての化学的爆発は相当な量のエネルギーを短時間に放出する非常に急速な反応である．[写真提供 左：米国エネルギー省，右：© Cengage Learning/Charles D.Winters]

　今日，およそ2千万種の化学物質が知られている．こうしている間にもさらに発見され，つくり出されている．化学的命名法は，物質のこの著しい多様性についての議論を容易にする系統的手段を与えるが，それでも化学を理解するための小さな一歩でしかない．化学のサイエンスの多くは，化学物質を製造または消費する反応の理解に向けられている．気づいていないかもしれないが，日頃使っている技術の多くにとって化学反応は重要である．電池の化学反応が携帯電話やノートパソコンの電気を生み出し，炭化水素の燃焼が自動車に動力を与える．その他の反応，たとえばパソコンの液晶ディスプレーに使われる光フィルター化合物を合成するために設計されたような反応も，目立たないが技術的な役割を果たしている．この本全体にわたって，化学反応の多くの側面を調べ，また，化学反応がいかに技術的にうまく有効利用されているかを示すいくつかの例もみることになるだろう．有用にも破壊的にもなりえて，つねにドラマチックな反応である爆発について考えることから議論を始めよう．

本章の目的

　この章を修めると以下のことができるようになる．
- 爆発性化学反応の特徴を少なくとも三つあげる．
- 質量保存の法則の応用として，化学反応のつり合いのとり方を説明する．
- 化学反応で保存されるべき量を少なくとも三つあげる．
- つり合いのとれていない化学反応式または言葉による説明が与えられている単純な反応について，つり合いのとれた化学反応式を書く．
- 自分の言葉でモルの概念を説明する．
- モルと分子の両方を用いて化学反応式を解釈する．
- 質量，分子数，物質量の間で相互変換する．
- 元素分析（すなわち組成百分率）から化学式を決定する．
- 溶液の濃度を定義し，適切なデータから溶液のモル濃度を計算する．
- 希釈して調製した溶液の容量モル濃度を計算する，またはある特定の濃度の溶液を希釈によって調製するのに必要な量を計算する．
- 電解質と非電解質を区別し，その溶液がどのように異なるかを説明する．
- さまざまな単純な溶液中に存在すると期待される種（イオン，分子，その他）について述べる．
- 一般的な強酸と強塩基を見分ける．
- 酸–塩基中和反応の分子反応式とイオン反応式を書く．

3・1 洞察：爆 発

　その印象的な音から恐ろしい破壊力に至るまで，こと爆発にかかわることで無視できるものなどない．古い建物をとり壊すための制御された爆発であろうと，激しい産業事

故であろうと，あるいはまた周到な爆撃であろうと，爆発はつねに注目を集める．爆発を科学的にみた場合，通常その核心に化学反応が見いだされる．多くの異なる化学反応が爆発をひき起こしうる．少なくとも関与する物質の点では実に単純なものもある．たとえば水素と酸素の混合物は，火花か炎で点火すると，ポンという独特の音をたてて爆発する．数種の大きな分子がかかわるもっと複雑な爆発もある．反応が爆発的に起こることに貢献する一般的特徴は何なのか，特定できるだろうか．

爆発反応にとって最も基本的な必要条件は，大量のエネルギーを放出することである[*1]．このエネルギーの放出が，爆発の"力"と表現されるものの源である．ある特定の爆発における放出エネルギーの実際量は，用いた爆薬の種類と量に依存する．多くの場合，エネルギー放出は，かなり複雑な化合物（爆薬）が分解してより小さくより単純な分子となる際に生じる．爆薬が大量のエネルギーを放出して分解できるという事実は，これらの化合物が安定ではないことを意味し，したがってエネルギー物質とよばれるようになった物質の貯蔵や取扱いには当然安全上の注意が必要である．爆薬は，安全に取扱うことができ，かつ必要なときに容易に爆発させられるならば最も有用である．しかしこれらは必ずしも両立しない．安全に操作できるようにする特性は，爆発をより難しくもさせる．

爆発反応のもう一つの特徴は，非常に速く起こることである[*2]．火がゆっくりと燃焼して同じ量のエネルギーを放出した場合よりも，爆発がずっと劇的で破壊的なのはこのためである．爆発性化学反応の進行を注意深く調べると，反応が進行するにつれて加速していることがわかる．結果として，すべての爆薬が非常に短時間のうちに消費される．そのとき爆発から生じるエネルギーも，同じ短いタイムスケールで放出される．仕事率は単位時間当たりのエネルギーであると物理で習ったかもしれないが，したがって爆発が起こる時間が短いほど爆発の仕事率は大きくなる．

最近の爆薬は一般に固体である．しかし以前は必ずしもそうではなかった．液体のニトログリセリンは初めて広く使われた爆薬の一種である．けれども液体は輸送や取扱いが固体よりずっと難しく，ニトログリセリンが使われた当初は，意図しない爆発による事故に悩まされた．液体ニトログリセリンの使用を取巻く危険から，ノーベル（Alfred Nobel）はダイナマイトを開発した．ダイナマイトでは，ニトログリセリンは不活性な結合剤と混ぜられて固体物質となっており，取扱いがずっと容易で安全である（図3・1）．爆発に伴う化学反応において，この固体の爆薬はおもに気体へと変化する．これは偶然ではなく，気体の発生は爆発の進行にとって実際非常に重要なことである．化学

反応により，固体の爆薬が多数の気体分子に変わるとき，気体分子は初めは固体と同程度の体積を占めている．たぶん知っていると思うが，気体は固体よりずっと密度が低い．したがって気体生成物は，膨張して通常の密度に達しようとする．この膨張は，通常，衝撃波を生み出し，これが図3・2に示すように，爆発の衝撃が（気体生成物を）周囲へ伝搬することを促進する．

爆発も含め化学反応一般を考えるとき，§1・2で紹介した微視的，巨視的そして記号表記を使った見方で考えることがしばしば役立つ．ここで，反応と爆発という特定の話においてこれらの考えをさらに発展させてみよう．

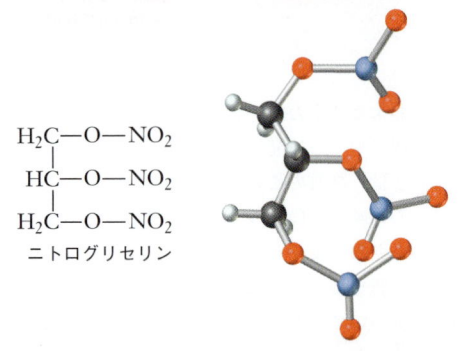

$H_2C—O—NO_2$
$HC—O—NO_2$
$H_2C—O—NO_2$
ニトログリセリン

図3・1 ノーベルによるダイナマイトの発明によって，固形の強力な爆薬がもたらされた．ダイナマイトの実際の爆薬であるニトログリセリンの分子構造を示す．ニトログリセリンは通常の条件下では液体なので，市販爆薬として使用することはきわめて危険であった．
［写真：© Cengage Learning/Charles D. Winters］

3・2 化学式と化学反応式

種々の爆薬の特性や用途はそれぞれかなり異なるが，すべて化学反応を伴う．実質的にどんな爆発でも，その化学を実際に記述するためには，多くの個々の反応を考える必要がある．爆発の背後にある科学について議論するには，化学反応を簡明に記述できなくてはならない．第2章ですでにみたように，化学式を使うと化合物を簡単に表すことができる．ここでは，化学式を使うと化学反応式も同じよ

[*1] 化学反応におけるエネルギーの役割は第9章で詳細に学ぶ．
[*2] 化学反応速度を支配する因子は第11章で検討する．

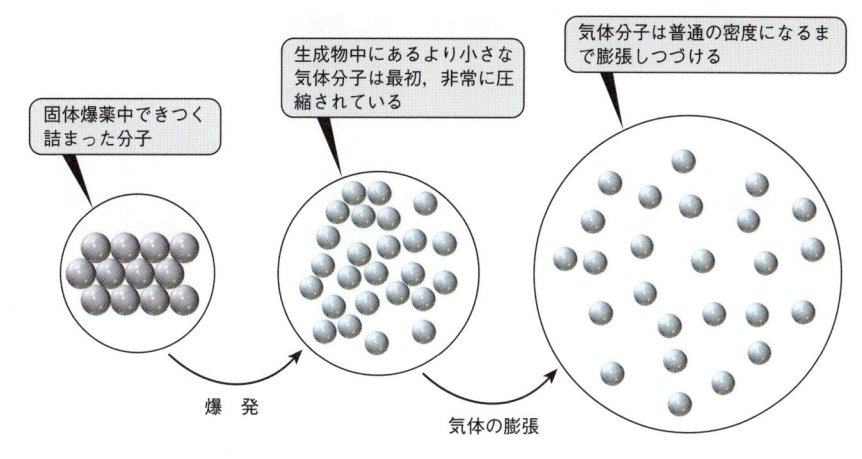

図3・2 爆薬の破壊力の一部は，反応で生じる気体の膨張によるものである．この分子スケールで描いた模式図がその効果を説明する．固体の爆薬では，比較的大きな分子が非常に密に詰まっている．反応が起こると，通常，元の分子より小さな気体分子が生成する．これらの気体は，最初，元の固体と同じ大きさの体積中で生成する．密度はふつう気体の方が固体より何百倍も小さいので，気体生成物は非常に圧縮された状態にある．したがってその気体は密度を下げるために膨張せざるをえず，これが衝撃波を生む．

うに簡明に表せるということを述べる．

化学反応式の書き方

化学反応式（chemical equation）は，一つまたはそれ以上の化学種の新たな物質への変換を表すように設計されている．化学反応式を書くときは，その意味が明確になるように，以下の約束事に従う．まず，個々の化学反応式には二辺があって，通常，反応は左から右へ進むとみなす．元の物質は**反応物**（reactant）とよばれ，反応式の左辺にある．反応により生成する化合物は**生成物**（product）とよばれ，反応式の右辺にある．反応の間に生じる変化を表すのに矢印が用いられる．こうして，化学反応式は一般的につぎのように書くことができる．

$$\text{反応物} \longrightarrow \text{生成物}$$

これは普通，"反応物が生成物になる"または"反応物が生成物を与える"と読める．

個別の反応物と生成物を特定するために化学式が用いられる．化合物の物理状態が指定されることも多い．すなわち(s)は固体を，(l)は液体を，(g)は気体を，(aq)は水に溶けた物質を示す[*3]．簡単な例として，授業でデモ実験としてよく行われる水素と酸素の反応は次式のように書くことができる．

$$2\,H_2(g) + O_2(g) \longrightarrow 2\,H_2O(g)$$

この反応式に含まれる物質は(g)の表記で示されるようにすべて気体である．この反応の特徴の一つは，高温でしか起こらないということである．図3・3の写真にあるように，H_2とO_2の混合物は点火されないかぎり安定である．化学反応式においてそれが表す化学過程を完全に記述しようとするのであれば，関与する化学物質を示すだけでなく，その反応条件もまた示す必要がある．これは一般に矢印の上に特定の記号を書くことによって行われる．たとえば熱（または高温）を必要とする反応は矢印の上の Δ（ギリシャ文字のデルタ）で示され，光のエネルギーで開

$$2\,H_2(g) + O_2(g) \longrightarrow 2\,H_2O(g)$$

反応物　　　　　　　生成物

図3・3 H_2とO_2の気体混合物で満たされた風船を爆発させるデモ実験．風船中の気体混合物は，ろうそくの炎で点火されるまでは安定である（左）．点火されると反応が起こり，風船は球状の炎となって爆発する（右）．下の微視的スケールの図は，反応の前後に存在する分子種を示す．［写真：© Cengage Learning/Charles D. Winters］

[*3] 物質が水に溶けると水溶液とよばれる．"aq"という表示は，aqueous（水の）という語の略である．

始される反応は $h\nu$ で示される*4. これらの記号の例を以下に示す.

$$2\,H_2(g) + O_2(g) \xrightarrow{\Delta} 2\,H_2O(g)$$
$$H_2(g) + Cl_2(g) \xrightarrow{h\nu} 2\,HCl(g)$$

上の反応式は水素と酸素の反応をより完全に記述している. 下の反応式では光のエネルギーは水素と塩素が反応して塩化水素が生成する反応を開始するために使われている. このような光で誘起された過程は, **光化学反応**(photochemical reaction) とよばれる.

化学反応式のつり合いのとり方

これまで示してきた反応を注意深くみれば, 反応式中には物質の化学式と状態以外のものも示されていることに気がつくだろう. 関与する物質の相対量に関する数値的情報も与えられているのである. たとえば水素と酸素の反応式で, $H_2(g)$ と $H_2O(g)$ の前には数字の2がついている. これらの数字はなぜついていて何を意味するのだろうか. もし高校で化学を学んだことがあるなら, これらの係数は化学反応式のつり合いをとるためにしばしば必要となることを覚えているだろう.

化学反応式の基本的前提は, 化学反応を記して説明するものだということである. したがってその説明が合理的であるためには, 実際の反応のすべての観察事項と一致していなければならない. 自然界の最も基本的な法則の一つは, **物質保存の法則**(law of conservation of matter) である. すなわち物質(質量)は創造も破壊もされない. 特に核反応を除けば, この法則はもっと明確に言い表すことができる. すなわち, 化学反応においては, 原子は創造も破壊もされない*5. 化学反応は, たんに存在する原子を組替えて新しい化合物とするだけである. それゆえ, 反応を書いて説明するうえで, 化学反応式は原子を創造したり破壊したりしてはいけない. この条件を守るために, 化学反応式の両辺にある各元素の原子数は同じでなければならない(図3・4). この条件に合わない反応式は, 観察される化学反応を正確に表してはおらず, つり合いがとれていない.

多くの場合, 反応式のつり合いをとるのに最も有効なのは, "点検" による方法である. これは実際には試行錯誤を意味する. しかしこの手探り法を用いたとしても, つり合いをとる過程をもっと簡単にできる系統的なやり方がある. いずれにしろつり合いを得るには反応式中の化学式の前に適切な数値を導入する必要がある. 化学反応における反応物と生成物の量の間のさまざまな定量的な関係を表すために, 化学者は**化学量論**(stoichiometry) という言葉を用いる. したがって, 化学反応式のつり合いをとるために用いられる数は**化学量論係数**(stoichiometric coefficient) とよばれる. この量論係数は, その数のついた化合物の式単位に含まれる各元素の原子数に掛かる. 例題3・1は, 炭化水素燃料の燃焼という一般的な反応のつり合いをとる方法の例を示している. これらの燃焼反応は明らかにエネ

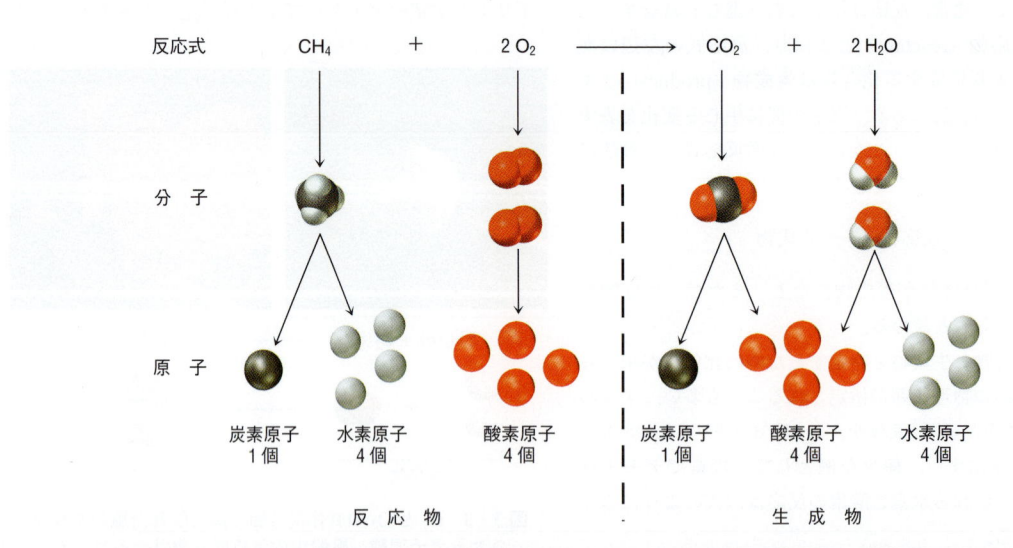

図3・4 メタン CH_4 の酸素中における燃焼化学反応を用いて, 化学反応式に関する原子のつり合いの概念を説明する. 最上段の反応式には, 各化合物を化学式で表した記号表記を示す. 中段では個々の分子を図示し, 下段でさらに構成原子へと分解して描いた. 各元素の原子の数は左辺と右辺で同じである.

---

*4 $h\nu$ という記号は第6章で学ぶように光のエネルギーを表す.
*5 もし核反応も考えるのであれば, 物質とエネルギーは相互変換可能であることを認めなければならない. 核化学は第14章で議論する.

ルギーを放出するが，ほとんどの場合，本格的な爆発には至らない速さで反応する条件下で行われる．

例題 3・1

プロパン C_3H_8 はカセットコンロの燃料として用いられるが，その場合の燃焼は制御されている．しかし，プロパンと空気の混合物がパイプラインのような密閉空間で点火されると容易に爆発する．どちらの場合においても，プロパンは酸素 O_2 と化合して二酸化炭素と水になる．この反応を表すつり合いのとれた化学反応式を書け．

解法 問題を解くには二つの段階が必要である．まず問題を読んでどの物質が反応物で，どれが生成物か決めなくてはならない．こうすることで，つり合いがとれていない"骨格"となる反応式を書くことができる．それから，両辺の各元素の原子数が同じになるように確かめながらつり合いをとらなければならない．

解答
段階 1: 問題文によるとプロパンは酸素と化合して燃焼または爆発する．それゆえ反応物は C_3H_8 と O_2 である．また，生成物は CO_2 と H_2O であると示されている．したがってつり合いのとれていない反応式を書くのに十分な情報がある（ここで各化学式の前の下線は，これから量論係数を決定する必要があることを強調している）．

$$\_\_C_3H_8 + \_\_O_2 \longrightarrow \_\_CO_2 + \_\_H_2O$$

段階 2: このような反応式のつり合いをとるには，式をよく見ることが大切である．この場合，炭素も水素も各辺の 1 箇所にのみ現れている．つまり，炭素は左辺ではプロパン，右辺では二酸化炭素，水素は左辺ではプロパン，右辺では水としてのみ現れている．第二段階はこれらの元素のつり合いをとることである．炭素から始めよう（この選択は任意である）．必要なつり合いをとるために，C_3H_8 には 1，CO_2 には 3 の化学量論係数を用いて，反応式の各辺の炭素原子の数を 3 にすることができる．こうして次式を得る．

$$1\,C_3H_8 + \_\_O_2 \longrightarrow 3\,CO_2 + \_\_H_2O$$

（プロパンの前の係数 1 は普通は省略するが，ここでは強調するために明示した．）つぎに水素のつり合いをとる．プロパンはすでに，炭素数のつり合いから決められた係数をもっている．したがって反応式の生成物側の水にかかわる水素原子の数は 8 個であることがわかる．このつり合いを完成させるためには 4 という係数を入れる必要がある．

$$1\,C_3H_8 + \_\_O_2 \longrightarrow 3\,CO_2 + 4\,H_2O$$

残りは酸素だけである．これを最後にとっておいた理由は，酸素が炭素や水素のように二つではなく三つの化学種のなかに現れるからである．また，反応式の左辺では化合物としてではなく 1 種類の元素として現れるからでもある．このため，他の元素のつり合いを混乱させることなく，容易に酸素原子の数を合わせられる．O原子は反応式の生成物側に 10 個あるので，反応物側にも 10 個必要である．これは，反応物 O_2 の化学量論係数に $10/2 = 5$ を用いることで容易に達成できる．これにより，つり合いのとれた化学反応式が得られる．

$$1\,C_3H_8 + 5\,O_2 \longrightarrow 3\,CO_2 + 4\,H_2O$$

通常，プロパンの前の係数 1 は記さずに，つぎのように書かれる．

$$C_3H_8 + 5\,O_2 \longrightarrow 3\,CO_2 + 4\,H_2O$$

解答の分析 最後に得られた式では，3 個の炭素原子，8 個の水素原子，10 個の酸素原子が両辺にあるので，つり合いがとれている．

理解度のチェック 上記の反応はプロパンの完全燃焼を記述している．しかし多くの条件下でプロパンのような炭化水素は完全には燃焼せず，別の生成物が生じる．起こりうる反応の一つに，ホルムアルデヒド CH_2O と水の生成がある．プロパンと酸素ガスから CH_2O と H_2O ができる反応の，つり合いのとれた化学反応式を書け．

数学とのつながり

通常，化学反応式のつり合いをとるためには，例題 3・1 のように一部は系統的に，一部は試行錯誤で行う．しかしつり合いをとる過程をもっと数学的な形に変換するのはかなり簡単であるし，また，反応式のつり合いをとることと物質保存則の間の関係を強調することにも役立つ．そのような数学的なアプローチを，例題 3・1 でつり合いをとった反応式を再考することで説明しよう．

$$\_\_ C_3H_8 + \_\_ O_2 \longrightarrow \_\_ CO_2 + \_\_ H_2O$$

つり合いのとれた反応式の係数をそれぞれ変数で表すと役に立つ．

$$a\,C_3H_8 + b\,O_2 \longrightarrow c\,CO_2 + d\,H_2O$$

係数 (a,b,c,d) に正しい値が入っていれば，各元素の原子数は両辺で等しくなるはずである．この考えを，各元素につき一つの方程式として表すことができる．炭素から始めよう．左辺には C_3H_8 分子一つにつき 3 個の炭素原子があるので，全部で $3a$ 個の炭素原子がある．右辺には c 個の炭素原子がある．これらは等しいので，

$$3a = c$$

つぎに，同様の関係式を他の元素についても書ける．水素については，

$$8a = 2d$$

そして酸素については，

$$2b = 2c + d$$

この時点で四つの未知数に対して三つの方程式しかないので，まだ解けないように思われる．この窮地を脱する最も簡単な方法は，任意の一つの係数を 1 に設定することである．もし $a=1$ とすると，以下を得る．

$$c = 3a = 3$$
$$2d = 8a = 8,\ したがって\ d = 4$$
$$2b = 2c + d = 6 + 4 = 10,\ したがって\ b = 5$$

これらを元の反応式に代入するとつり合いのとれた式が得られる．

$$C_3H_8 + 5\,O_2 \longrightarrow 3\,CO_2 + 4\,H_2O$$

得られた係数はすべて整数なので，反応式のつり合いがとれる最小の整数係数を見いだしたことになり，実際例題 3・1 で得られた結果に合致している．もし分数が得られたら，最小の整数となるように適当な定数をすべてに掛ければよい．この方法はまったく一般的で，特に化学者によく知られているわけではないが，化学反応式のつり合いをとるコンピュータープログラムを書くために使われてきた．

たいていの人にとって，化学反応式のつり合いのとり方を学ぶ最良の方法は，自信がもてるようになるまでただ練習することである．反応式のつり合いをとる際に用いる規則は，従うべき案内図というよりは，やってはいけないことの羅列である．どんな反応でも，つり合いのとれた反応式を得るには複数の方法があるが，なかにはとりわけ難しいものもある．化学反応式のつり合いをとるのに不慣れな学生が苦労する点を調べてみることは，うまくいく方法をつくり上げるうえで有用かもしれない．

目的とするつり合いのとれた化学反応式を得る手段になりそうな方法として，係数ではなく関与する分子の化学式の方を変える方法がある．例としてプロパンのような炭化水素の燃焼や爆発の際に生成されるホルムアルデヒド CH_2O を考えてみよう．反応できる酸素があるかぎり，途中でホルムアルデヒドが生成しても燃えてしまう．もし CH_2O が不完全燃焼すると，一酸化炭素 CO と水が生成する．

$$CH_2O + O_2 \longrightarrow CO + H_2O$$

反応式の各辺の原子の数を数えると，生成物側にもう 1 個酸素原子が必要なことがわかる．多くの学生はつぎのように書きたくなる．

$$CH_2O + O_2 \longrightarrow CO_2 + H_2O$$

これはまぎれもなくつり合いのとれた化学反応式である．しかし化学式をこのように変えてしまうと，反応式全体の意味も変わってしまう．これはつり合いのとれた反応式ではあっても，いま表そうとしている反応式ではない．一酸化炭素はもはや生成物として示されておらず，したがってこれは，その反応式のつり合いをとるための正しいやり方ではない．同様に，酸素を O_2 ではなく O と書くことはできない．なぜならホルムアルデヒドは酸素原子とではなく，酸素分子と反応するからである．式に含まれる化学物質を変えてはいけない．変えていいものはそれらの量論係数だけである．そこでもう一度，正しいけれどもつり合いがとれていない反応式をみてみよう．

$$CH_2O + O_2 \longrightarrow CO + H_2O$$

右辺には 2 個，左辺には 3 個の酸素原子がある．この反応式のつり合いをとる一つの方法は反応物の O_2 に 1/2 を掛けることであり，そうすると両辺とも酸素原子は 2 個になる．

$$CH_2O + \frac{1}{2}O_2 \longrightarrow CO + H_2O$$

一般的に分数の係数を使用することは，分子の断片が存在するととられかねないので，避けることが望ましい．分数を除去する因子を式全体に掛けることにより，どんな分数も取除くことができる．この場合は 2 を掛けるとうまくいき，1/2 は 1 に変わる．これによりつり合いのとれた式

の最終形が得られる．

$$2\,CH_2O + O_2 \longrightarrow 2\,CO + 2\,H_2O$$

酸素の前の 1/2 だけでなく，すべての量論係数に 2 を掛けなくてはならないことに注意しよう．さもないとやっと定めたつり合いが壊れてしまう．これらの考え方を図 3・5 に示す．

3・3 水溶液と正味のイオン反応式

化学反応が起こるためには，関与する反応物が相互に接触できる必要がある（ただし単分子で起こる熱分解反応や光分解反応などは除く）．気相や液相では反応物を構成する分子は容易に動くことができるので，接触は可能である．しかし固相ではそのような運動はまれで，反応が起こるとしても非常にゆっくりである．通常の条件下で固体の反応物に必要な接触を可能にする一つの方法は，それらを溶かすことである．水はそのような溶液をつくるのに最も一般的な溶媒である．水中で生じる反応は，水に溶けた物質が起こすので**水溶液**（aqueous solution）中の反応といわれる．この重要な一群の化学反応を記述するため，まずいくつかの重要な用語を定義する必要がある．

溶液，溶媒，溶質

水溶液中の分子の大部分を占めるのは水であるが，多くの水系反応で水は反応物でもなければ生成物でもない．水はたんに反応が起こる媒体としての役目を果たしている．その液体全体は**溶液**（solution）とよばれ，これは 2 種類以上の物質の均一な混合物であることを意味する．どんな溶液でも，量のより多い成分，通常ははるかに大量に存在する成分を，**溶媒**（solvent）とよぶ．水溶液では水が溶媒である．溶液の少量成分は**溶質**（solute）とよぶ．溶液の重要な特徴は，溶質が溶媒に溶けているということである．ある物質が溶けるときその粒子は溶媒中に分散し，普通は多くの溶媒分子が溶質の個々の分子やイオンを取囲む．水は最も一般的な溶媒であるが，唯一のものではな

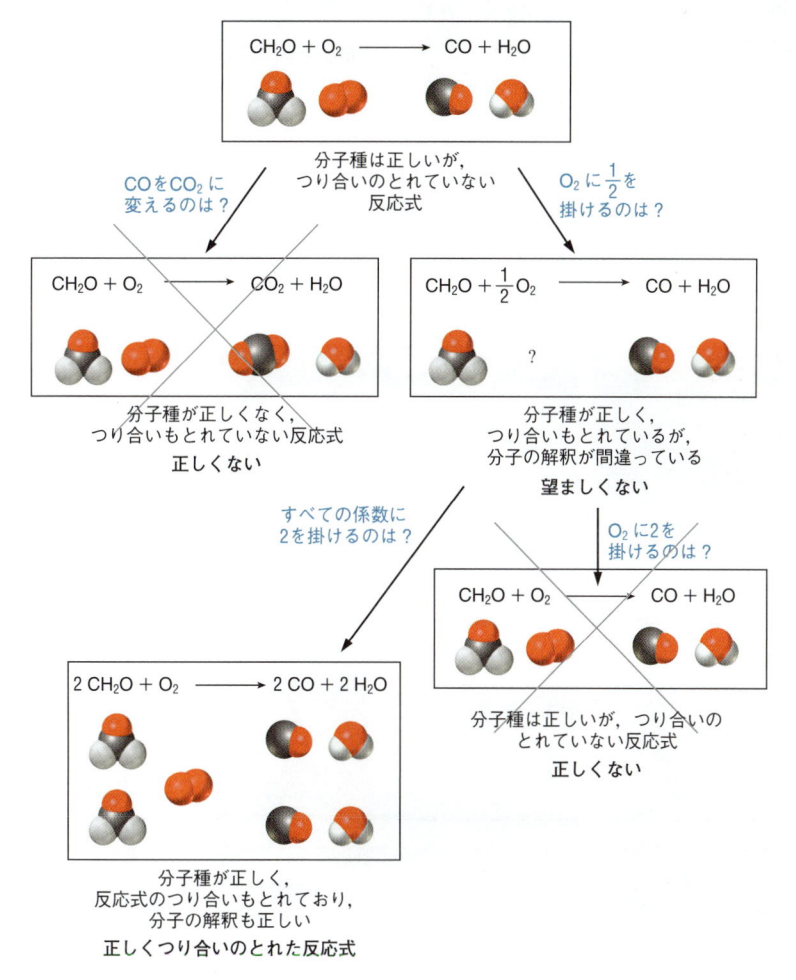

図 3・5 この分子の描図は，化学反応式のつり合いをとるときにありがちな間違いを示す．

い．すべての溶液が液体であるわけでもない．液体の溶液と同じ考えは，気体や固体の均一混合物（気溶体，固溶体）にも当てはまる．空気は気溶体のよい例で，真ちゅうのような合金は固溶体として説明できる．

もし純物質を説明したいのであれば，明示する必要があるのはその正体だけである．たとえば化学実験室で"蒸留水"と張り紙した瓶を手に取るとしたら，中身は正確にわかる．しかし"水に溶けた塩（NaCl）の溶液"とだけ書いてあったなら，中身が何であるかそれほど確実にはいえない．具体的には，溶液を調製するために混合された塩と水の相対量に関する情報が知りたいと思うだろう．このように，もう一つの重要な情報として**濃度**（concentration）を明記する必要がある．もし多くの溶質粒子が存在すれば，その溶液は濃厚だといわれる．わずかしか溶質粒子がなければ，その溶液は希薄だといわれる．§3・5で，溶液の濃度を表すのに用いることのできるさまざまな単位について議論する．

水に溶けて非常に濃厚な溶液になる溶質もあるが，測定できるほどには溶けない物質もある．したがってさまざまな化合物を水への溶解性で特徴づけることができる．容易に溶ける化合物は**溶解性**（soluble）であるといい，あまり溶けないものは**不溶性**（insoluble）という．一般に，非常に溶けやすければ"易溶"，測定できるほどに溶ければその程度に応じて"可溶"または"難溶"，測定できるほどに溶けなければ"不溶"といわれる．化学者は，特定の化合物が水に溶けそうかどうかを予測するために，一連の溶解則をよく用いる．最も一般的なものを表3・1にまとめて示した[*6]．

表3・1 室温の水に対するイオン性化合物の溶解性の指針

通常溶解性	例 外
1族カチオン（陽イオン）（Li^+, Na^+, K^+, Rb^+, Cs^+），アンモニウムイオン（NH_4^+）	一般的例外なし
硝酸イオン（NO_3^-），亜硝酸イオン（NO_2^-）	ある程度可溶: $AgNO_2$
塩化物イオン，臭化物イオン，ヨウ化物イオン（Cl^-，Br^-，I^-）	不溶: $AgCl$, Hg_2Cl_2, $PbCl_2$, $AgBr$, Hg_2Br_2, $PbBr_2$, AgI, Hg_2I_2, PbI_2
フッ化物イオン（F^-）	不溶: MgF_2, CaF_2, SrF_2, BaF_2, PbF_2
硫酸イオン（SO_4^{2-}）	不溶: $BaSO_4$, $PbSO_4$, $HgSO_4$
	ある程度可溶: $CaSO_4$, $SrSO_4$, Ag_2SO_4
塩素酸イオン（ClO_3^-），過塩素酸イオン（ClO_4^-）	一般的例外なし
酢酸イオン（CH_3COO^-）	ある程度可溶: $AgCH_3COO$
通常不溶	例 外
リン酸イオン（PO_4^{3-}）	可溶: $(NH_4)_3PO_4$, Na_3PO_4, K_3PO_4
炭酸イオン（CO_3^{2-}）	可溶: $(NH_4)_2CO_3$, Na_2CO_3, K_2CO_3
水酸化物イオン（OH^-）	可溶: $LiOH$, $NaOH$, KOH, $Ba(OH)_2$
	ある程度可溶: $Ca(OH)_2$, $Sr(OH)_2$
硫化物イオン（S^{2-}）	可溶: $(NH_4)_2S$, Na_2S, K_2S, MgS, CaS

図3・6 一連の写真で，著者の一人が硫酸銅 $CuSO_4$ の水溶液を調製している．左上の写真では固体の $CuSO_4$（溶質）をメスフラスコに移している．右上の写真では水（溶媒）を加えている．速く溶解させるためにメスフラスコをよく振る（左下）．右下の写真は異なる濃度の $CuSO_4$ 水溶液を示す．青色が濃いことでわかるように，左の水溶液が高濃度である．［写真: Lawrence S. Brown］

[*6] 第12章において，溶解性は"溶けるか溶けないか"というものではなく，連続的に変化するということがわかる．ここに示した溶解則は，そのとき学ぶおもな定量的傾向をまとめたものである．

例題 3・2

つぎの化合物のうち，室温で水に溶けると予測されるものはどれか．

(a) KClO₃, (b) CaCO₃, (c) BaSO₄, (d) KMnO₄

解法 表 3・1 に一般的なイオンについて溶解性の指針が与えられている．したがって各化合物中のイオンを同定し，必要に応じて表を参考にして溶解性を決定する．

解答

(a) KClO₃ は塩素酸カリウムである．表 3・1 の溶解性のガイドラインから，K^+ と ClO_3^- を含む化合物は溶けやすい傾向があり，一般的な例外にもあげられていない．したがって KClO₃ は可溶性であると予測される．

(b) CaCO₃ は炭酸カルシウムである．また表を参考にすると，炭酸塩は一般に不溶で，CaCO₃ は例外にあげられていない．したがって CaCO₃ は不溶性のはずである．

(c) BaSO₄ は硫酸バリウムである．ほとんどの硫酸塩は可溶であるが，BaSO₄ は例外として表にあげられている．それゆえ BaSO₄ は不溶性であると考えられる．

(d) KMnO₄ は過マンガン酸カリウムである．過マンガン酸イオン MnO_4^- は表 3・1 に載っていないが，K^+ の化合物はすべて可溶であると書かれている．したがって KMnO₄ は可溶性であると予測する．

考察 ここでは単純に表 3・1 を参考にして個々の化合物の溶解性を調べた．化学者は一般にこれらの溶解則を熟知していて，そのような表を参考にせずとも可溶な塩と不溶な塩を見分けることができる．指導教員に，これらの規則や例外を覚えることが必要かどうか相談してみよう．

理解度のチェック つぎの化合物のうち，室温で水に溶けるものはどれか．(a) NH₄Cl, (b) KOH, (c) Ca(CH₃COO)₂, (d) Ba(PO₄)₂

これらの規則は，溶解性は単純なイエスかノーの問題だと暗に示しているが，実際はもっと複雑である．ある化合物が可溶性だからといって，ビーカーに入れた少量の水に限りなく溶かすことができるわけではない．もしその溶質を加えつづけたなら，最終的には加えた物質が溶けない状態が観察されるだろう．このとき，飽和溶液が得られている．溶液が飽和に達する濃度は溶質に依存して決まるので，それを溶解性の尺度とすることは有用である．飽和溶液の濃度を一般に**溶解度**（solubility）という．この値を表すのに用いられる単位はいろいろあるが，一般的なのは溶媒 100 g 当たりの溶質の質量である．たとえば食卓塩の室温における水への溶解度は，35.7 g NaCl/100 g H₂O である．これは 1 カップの水に対して約 1/3 カップの塩に相当する．溶解度は比を与えているので，例題 1・6 で密度を取扱ったときと同じように使うことができる．

溶液について行う最後の観察は，多くのイオン性化合物は水に溶けると個々のイオンに解離（電離ともいう）するということである．たとえば上述の塩の溶液は，実際には NaCl 分子ではなく Na^+ と Cl^- のイオンを含んでいる．自由に運動する電荷が得られるので，これらの溶液は電気を伝える．水に溶けて電気を伝える水溶液となる物質は**電解質**（electrolyte）とよばれる．その溶液が電気を伝えない物質は**非電解質**（nonelectrolyte）とよばれる．電解質はさらに二つに分けられる．**強電解質**（strong electrolyte）は完全に解離するので，溶液中には個々のイオンのみが存在し，元の分子は事実上存在しない．逆に，**弱電解質**（weak electrolyte）は部分的にしか解離せず，その溶液は測定できる量の元の分子と個々のイオンの両方を含む．図 3・7 はこれらの溶質の種類間の違いを示している．

水系における化学反応式

化合物が水に溶ける過程を，化学反応式で記述することができる．砂糖（ショ糖，スクロース）のような共有結合した物質が水に溶けるときは，分子は元のままである．

$$C_{12}H_{22}O_{11}(s) \longrightarrow C_{12}H_{22}O_{11}(aq)$$

対照的に，イオン性固体が水に溶けるときは，解離してその構成イオンになる．これは**解離反応**（dissociation reaction）とよばれる．上で議論した塩化ナトリウムの溶解は，この過程の一般的な例である．

$$NaCl(s) \longrightarrow Na^+(aq) + Cl^-(aq)$$

これらの反応式で，水分子の存在は生成物側に(aq)で示されているが，その分子自体は明示されていない．この省略は，溶媒は溶質を溶かすが化学的に反応しないという一般的傾向を反映している．水が化学反応式に現れるときは，その反応は水を反応物か生成物として含んでいる．

化合物が水に溶けるというかなり単純な反応に加えて，多くの重要な反応が水中で起こる．これらの反応を記述する化学反応式は，三つの形式のいずれかで書くことができる．どの式を選ぶかは，おもにその式が用いられる状況による．市販の爆薬の製造に重要な，アンモニアと硝酸から硝酸アンモニウムを合成する反応に対して，それらの三つの形式を説明しよう．

硝酸アンモニウムは多くの重要な爆薬の前駆体であり，それ自身もかなり爆発性である．硝酸アンモニウムは肥料としても広く使われているので，容易に入手できる．この手に入りやすさがまねいた不幸な結果として，硝酸アンモニウムは，1995 年のオクラホマシティ連邦ビル爆破事件など，しばしば爆弾事件で使われてきた．

市販の硝酸アンモニウムの製造においては，気相の純ア

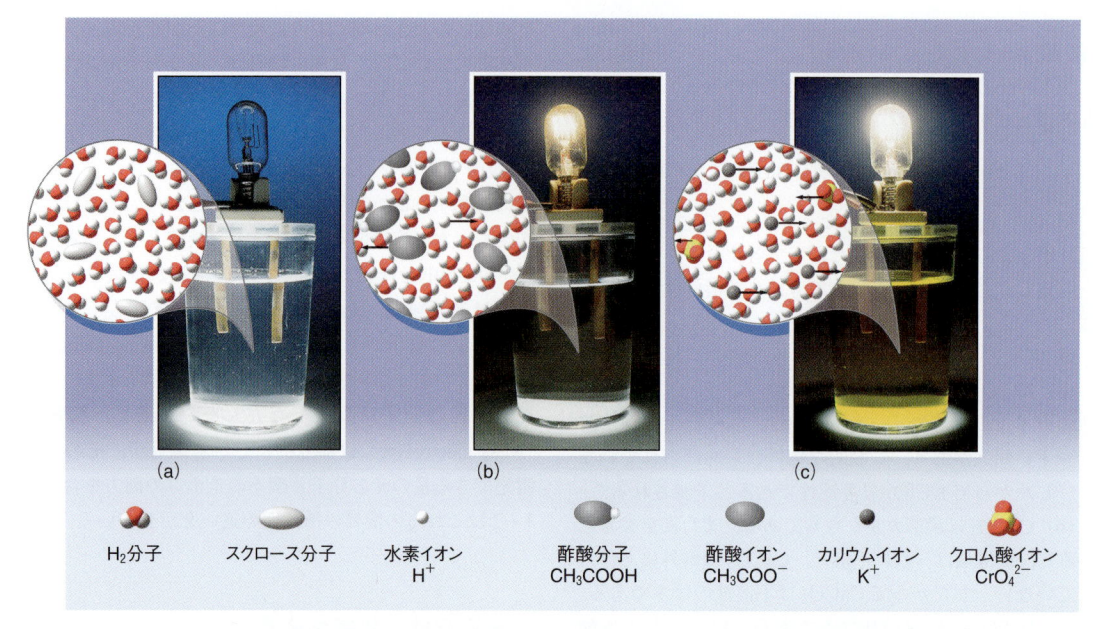

図3・7 写真は一対の銅の棒（電極）をさまざまな水溶液に浸して行った，教室でのデモ実験の様子である．水溶液が電気を通すならば，回路は閉じて電球は光る．(a) スクロース $C_{12}H_{22}O_{11}$ は非電解質なので，スクロースの水溶液は電気を通さない．電球は暗い．(b) 酢酸 CH_3COOH は弱電解質である．酢酸水溶液は低濃度のイオンを含むのである程度電気を通す．電球は薄暗く光る．(c) クロム酸カリウムは強電解質である．クロム酸カリウムの水溶液はより高濃度のイオンを含むので十分に電気を通す．電球は明るく光る．各写真上の図は，各水溶液の溶質種を強調して描いてある．[写真: © Cengage Learning/Charles D. Winters]

ンモニア（NH_3）を濃厚硝酸（HNO_3）水溶液と混ぜ合わせる．これにより非常に高濃度の硝酸アンモニウム水溶液が得られ，これを乾燥して小さなペレットに成形する．その**分子反応式**（molecular equation）は，関与する各化合物の完全な分子式を示している．元のままの化合物も解離した化合物も共に示され，水溶液であることを示すときは後ろに（aq）が付いている．

$$HNO_3(aq) + NH_3(g) \longrightarrow NH_4NO_3(aq)$$

水系の化学に関与する化合物はイオン性であることが多く，この例の HNO_3 と NH_4NO_3 は共にそうである．これらのイオン性化合物は水に溶けると解離するので，実際の溶液はこれらの化合物の元の分子を含んでいない．この解離は，分子反応式ではなく**全イオン反応式**（total ionic equation）を書くと強調される．この形式は，溶液中の解離した化合物を分離したイオンとして書くことで，反応混合物中に実際に何が存在するかを強調する．上記の例に対する全イオン反応式は次式となる．

$$H^+(aq) + NO_3^-(aq) + NH_3(g) \longrightarrow NH_4^+(aq) + NO_3^-(aq)$$

水素イオン H^+ は酸の水溶液すべてに存在するのでかなり特殊である．厳密にいうと，H^+ は陽子そのものである．

しかし後で詳しく述べるように，実際には水溶液中の裸の陽子は水分子でぴったりと囲まれている．この事実を思い出させるため，H^+ はよく H_3O^+ と書かれる．このようにこのイオンを書くと，全イオン反応式は次式となる．

$$H_3O^+(aq) + NO_3^-(aq) + NH_3(g) \longrightarrow NH_4^+(aq) + NO_3^-(aq) + H_2O(l)$$

H^+ の表示を H_3O^+ へ変えたときは，加えた原子のつり合いをとるため，右辺に水分子を1個含める必要があることに注意しよう．

この反応式を注意深くみると，NO_3^-(aq) は両辺に現れていることがわかる．したがってこのイオンは反応において積極的に関与していない．化学反応に関与しないイオンは**傍観イオン**（spectator ions）とよばれる．多くの例において，これらの傍観イオンに特に関心はないし，化学反応式に含める必要もない[*7]．傍観イオンを省略すると，**正味のイオン反応式**（net ionic equation）となる．同じ反応を例にとると，

$$H^+(aq) + NH_3(g) \longrightarrow NH_4^+(aq)$$
あるいは
$$H_3O^+(aq) + NH_3(g) \longrightarrow NH_4^+(aq) + H_2O(l)$$

が得られる．これらは，硝酸から生じるカチオンを表すた

[*7] 反応式から傍観イオンを取除く過程は，代数方程式で両辺に同じ項があったときに行う操作に似ている．

めに H^+ と書くか H_3O^+ と書くかの違いである．式の両辺からアニオンは除いたので，各辺の正味の電荷は $+1$ となっている．このようなイオン反応式では式の各辺の正味の電荷が 0 でないことがよくある．しかしもし反応式のつり合いがとられていれば，左辺と右辺の正味の電荷は等しくなければならない．この規則は，電荷は保存されなければならないという事実を反映している．

この時点で，これらの式のうちどれが正しいのか，疑問に思うかもしれない．その答えは，どの形式でも反応の正しい記述を与える．したがって特にどれがほかより優れているということはない．上の例ではおそらく正味のイオン反応式は選ばれないだろう．爆薬産業で固体の硝酸アンモニウムを製造する目的なら，アニオンが何であるか（NO_3^-）を示すことが重要だからである．しかし多くの他の場合では，傍観イオンが何であるかにはほとんどあるいはまったく興味がないだろうから，正味のイオン反応式の単純さが魅力的かもしれない．全イオン反応式は面倒なので，使われることは多くない．

酸-塩基反応

水溶液の種類として，酸と塩基の二つは特に重要である．それらの例は，化学産業と同様，日常生活のなかでも容易に見つけられる．当面の目的のために，**酸**（acid）とは水に溶けて H^+（または H_3O^+）を出す物質，**塩基**（base）とは水に溶けて水酸化物イオン OH^- を出す物質と定義する（厳密にいえば，酸と塩基は水溶液としての存在とは無関係である）．表 3・2 にいくつかの一般的な酸と塩基を示す．他の溶質同様，酸と塩基にも強電解質と弱電解質がある．強酸または強塩基は水中で完全に解離するので，得られる溶液は基本的に元の溶質分子を含まない．

HCl と NaOH の解離に対して，以下の化学反応式を書くことができる[*8]．

強　酸：$HCl(g) + H_2O(l) \longrightarrow H_3O^+(aq) + Cl^-(aq)$
強塩基：$NaOH(s) \longrightarrow Na^+(aq) + OH^-(aq)$

表 3・2 に示されている強酸と強塩基は一般的なものだけである．

弱酸または弱塩基は部分的にしかイオン化しないので，その溶液は解離イオンだけでなく元の分子も含む．このような弱電解質の溶解に対して反応式を書くときは，反応が左から右へ完全には進行しないことを強調する双方向の矢印を使う[*9]．一般的な弱酸に対して，必要なイオン化反応式を書くことは難しくない．多くの弱酸は COOH 基をもっていて，この基の H 原子は水溶液中でイオン化しやすい．酢酸がよい例である．

弱　酸：$CH_3COOH(aq) + H_2O(l) \rightleftharpoons$
$\qquad\qquad H_3O^+(aq) + CH_3COO^-(aq)$

弱塩基の場合，状況はそれほど明瞭ではない．表 3・2 に示した強塩基と異なり，ほとんどの弱塩基は OH 基をもっていない．したがってそれが溶けて水酸化物イオンが溶液中に出てくることは（つまりそれが塩基であることは）自明ではない．最も一般的な弱塩基はアンモニア NH_3 で，水中では以下の式にしたがって反応する．

弱塩基：$NH_3(aq) + H_2O(l) \rightleftharpoons$
$\qquad\qquad NH_4^+(aq) + OH^-(aq)$

ここでも双方向矢印を使って，溶液中には NH_4^+ と OH^- のイオンばかりでなく元の NH_3 分子も存在することを示している．このほかの弱塩基の多くはアミンである．アミ

表 3・2 強酸，弱酸と強塩基，弱塩基

強　酸		強塩基	
HCl（水溶液）	塩　酸	LiOH	水酸化リチウム
HNO_3	硝　酸	NaOH	水酸化ナトリウム
H_2SO_4	硫　酸	KOH	水酸化カリウム
$HClO_4$	過塩素酸	$Ca(OH)_2$	水酸化カルシウム
HBr（水溶液）	臭化水素酸	$Sr(OH)_2$	水酸化ストロンチウム
HI（水溶液）	ヨウ化水素酸	$Ba(OH)_2$	水酸化バリウム
弱　酸		弱塩基	
H_3PO_4	リン酸	NH_3	アンモニア
HF	フッ化水素酸	CH_3NH_2	メチルアミン
CH_3COOH	酢　酸		
HCN	シアン化水素酸（青酸）		

† 一般的な強酸と強塩基はすべて示してあるが，弱酸と弱塩基は代表的なものだけを示してある．

[*8] 水素イオン H^+ とは異なり，水酸化物イオン OH^- は溶媒の水と結びついているようには表されない．したがって強塩基の反応式に水分子は登場しない．
[*9] 第 12 章で酸と塩基の概念について再考するときに詳しく述べる．

ンはアンモニアの H 原子が一つかそれ以上，メチル基やもっと長い炭化水素鎖で置換された誘導体と考えることができる．

多くの酸性溶液や塩基性溶液は自然界にも存在し，酸と塩基に関する観察は数百年前にさかのぼる．最も重要な観察の一つは，溶液は，同時に酸性と塩基性の両方にはなれないということである．酸と塩基を混ぜると**中和**（neutralization）とよばれる反応が起こるので，得られる溶液が同時に酸性と塩基性を示すことは起こりえない．この中和の原因を理解するために，酸と塩基の定義から始めよう．酸性溶液は H_3O^+ を含み，塩基性溶液は OH^- を含む．したがって溶液が同時に酸と塩基であるためには，これらの種を両方含む必要があるが，これらのイオンをみるとなぜそれができないかが簡単にわかる．オキソニウムイオン H_3O^+ と水酸化物イオンはすぐに結合して水になる．

$$H_3O^+(aq) + OH^-(aq) \longrightarrow 2\,H_2O(l)$$

この反応は酸と塩基が混ぜ合わされるとつねに起こり，溶液が同時に酸性と塩基性になることを妨げる．

例題 3・3

酢酸と水酸化カリウムの水溶液を混ぜると中和反応が起こる．この過程について分子反応式，全イオン反応式，正味のイオン反応式を書け．

解法 これは弱酸と強塩基の反応である．酸と塩基の間の反応では，生成物として必ず水が生成し，それと共に残りのイオンからイオン性化合物ができる〔このイオン性生成物はしばしば**塩**(salt)とよばれる〕．この考えを用いて，分子反応式を書くことができる．それからイオン反応式をつくり出すために，強電解質が解離して構成イオンとなることを考慮する．

解答 酸から生じた水素イオン（H^+）と塩基からの水酸化物イオンで水ができる．残りのイオンは酢酸イオン（酸からの CH_3COO^-）とカリウムイオン（塩基からの K^+）である．これらが結合して酢酸カリウム KCH_3COO になる．分子反応式はつぎのようになる．

$$CH_3COOH + KOH \longrightarrow H_2O + KCH_3COO$$

全イオン反応式をつくるには，これらの種のうちどれを解離イオンとして書くべきか決めなくてはならない．表 3・2 によると，酢酸は弱酸である．これは溶液中で部分的にしか解離していないことを意味する．したがって元のままの分子を書く．一方，KOH は強塩基なので，完全に解離するだろう．したがって K^+ と OH^- のイオンの対として書く．表 3・1 によれば，カリウムイオンも酢酸イオンも可溶性化合物をつくる傾向がある．したがって KCH_3COO は可溶性であり，構成イオンへと解離するであろう．これらをすべてまとめて書くと，全イオン反応式は次式となる．

$$CH_3COOH(aq) + K^+(aq) + OH^-(aq) \longrightarrow\\ H_2O(l) + K^+(aq) + CH_3COO^-(aq)$$

この反応式をみると，カリウムイオンが両辺にあることがわかる．すなわちカリウムイオンは傍観イオンであり，これを取除くと正味のイオン反応式が得られる．

$$CH_3COOH(aq) + OH^-(aq) \longrightarrow\\ H_2O(l) + CH_3COO^-(aq)$$

理解度のチェック 塩酸と水酸化カルシウムの反応について，分子反応式，全イオン反応式，正味のイオン反応式を書け．

酸性の汚れを清掃する製品が市販されているが，それらはすべて中和によるものである．通常，炭酸カルシウム，酸化マグネシウム，炭酸ナトリウムなどの混合物が用いられ，汚れが中和されると色が変わる色素がよく加えられている．

水系反応化学の例は中和のほかにもある．一般的な反応として**沈殿反応**（precipitation reaction）があり，図 3・8 に示すように，そこでは固体が溶液から生じて沈殿してくる．例題 3・4 では沈殿反応に対する三つの形の化学反応式を例示する．

例題 3・4

炭酸ナトリウム水溶液を塩化バリウム水溶液に加えると，溶液は固体の炭酸バリウムで白く濁る．この反応に対する分子反応式，全イオン反応式，正味のイオン反応式を書け．

解法 まず，第 2 章で与えられた命名法を使って関与するすべての化合物について化学式を書く．それから完全な式単位を使ってつり合いのとれた化学反応式をつくる．つぎに存在するイオン性化合物を同定し，それらを解離イオンとして書き，全イオン反応式とする．最後に正味のイオン反応式を得るために，式の両辺から傍観イオンを取除く．

解答 あげられた物質の化学式は，Na_2CO_3，$BaCl_2$，$BaCO_3$ である．$BaCO_3$ が問題文に示された唯一の生成物であるが，ナトリウムと塩素原子も右辺のどこかに現れるはずである．したがって NaCl も生成物としてあるだろう．左辺に反応物，右辺に生成物を書き，分子反応式を組立て，それからつり合いをとる．

$$Na_2CO_3(aq) + BaCl_2(aq) \longrightarrow\\ BaCO_3(s) + 2\,NaCl(aq)$$

つぎに，式中で (aq) と示されている三つの物質は元の分子のままではなく解離したイオンとして存在することを認識する．こうして全イオン反応式が得られる．

3・4 反応式の解釈とモル　　　55

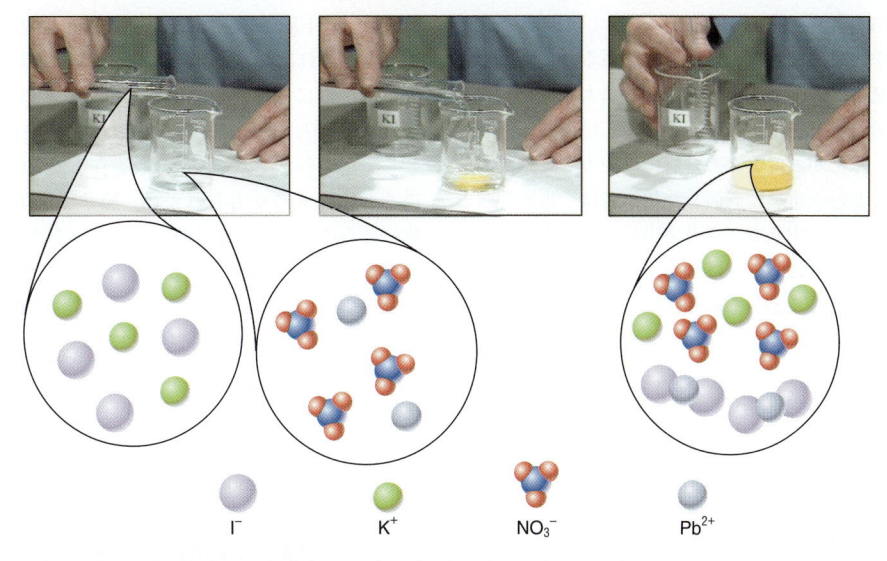

図 3・8 写真は無色透明の KI 水溶液と Pb(NO₃)₂ 水溶液を混合して反応させ，PbI₂ の沈殿を生成させるデモ実験を示す（沈殿は鮮黄色をしている）．下の図は個々の反応物溶液と最終生成物を分子スケールで表す．〔写真: Lawrence S. Brown〕

$$2\,\text{Na}^+(\text{aq}) + \text{CO}_3^{2-}(\text{aq}) + \text{Ba}^{2+}(\text{aq}) + 2\,\text{Cl}^-(\text{aq}) \longrightarrow \\ \text{BaCO}_3(\text{s}) + 2\,\text{Na}^+(\text{aq}) + 2\,\text{Cl}^-(\text{aq})$$

最後に，式の両辺に同数だけあるナトリウムイオンと塩化物イオンは取除くことができる．これにより正味のイオン反応式が得られる．

$$\text{CO}_3^{2-}(\text{aq}) + \text{Ba}^{2+}(\text{aq}) \longrightarrow \text{BaCO}_3(\text{s})$$

理解度のチェック　水系で硫酸ナトリウム Na_2SO_4 が硝酸鉛 $Pb(NO_3)_2$ と反応すると，固体の硫酸鉛と硝酸ナトリウム水溶液が生成する．この反応の分子反応式，全イオン反応式，正味のイオン反応式を書け．

沈殿反応では，正味のイオン反応式の反応物側と生成物側の両方で，正味の電荷をもたないことに注意しよう．

3・4　反応式の解釈とモル

これまで書き方を学んできた化学反応式は，化学反応を記号で表している．しかしこれらの反応式を解釈するためには，それらが表す実際の物質や過程を用いて別の観点から考えなくてはならない．化学ではよくあることだが，これを微視的レベルでも巨視的レベルでも解釈することができる．微視的な解釈は個々の分子間の反応を視覚的に表すものであり，これまでに用いてきた解釈である．巨視的な解釈では全部の量の物質間の反応を描く．どちらの見方が本質的により優れているということはない．考えている状況が何であれ，最適の観点を用いるだけである．これら2通りの解釈を結びつけるためには，化学者は大きな試料中の分子を数える方法を調べる必要がある．

化学反応式の解釈

化学反応式のつり合いをとる方法を述べる際，1個の分子が別の分子と反応して生成物とよばれる新しい化合物を形成すると説明した．しかし実際の化学反応では1個か2個の分子だけが関与することはまれで，化学反応式をもっと多くの量で考える必要がある．最初の例，水素と酸素から水ができる爆発反応に戻ってみよう．

$$2\,\text{H}_2(\text{g}) + \text{O}_2(\text{g}) \longrightarrow 2\,\text{H}_2\text{O}(\text{g})$$

これまではこの化学反応式を"水素2分子が酸素1分子と反応して水2分子を生成する"と読んだ．しかし同じ反応を2分子ではなく20分子の H_2 で実行したと仮定しよう．つり合いのとれた反応式から，H_2 2分子あたり1分子の O_2 が必要だから，この場合は20分子の H_2 が10分子の O_2 と反応して20分子の H_2O を生成するということができる．

これらの記述で二つの重要な特徴を強調しなくてはならない．まず，二つの記述は化学量論係数により定めた比を使っているのでどちらも正しい．どちらの場合も，酸素分子の2倍の水素分子がある．第二に，どちらも粒子の数に言及している．化学反応式を解釈するときは，化学量論係数はつねに粒子の数のことを示していることを覚えておかなくてはならない．いま考えた例では，その数は1と2または10と20であった．同様に 1,000,000 と 2,000,000 や 45,600,000 と 91,200,000 ともいえる．正しい量論比を満足する数を使うかぎり，実際の化学反応を合理的に説明することができる．

アボガドロ数とモル

　化学反応を巨視的な量の物質で考え始めると，関与する分子の数は驚くほど大きくなる．しかし莫大な数を扱うことは，直感的な感覚を得るのが非常に難しいので，一般に好まれない．したがって実際の試料には途方もない数の分子が含まれるという事実に直面した化学者は，当然そのような数を扱いやすくする方法を考え出した．最も単純なやり方は，一つ一つ数えるのではなく，何か大きな量を単位として分子を数えることである．化学者が数えるために選んだ量は**モル**（mole，単位として用いるときはmolと略記する）とよばれる．1 mol は厳密に 12 g の ^{12}C に含まれる原子の数と定義されている．この数は**アボガドロ数**（Avogadro's number）ともよばれ，その値は 6.022×10^{23} である[*10]．化学者が分子を数えたいときは，扱いやすくなるようにモルで数える[*11]．

　この数が化学で役立つ理由はいくつかある．まず，それは大きな数なので，原子のような小さな粒子を数えるための便利な単位となる．この意味で，化学者にとってのモルは，パン屋にとってのダースみたいなものである．第二に，1 mol は，どんな物質を対象としても同じ数の粒子である．したがって，1 mol の H_2 は，1 mol の TNT（トリニトロトルエン，$C_7H_5N_3O_6$）と同数の粒子を含んでいる．すなわち，それぞれ 6.022×10^{23} 個の分子である．

　アボガドロ数の値は，数える単位としてはかなり奇妙な選択のように思えるかもしれない．たとえばなぜ 10^{23} きっかりにして計算を簡単にしないのか．その答えは，アボガドロ数を選ぶと，原子や分子の質量と 1 mol の原子や分子の質量の間の関係がとても便利になるからである．モルの定義によれば，1 mol の ^{12}C は厳密に 12 g の質量をもつ．以前，1 原子の ^{12}C は厳密に 12 amu の質量をもつと述べた．これはたんなる偶然の一致ではない．むしろきわめて意図的にそう決めたことである．かつて amu と g を独立に定義したので，アボガドロ数は 1 g 中の amu の数として定められている．つぎのような仮想的な実験を思い描くと役に立つかもしれない．原子1個1個の質量を正確に計ることのできるはかりと，原子をその上に一つずつ掛ける方法があるとしよう．すると，質量が正確に 12 g となるまで一つずつ炭素 12 の原子を掛けることによって，アボガドロ数を決定することができる．もちろんこのような実験は不可能なので，アボガドロ数はもっと間接的な方法で測定された．

　どんな元素でも，6.022×10^{23} 個の原子の質量は，その元素の**モル質量**（molar mass）であり，モルあたりの g 値はたいていの周期表に与えられている．たとえばケイ素のモル質量は炭素のモル質量より大きいが，これは1原子のケイ素は1原子の炭素より重いからである．また，各元素のモル質量は，天然の同位体存在比を考慮に入れる．したがって炭素のモル質量は $12.011\ g\ mol^{-1}$ であり，これは第2章で議論したように，^{12}C と ^{13}C の質量の重量平均を反映している．

　モルは，化学反応の巨視的な解釈にとって重要である．以前議論した同じ反応式を考えてみよう．

$$2\ H_2(g) + O_2(g) \longrightarrow 2\ H_2O(g)$$

もしモルを用いてこれを読みたいのであれば，"2 mol の H_2 と 1 mol の O_2 が反応して 2 mol の H_2O が生成する"ということができる．各モルは同じ数の分子を含んでいるので，反応物間の 2：1 の**モル比**（mole ratio）は，その分

図 3・9　いろいろな元素の 1 mol の試料が示されている．後列左から臭素，アルミニウム，水銀，銅．前列左から硫黄，亜鉛，鉄．［写真：Charles Steele］

---

* 10　アボガドロ数は基本的に重要なので，非常に注意深く測定されてきた．国際的に認められた値は，実際には 6.02214179×10^{23} である．
* 11　［訳注］mol 単位で物質の量を表すとき，**物質量**（amount of substance）という用語を用いる．たとえば 12 g の ^{12}C の物質量は 1 mol である．以降，この表現も随時用いる．

子数に対する 2：1 の比と同じである．化学反応式とその化学量論係数はつねに，粒子の質量ではなく，数の比を与えるのである．

モル質量の決め方

つり合いのとれた化学反応式はつねに粒子の数で表されているので，ある物質の試料中の粒子数を決める簡単な方法があれば便利であろう．しかし試料の物質量を測定できる簡単な実験装置はない．代わりに，普通，試料の質量から間接的に物質量を決定する．

試料の質量とそこにある物質量を結びつけるものは，問題としている物質のモル質量である．化合物のモル質量を決めるために，質量保存の法則をうまく使うことができる．例として，1 mol の水を考えよう．この化合物 1 mol は，アボガドロ数個の H_2O 分子を含むことを知っている．さらに，それらの各分子は 1 個の O 原子と 2 個の H 原子を含むことも知っている．アボガドロ数個の酸素原子は 1 mol で，周期表から 1 mol の O 原子の質量は 16.0 g であることがわかる[*12]．各分子は 2 個の水素原子を含むので，1 mol の試料全体では 2 mol の H 原子を含むであろう．再び周期表によれば，1 mol の H 原子の質量は 1.0 g なので，2 mol の質量は 2.0 g となる．これらの O や H 原子の質量は 1 mol の H_2O の質量と同じはずだから，それらをたんに足し算して 1 mol の H_2O の質量として 18.0 g を得ることができる．言い換えると，H_2O のモル質量は 18.0 g mol^{-1} である．同じことをどんな化合物についても適用できる．すなわちすべての原子のモル質量の和がその化合物のモル質量である．例題 3・5 ではいくつかの爆薬のモル質量を決定する．

例題 3・5

つぎの化合物のモル質量をそれぞれ決定せよ．これらはいずれも爆薬として用いられてきた．
(a) アジ化鉛 PbN_6, (b) ニトログリセリン $C_3H_5N_3O_9$, (c) 雷酸水銀(II) $Hg(ONC)_2$

解法 質量に対する各元素の寄与を決めて，それからそれらを足し合わせてモル質量を計算する．式中にカッコがあるときは，カッコ内の各原子には，それ自身の下付き数字とカッコの後の下付き数字を掛け算しなければならない．

解答
(a) PbN_6:
1 mol Pb: 1 × 207.2　　g mol^{-1} = 207.2　　g mol^{-1}
6 mol N: 6 × 14.0067 g mol^{-1} = 84.0402 g mol^{-1}
　　　　　　　　　　モル質量 = 291.2　　g mol^{-1}

(b) $C_3H_5N_3O_9$:
3 mol C: 3 × 12.011　 g mol^{-1} =　36.033　 g mol^{-1}
5 mol H: 5 × 1.0079 g mol^{-1} =　 5.0395 g mol^{-1}
3 mol N: 3 × 14.0067 g mol^{-1} =　42.0201 g mol^{-1}
9 mol O: 9 × 15.9994 g mol^{-1} = 143.995　g mol^{-1}
　　　　　　　　モル質量 = 227.088　g mol^{-1}

(c) $Hg(ONC)_2$:
1 mol Hg: 1 × 200.59　　g mol^{-1} = 200.59　　g mol^{-1}
2 mol O: 2 × 15.9994 g mol^{-1} =　31.9988 g mol^{-1}
2 mol N: 2 × 14.0067 g mol^{-1} =　28.0134 g mol^{-1}
2 mol C: 2 × 12.011　 g mol^{-1} =　24.022　 g mol^{-1}
　　　　　　　モル質量 = 284.62　　g mol^{-1}

解答の分析 これらの三つの化合物をみると，ニトログリセリンのモル質量は，分子当たりの原子数が最も多いにもかかわらず，最も小さいことがわかる．これは合理的だろうか．重要な因子は，アジ化鉛も雷酸水銀(II)も大きなモル質量の元素を含んでいるということである．したがってニトログリセリンがこれらの三つの分子のなかで最も質量が小さいことは驚くにあたらない．

考察 モル質量が既知の元素の有効数字の桁数は，本書の見返しの周期表を調べるとわかるように，元素ごとに異なっている．したがって，ここで求めたモル質量中の有効数字の桁数も各分子の元素によって異なる．

理解度のチェック さまざまな爆薬の製造に使われているつぎの化合物のモル質量はいくらか．
(a) H_2SO_4, (b) HNO_3, (c) $(NH_2)_2HNO_3$

3・5 モルとモル質量を使った計算

巨視的な量の物質が関与する化学反応を扱うときは，モルの概念が重要であることをこれまでにみてきた．しかし分子の数は数えられないので，ある試料の物質量を直接測定することはできない．モル質量は，容易に測定できる質量を物質量へ変換するための重要な手がかりを与える．質量と物質量は，実際には同じ情報，すなわち存在する物質の量を，異なる方法で言い表しただけである．モル質量は，それらの間の単位変換の役割を果たし，質量と物質量の相互変換を可能にしている．つぎの例題はモル質量の典型的な有用性を示す．

例題 3・6

質量 650.5 g の TNT 火薬の試料がある．この試料に含まれる TNT の物質量と分子数はいくらか．

[*12] ここでは簡略化のため水素と酸素のモル質量にきりのよい数値を用いる．一般的には，解く問題に含まれる実際のデータと少なくとも同じ桁数の有効数字をもつモル質量を用いなければならない．

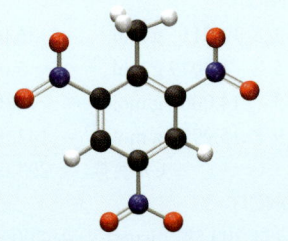

トリニトロトルエン(TNT), C₇H₅N₃O₆

用いられる．密度 1.137 g mL⁻¹ である純ニトロメタン CH₃NO₂ の 1.00 ガロン（3.785 L）には何 mol あるか．

ある特定の反応に物質が何 mol 必要かを計算する場合もある．そのときもしその反応を実行したいのなら，調製すべき試料の質量を知る必要がある．上述の過程を逆にして，物質量から質量へ容易に変換できる．

解法 質量から物質量への変換が求められているので，その物質のモル質量を決定してからそれを使って変換を行う．物質量がわかれば，1 mol はアボガドロ数個の分子を含むので分子数は容易に求められる．

解答 まず TNT のモル質量を計算する．

C₇H₅N₃O₆ :

7 mol C :	7 × 12.011 g mol⁻¹	=	84.077 g mol⁻¹
5 mol H :	5 × 1.0079 g mol⁻¹	=	5.0395 g mol⁻¹
3 mol N :	3 × 14.0067 g mol⁻¹	=	42.0201 g mol⁻¹
6 mol O :	6 × 15.9994 g mol⁻¹	=	95.9964 g mol⁻¹
	モル質量	=	227.133 g mol⁻¹

ここで質量から物質量へ変換するためにこのモル質量を使うことができる．

$$650.5 \text{ g TNT} \times \frac{1 \text{ mol TNT}}{227.133 \text{ g TNT}} = 2.864 \text{ mol TNT}$$

最後にアボガドロ数を使って物質量から分子数へ変換することができる[*13]．

$$2.864 \text{ mol TNT} \times \frac{6.022 \times 10^{23} \text{ 個 TNT}}{1 \text{ mol TNT}}$$
$$= 1.725 \times 10^{24} \text{ 個 TNT}$$

解答の分析 確かにどんな試料においても，分子の数を直感的に把握することは難しい．解答の評価にあたっては，それが非常に大きな数であることをまず確認しよう．巨視的な量の TNT に含まれる分子数を計算しようとしているのでこれは当然である．中間段階で求めた物質量を調べることで，もっと詳しく確認することもできる．TNT のモル質量は 200 g mol⁻¹ より少し大きいので，650 g の試料はおよそ 3 mol に当たるはずである．これは求めた値と一致している．

考察 この試料の質量からいって，大きさはおそらくれんがぐらいだろう．このかなり少量の物質に莫大な数の分子があることに注意しよう．

理解度のチェック 液体のニトロメタンはかつて爆薬として広く用いられていたが，今ではドラッグレース（ある種の自動車競技）の高性能エンジン用燃料として

例題 3・7

ある爆破技師が，廃墟の取壊しにエチレンジニトロアミン（C₂H₆N₄O₄）爆薬を使う計画をしている．計算によるとその化合物 315 mol で必要とされる爆発力が得られる．何ポンドの C₂H₆N₄O₄ を使うべきか．

解法 mol の値から質量への変換が求められている．これらの量の間を結びつけるものはその化合物のモル質量であるから，それを計算することから始める．ひとたびモル質量がわかれば，それを使って必要とされる爆薬の質量を求めることができる．最後に g からポンドへ変換すればよい．

解答 化合物のモル質量を計算する必要がある．

C₂H₆N₄O₄ :

2 mol C :	2 × 12.011 g mol⁻¹	=	24.022 g mol⁻¹
6 mol H :	6 × 1.0079 g mol⁻¹	=	6.0474 g mol⁻¹
4 mol N :	4 × 14.0067 g mol⁻¹	=	56.0268 g mol⁻¹
4 mol O :	4 × 15.9994 g mol⁻¹	=	63.9976 g mol⁻¹
	モル質量	=	150.094 g mol⁻¹

このモル質量と必要な mol の値を使って，質量を求めることができる．

$$315 \text{ mol C}_2\text{H}_6\text{N}_4\text{O}_4 \times \frac{150.094 \text{ g C}_2\text{H}_6\text{N}_4\text{O}_4}{1 \text{ mol C}_2\text{H}_6\text{N}_4\text{O}_4}$$
$$= 4.73 \times 10^4 \text{ g C}_2\text{H}_6\text{N}_4\text{O}_4$$

最後にこれを g からポンドへ変換する．

$$4.73 \times 10^4 \text{ g C}_2\text{H}_6\text{N}_4\text{O}_4 \times \frac{1 \text{ ポンド}}{453.59 \text{ g}}$$
$$= 104 \text{ ポンド C}_2\text{H}_6\text{N}_4\text{O}_4$$

解答の分析 例題 3・6 と比較することで，この答えの合理性が評価できる．これら二つの例題で，化合物のモル質量はおよそ同程度である．この例題では 300 mol あるが，前の例題では 3 mol 程度であった．したがって質量が前の例題より 100 倍近く大きいことは驚くにはあたらない．

理解度のチェック 2008 年に世界中で 800 億 mol の硝酸アンモニウム NH₄NO₃ が生産された．これは何 t に相当するか．

[*13] この種の問題で学生によくある間違いは，アボガドロ数を掛け算せずに割り算することである．こうすると答えは非常に小さな値となるが，分子の数が 1 より小さくなることはもちろんありえないので，それは計算間違いをしていることを如実に示している．

元素分析──実験式と分子式の決定

新しい分子が合成されると，その同定を助けるため日常的に**元素分析**（elementary analysis）が行われる．化合物中の各元素の質量パーセントを測定する検査は，組成が未知の物質を同定する過程の一部としてもよく行われる．質量パーセントは化合物の組成を記述するので，それは化学式と関係づけられるはずである．しかし元素分析のデータは各元素の質量によって組成を記述するのに対し，化学式は各元素の原子数で組成を記述する．したがってこれらは非常に似た情報の別表記であり，元素のモル質量がそれらを結びつける．ある化合物の実験式をその質量パーセント組成から求める過程がつぎの例題でよく説明される．

例題 3・8

RDX として知られる爆薬は，質量比で 16.22％の炭素，2.72％の水素，37.84％の窒素，43.22％の酸素を含む．この化合物の実験式を決定せよ．

解 法 実験式は化合物中の元素間のモル比に基づいているが，与えられたデータは質量によっている．いつものように，モル質量が質量と物質量の間を結びつける．まず扱いやすい質量を選んで（普通は 100 g），その試料中に含まれる各元素の質量を，与えられたパーセントを用いて求める．それからその質量を物質量へ変換する．mol の値間の比は，ある化合物のどんな試料でも同じはずである．最後に，実験式を書くためには，それらの比を整数に変換する必要がある．

解 答 RDX の 100 g の試料を考える．与えられた質量比から，その試料は 16.22 g の C，2.72 g の H，37.84 g の N，43.22 g の O を含む．これらの質量を物質量へ変換すると，それぞれ 100 g の RDX につき

$$16.22\,\text{g C} \times \frac{1\,\text{mol C}}{12.011\,\text{g C}} = 1.350\,\text{mol}$$

$$2.72\,\text{g H} \times \frac{1\,\text{mol H}}{1.0079\,\text{g H}} = 2.70\,\text{mol}$$

$$37.84\,\text{g N} \times \frac{1\,\text{mol N}}{14.0067\,\text{g N}} = 2.702\,\text{mol}$$

$$43.22\,\text{g O} \times \frac{1\,\text{mol O}}{15.9994\,\text{g O}} = 2.701\,\text{mol}$$

これらの数は化合物中の C：H：N：O の比を与えてくれる．$C_{1.35}H_{2.70}N_{2.70}O_{2.70}$ という実験式を書きたくなるかもしれないが，正しい実験式の各元素は整数である必要がある．この場合については正しい比は簡単にわかるかもしれないが，この種の問題に手順よく取組む必要がある．普通は，得られたすべての物質量を最小の物質量で割る．こうすると最小の数はつねに 1 となる．この場合は，四つのうちで 1.350 が最小なので，この値で四つの数を割る．

$$\frac{1.350\,\text{mol C}}{1.350} = 1$$

$$\frac{2.70\,\text{mol H}}{1.350} = 2$$

$$\frac{2.702\,\text{mol N}}{1.350} = 2.001 \approx 2$$

$$\frac{2.701\,\text{mol O}}{1.350} = 2.001 \approx 2$$

結果は 1 mol の C：2 mol の H：2 mol の N：2 mol の O と，小さな整数の比となる．したがって実験式は $CH_2N_2O_2$ である．質量パーセントの値からは実験式しか決められない．分子式を決めることはできない．化合物がどれほど大きい分子か小さい分子かの情報がないからである．

解答の分析 化学式中の係数は整数でなければならない．求めた四つの係数はどれも整数にきわめて近いので，提案した実験式は妥当である．

考 察 この種の問題に取組むときは，元素の正しいモル質量を用い，計算を通してできるだけ多くの有効数字を伝えるとよい．そうすれば大きな丸め誤差はなくなり，最後に得られた係数が整数かどうかを容易に決定できる．

上で用いた手順は，最終的に得られる実験式の添え字の少なくとも一つが 1 である場合にのみ，すべての元素に整数を与える．そうでない場合は，元素の添え字に整数でないものがある．しかしその場合も，ほとんどは非整数値が小さな有理分数であることがすぐにわかる（たとえば 1.5 や 2.33）．その係数すべてに適当な整数を掛ければ整数値を得られる．これは，つぎの"理解度のチェック"の問題で明らかになる．

理解度のチェック ニトログリセリンは 15.87％の C，2.22％の H，18.50％の N，63.41％の O を含む．この化合物の実験式を決定せよ．

もし化合物のモル質量もわかっていたら，前の例で用いた手順は分子式の決定に容易に拡張できる．

質量とモルの間のこの関係は別のところでも応用できる．材料科学者やエンジニアは，合金の組成をよく重量パーセント（wt %）やモルパーセント（mol %）で記述する*14．これらの二つの単位間の変換は，例題 3・9 で示すように，モル質量を用いて行う．

例題 3・9

パラジウムとニッケルの合金は，電子コネクターの製造にしばしば用いられる．そのような合金の一つが 70.8 mol ％の Pd と 29.2 mol ％の Ni を含んでいる．この合金の組成を重量パーセントで表せ．

---

*14 合金は一種の溶液であり，溶質と溶媒が共に固体である．材料技術者は，特定の用途に有効な特性をもつ合金を選んだり設計したりすることができる．

解法 解き始めるには合金の量を選ぶ必要がある．どんな量でもかまわないが，1 mol が便利であろう．物質量を決めてしまえば，モル質量を使って各金属の質量と全質量を決定できる．そしてそれらの値から重量パーセントを計算で求めることができる．

解答 パラジウムとニッケルのモル質量は，それぞれ 106.42 g mol^{-1} と 58.69 g mol^{-1} である．与えられたモルパーセントから，1 mol の合金は 0.708 mol の Pd と 0.292 mol の Ni を含むことがわかる．これらの値を使って，1 mol の合金中の各成分の質量を決定できる．

$$m_{Pd} = 0.708 \text{ mol Pd} \times \frac{106.42 \text{ g Pd}}{1 \text{ mol Pd}} = 75.4 \text{ g Pd}$$

$$m_{Ni} = 0.292 \text{ mol Ni} \times \frac{58.6934 \text{ g Ni}}{1 \text{ mol Ni}} = 17.1 \text{ g Ni}$$

したがって 1 mol の合金の全質量は

$$75.4 \text{ g Pd} + 17.1 \text{ g Ni} = 92.5 \text{ g}$$

最後に各金属の質量パーセントを計算する．

$$\text{wt \% (Pd)} = \frac{75.4 \text{ g Pd}}{92.5 \text{ g 合金}} \times 100\% = 81.5 \text{ wt \%}$$

$$\text{wt \% (Ni)} = \frac{17.1 \text{ g Ni}}{92.5 \text{ g 合金}} \times 100\% = 18.5 \text{ wt \%}$$

解答の分析 パラジウムのモル質量はニッケルより大きいので，パラジウムの重量パーセントがモルパーセントより大きいことは理にかなっている．

考察 この問題で 1 mol を仮定したことには何も特別な理由はない．考えるのに適した大きさの質量になりそうだったので選んだだけである．もし問題が逆（wt % から mol % へ）だったとしたら，計算に用いる物質の量として 100 g を選んだかもしれない．

合金の組成には原子パーセント (at %) という単位が使われることもある．at % と wt % の間の変換は，この問題の mol % と wt % の変換と同じ手順を含んでいる．

理解度のチェック 18 金は通常 75 wt % の金と 16 wt % の銀と 9 wt % の銅を含む．この組成をモルパーセントで表せ．

モル濃度

モル質量は，測定の容易な量（質量）と概念的に重要な量（モル）の間を結びつけることができるので，化学計算をする際に有用である．他の測定しやすい量として体積がある．水溶液を扱うときは，しばしば質量よりも体積を計算に用いる．それゆえ，体積測定を物質量に関係づけする量を定義する必要がある．

溶媒中の溶質の濃度を表すために多くの異なった方法が考え出されてきた．ある濃度単位を定義するためには，溶液中の溶質と溶媒の量を両方とも知る必要がある．化学で最も一般的に使われる濃度単位は**モル濃度**〔molar concentration, 容量モル濃度 (molarity) ともいう〕といい，記号 M で表される．容量モル濃度は，溶液 1 L あたりの溶質の物質量と定義される*15．

$$\text{モル濃度 (M)} = \frac{\text{溶質の物質量 (mol)}}{\text{溶液の体積 (L)}} \quad (3\cdot1)$$

モル濃度の定義は，それが用いられる方法を示している．この関係式は，モル濃度，溶質の物質量，溶液の体積(L)の三つの事柄の関係を表している．もしこのうち二つが既知であれば残りの一つを決めることができる．実験室で溶液の体積は量ることができる．その (L で表した) 体積にモル濃度を掛け算すると簡単に物質量が求められる．

この同じ関係式により，もし溶液の体積と容量モル濃度がわかっていれば，存在する溶質の物質量も求めることができる．物質量を n，体積を V，モル濃度を M とすると，モル濃度の定義式をつぎのように書き換えることができる．

$$n = M \times V \quad (3\cdot2)$$

例題 3・10

次亜塩素酸ナトリウム NaClO の水溶液はヒドラジン N_2H_4 の合成に用いられる．ヒドラジンはロケット燃料としてしばしば使われてきたほか，ヒドラジンの誘導体はスペースシャトルの軌道操作用エンジンの燃料として使われている．45.0 g の NaClO を適当な量の水に溶かして正確に 750 mL の水溶液を調製した．この溶液のモル濃度はいくらか．

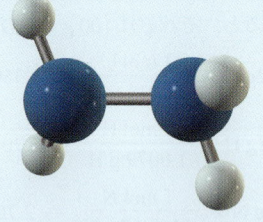

ヒドラジン, N_2H_4

解法 モル濃度を得るには二つの量，すなわち溶質の物質量と溶液の L 単位での体積が必要である．どちらの量も直接には示されていないが，与えられた情報から容易に求められる．質量を物質量に変換するためには NaClO のモル質量を使い，mL から L へ体積の単位を変換しなくてはならない．それからモル濃度の定義に従って，溶液のモル濃度を求めることができる．

解答 まず溶質の物質量を計算する．

$$45.0 \text{ g NaClO} \times \frac{1.00 \text{ mol NaClO}}{74.442 \text{ g NaClO}} = 0.604 \text{ mol NaClO}$$

それから溶液の体積を mL から L へ変換する．

---

*15 モル濃度は，質量密度と同じく，本来関係のない変数間の比である．それは密度と同じように計算で使うことができる．

$$750 \text{ mL} \times \frac{1.00 \text{ L}}{1000 \text{ mL}} = 0.750 \text{ L}$$

最後にモル濃度を計算する.

$$\text{モル濃度(M)} = \frac{\text{溶質の物質量 (mol)}}{\text{溶液の体積 (L)}}$$

$$= \frac{0.604 \text{ mol}}{0.750 \text{ L}} = 0.806 \text{ M NaClO}$$

解答の分析 求められた答えは 1 M より少し小さいがそれにかなり近い.これは理にかなっているだろうか.NaClO の量は 1 mol の約 2/3 であり,溶液の体積は 3/4 L である.2/3 の 3/4 に対する比は 8/9 で,1 に近いがそれより少し小さい.したがって得られた結果は妥当である.

考察 いつものように,この問題も,同じ変換を含んだ一つの計算式として組立てることもできる.どちらの方法を選ぶにせよ,単位が正しく使われているかつねに確認しなければならない.ここでは解答の単位は mol L^{-1} であり,これがモル濃度として適切な単位である.これを確認すると不注意なミスを避けられる.

理解度のチェック ヒドラジンを製造するには,次亜塩素酸ナトリウムをアンモニアと反応させなくてはならない.14.8 M のアンモニア溶液 4 L には何 mol のアンモニアが含まれているか.

希 釈

希釈 (dilution) はどこの実験室でも非常に一般的に行われる操作である.これは溶液に溶媒を加えて溶質濃度を減少させる操作である.希釈しても溶質の量は変わらない.溶質の物質量は希釈の前後で同じである.溶質の物質量はモル濃度と体積の積に等しいことはすでに知っているので,次式を書くことができる[*16].ここで添え字の i と f はそれぞれ関与する量の初期値と最終値を表す.

$$M_i \times V_i = M_f \times V_f \qquad (3 \cdot 3)$$

このような式の単純さは魅力的ではあるが,化学の学生に最もありがちな誤りの一つは,この関係式を,それが成り立たない状況で使うことである.この関係式を使うことができるのは,溶液の希釈または濃縮の操作においてのみである.例題 3・11 ではこの式が一般的に正しく役立つ実験室の状況を説明する.

例題 3・11

化学者が,1.5 M の塩酸 HCl を一連の反応に必要としている.手に入る溶液は 6.0 M HCl だけである.1.5 M の HCl を 5.0 L 得るためには,どれだけの体積の 6.0 M HCl を希釈しなければならないか.

解 法 まず認識すべきことは,これは望みの濃度の溶液を調製するために濃厚溶液を希釈する操作だということである.用いるべき基本的考えは,HCl の物質量は希釈の前後で同じであるということで,これは式(3・3)が使えることを意味する.モル濃度の初期値と,目的の最終モル濃度と体積がわかっているので,必要な最初の体積を求められる.

解 答

HCl の初期濃度: $M_i = 6.0$ M
HCl の最終濃度: $M_f = 1.5$ M
溶液の最終体積: $V_f = 5.0$ L

未知の量は最初の体積 V_i である.式(3・3)を書き換えて,

$$V_i = \frac{M_f \times V_f}{M_i}$$

右辺に既知量を代入すると,

$$V_i = \frac{1.5 \text{ M} \times 5.0 \text{ L}}{6.0 \text{ M}} = 1.3 \text{ L}$$

目的とする量の希釈 HCl を得るためには,1.3 L の濃厚溶液に水を加えて体積を 5.0 L に調整しなくてはならない.

解答の分析 希釈問題を扱っているとわかった時点で,解答が合理的かどうかを確かめる一つの方法は,どちらの溶液が濃くてどちらが薄いかを考えることである.濃厚溶液はいつも少ない体積しか必要としない.今回はどれだけの濃厚溶液が必要か計算するように求められていたので,計算した体積は問題に出てきた体積より小さいはずであり,答えは妥当であることがわかる.

理解度のチェック 2.70 mL の 12.0 M NaOH を希釈して体積を 150.0 mL としたら,最終濃度はいくらになるか.

3・6 洞察: 爆薬とグリーンケミストリー

現在の地球環境と,人類活動が環境に与える影響への懸念は,近年劇的に大きくなっている.この懸念のため,しばしば重大な汚染源とみなされる化学産業に対し,監視の目が厳しくなった.化学産業は**グリーンケミストリー** (green chemistry) の概念を発展させることによりこれに対応してきた[*17].この概念とは,化学プロセスや製造物は,環境影響を減らす目的をもって設計されるべきであるという哲学のことである.米国環境保護庁 (EPA) はグ

[*16] この希釈式は 1 種類の溶質が存在するときしか使えない.もし反応が起こっている場合は,第 4 章で扱う化学量論の問題として取組まなければならない.

[*17] 環境化学は,環境における化学現象に関する学問である.グリーンケミストリーは,化学プロセスの環境影響を減少させる,またはそれを取除こうとする試みである.

リーンケミストリーの実践推進を指導するため，12の原則を承認した．これらの原則は，原料が最終生成物となる割合を最大化する，有害な溶媒や反応物の使用をやめるかまたは最少化する，エネルギー効率を改善する，副生成物として廃棄物質ができる量を最少化するなどの幅広い概念を含む．産業界や学界の科学者たちがグリーンケミストリーの原則を達成することを奨励するために，大統領グリーンケミストリー挑戦賞のようなさまざまな事業が創設されてきた．

"環境に優しい爆薬"という考えは，最初は見込みがないように思われるかもしれない．しかし実際には爆薬産業はその多くの実践がもたらす環境影響を検証し始めており，より環境に優しい代替物を開発しようとしている．

爆薬の一般的な用途の一つとして銃器がある．銃の発砲は通常2連続の小さな爆発で起こる．まず撃鉄か発砲装置からの電流が雷管の爆薬を爆発させ，これが銃身から弾丸を打ち出すより大きな爆発を誘発する．

長年にわたり，点火薬はアジ化鉛 $Pb(N_3)_2$ のような鉛の化合物が最も一般的であった．しかし雷管の爆発後，毒性の鉛が後に残される．1発の発射にかかわる鉛の量はきわめて少ないが，その蓄積効果は重大である．軍隊や警察などの銃の使用頻度が高い射撃練習場では，鉛の濃度がたびたび危険なほど高くなる．そのような場所からの鉛の除去は深刻な課題である（図3・10はこの種の環境改善に用いられる装置を示す）．この環境影響を減らすために，代わりの点火薬の開発研究が進行中である．主要な候補の一つは，酸素と激しく反応するアルミニウムのナノ粒子を利用するものである．

より規模の大きい爆薬も精査されるようになっている．多くの軍事用爆薬は長期間にわたり貯蔵され，最終的には爆発させるのではなく抹消される．そのような廃棄は通常制御された燃焼を伴うが，これはしばしば一酸化炭素のような大気汚染物質を発生する．これが後押しとなって，炭素含有量が最小になるような爆薬が開発されている（いうまでもなく，そのような研究はきわめて危険で，厳格な安全対策を必要とする）．

本章を読んで，これまでに述べた多くの爆薬が窒素原子を含み，それが爆薬の産物として N_2 を生成することに気づいたであろう．これは，N_2 の窒素-窒素間結合の形成が大量のエネルギーを放出するからである．このため炭素含有量の少ない爆薬の探求は，窒素を豊富に含む化合物に集中して行われた．2009年前半に，ドイツの化学者グループがアジドテトラゾラートイオン（CN_7^-）を含むいくつかの化合物の合成を報告した．一例は化学式 $N_2H_5CN_7$ をもつヒドラジニウムアジドテトラゾラートである．このような炭素含量の低い分子は爆発しても非常に少ない CO_2 や CO しか発生せず，したがって環境影響を低下させる．また，銃や砲身中の，炭素が元になった副生成物（すすなど）の蓄積も大きく減少することを意味する．

グリーンケミストリーの多くの適用と同様に，これらの新しい爆薬への転換は，短期的にはコストを増加させるだろう．しかし長期的環境影響を重大な考慮事項として含める必要性は，ますます認識されている．グリーンケミストリーの原則が近い将来にわたってさらに重要になっていくことは，ほとんど疑う余地がない．

将来の環境影響を最小化することに加えて，射撃練習場から生じる鉛の蓄積のような，いま存在する環境汚染の修復手段を開発するという切実な必要性もある．鉛の水系への移動を防ぐことは特に重要である．たとえばリン酸鉛は水に溶けない．そこでリン酸塩を射撃場の汚染土壌に加えると，沈殿反応が誘起され，結果的に生じたリン酸鉛を捕集し除去できる．このリン酸塩自身もしばしば汚染物質とみなされることを知っているかもしれないが，この例は，多くの環境問題における化学の複雑さを明示している．

図3・10 Extrac-tec社製のこのような重力分離器が，射撃場から鉛を除くために用いられている．この装置は密度と溶解性の違いを利用して土壌から鉛や他の重金属を取出すことができる．［写真はwww.extrac-tec.comの厚意による］

問題を解くときの考え方

問題 ある元素 X を空気中で加熱すると，酸素と反応して化学式 X_2O_3 から成る酸化物を生成する．この未知の元素 0.5386 g の試料が 0.7111 g の酸化物を与えるとすると，この元素の原子量を決定する方法を述べよ．

解法 化学式は粒子の数で表される．この問題では質量から始めて，粒子数の情報を何とかして推定しなくてはならない．本章で同じような問題を解いた．それは質量パーセントからの実験式の決定である．この場合は与えられた実験結果から未知化合物の各元素の質量が求められ，質量パーセント計算と同じ種類の情報が得られる．そうすると，実験式と酸素のモル質量がわかるので，未知の元素のモル質量を決定できる．

解答 まず質量組成を決める．酸化物中の元素 X の質量は，酸化物を生成するために用いられた試料の質量 0.5386 g であるはずで，この値を酸化物の質量 0.7111 g から引くと酸素の質量が求められる．酸素の質量はそのモル質量（知らなければ調べられる）を使って物質量に変換できる．一方，求められた酸素の物質量にかかわらず，与えられた実験式のモル比から X の物質量は酸素の物質量の 2/3 であると決定できる（これは 3 個の酸素原子当たり 2 個の X 原子が結合するという事実からくる）．こうして X の物質量と試料中の X の質量が求められ，その比（X の質量/X の物質量）を計算し，モル質量が求められる．そこから周期表を使って X が何であるかを調べることができる．

要 約

化学反応は化学系において最も重要な事象である．したがって反応を簡潔に記述できることが化学の研究にとって不可欠である．そのような記述は，つり合いのとれた化学反応式，すなわち物質は生まれも壊れもしないという事実を正確に反映した反応の説明書によっている．

反応が起こるための一つの必要条件は，関与する化学物質が互いに混ざって相互作用できるということである．そのため反応物質の物理的状態が重要になりうる．特に水溶液がしばしば反応媒体として用いられるとき，水相における反応を効率よく記述するために，用いた溶液のモル濃度を明らかにする必要がある．化学反応式の書き方については選択肢があって，たとえば分子反応式や正味のイオン反応式などがある．沈殿反応や酸‒塩基中和反応などの数種の化学反応は一般的な反応なので，これらを例として，反応式が読み取りやすくなるように定められたいくつかの決まりごと（カッコ内の aq や s など）を加えた．

最終的には，数についての情報が必要になることが多いので，化学者たちは実験室や産業規模での反応に含まれる莫大な数の粒子を数える方法を考案した．化学者が原子や分子を数えるのに用いる単位はモル（mol）とよばれ，アボガドロ数（6.022×10^{23}）によって明確に定められている．ある元素のモル質量は周期表から容易に得られ，化合物のモル質量は構成原子のモル質量を足し合わせて求めることができる．事実上どんな化学物質のモル質量も決定できるので，質量（これは容易に測定できる）と，モル（これは化学計算で求めることができる）単位での粒子数の間で換算ができる．同様にモル濃度を用いて，測定可能な量（この場合は溶液の体積）とモルの間の換算をすることができる．

モルとはたんに粒子を数える一つの方法であるという考え方がわかれば，他の数種類の計算を行うことができる．質量パーセントによる元素分析に基づいて化合物の実験式を決定することができる．既知量の溶質を溶解すること，または濃厚溶液を希釈することにより，調製した溶液のモル濃度を決定することもできる．

キーワード

爆 薬（3・1）	溶解性（3・3）	塩 基（3・3）
化学反応式（3・2）	不溶性（3・3）	中 和（3・3）
反応物（3・2）	溶解度（3・3）	塩（3・3）
生成物（3・2）	電解質（3・3）	沈殿反応（3・3）
光化学反応（3・2）	非電解質（3・3）	モ ル（3・4）
物質保存の法則（3・2）	強電解質（3・3）	アボガドロ数（3・4）
化学量論（3・2）	弱電解質（3・3）	物質量（3・4）
化学量論係数（3・2）	解離反応（3・3）	モル質量（3・4）
水溶液（3・3）	分子反応式（3・3）	モル比（3・4）
溶 液（3・3）	全イオン反応式（3・3）	元素分析（3・5）
溶 媒（3・3）	傍観イオン（3・3）	モル濃度（3・5）
溶 質（3・3）	正味のイオン反応式（3・3）	希 釈（3・5）
濃 度（3・3）	酸（3・3）	グリーンケミストリー（3・6）

4 化学量論

概　要

4・1　洞察: ガソリンと他の燃料
4・2　化学量論の基礎
4・3　制限反応物質
4・4　理論収量と収率
4・5　溶液の化学量論
4・6　洞察: 代替燃料と燃料添加剤

ペガサスロケット内で開始した化学反応が, NASA の X-43A 航空機を超音速に加速する. 試験飛行で, X-43A 機は音速の 10 倍, マッハ 10 に達した. [写真: NASA ドライデン飛行研究センター]

　自然界には膨大な数の化合物が存在し, 無数の反応が起こっている. 反応性を系統的に理解し利用することによって, 化学者たちもまた, めざましい数の合成化合物を生み出してきた. 前の二つの章で取扱った多くの爆薬や高分子は, 最近の薬剤と同様に身近な例である. このほか化学の実用的な用途には, 現存する天然化合物を合成する新規な方法の開発も含まれる. 想像がつくように, これらの合成方法のどれでも商業的に実行可能とするためには, 関与する反応を詳細に定量的に理解する必要がある. どんな化学プロセスでもその経済学は, ある特定量の製品をつくるのに要する各反応物質の量に明らかに依存する. 産業規模で行われるプロセスでは, 効率がほんのわずか変化しただけで収益性に非常に大きな影響を与える. 化学反応において, 反応物と生成物の量における定量的な関係は, **化学量論** (stoichiometry) とよばれる[*1]. この章では, さまざまな燃料に関するいろいろな化学反応を用いて, 重要な化学量論の概念を説明する.

本章の目的

この章を修めると以下のことができるようになる.
- ガソリンの化学組成を説明する.
- 燃料の燃焼について, つり合いのとれた化学反応式を書く.
- 用いる反応物の量が与えられていれば, 化学反応から期待される生成物の量を計算する.
- 化学反応において, ある特定量の生成物をつくり出すのに必要な反応物の量を計算する.
- 反応物の非化学量論混合物において制限反応物質を同定し, 生成物の量を計算する.
- 化学反応の収率を計算する.
- 一般的なガソリン添加剤を少なくとも二つあげ, なぜそれらが使われるのかを説明する.

4・1　洞察: ガソリンと他の燃料

　ガソリンは, 現在の社会で最も広く使われている燃料である. 米国における 1 日の平均消費量は 3 億 5 千万ガロン (約 130 万キロリットル) 以上である. ガソリンの化学を探求するには, その組成を調べることから始めなくてはならない. 私たちがガソリンとして知っている燃料は, 実際にはかなり複雑な混合物で, 一般に 100 種類以上のさまざまな化合物を含んでいる. ガソリンの正確な組成は, 等級, 産地, 年代などの要因によって多少変化する. しかしその主成分は **炭化水素** (hydrocarbon) であり, 炭素と水素のみを含む分子である. ガソリン中の炭化水素分子は, ほとんどが **アルカン** (alkane) で, 炭素原子が単結合で結ばれた化合物である. ガソリン中のアルカンのほとんどは 6〜11 個の炭素原子を含む.

[*1] stoichiometry (化学量論) という言葉は, 二つのギリシャ語, stoicheion ("元素"の意) と metron ("計測"の意) に由来する.

表4・1に，数種の小さなアルカンの名前と化学式を，その構造を示す分子モデルと共に示す．アルカンの一般式はC_nH_{2n+2}で表され，nは整数である．

4個以上の炭素原子をもつアルカンには，化学式は同じでも複数の可能な構造がある．表4・1に示した構造は，すべての炭素原子が端から端まで1本の線で結ばれているので直鎖型として知られている．他の構造は，§2・8で取扱ったポリエチレンと同様な分岐鎖を含む．同じ化学式でも構造の異なるものは**異性体**（isomer）とよばれる．C_5H_{12}の場合，三つの可能な構造異性体が存在する．表4・1に示した直鎖型に加えて，右記のような二つの分岐型も存在する．鎖中の炭素数が増えるにつれ，可能な異性体の数は急速に増大する．$C_{10}H_{22}$の場合，75種類の構造異性体が可能である．

ガソリンがエンジン内で燃えるとき，これらのさまざまな化合物がすべて同時に燃焼し，空気中の酸素と反応する．想像できるように，このような複雑な混合物の燃焼を正確に記述することはきわめて難しい．したがって当面の目的のためには，単純化したモデルを用いる方がよいだろう．最も単純なモデルは，ガソリン混合物を単一の化合物で代表させるもので，最も一般的に選ばれる化合物はオクタンC_8H_{18}である．ガソリンをオクタンで合理的に表すことができると仮定すると，つり合いのとれた燃焼の化学式を書くことは容易になる．さらに完全燃焼が起こると仮定すれば，その反応式はオクタンと酸素が反応物で，二酸化炭素と水が生成物となる[*3]．

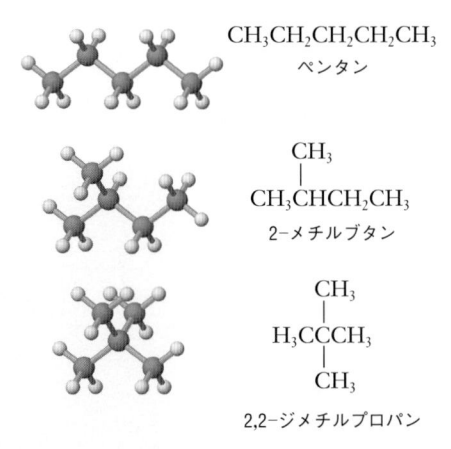

$CH_3CH_2CH_2CH_2CH_3$
ペンタン

CH_3
|
$CH_3CHCH_2CH_3$
2-メチルブタン

CH_3
|
H_3CCCH_3
|
CH_3
2,2-ジメチルプロパン

ペンタン C_5H_{12} の構造異性体[*2]

表4・1 炭素数1〜10のアルカン

化合物	化学式	構造	化合物	化学式	構造
メタン	CH_4		ヘキサン	C_6H_{14}	
エタン	C_2H_6		ヘプタン	C_7H_{16}	
プロパン	C_3H_8		オクタン	C_8H_{18}	
ブタン	C_4H_{10}		ノナン	C_9H_{20}	
ペンタン	C_5H_{12}		デカン	$C_{10}H_{22}$	

[*2] 2-メチルブタンや2,2-ジメチルプロパンという名前は，有機化合物に用いられる系統的IUPAC命名法によるものである．名前中の数字は，さまざまな官能基がついている炭素原子の位置を示す．

[*3] ガソリンは実際にはオクタンの異性体を数種含んでいるが，どれにも図4・1の燃焼式は当てはまる．

二つの重要な仮定をしたため，この反応式はガソリンの燃焼として理想化されたモデルになっている．ガソリン中のすべての炭化水素を代表するのにオクタンを用いるのは，おもに単純化のためである．実際に存在する個々の炭化水素を選んでも，その燃焼式を書くことはさほど難しいことではないだろう．しかし完全燃焼はかなり思い切った仮定をしたことになる．標準的な自動車の排気ガス中には二酸化炭素や水蒸気のほかに多くの化合物が含まれることが知られている．米国のほとんどの州では車の排気ガス中の一酸化炭素と炭化水素の濃度を測定する排出試験を定期的に実施することが必要で，別の種類の化合物についての検査も必要な州や地方がある．これらの化合物は上記の反応式には含まれていないので，ここで用いた単純なモデルは完全ではないといえる[*4]．エンジン内の化学をより完全に記述するには，どんな付加因子を考える必要があるだろうか．

ガソリンにはいろいろな炭化水素が含まれることはわかっている．したがって排気ガス中に炭化水素が存在するということは，おそらく燃焼せずにエンジンを通り抜けて排気されるものがあることを示している．これはエンジンから排出されるまでまったく反応しない炭化水素があることを意味する．あるいは大きな分子が分解して小さな分子になり，その一部が排気ガスに含まれて出てきたのかもしれない．一酸化炭素の存在についてはどうだろう．元の反応式は，完全燃焼を仮定して書いた．これはすべての炭素は CO_2 に変換されることを意味する．もしエンジンのシリンダー中に十分な酸素がなければ，燃焼は不完全になり，CO_2 ではなく CO が生成するだろう．

図4・1と図4・2に，同じ反応物だが生成物が異なる二つの化学反応式を書いた．分子がどちらの反応を起こすかどうしてわかるのだろう．ほとんどの条件下では，どちらの反応もある程度起こるが，その相対的重要性は反応条件による．燃料の酸素に対する比率は特に重要で，現代の車のエンジンでは燃料噴射装置により厳密に監視されている．ほかにエンジン温度なども重要な因子である．適切に調整したエンジンでは，完全燃焼が起こる割合は最大となり，有害な CO の放出は抑制され，燃費も向上する．

ここで記述した反応式は，ガソリンや他の炭化水素燃料の化学を考えるうえでよい出発点になる．しかし，燃料の化学に関する重要な問題は定量的な問題である．完全燃焼させるにはどれだけの酸素が必要なのか．燃えた燃料の量に対してどれだけの CO_2 が放出されるのか．このような問いに答えるためには，問題となっている反応式の化学量論について考える必要がある．

4・2 化学量論の基礎

化学量論とは，化学における定量的関係を記述するために使われる言葉である．化学反応において，ある特定の物質がどれだけ消費されまたは生成されるかは，すべて化学量論の問題である．またそのような化学量論の問題の核心には，つり合いのとれた化学反応式がつねにあることがわかるであろう．

これまで，化学反応式は関与する粒子の数を用いて書くということを議論してきた．反応を個々の分子で解釈しても物質量で解釈しても，化学反応式のつり合いをとる量論係数は，粒子の数のことであり質量ではない．通常，実験室では粒子の数を直接測定することはできない．質量や液体の体積の方が測定しやすい量である．したがって，ある化学反応の定量的計算をしたいのであれば，質量や体積の測定値を望ましい物質量の値に変換する必要がある．このような計算は重要なので，単位の不一致を防ぐために化学者たちは標準的な方法をつくり上げてきた．この方法は，化学のある特定の問題を解くための一つの演算手順であるとも考えられるが，その概念的基礎を理解することは有益である．鍵となる考え方は，つり合いのとれた化学反応式を使って反応中のさまざまな物質間のモル比を定めることである．

つり合いのとれた化学反応式から比を求める

最も単純な可燃性炭化水素はメタン CH_4 であり，それゆえメタンは最も単純な燃料の一つである．したがってメタンの燃焼は，反応の化学量論の探求を始めるうえで最適であろう．まずつり合いのとれた化学反応式を書くことから始める[*5]．

$$CH_4(g) + 2\,O_2(g) \longrightarrow CO_2(g) + 2\,H_2O(l)$$

第3章で，この化学反応式をどのように読み取ることができるか考察した．1分子のメタンが2分子の酸素と反応する，と表現することも，1 mol のメタン分子が 2 mol の酸素分子と反応すると考えることもできる．いずれにせよ，メタン分子の酸素分子に対する比は 1 : 2，メタン分子の二酸化炭素分子に対する比は 1 : 1，メタン分子の水分子に対する比は 1 : 2，酸素分子の水分子に対する比は 2 : 2（または 1 : 1）でなければならない．

§3・4で議論したように，化学反応式中の係数は，物質量や分子数のいずれにも関連づけることができる．した

[*4] 不完全燃焼が原因の副生成物もあり，ホルムアルデヒド CH_2O やすす（炭素粒子）が含まれる．
[*5] 燃焼で生成する水の物理状態は，反応条件に依存する．

がってこの反応式は，1 mol のメタンが 2 mol の酸素と反応して 1 mol の二酸化炭素と 2 mol の水を生成する式であるといえる．この化学反応式から，つぎの一組の**モル比**（mole ratio）を書くことができる．

$$1 \text{ mol CH}_4 : 2 \text{ mol O}_2$$
$$1 \text{ mol CH}_4 : 1 \text{ mol CO}_2$$
$$1 \text{ mol CH}_4 : 2 \text{ mol H}_2\text{O}$$
$$2 \text{ mol O}_2 : 2 \text{ mol H}_2\text{O}$$

最後の比は 1 : 1 と書くこともできる．

化学量論の計算を行うときは，モル比を分率のように書くことが非常に多い．それらはある物質の量を他の物質の量と関係づける単位変換係数と同じように用いられる．

$$\frac{1 \text{ mol CH}_4}{2 \text{ mol O}_2} \quad \frac{1 \text{ mol CH}_4}{1 \text{ mol CO}_2} \quad \frac{1 \text{ mol CH}_4}{2 \text{ mol H}_2\text{O}}$$

$$\frac{2 \text{ mol O}_2}{2 \text{ mol H}_2\text{O}} \quad \left(\text{または } \frac{1 \text{ mol O}_2}{1 \text{ mol H}_2\text{O}}\right)$$

単位変換係数と同様に，特定の計算をするのに必要であればこれらのモル比を逆にして使うこともできる．化学量論

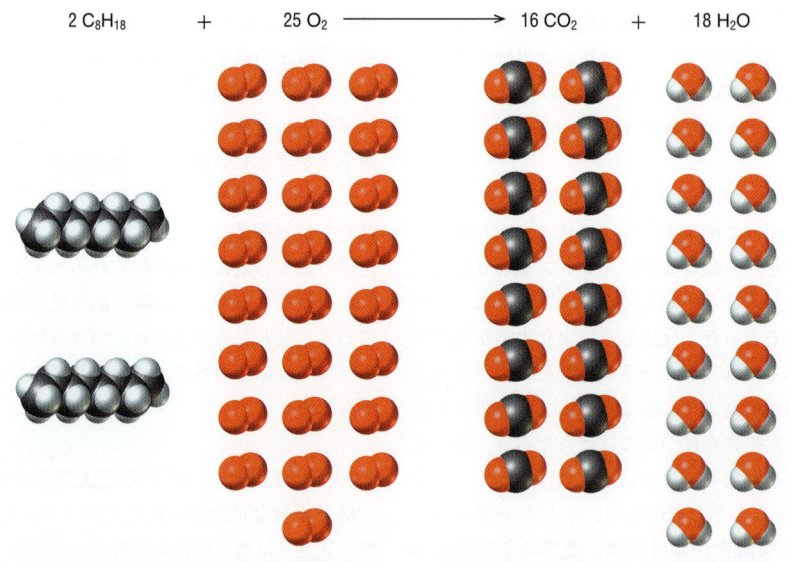

図 4・1 二酸化炭素と水を生じるオクタンの燃焼を分子の模式図で示す．この図では個々の化合物の相対的分子数が表されている．

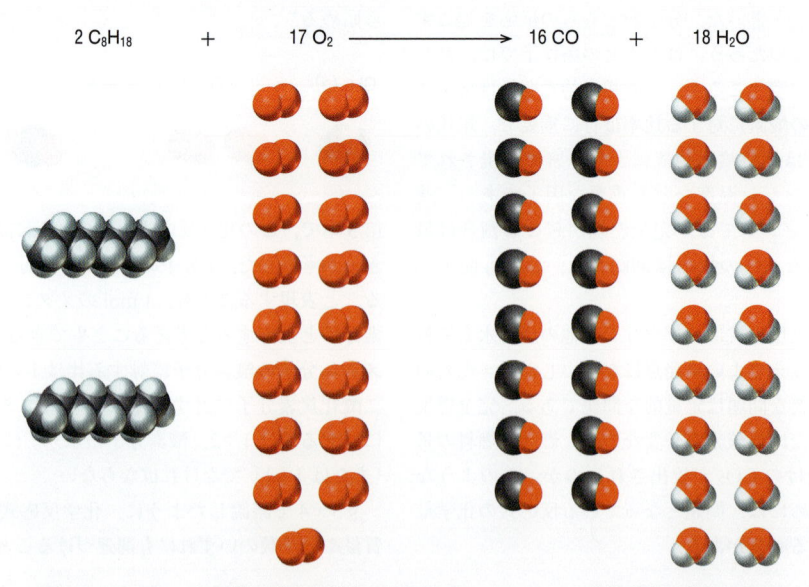

図 4・2 図 4・1 と同様の分子の模式図を示すが，ここでは一酸化炭素と水を生じるオクタンの不完全燃焼を表す．どちらの反応式もつり合っているが，明らかに異なる化学量論を示す．

に関する例題4・1でモル比の使い方を示す．

例題 4・1

6.75 mol のメタン CH_4 が燃焼で完全に消費されるためには何 mol の酸素 O_2 が必要か．

解法 つり合いのとれた化学反応式から始めて，その量論係数を用いてメタンと酸素の間のモル比を定める．そうすると，その比を用いて反応におけるメタンの量を必要な酸素の量に関係づけることができる．

解答 つり合いのとれた反応式は先ほど出てきた．

$$CH_4(g) + 2\,O_2(g) \longrightarrow CO_2(g) + 2\,H_2O(l)$$

この式の係数から CH_4 と O_2 のモル比がわかり，それはつぎのどちらかの形で表すことができる．

$$\frac{1\ \text{mol}\ CH_4}{2\ \text{mol}\ O_2} \quad \text{または} \quad \frac{2\ \text{mol}\ O_2}{1\ \text{mol}\ CH_4}$$

CH_4 の既知量から O_2 の必要量を計算するには，2 番目の形を用いるとよい．これにより結果が求められる．

$$6.75\ \text{mol}\ CH_4 \times \frac{2\ \text{mol}\ O_2}{1\ \text{mol}\ CH_4} = 13.5\ \text{mol}\ O_2$$

考察 得られた答えは 2：1 というモル比の直接の結果であって，直感的に十分に理解できる．モル比のどちらの形を選ぶかは，次元解析の応用として考えてもよい．多くの化学量論問題では通常，既知量がモル単位では与えられないので，これよりさらに複雑になる．しかしここで説明したモル比の使用は，どんな反応量論計算においてもきわめて重要である．

理解度のチェック 上の反応で H_2O は何 mol 生成するか．

つり合いのとれた化学反応式から，反応における化合物の量を関係づけるのに必要なすべてのモル比が得られる．しかし，実験室で反応を行うときは，しばしば天秤を使って原料を必要量だけ量り取るので，グラム単位での計量となる．化学反応式からわかる比は，分子数またはモル単位の比である．したがって，グラムとモルの間の変換をする必要がある．すでにみたように，変換するには分子量を用いればよい．

一つの単位を別の単位に変換するために比を用いることは，単純な物理測定と同様，化学量論においても複雑なことではない．しかし重要な違いは，多くの化学量論の問題においては，比が 3 回以上使われるという点である．比を

個別に使用するにはすでに知っている原理に従えばよいので，この点に留意しさえすれば複雑な量論問題であっても何とか解くことができるはずである．いちばんの難関は，どの比をいつ使うかを決めることである．必要な段階をたどる一つの方法は，つり合いのとれた化学反応式や分子量などの関係から，情報がいつ導き出されるかを示すブロックを使ったフローチャートをつくることである．

図 4・3 で，反応において一つの化学種の質量から，消費または生成する別の種の質量を知りたいとき，三つの比を使わなくてはならないことがわかる．与えられた物質の分子量を使った比，つり合いのとれた化学反応式から得られるモル比，その質量を求めたい物質の分子量を使った比，である．各段階でどの比を使うかを確認するための単純で確かな方法は，すべての量をその単位をつけて書くことである．例題 4・1 の単純な計算をする際，最初の CH_4 の量にモル単位をつけて書いたので，これが計算をするときに正しいモル比の形を選ぶ助けとなった．このように，すべての量に適切な単位をつけておくことは，どんな計算をするときも心がけた方がよい．つぎの例題ではこのやり方をもう少し一般的な量論計算，すなわち量が物質量ではなく質量で与えられた場合に適用する．

例題 4・2

§3・2 で水素と酸素から水ができる反応を考えた．もし十分な量の水素が 26.0 g の酸素と反応したら，何 g の水ができるか．

解法 まず，これが反応量論問題であることがわかれば役に立つ．問題文にその兆候は二つある．"どれだけの"と尋ねているし，明らかに化学反応が関与している．ひとたびこれが理解できれば，生成した水と反応した酸素のモル比を知るにはつり合いのとれた化学反応式が必要である，とすぐにわかるはずである．与えられた酸素の質量を物質量に変換し，水の物質量を求めるのに酸素と水のモル比を用い，それから生成した水の質量を求めるのに水の分子量を用いる．

解答 水素と酸素はともに二原子分子の気体であることを思い出し，つり合いのとれた反応式を書く．

$$2\,H_2(g) + O_2(g) \longrightarrow 2\,H_2O(g)$$

酸素のモル質量は 32.0 g mol^{-1}，水のモル質量は 18.0 g mol^{-1} である．図 4・3 に従って，与えられた酸素の質量から始めて，答えは水の g であることに留意して一

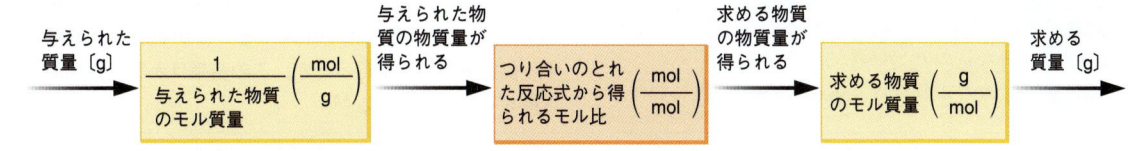

図 4・3 典型的な反応量論問題を解くためのさまざまな段階を説明するフローチャート

連の比を書く．

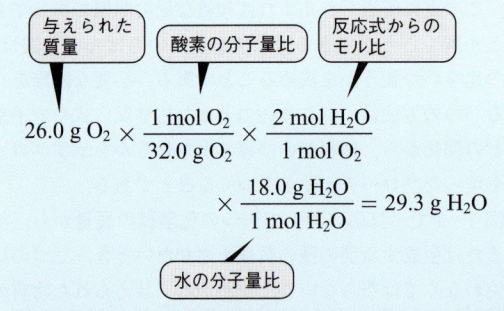

$$26.0 \text{ g O}_2 \times \frac{1 \text{ mol O}_2}{32.0 \text{ g O}_2} \times \frac{2 \text{ mol H}_2\text{O}}{1 \text{ mol O}_2}$$

（与えられた質量／酸素の分子量比／反応式からのモル比）

$$\times \frac{18.0 \text{ g H}_2\text{O}}{1 \text{ mol H}_2\text{O}} = 29.3 \text{ g H}_2\text{O}$$

（水の分子量比）

解答の分析 反応物の酸素と生成物の水の二つの質量は同程度である．これは理にかなっているだろうか．反応式をみると，酸素原子はすべて水分子になることがわかる．水素は軽い元素なので，生成した水の質量は反応した酸素の質量よりそれほど大きくはならない．29.3 g の H_2O という答えは，始めの 26.0 g の酸素よりわずかに大きいので，妥当である．（この例題では反応物と生成物の質量が近いが，いつでもそうだというわけではないことに注意せよ．）

考察 質量が与えられた物質（26.0 g の O_2）から始めたことに注意しよう．最初と最後の段階は質量とモルの変換だけだったので，やりやすかったはずである．つり合いのとれた反応式からモル比を求めてそれを使ったことが，ここでの唯一の新しい考え方である．

この計算は，もっと段階的に，まず 26.0 g の O_2 を 0.813 mol の O_2 に変換してから先へ進むこともできる．計算が正しいかぎり，結果は同じになるはずである．

理解度のチェック 29.2 g の水を生成するのに必要な水素の質量を計算せよ．

例題 4・3

三硫化四リン P_4S_3 は万能マッチ（どこで擦っても発火するマッチ）の製造に用いられる．リン元素と硫黄元素が直接反応して P_4S_3 を生成する．

$$8 \text{ P}_4 + 3 \text{ S}_8 \longrightarrow 8 \text{ P}_4\text{S}_3$$

153 g の S_8 と過剰のリンがあるとすると，この反応で生成される P_4S_3 は何 g か．

解法 量論問題の核心は，必要とするモル比を与えるつり合いのとれた化学反応式である．この比を使うためには，まず反応物の S_8 について，つぎに生成物の P_4S_3 について，質量と物質量の間の変換をしなくてはならない．分子量は必要な変換係数を得るために使う．"過剰のリン" という表現は，153 g の S_8 を完全に消費するのに十分な量の P_4 があることを示す．

解答 S_8 のモル質量は 256.6 g mol^{-1}，P_4S_3 のモル質量は 220.1 g mol^{-1} である．つり合いのとれた反応式とそれらの質量から，必要な関係式を組立てることができる．

$$153 \text{ g S}_8 \times \frac{1 \text{ mol S}_8}{256.6 \text{ g S}_8} \times \frac{8 \text{ mol P}_4\text{S}_3}{3 \text{ mol S}_8}$$

$$\times \frac{220.1 \text{ g P}_4\text{S}_3}{1 \text{ mol P}_4\text{S}_3} = 3.50 \times 10^2 \text{ g P}_4\text{S}_3$$

理解度のチェック マッチの燃えた臭いは生成する硫黄酸化物のためである．この反応は $S + O_2 \longrightarrow SO_2$ と表すことができる．この反応で 4.8 g の硫黄が燃えた場合，生成する二酸化硫黄の質量は何 g か．

さて，自動車のエンジンから放出される二酸化炭素の量は，燃えたガソリンの量と関係づけられる．ガソリン 1 ガロンあたり生成される二酸化炭素の質量はどれだけだろうか．典型的な化学の教科書に載っている量論問題とはずいぶんと違った印象を受けるかもしれないが，本当にこれだけである．ガソリンの燃焼を表すのにオクタンの完全燃焼を仮定した単純なモデルを用いることから始めよう．つり合いのとれた化学反応式は，以前にみたように

$$2 \text{ C}_8\text{H}_{18} + 25 \text{ O}_2 \longrightarrow 16 \text{ CO}_2 + 18 \text{ H}_2\text{O}$$

である．ここでガソリン 1 ガロンの質量を知る必要がある．そのためには問題としているガソリンの正確な化学組成が必要である．しかしここではオクタンに基づいて計算しているので，オクタンの密度，0.7025 g mL^{-1} を使うのが合理的であろう．さらにいくつかの単位変換係数を使って，1 ガロンのオクタンの g 単位での質量を求める．

$$1 \text{ ガロン} \times \frac{3.7854 \text{ L}}{1 \text{ ガロン}} \times \frac{1000 \text{ mL}}{1 \text{ L}}$$

$$\times \frac{0.7025 \text{ g オクタン}}{\text{mL}} = 2659 \text{ g}$$

こうなると元の問題は，以前の問題にかなり似たものになる．すなわち，2659 g の C_8H_{18} の完全燃焼により生成される CO_2 の質量はどれだけか，となる．分子量とつり合いのとれた反応式から得られるモル比を用いて，計算式を組立てる．

$$2659 \text{ g C}_8\text{H}_{18} \times \frac{1 \text{ mol C}_8\text{H}_{18}}{114.23 \text{ g C}_8\text{H}_{18}} \times \frac{16 \text{ mol CO}_2}{2 \text{ mol C}_8\text{H}_{18}}$$

$$\times \frac{44.010 \text{ g}}{1 \text{ mol CO}_2} = 8196 \text{ g CO}_2$$

なじみのある単位にするため，1 ポンドは約 454 g であることから単位を換算して，1 ガロンのガソリンを燃やすと 18 ポンドの二酸化炭素が生成することがわかる．単純化する仮定をいくつか行ったが，この結果はかなり合理的な見積もりのはずである[*6]．

[*6] ［訳注］わが国でなじみのある体積単位 L にするために，8196 g/ガロンを 3.7854 L/ガロンで割ると，1 L のガソリンを燃やすと約 2165 g の CO_2 が生成することがわかる．

4・3 制限反応物質

化学反応を行うとき，ある反応物が他の物質より先に使い果たされてしまうことがしばしばある．反応物の一つを使い切ってしまうと，反応は停止する．完全に消費された反応物が反応の到達点を決め，生成物の量を制限する．反応で完全に消費されたこの反応物のことを，**制限反応物質**（limiting reactant）という．

この重要な概念を説明するため，ほんの数分子しか含まない実験を何とかしてできると想像しよう．H_2 と O_2 それぞれ 6 分子から始めて反応させるとすると，どれだけの水が生成できるだろうか．例題 4・2 から，この反応式は以下のようになるとわかっている．

$$2\,H_2(g) + O_2(g) \longrightarrow 2\,H_2O(g)$$

図 4・4 にこの実験の様子を示す．この反応は，両方の反応物があるかぎり進行する．しかし 6 分子の水が生成されると，H_2 はすべて消費されてしまう．もう 3 分子の酸素が残っていても，それらは反応できない．したがって，生成物の量は利用できる水素の量で制限されており，このような場合，水素が制限反応物質であるという．

多くの場合，反応物の量を操作して，ある化合物が制限反応物質となるようにする．もし特定の化合物または材料の合成が，希少または高価な反応物を含むなら，賢いプロセスエンジニアなら他の反応物を大過剰にしてその物質を制限反応物質にすることだろう．身近な例として車のエンジンにおけるガソリンの燃焼のような反応を考えよう．酸素は空気から容易に得られるので，大過剰の酸素がいつでも利用できる．車はガス欠は起こしても酸欠は起こしそうもない．したがって燃料消費や排気ガス放出に関する計算では，ガソリンがつねに制限反応物質であると仮定してよいだろう．

一方，何が制限反応物質かはっきりしない場合もありうる．実験室では，たんに使いやすい量の物質を混ぜてその反応をみるかもしれない．制限反応物質を決定するには，存在する各反応物の量を比較する必要がある．いつものように，つり合いのとれた化学反応式から，ある物質の何 mol が別の物質の何 mol と反応するのかという比がわかることに留意すべきである．つまり，制限反応物質を決めるには，質量ではなく，関係するモル比を使って比較しなくてはならない．例題 4・4，例題 4・5 では，どの物質が過剰にあってどの物質が制限反応物質なのかを決める方法を示す．

例題 4・4

5.22 g の塩化水素 HCl を含む水溶液すなわち塩酸がある．これを固体の K_2CO_3 3.25 g と反応させると，生成物は KCl, CO_2, H_2O である．どちらの反応物が過剰にあるか．

解法 どんな反応量論問題でも，まずつり合いのとれた反応式から始める．そこから先へ進むには，与えられた量の第一の反応物と反応する第二の反応物の量を計算すればよい．それを実際に使える反応物の量と比較すると，制限反応物質がわかる[*7]．

解答 反応物と生成物がわかっているので，反応式の骨格を容易に書ける．

$$HCl + K_2CO_3 \longrightarrow KCl + CO_2 + H_2O$$

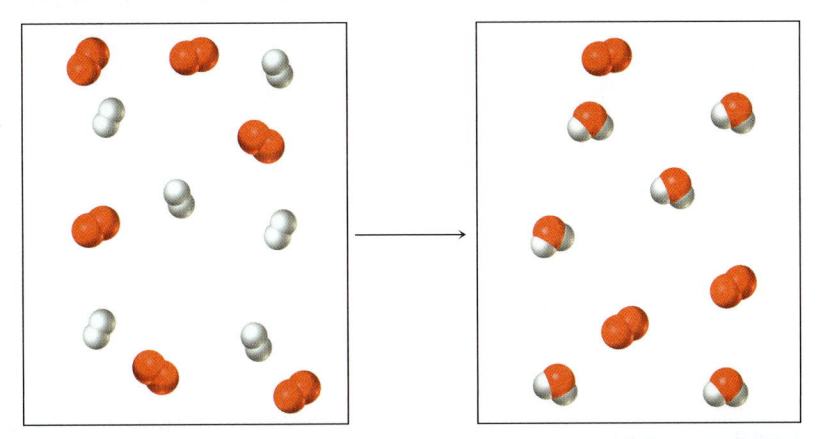

図 4・4 この分子スケールでの図は，制限反応物質の概念を説明している．左は仮想実験での混合反応物質，6 個の H_2 分子（白で示す）と 6 個の O_2 分子（赤）を表す．右は反応の完了後に存在する分子，6 個の H_2O 分子と 3 個の未反応 O_2 分子を示す．ここでは H_2 が制限反応物質で，H_2 分子がもうないため，これ以上の反応は不可能である．

[*7] 制限反応物質を同定する方法はいろいろある．

これのつり合いをとると量論計算に必要な化学反応式が得られる．

$$2\,HCl + K_2CO_3 \longrightarrow 2\,KCl + CO_2 + H_2O$$

与えられた HCl の量を使って，それと完全に反応する K_2CO_3 の量を計算しよう．

$$5.22\,\text{g HCl} \times \frac{1\,\text{mol HCl}}{36.46\,\text{g HCl}} \times \frac{1\,\text{mol K}_2\text{CO}_3}{2\,\text{mol HCl}}$$
$$\times \frac{138.2\,\text{g K}_2\text{CO}_3}{1\,\text{mol K}_2\text{CO}_3} = 9.89\,\text{g K}_2\text{CO}_3$$

したがって与えられた HCl の量（5.22 g）は 9.89 g の K_2CO_3 を必要とするが，3.25 g しかない．反応は K_2CO_3 がすべて消費されると止まる．K_2CO_3 が制限反応物質で，HCl が過剰にある．

解答の分析 どれが制限反応物質かを直感的に知るのは困難なことが多く，だからこそこの種の計算を覚えることが重要なのである．制限反応物質を決める因子は，相対分子量と量論モル比の二つである．この場合，K_2CO_3 のモル質量は HCl の 3 倍くらい大きい．したがって二つの反応物の質量が同程度なら K_2CO_3 が制限反応物質になる．

理解度のチェック アンモニアは化学肥料の生産に広く用いられ，また，多くの重要な高分子の前駆体でもある．したがって窒素と水素からのアンモニアの生成は，最も重要な工業的化学反応の一つである．

$$N_2 + 3\,H_2 \longrightarrow 2\,NH_3$$

これには通常過剰量の水素が用いられる．反応容器に $1.5 \times 10^3\,\text{mol}$ の N_2 が入っているとき，確実に過剰量とするにはどれだけの水素が必要か．

例題 4・5

例題 4・3 でマッチの燃焼における反応物の一つ，P_4S_3 を生成する反応を用いた．

$$8\,P_4 + 3\,S_8 \longrightarrow 8\,P_4S_3$$

28.2 g の P_4 を 18.3 g の S_8 と反応させると，どちらが制限反応物質となるか．

解法 どちらの反応物を選んでも，一方を完全に消費するのに他方の反応物がどれだけ必要かを決定できる．計算された量を問題で与えられた量と比較すれば，どちらが制限反応物質かがわかる．

解答 P_4 を使って始めよう．

$$28.2\,\text{g P}_4 \times \frac{1\,\text{mol P}_4}{123.9\,\text{g P}_4} \times \frac{3\,\text{mol S}_8}{8\,\text{mol P}_4}$$
$$\times \frac{256.5\,\text{g S}_8}{1\,\text{mol S}_8} = 21.9\,\text{g S}_8$$

したがって 28.2 g の P_4 は完全に反応するのに 21.9 g の S_8 を必要とする．18.3 g の S_8 しかないから，すべての P_4 と反応するのに十分な量の S_8 はない．それゆえ S_8 が制限反応物質である．

理解度のチェック どちらの反応物から始めてもよいことを確かめるため，与えられた S_8 の量を使って例題をやり直してみよう．

制限反応物質の決定は，制限反応物質に関する量論問題の実際の目的である"特定の反応物の混合物からどれだけの生成物が得られるかを決める"というより大きな問題の一部にすぎない．そのような問題においては，まずそれが制限反応物質の状況にあるという事実を正しく認識することが最も重要である．化学量論問題で二つ以上の反応物の量が明示されていたら，それはまず制限反応物質を見つけなさいと教えているのである．どの物質が先になくなるかがわかれば，後は普通の量論計算で問題を解けばよい．例題 4・6 はこの種の問題への取組み方を教えてくれる．

例題 4・6

MTBE（メチル t-ブチルエーテル）はガソリンの添加剤として使われる[*8]．この化合物はつぎの反応式により，メタノールとイソブテンを反応させて製造する．

$$\underset{\text{メタノール}}{CH_3OH} + \underset{\text{イソブテン}}{(CH_3)_2C{=}CH_2} \longrightarrow \underset{\text{MTBE}}{(CH_3)_3COCH_3}$$

45.0 kg のメタノールを 70.0 kg のイソブテンと反応させた場合，得られる MTBE の最大量はいくらか．

解法 ここでは 2 種の異なる反応物（メタノールとイソブテン）の量が与えられているので，この問題は制限反応物質の状況にあると理解すべきである．前の例題と同様に，制限反応物質を同定できる．すなわち，一つの反応物を選び，それと反応するのに必要な他方の反応物の量を求める．その結果を与えられた量と比較すると，どちらが制限反応物質かを決められる．それが決まれば，期待される生成物の量を計算することは簡単であろう．

解答 三つの化合物すべてのモル質量が必要である．分子式中のカッコを正しく解釈するよう注意すれば，つぎのように求められる．

$$\text{メタノール}\ CH_3OH:\ 32.042\,\text{g mol}^{-1}$$
$$\text{イソブテン}\ (CH_3)_2C{=}CH_2:\ 56.107\,\text{g mol}^{-1}$$
$$\text{MTBE}\ (CH_3)_3COCH_3:\ 88.149\,\text{g mol}^{-1}$$

制限反応物質を同定するためには，45.0 kg（つまり 45,000 g）のメタノールと反応するイソブテンの質量を

[*8] このような添加剤の利用については章末で議論する．

計算すればよい．

$$45{,}000\text{ g メタノール} \times \frac{1\text{ mol メタノール}}{32.042\text{ g メタノール}}$$

$$\times \frac{1\text{ mol イソブテン}}{1\text{ mol メタノール}} \times \frac{56.107\text{ g イソブテン}}{1\text{ mol イソブテン}}$$

$$= 7.88 \times 10^4\text{ g イソブテン} = 78.8\text{ kg イソブテン}$$

ここから，45.0 kg のメタノールを使うためには少なくとも 78.8 kg のイソブテンが必要なことがわかる．しかしイソブテンは 70.0 kg しかない．したがって，利用できるイソブテンの量が，生成可能な MTBE の量を決定する．イソブテンが制限反応物質であり，メタノールは過剰にあることがわかる．

こうしてこの例題は，イソブテンの量を使って計算する単純な量論問題となった．

$$70{,}000\text{ g イソブテン} \times \frac{1\text{ mol イソブテン}}{56.107\text{ g イソブテン}}$$

$$\times \frac{1\text{ mol MTBE}}{1\text{ mol イソブテン}} \times \frac{88.149\text{ g MTBE}}{1\text{ mol MTBE}}$$

$$= 1.10 \times 10^5\text{ g MTBE} = 1.10 \times 10^2\text{ kg MTBE}$$

解答の分析 この値は，どちらの反応物の元の量よりも大きい．これは理にかなっているだろうか．反応をよくみると，これは二つの分子が一つになる合成反応である．もしこの答えが二つの反応物の質量の和より大きくなれば心配であるが，この値は妥当であろう．

考察 この問題には，以前の例題で検討した 2 種類の計算が含まれている．第一段階は制限反応物質の同定であり，第二は実際の量論計算である．ここでメタノールより質量が多かったにもかかわらずイソブテンが制限反応物質であったことに注意しよう．これは，反応量論計算にはつねに物質量を用いるべきであり，質量ではないことを注意喚起している．

理解度のチェック ジボラン B_2H_6 はかつてロケット推進剤として使用が提案された．この物質はつぎの反応で製造できる．

$$3\text{ LiBH}_4 + \text{BF}_3 \longrightarrow 2\text{ B}_2\text{H}_6 + 3\text{ LiF}$$

24.6 g の $LiBH_4$ が 62.4 g の BF_3 と反応すると，何 g のジボランができるか．

制限反応物質の概念は，化学反応を工業的に応用する際に重要な意味をもつ．すでに述べたように，設計された化学プロセスでは希少または高価な物質は制限反応物質とされるため，まったく無駄にならない．一方，ロケットエンジンの設計ではかなり状況が異なる．この場合，ロケットの総重量が重要事項なので，最少量の燃料を使って必要な推力を与えることが設計の目的となる．多くのロケットエンジンは，いわゆる二成分燃料混合物によっているが，そこでは二つの化合物が反応したときにエネルギーが放出される．そのようなロケットの最適な設計では，一般に二つの化合物は量論比で存在するようにしてあるので，どちらも過剰にならない．つぎの例題でそのような混合物の量の求め方を説明する．

例題 4・7

スペースシャトルの推進ロケットは，固体燃料の過塩素酸アンモニウムとアルミニウムによるつぎの反応に基づいている．

$$3\text{ NH}_4\text{ClO}_4(s) + 3\text{ Al}(s) \longrightarrow$$
$$\text{Al}_2\text{O}_3(s) + \text{AlCl}_3(g) + 3\text{ NO}(g) + 6\text{ H}_2\text{O}(g)$$

もしどちらかの反応物質が過剰だと，不要な質量がシャトルに加わることになるので，化学量論比の混合物が望ましい．この燃料混合物 1 kg に対し，反応物質はそれぞれどれだけ使われるべきか．

解法 どちらの反応物質も余らないということを確実にしたい．燃料 "1 kg あたり" の組成について尋ねられているから，燃料の総質量を 1000 g と仮定して始めてよい．二つの未知数を使って次式のように書ける．

$$m_{\text{NH}_4\text{ClO}_4} + m_{\text{Al}} = 1000\text{ g}$$

未知数は二つなので，二つの質量間の第二の関係式が必要である．つり合いのとれた化学反応式から，二つの反応物質間のモル比が 3 : 3 つまり 1 : 1 であることがわかる．モル質量を使って質量比に変換すれば，それを第二の方程式として使って問題を解くことができる．

解答 NH_4ClO_4 のモル質量は 117.49 g mol^{-1}，アルミニウムは 26.98 g mol^{-1} である．量論比の混合物であることを確実にするためには，各反応物質が等モル量必要である．したがって NH_4ClO_4 を 117.49 g (1 mol) 使うとすると，Al は 26.98 g (こちらも 1 mol) 必要である．これは次式のように書ける．

$$\frac{m_{\text{NH}_4\text{ClO}_4}}{m_{\text{Al}}} = \frac{117.49\text{ g}}{26.98\text{ g}} = 4.355$$

実際に必要な量はもっと多いはずであるが，それでも質量の比は正しい．したがって二つの未知質量に二つの方程式があるので，連立方程式として解くことができる．二つの方程式は

$$m_{\text{NH}_4\text{ClO}_4} + m_{\text{Al}} = 1000\text{ g}$$
$$m_{\text{NH}_4\text{ClO}_4} = 4.355\, m_{\text{Al}}$$

第二の方程式の右辺を第一の方程式に代入すると次式を得る．

$$4.355\, m_{\text{Al}} + m_{\text{Al}} = 1000\text{ g}$$

これを解くと燃料混合物 1 kg あたり必要なアルミニウムの質量が得られる．

$$5.355\, m_{Al} = 1000 \text{ g}$$
$$m_{Al} = \frac{1000 \text{ g}}{5.355}$$
$$= 186.8 \text{ g}$$

すると NH_4ClO_4 の質量も簡単に求められる．

$$m_{NH_4ClO_4} = 1000 \text{ g} - m_{Al}$$
$$= 1000 \text{ g} - 186.8 \text{ g}$$
$$= 813.2 \text{ g}$$

したがって，燃料 1 kg は 186.8 g の Al と 813.2 g の NH_4ClO_4 から成るべきである．

考察 スペースシャトルのエンジンに必要な燃料の質量は，1 kg より明らかにずっと大きい．しかしこの結果を必要な質量までスケールアップするのは容易である．ほとんどの問題と同様，解答のために使えるアプローチはほかにもたくさんある．ここで用いた方法は，(上記の二つの質量のように) 二つの未知数がある場合，問題を解くにはそれらの間に二つの別々の関係式を見つける必要がある，という一般的な考えに基づいている．

理解度のチェック 600.0 g の NH_4ClO_4 と 400.0 g の Al から成る燃料混合物を用いて，実験室スケールのシャトルエンジン模型のテストをする．エンジンで燃焼が止まったとき，未使用の燃料がいくらか残る．この未燃焼燃料は何で，その質量はいくらか．

4・4 理論収量と収率

化学反応，特に商品を製造する反応においては，効率的で，目的の生成物をできるだけ多く生み出す一方，必要としない副生成物は最小限とするような反応が一般に好ましい．なぜこれは重要なのだろうか．産業における多くの事情のなかで，一つの大きな理由は経済である．もしある事業で，一定量の反応物から得られる生成物の量を増やすことができるのなら，その方がより多くの利益が得られる．反応温度や**副反応** (side reaction) の可能性，あるいは生成物がさらに反応して別のものになるなどの多くの要因により，目的の生成物の量が減る可能性がある．これらの望ましくない反応を最小化することは，廃棄物の量を減らすことにもなり，ひいては環境負荷と関連コストも下げる[*9]．

反応の有効性を評価するには，完全なまたは理想的な条件下で得られるであろう生成物の量を計算し，それを実際に測定した結果と比較すればよい．この理想的な生成物の量は**理論収量** (theoretical yield) とよばれ，量論問題を解くことで得られる．生成物の量を測定して得られるのが**実際の収量** (actual yield) で，理論収量との比から**収率** (yield) を計算することができる．

$$収率(\%) = \frac{実際の収量}{理論収量} \times 100\% \quad (4 \cdot 1)$$

この収率を上げることは，工業プロセスに従事する化学技術者にとって最重要目標の一つである．

例題 4・8

ソルベー法は，ほとんどのガラスの製造に用いられる炭酸ナトリウム Na_2CO_3 の商業生産において重要な方法である．ソルベー法の最終段階は，$NaHCO_3$ (炭酸水素ナトリウム，すなわち重曹) の加熱による Na_2CO_3 への変換である．

$$2\, NaHCO_3(s) \xrightarrow{\text{加熱}} Na_2CO_3(s) + CO_2(g) + H_2(g)$$

研究室の実験で，学生が $NaHCO_3$ 42.0 g を加熱して 22.3 g の Na_2CO_3 を得た．この反応の収率はいくらか．

解法 実験から，実際の収量はわかっている．収率を計算するには，まず理論収量を求める必要がある．反応の化学量論に基づき，可能な最大の生成物量を計算すればよい．理論収量と実際の収量の両方がわかれば，収率を求めるのは簡単である．

解答 量論問題を解くことから始める．

$$42.0 \text{ g} \times \frac{1 \text{ mol } NaHCO_3}{84.0 \text{ g } NaHCO_3} \times \frac{1 \text{ mol } Na_2CO_3}{2 \text{ mol } NaHCO_3}$$
$$\times \frac{106.0 \text{ g } Na_2CO_3}{1 \text{ mol } Na_2CO_3} = 26.5 \text{ g } Na_2CO_3$$

それから収率(%)を計算する．

$$収率(\%) = \frac{実際の収量}{理論収量} \times 100\%$$
$$= \frac{22.3 \text{ g}}{26.5 \text{ g}} \times 100\%$$
$$= 84.2\%$$

解答の分析 解答を素早く評価して量論が正しかったことを示そう．42 は 84 の半分なので，$NaHCO_3$ は 0.5 mol である．反応式から，$NaHCO_3$ の Na_2CO_3 に対するモル比は 2:1 なので，0.25 mol の Na_2CO_3 が得られるはずである．106 の 1/4 は約 26 なので，計算した量論は正しいことがわかる．実際の収量は理論収量より少ないので，100%より小さい答が妥当である (このような反応で 100%より大きい収量をみることがあるが，それは生成物が完全に乾燥していないか，不純物が含まれていることを示している)．

考察 この収率は "よい" のかどうかについて尋ねてもいいが，収率に絶対的な数値目標を定めることはで

[*9] §3・6で紹介したグリーンケミストリーの理念は，工業化学反応の設計においても重要になりつつある．

きない．ほかでは得られないような非常に要求性の高い（つまり高価な）生成物をもたらす反応であれば，ほんの数％の収率でも適正と考えられるかもしれない．一方，この問題の場合は反応はかなり単純で生成物は比較的安価である．したがってプラントが経済的に成り立つためには，もっと高い収率が求められるであろう．

理解度のチェック 例題4・6の"理解度のチェック"で，ジボランを製造する反応を考えた．この推進剤を得る別の反応を以下に示す．

$$3\,NaBH_4 + 4\,BF_3 \longrightarrow 2\,B_2H_6 + 3\,NaBF_4$$

173.2 g の BF_3 が過剰の $NaBH_4$ と反応して 28.6 g の B_2H_6 が得られたら，収率はいくらか．

収率の考えは燃料の化学にどのように適用されるだろうか．ガソリンのような炭化水素の場合，完全燃焼は，不完全燃焼や他の副反応よりも多くのエネルギーを放出する．完全燃焼はまた，CO やすすなどの潜在的に有害な化合物の濃度を下げる．したがって完全燃焼の程度によってその効率を定義することもできる．もしこれを実験的に測定したいのであれば，一つの選択肢は排気流中の CO_2 の量を測定することである．同様に，排気流中の CO，CH_2O や他の炭素含有化合物の存在からも，さまざまな副反応の起こる割合を測定できる．そのような測定は，最適操作条件を決めるためのテストエンジンで日常的に行われている．

4・5 溶液の化学量論

化学量論問題において，これまでは，物質の分子量で定められた比を用いれば関与する物質量が得られるということを議論してきた．今度は質量よりも体積を測定して，式(3・2)を用いて物質の物質量を決定することにより，考察できる問題の範囲を拡張しよう．しかし量論問題の核心に変わりはない．この場合もつり合いのとれた化学反応式を使って，反応におけるさまざまな種の物質量間の重要な比が得られる．ここでも量論問題を解くための操作をフローチャートに示す（図4・5）．

溶液中の反応を考える場合は，分子量比を用いて二つの変数を関係づけるのではなく，式(3・2)を用いて三つの変数を関係づける必要があるので少々面倒になる．例題4・9にそのような溶液の量論問題への取組み方を示す．

例題4・9

例題3・10で述べたように，燃料に用いるヒドラジンは，次亜塩素酸ナトリウムとアンモニアの溶液反応により製造できる．化学反応式は以下のとおりである．

$$NaClO(aq) + 2\,NH_3(aq) \longrightarrow N_2H_4(aq) + NaCl(aq) + H_2O(l)$$

0.806 M の NaClO 溶液 750.0 mL に過剰のアンモニア水を混合すると，何 mol のヒドラジンが生成するか．得られた溶液の最終的な体積が 1.25 L なら，ヒドラジンのモル濃度はいくらか．

解 法 予測される生成物の量を求める問題なので，これは反応化学量論の問題である．NH_3 は過剰にある条件なので，NaClO が制限反応物質になることがわかる．したがって，与えられた体積と濃度を用いて，反応する NaClO の物質量を求めることにしよう．それから，つり合いのとれた反応式から得られるモル比を用いて，生成可能な N_2H_4 の物質量を求める．最後に，その物質量と与えられた最終体積を用いてモル濃度を求める．

解 答 750.0 mL を 0.7500 L とし，反応する NaClO の物質量を決定する．

$$n_{NaClO} = M \times V = 0.806\,mol\,L^{-1} \times 0.7500\,L$$
$$= 0.605\,mol\,NaClO$$

この値と，つり合いのとれた反応式から得られるモル比 1:1 から，該当するヒドラジンの物質量を求める．

$$0.605\,mol\,NaClO \times \frac{1\,mol\,N_2H_4}{1\,mol\,NaClO} = 0.605\,mol\,N_2H_4$$

さらに，与えられた最終体積とこの物質量を用いてモル濃度を求める．

$$M = \frac{n}{V} = \frac{0.605\,mol\,N_2H_2}{1.25\,L} = 0.484\,M\,N_2H_4$$

考 察 この量論計算は，以前のすべての例題と同様，つり合いのとれた反応式から得られるモル比を用いて行うことに注意せよ．この反応は溶液中で起こるので，物質量への変換と物質量からの変換だけが変わっている．

理解度のチェック 乾燥 Na_2CO_3 0.503 g と完全に反応する 0.150 M HCl の体積は何 mL か．

与えられた体積と濃度 → $n = M \times V$ → 与えられた物質の物質量が得られる → つり合いのとれた反応式から得られるモル比 → 求める物質の物質量が得られる → $n = M \times V$ → 求める答え（モル濃度または体積）

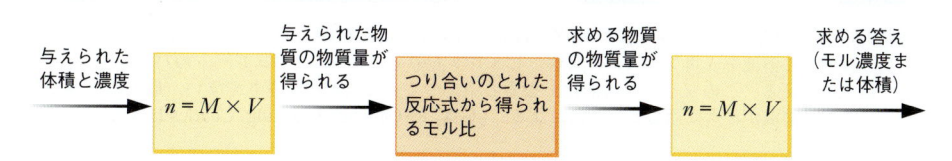

図4・5 典型的な溶液量論問題の計算における重要な段階を示すフローチャート

滴定（titration）とよばれる一般的な実験技法では，溶液の化学量論を理解している必要がある．滴定実験ではある試薬の量が高精度で決定できるよう，制御された条件下で溶液相反応が行われる．注意深く測定した量の試薬をビーカーかフラスコに入れる．**指示薬**（indicator）とよばれる色素をその溶液へ加える[*10]．もう一方の試薬を，一般にはビュレットを用いて制御しながら加える（図4・6）．反応が完了すると，指示薬の色が変わる．指示薬が最初に変色したとき，試薬は量論的に混合している．最初の試薬の物質量（またはモル濃度と体積）と，2番目の試薬を用いた体積はわかっているので，つり合いのとれた反応式がわかっていれば，2番目の試薬の濃度が求められる．

例題 4・10

一般の滴定は多くの場合，酸と塩基の反応を伴う．硫酸（H_2SO_4）溶液 15.00 mL を滴定するのに 0.503 M の NaOH 溶液 24.75 mL を要した場合，硫酸の濃度はいくらか．

解 法 滴定問題は化学量論の応用問題である．したがって，つり合いのとれた化学反応式が必要となる．NaOH 溶液のモル濃度と体積はわかっているので，反応する物質量は求めることができる．つり合いのとれた式からわかるモル比と NaOH の物質量とから，H_2SO_4 の物質量が求められる．元の H_2SO_4 溶液の体積はわかっているので，そのモル濃度を求めることができる．

解 答 この酸-塩基反応では，硫酸ナトリウムと水が生成する．そのつり合いのとれた反応式は

$$H_2SO_4(aq) + 2\,NaOH(aq) \longrightarrow Na_2SO_4(aq) + 2\,H_2O(l)$$

与えられたモル濃度と体積から NaOH の物質量を決定する．

$$0.02475\,\text{L 溶液} \times \frac{0.503\,\text{mol NaOH}}{1\,\text{L 溶液}}$$
$$= 0.0124\,\text{mol NaOH}$$

つり合いのとれた化学反応式を用いて，H_2SO_4 の物質量を決定する．

$$0.0124\,\text{mol NaOH} \times \frac{1\,\text{mol}\,H_2SO_4}{2\,\text{mol NaOH}}$$
$$= 6.22 \times 10^{-3}\,\text{mol}\,H_2SO_4$$

H_2SO_4 の濃度を決定する．

$$M = \frac{6.22 \times 10^{-3}\,\text{mol}\,H_2SO_4}{0.01500\,\text{L 溶液}}$$
$$= 0.415\,M\,H_2SO_4$$

解答の分析 求めた硫酸の濃度は水酸化ナトリウムの濃度よりも小さい．これは理にかなっているだろうか．ここで，化学量論は2:1であることを思い出そう．用いた NaOH の体積が硫酸の体積より大きくても，2倍ではないのだから，H_2SO_4 の濃度は NaOH より小さくなるはずである．

考 察 この例題で希釈式，式(3・3)を使うと間違ってしまう．希釈式は，つり合いのとれた化学反応式から得られるモル比を含んでいない．この場合は2:1というモル比なので，式(3・3)を使うと2倍の誤差が出る．

理解度のチェック ある NaOH 溶液を分析するため，その溶液 25.00 mL を 0.485 M の HNO_3 溶液で滴定したところ，42.67 mL を要した．この NaOH 溶液の濃度はいくらか．

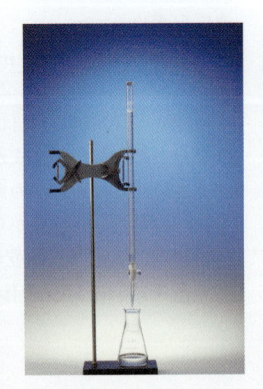

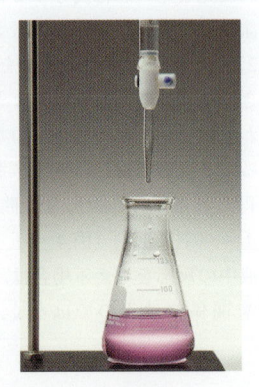

図4・6 標準的な滴定の手順を示す．左端の写真では第一の溶液をビュレットに注いでいる．つぎの写真では第二の溶液を三角フラスコに入れ，ビュレットの下に置いた．ビュレットのバルブを調整して溶液を加える．このフラスコの形は，振ると渦をつくって溶液が混ざりやすい．最後の写真で，フラスコの溶液が終点に達しピンク色になる．［写真: © Cengage Learning/Charles D. Winters］

[*10] 指示薬は，第3章で定義した弱酸や弱塩基の例でもある．

4・6 洞察: 代替燃料と燃料添加剤

§4・1でガソリンは化合物がかなり複雑に混じった混合物であると述べた．これらのほとんどは何種類かの炭化水素で，石油を精製して得たものである．しかし市販のガソリンには，一連の**燃料添加剤**（fuel additives）も含まれているようである．これらの燃料添加剤を使う特別な理由は，一般に，エンジンの性能を高める，有害なエンジン排気物を減らす，輸入石油製品への依存度を減らす，の三つに分類される．このうち二つ以上を同時にかなえる添加剤もある．

まず始めに，添加剤はどのようにして性能を高めるのか調べよう．ガソリン産業においては通常オクタン価によって等級が表され，オクタン価が高いほど，よりよいエンジン性能が期待される．オクタン価は実際にはエンジンシリンダー内の気体が自発点火前にどれだけ圧縮できるかの尺度である．オクタン価が高いと，シリンダー内の燃料混合物が時期尚早に点火する"ノッキング"が起こらず，より高い圧縮状態でエンジンを作動することができる．プレミアムガソリンのみを使うよう推奨している自動車メーカーもあるが，これは通常より高い圧縮比でエンジンが動くよう設計されているからである．"オクタン価"という言葉は，オクタンが非常に圧縮されやすいことに由来する．つまり，より高いオクタン価を得る一つの方法は，ガソリン中のオクタンの比率を増すことである．しかし重要なのは気体ガソリンの圧縮率であって，オクタンの含有量ではない．実際のオクタン含有量を高めるより，容易で安価に圧縮率を高める方法がいくつかある．

最初に広く使われた燃料添加剤はテトラエチル鉛であった（図4・7）．これは大幅に圧縮率を高くする．1920年代から1970年代にかけて，米国で販売されたガソリンはすべて実質的に鉛添加物を含んでいた．しかし性能の向上と燃料代の低下は，結局のところ高くついた．鉛には毒性があり，ガソリンに添加された鉛のほとんどは最終的には大気中に放出され，土壌と水中に取込まれた．これらの健康問題は早期に知られていたが，環境に対する関心の高まりが確固たるものになる1970年代までは，あまり注目されなかった．鉛添加ガソリンを駆逐するうえで決定打となったのは，1970年代における触媒コンバーターの導入であった．知ってのとおり触媒コンバーターは一酸化炭素や他の汚染物質の放出を減らすために設計されたもので，その重要な化学反応は白金表面で起こる[*11]．しかし排気ガス中の微小な鉛粒子が白金表面に非常に強く結合して阻害する（触媒毒として働く）ため，その触媒反応が起こらなくなる．そのため鉛を添加しない"無鉛ガソリン"が導入され，しだいに市場を占有していった．1996年以来，米国では自動車燃料として鉛添加物を含むガソリンの販売は違法となっている．

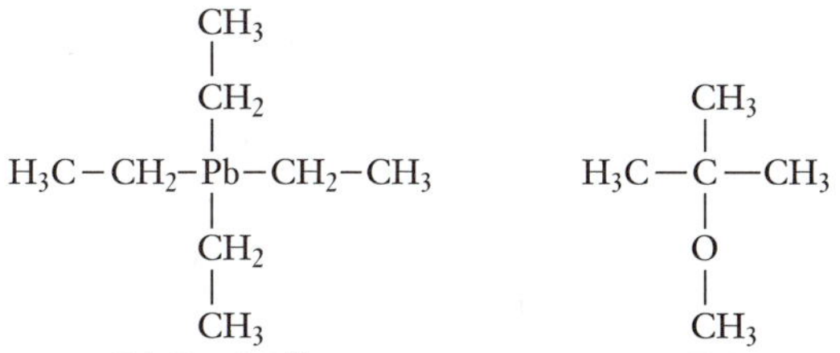

かつてテトラエチル鉛が担っていたオクタン価上昇の役割は，他の添加剤が登場して引き継いでいる．今日，米国で最も広く用いられているのはエタノールである．エタノールを加えるとガソリンの酸素含有量が増すので，エタノールはしばしば**酸素化剤**（oxygenate）とよばれ，エタノールを含んだガソリンは**含酸素燃料**（oxygenated fuel）として知られる[*12]．添加された酸素は完全燃焼を助け，それゆえ一酸化炭素，炭化水素やすすの放出を減らす．重量で少なくとも2%の酸素を含むガソリンは**改質ガソリン**（reformulated gasoline, RFG）として知られ，大気汚染問題が深刻な地域では改質ガソリンの使用が義務となっているところもある．燃料添加剤として用いるエタノールはトウモロコシ，大麦，小麦といった作物から生産される．これらの作物からとったデンプンは容易に砂糖へと転化され，その砂糖の発酵によりエタノールが得られる．原料は農産物なので，エタノールの生産は輸入石油製品によらない．現代の自動車はガソリン中のエタノールが10%までなら燃料として使用できるし，特別に設計されたエンジンなら85%まで含んでいても使うことができる．そのような高濃度で使われた場合，エタノールは燃料添加物というより代替燃料と考えた方が適切だろう．エタノール含有燃料は米国中西部で最も使用されている．

別の添加剤，MTBE〔メチル t-ブチルエーテル，$(CH_3)_3$-$COCH_3$〕は1990年代後半に広く用いられた（例題4・6を参照）．エタノール同様，MTBEはオクタン価とガソリンの酸素含有量をともに上げ，MTBEを15%ほど含んだ燃料は，最近のエンジンでも使うことができる．1990年の排ガス規制法の成立後，MTBEの使用は劇的に増えた．この法律で含酸素燃料の使用が義務づけられ，燃料産業はMTBEが生産と輸送費用の点でエタノールより優れていると考えた．したがって，当時の情報では，MTBEの導入が環境とビジネスの両方の観点で理にかなうと考えられて

図4・7 テトラエチル鉛とMTBEの構造式

[*11] 触媒と触媒コンバーターについては第11章で議論する．
[*12] ガソリンの成分は季節により調整される．一般に春の終わり頃ガソリンの値段が上昇するが，これは精油所で冬の成分から夏の成分へ変えており，切り替え期には需要に供給が追いつかなくなるためである．

いた*¹³. しかし後になって，MTBE にかかわる健康問題のためこの選択に疑問が生じた．MTBE は発がん性物質の可能性があったからである．ガソリン中の MTBE の使用量が増えるにつれ，地下水から MTBE が検出されたとの報告が広範になされた．この MTBE の源はパイプラインや貯蔵タンクからの漏れであると一般に信じられていた（鉛とは異なり，MTBE とエタノールは他のガソリン成分と共に燃焼するので，これらの添加剤が排気ガス中に高レベルで検出されることはない）．MTBE が人間の健康にどれほど影響するかまだ確かではないが，ガソリンに MTBE を使用することを禁じた地域（カリフォルニア州など）もある．

問題を解くときの考え方

問題 1950 年代，米国とソビエト連邦（当時）は共に，デカボラン $B_{10}H_{14}$ をロケット燃料に用いる計画をもっていた．この化合物は

$$B_{10}H_{14} + 11\,O_2 \longrightarrow 5\,B_2O_3 + 7\,H_2O$$

のように，酸素と激しく反応する．ロケット設計を最も効率よくするために，技術者は二つの燃料（この場合はデカボランと液体酸素）をほぼ同時に使い切るように工夫する．あるロケットの設計で，これら二つの燃料を合計で 1.20×10^6 kg 使えるとする．デカボランと酸素はそれぞれどれだけ必要か，決定する方法を述べよ．

解法 二つの燃料成分は上記の化学反応式により反応するので，これは化学量論の問題である．この問題への取組み方はいくつかあるが，どの場合でも，化学反応式は物質の物質量と関係づけられている．一方，この問題は物質の質量で扱わなければならない．この答えを得るためには，未知数を二つ含む二つの方程式を考え出さなくてはならない．

解答 最初の式は反応物が二つしかないという事実を利用する．つまり使う燃料の全質量は，この二成分の質量の和でなければならない．

$$B_{10}H_{14} \text{ の質量} + O_2 \text{ の質量} = 1.20 \times 10^6 \text{ kg}$$

第二の式は，関与する化学物質の反応モル比と分子量から決定できる（分子量はいつものように調べて計算できる）．

$$B_{10}H_{14} \text{ の質量} = O_2 \text{ の質量} \times \frac{1}{O_2 \text{ のモル質量}}$$
$$\times \frac{1 \text{ mol } B_{10}H_{18}}{11 \text{ mol } O_2} \times B_{10}H_{18} \text{ のモル質量}$$

必要な分子量がわかれば，これら二つの式を解いて答えを得ることができる．

要 約

化学反応にかかわる定量的関係は，内燃機関やそれを動かす燃料の工学技術を含む化学の多くの応用分野できわめて重要である．つり合いのとれた化学反応式は，反応を定量的に理解するための鍵である．化学反応の定量計算は化学量論問題とよばれるが，本章の最も重要な見解は，そのような問題すべてにおいてその核心はつり合いのとれた化学反応式だということである．

つり合いのとれた化学反応式は，すべての反応物と生成物のモル比を与える．これらの比を使うためには，ふつう，反応物または生成物の質量や体積などの容易に測定できるものから物質量へ変換しなくてはならない．これが量論問題を解くおもな型である．まず，反応物または生成物についてわかっている情報を考えて，それをその物質量へ変換する．つり合いのとれた化学反応式と含まれるモル比を使って，その物質の物質量から，知りたい物質の物質量へ変換する．最終的にその物質量から質量（または体積）へ変換する．

すべての化学量論問題は，この一般的型で取組むことができる．しかし，さらに計算が必要な場合もある．たとえば既知量の（または測定可能な量の）2 種以上の反応物が与えられた場合，どれが完全に消費されるのか（制限反応物質であるか）決めなければならない．ここでも，つり合いのとれた反応式のモル比が鍵になる．量論問題で考える別種の計算は反応収率の決定である．この場合，問題を解いて得られた生成物の量は，その反応の理論収量を表す．つまり，反応が実験室や工業的に行われたときには，得られない値になる．もし実際の収量を個別に測定することができれば，理論収量に対する実際の収量の比から収率が得られる．

キーワード

化学量論	モル比（4・2）	実際の収量（4・4）	燃料添加剤（4・6）
炭化水素（4・1）	制限反応物質（4・3）	収 率（4・4）	含酸素燃料（4・6）
アルカン（4・1）	副反応（4・4）	滴 定（4・5）	改質ガソリン（4・6）
異性体（4・1）	理論収量（4・4）	指示薬（4・5）	メチル t-ブチルエーテル（MTBE）（4・6）

---

*13 MTBE のような新しい化合物を導入して広く使用する際の決定は，いつも不完全な情報に基づいてなされる．技術者や科学者はその時点で得られる最良のデータに基づいて判断しなければならない．

5 気体

概要

- 5・1 洞察: 大気汚染
- 5・2 圧力
- 5・3 気体の法則の歴史と応用
- 5・4 分圧
- 5・5 気体反応の化学量論
- 5・6 分子運動論, 理想気体と実在気体の対比
- 5・7 洞察: 気体センサー

都会のスモッグは, 大気中で起こる一連の複雑な化学反応が原因となって発生する. スモッグや大気汚染などの関心事を理解するうえで, 気体の性質を知ることが最も重要である. [写真: NASA]

　いろいろな意味で, 化学の本質はものごとを原子, 分子レベルで考察することである. この考えは化学反応について学ぶときや物質の性質を調べるときにもあてはまる. そこで, 物質や材料を化学者の視点から検討するにあたり, 物質の性質はその成分である分子の性質と関連があることに注目しよう. その観点から気体をまず取上げることにする. なぜなら気体の巨視的な性質は個々の気体分子の性質と密接に関連しているからである.

　気体の性質は初期の頃は空気を使って調べられた. その理由は明らかで, 空気は容易に入手できるし, 人間生活にとっても重要だからである. 測定機器がますます精巧になっているが, 上記の理由から空気が注意深く研究されている気体であることは間違いない. 今日, 空気に関心がもたれている大きな理由は, いろいろな汚染物質の濃度やその影響への懸念である. 米国環境保護庁 (EPA) は "大気中に検出される不要な化学物質やその他の物質" を汚染物質と定義している. この定義にはほこりやすすなどの微小固体粒子も含まれるが, ほとんどの大気汚染物質は気体である. したがって, 大気汚染の観測や管理に関係する課題を探究することは, 気体とその性質を学ぶ背景となるだろう.

本章の目的

この章を修めると以下のことができるようになる.

- 気体の物理的性質を説明する.
- 都会の大気汚染において重要な数種類の気体の化合物あるいは化合物の種類を特定する.
- 理想気体の法則を使って気体の状態変化を計算する.
- 分圧の概念を使って, 混合気体を取扱う.
- 化学量論を使って, 気体反応に含まれる反応物や生成物の量を計算する.
- 分子運動論の仮定を述べる.
- どうして分子運動論の仮定が気体のふるまいを説明できるのかを定性的に述べる.
- マクスウェル–ボルツマンの法則を使って, 分子の運動速度分布とその速度に与える温度や質量の効果を説明する.
- 気体が理想気体として取扱えなくなる条件を特定する.
- ファンデルワールスの式を使って, 非理想気体の状態を計算する.
- 圧力測定機器の動作原理を説明する.

5・1 洞察: 大気汚染

　大気汚染は現代社会の意図しない, やむをえず発生した悪影響の一つである. 大気汚染の観測, 予防, そして改善を行うためには, 科学, 経済, 公共政策が複雑な相互連携をする必要がある. ここでの考察はかなり限られているが, 化学という学問がその複雑な状況の理解を助けるいくつかの例を検討してみよう.

まず，清浄な空気の化学成分についてみてみよう．知ってのとおり，空気は純物質ではなく混合物である．空気の主成分は窒素分子と酸素分子で，その他の重要な成分は二酸化炭素と水蒸気である．空気中の水蒸気の量は，天気予報の湿度表示でわかるように，場所や日によって変化する．そこで，ここでの考察では乾燥空気を参考値として使うことにする．表5・1は25°Cで大気圧下における1 m³の乾燥空気中の成分を表示したものである．表中の4種類の気体成分が全物質量の99.99%を占め，窒素 N_2 と酸素 O_2 だけで約99%を占める．

表5・1 25°C，大気圧下における1 m³の乾燥空気中の成分

気　体	存在する物質量〔mol〕
N_2	31.929
O_2	8.567
Ar	0.382
CO_2	0.013
その他の微量気体	0.002
合　計	40.893

表5・1には4種類の成分しか載せていないが，現代都会の空気を試料として成分分析を行えば，痕跡程度の微量物質として数十種類の化合物が検出されるだろう．これらの微量物質は自然界にもあるかもしれないが，その大部分は交通や製造などの人間活動に起因するものである．都市大気中で見つかっている多種類の化学物質のなかで，EPAは6種類のおもな**基準汚染物質**（criteria pollutant）として，一酸化炭素 CO，二酸化窒素 NO_2，オゾン O_3，二酸化硫黄 SO_2，鉛 Pb，粒子状物質（PM）を特定している[*1]．これらの6種類の物質は国内で一般的に見つかるもので，健康，環境，財産に対して種々の悪影響を及ぼす原因になっている．"基準汚染物質"という言葉は，これらの汚染物質の許容範囲を考慮して科学に基づいた基準あるいは標準として設定したものである．**第一基準**（primary standard）は人間の健康を守るためのものであり，**第二基準**（secondary standard）は環境や財産を守るためである．多くの場合，これら汚染物質の許容レベルは1 ppm（**百万分率**，part per million）すなわち100万個の空気分子あたり1個の分子以下である．米国では定期的にこれらの汚染物質の濃度を測定している[*2]．もし検出された濃度が第一基準を超えたら，その地域はその汚染物質の**未達成地域**（nonattainment area）として指定され，追加の規制措置がとられるだろう．

汚染問題の複雑性を示す例として，基準汚染物質の一つ，NO_2 を考えてみよう．まず，この汚染物質はどこから発生するのだろうか．二酸化窒素は車の排気ガスの一部として排出される．エンジンが作動する高い温度では空気中の窒素と酸素は反応して種々の窒素酸化物を生成する[*3]．この反応は低温では起こらないが，実際上，高温のエンジン内では避けられない反応である．たとえば車が交通渋滞に巻き込まれてエンジンがさらに熱くなると，窒素酸化物の生成は増加する．空気中の窒素酸化物は肺胞を攻撃し，健康上のリスクをもたらす．スモッグが茶色に見えるのは大部分 NO_2 によるものである．NO_2 分子は太陽の可視光線の一部を吸収し，茶色に見える光を透過するからである．

空気中の NO_2 がもたらす有害性はその魅力のない色にとどまらない．太陽からの光エネルギーは**光化学反応**（photochemical reaction）として知られている化学変化を開始させる．これらの光化学過程によって生成した物質が窒素酸化物と反応し，地表でオゾンを生成する引き金になる．

しかし，二酸化窒素自体がオゾンを生み出すわけではない．必要なもう一つの重要成分は，**揮発性有機化合物**（volatile organic compound, VOC）と総称される分子である．§2・6で学んだように，有機化合物は主として炭素と水素から構成されている．揮発性化合物は容易に揮発する性質をもつ．VOCはこれらの二つの性質を併せもち，炭素を基本骨格とした揮発性分子といえる．都市大気中にはいろいろな種類のVOCが存在する．これらの化学物質はおもに燃料から発生する．§4・1でみたように，車や芝刈り機で燃やしているガソリンは有機分子の複雑な混合物である．燃焼エンジンはすべて作動時にVOCを放出し，特に中古車で多くなりやすい．多量のVOCを出している車両に近づくと，においでわかる．

光化学的に活性化された窒素酸化物とVOCが化学反応を起こすと，スモッグと総称される気体混合物が生じる．スモッグ中の化合物は肺を刺激する．オゾンが最も深刻な問題をひき起こす．オゾンが地表に存在すると，健康な若者に対しても健康被害をもたらす[*4]．気管支喘息のような呼吸器疾患をもつ人たちは特にオゾンに敏感である．図5・1は大都市において光化学スモッグに関与する種々の化学物質の濃度が，1日の時刻に対してどう変化するかを示したものである．二酸化窒素とVOCはオゾンが生成する前に存在していることに注目しよう．いずれか一方しかない条件ではオゾンは生成しない．この観測結果からオゾン生成を抑える方法がわかる．多くの自治体では，最も有害な化合物であるオゾンの生成を回避するために，光化学

[*1] 大気中に分散している粒子状物質には，すす，ほこりやその他の固体微粒子が含まれる．
[*2] ［訳注］わが国では12種の物質について24時間の監視体制がとられている．
[*3] いろいろな窒素酸化物をまとめて"NO_x"と表示することが多い．
[*4] 第11章では成層圏のオゾンが役に立つ働きをすることを検討する．

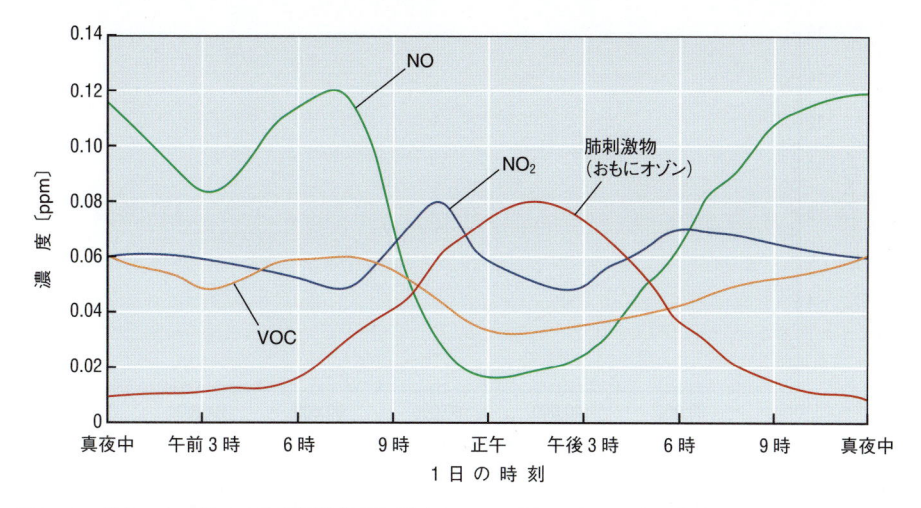

図 5・1 都会にある種々の大気汚染物質の濃度が 1 日のなかでどのように変化するかを示す．二酸化窒素（NO_2）と揮発性化合物（VOC）はおもに車から排出され，午前中に増加する．NO_2 と VOC の両者の存在がオゾンなどの肺刺激物を発生させることになり，その物質の濃度は午後の時間帯にピークに達する．

スモッグに含まれる一つまたは複数の鍵となる化合物を対象とした対策に取組んでいる．

この簡単な概略からでも，1 種類の汚染物質，ここでは NO_2 が身の周りの空気に対して複雑な影響を与えることがわかる．また，いくつかの汚染物質が意外な方法で結びつくこともわかった．すなわち，NO_2 と VOC が同時に存在すると，別の基準汚染物質であるオゾンを発生させる．確かに大気汚染の化学は非常に複雑なので，ここで多くの側面を詳細に深く掘り下げることはできない．しかしこのような重要な課題の理解を深めるには，気体，混合気体そして気体を含む化学反応の性質をまず探究しなければならない．

気体の性質

すべての気体は共通の観測可能な性質をもち，固体や液体とは区別される．

- 気体は膨張してどんな容器の容積も満たす．
- 気体の密度は固体や液体よりはるかに小さい．
- 気体の密度はその状態により大きく変わる．
- 気体同士はすぐに完全に混じり合う．
- 気体の体積はその温度を変化させると大きく変化する．

上記の性質は大気汚染対策の難しさを物語っている．たとえば，気体が膨張して空いている容積も満たすということは，車や工場から排出された排気ガスは容易に周囲の地域に広がることになる．同様に，気体同士がすぐに混じり合うということは，ごく微量の気体の汚染物質を空気から分別することはたいてい困難であることを意味する．

これから気体のふるまいを正しく表すモデルを展開しようとしており，そのモデルはこれらの観測をすべて説明できなければならない．しかも，このモデルは気体が何であるかを分子レベルで理解することに重点を置いており，気体が異なる条件下でどのように応答するかを正しく数値予測できるモデルであることも必要である．

結局のところ，気体の説明によく使うモデルは定量性のある部分が重要であることがわかる．高校の化学で習った式を一つだけ思い出すとしたら，それは気体の状態方程式だろう．

$$PV = nRT \tag{5・1}$$

P は気体の圧力，V はその体積，n は存在気体の物質量，T は絶対温度，R は定数で**気体定数**（gas constant）とよばれる．その値は $0.08206 \text{ L atm K}^{-1} \text{ mol}^{-1}$ で，すべての気体で同じである[*5]．このおなじみの式は本章での考察の基本であり，式中の各項目を十分理解することが重要である．では最初に気体の圧力について，その意味と物理的起源について検討してみよう．

5・2 圧 力

車や自転車のタイヤの膨らみ具合から天気予報まで，**圧力**（pressure）という言葉はしばしば耳にするので，それが何を意味するのか知っているだろう．しかし，気体のふるまいを科学的に調べるためには，直観ではなく定義に基づいて圧力を理解する必要がある．

圧力とは単位面積あたりにかかる力であると定義されて

[*5] R は別の単位でも表すことができ，§5・3 で考察する．

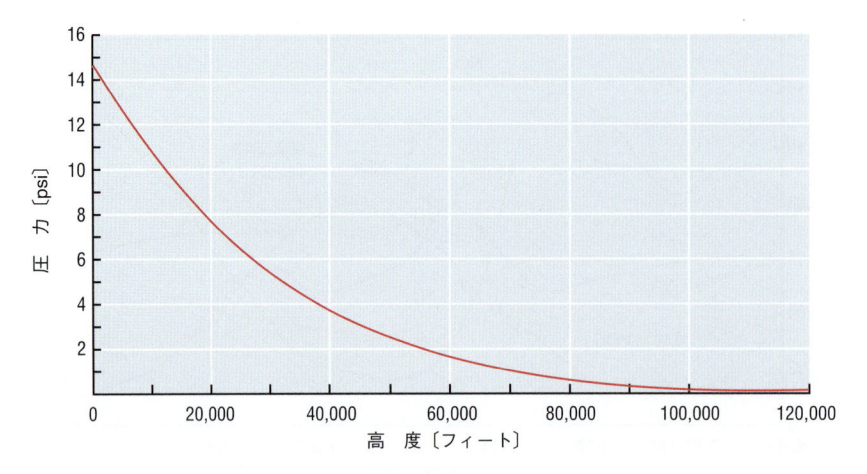

図5・2 大気圧は高度によって変わる．ここでは縦軸の圧力の単位はポンド/平方インチである．別の単位については本節の後半で考察する．［訳注］1 psi は約 6900 Pa（パスカル，次ページを参照），1 フィートは約 0.3 m．

いる．

$$P = \frac{F}{A} \quad (5・2)$$

この定義の式から，いったいどんな力が圧力の原因になるのかという質問が当然出るだろう．

大気圧の場合は，重力によって地表の方向へ引きつけられる空気の分子の重さに起因している．大気圧があるかどうかはさほど明白ではないが，容器中の空気を抜いてみせるデモ実験で容易に示される．見るからに頑丈な容器でも内部の空気がなくなると大気圧で壊れてしまう．分子の全重量は分子の数が増えれば増加するので，大気の圧力は高度によって変化する．海面ではマッキンリー山の頂上と比べて約 6200 m もの大気が頭上にかかることになるので，海面における大気圧は山頂よりもはるかに高くなる．高度による圧力の変化を図5・2に示す．

しかし，容器に貯めた気体の場合はどうだろうか．風船の中の空気について考えてみよう．この場合，圧力は方向に関係なく風船のあらゆる内壁に一様にかかる．これは明らかに重力のせいではない．では気体はどのようにして容器の壁に力を及ぼすのだろうか．これに答えるためには，図5・3のように分子レベルまで拡大して考える必要がある．分子は壁に衝突したり，跳ね返っている．各分子の衝突は容器に小さな力を与える．この小さな力を，存在する膨大な数の気体分子について足し合わせると，巨視的な力となり，それが気体の圧力となる．後の方で，微視的視点での気体分子のふるまいからいくつかの観測可能な気体の性質を容易に説明できるようになるだろう．

圧力測定

圧力は測定できる気体の重要な性質の一つなので，**気圧計**（barometer）をはじめとした種々の測定方法が考案されている．標準的な気圧計の本質的特徴は，長い管の一方を閉じ，中に水銀を満たしていることである（水銀が使われるのは，密度が高く普通の気体とは化学反応を起こさないためである）．水銀で満たした管を水銀だめの中に逆さまに立てると，水銀の一部が管から流れ出る．管の閉じた端の空間の圧力は相当に低くなり，真空状態になる[*6]．も

図5・3 挿入図は風船中の気体分子を微視的スケールで"拡大"したものを示す．分子が風船の体積中を運動するとき，ゴム製の壁にときどき衝突する．その衝突のたびごとに気体分子は風船の壁に対し，外向きの小さな力を与えている．存在する膨大な数の気体分子の小さな力を足し合わせると巨視的力となり，気体の圧力として観測され，それが風船の形を決めている．
［© Cengage Learning/Charles D. Winters］

[*6] 科学においては"真空"という語は減圧した領域をさし，必ずしも 0 気圧という理想状態を意味するわけではない．

しその管の端を開けると，水銀はすべて流れ出てしまう．管が閉じているとき，どんな力が働いて水銀は管内に留まっているのだろうか．図5・4を参照すれば，大気圧が働いているためであることが理解できる．

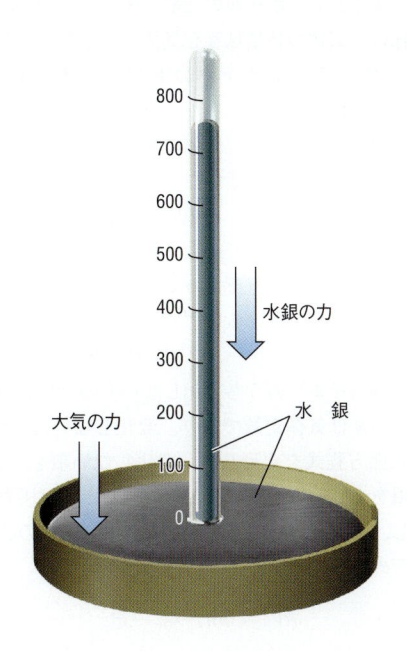

図5・4 水銀気圧計に働く力の模式図．大気圧は水銀の表面を押し下げ，気圧計の中の水銀柱を管の上方にできるだけ押し上げようとする．管中の水銀柱の重さによる力は水銀柱を下に押し下げようとする．その二つの力が等しくなったところで水銀柱の高さは一定になる．

水銀だめは大気にさらされており，したがって下向きに大気の圧力がかかっている．管の中にある水銀の上部は真空なので下向きに圧力はかかっていない．ここで，水銀だめにつかっている管の口の部分について考察してみよう．この部分には2箇所からの圧力，すなわち水銀だめを押し下げている大気の圧力と管内の水銀柱の重力がかかっている．二つの力が等しければ管内にとどまっている水銀柱は一定の高さを維持し，それにより大気圧を決めることができる．大気圧が（天候の変化により）下がると，その減少分だけ管内の水銀柱は低くなり，管の口の部分にかかる圧力のつり合いを保とうするはずである．海水面に近い場所では，典型的な水銀柱の高さは730〜760 mmである．
　§5・7でより現代的な圧力測定法について述べる．

圧力の単位

圧力を表すSI単位は圧力の定義を反映した組立単位である．力と面積を表すSI単位はそれぞれニュートン（N）と平方メートル（m^2）である．圧力の定義により，その単位はN m^{-2}となる．この単位は**パスカル**とよばれ，記号はPaである．1 Nの力は1/4ポンドの物体の重量によって働く力とほぼ同等である[*7]．それを1 m^{2}の面積に広げると，この力はさほどの圧力にならないので，Paは比較的小さい量になる．通常，大気圧は10^5 Paのオーダーである．このため実用としてキロパスカル（kPa）の単位がカナダや"メートル単位の国"の天気予報で使われている[*8]．

気圧計は圧力を報告する際に使われる単位に影響を与えてきた．米国の天気予報では気圧の単位としてインチ（水銀インチ，inHg）が使われ，学校の実験室ではミリメートル水銀柱（mmHg）が圧力測定に使われている．これらの単位は圧力を長さとして表示しており，混乱をまねく可能性がある．というのは，圧力は単位面積あたりの力と定義されているからである．この矛盾は気圧計から生じている．気圧計の水銀柱の高さは圧力と比例しており，大気圧が高くなるほど水銀柱も高くなる．このため測定した高さで圧力を報告するようになった．このような混乱があるにもかかわらず，mmHgの単位はいぜんとして広く使われ，**トル**（torr）という別の単位名もついている[*9]．この二つの単位は同じとみなすことができる．

$$1\text{ Torr} = 1\text{ mmHg}$$

もう一つの圧力の単位は大気の重要性から出てきたものである．海水面における平均の圧力は760 Torrに近い．大気圧の平均を一般的に測定することにより，**気圧**（atmosphere，単位atm）とよばれる単位が定義され，1 atmは760 Torrと設定された．科学の測定精度が上がっても，この等式はそのままである．

$$1\text{ atm} = 760\text{ Torr （厳密に）}$$

しかしatm単位の定義がSI単位を反映するように変更され，現在はPaで定義されている．

$$1\text{ atm} = 101{,}325\text{ Pa （厳密に）}$$

上記二つの関係式よりTorrの正式な定義がなされた．

$$760\text{ Torr} = 101{,}325\text{ Pa （厳密に）}$$

本書でよく使用する圧力の単位はatm，Torr，kPaである．ある工学分野では別の単位psi（ポンド毎平方インチ）を使うこともあるだろう．要は，行う計算が使う単位を適切に反映しているかどうか気をつけてさえいれば，何も問題はないはずである．

[*7] ［訳注］1 kgw（キログラム重）は9.8 Nなので，1 Nは約0.102 kgw．1/4ポンドは約113 g．
[*8] ［訳注］英国，ドイツ，フランス，中国，韓国などではわが国同様圧にはヘクトパスカル（hPa＝100 Pa）が使われている．
[*9] Torrという単位名は，水銀気圧計の作製を最初に提案したトリチェリ（Evangelista Torricelli，1608〜1647）にちなんで名づけられた．

さて，気体の圧力が大気汚染においてどんな役割を果たすか考えてみよう．気体は当然，高圧から低圧に流れ，汚染物質は車のエンジン内や工場にある反応容器内のような高圧環境下で生成する．汚染気体がこのような高圧の環境から放出されると，すぐさま周囲の空気に分散する．その圧力差が汚染物質の広がりを加速する．

5・3 気体の法則の歴史と応用

固体や液体とは異なり，気体はその存在状態が変わると相当変化する．すなわち，気体が入っている容器の温度，圧力，あるいは体積を変えると，その状態は劇的に変化する．化学的に異なるものであっても，あらゆる気体の状態の物理変化は同様に起こり，気体の状態方程式を適用すれば特定の状態変化による影響を計算できる．気体の研究は，近代化学の重要発見に先んじて行われてきたという歴史をもつ．気体の物理的性質の関係式は理想気体の状態方程式としてまとめられ，これは当時，実験による観察に基づいていた．このため，その関係式の性質を明らかにした研究者の名前でよばれている．

シャルル（Jacques Charles）は 19 世紀初頭，温度と体積の関係について研究した．2 種の気体の量を変えてその体積と温度の関係をプロットすると，同じ温度で体積が 0 になることを見いだした（図 5・5）．この事実が後にケルビン温度（絶対温度）が考案されるもとになった．気体の温度をケルビン目盛りで表示すれば，気体の体積と温度は正比例の関係となり，これは今では**シャルルの法則**（Charles's law）として知られている．

当時の科学者たちはほかにも気体の状態変化量を組合わせて関連性を調べ，観察結果を説明する気体の法則を導いた．ボイル（Robert Boyle）は気体の圧力と体積の関係を研究し，気体の種類によらず，圧力が増加すれば体積は減少し，あるいは体積が増加すれば圧力は減少するということに気づいた．こうして，一定温度では気体の圧力と体積は反比例するという**ボイルの法則**（Boyle's law）が示された．同様に，気体の体積は存在気体の分子数（または物質量）に比例するという**アボガドロの法則**（Avogadro's law）が示された．

これらの法則を使うと，気体の状態量が変化したときにその結果を計算できる．幸いなことに，これらの法則を表す個々の関係式を覚えている必要はない．なぜなら，理想気体の状態方程式にすべて組込まれているからである．理想気体の方程式の扱い方を知っていれば，個々の法則に関連する問題も容易に解けるはずである．それには気体の法則のすべてのパラメーター，P（圧力），V（体積），T（絶対温度），n（モル）のうち変化しないものを見きわめる必要がある（R は気体定数であり，変化しない）．それから気体の状態方程式を変形して，変化しない項を一方の辺，変数の項をもう一方の辺にまとめる．たとえば圧力と体積が変化し，物質量と温度が一定であれば，気体の状態方程式は以下のようになる．

$$PV = nRT = 一定$$

nRT の積の項が一定という条件では，PV の積の項も一定になるということがわかる．これは P と V の積は変化の前後で不変であるということと示しており，つぎのように書ける．

$$P_1V_1 = P_2V_2 \qquad (5・3)$$

ここで下つき数字の 1 と 2 は変化が起こる前と後の状態を

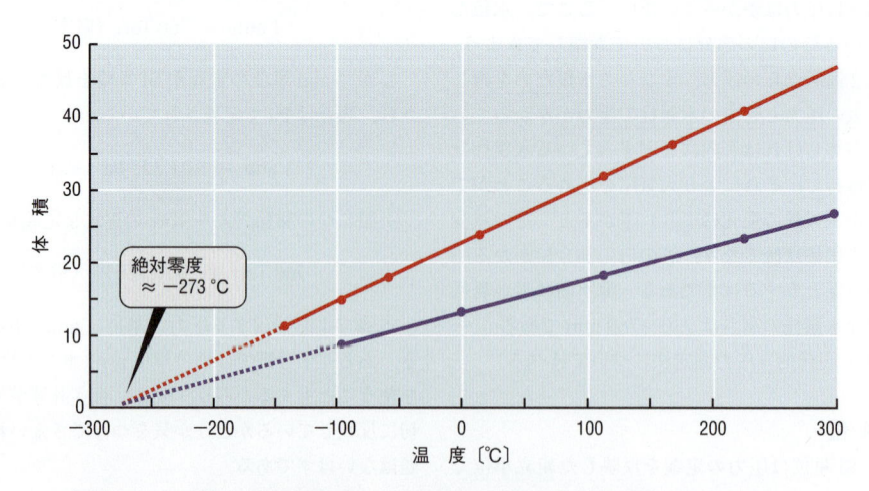

図 5・5 この図は 2 種の気体試料の体積を同じ一定圧力下で温度に対してプロットしたものである．上の赤線で示した試料は下の青線の試料より多くの気体分子を含んでいる．注目すべきはどちらも体積と温度に直線関係があることで，ずっと低温までプロットを伸ばしていくと同じ温度，$-273.15\,°C$ で体積が 0 となっている．この温度がいわゆる絶対零度，0 K である．

5・3 気体の法則の歴史と応用

示す．つぎの例題で示すように，変数のうち三つが決まれば，方程式を解いて残りの一つを求めることができる．

例題 5・1

車のエンジンのようにたえまなく出つづける発生源に加え，ガス貯蔵タンクの破壊のような単独事故によっても汚染物質は空気中に放出される．ほとんどの気体は高圧状態で貯蔵され運搬される．たとえば実験室で使われるメタンのボンベは普通，容積 49.0 L で 154 atm に加圧して充填されている．このボンベ内のメタンの圧力が 1 atm に下がるまで放出しつづけたとする．このときメタンの体積はどうなるか．

解　法　この例題では試料気体の状態変化，ここでは圧力と体積の変化が起こっている．いろいろな気体の性質に関する理想気体の法則を適用する前に，その気体 (メタン) の初めと終わりの状態がともに理想気体の法則に従うと仮定する[*10]．また，温度に関する条件は与えられていないが，一定であると仮定しよう．取扱う試料気体は変化しないので物質量 (n) も一定であることがわかる．一定の値である項を一方の辺にまとめて，計算しよう．

解　答　この場合 n と T は一定であり，R はつねに定数である．そこで次式が成り立つ．

$$PV = nRT = 一定$$

ゆえに，

$$P_1V_1 = P_2V_2$$

終わりの体積 (V_2) を求めるように式を変形する．

$$V_2 = \frac{P_1V_1}{P_2}$$

右辺の三つの項，$P_1 = 154$ atm，$V_1 = 49.0$ L，$P_2 = 1.00$ atm は既知なので，これらの値を右辺に代入して計算する．

$$V_2 = \frac{(154 \text{ atm})(49.0 \text{ L})}{(1.00 \text{ atm})} = 7550 \text{ L}$$

解答の分析　答えは L で表され，体積の単位として適当である．求めた体積は初めの値よりはるかに大きい．そこでこの値が適切かどうか吟味してみよう．初めと終わりの条件を検討すると，圧力が何分の 1 にも下がっており，そのことが体積を大きく増加させるはずである．それで解答は妥当だろうと思われる．

考　察　初めの気体の圧力が高いので，理想気体としてふるまうという仮定が厳密には正確でないかもしれない．その仮定の妥当性は例題 5・8 で検討する．

理解度のチェック　実験室に少量の試料気体がある．125 mL の容器内では 115 Torr の圧力を示している．バルブを開けて気体を放出させたところ，体積が 175 mL になった．温度は一定とすると，放出後の気体の圧力はいくらか．

このほか，V と T が変化し，n と P が一定になる場合もありうる．その際は，つぎの関係式を導出すればよい．

$$\frac{V}{T} = \frac{nR}{P} = 一定$$

この関係式からつぎの式が導かれる．

$$\frac{V_1}{T_1} = \frac{V_2}{T_2} \tag{5・4}$$

例題 5・2

風船がヘリウムで満たされていて，その体積は 298 K で 2.2 L である．この風船を液体窒素入りの保冷瓶に浸す．風船中のヘリウムを液体窒素温度 (77 K) に冷却すると，風船の体積はどうなるか[*11]．

解　法　この例題は気体の状態変化であることを認識し，理想気体の法則を使って解く．そこで，最初と最後の状態において気体は理想気体としてふるまうと仮定する．さらに，特に記述はないので圧力は一定と仮定し，風船の口はきちんと結ばれているのでヘリウムの物質量の n も一定とみなせる．一定の値をもつ項を片方の辺に集めて解いてみよう．

解　答　上の解法に従って，次式が得られる．

$$\frac{V}{T} = \frac{nR}{P} = 一定$$

ゆえに，

$$\frac{V_1}{T_1} = \frac{V_2}{T_2}$$

終わりの体積 (V_2) を求める式に書き換えると，

$$V_2 = \frac{V_1 T_2}{T_1}$$

ここで右辺の三つの項は既知なので，それらの値を代入して解く．

$$V_2 = \frac{(2.2 \text{ L})(77 \text{ K})}{(298 \text{ K})} = 0.57 \text{ L}$$

解答の分析　本例題では温度を 298 K から 77 K に変えたので，温度を約 1/4 に下げたことになる．これにより体積も同じく約 1/4 になるはずなので，求めた答えは妥当である．

理解度のチェック　上の例題の風船は体積が 2.3 L 以上になると破裂する．風船が破裂する温度を求めよ．

気体試料の状態がいかなる変化をしても，一定である項と変化する項を区別して記述できる．理想気体の法則を覚えておく方が変数の組合わせをすべて覚えるよりも，はるかに信頼できる．

[*10] §5・6 で，理想気体としてはふるまわない気体について述べる．
[*11] [訳注] ゴム風船の場合，ゴムの圧力は体積により変化するので，厳密にはこのような取扱いでは答えは求められない．

単位と理想気体の法則

前の例題で気体の温度をケルビン（絶対温度）の代わりに℃で表したとしよう．すぐに方程式にはあてはまらないことがわかるはずである．たとえば気体の温度を 10 ℃ から 20 ℃ に変えても，その体積が倍にはならない．理想気体の法則は**絶対温度**（absolute temperature）を使ったときだけ成り立つ．$T = 0$ は絶対温度が 0 であるということである．なぜかというと，理想気体の法則に $T = 0$ を代入すると，P か V の片方または両方が 0 でなければ成り立たない，つまり気体が存在しないことになる．これには $T = 0\ ℃$ や $T = 0\ ℉$ は妥当でない．冬には各地でこのような気温になるが，そのとき大気中の空気は消えてなくなりはしないことからも明らかである．一方，絶対零度（0 K）は特別な温度で，もしも実際に気体をこの温度まで下げたなら，とても奇妙な現象が起こるだろう[*12]．

絶対温度で表さなければならない温度と異なり，<u>圧力や体積はどのような単位でも使える</u>．ただし，気体定数 R に使われている単位と調和している必要がある．この温度の特殊性はなぜだろうか．一般的に使われる温度目盛りは基本的に他の単位系とは異なり，それらの温度間の変換をするには，掛け算や割り算だけでなく足し算や引き算をする必要がある．言い換えるとこれは異なる温度目盛り（K，℃，℉）は異なるゼロ点をもつということである[*13]．ここで扱う他の量については，"0" の意味は単位によらず同じである．たとえば質量が 0 といえば，どの単位で測定してもないものはないのである．しかし温度の場合は異なり，0 ℃，0 ℉，0 K は明らかに異なる．特定の工学分野でランキン温度（℉）を使うことがあるかもしれない．これも絶対温度目盛りで，0 °R = 0 K であるが，ランキン温度目盛りの 1 度はカ氏度の 1 度，1 ℉ と等しい．ただしランキン温度と絶対温度は 1 °R = 1.8 K の関係式を使って掛け算で単位変換が可能である．

本書の付録 B の表を参照すると，気体定数はいくつかの単位の組合わせでいろいろな数値で書き表されている．

$$R = 0.08206\ \text{L atm K}^{-1}\ \text{mol}^{-1}$$
$$R = 8.314\ \text{J K}^{-1}\ \text{mol}^{-1}$$
$$R = 62.37\ \text{L Torr K}^{-1}\ \text{mol}^{-1}$$

与えられた条件の下，三つのうちどれを使うべきか迷うことがあるだろう．これらの値は実は同じであり，単位が異なるだけある（もし疑問に思ったら，自分で単位変換をして確かめてみよう）．たとえば圧力が atm，体積が L で与えられたなら，R には $0.08206\ \text{L atm K}^{-1}\ \text{mol}^{-1}$ を用いるのが便利だろう．圧力が Torr ならば $62.37\ \text{L Torr K}^{-1}\ \text{mol}^{-1}$ を用いるとよい．つねに同じ R の値を用いたければ，他の単位で表された圧力を atm の単位に変換してから計算すればよい．単位の組合わせはどれを使ってもかまわないが，計算する際に単位を合わせるように気をつけなければならない．

例題 5・3

温度 72 ℉，圧力 752 Torr で体積は 575 cm³ の CO_2 ガスがある．この試料中の二酸化炭素の質量はいくらか．

解法 この例題は試料気体の質量を求めようとしている．試料中に CO_2 が何 mol あるかわかれば，モル質量を用いて容易に試料の質量が求められる．ここでは気体を扱っているので，理想気体の法則が適用でき，気体の状態として V，P，T が与えられているので，法則から物質量 n を解くことができる．なお，与えられている単位が通常のものではないため，取扱いに注意する必要がある．

解答 まず与えられた温度や体積の単位を，気体に対して通常使われるものに変換する．

$$T = (72 - 32) \times 5/9 = 22\ ℃ = 295\ \text{K}$$
$$V = 575\ \text{cm}^3 = 575\ \text{mL} = 0.575\ \text{L}$$

圧力 P の単位が Torr なので，それに合った R を選ぶ必要がある．もちろん Torr を atm に変換してもよい．

$$n = \frac{PV}{RT}$$
$$= \frac{(752\ \text{Torr})(0.575\ \text{L})}{(62.37\ \text{L Torr K}^{-1}\ \text{mol}^{-1})(295\ \text{K})}$$
$$= 0.0235\ \text{mol}$$

ここで気体試料は CO_2 なので，モル質量は $44.0\ \text{g mol}^{-1}$ である．したがって次式のように質量が求められる．

$$0.0235\ \text{mol} \times \frac{44.0\ \text{g}}{\text{mol}} = 1.03\ \text{g}\ CO_2$$

解答の分析 この温度と圧力は典型的な常温，常圧に近い値であり，その体積は 0.5 L より少し大きい程度である．つまりこの試料は CO_2 で満たした小さい風船みたいなものである．1 g はかなり小さい質量だが，小さな風船に入った気体試料としては妥当な値だろう．

理解度のチェック −25 ℃ で 710 Torr の理想気体が 1 mol あるとき，その体積は何立方フィートか．

5・4 分 圧

理想気体の法則を適用して，個々の気体のさまざまな性質を決めることができる．しかし多くの場合において観察の対象には複数の気体が存在する．大気中の汚染物質の濃度はその一例である．汚染物質を一切除いたとしても，清浄空気自体が気体の混合物である．化学反応が起こる場合は別として，観測される気体混合物の性質と純粋な気体

[*12] 絶対零度はかなり抽象的な概念であるが，実験室においては日常的に約 4 K（液体ヘリウム温度）まで下げることができる．
[*13] ケルビン温度を書くときは °の記号をつけない．

5・4 分 圧

の性質はどのように違うのだろうか.

この質問に対する答えは気体の法則から導かれる. 特に注目すべきなのは, 理想気体の式に出てくる項はいずれも気体の種類によらないことである. 空気を例にとり, 簡単にするために2種類の気体, N_2 と O_2 だけから成ると仮定しよう. 空気は理想気体としてふるまうと仮定すると, 気体の法則を使ってその圧力は次式で表せる.

$$P = \frac{nRT}{V}$$

ここで n は存在する空気の全物質量であるが, これは各成分の物質量の和で表せるだろう.

$$n_{total} = n_{N_2} + n_{O_2}$$

この関係式を上記の式に代入すると, 次式が得られる.

$$P = \frac{nRT}{V}$$
$$= \frac{(n_{N_2} + n_{O_2})RT}{V} = \frac{n_{N_2}RT}{V} + \frac{n_{O_2}RT}{V}$$

ここで最後の2項, nRT/V は特別な意味をもつ. すなわちこれらの項は, その気体混合物の一成分だけが存在するときの圧力に相当する. 窒素だけが存在する場合は酸素の物質量 (n_{O_2}) は0になり, 圧力, つまり窒素の圧力は次式となる.

$$P = P_{N_2} = \frac{n_{N_2}RT}{V}$$

酸素だけが存在するときは, 酸素の圧力 (P_{O_2}) に対して同じ式を導くことができる. 気体の混合物に対しては, 測定される圧力は個々の気体に仮定される**分圧**(partial pressure) の和になる.

この概念はドルトン (John Dalton) によって初めて確立され, **ドルトンの分圧の法則** (Dalton's law of partial pressure) とよばれる*[14]. すなわち, 気体混合物の圧力は成分気体の分圧の和である. 簡単にいうと, 分圧とはその気体だけが存在すると仮定したときの圧力である. 成分気体が理想気体としてふるまい, かつ互いに反応しないかぎり, この関係式はいかなる混合気体でも成り立つ.

任意の混合気体に対して, その成分の分圧は次式で与えられる.

$$P_i = \frac{n_i RT}{V} \quad (5・5)$$

ここで添え字の i は考えている気体のことで, 4種類の混合気体であれば i は1〜4, 式(5・5)の左辺は P_1, P_2, P_3, P_4 となる. また, n_i は成分 i の物質量である. 混合物の全圧 P はこれらの分圧の和になり, 次式で表せる*[15].

$$P = \sum_i P_i = \sum_i n_i \frac{RT}{V} \quad (5・6)$$

全物質量は各成分の物質量の総和になる.

$$P = n_{total} \frac{RT}{V} \quad (5・7)$$

これらの式から, 分圧を別の方法で理解できる. いま, 各成分気体の濃度を次式で定義する**モル分率** (mole fraction) で表すことを考えよう.

$$X_i = \frac{n_i}{n_{total}} \quad (5・8)$$

純粋な気体では $n_i = n_{total}$ となり, モル分率は1になる. 混合物では $n_i < n_{total}$ となり, モル分率は0から1の間の値になる. 全圧に対する分圧の比は, 式(5・5), 式(5・7), 式(5・8)を使って次式のように表せる.

$$\frac{P_i}{P} = \frac{n_i(RT/V)}{n_{total}(RT/V)} = \frac{n_i}{n_{total}} = X_i \quad (5・9)$$

結局, 分圧はモル分率と全圧の積で与えられることがわかる.

$$P_i = X_i P \quad (5・10)$$

これらの一連の関係式は分圧を取扱う数式であり, 例題5・4と例題5・5で考えてみよう.

例題 5・4

すべての汚染が人間の活動によるものではない. 火山活動のような自然の要因も大気汚染の原因となる. 実験室で, 火山で見つかったものと似た組成の気体混合物を再現しようと試みた. すなわち 15.0 g の水蒸気, 3.5 g の SO_2, 1.0 g の CO_2 を, 120.0 ℃ に保たれた体積 40.0 L の容器に導入した. 各気体の分圧と全圧を計算せよ.

解 法 いつものようにすべての気体は理想気体であると仮定する. すると各気体の分圧を別々に考えることができる. 最後に各分圧の総和をとり, 全圧を計算する.

解 答 すべての気体に対して, $T = 120.0$ ℃ $= 393$ K, $V = 40.0$ L である. 各気体の質量とそのモル質量から物質量を計算し, 理想気体の式から分圧を求める.

H_2O: $15.0 \text{ g } H_2O \times \dfrac{1 \text{ mol } H_2O}{18.0 \text{ g } H_2O} = 0.833 \text{ mol}$

$P_{H_2O} = \dfrac{(0.833 \text{ mol})(0.08206 \text{ L atm K}^{-1} \text{ mol}^{-1})(393 \text{ K})}{40.0 \text{ L}}$

$= 0.672 \text{ atm}$

SO_2: $3.5 \text{ g } SO_2 \times \dfrac{1 \text{ mol } SO_2}{64.1 \text{ g } SO_2} = 0.055 \text{ mol}$

$P_{SO_2} = \dfrac{(0.055 \text{ mol})(0.08206 \text{ L atm K}^{-1} \text{ mol}^{-1})(393 \text{ K})}{40.0 \text{ L}}$

$= 0.044 \text{ atm}$

CO_2: $1.0 \text{ g } CO_2 \times \dfrac{1 \text{ mol } CO_2}{44.0 \text{ g } CO_2} = 0.023 \text{ mol}$

---

*[14] ドルトンは原子の存在やその性質についても説を唱えたことで知られる.
*[15] ギリシャ文字の大文字のシグマ (Σ) は項の総和をとる際に使われる.

$$P_{CO_2} = \frac{(0.023 \text{ mol})(0.08206 \text{ L atm K}^{-1}\text{ mol}^{-1})(393 \text{ K})}{40.0 \text{ L}}$$
$$= 0.018 \text{ atm}$$

これらの分圧を足して全圧を求める．
$$P = P_{H_2O} + P_{SO_2} + P_{CO_2}$$
$$P = 0.672 + 0.044 + 0.018 = 0.734 \text{ atm}$$

別の解法として，まず全物質量を求めて全圧を計算し，それからモル分率を使って分圧を求めることもできる．

解答の分析 このような問題を数多く解くと，圧力や物質量などに対する量的感覚を得ることができる．この例題の場合，40 L の体積中にほぼ 1 mol の気体が存在し，温度もそれなりに高いので，0.7 atm という圧力値の計算結果に違和感はない．

理解度のチェック 13.5 g の O_2 と 60.4 g の N_2 の混合気体が温度 25 °C，圧力 2.13 atm で容器に入っている．容器の体積と各気体の分圧を求めよ．

例題 5・5

米国環境保護庁（EPA）指定の基準汚染物質の一種，二酸化硫黄の植物に対する影響を調べる実験を考える．次表で与えられるモル分率の混合気体を使う．

気体	N_2	O_2	H_2O	SO_2
モル分率	0.751	0.149	0.080	0.020

全圧を 750 Torr にしたいならば，分圧はどうなるか．これらの混合気体が 30 °C に保たれた 15.0 L の容器に入っている場合，各気体の物質量はいくらか．

解 法 モル分率と全圧が与えられているので，式 (5・10) を使って分圧を計算できる．全圧と体積から全物質量が計算で求められ，与えられた各気体のモル分率から各物質量が求められる．

解 答
$$P_i = X_i P_{total}$$
$$P_{N_2} = (0.751)(750 \text{ torr}) = 563 \text{ Torr}$$
$$P_{O_2} = (0.149)(750 \text{ torr}) = 112 \text{ Torr}$$
$$P_{H_2O} = (0.080)(750 \text{ torr}) = 60 \text{ Torr}$$
$$P_{SO_2} = (0.020)(750 \text{ torr}) = 15 \text{ Torr}$$

全圧の 750 Torr を 0.987 atm に換算して全物質量を計算し，各気体の物質量を求めると，
$$n_{total} = \frac{PV}{RT}$$
$$= \frac{(0.987 \text{ atm})(15.0 \text{ L})}{(0.08206 \text{ L atm K}^{-1}\text{ mol}^{-1})(303 \text{ K})}$$
$$= 0.595 \text{ mol}$$
$$n_i = X_i n_{total}$$
$$n_{N_2} = (0.751)(0.595) = 0.447 \text{ mol}$$
$$n_{O_2} = (0.149)(0.595) = 8.87 \times 10^{-2} \text{ mol}$$
$$n_{H_2O} = (0.080)(0.595) = 4.8 \times 10^{-2} \text{ mol}$$
$$n_{SO_2} = (0.020)(0.595) = 1.2 \times 10^{-2} \text{ mol}$$

理解度のチェック 全圧 1.4 atm の SO_2 と SO_3 の混合気体がある．モル分率がそれぞれ 0.70 と 0.30 であれば，分圧はどうなるか．また，その混合気体が 27 °C で 2.50 L の体積を占めるとすると，各気体の質量はいくらになるか．

5・5 気体反応の化学量論

第 4 章で化学反応の定量的な取扱いを考察したとき，モル比の重要性を強調した．理想気体の法則を使えば，気体の物質量と，容易に測定できる量の圧力，体積，温度との関係を知ることができる．よって気体が化学反応に関与する場合に，理想気体の法則を用いて物質量を決めることができる．化学量論問題に理想気体の法則を用いることは特に新しい考えではない．知っている 2 種類の計算を組合わせるだけである．いつものようにモル比に関して化学量論計算を行い，理想気体の法則を用いて気体の物質量とその温度，圧力，体積を関係づける．

例題 5・6

実験で二酸化炭素を得るため，炭酸水素ナトリウム $NaHCO_3$ 1.4 g に過剰の塩酸を加えた．生成物として 17 °C，722 Torr の CO_2 が得られたら，その体積はいくらか．

解 法 気体の体積を求める例題で，圧力と温度が与えられている．理想気体の法則が適用できると仮定すると，物質量さえわかれば容易にその体積を求めることができる．少し注意深くみると，これは反応化学量論問題であることに気づく．なぜなら，どれだけの量の CO_2 が生成するかを問うているからである．この例題の新しい点は質量や物質量ではなく体積を求めよということである．そこで，まず生成する CO_2 の物質量を量論計算で求め，つぎに理想気体の法則を使って，指示された温度と圧力における気体の体積を求める．量論問題の定石に従い，つり合いのとれた化学反応式から始めて，正しいモル比を使うことを確認しよう．

解 答
$$NaHCO_3 + HCl \longrightarrow NaCl + H_2O + CO_2$$

$$1.4 \text{ g NaHCO}_3 \times \frac{1 \text{ mol NaHCO}_3}{84.0 \text{ g NaHCO}_3} \times \frac{1 \text{ mol CO}_2}{1 \text{ mol NaHCO}_3} = 0.017 \text{ mol CO}_2$$

ここで，体積を求めるために理想気体の法則を使う．いつものとおり温度の単位を °C から K に変換し，圧力や体

積の単位にも注意をはらう必要がある．

$$V = \frac{nRT}{P}$$

$$= \frac{(0.017 \text{ mol})(0.08206 \text{ L atm K}^{-1} \text{ mol}^{-1})(290 \text{ K})}{(0.95 \text{ atm})}$$

$$= 0.42 \text{ L} = 420 \text{ mL}$$

解答の分析 420 mL という結果は比較的小さい値であるが，大丈夫だろうか．この実験はふくらし粉（重曹）と酢を混合したときに起こる反応に似ている．1.4 g のふくらし粉はさほど多くないので，発生する気体の量も少なくなるのは驚くにはあたらないだろう．

理解度のチェック 上記の反応で 25 °C，1.03 atm の CO_2 270 mL が生成したとする．過剰の塩酸は残っていたと仮定して，炭酸水素ナトリウムは何 g 使われたか．

標準状態

これまでの議論から，気体の性質を説明するにはその温度，体積，圧力を決める必要があることがわかっただろう．気体のいろいろな量を比較したいとき，標準となる状態を使うと便利である．理想気体に対して標準を設定するために，温度と圧力を特定する．そうすれば体積は気体の物質量に比例する．気体の **標準状態**（standard state）は 0 °C（あるいは 273.15 K），1 atm である．これらの値を理想気体の方程式に代入すると，標準状態におけるモル体積（1 mol の体積）が求められる[*16]．

$$V = \frac{nRT}{P}$$

$$= \frac{(1 \text{ mol})(0.08206 \text{ L atm K}^{-1} \text{ mol}^{-1})(273.15 \text{ K})}{(1 \text{ atm})}$$

$$= 22.41 \text{ L}$$

22.41 L という値は，標準状態が保たれていれば，気体を含む量論問題を解く際に変換係数を与えてくれる．例題 5・7 にこの種の問題を示す．

例題 5・7

大気汚染を減らす一つの方法は，排気ガスが大気中に排出される前に汚染源となりうる気体を除くことである．二酸化炭素は生石灰 CaO と反応させて炭酸カルシウムとして取除くことができる．標準状態の CO_2 5.50 L を過剰の CaO と反応させると，何 g の炭酸カルシウムが生成するか．

解法 この例題は生成する $CaCO_3$ の量を求める問いなので，反応化学量論問題であると認識すべきである．化学量論問題に関しては，まずつり合いのとれた化学反応式を書くことが肝要である．つぎに気体の体積を mol に変換し，いつものように計算をすればよい．与えられた気体の体積は標準状態におけるものなので，上で計算したモル体積を変換係数として使うことができる．

解答

$$CO_2(g) + CaO(s) \longrightarrow CaCO_3(s)$$

$$5.50 \text{ L CO}_2 \times \frac{1 \text{ mol CO}_2}{22.441 \text{ L CO}_2} \times \frac{1 \text{ mol CaCO}_3}{1 \text{ mol CO}_2}$$

$$\times \frac{100.1 \text{ g CaCO}_3}{1 \text{ mol CaCO}_3} = 24.6 \text{ g CaCO}_3$$

解答の分析 標準状態におけるモル体積から見積もると，5.5 L の体積は CO_2 約 1/4 mol にあたる．したがって生成する $CaCO_3$ の量も約 1/4 mol になるはずで，結果は一致している．

考察 22.4 L = 1 mol という変換係数は問題にしている気体が標準状態にあるときだけ有効であることに注意しよう．その他の条件下ではこのモル体積を使ってはいけない．なお，理想気体の法則に標準状態の温度と圧力を代入しても CO_2 の物質量を求めることができる．

この例題では気体を空気中に放出する代わりに固体生成物へと変換する．これは工学設計の観点からどのような意味合いをもつか．この種の汚染制御システムが問題を起こすとしたら，どのような状況が考えられるか．

理解度のチェック 実験室で ZnS（硫化亜鉛）を酸素とともに加熱すると SO_2 を発生させることができる（他の生成物は酸化亜鉛である）．標準状態の酸素 14.5 L が過剰の硫化亜鉛と反応するとき，標準状態の SO_2 は何 L 発生するか．

これまで気体に関するいろいろな計算の仕方をみてきたが，すべて理想気体という仮定に基づいてきた．気体が理想的にふるまうと仮定する，と繰返し述べたが，分子のふるまいとしてこの仮定が何を意味するのか，これまで検討してこなかった．また，理想気体の法則を仮定することで実在の状況に対してどの程度誤差が生じるかについてもまだ議論していない．次節ではこの課題を取上げる．

5・6 分子運動論，理想気体と実在気体の対比

気体のふるまいを数値的にモデル化できたことは，科学技術のいろいろな分野で広く応用できる重要な成果であった．実験室でよく見かける異なる気体の似通ったふるまいの仕方から，原子の挙動を説明するモデルを組立てることができた．しかし多くの実在系では，気体は必ずしも理想的にはふるまわない．したがって，これまで行ってきた理想気体の法則による単純な計算は，必ずしも実在の正確な

[*16] この標準モル体積は，気体の性質を推定するときに便利であり，さらに計算で求めた値の妥当性を評価する際に役立つ．

モデルではないかもしれない．非理想的なふるまいは非常に高圧な気体にしばしばみられ，そのような状況はエンジンのシリンダー内や工業プラントで生じる．理想気体から考え出された原子の視点は，実在の世界で起こる事態を説明する助けになれるだろうか．さらに重要なことは，改善したモデルは動いているエンジン内の実在の気体を定量的に取扱うことができるだろうか．この節では**分子運動論**（kinetic-molecular theory）とよばれる役立つモデルを議論しよう[*17]．この理論は，観察される気体の巨視的な性質や気体の状態方程式と，微視的スケールでの気体分子のふるまいを関連づけてくれる．このモデルを理解すると，高圧気体が理想気体のふるまいからどれだけ外れるかを判断できる．

モデルの仮定

個々の気体分子を観察することは通常できないので，モデルを構築するうえで許容できる仮定から始める．気体分子運動論は，つぎのような基本的な仮定から成り立っている．

1. 気体は膨大の数の粒子から成り，一定の無秩序な動きをする．
2. 気体中の粒子は無限に小さく，体積はない．
3. 気体中の粒子は他の分子や容器の壁に衝突しないかぎり，直線運動をする．分子同士や容器の壁とは弾性衝突し，粒子の全運動エネルギーは保存される．
4. 気体中の粒子は衝突が起こったときだけ相互作用する．
5. 気体中の粒子の平均運動エネルギーはその気体の絶対温度に比例し，気体の種類にはよらない．

これらの仮定の意味を考えるとき，それらの妥当性，あるいはそれらの仮定が正確に当てはまらない条件に関しても考慮する．実際にこれらの仮定から理想気体の法則を導くこともできる．この事実は科学理論と実験観察の相乗効果を示す好例であるが，ここではこれ以上言及しない．代わりに，運動論の仮定と実在気体との関連性を考える．すなわち，これらの仮定によって，種々の気体で観察される挙動をどのように説明できるのだろうか．

気体は膨大の数の粒子から成るという仮定は，個々の分子の大きさがわかっていることと矛盾しない．また，分子は一定の無秩序な動きをするという仮定は，気体は容易に拡散して容器を満たすという観察と矛盾しない．この仮定は本章の始めに述べた気体の圧力の起源とも矛盾しない．つまり，気体中の分子が容器の壁に衝突するとき壁に及ぼす力が，圧力と体積の関係を説明する．容器の体積が増すと壁と壁の間隔が長くなり，分子が壁に衝突する回数が減る．このため分子が単位時間に壁に及ぼす力は小さくなり，圧力は減少する．すなわち，運動論は，気体の状態方程式で学んだ P（圧力）と V（体積）が反比例する関係と一致する．

運動論は温度変化の影響をどのように説明できるのだろうか．この場合は少し複雑になる．仮定5："気体中の粒子の平均運動エネルギーはその気体の絶対温度に比例し，気体の種類にはよらない" を注意深く考えてみる必要がある．物理で学んだように，運動エネルギー（KE）は速度（v）と質量（m）により，$KE = 1/2\, mv^2$ と書き表される．すなわち運動エネルギーは仮定に述べられているように温度に依存し，したがって分子の速度は温度の関数になるはずである．さらにいうと，温度の増加は分子の速度を増す．分子は速く動けばより頻繁に壁と衝突し，衝突ごとにより大きなエネルギーを壁に与えることになる．気体の法則から予測できるように，この両方の効果により温度上昇が圧力上昇をまねくことになる．

仮定5の内容をさらに注意深く考えると，"運動エネルギー" に "平均" という語がついていることに気づくだろう．"平均運動エネルギー" と表す理由は，無秩序な運動をする分子の集まりにおいて，ある瞬間に速く動いている分子もあれば，ほとんど止まっている分子もあるからである．そしてつぎの瞬間にはそれらが衝突して速度が入れ替わるかもしれない．しかしいぜんとしてどちらの速度成分の分子も存在する．したがって，分子がある特定の速度をもつと考えることは正しくなく，分子の平均速度が温度上昇とともに増加すると考えるべきである．このような場合に速度分布を議論するには，**分布関数**（distribution function）を使うことが最善だろう．

分布関数は一般的な数学的手段であり，科学のみならず，経済，社会科学，教育などにも使われる．SAT（米国の大学進学適性試験）や他の標準テストでは，受験学生の分布関数を使って得点のパーセンタイル値が計算される［訳注：わが国における "偏差値" に対応する］．たとえば85パーセンタイルの得点を獲得した場合，全受験者の85％よりその成績がよいと期待できる．この順位は実際の受験生の数には依存しないと考えられるので，別の試験でもっと多くの学生が受験してもその順位は変わらない．

多数の気体粒子の速さを表す分布関数は速さの**マクスウェル-ボルツマン分布**（Maxwell-Boltzmann distribution）として知られている[*18]．この関数は，元来，運動論の仮定を詳細に検討して導出されたものであるが，特定の速度で運動する気体分子の割合を予測する．以来，実験室で速度分布を測定できるさまざまな実験によって検証されてき

[*17] 分子運動論は，気体分子運動論（kinetic theory of gas）あるいはたんに運動論とよぶこともある．
[*18] 分子がどの方向に運動するかは問題にしていないので，ここでは**速度**（velocity：速さと方向を含む）よりも**速さ**（speed：運動方向によらず，つねに正）を議論する．

た.

異なる温度における気体の CO_2 のマクスウェル–ボルツマン分布を検証してみよう（図5・6）．見知らぬグラフでは，まず縦軸と横軸が何を表示しているかを確かめるべきである．ここでは x 軸（横軸）は見慣れた量の速さ（$m\ s^{-1}$）を表すが，y 軸（縦軸）は少し複雑で，与えられた条件下において，全分子数のうち特定の速さで運動する分子数の割合を示す（分布関数の数式については"数学とのつながり"で考察する）．すでにみたように速度分布は温度の関数であり，図はそうなっている．温度が高くなると，分布のピークは高速側へ移る．これは仮定5と一致する．すなわち，分子の運動エネルギーは温度が上昇すると増加する．

さらに，仮定5では運動エネルギーはその気体の種類にはよらないとしている．しかし気体分子の質量はその種類によって異なる．質量の変化にかかわらず運動エネルギーを一定に保った場合，速度分布は質量の関数にならなければならない．図5・7は同じ温度におけるいろいろな気体の速度分布を示す．平均的に軽い分子は重い分子より速く運動することが容易に見てとれる．

> **数学とのつながり**
>
> 速さに関するマクスウェル–ボルツマン分布の式はかなり複雑であるが，数学の講義で見かける項で構成されている．
>
> $$\frac{N(v)}{N_{\text{total}}} = 4\pi(M/2\pi RT)^{3/2} v^2 e^{-Mv^2/2RT} \quad (5\cdot11)$$
>
> $N(v)$ は速さが v と $v+\Delta v$ の間で運動している分子の数を表し，Δv は速さのわずかな変化量を示す．N_{total} は分子の総数である．したがって，式の左辺は速さが v と $v+\Delta v$ の間で運動している分子数の割合を表し，図5・6と図5・7の y 軸の量でもある．M は分子量，R

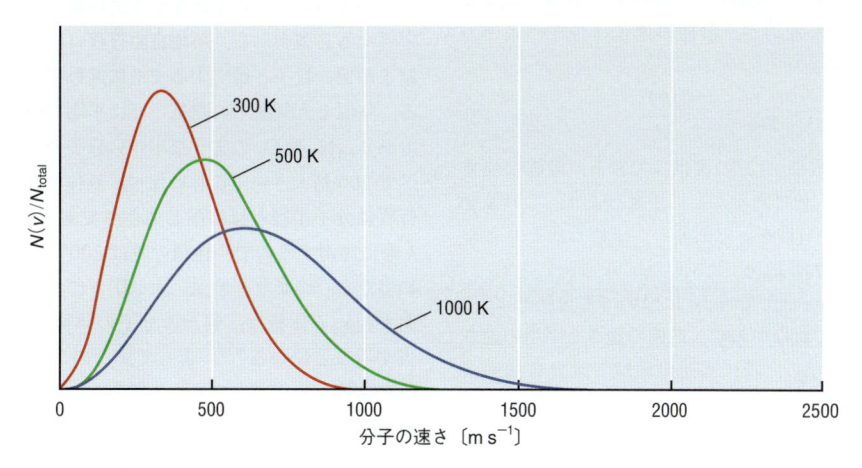

図5・6 3種類の異なる温度における CO_2 分子の速さ分布を示す．縦軸は特定の速度で運動する分子数の割合を示す．温度が上昇するにつれて，速く運動する分子数の割合が増加することに注意しよう．

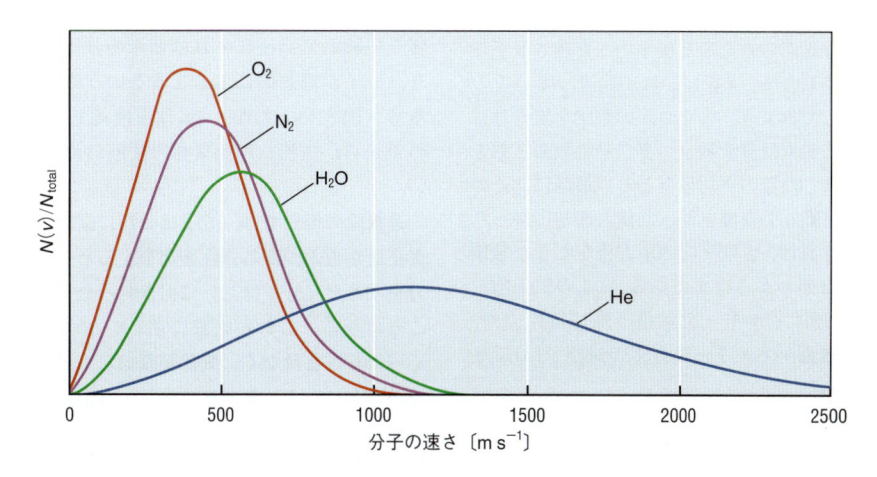

図5・7 同温度（300 K）における4種類の気体分子の速さ分布．図5・6と同じく，y 軸は特定の速さで運動する分子数の割合を示す．分子の質量が減少するにつれて，速く運動する分子数の割合が増加することに注意しよう．

は気体定数，T は気体の法則で使う絶対温度である．これらの項の単位は互いに矛盾のないようにするべきであり，特に指数の項（$-Mv^2/2RT$）が単位をもたないように気をつける．ここで再び図 5・6 と図 5・7 に注目すると，x 軸の独立変数は速さである．そこで，右辺の分布関数を速さ v の関数として考えてみよう．右辺では二つの項が v を含んでいることがわかる．一つは v^2 の項で，v が増えれば当然 v^2 も増える．一方，自然対数の指数の項，$\exp(-v^2)$ は v が増えると逆に減少する．したがって，分布関数全体としてはこれらの 2 項の競争関係を反映する．v の値が小さいときは v^2 の項が優位に働いて分布関数は増加し，v の値が大きくなると指数の項が効いて減少する．したがって，分布関数は v の値の大小によって増減が変わり，途中で極大になる．

図中のグラフの頂点における速さは**最確の速さ**（most probable speed）とよばれる．その理由は最も多くの分子がその速さで運動しているからである．ここでは式の導出を行わないが，最確の速さはつぎの式（5・12）で与えられる．

$$v_{\mathrm{mp}} = \sqrt{\frac{2RT}{M}} \quad (5 \cdot 12)$$

微積分を使えば式（5・12）の導出はできる．最確の速さは分布関数の最大値であることに注意しよう．この値を求めるには式（5・11）を v で微分し，求めた式を 0 とおいて方程式を解けばよい．

平均の速さ（average speed）についても説明しよう．分布関数は対称ではないので，最確の速さと平均の速さは同じにはならない．特に高速の領域では分布曲線が"すそ（tail）"を引くため，平均の速さは最確の速さより大きくなる．実際に平均の速さは最確の速さの 1.128 倍の大きさになる．

最後に**根平均二乗速さ**（root-mean-square speed）について検討する．この値は実は v^2 の平均値の平方根である．一見して，平均の速さと同じと思うかもしれないが，ボルツマン分布から考えると根平均二乗速さは平均の速さの 1.085 倍になる．（もしこれが間違っていると思ったら，確認してみよう．いくつかの数字を無作為に選んで，その平均値を計算する．つぎにその数の 2 乗をとって，その 2 乗した数の平均値をとる．最後に，その 2 乗した数の平均値の平方根をとった値と最初に得られた平均値を比較すれば，2 乗平均の平方根をとった数値の方が大きいことがわかるはずである．）この根平均二乗速さ v_{rms} は運動エネルギーを取扱う際に役に立つ．なぜなら，平均運動エネルギーはつぎの式（5・13）で与えられるからである．

$$KE_{\mathrm{avg}} = \frac{1}{2} m v_{\mathrm{rms}}^2 \quad (5 \cdot 13)$$

実在気体と運動論の限界

これまでの計算では気体あるいは混合気体がすべて理想気体としてふるまうと仮定してきた．しかし運動論の仮定は（そして気体の法則自身も）厳密には理想気体にしか適用できない．理想気体の仮定は本当に正しいのだろうか．どのような条件のときにこの仮定が問題になるのか．このような疑問に対する答えは，分子レベルで気体を理解する手助けになる．実在気体がどうして理想気体のふるまいから外れてくるかを知ることで，気体分子運動論の性質がさらによくわかる．まず，その理論の仮定について厳密に考えてみよう．

気体分子が体積をもたないという仮定は実際とはかけ離れていると思われる．すべての物質はある空間を占めると知っているからである．この仮定は実際に何を意味するのだろうか．基本的には，粒子と粒子の隔たり空間の体積に比べて粒子自身の体積が無視できる，という考えである．それが妥当かどうかを評価するには粒子の平均自由行程を定義する必要がある．**平均自由行程**（mean free path）は，粒子が他の粒子と衝突するまでに進む平均距離のことである．室温で大気圧下の空気中では平均自由行程は約 70 nm であり，N_2 や O_2 のような小さい分子の典型的な半径と比べて 200 倍大きい（これに比べ，液体中の分子の平均自由行程は分子半径とほぼ同じ大きさである）．体積は長さの 3 乗に比例するので，体積の差は 200^3 すなわち 8×10^6 倍に当たる．つまり，室温，大気圧下にある気体の周りの空間が占める体積は，個々の分子の体積の約 100 万倍に相当することになる[*19]．よって，このような条件下では分子の体積が無視できるとする運動論の仮定は合理的であると思われる．

では，いかなるときにこの仮定は破たんするのだろうか．一般に，条件を変えても分子の大きさを増やすことはできないので，分子が占める体積比を増やすには全体の体積を小さくして分子間の距離を縮めるしかない．したがって気体を圧縮して高圧にすれば個々の分子の体積が重要となり，分子が理想的にふるまうという仮定は破たんするだろう（図 5・8a 参照）．気体を圧縮して液体に凝縮するのだから，当然，理想気体の法則は液体では成り立たない．

運動論の仮定では，分子はつねに直線運動をし，互いに真正面からぶつかる弾性衝突をするとしている．別の言い方をすると，分子は互いに引き合ったり反発したりしないことになる．これが厳密に正しいとすると，分子同士がくっつくことはなく，気体が凝縮して液体や固体にはなれないことになる．第 8 章で検討するが，明らかに分子間には何らかの引力が働いている．理想気体の法則は，分子自体の運動エネルギーに比べて分子間の引力が無視できるく

[*19] ［訳注］平均自由行程は分子の平均距離ではないので，この計算では空間体積との比を求めることはできない．実際には 1000 倍ぐらいである．

らい小さい条件下で成り立つ．このような分子間引力が重要な働きをするからこそ，液体や固体が生成する．温度を十分に下げると気体は凝縮する．その理由は，低い温度では分子の運動エネルギーが減少し，その結果分子間引力の強さが運動エネルギーに匹敵するからである．すると，粘着性の衝突が起こり始める（図5・8b）．そうなると衝突はもはやビリヤードの球のような衝突ではなく2分子の会合体や分子クラスターが短時間生成することになる．しかし，一瞬でも分子同士がくっつけば，分子が容器の壁に衝突する頻度は減少し，理想気体の法則で想定される気体の圧力より減少することになるだろう．

分子ほど b の値が大きくなっているのは，b が分子自体が占める体積の補正項であることと一致することに注意しよう．表中で最大の a 値をもつ気体は HF である．他の気体と比べて HF 分子は互いに強く相互作用するため，理想気体のふるまいから大きく修正する必要があることを意味する．この後の数章で化学結合を検討すると，これが正しい理由がわかるようになる．例題5・8にはファンデルワールスの式の使い方を示す．

理想気体の状態方程式の修正

運動論の仮定がもはや成り立たない場合，観察する気体は理想気体の方程式に従わなくなる．いろいろな技術的応用をするとき，気体は非理想的に取扱う必要があり，経験的数式が考え出された[*20]．実在気体のふるまいを取扱うのに使える経験式はたくさんあるが，最もよく使われるのは**ファンデルワールスの式**（van der Waals equation）である．

$$\left(P + \frac{an^2}{V^2}\right)(V - nb) = nRT \qquad (5 \cdot 14)$$

ここで a と b はファンデルワールス定数とよばれる．どんな場合でも使える気体定数（R）とは異なり，ファンデルワールス定数は個々の気体に合わせて決める必要がある．気体が理想的にふるまうならば a と b は 0 になり，ファンデルワールスの式は理想気体の方程式になる．さらにファンデルワールスの式と理想気体の方程式のつながりを調べると，a の項は気体粒子間の引力に関係があり，b は気体粒子が占める体積の項を調整することがわかる．表5・2に一般的な気体のファンデルワールス定数を示す．大きい

表5・2 一般的な気体のファンデルワールス定数

気体	a 〔atm L^2 mol^{-2}〕	b 〔L mol^{-1}〕
アンモニア，NH$_3$	4.170	0.03707
アルゴン，Ar	1.345	0.03219
二酸化炭素，CO$_2$	3.592	0.04267
ヘリウム，He	0.034	0.0237
水素，H$_2$	0.2444	0.026641
フッ化水素，HF	9.433	0.0739
メタン，CH$_4$	2.253	0.04278
窒素，N$_2$	1.390	0.03913
酸素，O$_2$	1.360	0.03183
二酸化硫黄，SO$_2$	6.714	0.05636
水，H$_2$O	5.464	0.03049

例題5・8

例題5・1では 49.0 L の体積をもつメタン CH$_4$ のボンベを考えた．空のときのボンベの質量は 55.85 kg で，メタンを満たすと 62.07 kg である．周囲の温度が 21 ℃ のとき，ボンベ中のメタンの圧力を理想気体の式とファンデルワールスの式の両方を使って計算せよ．より現実的なファンデルワールスの式を使って行った修正割合は何%になるか．

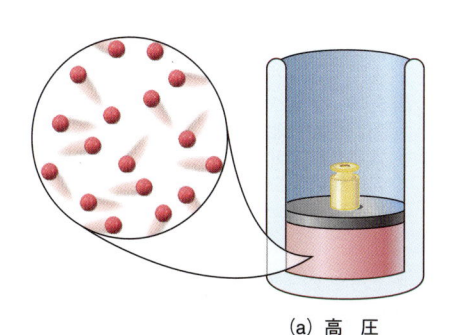

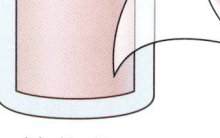

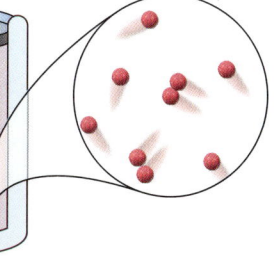

(a) 高 圧　　(b) 低 温

図5・8　理想気体の法則は高圧，低温の条件下で破たんする．(a) 高圧では分子間の平均距離が短くなり，分子の体積が無視できるという仮定は成り立たなくなる．(b) 低温では分子の動きが遅くなり，分子間に働く引力が原因となって"粘着性のある"衝突が起こり，図のようにくっついた二分子が生成する．

[*20] 経験式は一つあるいは複数の可変パラメーターを含む．これらのパラメーターは理論式から導かれるのではなく，観察データに最もよく合うように求められる．

解法 2種類のモデルを使って同じ気体を説明し,各モデルをそれぞれの式で表す.そしてそれぞれ独立に計算して圧力を求める.与えられたデータからメタンの質量を求め,分子量を用いて mol に換算する.メタンのファンデルワールス定数は表 5・2 に示されている.修正が何%になるかを計算するために,求めた二つの圧力値の差を理想気体で求めた値で割る.

解答

CH_4 の質量 = 満たしたボンベの質量 − 空のボンベの質量

$= 62.07 \text{ kg} - 55.85 \text{ kg}$

$= 6.22 \text{ kg} = 6220 \text{ g}$

気体の物質量 $= 6220 \text{ g CH}_4 \times \dfrac{1 \text{ mol CH}_4}{16.04 \text{ g CH}_4}$

$= 388 \text{ mol CH}_4$

● 理想気体:

$P = \dfrac{nRT}{V}$

$= \dfrac{(388 \text{ mol})(0.08206 \text{ L atm K}^{-1} \text{ mol}^{-1})(294 \text{ K})}{49.0 \text{ L}}$

$= 191 \text{ atm}$

● ファンデルワールス:

$a = 2.253 \text{ L}^2 \text{ atm mol}^{-2},\ b = 0.04278 \text{ L mol}^{-1}$

$P = \dfrac{nRT}{V - nb} - \dfrac{n^2 a}{V^2}$

$= \dfrac{(388 \text{ mol})(0.08206 \text{ L atm K}^{-1} \text{ mol}^{-1})(294 \text{ K})}{49.0 \text{ L} - (388 \text{ mol})(0.0428 \text{ L mol}^{-1})}$
$\quad - \dfrac{(388 \text{ mol})^2 (2.25 \text{ L}^2 \text{ atm mol}^{-2})}{(49.0 \text{ L})^2}$

$= 148 \text{ atm}$

● 修正割合(%):

$\dfrac{191 - 148}{191} \times 100\% = 23\%$

考察 この修正は非常に重要である.これらの圧力の値は非常に高く,理想気体の法則は低圧で高温の気体に適用できることを思い出すと,この例では理想気体のモデルは適さないことがわかる.それでも多くの計算をする最初の手段として,単純な理想気体の法則を適用してみるのはよい方法である.実際の応用では,エンジニアは理想気体の仮定が適用できない条件を認識することが重要である.

理解度のチェック 極端な条件でなければ,非理想的なふるまいによる修正は小さくなる.25.7 ℃ で 15.0 L のメタン 0.500 mol の圧力を,理想気体の式とファンデルワールスの式の両方を使って計算せよ.計算した修正割合と上記の例題で求めた修正割合を比較せよ.

5・7 洞察: 気体センサー

米国環境保護庁は 180 種類以上に及ぶ物質を有害大気汚染物質として指定し,許容濃度を特定している.その濃度は 1 ppm 以下の場合もある.そのようなごく微量の汚染物質の影響を追跡するには,まず信頼性のある濃度測定ができなければならない.気体の濃度を表す一つの方法は,その圧力や分圧を報告することである.数百年前とたいして変わりのない水銀気圧計は,天気の監視はできても,ここではあまり助けにならない.代わりに気圧計よりも基本的に優れた近代的な装置に頼る必要がある.今ではいろいろな機器を使って,極端に低い圧力やわずかな圧力差を測定できる.また,混合気体中の特定成分の分圧を選択的に測定することもできる.本節では代表的な機器を取上げ,気体の基本的な性質を巧妙に利用して信じられないほどの高感度で測定できる仕組みを示す.

キャパシタンスマノメーター

実験室で圧力測定によく用いられるセンサー(検知器)はキャパシタンスマノメーターである[*21].図 5・9 に概略を示すように,この型の圧力計は圧力が単位面積あたりにかかる力であるという事実を利用している.

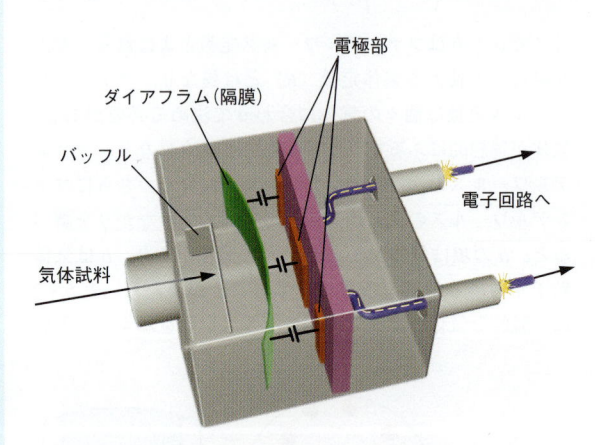

図 5・9 キャパシタンスマノメーターの模式図.左端の管は圧力を測定したい気体試料に連結する.気体分子がダイアフラムに衝突すると,その衝突力がダイアフラムを変形させ,それが固定された電極部との間隔を変える.

キャパシター(コンデンサー)は物理で習ったように電子部品の一つである.コンデンサーを作るには,間隔をあけて2枚の金属板を平行に設置すればよい.そうすると金属板間の距離でキャパシタンス(静電容量)が決まる.キャパシタンスマノメーターは,一方は薄い金属のダイアフラム,他方は固定した固い板から成るキャパシターで構

[*21] マノメーター(manometer)は圧力測定装置をさす言葉である.[訳注]キャパシタンスマノメーター(capacitance manometer)とは静電容量型圧力計のことで,隔膜真空計ともいう.

5・7 洞察: 気体センサー

成されている．これら2枚の金属板間の空間は真空に保たれており，気体試料はダイアフラムの側に導入される．気体の圧力がダイアフラムに力を及ぼし，もう一方の固定したキャパシターの板に対して変形する．そして，これがセンサーのキャパシタンスを変化させる．このキャパシターを一つの要素として電子回路をつくると，その電圧からダイアフラムにかかった圧力を測定できる．センサーを使いやすくするために，電圧が圧力に直接比例するように電子回路を設計できる．

キャパシタンス マノメーターは 0.001〜1000 Torr の圧力範囲を測定するためによく使用される．この圧力は実験室で普通に測定される真空の範囲を含む．この圧力計の利点は可動部分がないことであり，ダイアフラムを壊さないかぎり，機器は長期間使えるはずである．

熱電対真空計

気圧計やキャパシタンス マノメーターは気体分子が働いた力に直接応答する測定器である．しかしすべての圧力検出器がそうとはかぎらない．圧力によって変化する気体の性質に基づいた，有用な圧力測定器も考えられる．

たとえば 0.01〜1.0 Torr の圧力を測定するには熱電対真空計 (thermocouple gauge) がよく使われる (図5・10)．

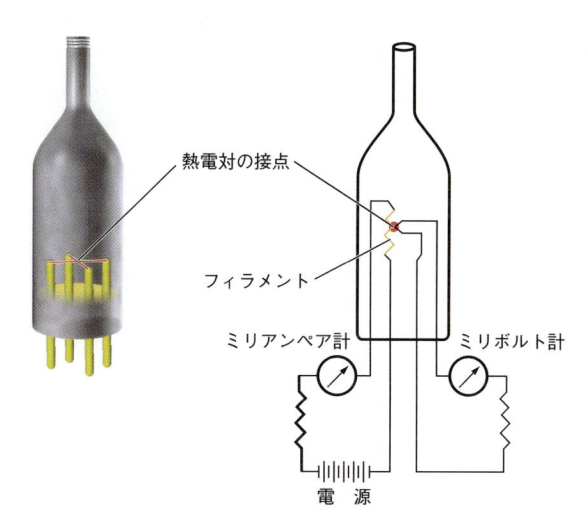

図5・10 熱電対真空計の模式図．電流がフィラメントを熱し，熱電対がフィラメントの温度を測定する．気体分子はフィラメントに衝突し，その温度を下げる．したがって気体の圧力が高くなるほどフィラメントの温度は低くなるだろう．読み出し回路が通常測定したフィラメントの温度を圧力の単位に変換し，表示する．

一定の電流をフィラメントに流すと温められ，そのフィラメントの温度は熱電対とよばれる装置で測定できる．それでこの測定が圧力とどう関係するのだろうか．圧力を測りたい気体とフィラメントは接している．気体中の分子は熱いフィラメントに衝突するといくらかのエネルギーを奪って，フィラメントの温度を下げる．圧力が高ければ高いほど，より多くの分子がフィラメントに衝突し，その温度はさらに低くなるだろう．熱電対はフィラメントの温度，ひいては気体の圧力と関係する電圧を生み出す．真空圧力計に接続された読み出し装置がその電圧出力を圧力に変換する．

電離真空計

キャパシタンス マノメーターは約 0.001 Torr の低い圧力まで測定できる．それは非常に低い圧力で，1 atm のほぼ 100 万分の 1 に相当する．しかし，極端に清浄な金属表面を研究する実験では，10^{-11} Torr という真空が必要になる[*22]．それほど低圧になるともはや分子衝突による力を測定することは不可能で，別の型の真空計が必要になる．その一般的な機器が電離真空計 (ionization gauge) である (図5・11)．

電離真空計のフィラメントに一定の電流を流し，それが赤くなるまで熱する．そのような高温になると，フィラメントの金属原子は電子を放出する．この電子は気体分子と衝突し，その結果分子内の電子を叩き出して陽イオンを生成する．気体分子が窒素だとすると，フィラメントから放出された電子は窒素分子の陽イオン N_2^+ を生成することになる．その過程は次式で表せる．

$$e^- + N_2 \longrightarrow N_2^+ + 2\,e^-$$

生じた陽イオンは細線で捕集される．この細線に流れる電流を測定すると，どれだけのイオンが捕集されたかわかる．生成したイオンの量は真空計の中に存在する気体分子の数に比例するだろう．結局，存在する気体分子の数はその圧力に比例することになる．したがって容易に測定される電流が圧力に比例するだろう．実際には電流を測定する電子回路がその測定値も調整し，直接圧力として表示する．

左から，熱電対真空計，キャパシタンス マノメーター，電離真空計．この真空計を操作するために必要な電子回路は示されていない．[写真: Lawrence S. Brown]

[*22] 宇宙空間の圧力は 10^{-14} Torr のオーダーである．

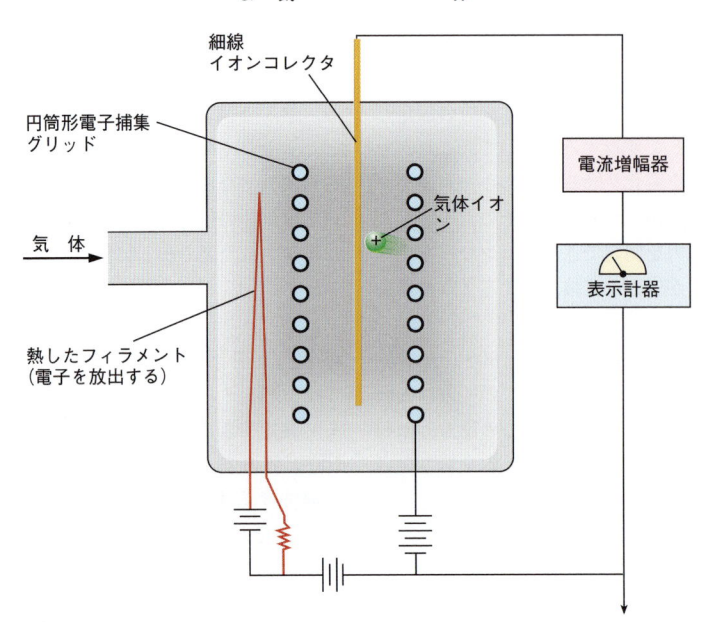

図5・11 電離真空計の模式図．熱したフィラメントから放出された電子は気体分子と衝突し，その電子を叩き出す．生成したカチオン（陽イオン）は測定器の中心部で捕集され，そこで生じた電流が気体の圧力の測定値になる．

質量分析計

キャパシタンス マノメーターや電離真空計は気体の全圧を測定する．一方，たとえば大気中の汚染物質の濃度を測定したいとき，実際に知りたいのはその分圧である．分圧を測定するには，図2・4（p.24）に示した質量分析計を用いる方法がある．電離真空計と同様に，気体分子は電子衝撃により陽イオンに変換される．このイオンを捕集する前に磁場中を通過させ，質量選別したイオンビームにする．この調整によって，測定される電流は特定の質量をもつイオンから成る．こうして該当する質量のイオンを観測することにより，気体の分圧が測定できる．この装置で電子回路の制御により広範囲にわたって質量の走査をすれば，混合気体中の各成分の分圧を知ることができる．

問題を解くときの考え方

問題 上層大気の観測用機器類を上げるため，気球が使われる．海面で気温20 °C，体積95 Lの体積を占める気球にヘリウムの気体を満たしたとき，この気球と機器類が到達できる最高の高さをどのようにして決定したらよいか．

解法 これはエンジニアがこのような装置を設計する際に答えなければならない課題である．ここで自然の法則として，密度の低い物体は密度の高い物体の上に浮く．気球はその密度が大気の密度と等しくなる高さまで上昇するはずである．このことを理解したうえで，まずこの問題で理解する必要がある変数を定義し，答えを推測できる変数との関連性に注目しよう．

解答 まず問題のなかでわかっている変数を確認する．この場合，低圧の気体なので，理想気体としてふるまうと仮定できる．この気球は海面から上げるので，圧力は1 atmと推測できる．こうして，初期条件の圧力，体積，温度が決められる．また，ヘリウムの分子量もわかっている．

重要な関係は理想気体の式から与えられ，それで密度の計算ができる．単位体積あたりの物質量，n/Vについて考えてみよう．この項は密度/分子量に等しい．そこで，理想気体の式において，n/Vの項を密度/分子量に置き換えて式を整理すると，つぎの関係が得られる．

$$P = \frac{\rho RT}{MM}, \text{ または } \rho = \frac{MM \cdot P}{RT}$$

この関係式をみると，温度と圧力が重要なことは明らかである．

解決の鍵は気球中のヘリウムの密度が大気の密度と等しくなる高度であるから，大気の密度が高度によってどのように変わるかを調べるか，あるいは決めなければならない．この情報源から大気の圧力や温度と高度の関係も得られるかもしれない．

TとPがわかれば，上の関係式からいろいろな高度でのヘリウムの密度を計算で求めることができる．高度の関数として大気の密度の変化を調べ終わったら，その計算値と調べた文献値が一致する高度を見つけ出し，気球が到達できる最高高度を予測できる．この問いに対して正確な解答を望むのならば，機器類の重量を考慮しなければならない．

要　約

　気体に関する研究は物質を分子レベルで説明しようとする発展段階で非常に重要なことであったし，今でも分子のふるまいと巨視的な系で観察される性質との関連性を直接垣間見せてくれる．日々の経験から，最も重要な気体は大気である．大都会に住んでいる人々にとっては汚染物質の実態がその体験上，重大事である．

　気体を理解するには四つの重要な変数，すなわち圧力，温度，体積，そして量を考える必要がある．圧力はいろいろな圧力計，伝統的な気圧計から最新の質量分析計などを使用して，広い圧力範囲にわたって測定できる．気体圧力の起源を理解するためには，分子が物体に衝突するとそれに力を及ぼすことを認識する必要がある．個々の分子の衝突エネルギーは微々たるものであるが，巨視的スケールの気体内で起こる膨大な数の衝突が足し合わさって測定可能な値になる．

　応用に関しては，理想気体の法則（$PV = nRT$）が気体の定量的な理解に必要な機構を提供してくれる．この関係式は上述の4変数に加えて，気体定数の R を含む．この式が適用できる方法はいくつもあるが，重要なことは使用する単位に気をつけることである．その式自体は温度が絶対温度〔通常はケルビン（K）〕である場合だけ成り立つ．圧力と体積は都合のよい単位を使って構わないが，R は他の変数の単位と適合する必要がある．理想気体の法則を使って，基本的にはボイルの法則やシャルルの法則を作り直して，1種類の気体のある変数の変化を見つけ出すことができる．また，気体反応を含む化学量論問題へ方法論を拡張できる．混合気体の各成分に理想気体の法則を適用することにより，分圧の概念を理解し，各気体の寄与を計算できる．

　分子運動論の仮定は，気体が理想的にふるまうことが分子スケールで何を意味するのかを説明してくれる．また，仮定を注意深く検討すれば気体が理想的なふるまいから外れる条件（高圧と低温）を指摘できる．このような条件下において，ファンデルワールスの式のような経験式は実際に観察される理想的なふるまいからのずれを説明できる．

キーワード

- 基準汚染物質（5・1）
- 第一基準（5・1）
- 第二基準（5・1）
- 百万分率（5・.1）
- 未達成地域（5・1）
- 光化学反応（5・1）
- 揮発性有機化合物（VOC）（5・1）
- 気体定数（5・1）
- 圧　力（5・2）
- パスカル（Pa）（5・2）
- ト　ル（Torr）（5・2）
- 気　圧（atm）（5・2）
- シャルルの法則（5・3）
- ボイルの法則（5・3）
- アボガドロの法則（5・3）
- 絶対温度（5・3）
- 分　圧（5・4）
- ドルトンの分圧の法則（5・4）
- モル分率（5・4）
- 標準状態（5・5）
- 分子運動論（5・6）
- 分布関数（5・6）
- マクスウェル-ボルツマン分布（5・6）
- 最確の速さ（5・6）
- 平均の速さ（5・6）
- 根平均二乗速さ（5・6）
- 平均自由行程（5・6）
- ファンデルワールスの式（5・6）
- マノメーター（5・7）
- キャパシタンス マノメーター（5・7）
- 熱電対真空計（5・7）
- 電離真空計（5・7）

6 周期表と原子構造

概　要

- 6・1　洞察：白熱灯と蛍光灯
- 6・2　電磁スペクトル
- 6・3　原子スペクトル
- 6・4　原子の量子力学モデル
- 6・5　パウリの排他原理と電子配置
- 6・6　周期表と電子配置
- 6・7　原子の性質の周期性
- 6・8　洞察：現代の光源 ── 発光ダイオードとレーザー

人工衛星から見た地上の夜景．工業国や特定の都市に光が集まっていることがわかる．画像は多くの衛星写真の合成．[C. Mayhew and R. Simmom (NASA/GSFC), NOAA/NGDC, DMSP Digital Archive]

　航空機を飛ばし車を走らせる燃料から，大気汚染の発生と制御にいたるまで，化学反応は人類生存の中核をなしている．私たちの存在そのものにも，私たちがすることにも，化学反応はかなりの部分を占めている．これらの反応をいったい何が進めているのだろうか．起こりそうな反応はどうしたら予測できるのか．この問いに答えるには，原子を結びつけて分子にしている化学結合を理解する必要がある．原子同士の結合を理解するには，まず原子自体についての知識に磨きをかけなければならない．幸いなことに，私たちには原子の観察手段があり，観察し学んだことを体系づけるのに役立つ手段もある．そして化学を理解するのに周期表より重要なものはない．周期表の構成は原子の性質と密接に関係している．原子の構造が理解されてきた過程で，数え切れないほどの近代技術の発展がその影響を受けてきた．そして，照明工業ほどその影響を直接に受けたところはない．

本章の目的

　この章を修めると以下のことができるようになる．
- いろいろな光源の類似性と相違点を説明する．
- 振動数，波長，振幅を使って波を表す．
- 光の振動数と波長を変換する．
- 色や明るさといった光の特徴を光の振動数，波長，振幅と関連づける．
- 光電効果とはどのような実験をしてどのような結果が得られるかを説明する．
- 光電効果の実験結果と光の光子モデルがどうしてつじつまが合うかを説明する．
- プランクの式を使って波長あるいは振動数から光子のエネルギーを計算する．
- エネルギー保存の概念を使って，原子スペクトルの観察から原子中の電子が量子化されたエネルギー準位をもつことを説明する．
- エネルギー準位図を用いて原子が吸収あるいは放射する光の波長と振動数を予測し，あるいは観察された波長や振動数から許容されるエネルギー準位を決定する．
- 原子構造についてボーアモデルと量子力学的モデルの類似性と相違点を説明する．
- 光が波であるというモデルからどうして量子数が出てくるかを認識する．
- 軌道とは何であるか明確に説明する．
- （1s, 3p などの）軌道をその量子数から同定し，またその逆も行う．
- 1個の原子がもつ（1s, 3p などの）各軌道の数を一覧表にする．
- s 軌道や p 軌道の形を描いてその形から軌道を認識する．
- さまざまな軌道を大きさやエネルギーで順位づけする．
- パウリの排他原理とフントの規則から主要元素の原子やイオンの電子配置を書く．
- 価電子の配置と周期表の対応を説明する．
- 原子半径，イオン化エネルギー，電子親和力などの原子の性質を定義する．
- 上記の性質が周期表内の位置によってどのように変わるかを説明する．

6・1 洞察: 白熱灯と蛍光灯

電気の照明は近代文明の特徴的存在の一つである．ラスベガスやタイムズ・スクエアを訪れると，誰もがその灯火のまばゆさに息を飲むだろう．これらの照明がどのように動作するかを探る旅に出るにあたって，ちょっと意外な出発点，すなわち炉の中で鉄片を加熱する鍛冶屋や金属細工人を選ぶことにしよう．ドラマや映画，歴史博物館などで，19世紀の鍛冶屋を見たことがあるかもしれない．鍛冶屋が扱う一片の鉄は，始めは冷たく輝きのない黒っぽい金属片である．炉に入れてしばらく熱すると，その鉄片はゆっくりと，ぼんやりした赤い色に変わる．さらに熱すると明るいオレンジ色に輝き，最後にはほとんど白く光るようになる．鉄片を加熱するとどうしてこのように色が変わるのだろうか．この疑問は電球とはほとんど関係ないと思うかもしれないが，電球のフィラメントを構成する物質は何か考えてみよう．電球のフィラメントも鉄と同じ金属で，通常はタングステンである．したがって鍛冶屋が炉の中で鉄片を加熱することは，ある型の電球の製作技術を理解するうえで，手がかりとなるであろう．

どんな電球も同じ原理で動作する．物質に電気を与えて"励起"すると，光が発生する．しかし物質の"励起"とは，厳密には何を意味するのだろうか．それがこの章で検討する疑問の一つであり，それに答えるには原子自体の性質を考える必要がある．

励起の過程で何が起こるかは電球の種類によって異なる．普通の白熱灯のフィラメントは，ある程度の長さをもつごく細いタングステン線である[*1]．電流がこのフィラメントを流れると，線の抵抗によって，エネルギーの一部は熱として消費される．それでタングステンは"白熱"するまで熱され，可視光線を発する（図6・1）．タングステン線はごく細いのですぐに高温になる．しかしこのタングステンも鍛冶屋の鉄片と同様に金属である．これらの金属が発する光の色は，その温度に関係している．鉄片が熱されて生じるぼんやりした赤い色は，その金属片の温度がさほど高温ではないことを示す．その鉄片を炉に入れるとオレンジ色に変化したり，タングステンのフィラメントが発する白色光は，これらの金属がさらに高温になったことを示す．この二つの例では，色が変わる範囲はさほど広くなく，その連続的な色の変化は赤色からオレンジ色に変わる虹の色に似ていることがわかる．これは偶然の一致なのだろうか．この疑問について洞察を得るために，電磁放射の性質を調べよう．

蛍光灯は白熱灯とは異なる原理で動作する[*2]．金属を熱するのではなく，電気のアークが気体の中を伝わるのである．電気をあまり通さない物質に電流を流すと，アークが生じる．電気のスイッチに触れたときに起こる静電気の放電はアークの一例であり，痛みとして体験される．図6・2に蛍光管中で起こる変化の過程を示す．この蛍光管の中では，水銀などの特定の原子が電気と相互作用して"励起"される．励起とは，その原子が通常より高いエネルギー状態になることを意味する．励起された原子は通常のエネルギー状態に戻るとき光を放つ．その光が蛍光管の内側に塗られた蛍光物質と反応し，この蛍光物質がさまざ

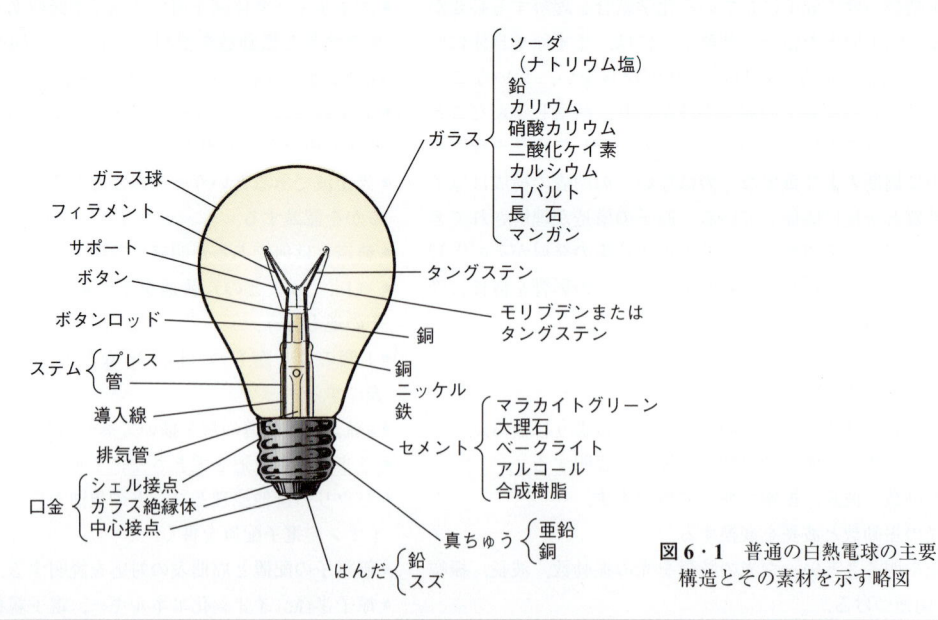

図6・1 普通の白熱電球の主要構造とその素材を示す略図

[*1] 典型的な60W電球のフィラメントは約0.01インチ（約0.2mm）程度の太さである．コイルを伸ばすと約6.5フィート（約2m）の長さになる．点灯時にはフィラメントの温度は4000°F（約2200°C）にも達する．

[*2] 小型電球型蛍光灯は，従来の蛍光灯と同じ作動原理に基づいている．電球型蛍光灯はもともと白熱電球用に作られた電気スタンドや電灯設備で使えるように設計されたものである．

まな色の光を放つ．この光は私たちの目には白色と感じられる．原子が励起され，また通常の状態に戻るとき，何が起こっているのだろうか．なぜ蛍光灯には蛍光物質を使わなければならないのか．水銀以外の元素を使うことはできるのか．化学結合の基礎を学び，深く理解するにつれて，これらの疑問に答えることができるようになる．よって，近代の化学や物理では原子をどのように考えてきたか，また原子の理解によってどのように原子の世界を洞察できるのか，学ぶことにしよう．光と物質の相互作用は，原子構造のモデルをつくり上げるうえで決定的な役割を果たした．したがってまず，光自体の性質を考えてみよう．

6・2 電磁スペクトル

可視光線（visible light）は通常，たんに光とよんでいるものに対する正確な用語である．人の目に感じる光は世の中に存在する**電磁波**（electromagnetic wave）のご く一部にすぎず，白熱電球が出す光のなかでも人の目に見えるのはそのスペクトルの一部だけである．よく知られている電磁波には，ラジオ波，マイクロ波，X線などがある．電磁という言葉の起源は光の性質にある．歴史的には光は空間を伝播する波として説明されてきた．光の成分の一つは電場であり，もう一つは磁場である（図6・3）．光の波としての性質を理解するには，波の一般的特徴をよく知る必要がある．

波としての光の性質

光の特性の大部分は，光を波と考えることで説明できる．波の主要な特徴は，波長，振動数，速度，振幅の四つの変数で定まる．これらの用語の定義を図6・4に示す．波の**波長**（wavelength）とは，隣合う波の対応する点間の距離である．たとえばこの図では波長（記号 λ を用い，長さの単位で表される）は，隣合う波の頂点間の距離として定められる．また，波の谷と谷の間の距離として波長

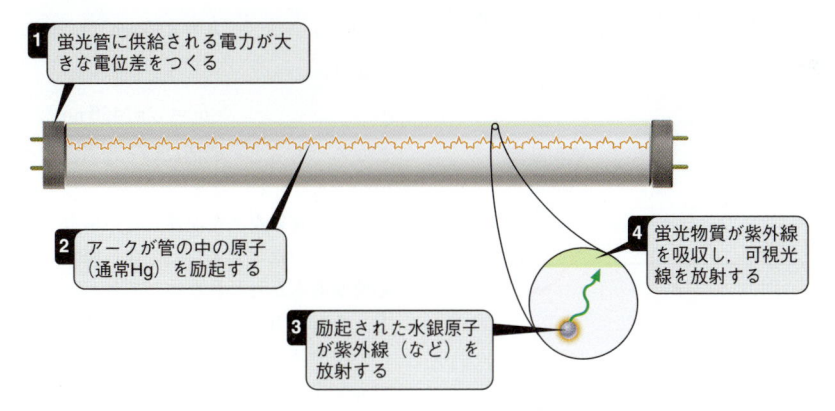

図6・2 普通の蛍光灯の主要構造を示す略図

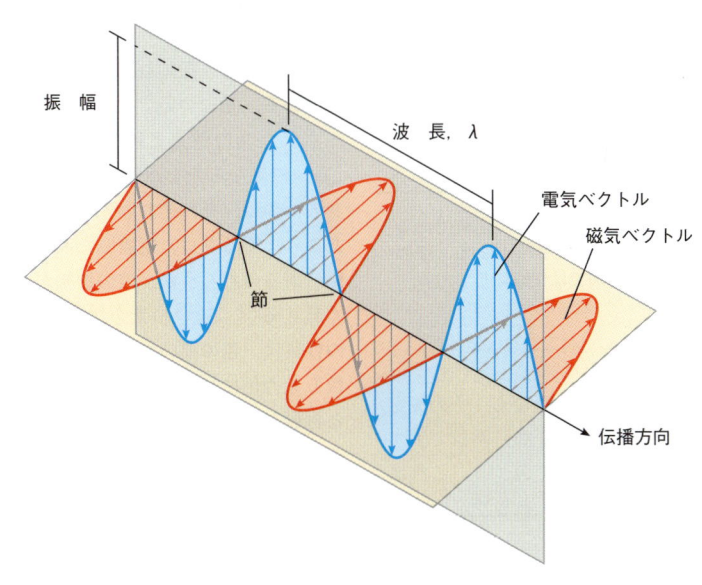

図6・3 光は電磁波の一種で，振動する電場と磁場から成る．

を定めることもでき，その場合も値は同じである．**振幅**（amplitude）とはその波の大きさ，つまり高さである．図6・4で，下の図の波は上の図の波より大きな振幅をもつ．**振動数**（frequency，周波数ともいう）は，ある決まった点を1秒あたりに通過する完全な波の数（周期の数）である．振動数は通常，記号 ν（ギリシャ文字のニュー）を用い，1/s（1/秒，s^{-1}）の単位すなわちヘルツ（Hz）で表される．振動数と波長は互いに独立に定まるものではない．真空中の光の速度（距離/時間の単位をもち，通常 c で表される）は驚くほどの精度で測定された物理定数であり，現在は厳密な数値で

$$c = 2.99792458 \times 10^8 \text{ m s}^{-1}$$

と定義されている．光速は定数であるから，一定時間にある点を通過する波の数は波長に反比例する．波長が長いほど1秒あたりに通過する波の数は少なく，振動数は小さくなる（図6・4）．この関係は，

$$c = \lambda \times \nu \qquad (6 \cdot 1)$$

という数式で表される．

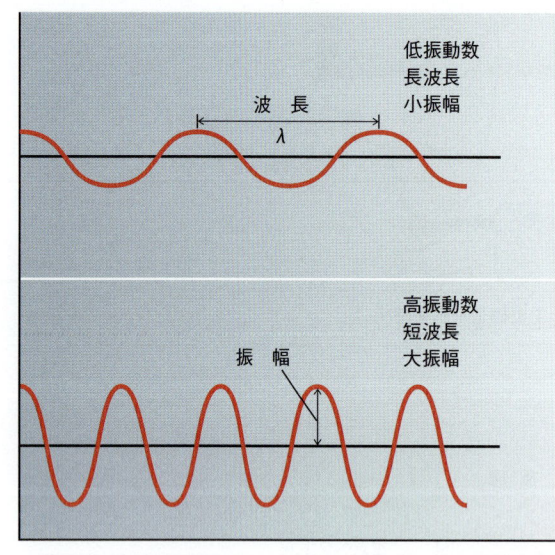

図6・4　二つの正弦波とその特徴．光速は一定値であるから，振動数と波長はつねに反比例の関係にある．振幅は振動数とは独立であり，この図では任意にしてある．

数学とのつながり

もし波の形を詳細に書き表そうとするなら，その波を数式で表現する必要がある．サイン（正弦）関数で表すことのできるごく簡単な波の例で考えてみよう（これは自然に生じる波の多くにあてはまる）．ある特定の時刻に波のスナップ写真を撮り，それを x–y のグラフに描いたとしよう．その波は $x=0$ で始まり，x 軸に沿って進む．y の値はそれぞれの点で波の高さを表す．この波はごく一般的な方程式，

$$y = A \sin(bx)$$

で表すことができる．

A は明らかにこの波の振幅である．しかし b は何だろうか．ここでこの正弦関数をラジアン単位で計算すると考えよう［訳注：360° = 2π ラジアン］．これは，bx が単位をもたないことを意味する．一方，x は原点からの距離で長さの単位をもつ．したがって，式中の b は "1/長さ" の単位をもつことになる．波の波長がわかれば（グラフから読み取れる），b の値が定められる．$\sin(x)$ 関数の波長は 2π である．ここでこの波の波長が450 nm（これは青色光の範囲にある）と仮定しよう．すると，方程式がその波に合うためには，次式が成り立たなければならない．

$$b \times 450 \text{ nm} = 2\pi$$

つまり，

$$b = 2\pi / 450 \text{ nm}$$

となる．もっと一般的にいうなら，この方程式で，b はいつでも $2\pi/\lambda$ になる．

もっと複雑な波を記述したい場合，いくつかの正弦関数〔あるいはコサイン（余弦）関数〕を組合わせて使う必要があるかもしれない．それらの波は，波長は違っても，それぞれここで見た式と同じ一般形をもっている．この種の関数をたくさん組合わせれば，どんな複雑な波でも記述できる．また，一つの波を，位置の関数ではなく時間の関数として書き表したい場合も，同様の方法で行える．

速度，波長，振動数，振幅はどんな波でも記述できる特性である．光について考えるにあたり，これらの量をよく知られた光の性質と比べることが役に立つはずである．"二つの異なる光を比較せよ"と問われたなら，考えることの一つは，それぞれの光がどれだけ明るいかということだろう．明るさは，定義した波のパラメーターとどんな関係にあるのだろうか．波の振幅が大きいほどその光は明るく見える[*3]．二つの光を比べて気づくであろうもう一つの性質は，色の違いである．波のモデルでは，波長も振動数も光の色に対応している．見たところ異なる性質の波長と振動数が，どうして両方とも色に対応するのだろうか．その答えは式(6・1)にある．光の速度は一定であるから，振動数と波長のいずれかが決まると，光の波のこれらのパラメーターは自動的に両方とも決まってしまうのである．

[*3] 数学的には，光の強度は振幅の2乗に比例する．

振動数と波長は，同じ情報を表記するための異なった表現方法にすぎない．

光が波としての性質をもつことは，光に関して私たちが経験する多くの現象を説明するのに役立つ．**屈折**（refraction）は，ある媒質から屈折率の異なる別の媒質へと光が進むときに生じる経路の曲がりである．よく知られた屈折の現れの一つに虹があり，そこでは白色光がいくつもの色に分かれる．空気から水へ，あるいは空気からガラスへと光が進むとき，そこで光の伝わる速度が変わり，光の進行方向はその波長によって決まるある角度だけ変化する．こうして可視スペクトルはさまざまな色に分かれ，それぞれの色は対応する波長の順に分散する．図6・5にこの現象を示す．

屈折のように波としての現象があるため，電磁波は通常，その波長または振動数によって分類される．図6・6は振動数と波長の両方の情報を含めて，全スペクトル範囲を示したものである．可視光線に加えて，このスペクトルにはX線，紫外線（UV），赤外線（IR），マイクロ波，ラジオ波が含まれ，可視光線はUVとIRの間にある．ここでは波長の順にそれぞれの範囲を並べてある．光の波長を測定したり提示されたりしたとき，それを振動数に換算する必要がしばしば生じる．例題6・1にその換算法を示す．

> **例題 6・1**
>
> ネオン灯は赤橙色の光を放射する．この光の波長は670 nmである．その振動数はいくつか．
>
> **解法** 式6・1で波長と振動数の関係がわかっている．ただ，この式を使うときは単位に気をつけなくてはならない．ここでは波長がnm単位で与えられているから，$m\,s^{-1}$で示されている光速と合わせるためには，波長をm単位に換算する必要がある．
>
> **解答**
> $$670\text{ nm} \times \frac{1\text{ m}}{1 \times 10^9\text{ nm}} = 6.7 \times 10^{-7}\text{ m}$$

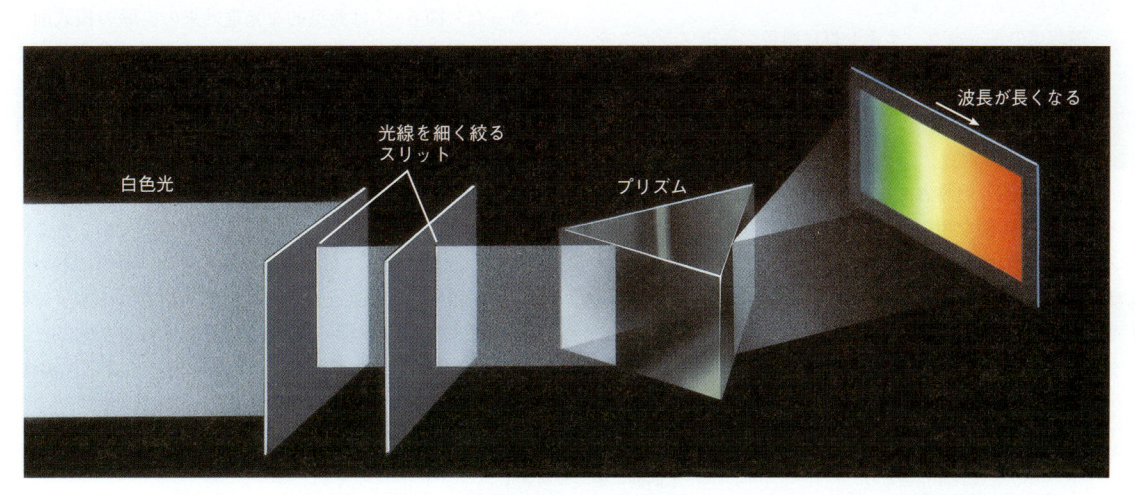

図 6・5 プリズムを通るとき，白色光は屈折によってそれを構成する色の成分に分かれる．

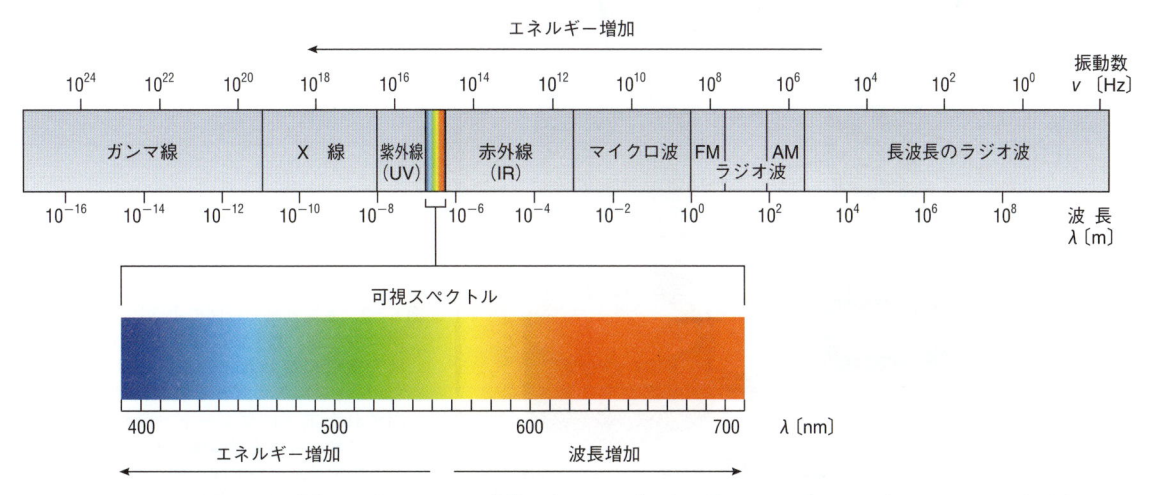

図 6・6 目に見える可視光線は電磁スペクトル全体のうちのわずかな一部でしかない．その他のスペクトル領域は，リモコンや携帯電話，ワイヤレスネットワークなどの多くの技術で使われている．

$c = \lambda \nu$ であるから，これを $\nu = c/\lambda$ と書き直す．そうすれば振動数を求めるには光速と波長をこの式の右辺に代入すればよく，

$$\nu = \frac{2.998 \times 10^8 \text{ m s}^{-1}}{6.7 \times 10^{-7} \text{ m}} = 4.5 \times 10^{14} \text{ s}^{-1}$$

となる．

考 察 光の振動数に対して物理的な直感をもつのは難しい．しかし少し練習すれば，大きさに対して大まかな感覚を得ることはできる．まず振動数を知るには，大きな数（光速）を小さな数（波長）で割らなくてはならないことに注目しよう．すると，答えには非常に大きな数字が出てくる．いくつかの量の代表的な大きさを知っておくのも便利である．たとえば図 6・6 を見ると可視光線の振動数はおよそ 10^{14} s^{-1} のオーダーであることがわかる．したがって上の答えは妥当な値と思われる．このような確認はとても役に立つ．この種の問題でよくある間違いは単位の取違えであり，それは結果に何桁もの誤りを生じるからである．

理解度のチェック ネオン灯に微量のキセノンガスを加えると，明かりの色は青緑色になる．この光の波長が 480 nm であるとしたら，振動数はどれだけになるか．

一般に照明というと，可視光線を放射するものを想像する．しかし特別な用途でそれ以外の範囲の電磁波を放射するように設計された電球もある．たとえばファーストフードの店にはフライドポテトの保温用に赤外線を放射する熱電球がある．熱電球は通常の白熱灯に比べ，波長範囲を赤外部にずらして放射するように設計されている．赤外線に隣接して赤い色の可視光線があるため，これらの電球は赤く見える．可視スペクトルの反対側では紫外部を放射するように設計された "ブラックライト" とよばれるランプがあり，これは染料を光らせたり日焼けサロンで使われる．紫外線は人間の目には見えないが，ブラックライトの放射する波長範囲は可視部の紫の部分に重なっているため紫色に見える．電子レンジ，ラジオ，テレビ，携帯電話，無線のコンピューターネットワークなどは，すべて電磁スペクトルの他の特定領域を利用して動作する．

粒子としての光の性質

電磁波を波と考えるモデルは，光に関して観察される多くの性質を説明できる．しかし 1900 年代の初めに，科学者たちはより精巧な装置を作り，光の波動モデルに挑戦する実験を行った．そのなかに**光電効果**（photoelectric effect）として知られる報告があった．それは金属の一片に光を当てると，金属から電子が叩き出されるというものであった．図 6・7 は典型的な光電効果の実験の模式図である．金属片が真空の状態で容器に封入され，妨害となる気体分子が周囲にほとんどなければ，金属から放出される電子を検出できる〔実験中に大きな正電荷をもたないように，金属自体は接地（アース）しておく〕．§2・2 で学んだように，電子は負の電荷をもつ．このことから何個の電子が放出されたか，さらにはどのくらいの速度で出てきたかを測ることができる．したがって光電効果の研究においては，光の色や強さを変え，それに対し放出される電子の数やその電子の運動エネルギーがどう変化するかを知ることができた．この実験はさまざまな金属を使って繰返された．

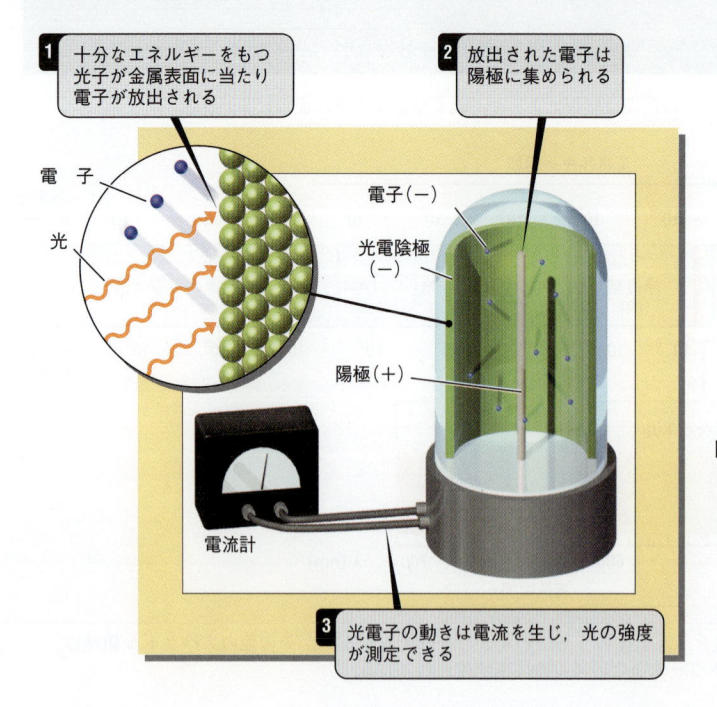

図 6・7 光電効果では図のように光が金属表面に当たり，電子がはじき出される．これは光電管に使われている．光は光電陰極（カソード）とよばれる表面に当たり，放出された電子はプレート（陽極，アノード）に集められる（陽極に正電圧をかけることで電子が望む方向へ動くようにしている）．生じる電流は容易に測定でき，その量は入射光の強さと関係している．

この光電効果はどのように理解されたのだろうか．最も単純な説明は，光のエネルギーが金属の電子に移ったというものである．電子は十分なエネルギーを受け取ると金属表面を離れて自由になれる．多くのエネルギーが与えられるほど，電子はより大きな速度で金属から離れることができる．

図6・8に，こうした実験で得られた何種類かの結果を要約する．これらのグラフを注意深く見ると，詳細な観察結果は，光を波と考えたモデルに基づいて推測されたものと異なることがわかる．光が波であるなら，波の振幅つまり光の強さがそのエネルギーを定めることになる．そうすると，光が明るいほど放出される電子の運動エネルギーが増加すると期待される．しかし図6・8(d)は，放出電子の運動エネルギーが入射光の強度とは実際は無関係であることを示している．ただ，光の強さが増すと，検出される電子数だけは増加する（図6・8b）．しかしその運動エネルギーは，用いた光の振動数すなわち色によって変化する（図6・8c）．これもまた波動モデルからの推測と食い違う結果である．そこで，これらの実験やその他の実験の結果を受けて，光の性質が再検討されることとなった．

既存の波としての概念に一致する光電効果を観察しようと入念に努力したにもかかわらず，波としての性質だけに基づいて矛盾なく光の挙動を説明する試みは，結局失敗に終わった．実験結果のすべてを説明する唯一の方法は，光が**波と粒子の二重性**（wave–particle duality）をもつという考え方をとることであった．これは，ある立場では光は波としてとてもうまく記述できるが，別の場合には光を粒子と考える方がうまくいくことを認めるものであった．これは，異なる2種の光があることを意味するのではない．この認識は重要である．これは波動モデルだけでも粒子モデルだけでも，光のすべての性質を正確に表すことはできないという意味である．したがって，場合により，注目する性質を記述するのに都合がよい方のモデルを使えばよい．将来，光についての理解が進んで，波動–粒子の矛盾を解消する新しいモデルが生まれるかもしれない．しかしそれまでは実用的な立場をとり，目下の問題に最も適したモデルを採用するのがよい．

通常，光を粒子として考えるのは，他の物体にエネルギーを与えるときである．アインシュタイン（Albert Einstein）は光を**光子**（photon）というエネルギーの集まりとして記述する考えを提案した．明るい光には光子がたくさんあるが，暗い光には少ししかない．光を形づくる光子のエネルギーはその振動数に比例することが示され，

$$E = h\nu \tag{6・2}$$

という簡単な式で書ける[*4]．ここで E は光子のエネルギー，

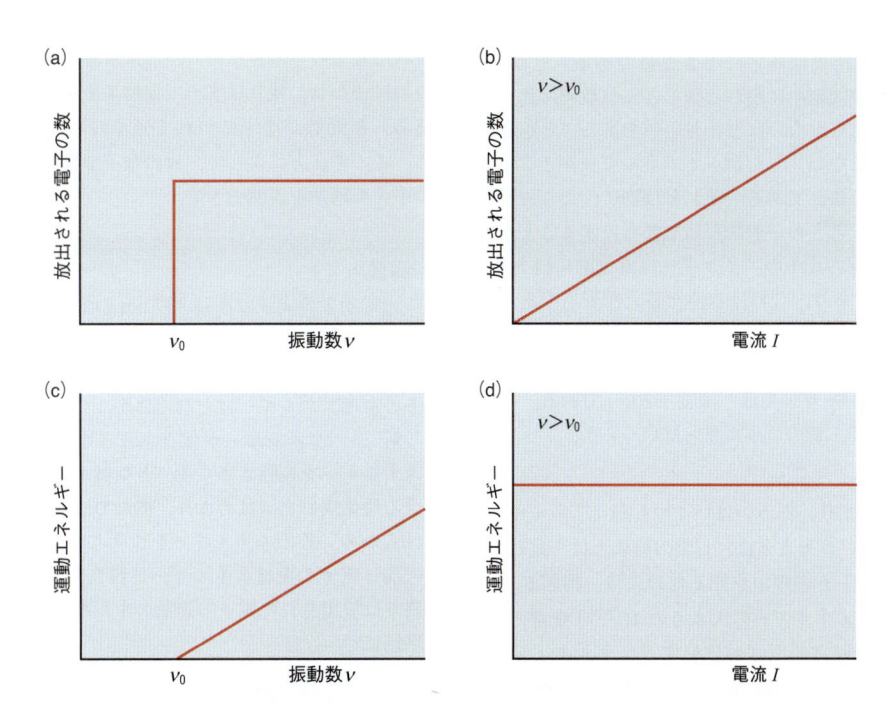

図6・8 これらのグラフは光電効果の実験で得られる最も重要な測定結果を示している．ある限界振動数（ν_0）以下では光電子はまったく放出されない．ν_0 よりも高い振動数では放出される電子数は振動数によらないが (a)，光の強度は増加する (b)．一方，放出された電子の運動エネルギーは振動数に比例し (c)，強度には依存しない (d)．

[*4] 第3章で $h\nu$ を光化学反応に必要な光を表すのに使ったことを思い出そう．

ν は光の振動数である．h は定数で，ドイツの物理学者プランク（Max Planck）にちなみプランク定数とよばれる．その値は

$$h = 6.626 \times 10^{-34} \,\text{J s}$$

である．振動数は波長と関係しているから，式(6・1)を使って振動数を波長に書き換え，

$$E = \frac{hc}{\lambda} \tag{6・3}$$

と書くこともできる．こうして，振動数と波長のどちらかがわかれば，例題6・2に示すように，その放射における光子1個のエネルギーを知ることができる．

例題 6・2

標準的なレーザープリンターのレーザーは波長 780.0 nm の光を放射する．この光の光子1個のエネルギーはどれだけか．

解法 式(6・3)によって，光子のエネルギーと波長との関係がわかっている．ここでも nm から m への単位換算が必要であることに注意しよう．

解答
$$780.0 \,\text{nm} \times \frac{1\,\text{m}}{1 \times 10^9 \,\text{nm}} = 7.800 \times 10^{-7} \,\text{m}$$

$$E = \frac{6.626 \times 10^{-34} \,\text{J s} \times 2.998 \times 10^8 \,\text{m s}^{-1}}{7.800 \times 10^{-7} \,\text{m}}$$
$$= 2.547 \times 10^{-19} \,\text{J}$$

考察 この結果は非常に小さな値である．しかし，プランク定数が問題中に現れる他のどんな数値に比べても格段に，信じられないほど小さい値であることを考慮しなければならない．したがってエネルギーがごく小さいのはありうることである．それとは別に，ここで計算している量の大きさの一般的な値を参考にすることができる．可視光線の光子のエネルギーは典型的には 10^{-19} J のオーダーであり，これは求めた答えが妥当であることを示している．

理解度のチェック 光ファイバー通信ネットワークに使われる赤外レーザー光は，波長 1.2 μm である．この放射による光子1個のエネルギーはいくらか．

光が粒子の集まり，あるいはいくつもの"エネルギーの塊"から成るという考え方は，日常の経験とは一致しないように思われる．その理由を知るためには，例題6・2で計算した光子のエネルギーの大きさの 10^{-19} J を考えるとよい[*5]．これを通常の電灯が放射するエネルギー量と比較してみよう．ごく普通の 60 W の電球は，毎秒 60 J のエネルギーを放射する．したがっていつも見ている光にはものすごく多数の光子が含まれる．光が明るくなるほど，1秒あたりに放射される光子の数は増える．しかし一つ一

つの光子はごくわずかなエネルギー量をもつだけだから，電灯から出るエネルギー量が階段状の不連続な変化をすることはなく，私たちには連続的な変化に見える．

たやすく認識できることではないが，1個の光子のエネルギー量は，原子，分子の立場からみて非常に重要である．原子や分子はごく小さいから，それらを特徴づけるエネルギーも同様にごく小さい．光電効果の初期の実験の結果を考えてみよう．光子の概念がこれらの観測結果を説明するのにどんなに役立つかがわかる．1個の光子が金属に衝突する実験をしたとしよう．これは，ある決まった量のエネルギー（$h\nu$ に等しい）を金属に供給したことを意味する．もしそのエネルギーが，金属原子がそこに電子をつなぎとめている力を十分に超えるなら，金属は光子を吸収し，1個の電子を放出する．その光子のエネルギーが，金属が電子を保持している**束縛エネルギー**（binding energy）より小さければ，電子は放出されない．それ以下になると電子が検出できない限界振動数（図6・8の ν_0）が存在する事実は，光電効果実験の成り行きが個々の光子に支配されている証拠である．限界振動数以下では，光子は束縛エネルギーを超えて電子を叩き出すだけの十分なエネルギーをもたないからである．では，放出された電子の運動エネルギーがなぜ光の振動数に依存するのか．これはまさにエネルギー保存の問題である．電子の束縛エネルギーは金属の種類によって決まる．振動数が ν_0 以上になれば，吸収された光子のエネルギーの一部は束縛エネルギーに打ち勝つのに使われ，残りはすべて運動エネルギーとして電子に移る．振動数が増すにつれて光子のエネルギーも増すため，この考え方によって，放出電子で観測された運動エネルギーの増加を説明できる．

例題 6・3

光電効果の実験で波長 337 nm の紫外線が金属カリウム片の表面に放射され，放出された電子の運動エネルギーが 2.30×10^{-19} J と測定された．カリウムによる電子の束縛エネルギーはどれだけか．

解法 エネルギーが保存される事実を用い，光子のエネルギーを運動エネルギーと束縛エネルギーに結びつける関係式に当てはめよう．実験の過程で光子は吸収されるから，そのエネルギーを説明しなければならない．一部は電子の束縛エネルギーに打ち勝つことに使われ，残りは放出された電子の運動エネルギーになる．これは単純に

$$E_{光子} = 束縛エネルギー + 運動エネルギー$$

と書くことができる．
光の波長から光子のエネルギーを求める方法はすでに

[*5] 光子のエネルギーと光の強度を混同しないように．光子のエネルギーが光の色を表す別の方法であることを思い出せば，光の強度とは別物であることがわかるだろう．

わかっており，運動エネルギーは与えられているので，そこから束縛エネルギーが求められる．いつものように，現れるどの量に対しても単位のとり方に注意しなければならない．

解　答　まず光子のエネルギーを求めよう．

$$337 \text{ nm} \times \frac{1 \text{ m}}{10^9 \text{ nm}} = 3.37 \times 10^{-7} \text{ m}$$

$$E_{光子} = \frac{hc}{\lambda}$$

$$= \frac{(6.626 \times 10^{-34} \text{ J s})(2.998 \times 10^8 \text{ m s}^{-1})}{3.37 \times 10^{-7} \text{ m}}$$

$$= 5.89 \times 10^{-19} \text{ J}$$

束縛エネルギーを求めるため，エネルギー保存則による関係

$$E_{光子} = 束縛エネルギー + 運動エネルギー$$

を使う．この式から，

$$束縛エネルギー = E_{光子} - 運動エネルギー$$
$$= 5.89 \times 10^{-19} \text{ J} - 2.30 \times 10^{-19} \text{ J}$$
$$= 3.59 \times 10^{-19} \text{ J}$$

となる．

考　察　ここで使用された波長は可視光線の波長よりいくらか短い．したがって 10^{-19} J の領域で中央から少し上にある光子のエネルギーは，まず妥当といえる．求めた束縛エネルギーは当然ながら光子のエネルギーより小さい．そこからも，この計算がほぼ正しいことがわかる．

理解度のチェック　金属クロムの電子束縛エネルギーは 7.21×10^{-19} J である．光電効果の実験で 266 nm の光を使ったとき，クロムから放出される電子の運動エネルギーの最大値を求めよ．

これまでの考え方を組合わせれば，最初の節で提起した電球に関する問題のいくつかを考察できる．博物館で鍛冶屋が鉄片を熱したとき，最初は赤く光り，つぎにオレンジ色に変わると述べた．スペクトルを見ると，赤い光はオレンジ色の光より波長が長い．よって，オレンジ色の光のエネルギーは赤い光より大きい．鉄片が赤からオレンジに変わったのは，加熱によってエネルギーが増したからである．オレンジ色に光る物体は赤く光る物体より高温である．

ここまで光自体の性質を検討してきたが，つぎに光を用いて原子を研究する筋道を考えよう．

6・3　原子スペクトル

気づかないかもしれないが，蛍光灯には一般に少量の水銀が入っている．水銀蒸気は有毒なので，蛍光管が割れたときに出る気体を吸い込むのは危険である．このため使用済みの蛍光管は適切な方法で廃棄すべきで，通常のごみと一緒に埋めてはならない．こういう事実を考えると，なぜ水銀がそんなところにあるのかと尋ねてみたくなる．水銀をはじめとするすべての元素には，光を吸収し放射する際に個有の特徴がある．水銀が吸収し放射する光の波長パターンを，水銀の**原子スペクトル** (atomic spectrum) という[*6]．このようなスペクトルの存在は 1 世紀以上前から知られていた．最も特徴的なのは，ある特定の元素が励起されたとき，その原子は決まったいくつかの振動数の光だけを放射することである．これらの振動数は，一般に相互の間隔が十分に開いているので，そのスペクトルは"不連続"であるといわれる．この特徴は，連続した波長域で発光する太陽や白熱灯が放つ光とは非常に異なっている．

さまざまな原子が放出する光のスペクトルの研究から，驚くべき結果が観測されていた．すべての元素は，比較的少数の波長で不連続スペクトルを生じる．放出される光の波長は元素ごとに異なる．不連続スペクトルは 19 世紀の終わりに初めて観測され，その説明は科学者たちが挑む大きな問題の一つになった．水銀を含むたくさんの元素からデータが集められたが，問題の解決には水素の発光スペクトルが最も重要な役割を果たした．水素ガスを封入したガラス管にアークを通じると，水素は励起される（図 6・9）．アークのエネルギーは H_2 分子を個々の水素原子に分解し，その一部を励起する．励起された水素原子は，より低いエネルギー状態に戻るときに光を放つ．放射される光は見たところ青いが，プリズムを通すと，人間の目には四つの線に分かれて見える．

水素が（そして他の原子が）ある決まった波長の光だけを放射する事実から，どんな結論を引き出せるだろうか．ある原子が光を放射するのは，その原子が周囲にエネルギーを放出していることである．これをエネルギー保存の立場から考えてみよう．光を放射すると，その原子は高いエネルギー状態から低いエネルギー状態へ移り，放射された光子は原子が失ったエネルギーを運び去る．特定の原子から放射される光が少数の波長に限られるという事実は，その原子が特定のエネルギーをもつ少数の状態だけにあることの直接の証拠である．それが正しいことを理解するには，仮に原子が任意のエネルギー状態をとれるとしたら何が起こるかを想像してみるとよい．その場合は，原子がそれぞれさまざまな量のエネルギーを失うので，放射される波長は連続するスペクトルとして観察されるだろう．ある原子がある決まったエネルギー状態だけをとっているという考え方は，かなり直観に反する．日常的には巨視的物体でそのようなふるまいをするものはないからである．観

[*6]　spectrum の複数形は spectra である．

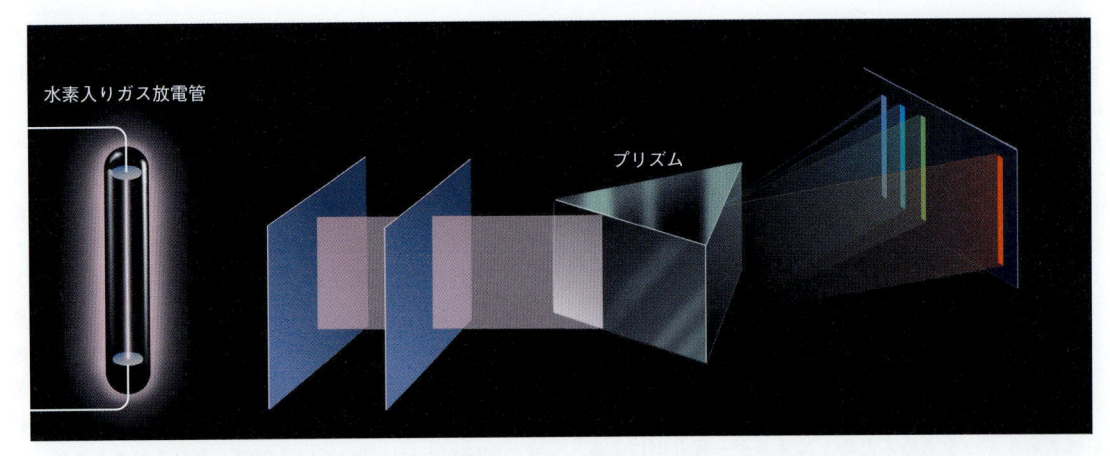

図 6・9 水素ガスの放電により H_2 分子は分解され，励起された H 原子が光を放射する．この発光をスリットを通して絞り，プリズムを通す．プリズムによって光は色成分に分けられ，いくつかの離散的な波長の光だけが放出されていることがわかる．

測された不連続の発光スペクトルを説明するため，科学者たちは原子の挙動に対し，巨視的立場で記述していた物体とは根本から異なるモデルを展開しなければならなかった．

例題 6・4

水素の低い方の四つのエネルギー準位を下に示す．最低のエネルギー状態を E_1，その上のエネルギー状態をそれぞれ E_2, E_3, E_4 とする．ある水素原子が E_3 から E_1 へ遷移すると，$\lambda = 102.6$ nm の光子を放出する．同様に E_3 から E_2 への遷移では，$\lambda = 656.3$ nm の光子を放出する．E_2 から E_1 へ遷移するときに放射される光の波長はどれだけか．

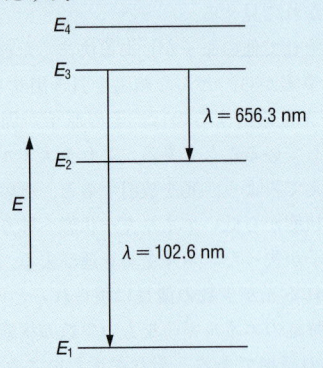

解法 このエネルギー準位図は，そこに含まれるさまざまなエネルギー準位間の関係を示している．図の縦方向が示すものはエネルギーである．それぞれの遷移を矢印で表すと，矢印の長さは遷移によって原子が失うエネルギーに比例する．図から，E_3 から E_2 への遷移および E_2 から E_1 への遷移を示す矢印の長さを足し算すると，E_3 から E_1 への遷移を示す矢印の長さになる（別の考え方は，E_3 の状態から E_1 の状態に移る原子は，途中の E_2 の状態に止まることがあろうとなかろうと，同じ量のエネルギーを失うということである）．これらの遷移のうち二つの波長がわかっているから，それぞれに対する光子のエネルギーを求めることができる．これによって第三の遷移に対するエネルギーがわかり，最終的にそれを波長に変換することができる．

解答 まず，与えられた波長をエネルギーに変換する．$E_3 \to E_1$ の遷移に対しては

$$E_{3\to 1} = \frac{hc}{\lambda}$$

$$= \frac{(6.626 \times 10^{-34} \text{ J s})(2.998 \times 10^8 \text{ m s}^{-1})}{102.6 \text{ nm}} \times \frac{10^9 \text{ nm}}{1 \text{ m}}$$

$$= 1.936 \times 10^{-18} \text{ J}$$

である．つぎに $E_3 \to E_2$ の遷移に対しては，

$$E_{3\to 2} = \frac{hc}{\lambda}$$

$$= \frac{(6.626 \times 10^{-34} \text{ J s})(2.998 \times 10^8 \text{ m s}^{-1})}{656.3 \text{ nm}} \times \frac{10^9 \text{ nm}}{1 \text{ m}}$$

$$= 3.027 \times 10^{-19} \text{ J}$$

となる．図から

$$E_{3\to 1} = E_{3\to 2} + E_{2\to 1}$$

であるから，

$$E_{2\to 1} = E_{3\to 1} - E_{3\to 2}$$
$$= 1.936 \times 10^{-18} \text{ J} - 3.027 \times 10^{-19} \text{ J}$$
$$= 1.633 \times 10^{-18} \text{ J}$$

になる．求める答えに到達するためには，さらにエネルギーから波長への変換が必要であり，

$$\lambda_{2\to 1} = \frac{hc}{E_{2\to 1}}$$

$$= \frac{(6.626 \times 10^{-34} \text{ J s})(2.998 \times 10^8 \text{ m s}^{-1})}{1.633 \times 10^{-18} \text{ J}}$$

$$= 1.216 \times 10^{-7} \text{ m}$$

と計算される．波長はnm単位で示すことが多いので，この値を121.6 nmと表現してもよい．

考察 この結果は，初めに与えられた二つの波長に挟まれた値であり，図のエネルギー準位の間隔とも矛盾はない．

理解度のチェック E_4からE_3の準位へ遷移するとき，水素原子は1.873 μmの波長の光子を放出する．E_4からE_1の準位へ遷移するこの原子が放出する光の波長を求めよ．

この例題で使われた推論は，原子スペクトルから得られたデータに対し，いくつかの役立つ計算法を示すものである．しかしこの例題は，そのようなスペクトルの存在を説明または理解してもらうために出したのではない．20世紀の初め，原子スペクトルの背後に潜む物理を説明するため，さまざまなモデルが提案された．そのなかでボーア（Niels Bohr）の提案したモデルが，その後，原子を理解するうえで最も大きな影響を及ぼした[*7]．

ボーアの原子モデル

原子構造がさまざまに推定されていた頃，実験による観察事実は，原子核が正電荷をもち，その核を取巻く電子が負電荷をもつことを示していた．学生時代の初期，もしかすると小学校でもこの原子モデルについて学んだであろうし，たいていは深く考えることもなくそれを受け入れたであろう．しかしこのモデルが初めて提案されたとき，大きな困惑があった．反対の電荷をもつ粒子間の引力によって，電子は正に帯電した原子核へ落ち込むように思われたからである．ボーアはこの問題に取組むと同時に，独自の原子モデルをつくり上げることでその他のもっと細かい問題にも対処した．彼のモデルでもっとも独創的なところは，電子は安定した軌道（orbit）にあり，光としてエネルギーを吸収あるいは放射しないかぎり，その軌道からは外れないことを示唆した点にある．そのような軌道の存在がそれまで提示されたことはなかった．このモデルによって，ボーアは従来の仮説では説明できなかった観測事実をうまく説明したのである．ボーアモデルの影響は現代社会でも明らかで，いまなお原子は原子核の周りを電子が回る形で描かれるのが一般的である．

現在は，原子に対するボーアモデルが完全に正しいものではないことがわかっている．しかしボーアモデルは直観的な理解を与えるだけでなく，原子が励起する過程を目に見える形で思い浮かべるためにも便利なものとして，いまでも役立っている．どんな原子においても，反対の電荷をもつ電子と陽子は互いに引き合う．したがって，原子核と電子が近ければ近いほどその引力は強く，エネルギーは低い．図6・10のように，1個の電子が内側の軌道から外側の軌道へ移動するにはエネルギーを吸収しなければならない．そこで生じる新たな電子の状態は，とりうる最も低いエネルギー状態ではないグループに含まれ，そのために**励起状態**（excited state）といわれる．自然界で最も強い推進力は，より低いエネルギー状態にしようという力である．だから，ある原子の励起状態がいつまでも続くわけではない．その原子は光を放射して，最もエネルギーの低い**基底状態**（ground state）へと戻る．励起と放射の過程はいずれも原子の**ボーアモデル**（Bohr model）によって理解できる[*8]．したがって，それが原子構造の完全に正確な表現ではないにしても，ボーアモデルは大変役に立つ．

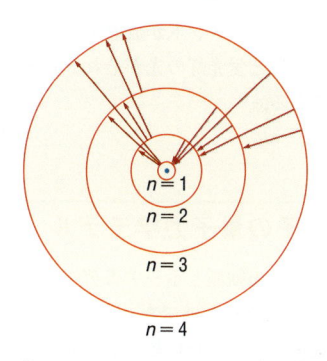

図6・10 ボーアモデルでは，原子が光を吸収あるいは放射するとき，原子はとりうる軌道間を移動できる．固定された軌道経路の概念を含め，このモデルはいくつかの重要な点で正しくないが，原子構造の理解を進めるために重要な役割を果たした．例題6・4で用いたエネルギー準位表とこの図が似ていることに留意せよ．両者とも原子内の電子が，あるエネルギー状態に束縛されているという概念を反映したものである．

原子をこのようにみることは，最初の節で問いかけた，電球についての疑問の一部に答えを与える．どんな電球でも，励起された物質がエネルギーを失うときに光を放つという原理に基づくことを思い出そう．電球の種類を決めるのは，主としてその励起の性質である．白熱灯では，励起されるのは肉眼でも見える金属線である．この線は，目に見える多くの物質と同様に，おそらくモルのオーダーのたくさんの原子を含む．その線を電流が流れると，抵抗によって線の温度が上昇する．これが金属線励起の過程であり，加熱によって多数の原子が影響を受ける．巨視的に見ると，励起された原子の集まりから生じるエネルギーの放射によって，白熱灯が光をもたらす．

[*7] ボーアは1922年にノーベル物理学賞を受賞した．
[*8] 分子に対しては，量子化エネルギーと励起状態の概念を振動および回転運動に拡張できる．しかしここでは電子のエネルギー準位についてのみ考える．

ここで，通常はある種の希ガスと少量の水銀蒸気で満たされている蛍光灯に考えを向けよう．微細なレベルでの気体の特徴は，分子間の距離がかなり大きいことである．したがって蛍光管の中では，管内の原子は全体をまとめてではなく1個1個が別々に励起される．もちろんたくさんの水銀原子が同時に励起されるが，ある1個の原子のふるまいが管内の他の原子の影響を受けないという意味で別々である．蛍光管の中では水銀原子がアークによって励起され，光を放射することでエネルギーを放出する．水銀原子が放射する光はおもにスペクトルの紫外域にあるため，電灯のスイッチを入れてもその光を見ることはできない．代わりにガラス管壁のリンの分子がその紫外線を吸収し，そこで別の励起，放射が起こる．この第二段階でリン分子はある幅をもった振動数領域の光を放射し，水銀原子による見えない紫外線ではなく，太陽の連続光に似た光の照明となる[*9]．リン分子が放射する光の波長のスペクトルは，白熱灯の高温のフィラメントが放射する光とまったく同じではない．白熱灯と蛍光灯の光がそれぞれ違って見えるのはそのためである．

6・4 原子の量子力学モデル

原子スペクトルの観測とボーアモデルの展開は，原子を理解するうえで重要な前進であった．しかし20世紀初めのその後の実験から，さらに思いがけない原子の性質がわかって，ボーアモデルには重大な限界のあることが明らかになった．そこでもっとしっかりした原子モデルをつくる努力が続けられた．こうした努力はもともと科学に対する根本的な好奇心に駆り立てられたものであったが，結局それはたくさんの重要な実用的用途を切り開いた．ハロゲンランプ，発光ダイオード（LED），レーザーなどは，こうして改良された原子モデルがなければ生まれなかったであろう．これらの技術的進歩を可能にしたのが，原子の量子力学モデルである．第7章でみるように，この新しい仮説によって，化学結合はより正確な立場から書き表せるようになり，さらには上記の各種装置の設計や改良を可能にしたのである．

原子の量子力学モデルは複雑で直観的にわかるものではないから，ここではそれをより親しみやすいボーアモデルと比較し，いくつかの手がかりを指摘することから始めよう．ボーアモデルでは，電子は一定の半径の円軌道に沿って回る粒子と考えられていた．量子力学モデルでは電子は粒子ではなく波であり，それらの波は**軌道**（orbital，軌道関数ともいう）とよばれるある空間領域に広がっていると考えられている．この二つのモデルの最も重要な類似点は，いずれも1個の電子のエネルギーが量子化されていることである．量子化とは，ある決まった値をとるように制限されているという意味である．量子力学モデルを詳細に扱うことはここでの理解の範囲を超えるが，この節ではそのモデルから生じる概念的，数学的な考え方をいくつか提示しよう．それを覚えておくと，上述のボーアモデルとの比較に役立つだろう．

量子力学モデルの本質的かつ一風変わった特徴は，電子を粒子ではなく波として記述する点にある．電子をビー玉のような粒子と考えるのは，それらを波と考えるよりはるかに直観に沿うものである．しかし，光についてみてきたのと同様，実験的観察から，電子も波のような挙動をするという見方が生じたのである．波としての電子の性質は，1927年の回折実験によって初めて明らかにされた．**回折**（diffraction）は波に関してはすでによく知られた現象であり，電子回折の観測は電子を波として扱う必要性を強く示唆するものであった[*10]．

波を数学的に扱うときには，一般に周期的変動を記述する関数から始めるのが普通である．このような関数は，ごくはっきりした理由で**波動関数**（wave function）といわれる．この種の関数で最も単純なのは $\sin x$ と $\cos x$ であり，これらは単振動を記述するのに用いられる．電子の波を書き表す関数はもっと複雑になるが，考え方は同じである．電子を扱うために波の数学を使う考えは，シュレーディンガー（Erwin Schrödinger）によって最初に推し進められた．いわゆる**シュレーディンガー方程式**（Schrödinger equation）は，

$$H\psi = E\psi \tag{6・4}$$

という形に要約される．これは驚くほど簡単な形である．H は**演算子**（operator）であり，これは行わなければならない複雑な一連の数学的操作を示すものである．E はエネルギーであり，ψ（ギリシャ文字のプサイ）が電子の波動関数である．もし，演算子 H をすべて書き下すなら，このシュレーディンガー方程式は実際は二階微分方程式になる（"数学とのつながり"参照）．多くの場合その方程式を厳密に解くことはできない．したがって量子力学の研究には，近似解を求める技術が例外なく含まれる．そこに使われる数学は複雑なものであるから，どんなやり方にしろ，ここではこの方程式を解くことはしない．しかしその解の結果を記述し，それが原子について現在理解されていることの基礎をどのように形づくったかをみることにしよう．特に波動関数の概念は，原子の量子力学モデルの中心となるものである．波動関数からは，原理的には，電子についてこれまでに知られているすべての情報を引き出すことができる．

[*9] 改良されたリンの開発によって，小型蛍光電球も普通の柔らかな白色電球の光に似た光を出せるようになった．
[*10] 電子回折の技術は固体表面の構造を調べるために一般的に使われるようになっている．

6・4 原子の量子力学モデル

> **数学とのつながり**
>
> $H\psi = E\psi$ と書かれたシュレーディンガー方程式は，驚くほど簡単な形である．水素原子に対して演算子 H を書き出すと，この方程式は下記のようなもっと面倒な形の式，
>
> $$-\frac{h^2}{8\pi^2\mu}\left\{\frac{\partial^2\psi}{\partial x^2} + \frac{\partial^2\psi}{\partial y^2} + \frac{\partial^2\psi}{\partial z^2}\right\} + V(x,y,z)\psi = E\psi$$
>
> になる．これは複雑な方程式ではあるが，それをよく知っているものに関係づけることはできる．まず，この方程式が原子核周辺の三次元空間内を動く1個の電子の全エネルギーを記述する目的で書かれているのを知ることである．原子核は原子の中心にあるから，そこを x, y, z 座標系の原点にとるのが合理的である．方程式には運動エネルギーとポテンシャルエネルギーの項があると考えてよく，事実そのとおりである．$V(x,y,z)$ はポテンシャルエネルギーの項で，位置の関数である．そして左辺のその他の項が運動エネルギーに相当する．したがってシュレーディンガー方程式は，運動エネルギーとポテンシャルエネルギーの和が全エネルギーになることを表している．
>
> つぎに，それぞれの項をもっと詳しくみてみよう．微積分学を知っていれば，微分をする "$\partial^2/\partial x^2$" の表記に気づくだろう．ここで d でなく ∂ で表すのは，x（と y と z）が，扱う波動関数 ψ に含まれているいくつもの変数のうちの一つにすぎないことを示す．上付きの2は，この演算が二次微分であることを示すものである．したがって $\partial^2\psi/\partial x^2$ は，ψ を x で微分し，その結果を x でもう一度微分したものである．微分を実行するには，すぐわかるように，運動エネルギーの項を扱わなければならない．ポテンシャルエネルギーの項も理解できる．一つの原子の1個の電子に対し，そのポテンシャルエネルギーは，何よりもまず正に帯電している原子核と負に帯電している電子との間の引力から生じる．したがって方程式中の関数 V は，電子の位置が変わるにつれてポテンシャルが変わる状況を表すもので，これは物理学では二つの電荷の間の距離によって定まるクーロンポテンシャルとして知られるものになる．
>
> 本書では，シュレーディンガー方程式を直接取扱うことはしない．しかし，このように一歩一歩考えていけば，この複雑な方程式と，数学や物理学を用いて考える認識がつながってくるに違いない．

ポテンシャルエネルギーと原子軌道

シュレーディンガーの波動方程式は，電子のエネルギーを記述するものである．どんな物体でも粒子でも，その全エネルギーには，運動エネルギーとポテンシャルエネルギーの両方が含まれる．そして，ポテンシャルエネルギーは原子構造を表現するうえで最も重要なものである．原子における電子のポテンシャルエネルギーは，正に荷電した原子核と負に荷電した電子との間に働く引力，および同じ負に荷電した電子間の反発力などのクーロン力に関係している[11]．ある与えられたポテンシャル条件による波動方程式には，波動の周期的性質からたくさんの解がある．複数の解が存在する事実を強調するため，シュレーディンガー方程式は，しばしば，

$$H\psi_n = E_n\psi_n \tag{6・5}$$

という形に書き直される．n は異なる解を区別するための添え字である．波動関数 ψ_n は原子に対するこの方程式の解で，二つの成分で書かれる．一つは核から電子までの距離だけで定まる動径成分であり，もう一つは核に対する電子配置の方向に依存する角度成分である．簡単な $\sin x$ 関数と同様，これらの波動関数は，変数のとる範囲によって正になったり負になったりする．波動関数を最も物理的に意味づける方法は，その2乗である ψ^2 に注目することである．この量はつねに正であり，電子がある特定の点に存在する確率を表す．確率によるこの説明は奇妙に思うだろうが，それはいつも波ではなく不連続の物体（粒子）を扱うことに慣れ親しんでいるためである．振動しているギターの弦が定常波をつくり出している場合を考えてみよう．その波はどこか決まった一点に存在するのではないが，弦に沿っていつでも "見いだす" ことができる．量子力学モデルで電子を考える際は，この考え方が必要なのである．

式 (6・5) に出てきた添え字 "n" は，原子構造を議論する際に重要になる．この添え字は，典型的には数字とアルファベットの両方で書かれ，波動方程式の解を設定し，分類するのに利用される．ボーアによって提示された歴史的な電子の軌道（orbit）になぞらえて，得られたそれぞれの波動関数は**原子軌道**（atomic orbital）とよばれる[12]．一つの原子軌道は量子力学的には1個の電子の "位置（location）" と同等である．しかし，電子は波と考えられているのだから，その位置は特定の点ではなく，現実には空間領域になる．これまでに，1s, 2s, 2p, 3s, 3p, 3d, 4s, 4p, 4d, 4f などの原子軌道の名を聞いたことがあるだろう．このような名前の由来は何だろうか，そしてこれらの名からどんな情報がわかるだろうか．

量 子 数

電球について理解し，最も初歩的な化学の概念を理解するだけなら，量子力学を精密に取扱う必要はないが，その

---

[11] クーロンポテンシャルは §2・3 で導入した．
[12] ［訳注］原子軌道が原子の周りの1個の電子の状態を表すのに対し，分子の場合は分子軌道とよばれる．以降，原子軌道をたんに軌道とよぶ．

理論から生まれた用語を知ることは重要である．たとえば軌道の名前は，波動方程式を解いて得られた波動関数からつけられたものである．それらの名はまとめて**量子数**（quantum number）とよばれる．

ある特定の原子軌道を記述するのに必要なこれらの量子数をあれこれいう前に，この数がどこから生まれたのかをわかりやすく示す簡単な問題を考えてみよう．ギターの弦を取って，その両端を動かないように固定する．そして，うまく振動するように弦をはじき，どんな波が生じるかを考えよう（図6・11）．最も単純な振動は，弦の長さが正弦関数の波長のちょうど半分となるものである．この波に対して，数学的にはつぎに示す式を書くことができる（Aは波の振幅，xは弦に沿っての位置，Lは弦の長さ）．

$$\psi(x) = A \sin \frac{\pi x}{L} \quad (6\cdot6)$$

弦の両端を動かさずに別の波をとることも可能である．ギター演奏家が倍音を出そうとするときは，弦の中央の点にごく軽く指を置く．すると，弦は中点の両側で振動し，今度はつぎの式で示される，弦の長さがそのまま波長になる一つの完全な正弦波を生じる．

$$\psi(x) = A \sin \frac{2\pi x}{L} \quad (6\cdot7)$$

この波は前の波より高い振動数をもつので，その振動からはより高い調子の音が聞こえる．演奏家は弦上の適当な位置を押さえて，さらに異なる波長の波をつくり出すこともできる．このときの重要な条件は，弦の両端が固定されていることである．これは弦の長さが半波長の整数倍でなければならないことを意味する．

この弦が形づくる波動に対し，一般的な式を書くとしよう．これまでの場合から考えて，必要な形は，

$$\psi_n(x) = A \sin \frac{n\pi x}{L} \quad (6\cdot8)$$

となる．ここでnは正の整数でなければならない．このnが一つの量子数である．一般的なこの式でnに対し可能な値（正の整数）を代入すれば，その弦で存在できるある特定の波動の式が得られる．

ある原子に対してシュレーディンガー方程式を解いたとき，結果として得られる波動関数はこの正弦波よりはるかに複雑である．軌道の波動関数を数学的に書き表したとき，そこには異なる3種の量子数が必要になり，それぞれつぎのように書かれる．すなわち，**主量子数**（principal quantum number, nで表記），**方位量子数**（azimuthal quantum number, lで表記），**磁気量子数**（magnetic quantum number, m_lで表記）である．振動する弦の問題と同様，これらの量子数は，波動方程式を数学的に解いた結果として自然に出てくるものである．さらに，軌道に対するこれらの波動方程式を解いてみると，これら3種の量子数がとりうる値はすべて相互に関連していることがわか

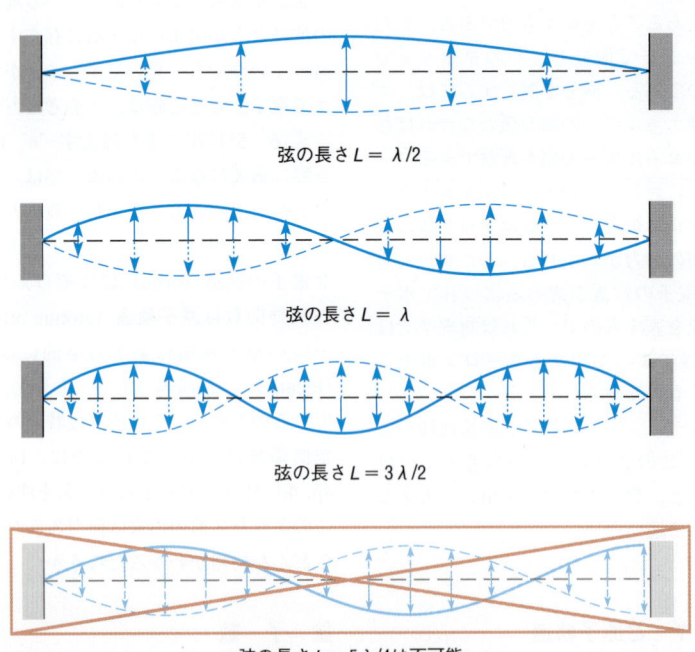

弦の長さ $L = \lambda/2$

弦の長さ $L = \lambda$

弦の長さ $L = 3\lambda/2$

弦の長さ $L = 5\lambda/4$ は不可能

図6・11 ギターのように両端を固定した弦は，複数の波が特定の条件を満たすことを示す例である．上から順に，弦の長さが波の波長の半分の場合，波長と等しい場合，波長の1.5倍の場合である．半波長の整数倍に弦の長さが等しければ定常波が生じる．波がこの条件に合わない場合は，両端が固定されているという条件が満たされない．

る．これは，存在できる軌道の種類を決める重要な結果である．

主量子数は，ある軌道の存在する**電子殻**（electron shell）を定義するもので，正の整数でなくてはならない（$n = 1, 2, 3, 4, 5, \cdots$）．$n = 1$ に対応するのは最初の電子殻であり，$n = 2$ に対応するのは 2 番目の電子殻である．以下同様に続く．水素原子には 1 個の電子しかないから，ボーアモデルから予測されるように，同じ電子殻に属するどんな軌道でも同じエネルギー準位である．しかし 2 個以上の電子をもつ原子では，電子の負電荷が相互の反発力を生み出し，これにより電子殻内の軌道間にエネルギー差が生じる．この点もボーアモデルでは説明できないことの一つであった．

方位量子数は原子内で同じ電子殻にある原子軌道のエネルギー差の指標になる．方位量子数は主量子数と同様に整数であるが，0 でもよく，最大値は n より一つ小さい値と規定されている．つまり，$l = 0, 1, 2, \cdots, n-1$ である．方位量子数は，ある電子殻の中に，より小さい軌道のグループである**副殻**（subshell）を定める．$n = 1$ のとき，l のとりうるただ一つの値は 0 である．そのとき，そこには一つだけ副殻がある．$n = 2$ のとき，l は 0 または 1 をとりうるから，二つの副殻がある．どの電子殻にも n と同じ数の副殻がある．

方位量子数は，軌道を文字で表記する手がかりになる．表 6・1 は量子数 l の最初の五つの値に対する文字表記を示したものである．

これらの文字の起源は，原子スペクトルの研究の初期，観測されたスペクトル線の状況を記述するために使われた言葉である．つまり s は "鋭い（sharp）"，p は "主要な（principal）"，d は "広がった（diffuse）"，f は "基本的な（fundamental）" の頭文字である．f の後，文字の順序はアルファベット順になる．基底状態で f 以上の副殻に電子をもつ原子は知られていないが，励起状態ではもっと上の軌道も使われる．今後，それより上の軌道に電子が存在する "超重元素（superheavy element）" が発見されるかもしれない．

通常状態の原子では，軌道のエネルギーは n と l だけで完全に定められる．一方，実験室内では原子を磁場内に置いてそのスペクトルを観測できる．そうすると，一つの輝線が三つ，五つ，ときには七つもの成分に分かれて観測されることがある．この観測結果は第三の量子数が必要なことを示している．この量子数は磁気量子数とよばれ，やはり整数で，m_l と書かれる．この数は正でも負でもよいが，絶対値は軌道の l に等しいかそれより小さくなければならない．したがって，$l = 0$ のときは m_l も 0 である．$l = 1$ のとき m_l は $-1, 0, 1$ をとりうる．$l = 2$ のとき m_l は $-2, -1, 0, 1, 2$ をとりうる．この 3 種の量子数間の関係を表 6・2 にまとめた．

> **例題 6・5**
>
> 3p 軌道に対して，量子数 (n, l, m_l) がとりうるすべての組合わせを書き出せ．
>
> **解 法** 3p という指定から量子数 n, l の値が決められ，さらに l と m_l との関係を使えば，とりうる m_l の値を決めることができる．
>
> **解 答** 3p の "3" は，その軌道が $n = 3$ であることを示す．また "p" は $l = 1$ であることを示す．m_l のとれる値は $-l$ から l までだから，この場合は $l = -1, 0, 1$ である．したがって，3p 軌道で可能な組合わせは，$n = 3, l = 1, m_l = -1$; $n = 3, l = 1, m_l = 0$; $n = 3, l = 1, m_l = 1$ の 3 通りである．
>
> **理解度のチェック** ある軌道の量子数が $n = 4, l = 2, m_l = 1$ であった．この軌道はどんな型か（1s などの数値と文字表記で表せ）．

表 6・1 方位量子数を表す文字

l 値	0	1	2	3	4
文字表記	s	p	d	f	g

表 6・2 異なる量子数同士の関係．この表から他の量子数についてもわかる．それぞれの電子殻に存在できる軌道の総数は主量子数の 2 乗 n^2 に等しい．

n 値	l 値（文字表記）	m_l 値	軌道数
1	0 (s)	0	1
2	0 (s)	0	1
	1 (p)	$-1, 0, 1$	3
3	0 (s)	0	1
	1 (p)	$-1, 0, 1$	3
	2 (d)	$-2, -1, 0, 1, 2$	5
4	0 (s)	0	1
	1 (p)	$-1, 0, 1$	3
	2 (d)	$-2, -1, 0, 1, 2$	5
	3 (f)	$-3, -2, -1, 0, 1, 2, 3$	7

原子軌道の視覚化

表6·3に，水素原子の最初のいくつかの軌道に対する実際の波動関数を示す（示された関数を暗記せよというのではないから，心配しなくてよい．これらの関数は，よく知っている数学の標準的関数をいくつか組合わせたものであると知ってもらいたくて示したまでである）．原子は球状であると期待されるので，波動関数は原子核を原点にした球面極座標で表すのが慣例である．平面上の点の位置を動径（r）と偏角（θ）で表す二次元の極座標はおそらく知っているだろう．球面極座標はそれを三次元に拡張したものであり，三次元空間ではある一点の位置を指定するのに，図6·12に示すように動径（r）と二つの角（θとϕ）が必要である．そしてrを含む項は軌道の大きさを決め，θやϕを含む項は軌道の形を決める．

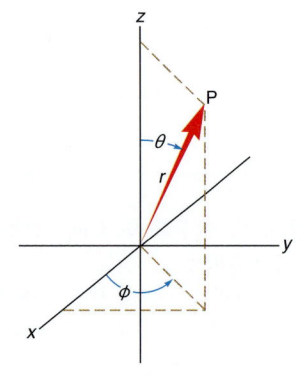

図6·12 点Pは三つの座標によって特定される．原子は球対称であるから，なじみ深いx, y, z直交座標系よりも，球面極座標r, θ, ϕがよく用いられる．

多くの化学者は通常，軌道を数学的関数や量子数ではなく画像で考えている．軌道を画像として描写するには，ある種の独断的な考え方が必要である．波動関数は，決まった空間領域に1個の電子を見いだす確率に関する情報を与えるものである．100%の確率で電子を見いだしたいとすると，必要とされる空間の体積は非常に大きくなり，その結果，その電子がどのように化学結合に関係するかの見通しが得られなくなる．そこで通常は便宜的に90%の確率で電子を見いだすことができる空間領域を，軌道を描くときの境界に用いる．これにより，波動関数の角度部分の図がそれに対応する軌道の形を見せてくれる．最初のs，p，dの軌道を図6·13に示す．

s軌道は球形であるが，p軌道は二つのローブ（lobe，丸い突出部の意）をもち，d軌道は四つのローブをもつ．p軌道の二つのローブは平面で分けられ，その平面上に電子を見いだす確率は完全に0である．この平面は**節**（node）または節面とよばれる．d軌道は二つの節をもつ．

これら節の存在から，好奇心をそそる科学上の奥深い問題が生じた．電子はその節のどちらか一方の側にいることはできるが，節面上にいることはできない．その際，どうしたら電子は一方のローブから他のローブへ移れるのかという問題である．この疑問に対し，ここでは二つの方法で解答を示唆しておこう．まず，電子は波としてふるまうのだから，ギターの弦のような古典的な波動でさえ節をもつことを思い出せばよい．そしてもう一つのより技術的な答えは，**不確定性原理**（uncertainty principle）とよばれる量子力学独特の考え方のなかにある．ハイゼンベルク（Werner Heisenberg）が述べたこの原理は，1個の電子を観測することの困難さを表すものである．簡単にいえば，不確定性原理とは，1個の電子の位置と運動量とを同時に完全に決定することはできないというものである[*13]．この不確定性原理は微小な世界を観察するのに本質的な制限を課し，軌道がもたらすものは電子を見いだす確率にすぎない，という考え方を余儀なくされるものである．

図6·13の形は，電子の存在確率が原子核からの距離によって変わる状況を示すものではない．存在確率を知る

表6·3 水素原子の$n=1$と$n=2$の電子殻の波動関数．これらの関数を暗記する必要はない．たんに波動関数が幾何関数で書かれることを示しているにすぎない．

軌道	波動関数
1s	$\psi_{1s} = \pi^{-1/2} a_0^{-3/2} e^{-(r/a_0)}$
2s	$\psi_{2s} = (4\pi)^{-1/2}(2a_0)^{-3/2}\left(2 - \dfrac{r}{a_0}\right) e^{-(r/2a_0)}$
2p$_x$	$\psi_{2p_x} = (4\pi)^{-1/2}(2a_0)^{-3/2} \dfrac{r}{a_0} e^{-(r/2a_0)} \sin\theta \cos\theta$
2p$_y$	$\psi_{2p_y} = (4\pi)^{-1/2}(2a_0)^{-3/2} \dfrac{r}{a_0} e^{-(r/2a_0)} \sin\theta \sin\theta$
2p$_z$	$\psi_{2p_z} = (4\pi)^{-1/2}(2a_0)^{-3/2} \dfrac{r}{a_0} e^{-(r/2a_0)} \cos\theta$

† 式中のa_0はボーア半径とよばれる定数で，値は0.053 nm（53 pm）．

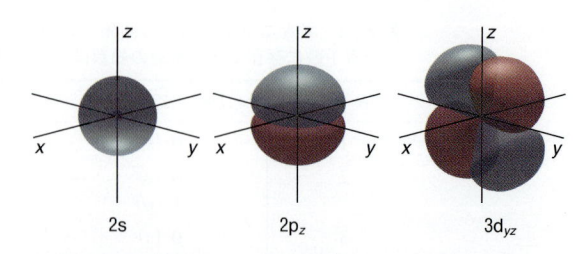

図6·13 左から2s，2p，3d軌道．この図は"目で見たもの"ではなく，本文の説明のように，対応する波動関数をプロットして得られたものである．色の違いは波動関数が逆符号であることを示す．

[*13] 不確定性原理が要求する実際の不確定性の度合いはきわめて小さく，その効果は巨視的には検出できない．

6・4 原子の量子力学モデル

には，波動関数の動径に依存する部分を考える必要がある．一方，角度部分を考えることもかなり興味をそそる一面がある．図6・14は，主量子数が $n = 1, 2, 3$ である三つの異なるs軌道をスライスした断面図である．角度を含む関数（p, d, f 軌道）の多くに存在する節が，動径部分にも存在することに注目しよう．そこには主量子数の値より一つだけ少ない数の節がある．したがって 2s 軌道には 1 個の節があり，3s 軌道には 2 個の節があり，以下同様である．3p, 4p, 4d などの p 軌道や d 軌道の一部にも動径方向の節がある．図 6・15 に $n = 3$ の電子殻における軌道を示す．

見かけ上抽象的でわかりにくい原子の量子力学モデルから，何が，どのようにして，現代の物質や光源の進歩に役立つのだろうか．それは，軌道の形やエネルギーの概念から最終的には化学的な反応性を予測し，その反応を起こすための最適な方法を決めたのである．ハロゲン分子と電灯のタングステン線との化学反応に基づいて，ハロゲンランプはその出現が前から予測されていた．ハロゲンの役割

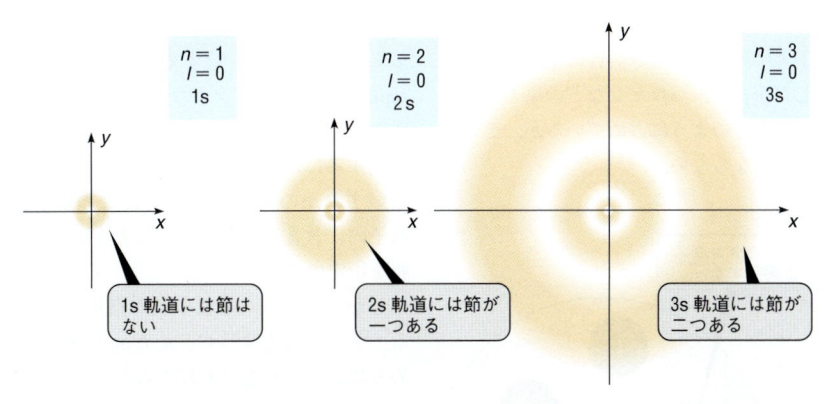

図 6・14 1s, 2s, 3s 軌道の断面図．このような図では，点の濃淡が電子の存在確率を表す[*14]．最も色の濃いところにおいて電子密度が最大で，2s, 3s 軌道の白い領域は節を示す．

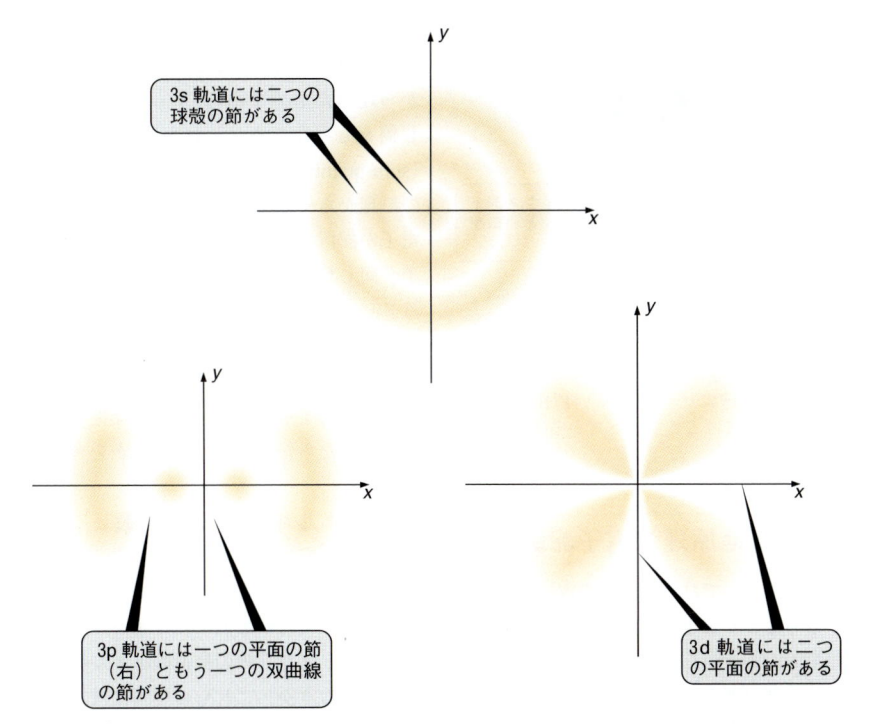

図 6・15 3s, 3p, 3d 軌道の電子密度はそれぞれ節をもつ．この図は大まかな略図であり，厳密な図は波動関数から計算できる．

[*14] ［訳注］図 6・14, 図 6・15 のように，電子の存在確率を点の濃淡で表すと雲のように見えることから電子雲とよぶ．

116　　　6. 周期表と原子構造

は図 6・16 に模式的に描かれている．普通の白熱灯では，フィラメントの温度は明るさと電球の寿命との兼ね合いから決められる．温度を上げると電球は明るくなるが，金属原子のフィラメントからの気化が速くなるので寿命が短くなる．電球の中にハロゲンの気体が存在すると，高温のフィラメントから気化したタングステンがハロゲンと反応する．そこで生じた分子が線上に再び沈着するので，タングステンは繰返し利用される．これにより，寿命を縮めることなく，より高温で動作しより明るい電球を作り出すことが可能になったのである．この過程を理解するために利用された軌道についての議論を詳しく述べることはしないが，ハロゲンの量子力学モデルは電球製作に重要な手がかりを与えている．したがって，ハロゲンなどの原子に対しても，その軌道を電子がどのように占めているか，その状況をもっと知らなければならない．

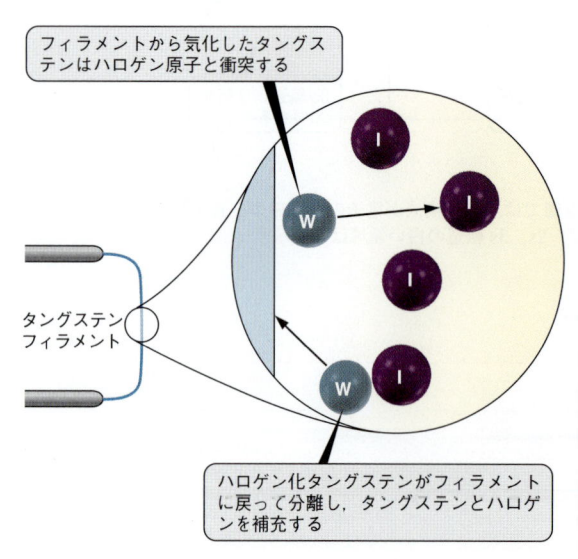

図 6・16 ハロゲンガス（ここではヨウ素）によって，気化したタングステン原子が電球のフィラメントの表面に戻ってくる．この現象により，電球の寿命を損わずにフィラメントを高温にできる．これがハロゲンランプが通常の白熱電球に比べて明るい理由である（この現象の化学は実際にはここで述べているよりもはるかに複雑である）．

6・5　パウリの排他原理と電子配置

原子構造の量子力学モデルでは，原子内の電子がある特定の軌道を占めるものとして記述される場合がある．異なる元素の原子の化学的ふるまいを理解するため，いくつもの軌道に対し，電子がどのように分布しているかを知る必要がある．ここではごく基本的な質問から始めよう．すなわち，一つの軌道に何個の電子が入るかという問いである．それに答えるには，もう一つの量子数であるスピン量子数（m_s）を導入しなければならない．

磁気共鳴画像法（MRI）に使われるような強い磁場内では，電子は微小な磁石のようなふるまいをする[*15]．電荷が輪を描いて移動すると，そこに磁場が生じる．そこで科学者たちは，（負に帯電している）電子が自転しているに違いないと主張した．この主張は電子スピンの考えと，スピン量子数の名のもとになった．現在のモデルでは電子は広域にわたる波であって，粒子が自転している描像が文字通りに正しいとはもはや考えられていない．それでも電子の磁気的性質は，電子が二つの向きのどちらかに自転している考え方と一致するので，電子を"スピンアップ（spin up）"，"スピンダウン（spin down）"のどちらかであるとして引用することがある．とりうる2種のスピンを区別するには量子数 m_s を使い，それぞれに +1/2 と −1/2 のいずれかの値を当てる[*16]．この量子数を使うことで，原子内に含まれるあらゆる電子に対し，4種の量子数の一組を指定できる．

しかし，それらの量子数を指定するにはある制限がある．すでにみたように，n, l, m_l の値は，軌道の存在を定める規則に従わなければならなかった．量子数 m_s の導入で，さらにもう一つの制限が加わる．**パウリの排他原理**（Pauli exclusion principle）は，一つの原子内にある二つの電子は，四つの量子数が同じ組合わせをとってはならないというものである（雑な言い方をすれば，これは二つの粒子が同じ空間を占めることはできないことを，波の立場から述べたものである）．もし二つの電子が n, l, m_l で同じ値をもったなら，それらは互いに異なる**スピン量子数**（spin quantum number, m_s）をもたなければならない．この原理から生じるおもな結論は，どの軌道にも2個以上の電子が配置されることはないというものである．二つの電子が同じ軌道にあるとき，それらは必ず一対であって異なるスピンをもつ．つまり，**スピン対**（spin paired）の一方はスピンアップで，もう一方はスピンダウンである．これで，電子軌道が2個の電子をもてることがわかった．つぎに，ある決まった原子にはどんな電子軌道があるか，それをどうしたら知ることができるかを考えよう．

軌道エネルギーと電子配置

原子が基底状態にあるとき，電子は最もエネルギーの低い軌道を占めている．これはすでに述べたことである．しかし，どの軌道が最低エネルギーなのかどうしたらわかるだろうか．また，その軌道のエネルギーを低くしているものは何だろうか．これらの疑問には二つの方向から考えを進めることができる．まず，原子では，負に帯電した電子が正に帯電した原子核に引きつけられていると認識するこ

[*15] MRIでは"磁石"に相当するのは電子ではなく，水素原子の陽子である（つまり電子スピンではなく核スピンを利用している）．
[*16] +1/2 あるいは −1/2 という特定の値は，電子の磁気モーメントの値と関係している．

6・5 パウリの排他原理と電子配置

とである．より小さい軌道にある電子はより強く核に引きつけられ，より低いエネルギーをもつ．もう一つは，図6・14でみたように，n の値が増えるごとに軌道が大きくなることである．この二つの状況を考え合わせると，主量子数 n の値が増すごとに原子軌道のエネルギーが増加すると結論できる．

水素原子なら，話はこれですべてである．しかし複数の電子をもつ原子では，それらの電子間の影響をさらに考えなければならない．最初の違いは原子核の電荷の大きさである．水素以外の原子核の電荷は水素より大きい．核の電荷が大きければ電子にはより強い引力が働く．したがって原子番号の大きい元素では軌道の大きさが縮まる傾向がある．もっと重要なのは，軌道内の電子が，正に帯電した原子核だけでなく他の電子からも影響を受けることである．このため，より大きな軌道にある電子が実際に"感じる"電荷の大きさは，実際の原子核の正電荷から，原子核に近い小さな軌道にある電子の負電荷の影響を差し引いたものになる．他の電子によるこの核電荷の減少は**遮蔽**(shielding)とよばれる．多電子原子の電子は核電荷全体の影響を受けるのではなく，この遮蔽効果によって，核の全電荷より小さい**有効核電荷**(effective nuclear charge)に影響される[*17].

図6・17を参照すると，有効核電荷の概念によって軌道のエネルギー準位がわかりやすくなることが見てとれる．このグラフは $n=3$ までのそれぞれの副殻に対し，電子の存在確率を距離の関数として示したものである．そこでは1s軌道は2s軌道や2p軌道よりずっと小さく，2s, 2p軌道も3s, 3p, 3d軌道に比べれば小さいなど，n の異なる電子殻の間には，明らかに相当の大きさの差がある．これは，n が増すほど軌道のエネルギーが増すはずだと考えた先の議論とまったく一致する．しかし，副殻内の軌道を相互に比べると，その違いはわずかではっきりしない．波動関数の2s軌道と2p軌道を比べてみよう．これらの軌道全体の大きさは似たようなものであるが，2s軌道の波動関数には，核に近いところに小さい局部的な極大値がある．2p軌道の波動関数にその様子はない．これは2s軌

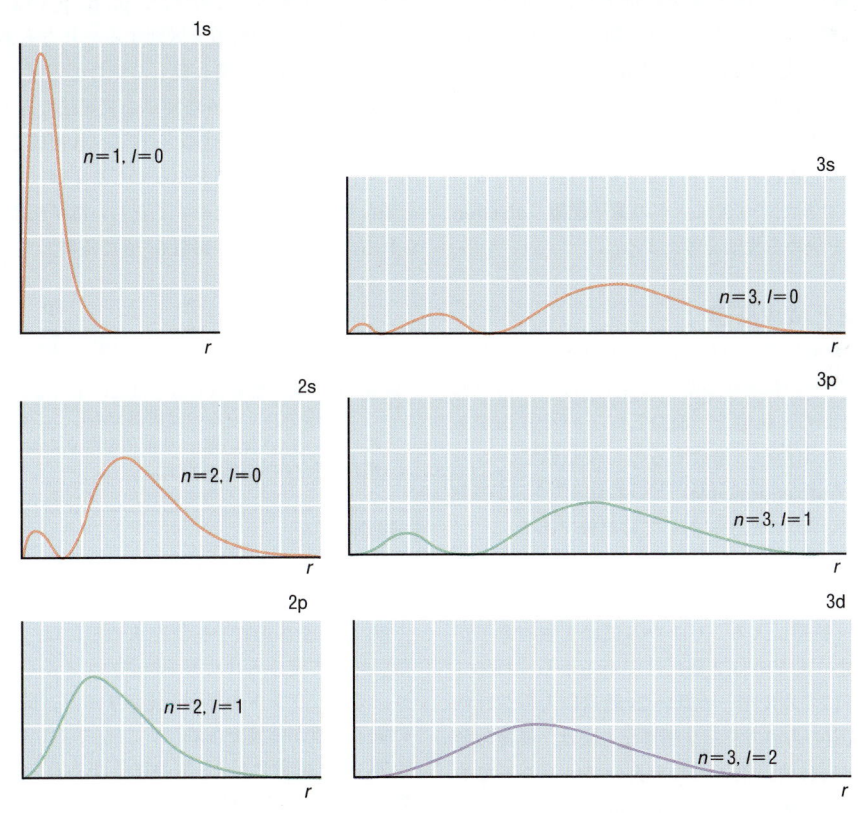

図6・17 $n=1, 2, 3$ の水素の軌道に対する動径方向の確率関数．n が増加するにつれて軌道が大きくなるのは明らかである．軌道エネルギーの順番を理解するためには，同じ n の値をもつ軌道のなかでの細かな違いが重要となる．

[*17] [訳注] 核から遠い電子は近い電子の遮蔽のため，より実効的に少ない核電荷を"感じる"ことをさしているが，これがそのままあてはまるのは同じ原子内で内側と外側の電子を比較した場合に限られる．§6・7で説明するように，異なる原子の価電子を同じ族または周期で比較した場合，一般に原子番号が大きくなるほど，有効核電荷も大きくなる．これは内側の電子数が増えて遮蔽の"効果"が大きくなっても，核電荷の増大をすべてキャンセルはできないからである．

道にある電子は核に近いところに存在する確率が大きいことを意味する．核に近い電子はより大きい有効核電荷をもつから，その結果 2s 軌道は 2p 軌道よりエネルギーが低くなる．同様に 3s 軌道も電子が核近くに存在する確率が大きいので，3p，3d 軌道に比べて平均的にはより大きな核電荷の影響を受ける．動径方向の波動関数における最初の二つのローブは小さいが，これらのローブの存在は 3s 軌道にある電子が他の電子の遮蔽を受けずに浸透できることを意味する．そのため，3s 軌道のエネルギーは 3p，3d 軌道のエネルギーより小さくなる．3p 軌道にも同様の通り抜けが生じるので，そのエネルギーは通り抜けが起こらない 3d 軌道よりも小さい．

4 番目の電子殻の軌道になると，浸透の確率を考えて軌道の大きさを比較するのはいっそう複雑になる．もうこれ以上の概念的な推論はやめるが，精密計算をしてその順序を決めることができる．計算からわかった軌道エネルギーは，低い方から，1s, 2s, 2p, 3s, 3p, 4s, 3d, 4p, 5s, 4d, 5p, 6s, 4f, 5d, 6p, 7s, 5f, 6d, 7p の順序である．基底状態で 7p よりエネルギーの高い軌道に電子をもつ元素は今のところ知られていない．この軌道の順序を記憶するため，ちょっとした工夫を学んだことがあるかもしれない．次節で周期表の構造に関係づけて，この順序をしっかり記憶しよう．さまざまな副殻のエネルギーの順序を確定したので，それぞれの元素において電子がどの軌道を占めるかを決める準備ができた．つぎに，その**電子配置**（electron configuration）を決める規則を考えよう．

フントの規則と構成原理

原子中のどの軌道に電子が存在するかを決める方法として，最低エネルギーの軌道から始めてエネルギーの高い軌道へ順に進みながら，軌道を"満たして"いく方法がある．これはビルを土台から建設するのに少し似ているので，**構成原理**（Aufbau principle）といわれる[*18]．この手順は，最初のいくつかの原子に対しては単純である．

水素原子は 1 個の電子をもち，その電子は 1s 軌道を占める．ヘリウムは 2 個の電子をもち，それがスピン対であればどちらも 1s 軌道に入る．リチウムには 3 個の電子があるが，1s 軌道に入るのは 2 個だけであるから，残る 1 個の電子はつぎにエネルギーの低い 2s 軌道に入らなければならない．軌道の占め方を示す簡単な方法は，軌道の名を書き，その右肩に軌道電子の数を書いていくことである．これにより，リチウムの電子配置は $1s^22s^1$ と書くことができる．ベリリウムはそのつぎの元素で四つの電子をもつ．2s 軌道は 2 個の電子を入れられるから，4 番目の電子も 2s 軌道を占め，電子配置は $1s^22s^2$ となる．5 個の電子をもつホウ素は，1s，2s 軌道がすでに満たされているから，残る 1 個の電子をなんとかしなければならない．5 番目の電子は，つぎにエネルギーの低い 2p 軌道に入り，電子配置は $1s^22s^22p^1$ となる．

つぎの炭素のところである選択を迫られる．炭素には，同じエネルギーで異なる三つの 2p 軌道がある．そこでは，2 個の電子が対になって一つの 2p 軌道に入るか，または別々の 2p 軌道に 1 個ずつの電子がスピンを平行にして入るか，二つの可能性がある[*19]．正しい選択は，どちらの電子も負に帯電した粒子であるという事実から定まる．ともに負に帯電した 2 個の粒子は相互に反発するから，エネルギー的に最も望ましい配置は，電子が互いに遠く離れた位置をとる，なるべく離れた軌道を占めることである．この概念は**フントの規則**（Hund's rule）としてまとめられている．フントの規則は，副殻の中では，電子はできるだけ別々の軌道を占めることを述べたものである．このような電子配置の違いをはっきり示すには，最初の 5 個の元素に用いた方法よりさらに精密な表示法を必要とする．その一つは，図 6・18 に示すように，軌道を箱で表した図を使うことである．このほか，p_x, p_y, p_z のように添え字をつけて一つ一つの軌道を区別するやり方もある．しかし，いったん電子配置に慣れ親しんでしまえば，炭素に対して使った $1s^22s^22p^2$ のような簡単な表記法でも十分間に合う．もっと詳細な表記法で与えられるべき複雑な電子配置の状況でも，フントの規則を知ってしまえば，簡単な文字配列を読むだけで誰でもたやすく正しい電子配置が思い浮かべられる．この考え方を例題 6・6 で実践してみよう．

1s	2s	2p
↑↓	↑↓	↑ ↑

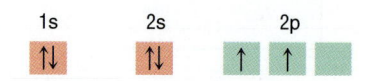

図 6・18 電子配置はしばしばこのような図で表される．ここで描かれているのは炭素である．このような図は，対になっていない電子の存在を際立たせ，電子配置に慣れ親しむのに役に立つ．

例題 6・6

硫黄は最近の照明技術では重要な元素である．硫黄原子の電子配置を書け．

解法 全体の電子配置を求めるには，それぞれの副殻に対して定められた電子軌道のエネルギーの順序を使う．そこにフントの規則を適用すると，硫黄原子の詳しい電子配置が推定できる．

解答 硫黄には 16 個の電子があるので，2 個を 1s 軌道に，2 個を 2s 軌道に，6 個を 2p 軌道に，2 個を 3s 軌道に，4 個を 3p 軌道に配置できる．それで 16 個の電子配置は $1s^22s^22p^63s^23p^4$ になる．

より詳細な配置を知るには，3p の副殻に入っている四つの電子の分布状態を考えなければならない．そのう

[*18] Aufbau という語はドイツ語で"構成"を意味する．

[*19] ［訳注］このとき，スピンを平行にしないで入ることもありうるが，その場合はエネルギーが高い状態になる．

ちの 3 個は別々の 3p 軌道にあり，それらの軌道の一つに 4 番目の電子が加わると考えられる．その結果得られる配置を下の図に示す．

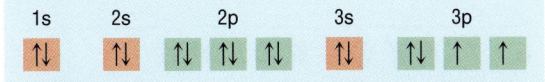

1s	2s	2p	3s	3p
↑↓	↑↓	↑↓ ↑↓ ↑↓	↑↓	↑↓ ↑ ↑

理解度のチェック ケイ素原子の電子配置を書け．

蛍光灯を観察していると，電子配置の表記方法を短縮する方法がわかる．多くの蛍光灯はアルゴンガスで満たされているが，なかにはクリプトンガスを満たしたものもある．これらの気体が化学的に不活性であることが蛍光灯を動作させるときに重要である．これらの元素の電子配置はどのようなものか．アルゴンは $1s^2 2s^2 2p^6 3s^2 3p^6$ であり，クリプトンは $1s^2 2s^2 2p^6 3s^2 3p^6 4s^2 3d^{10} 4p^6$ である．これら二つの元素が化学的に似ているのは（どちらも本質的に不活性），まさしく，互いに類似した電子配置をもつからである．どちらの元素も最外殻の電子が p 軌道の副殻を満たしている．化学的に不活性であることが p 軌道の副殻が電子で満たされていることと対応していることから，電子配置をより簡潔に表す方法が考案された．

この省略表示法は，同時に二つのことを成し遂げている．一つは，電子配置の記述の見にくさを解消したことである．さらに重要なのは，化学結合と電子構造を関係づける考え方を導入したことである[*20]．最も外側の副殻にある電子は，その元素の化学的反応性のもとになる．より内部の電子殻を満たしている電子は，元素の化学的性質にあまり影響を与えない．核の近くに存在する内部の電子は**内殻電子**（inner-shell electron, core electron）といわれる．内殻電子は，それと同じ電子配置をもつ希ガス元素の原子記号で表すことができる．たとえば，カリウムの完全な電子配置は $1s^2 2s^2 2p^6 3s^2 3p^6 4s^1$ であり，そのうち最も外側の軌道にある $4s^1$ の電子がカリウムの化学的性質を決める．電子配置を $[Ar]4s^1$ と書いて，それを強調できる．同様にスズ（Sn）は $[Kr]5s^2 4d^{10} 5p^2$ と書くことができる．この書き方では，原子核から遠い軌道を占める電子を特に明示する．それらを外殻電子とよんでもよいが，通常は**価電子**（valence electron）とよばれる．第 7 章で化学結合を学ぶとき，元素の価電子の配置を知ることがいかに重要かがわかるだろう．

例題 6・7
上述の省略表示法を使って，硫黄の電子配置（例題 6・6）を書き直せ．

解法 硫黄の電子配置は例題 6・6 に示してある．ここではたんに内殻電子を確認し，対応する希ガスの記号と置き換えるだけでよい．

解答 硫黄の全電子配置は $1s^2 2s^2 2p^6 3s^2 3p^4$ である．その価電子は $n=3$ の軌道にあり，内殻電子は $n=1$, $n=2$ の電子殻を満たしている．一方，ネオンは電子配置が $1s^2 2s^2 2p^6$ の希ガスであるから，硫黄の電子配置は $[Ne]3s^2 3p^4$ と省略表示できる．

理解度のチェック 省略表示法を使ってガリウムの電子配置を書け．

6・6 周期表と電子配置

電灯の技術の話のなかで，元素の二つの族，希ガスとハロゲンについて述べた．そして，これらの元素の電子配置から，電球中のその元素の役割を考察できるようになった．しかし最初に希ガスとハロゲンに出会ったのは，周期表（§2・5）に関連してのことだった．原子の量子力学モデルによって推測される電子配置と周期表との関係は，理論として量子力学を受け入れるためにきわめて重要であ

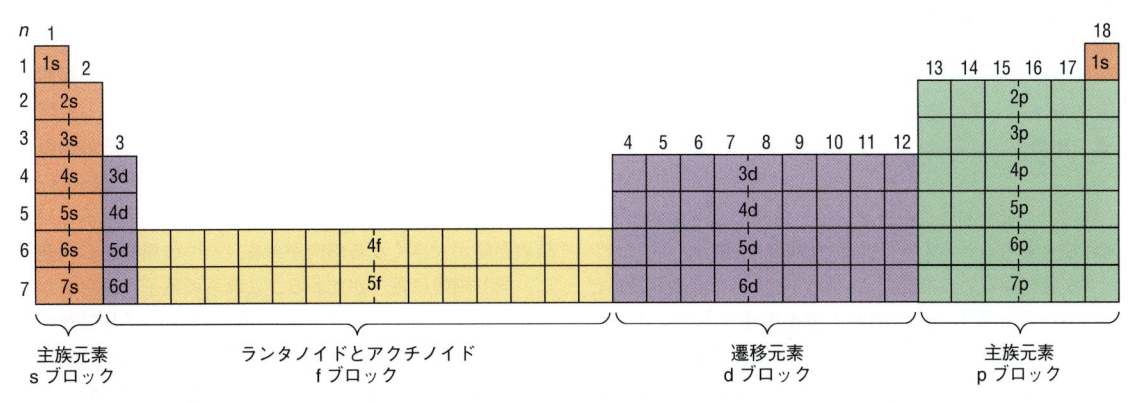

図 6・19 周期表の形は，それぞれの元素の基底状態にある電子のうち最も高いエネルギーを占めている電子の軌道によって，四つの区画に分割できる．f ブロックの元素は通常，表から分割されて別に下側に記載される．ここではさまざまな軌道が満たされている順番を強調するために，f ブロックの元素も表内に収めてある．

[*20] 電子配置と化学結合の関係については第 7 章で詳細に議論する．

る．どんな元素に対しても，基底状態における電子配置をなるべく容易に記憶するために，電子配置と周期表の相関を以下のように利用する．

図6・19の周期表の略図は，通常下の方に分離して示される元素も一緒に含んでいる．図の領域を色分けすることで，周期表は四つの区画に分けられている．それぞれの区画の元素は，最も高エネルギーの軌道にある電子が同じ副殻にあるという点で，互いによく似ている．左端の赤で示した元素はすべて，エネルギーの最も高い電子がs軌道にある．この区画の元素は，ときにsブロック元素とよばれる．右側の緑の区画は，構成原理による最後の軌道がp軌道になるので，pブロック元素である．遷移金属はdブロック元素であり（紫で表示），ランタノイド，アクチノイドはfブロック元素になる（黄で表示）．

このような構造があるので，大部分の元素に対し，電子配置を決めるために周期表を使うことができる（いくつかの例外が，おもに遷移元素のところにある）．周期表のなかで関心のある元素を見いだしたら，その内殻電子を，先立つ希ガス元素による省略表示法を使って書き出す．つぎに周期表の同じ周期にある元素に注目して，価電子を決める．例題6・8にこの手順を示す．

例題6・8

周期表を使ってタングステン（W）の電子配置を定めよ．タングステンはほとんどの白熱灯のフィラメントに使われる元素である．

解法 周期表のなかでタングステンを見つけることから始めよう．内殻電子の部分を省略表示するには，一つ前の周期の希ガス元素を使う．それからタングステンの存在する周期を横方向に数えて，正しい価電子配置を決めるとよい．

解答 タングステンに先立つ希ガス元素はキセノンである．価電子を数えるときにfブロック元素の存在を忘れてはならない．正しい電子配置は $[Xe]6s^2 4f^{14} 5d^4$ である．

理解度のチェック 水銀は蛍光灯にも水銀灯にも使われる元素である．周期表を使って水銀（Hg）の電子配置を決めよ．

周期表と電子配置との結びつきを強調することは，化学反応性を考えるときよりいっそう重要になる．ハロゲンランプが特に明るい白熱灯だということはすでに述べた．どのハロゲン元素も np^5 で終わる電子配置をもつ．ただしフッ素で n は2，塩素で n は3，臭素で n は4，ヨウ素で n は5である．電子配置が似ていることは化学的性質の類似につながるので，異なるハロゲン元素でも同様の目的に使えることの説明になる．どのハロゲンを選ぶかによって，希望する設計条件の電球を作ることができる．しかしおおまかにいえば，どのハロゲン元素も同じように作用して，電球の明るさを増加させその寿命を伸ばす．

6・7　原子の性質の周期性

周期表の概念が初めて出てきたとき，それまで原子のふるまいについてさまざまな観察を行っていた内容が周期表の開発につながったと述べた．ハロゲンの反応性や希ガスの不活性は，周期表からわかるそれらの法則が電球の開発に影響を与えた例である．いま学んだばかりの原子軌道や原子構造についての知識を使えば，元素のこのような周期的変化を詳細に説明できる．こうした性質は，後の章で原子の反応性を理解するのに役立つ．

原子の大きさ

原子の重要な特性の一つは，その大きさである．原子の大きさを測定する方法はいささか複雑であるが，測定の結果が図6・20にまとめてある．周期表を使って元素の傾向を調べるには，同じ族のなかで見ていく方法と，同じ周期のなかで見ていく方法の2通りがある．ある族内で順に下へ見ていくと，原子の大きさは増加することがわかる．一方，ある周期を（左から右へ）見ていくと，原子の大きさが減少することがわかる．この傾向を記憶する簡単な方法は，周期表の左下を原点にして xy 座標をとることである．どちらの軸でも，その値の増加する方向が原子の大きさの減少する方向になる．なぜこのような傾向が生じるのだろうか．

原子の大きさはおもにその価電子によって決まる．これは，価電子が最も外側の軌道に存在するからである．そこで，原子の大きさを決めるには，(1)価電子の占める電子殻，(2)原子核と価電子との相互作用の強さ，この二つが重要項目になる[*21]．周期表で一つの族を上から下へと見ていくときには(1)が効いてくる．価電子の軌道は n が増えるにつれて大きくなるからである．つぎに，同じ周期内を左に進むと，原子の大きさは大きくなる．しかし，同じ周期の中を移動するときに現れるこの傾向は，その原因が直観的にはわかりにくい．すでに§6・5で有効核電荷の考え方を述べた．有効核電荷が小さければ，価電子と原子核の距離が大きくなる傾向がある．一つの周期を右へ進めば，同じ副殻に電子が加わる．これらの電子にはあまり遮蔽効果がなく，一方，原子番号が増えると原子核において正電荷をもつ陽子が増えるので，有効核電荷は増加する．有効核電荷が大きくなると，原子核と電子の間に働く引力も大きくなる．したがって価電子は核の近くに引き寄せられ，原子の大きさが小さくなると考えられる．

[*21] 第7章で，ここでの議論と同様に，イオンの大きさを考える．一般的に，カチオンはそのイオンが対応する中性原子よりも小さいのに対し，アニオンは対応する中性原子よりも大きい．

6・7 原子の性質の周期性

例題 6・9

周期表だけを使って、つぎの元素、Fe, K, Rb, S, Se を原子の大きさが小さい順に並べよ。

解法 最も小さい元素から最も大きい元素へと並べたい。それぞれの元素が周期表のどこにあるかを探し出そう。それから、原子の大きさの一般的傾向にしたがって、要望された順序に並べればよい。

解答 原子半径は周期表の上から下へ、右から左へ進むにつれて大きくなる。硫黄とセレンはどちらも16族に属する。硫黄はセレンの上にあるから、原子の大きさはより小さい。同様に1族のルビジウムとカリウムではカリウムの方が小さい。最後に、カリウム、鉄、セレンはすべて第四周期にある。そのうちセレンが最も右側にあるのでいちばん小さいと考えてよく、そこに鉄、カリウムが続く。これらの事実をまとめると、求める順序は S < Se < Fe < K < Rb となる。

理解度のチェック 周期表だけを使ってつぎの元素、Cr, Cs, F, Si, Sr を大きさの順に並べよ。

イオン化エネルギー

化学結合に影響を与えるもう一つの原子の性質は、電子の失いやすさである。この性質は**イオン化エネルギー** (ionization energy) といわれ、その大きさは、前に光電効果のところで示したのとよく似た方法で測定される。イオン化エネルギーは、つぎの反応を起こすために供給しなければならないエネルギー量として定義されている。

$$X(g) \longrightarrow X^+(g) + e^-$$

もっと厳密にいうと、この反応に必要なエネルギーは第一イオン化エネルギーとよばれる。X^+のカチオンからさらにもう一つ電子を引き離すために要するエネルギーが第二イオン化エネルギーであり、以下同様に続く。ここでは、"イオン化エネルギー"の語を第一イオン化エネルギーの意味で使用する。

周期表と原子構造との関連は、周期表で同じ周期の原子を横に眺めても、同じ族の原子を縦に比べても見てとることができる。一つの周期を横に進んで、有効核電荷が増加するにつれ、原子の大きさがどうなったかを思い出そう。イオン化エネルギーは、ある周期を右に進むと一般に大きくなる。これは特に意外ではない。一つの族を下へ見ていくと、価電子の占める軌道はどんどん大きくなる。価電子が原子核から遠くなればなるほど、引き離しは容易になる。したがって、周期表のある列を下に進むにつれてイオン化エネルギーは小さくなり、周期表を右に進むにつれてイオン化エネルギーは増加する（図 6・21）。

原子構造に関するさらなる手がかりが、イオン化エネルギーの全体の傾向に対する例外から出てくる。図 6・21 をていねいに見ると、窒素から酸素に移るところで、一般の周期的傾向に基づいて推定される増加ではなく、イオン

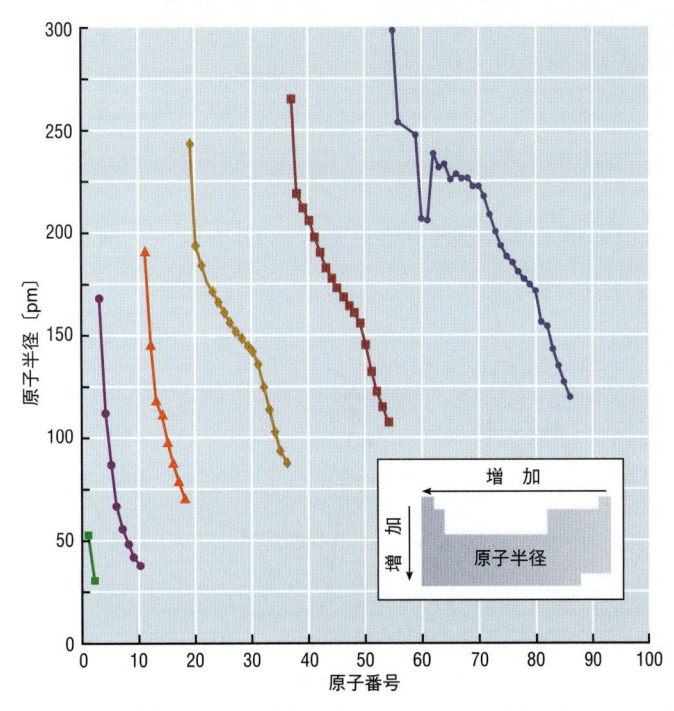

図 6・20 原子番号に対する原子半径を表す。グラフの色の違いは、その原子が周期表の異なる列（周期）に属することを表している。各周期ごとに、左から右へ原子半径の大きさは減少していることがはっきりとわかる。

化エネルギーがわずかな減少を示しているのがわかる．この観察結果は，電子対を考えることで合理的に説明できる．窒素は三つの2p軌道にそれぞれ1個の電子がある，半分だけ電子で占められたp軌道の副殻をもつ．そこにもう一つ電子を入れてp⁴の配置にするためには，酸素は2p軌道のどれか一つで電子対をつくらなければならない．酸素をイオン化するにはそこから1個の電子を取去り，三つの2p軌道のすべてに対にならない電子を残すことになる．その変化は明らかに電子間の反発力を減らすので，酸素のイオン化エネルギーは窒素のイオン化エネルギーより小さくなる．一般的傾向に対する同様な例外は，第三周期では硫黄で，第四周期ではセレンでみられる．

例題 6・10

周期表だけを使って，つぎの元素，Br, F, Ga, K, Se をイオン化エネルギーが小さい順に並べよ．

解 法 イオン化エネルギーの小さい元素から大きい元素へと並べたい．まず，周期表でそれぞれの元素を探し出そう．それから，イオン化エネルギーの大きさに対する一般的傾向にしたがって，要望された順序にそれらの元素を並べればよい．

解 答 周期表のなかで，イオン化エネルギーは下から上へ，左から右へ進むにつれて増加する．与えられた元素のうち，フッ素だけが第四周期にある．残りの元素は，左から右へ進むにしたがってイオン化エネルギーが大きくなると考えてよく，K < Ga < Se < Br の順になる．最後にフッ素は17族のなかで臭素の上にある．よってフッ素が最大のイオン化エネルギーをもつ．これにより，求める順序は K < Ga < Se < Br < F となる．

理解度のチェック 周期表だけを使って，つぎの元素，He, Mg, N, Rb, Si をイオン化エネルギーの大きくなる順に並べよ．

表6・4に示すように，一つの元素について第一イオン化エネルギー，第二イオン化エネルギーとひきつづくイオン化エネルギーをみていくことにより，原子構造への考察を深めることができる．ナトリウムは第一イオン化エネルギーが特に小さい元素の一つであるが，第二イオン化エネルギーはどんな中性原子と比べてもずっと大きい．マグネシウムでは状況はまったく異なる．価電子が受ける有効核電荷は，中性原子の場合よりイオンの場合の方が大きいので，第二イオン化エネルギーは第一イオン化エネルギーよりは大きい．しかし，さらに劇的に大きな変化が第二イオン化エネルギーと第三イオン化エネルギーの間にある．表ではこのようにそれぞれの元素でエネルギーが大きく変わるところを強調してある．どの場合にも，イオン化エネルギーが大きく増加するのは，電子が完全に詰まっているp軌道の副殻から電子を引き離す場合である．このような観察から，電子の詰まった副殻がエネルギー的にきわめて安定であることがわかり，なぜ希ガスがそれほど反応しにくいかを理解することができる．電子で満たされた副殻は壊すのが困難であり，このことは化学結合を理解するのに役に立つ．

電子親和力

イオン化エネルギーは，原子から電子1個を引き離して正に帯電したカチオンをつくり出すのに必要なエネルギーと定義されている．一方，いつも決まって電子を取込み，

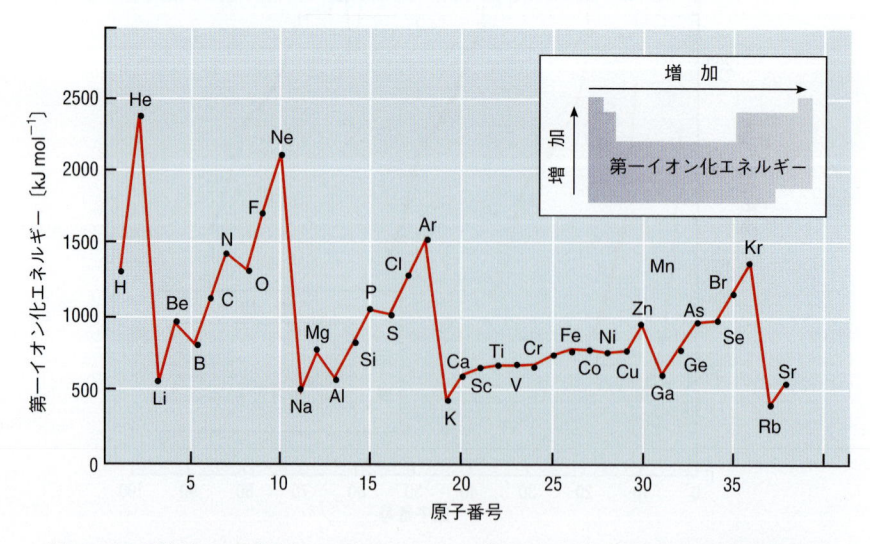

図6・21 周期表の38番目までの元素について，第一イオン化エネルギーを原子番号に対して（kJ mol⁻¹単位で）表す．右上にはめ込んだ周期表は，一般的な周期的傾向を表す．つまり，イオン化エネルギーは周期表の左から右へ，下から上へと増加する．

つぎのように負に帯電したアニオンをつくる性質をもつ原子がある．

$$X(g) + e^- \longrightarrow X^-(g)$$

この性質を**電子親和力**（electron affinity）をもつという．そして電子親和力の大きさを，この反応を起こすために供給しなければならないエネルギー量と定義する．中性原子から電子を引き離すには，つねにエネルギーを加える必要がある．それは原子が自分の電子を簡単には放出しないからである．したがってイオン化エネルギーはつねに正である．一方，電子親和力は正のことも負のこともある．もし，結果として生じたアニオンが安定であれば，電子が加わったときにエネルギーを放出したはずである．電子親和力はアニオンを生成するときに供給されなければならないエネルギー量として定義されている．エネルギーが放出された場合には，"負の量のエネルギーを与える"ことになるので，電子親和力の値は負になる．電子親和力が正なら，生じるアニオンは不安定で，その場合，原子に電子を引き抜かせるにはエネルギーを加える必要がある．多くの場合，電子親和力の値は負である．

この電子親和力の定義は，普通の意味の"親和力"という言葉と調和せず，ちょっとこじつけめいている．この定義では，原子が電子を"欲しがる"とき，その電子親和力の値が負になってしまうからである．しかしこの符号は，化学，物理，工学においてエネルギーを議論するときにいつも使われる慣習に従ったものである[*22]．そこでは原子に加えるエネルギーは正であり，原子から放出されるエネルギーは負である．

電子親和力の値は，これまでに考えてきた他の性質と似ていて，電子配置による周期的傾向を示す．図6・22からただちにわかる結論は，電子親和力の値はイオン化エネルギーよりもずっと気まぐれに変化するというものであろう．それでも図から明らかなことは，周期表の下から上へ，左から右へと進むにつれて，電子親和力が減少する（負の値の絶対値が増加する）傾向にあることである．一般的傾向を記憶するために使った xy の図式によると，イオン化エネルギーと同様に，電子親和力も x や y が増加するにつれてより減少する．電子親和力が減少するにつれてたとえその数値自体が小さくなったとしても，電子親和力の傾向をこのように考えるのが慣例である．これは，電子親和力が減少するほど，アニオンがより安定になるからである．

電子親和力の値を詳しく調べると，イオン化エネルギーの場合と同様に，電子対に関係して一般的傾向から外れる

表6・4 第一周期から第三周期までの元素の第一から第四イオン化エネルギー（単位は kJ mol^{-1}）．網かけした値は，その電子殻の最後の電子を引き離すイオン化に対応している．これよりもさらにイオン化するためには，より安定に詰まっている電子殻から電子を引き離さなければならず，そのためのイオン化エネルギーは急に大きくなる．

原子番号	元素	IE$_1$	IE$_2$	IE$_3$	IE$_4$
1	H	1,312	—	—	—
2	He	2,372	5,250	—	—
3	Li	520.2	7,298	11,815	—
4	Be	899.4	1,757	14,848	21,007
5	B	800.6	2,427	3,660	25,026
6	C	1,086	2,353	4,620	6,223
7	N	1,402	2,856	4,578	7,475
8	O	1,314	3,388	5,300	7,469
9	F	1,681	3,374	6,050	8,408
10	Ne	2,081	3,952	6,122	9,370
11	Na	495.6	4,562	6,912	9,544
12	Mg	737.7	1,451	7,733	10,540
13	Al	577.6	1,817	2,745	11,578
14	Si	786.4	1,577	3,232	4,356
15	P	1,012	1,908	2,912	4,957
16	S	999.6	2,251	3,357	4,564
17	Cl	1,251	2,297	3,822	5,158
18	Ar	1,520	2,666	3,931	5,771

[*22] 化学反応におけるエネルギー変化の研究は化学熱力学とよばれ，第9, 10章に記載されている．

元素があることもわかる．たとえば，窒素は負の電子親和力をもたない．それは電子を1個加えるとp軌道のどれかに電子対をつくらせることになり，電子間の反発力を大きくするからである．

元素には，ここではっきりとは取扱わなかったその他の周期的傾向もある．そのなかには，電球も含めて，応用技術のうえで物質の使用を決めるのに役立つ性質もある．白熱灯のフィラメントにタングステンを使うのは，経済的な問題もあるが，延性や融点などの性質にもよっている．これらの性質は個々の原子というよりは金属全体に関係するものであるから，これまでに検討した内容より複雑である．それでも，タングステンの電子配置は全体の見通しにある程度役立つ．金属を溶かすには金属結合を破壊する必要がある．原子中に電子対を多く含むものほど，固体金属における結合力が増す傾向にある．固体金属で結合力が強いことは，融点が高いことを意味する．したがって，タングステンのd軌道にある四つの電子対は，融点の高い固体を生み出すので，十分に高温で動作し，より明るい光を出せるフィラメントを作ることができるのである．

6・8 洞察：現代の光源 ── 発光ダイオードとレーザー

白熱灯の歴史は19世紀のなかばまでさかのぼることができる[*23]．それ以来長い年月を経て，多くの新技術開発が白熱灯の性能と効率を向上させてきた．ハロゲン気体の使用のように，化学的知見の進歩がもたらした改良もある．同様に化学の進歩は，蛍光灯の改良に使われた新しいリン分子の発見にも役立った．今日のテクノロジーは，**発光ダイオード**（light emitting diode, LED）や**レーザー**（laser）を含む，より現代的な光源におおいに依存している．20世紀におけるこれらの創造物は，人類が原子構造と化学結合を理解したことによって可能になったのである．

LEDやレーザーが生み出す光の特性や用途は，白熱灯や蛍光灯が放つ光とどのように違うのだろうか．

日常使っているさまざまな器具にLEDが使われていることは知っているだろう．携帯電話やテレビ，デジタル目覚まし時計や電子レンジの表示など，あらゆる電気製品の表示灯に使われているのは，LEDの一般的な使用例のほんの一部にすぎない．このような用途を考えてみれば，LEDの特性の一部に気づくかもしれない．それぞれのLEDは特定の色の光を放射する．色つきの白熱灯も市販されているが，その色は電球の表面に塗られたある種のフィルターによって生じる．フィラメントは白色光を放射するから，このような色フィルターは電球の効率を大きく下げる．一方LEDが放射する光は通常**単色**（monochromatic）である[*24]．単色とは一つの波長，つまり一つの色を意味している．したがって，LEDは色のついた光を出すのが容易である．これが電化製品の表示灯にLEDが広く使われている理由の一つである．

LEDと小さな白熱灯とのもう一つの重要な違いは耐久性である．電球は割れたり燃え尽きたりするが，LEDは通常の条件下ではほとんど無期限に使える．電球のフィラメントは光を生み出すのに必要な高温で動作するため，し

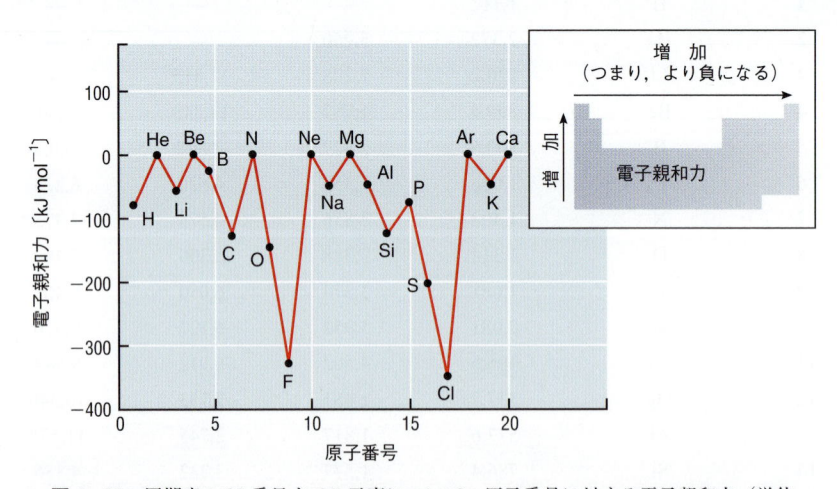

図6・22 周期表の20番目までの元素について，原子番号に対する電子親和力（単位はkJ mol^{-1}）を示す．右上に挿入した周期表は，電子親和力が周期表の左から右へ，下から上へと"増加する"，つまりアニオンになりやすいという一般的な周期的傾向を表している．

[*23] エジソン（Thomas Edison）は往々にして電球の発明者といわれるが，白熱電球の最初の特許は，1841年にロンドンのモーリン（Frederick de Moleyns）が取得している．

[*24] 複数の波長を同時に放射するLEDもあるが，それらの波長は通常とても近接しており，人間の目には識別できない．

だいに劣化して切れる．しかしLEDは光を放射するのに高温を必要とせず，わずかな電流さえ流れれば十分に機能する．このためLEDは寿命が長く，電力の消費量や熱の発生量が多くない．これは，現代の電子機器に対する重要な設計指針である．熱として失うエネルギーがごく小さいから，LEDは非常に効率よく動作し，ほとんどすべての入力エネルギーを光に変えることができる．携帯電話や携帯音楽プレーヤーなどの小さな携帯機器ではこのことが特に重要である．そこでは電池の寿命が最も考慮すべきことだからである．

LEDは半導体素子の一例であり，その主要な構成要素はたんに固体物質の一片である（図6・23）．こういう素子の主要な機能特性は主としてその固体物質の成分で決まるので，そこに化学の介入する余地がある．LEDが放射する光の色は，固体中の原子間の化学結合の状態によって決まる．想像できるように，その結合は，含まれる原子の固有の性質によって変わる．したがって，固体の成分を調整することで放出する光の色を変えることができる．この点についての詳細は§8・3で考えることにする．実用的な意味でいうと，どんな色を発光するLEDでもつくり出すことができる[*25]．

レーザーの特性はLEDに似た面がある．単色光で発光すること，レーザー自体の特異性によってその波長が決まることなどである．一方，レーザーにはさらに別の重要な特性がある．最も顕著なのは，レーザー光は指向性や収束性に優れており，はっきりした光束（ビーム）として放射されることである．レーザー装置の一種，レーザーポインターを見たことがあるだろう．すべての光が同じ方向に進

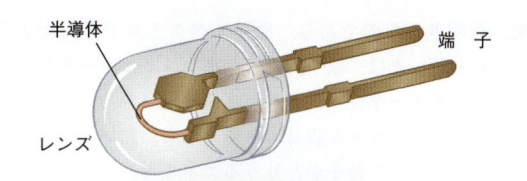

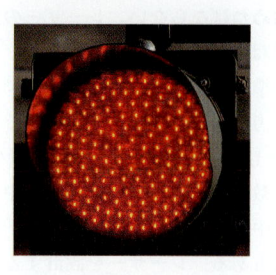

図6・23 LEDの基本構造はとても単純である．金属の端子（リード）が半導体の金属片に電流を流し，半導体から光が放射される．プラスチックのケースは装置の入れ物であると同時にレンズの役目も果たす．放射される光の色は半導体の化学組成によって決定される．LEDは白熱灯より効率も耐久性も優れているため，現在では写真のように信号灯にも普通に使われている．[写真: © Cengage Learning/Charles D. Winters]

むので，通常その光束は横からは見えない．レーザー光はまた**コヒーレント**（coherent）である．コヒーレントとは，波として放射される光の位相が空間的にもすべて完全にそろっていることである．レーザーは，DVDプレーヤー，レーザープリンター，スーパーの価格読み取り機器から，工業用機械加工で使われる非常に強力な装置にいたるまで，さまざまな用途に応用されている．

レーザーは原子の世界に量子力学モデルが誕生した結

この写真の明るい青い光は，有機発光ダイオード（OLED）のものである．これらの新しい装置は，小さくて曲げることのできるディスプレイの開発を可能にするものとして期待される．また，白色光を発光するものは，光源としても有用であろう．[写真: the U.S. Department of Energy's Ames Laboratory の厚意による]

[*25] 青色LEDは光子のエネルギーがより高いために，長い間作製が困難であったが，日本で初めて開発に成功した．

果，発明されたのである．原子スペクトルで学んだように，レーザー光は，原子，分子が高いエネルギー準位から低いエネルギー準位へ落ちるときに放射される．したがって，どんなレーザーを設計する場合でも，結局，レーザー媒質になる原子や分子がとりうるエネルギー準位を詳細に知ることから始めねばならない．レーザーの動作は，一般に誘導放出とよばれる現象によって生じる．誘導放出は，高いエネルギー準位にある電子数が，低いエネルギー準位にある電子数より多くなったときに起こる．DVD プレーヤーのような最もありふれたレーザー装置の多くは固体で，上記の電子数の反転分布は，その固体中の電子によって生じる．気体中または溶液中の原子や分子が光を放射するレーザー装置もある．レーザーを設計するとき，工学的に最も大きな問題は，希望する波長の光を出す媒質を特定し，そこで電子数の反転分布を起こし，それを維持する方法を考案することである．このため，それに関するエネルギー準位を理解することが，本質的に重要である．

21 世紀には新たな照明技術が現れてきたので，化学と工学の結びつきが主要な役割を演じつづけている．コンピューターのモニターの平面パネルに使われている液晶表示装置は，光を吸収する性質がその目的に合った新たな化合物が開発されたことによって生まれたものである．有機発光ダイオード (OLED, 有機 EL) の研究も急速に進んでいて，まったく新しく，紙のように薄く，しなやかに曲げられるカラー表示装置ができそうである．この分野をあらゆる面で前進させるには，研究に従事する化学者と装置を設計する工学者との緊密な協力が必要不可欠である．

> ### 問題を解くときの考え方
> **問題** (a) 原子と原子スペクトルの知識に基づいて，ナトリウムランプを使う街灯がどうして黄橙色に見えるかを推測せよ．(b) その推測に用いた仮説が正しいことを検証するには，どんな装置を使えばよいか．
>
> **解法** この質問は，ある意味で抽象的な問題解決法が必要になる．この種の問題には，原子，分子レベルでどんな情報が必要かを問いかけることで取組むことができる．その仮説を肯定するか否定するかに必要な情報を得るには，原子，分子レベルで考えて，どんな種類の測定，実験をすればいいかを考えなければならない．
>
> **解答** (a) この問題の鍵となる言葉は "ナトリウムランプ" である．この名称は，そのランプが重要なところでナトリウム元素に関係していることを示す．この章では原子がそれぞれ特徴的なスペクトルをもつことを学んだ．よってナトリウム原子の場合，ほとんどの色は見えなくても，その残りの部分に黄橙色に光る部分があると推測するのが，筋の通った考え方である．(b) この仮説は，そのランプからの光を分光器かプリズムを通して見ることで検証できる．仮説が正しければ，そのスペクトルは可視光線の範囲内では黄橙色の部分だけが線状に光り，その他の部分は光らないはずである．

要約

微視的レベルで物質を理解しようとするときは，まず，原子構造についてしっかりしたモデルをもたなければならない．現代の私たちが原子を理解しているその大部分は，原子と電磁放射，つまり光との相互作用の研究からもたらされたものである．さまざまな光の性質は，振動数すなわち波長が光の色を決め，振幅が光の強さを決めるという光の波動モデルで説明されてきた．しかし，光と原子との相互作用のある一面だけは，光を光子とよばれるエネルギーの塊として考えるモデルでないと理解できなかった．こうして，私たちは初めて，光の性質に波と粒子の二重性があるという考え方に直面したのである．

原子と光との最も直接的な結びつきは，原子の離散スペクトルの観察である．ここでスペクトルが離散していることは，その全スペクトル範囲にわたってではなく，ほんのいくつかの振動数のところだけで原子が光の放射，吸収をしていることを意味する．この観察から，原子中の電子はいくつかの決まったエネルギー準位だけを占めているという仮説が生まれた．この状態は，原子内における電子のエネルギーの量子化とよばれる．その後この量子化されたエネルギーを説明するためにたくさんのモデルが登場し，また改良されていった．現在の最も優れたモデルは，原子の量子力学理論である．

量子理論では，電子は数学的な波動関数で記述され，波動として取扱われる（これは，波動-粒子の二重性を示す別の例である）．原子構造を書き表すときに使う多くの用語は，量子力学モデルの詳細な数学的取扱いから生まれたものである．こうして電子は，量子数で特徴づけられた原子軌道を占めることになる．化学を理解しようとするとき，このモデルについて忘れてはならないことが二つある．その第一は，量子数から導き出された分類法に関連して，原子軌道が大きさと形をもつこと，第二は，普通の条件下の原子では，とりうる最低エネルギーの軌道に電子が存在すると考えていいことである．

この二つのことから，原子中の電子配置の考え方にたどりつく．この考え方は，最終的には化学結合を理解するのに役立つ．いまの時点でも，すでにみてきたように，量子力学モデルと電子配置から，周期表の構造のさまざまな面を説明できた．周期表のよく知られた形は，1 族，2 族の s ブロック元素では，最大エネルギーの電子が s 軌道に存在するという事実から生じている．同様に 13〜18 族の元素は p ブロックを形づくる．これは最もエネルギーの高い電子が p 軌道に存在するからである．周期表の全体の構造に加えて，原子の大きさやイオン化エネルギーなど原子の性質の一般的傾向も，原子の量子力学モデルや，そこから生じる電子配置によって説明できる．

キーワード

可視光線（6・2）
電磁波（6・2）
波長（6・2）
振幅（6・2）
振動数（6・2）
屈折（6・2）
光電効果（6・2）
波と粒子の二重性（6・2）
光子（6・2）
束縛エネルギー（6・2）
原子スペクトル（6・3）
励起状態（6・3）
基底状態（6・3）
ボーアモデル（6・3）
軌道（軌道関数）（6・4）

回折（6・4）
波動関数（6・4）
シュレーディンガー方程式（6・4）
演算子（6・4）
原子軌道（6・4）
量子数（6・4）
主量子数（6・4）
方位量子数（6・4）
磁気量子数（6・4）
電子殻（6・4）
副殻（6・4）
節（6・4）
不確定性原理（6・4）
パウリの排他原理（6・5）
スピン量子数（6・5）

スピン対（6・5）
遮蔽（6・5）
有効核電荷（6・5）
電子配置（6・5）
構成原理（6・5）
フントの規則（6・5）
内殻電子（6・5）
価電子（6・5）
イオン化エネルギー（6・7）
電子親和力（6・7）
発光ダイオード（LED）（6・8）
レーザー（6・8）
単色光（6・8）
コヒーレント光（6・8）

7 化学結合と分子構造

概要

7・1 洞察：医用生体工学用材料
7・2 イオン結合
7・3 共有結合
7・4 電気陰性度と結合の極性
7・5 結合のでき方を追跡する──ルイス構造
7・6 軌道の重なりと化学結合
7・7 混成軌道
7・8 分子の形（分子構造）
7・9 洞察：薬物送達の分子工学

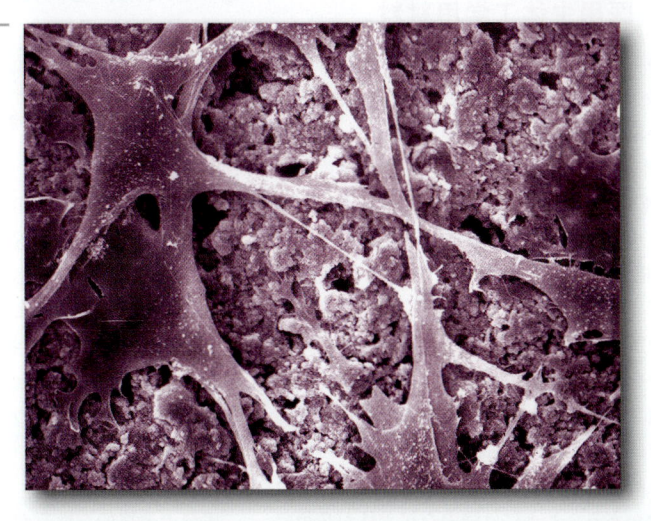

生体材料は生命体で使えるように設計されているので，その材料と生細胞の相互作用は命にかかわる．この顕微鏡画像では，生体材料が骨の修復を助ける一種のセメントとして使われている．画像の平坦な構造に見える部分は骨の細胞で，ごつごつして見えるセメント部分に付着している．ここではこの付着が望ましい効果であるが，細胞と生体材料の相互作用は強すぎてもいけない．［写真提供：H. Xu/ 米国歯科医師会財団 / 米国標準技術局（NIST）］

　第6章で学んだ原子構造は現代物理学にちょっと寄り道した感があり，量子力学の矛盾が知的好奇心をそそる．しかし，純粋な科学的好奇心と離れて，原子構造で展開した概念は化学の基本的な疑問に重要な視点を与えてくれる．どのようにして，またなぜ原子は結びつき，分子を形成するのか．そのような分子はどのように見えて，その形を決めている要因は何か．現在の技術社会において，このような概念的と思われる質問に答えることが実用的にも経済的にも大変重要であろう．化学結合の形成を制御する方法，あるいは選択的にその形成を利用する方法を知ることが，新しい材料や部品を開発する際に大変重要な役割を果たしてきた．

　新材料の多面性から化学結合のふるまいがわかる場合もあるが，ここでは生物医学分野への応用に使われる材料開発に注目することにしよう．これらの材料は人間の体内で使用するように設計されているので，適切に働くためには重要な制約に従わなければならない．実際にはそれらの制約はすべて材料の化学的な性質と関連している．本章では原子同士が結合をつくる理由，化学結合の種類，そして化学結合と分子構造の関係について検討する．これらの特徴を詳しく調べれば，多くの材料の性能を理解することができ，分子同士がどのように相互作用して反応するかを理解できる．また，化学式に基づいて分子の三次元構造を視覚化することで，化学の微視的見方と記号表記の関係についても学ぶことができる．

本章の目的

この章を修めると以下のことができるようになる．

- 材料の生体適合性に影響する要因を一覧表にし，これらの要因が化学結合とどのように関連するかを説明する．
- なぜ金属原子はカチオンになりやすく，非金属原子はアニオンになりやすいか，電子配置を使って説明する．
- イオン結合を形成する際のエネルギー変化を説明する．
- 電気陰性度を定義し，周期表の位置でそれがどのように変化するかを説明する．
- 電気陰性度を比較し，極性結合，無極性結合，イオン結合のどれになるかを識別するか，予測する．
- 分子やイオンについてルイスの電子構造を描く．
- 原子軌道の重なりに基づいたモデルを使って化学結合を説明し，このモデルの限界を知る．
- 混成によって観察される分子構造と軌道の重なりモデルがどのようにして折り合うようになるかを説明する．
- ルイス構造から分子の幾何学的形状を予測する．
- 分子模型（あるいはソフトウェア）を使って一般的な分子構造を視覚化する．
- 混成原子軌道と非混成原子軌道の組合わせの重なりの観

点から多重結合のでき方を説明する．
- 分子内のσ結合やπ結合を定義し，その違いを説明する．

7・1 洞察: 医用生体工学用材料

毎年，股関節から心臓，眼球の水晶体まで，老化し破損した生体組織を交換しなければならない数百万人の患者に，化学と工学が協力して医学の奇跡を起こしている．人体に使われる材料は，少なくとも交換する骨の生体物質と同じような物理的性質をもっている必要がある．しかし重要なことは，免疫系の反応を誘発することなく，天然の生体物質と相互作用することができる**生体適合性**（biocompatibility）である．

生体適合性を理解するには，まず分子と材料がどのようにして結びつくかを理解する必要がある．生物医学への応用に関しては，強さや耐久性といった物理的な特性を備えるように設計しなければならないし，また骨や筋肉の組織に取込まれることも必要である．生体適合性を達成するための方策がいくつかある．ときには強力な接着性が必須である．最初の骨用セメントにはポリメタクリル酸メチル（PMMA）が使われた[*1]．そのセメントを塗り終わった後に重合反応が進み，反応が完了するとセメントは固くなる．最近は，リン酸カルシウムや，リン酸カルシウムとケイ酸カルシウムの複合材料を基にしたセメントが開発されている．これらの材料はどの点が似ていて，化学的にどこが違っているのだろうか．この問いに対処するには化学結合をよく理解する必要がある．

必要な物理的性質をもつ材料が，許される生体適合性を備えているとはかぎらない．しかし，そのような材料を諦める必要はない．なぜなら，生体適合性のあるコーティング（塗装）膜を作れる可能性があるからである．前駆体といわれる低分子から始めて，その分子同士を反応させるか，コーティングしたい物体の表面と反応させるなど，いくつかの方法が可能である．コーティング反応に適した前駆体を選ぶには，出発物質のみならず結果として起こるコーティングの化学結合に関する知識も必要になる．

表面の重要性からいえることは，生物医学工学者は，生体適合材料（バイオマテリアル）が人体の細胞とどのように相互作用するかを理解しておかなければならないということである．本章の冒頭の写真に示されている細胞接着は，表面の電荷の性質，すなわち**極性**（polarity）といわれる性質で決まる[*2]．極性は広がった系の表面だけでなく体内の小さな分子，特に水の場合に重要である．これらの系の化学結合の性質を学ぶことにより，極性の基本を理解できる．

生体材料を設計し，実行に移すには，複雑な要因が数多く含まれている．しかし本章で探究する化学結合の基礎を知っていれば，工学の新興分野で遭遇する質問や難問にも対処できるだろう．

7・2 イオン結合

すべての化学結合は，相反する電荷をもつ粒子の相互作用から生まれる．その相互作用の最も簡単な例がイオン結合であり，正と負に帯電したイオン間の静電引力で生成する．多くの生体工学の応用分野に前述のリン酸カルシウムやケイ酸カルシウムのセメントのようなイオン性物質が含まれている．また，イオン性化合物はセラミックスコーティングを行う前駆体としても使われている．これらのことを理解するには，どのイオンを生成し，どのような相互作用をするかを決めている力を調べる必要がある．

二元イオン化合物はつねに金属と非金属から形成され，二成分の金属的な性質がかけ離れていればいるほど，生成した化合物はよりイオン性を帯びる．したがって，イオン性化合物の構成元素は周期表では遠く離れた元素である．すなわち，金属は周期表の左側にあり，非金属は右側にある．イオン性化合物をよく理解するために，根本的な問題を考えてみよう．

- §2・5（p.31）で金属元素はカチオンを生成し，非金属元素はアニオンを生成すると述べた．これはなぜか．
- イオン間の引力はイオンの生成エネルギーとどのようにつり合うのか．
- イオン半径はアニオンとカチオンの結合エネルギーにどのように影響するか．

カチオンの生成

イオン化エネルギーや電子親和力でわかるように，イオンの生成にはエネルギーのやり取りがあることを学んだ[*3]．また，このエネルギー変化は元素の周期表上の位置によって変わることもわかっている．この傾向は金属元素と非金属元素の位置と深く関連しており，金属はカチオンを生成し，非金属はアニオンを生成するという観察と一致する．いずれの場合も，化合物中にみられるイオンはその生成にさほどエネルギーを要しない．

第一イオン化エネルギーの先をみると，一価のカチオン（1+）を生成する金属元素もあれば，二価以上の電荷をもつカチオンを生成するものもある理由がわかる．表6・4（p.123）の考察で指摘したように，電子配置がnp^6と

[*1] メタクリル酸メチルは第2章で線形構造の表記をする際に示した．
[*2] ［訳注］材料の生体適合性は，その親水性・疎水性や水和の観点から理解されることが多い．
[*3] イオン化エネルギーは原子から1個の電子を取除いてカチオンを生成するのに必要なエネルギーであり，電子親和力は1個の電子を受け取ってアニオンを生成するのに要するエネルギーであることを思い出そう．§6・7, p.120を参照．

なっている原子からさらにもう1個の電子を取除くには大きなエネルギーがいる．このイオン化エネルギーの大きな跳ね上がりの位置によって，生成するカチオンの電荷が1+，2+などのどれになるかが決まる．たとえば，ナトリウム原子は自然界では Na+ としてだけ存在する．ナトリウムのイオン化エネルギーの変化の仕方をみれば，これは驚くにあたらない．ナトリウムの第一，第二，第三イオン化エネルギーはそれぞれ 496，4562，6912 kJ mol^{-1} である．ナトリウム原子から2個目あるいは3個目の電子を取るのに必要なエネルギーは膨大なものなので，自然界では1個取出すところで止まるのである．例題7・1では金属カチオンとイオン化エネルギーの関連性を検討する．

例題7・1

表6・4 (p.123) のデータを使って，マグネシウムとアルミニウムから生成するカチオンを予測せよ．

解法 それぞれの元素のイオン化エネルギーの逐次変化を見渡して，1個の電子を取除く際に大きなエネルギーを要するところを見つけ出す．そのように大きく増加するイオン化エネルギーに見合うほどのエネルギーはありえないので，生成するイオンはイオン化エネルギーが急激に増える直前に失った電子の数によって決まる．

解答 マグネシウムの場合，第二イオン化エネルギー（1451 kJ mol^{-1}）と第三イオン化エネルギー（7733 kJ mol^{-1}）との間に最初の大きな急上昇がある．2個の電子が取除かれて，生成するイオンは Mg^{2+} であろう．アルミニウムの場合は，第三イオン化エネルギーが 2745 kJ mol^{-1} であり，第四イオン化エネルギーは 11,578 kJ mol^{-1} である．3個の電子のイオン化が起こることが期待され，Al^{3+} が生成するだろう．

考察 この質問は，すでに知っている事実の裏に隠された理由に気づいてもらうためのものである．多くの場合，化学を学ぶには，まず事実として情報を知り，それからその事実が明らかである理由を見つけ出すという方法をとる．この例題の答えは，生成するイオンはイオン化エネルギーが急激に増える直前に失った電子の数によって決まるという考えと一致している．また，たとえばマグネシウムは周期表の2族にあるアルカリ土類金属の一つで2+のイオンを生成する，といったすでに知っている事実とも一致する．

理解度のチェック リン酸カルシウムのカルシウムは Ca^{2+} イオンとして存在する．この事実に基づいて，カルシウムのイオン化ポテンシャルの逐次的な値を定性的に予測せよ．

例で示されているように，周期表の s ブロックあるいは p ブロックに位置する金属のカチオンは一般的に np^6 の電子配置をもつ[*4]．しかし，この考えは遷移金属（遷移元素）にはあてはまらない．第2章で述べたように，多くの遷移金属は安定なカチオンを2種類以上もつ．遷移金属は部分的に満たされた d 副殻をもっているが，イオン化は s 副殻から電子を取ることで始まる．たとえば鉄が Fe^{2+} を生じるとき，中性原子の電子配置である $1s^22s^22p^63s^23p^64s^23d^6$ からイオンの電子配置である $1s^22s^22p^63s^23p^63d^6$ に変わる．さらにもう1個の電子を d 軌道から失うと，半分満たされた d 副殻とともに Fe^{3+} を生じる．この半分満たされた副核はかなり安定であり，したがって Fe^{2+} と Fe^{3+} はどちらも安定に存在する[*5]．多くの遷移金属では状況は相当複雑になるので，これ以上は言及しない．

アニオンの生成

電子親和力の周期性をよく見ると，イオン化エネルギーと似通っていることがわかる (p.124, 図6・22 参照)．電子親和力は中性の原子からアニオンを生成する際のエネルギー変化であることを思い出そう．

$$X(g) + e^- \longrightarrow X^-(g)$$

この過程はエネルギー的には起こりやすい，つまりアニオンが生成するとエネルギーが放出されることが多い．原子が追加の電子を得たときに放出されるエネルギー量は，周期表の左から右に移るに従って増加する傾向にある．この傾向をよく見てみると，電子を最も受け取りやすい原子が，逆に電子を失って安定な np^6 の電子構造になるためには，多くの数の電子を失う必要があることがわかる．だから非金属はカチオンよりもアニオンを生成する傾向がある．

非金属からアニオンを生成するために，遷移金属で遭遇するような複雑さはない．というのは，非金属はほとんど主族元素に属し，部分的に満たされた d 副殻をもち合わせていないからである．それらの元素は主族元素の金属のようにふるまって，満たされた p 副殻をもつ電子配置になろうとする．おもな違いは，電子を失うのではなく獲得することでそうすることである．そのために，すべてのハロゲン元素は単一電荷のアニオン（1−）になり，結果的に同じ np^6 の電子配置をもつ．同様に酸素や硫黄は 2− の電荷をもつアニオンを形成し，結果的に同じ np^6 の電子配置をもつ．

電荷だけではなく，イオンの大きさも，その幾何学的な制約によってイオン結合の強さに影響を及ぼす．§6・7 で原子半径は族を下がっていくと増加し，周期を右へ横断すると減少すると述べた．カチオンやアニオンの半径の場

[*4] 周期表の s, p, d, f ブロックについては p.119, 図6・19 で導入した．
[*5] 電子殻が半分しか満たされていないときは，どの軌道の電子も対にならない．電子が（逆のスピンと）対になることは許容されているが，電子−電子間の反発力が増える．

合はどのような傾向になるだろうか．カチオンを生成するために電子を1個奪うと電子‐電子間の反発は減るので，残った電子は原子核にさらに強く引きつけられる．したがって，カチオンは元の原子より小さくなると予想される．一方，電子を1個増やしてアニオンを生成すると，共有電子間の反発が増すことになる．それでアニオンは元の中性原子より大きくなるはずである．イオン半径は結晶格子間の距離を測定することにより正確に決めることができ，そのデータと上記の予測は一致している．Na$^+$のイオン半径は102 pmであり，ナトリウムの原子半径（186 pm）より小さい．そしてF$^-$のイオン半径（133 pm）はFの原子半径（72 pm）より相当大きい[*6]．

図7・1に原子半径，イオン半径を示す．観察された傾向は明らかである．同族の同じ電荷をもつイオンを比較すると，表を下がるにつれてイオンの大きさは増し，原子の大きさも同じ傾向を示す．カチオンの大きさは，中性原子が周期の左から右に移るにつれてその大きさが減少する傾向を示すのと似た傾向を示している．これは容易に理解できる．たとえば，Na$^+$とMg^{2+}を考えてみよう．これらのイオンは同じ電子配置をもつ．しかしMg^{2+}は原子核に陽子を1個多くもっているので電子をより強く引きつける．その結果，イオンは小さくなる．同じ理由づけがpブロックのアニオンにも適用できる．酸化物イオンO^{2-}とフッ化物イオンF$^-$は同じ電子配置をもつ．しかしフッ化物イオンの方が原子核に陽子を1個多くもつので小さいイオンである．同様に，Cl$^-$はS^{2-}より若干小さくなる．

もちろん，孤立イオンが生成したときはイオン結合は形成されない．実際，中性の金属原子と中性の非金属原子から始めると，一緒のイオン（すなわちばらばらのカチオンとアニオン）を形成するには通常エネルギーが必要である．イオン化エネルギーはつねに正（プラス）であり，金属からカチオンを生じるためにつぎ込むエネルギーは，アニオンが非金属から生成するときに放出するエネルギーでは相殺されない．しかし，いったんイオンができると，相反する電荷をもったイオン同士はお互いに引き合い，全体のエネルギーは相当低くなる．§2・3でみたように，クーロンの法則によると，二つの電荷に働く引力はそれぞれの電荷の量の積をそれらの電荷間の距離の2乗で割ったものに比例する．

$$F \propto \frac{q_1 q_2}{r^2} \quad (7\cdot1)$$

ここで，Fは力（引力），q_1とq_2は電荷（量），rは電荷間の距離（この場合2個のイオンの原子核間距離）である．また，系のポテンシャルエネルギーVは式(7・2)で表せる．

$$V = k\frac{q_1 q_2}{r} \quad (7\cdot2)$$

ここでkは比例定数であり，真空中での値は，電荷（量）が電子電荷（電気素量 $= 1.6\times10^{-19}$ C）の単位で表されていれば，1.389×10^5 kJ pm mol^{-1} で与えられる．

ナトリウムとフッ素の孤立した原子からNaFのイオン対結合を形成する際のエネルギー変化を評価してみよう．

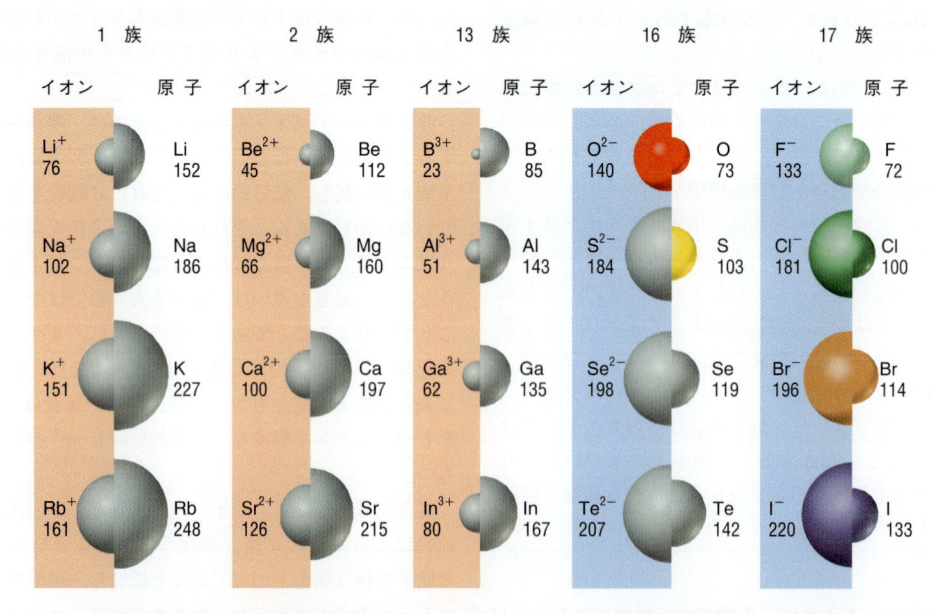

図7・1 図中の入れ子になった半球は，表示したイオンと相当する中性原子の大きさを比較して示している．金属とカチオンは左側に，非金属とアニオンは右側に示す．半径の単位はpmである．

[*6] 1 pm（ピコメートル）$= 10^{-12}$ m（1兆分の1m）．

ナトリウムのイオン化エネルギーは 496 kJ mol^{-1}, フッ素の電子親和力は −328 kJ mol^{-1} である. そこで, ナトリウムをイオン化するのに 496 kJ mol^{-1} が必要であるが, フッ化物イオンの生成の際に 328 kJ mol^{-1} が放出される. これらの二つの値を組合わせると, それぞれのイオンの生成に 168 kJ mol^{-1} (496 − 328 = 168) を要する. つぎに, 式(7・2)を使って, そのアニオンとカチオン間のクーロン引力によるエネルギーを求める必要がある. Na$^+$ と F$^-$ のイオン半径は 102 pm と 133 pm なので, それらを足し合わせて原子核間距離は 235 pm になる. この値を式(7・2)の r に代入し, イオン間の引力の値を求めるとつぎのようになる.

$$V = \left(1.389 \times 10^5 \frac{\text{kJ pm}}{\text{mol}}\right)\frac{(+1)(-1)}{(235 \text{ pm})}$$
$$= -591 \text{ kJ mol}^{-1}$$

負の値になるということはこのエネルギーが放出されるということである. クーロンエネルギーの値が2種類のイオンを形成するエネルギーコストをはるかに上回っていることに注目しよう. つまり, ここで述べた全体の過程はエネルギー放出(発熱過程)である.

ただしこの結論を重要視する前に, 計算上現実的ではない2点について考慮すべきである. 第一には, ナトリウムとフッ素を孤立原子として始めたことである. 単体のナトリウムとフッ素を反応させるとしたら, 孤立した気相の原子で始めることはないだろう. 妥当な条件として, ナトリウムは金属固体だろうし, フッ素は二原子の気体である. したがって, 始める前にそれぞれの原子を用意するために何らかのエネルギーを追加する必要があったであろう. 第二に, 計算によって単一のイオン対のクーロン引力を見いだした. しかし, 実際にフッ化ナトリウムをつくるとしたら, 多くのイオンから成るバルクの結晶格子をつくることになるだろう. そのようなイオン結晶格子では異なる電荷同士は引き合い, 同じ電荷のイオンは反発し合う. イオン間の距離が大きくなるほど, 引力あるいは反発力は弱くなる (図 7・2).

結局, 結晶の**格子エネルギー** (lattice energy) にはこれらの引力や反発力による寄与が含まれている. NaF の結晶構造では, 各ナトリウムイオンは 6 個のフッ化物イオンに囲まれており, 各フッ化物イオンは近接した 6 個のナトリウムイオンをもっている. 結晶格子のクーロンエネルギーを正確に求めるには, 各イオンと多くの近接イオンとの相互作用を考慮に入れる必要がある[*7]. ゆえに, 孤立した原子から始めたことでイオン結合を形成する際に放出されるエネルギーを過大評価した一方, 広がった結晶格子構造の代わりに単一のイオン対を使ったことでそのエネルギーを過小評価することになった. 固体ナトリウムと二原子気体フッ素との反応で放出される実際のエネルギーは 577 kJ mol^{-1} である.

式(7・2)をみると, 小さな多価イオンは大きな格子エネルギーをもったイオン化合物を形成し, 小さな電荷をもつ大きなイオンは小さな格子エネルギーの化合物を形成することがわかる. 例題 7・2 でこの関連性を調べてみよう.

例題 7・2

つぎのイオン性固体の組合わせにおいて, イオンは同じ結晶格子で配列しているとする. 格子エネルギーが大きいのはどちらか. (a) CaO と KF (b) NaF と CsI

解法 このような問いにおいては, 比較の基準を見つける必要がある. この場合は, 格子エネルギーと関連する要因としては, 化合物を構成しているイオンで考えるしかない. 二つの要因を考慮することにしよう. 小さなイオンは原子核間距離が短いので大きなクーロン相互作用をもつ傾向がある. また, 大きな電荷をもつイオン

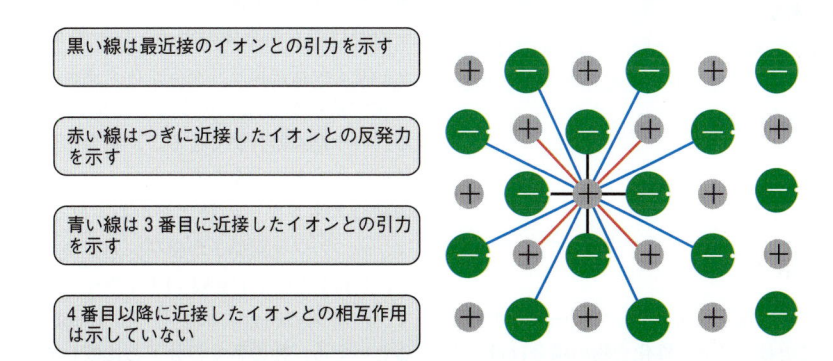

図 7・2 固体の結晶中では, どのイオンも他の多くのイオンと相互作用, すなわち引力や反発力(斥力)が働いている. この結晶格子の二次元表示では, 最近接のイオン, つぎに近接したイオン, 3番目に近接したイオンとの相互作用を示す.

- 黒い線は最近接のイオンとの引力を示す
- 赤い線はつぎに近接したイオンとの反発力を示す
- 青い線は3番目に近接したイオンとの引力を示す
- 4番目以降に近接したイオンとの相互作用は示していない

[*7] イオン性結晶内の引力と反発力をすべて見積もるためには, マーデルング定数を計算する. この定数はある結晶構造内で起こるすべての相互作用を考慮した無限級数の和である.

は強く相互作用する．これらの二つの要因を検討すれば，どちらの物質が大きな格子エネルギーをもつか予測できるだろう．

解　答

(a) CaO 中では，カルシウムは Ca^{2+}，酸素は酸化物イオン O^{2-} として存在している．KF は構成イオンが K^+ と F^- である．どちらの元素も周期表の同じ列にあるので，カチオンの大きさはさほど違わないはずである．同様なことがアニオンでも成り立つので，最初の近似としてイオンの大きさは無視できるだろう．また，CaO の方が大きな格子エネルギーをもつだろう．理由は CaO のイオンの電荷が KF のイオンの電荷よりも大きいからである（もしイオンの大きさをさらに検討するならば，K^+ は Ca^{2+} よりも若干大きく，O^{2-} は F^- より若干大きいであろう．つまり KF には大きなカチオンがあり，CaO には大きなアニオンがあるので，大きさはさほど重要ではないという近似は妥当と思われる）．

(b) こちらの問題ではイオンはすべて一価の電荷をもつので，大きさの違いが重要な課題となるであろう．Na^+ や F^- は Cs^+ や I^- より小さいので，NaF の結晶間隔は小さいはずである．それゆえ，NaF の方が大きな格子エネルギーをもつだろう．

考　察　まず，かかわっているイオンを同定する必要がある．そのためには例題 7・1 で検討したイオン化エネルギーが大きく跳ね上がることを考慮するのも一つの方法である．しかし，少し練習すればほとんどの主族元素の推定電荷は周期表の位置に基づいて容易に決められる．イオンの電荷や半径は，周期表におけるイオンの位置に基づいて考慮したが，この"周期による推論"ができるためにも，周期表におけるさまざまな傾向を学ぶことが大切である．ただし一つ気をつけなくてはならないのは，問題の化合物の結晶構造が同じでないと比較はできないという点である．

理解度のチェック　3 種類の化合物，CaF_2，KCl，RbBr のなかで格子エネルギーが最も小さくなると予測されるのはどれか．その理由はなぜか．

7・3　共有結合

イオン化エネルギー，電子親和力そしてクーロンポテンシャルを考慮することは，イオン性化合物の場合は役に立つ．しかし，高分子などにみられる共有結合の場合はどうだろうか．§2・4 で述べたように，**共有結合**（covalent bond）は 2 個の原子間で電子対を共有することに基づいている．共有結合はどのようにして生じるのだろうか．そしてその結合は，骨のセメントに用いられるポリメタクリル酸メチルのような化合物のふるまいにどのように影響するのだろうか．

化学結合とエネルギー

非金属元素間で化学結合が形成されるとき，共有電子は移動するよりは共有される．しかし，イオンの場合と同じように，結合形成を支える原動力は全体のエネルギーが低下することである．共有結合をつくる際のエネルギー上の有利な点は，2 個の原子が互いに接近する仮想実験を行ってポテンシャルエネルギーがどのように変化するかを考慮すれば説明できる．原子同士が十分に離れていれば互いに影響し合う力は働かない（どちらも相手がそこにいることがわからないともいえる）．しかし原子同士が接近してくると，一方の原子の電子は他方の原子の正の電荷を帯びた原子核に引きつけられる．この引力はその系のポテンシャルエネルギーを下げることになる．もちろん，原子核同士は反発し合い，結合をつくる電子同士も同様なので，原子核同士はさほど近づけない．ある距離だけ離れたところで引力と反発力がつり合い，系のエネルギーが最低になる（図 7・3）．このエネルギーが最低になるところで共有結合が形成される．孤立した原子同士が共有結合する際に放出されるエネルギーは**結合エネルギー**（bond energy），結合した原子の原子核間距離は**結合距離**〔bond distance，結合の長さ，結合長（bond length）ともいう〕とよばれる[*8]．

電子が 2 個の原子間で共有されると，その電子分布は単独の原子のときとは異なる．図 7・4 をみると，分子の電子密度が単独の原子のときにみられる球対称の分布とどの程度異なるかがわかる．共有結合した分子では二つの結合した原子間に電子密度が蓄積され，負の電荷が集中する．電子密度は特に大きく増える必要はなく，原子間に少し増えただけでも系全体のポテンシャルエネルギーは低くなり，分子を安定化させることができる．

化学結合が形成されるとつねにエネルギーが放出される．いったん結合ができると，結合を切り離すためには同量のエネルギーすなわち結合エネルギーが必要になる．この結合エネルギーの量はかかわる原子で決まる．たとえば，二つのフッ素原子が結びついてフッ素分子を形成すると，1 mol あたり 156 kJ のエネルギーが放出される．よって，F–F 間の結合エネルギーは 1 mol あたり 156 kJ であるといえる．他の多くの分子と比較してみると，フッ素分子（F_2）の共有結合はさほど強くないことがわかる．たとえばフッ化水素の結合エネルギーは 565 kJ mol^{-1} であり，3 倍強である．原子同士を切り離すのに大きなエネルギー

[*8] 結合の形成はいつもエネルギーを放出する，と覚えておくとよい．

7・3 共有結合

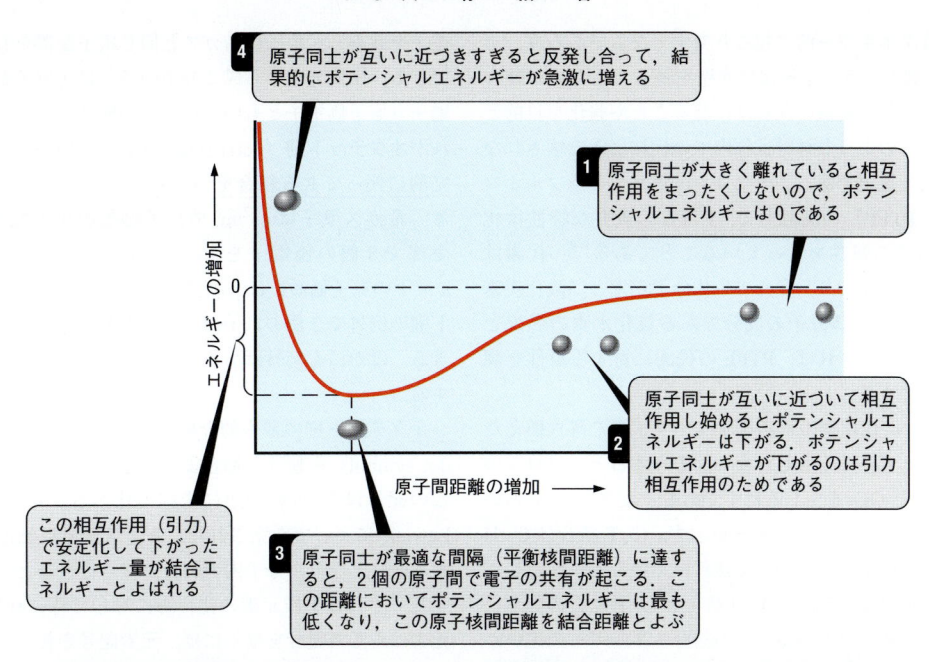

4 原子同士が互いに近づきすぎると反発し合って, 結果的にポテンシャルエネルギーが急激に増える

1 原子同士が大きく離れていると相互作用をまったくしないので, ポテンシャルエネルギーは 0 である

2 原子同士が互いに近づいて相互作用し始めるとポテンシャルエネルギーは下がる. ポテンシャルエネルギーが下がるのは引力相互作用のためである

この相互作用（引力）で安定化して下がったエネルギー量が結合エネルギーとよばれる

3 原子同士が最適な間隔（平衡核間距離）に達すると, 2 個の原子間で電子の共有が起こる. この距離においてポテンシャルエネルギーは最も低くなり, この原子核間距離を結合距離とよぶ

図 7・3　一対の原子のポテンシャルエネルギーが原子同士の接近でどのように変化するかを示す模式図. この"ポテンシャルの井戸"に現れる極小の位置は普通の二原子分子の結合距離や結合エネルギーに相当する.

原子同士が十分に離れていると, 一方の原子の周りの電子雲は他方の原子の存在で歪められずに, 球状である

原子同士が近づくと, 負の電荷を帯びた電子雲は両方の原子核に引きつけられる

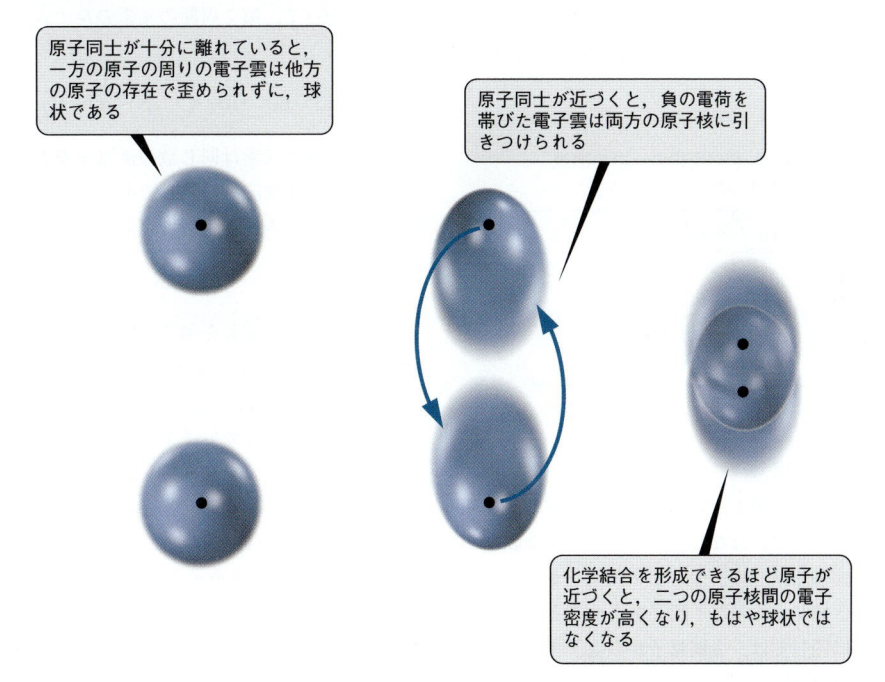

化学結合を形成できるほど原子が近づくと, 二つの原子核間の電子密度が高くなり, もはや球状ではなくなる

図 7・4　二つの原子が互いに近づくと, 負の電荷を帯びた電子雲は他方の正の電荷を帯びた原子核に引きつけられる. この引力的相互作用ポテンシャルが化学結合を形成する際のエネルギー的安定化に寄与する.

を必要とすることから, HF の結合は F_2 の結合よりはるかに安定であるといえる. 化合物の安定性を評価しようとするときに, 異なる結合様式に関して一般的な考えがあると役立つ.

化学結合と反応性

化学反応では結合の組み換えが起こり, 反応物は生成物に変換される. 結合を切るのに必要なエネルギーが新しい結合をつくるのに放出されるエネルギーよりも少なけれ

ば，反応はエネルギー的に起こりやすくなるであろう．テフロン®の網のように手術後に腹壁を補強するために使われる生体材料は，組織の代わりになることや強化を目的としている．このような材料は体内での代謝反応で壊されないことが大変重要である．テフロンはポリテトラフルオロエチレン（PTFE）の商品名で，PTFE の重要な特性は化学反応に対する耐性をもっていることである[*9]．代謝は燃焼とかなり似ており，多くの生体分子が水と二酸化炭素に分解される．生体分子の成分である炭化水素の燃焼と PTFE の燃焼を比べれば，PTFE の代謝に対する耐性を調べることができる．

PTFE は，炭化水素の水素をすべてフッ素で置き換えた炭化フッ素と考えるかもしれない．そうするとテフロンの燃焼は CO_2 と OF_2 を生じるはずである．表7・1にいろいろな結合様式の結合エネルギーを示す．C–F 結合は C–H 結合より若干強く，したがって壊れにくいことに注意しよう．さらに重要なことは，O–H 結合と O–F 結合の強さに大きな差があることである．この結合エネルギーの違いから炭化フッ素を燃焼させるには強い C–F 結合を弱い O–F 結合で入れ替えなければならないことがわかる．エネルギー的観点から，これはとうてい起こりえないことであり，フッ素を含む多くの分子は燃えない．このように結合エネルギーを検討するだけでテフロンの非反応性を説明できる．

表7・1 炭化水素や炭化フッ素の燃焼で重要な結合様式と結合エネルギー．

結合様式	結合エネルギー〔kJ mol^{-1}〕
C–F	485
C–H	415
O–F	190
O–H	460

化学結合と分子構造

化学結合のでき方を説明するには，前節で考察したエネルギー論の先をいかなければならない．金属と非金属間のイオン結合を議論した際，カチオンとアニオンが生成するときは，希ガスと同じ np^6 の電子配置をもつことがわかった．非金属原子に関しては，金属原子から電子をもらうことで希ガスの電子配置になり，イオン結合をつくる．一方，非金属原子が他の非金属原子と反応するときは，電子を共有し，すべての結合をつくる電子は各原子に効果的に共有されるように配置される．このようにして必要な数の電子を共有し，原子は希ガスと同じ電子配置をもつことができる．主族元素から成る分子の多くは各原子が8個の価電子（原子価電子ともいう）をもつ構造になっている．これが**オクテット則**（octet rule: 原子が8個の電子を相互補完的に使って共有結合をつくる）とよばれるゆえんである．希ガス原子は ns^2np^6 の原子価殻の電子配置をもち，全部で8個の価電子をもっていることを思い出そう．$n=1$ の原子価殻にはp軌道がないので，水素はオクテット則の例外で2個の電子だけで共有結合をつくることができる．ほかにも例外はあるが，それが出てきたときに説明する．

オクテット則の基本的な概念は**ルイスの点記号**（Lewis dot symbol）を使うと都合よく描写することができる[*10]．この記号は20世紀初頭に米国の化学者，ルイス（G. N. Lewis）によって考案された．ルイス記号は価電子を追跡する助けとなり，分子内の結合ができそうなところを予想する．それは主族元素の化合物に対して特に有効である．元素にルイス記号を描くには，元素記号を使って，その四方に価電子の数を示すための点を描く．主族元素の周期をたどって順にルイス記号を描くときは，最初の4個の点は元素記号の四方に1個ずつ描く．5個目の点から対をつくる．したがって，第2周期の元素のルイス記号はつぎのように描ける．

·Li ·Be· ·B̈· ·C̈· ·N̈· ·Ö· ·F̈· :N̈e:

同じ族にある元素は同じ数の価電子をもつので，周期が変わってもルイス記号は同じである．たとえば炭素，ケイ素，ゲルマニウムのルイスの点記号はつぎのようになる．

·C̈· ·S̈i· ·G̈e·

主族元素のルイス記号を図7・5に示す．

個々の元素のルイス記号が使われることはあまりないが，分子に対して同じような表現を使うと威力を発揮する．ルイスの点記号で分子を描くときは，原子間の結合を示すために別の記号を使う．二つの原子間の結合を1本の線（価標という）で表し，2個の共有電子を意味する．したがって，電子の数としては1本の線が2個の点に相当する．図7・6に水素原子のルイス記号と最も簡単な分子である水素分子 H_2 のルイス構造を示す．

ルイス構造（Lewis structure）は，分子内で電子がどのように共有されているかを示す．F_2 のルイス構造を図7・7に示す．結合を効果的につくる電子を共有することによって，各フッ素原子はオクテットいっぱいの電子をもつ．フッ素が共有結合の一部になる場合はつねに，一つの電子

[*9] テフロンが料理器具によく使われている理由の一つは，PTFE がかなりの高温でも反応しにくいからである．

[*10] ルイスの点記号は元素の価数（原子価，結合価）を説明する助けになる．元々の価数の定義は元素が生成する化学結合の数であった．周期表のsブロックとpブロックにある元素は，ルイス記号のなかで対になっていない電子の数を数えると，原子価がわかる．

対を共有しオクテット則を満たすことで単結合（一重結合）を形成する．二つの原子で共有される電子対を**結合対**（bonding pair）という．単独の原子に関連する別の対電子は非結合性電子あるいは**孤立電子対**〔lone pair, **非共有電子対**（unshared electron pair）ともいう〕という．フッ素分子は一つの結合対と六つの孤立電子対をもつ．

ほとんどの分子は H_2 や F_2 よりもはるかに複雑で，複数の電子対をもつ．たとえば二つの酸素原子が一つの電子対を共有するとしたら，どちらの原子もオクテットの原子価をもたない．しかし，二つの電子対を共有すれば，両方の酸素原子がオクテット則に従う．二つの窒素原子の場合には，オクテット則を満足するには三つの電子対を共有しなければならない．多重結合は複数の電子対を共有することによって起こる．二つの電子対が共有されると**二重結合**（double bond）が生じ，三つの共有電子対は**三重結合**（triple bond）をつくる．二重結合は単結合より強く，三重結合は二重結合より強い．しかし通常は二重結合が単結合の 2 倍強いというわけではない．下記の炭素-炭素間の結合エネルギーがその例をよく表している．

結合様式	結合エネルギー〔kJ mol^{-1}〕
C−C	346
C=C	602
C≡C	835

多重結合の相対的強さは重大な結果をもたらす．メタクリル酸メチルが重合して PMMA を生じるのが好例である[*11]．メタクリル酸メチルの単分子は炭素-炭素の二重結合をもっている．重合反応ではこの二重結合を形成している電子のうち 2 個がつぎのモノマー単位との結合を形成するために使われる．結果として，反応物の二重結合は，生成物の二つの単結合に変換される．二つの単結合を形成する際に放出されるエネルギーは，二重結合を切るためのエネルギーより大きいので，PMMA を生成する過程はエネルギー的に起こりやすい．同様な多くの反応でみられるように，二重結合をもつ反応物が二つの単結合をもつ生成物に変換されることは事実である．炭素=炭素の二重結合の

族	1	2	13	14	15	16	17	18
原子価殻の電子数	1	2	3	4	5	6	7	8 (Heを除く)
第 1 周期	H·							He
第 2 周期	Li·	·Be·	·B·	·C·	·N·	·O·	·F·	·Ne·
第 3 周期	Na·	·Mg·	·Al·	·Si·	·P·	·S·	·Cl·	·Ar·
第 4 周期	K·	·Ca·	·Ga·	·Ge·	·As·	·Se·	·Br·	·Kr·
第 5 周期	Rb·	·Sr·	·In·	·Sn·	·Sb·	·Te·	·I·	·Xe·
第 6 周期	Cs·	·Ba·	·Tl·	·Pb·	·Bi·	·Po·	·At·	·Rn·
第 7 周期	Fr·	·Ra·						

図 7・5 周期表の初めの第 3 周期までの元素のルイス記号を示す．同じ族の元素は似ていることがわかる．ルイス構造は化学結合にかかわる電子を追跡する助けになる．

$$H· + ·H \longrightarrow H:H \quad または \quad H—H$$

図 7・6 各水素原子の電子を共有することで，2 個の水素原子は化学結合をつくることができる．その際，各原子は $n=1$ の殻を満たすのに十分な価電子をもっている．

$$:\!\ddot{F}\!· + ·\!\ddot{F}\!: \longrightarrow :\!\ddot{F}\!:\!\ddot{F}\!: \quad または \quad :\!\ddot{F}\!—\!\ddot{F}\!:$$

図 7・7 二つのフッ素原子が結びついて，安定な化学結合をつくる．F 原子がなぜ一つの結合しかつくらないか，ルイス構造からわかる．一対の電子を共有することで，各 F 原子は 8 個の価電子をもつことになる．

[*11] この重合反応は §2・8 で議論したポリエチレンの合成と似通っている．

官能基でよく起こる反応が付加反応である理由はこれである．三重結合でも同様なことが起こるが，その例はずっと少ない．

7・4 電気陰性度と結合の極性

イオン結合と共有結合を考察したことで，高分子やセラミックスの化学的性質を理解する手がかりができた．重要な生体材料の一つとしてヒドロキシアパタイト $Ca_{10}(PO_4)_6(OH)_2$ があり，これはイオン結合と共有結合の両方をもっている．どの結合がイオン性で，どれが共有結合性か，どうしたら予想できるだろうか．

共有結合を形成する電子の共有と，イオン結合で起こる電子の完全な移行は，結合の性質の両極端を表す．ある結合がこの二つの性質の間のどこに相当するか記述するために，さらに二つの概念，電気陰性度と結合の極性を導入する．

電気陰性度

1個または複数の電子が金属原子から非金属原子に移動して，両原子の間でイオン結合が生成すると述べた．金属と比べて非金属は，電子に対して相対的に"貪欲"である．非金属がもっている性質すなわちサイズが小さいことと高い電子親和力は，共有結合の場合でさえも，電子が非金属元素に強く引きつけられることを意味している．共有結合の共有電子がある原子に引きつけられる度合いを**電気陰性度**（electronegativity）という．

電気陰性度という概念は単純に思えるかもしれないが，数値で定量化することは大変難しい．イオン化エネルギーや電子親和力とは違って，電気陰性度は実験で決められるエネルギーの変化量ではない．そこで，電気陰性度の値はいろいろな要因すなわち原子の大きさ，電子親和力，イオン化エネルギーなどを考慮して決められ，その単位は任意とされている．図7・8にほとんどの元素の電気陰性度の値を示す．電気陰性度の値が大きくなればなるほど，化合物を形成したときにその元素は電子密度をさらに引きつけようとする．電気陰性度は，同族の元素で下から上へいく（原子番号が減る）に従って，あるいは周期の左から右へいくに従って，増える傾向にある．すなわち，電気陰性度の変わる傾向は電子親和力と同様である．

最も電気陰性度の高い元素であるフッ素の電気陰性度の値は 4.0 となっている．酸素や窒素も比較的高い電気陰性度をもつ．これらの元素が共有結合にかかわると，結合電子対を"より偏って"引きつける傾向がある．分子内の共有電子が一方に偏るということは何を意味するのだろうか．

結合の極性

フッ素が高い電気陰性度をもつことはいろいろな過程で重要な役割を果たす．たとえば生体材料を扱ったものとし

図7・8　元素の電気陰性度の値を示す．周期表の右方向や上方向へいくと，値が増えることがわかる．

ては最も初期の例である歯のフッ素化は，ヒドロキシアパタイトの-OHをフッ素で置き換えてフルオロアパタイトとしている．フッ素がどのようにして共有結合からイオン結合までの化学結合にかかわるかを理解するには，分子内のフッ素原子の周りの電子分布と，単独のフッ素原子の周りの電子分布を比べるとよい．

離れたところからフッ素原子を観察すると，電気的に中性であるように思われる．その理由は原子核と電子の電荷が相殺されているからである．フッ素は最も電気陰性度の高い元素なので，水素のような他の元素と共有結合をつくると結合電子対の電子分布の半分以上がフッ素原子の方に偏る．結果的にフッ素原子が部分的な負の電荷の中心になる．なぜなら，このときフッ素はそれ自身の原子核の正の電荷より大きな負の電子密度をもつからである．同時に，結合の反対側にある水素原子の方は原子核の電荷を相殺するほどの負の電子密度をもたないため，部分的に正の電荷を帯びる（図7・9）．こうして異なる電気陰性度をもつ原子間の共有結合では，正の電荷の中心と負の電荷の中心が離れることになる．分子は正の電荷の領域と負の電荷の領域を別々にもつために，分子にはそれにかかわる電場が生じる．このように正の電荷と負の電荷という二つの電荷分布は**双極子**（dipole）を生み出し，そのような結合を**極性結合**（polar bond）という．その結合電子は一方の原子に移動することなく，いぜんとして共有されているので，この結合は極性共有結合とよばれる．

極性共有結合によって化学結合における共有性の連続した変化が補完される．すなわち，共有結合の極性は完全な無極性（F_2やH_2の場合）から中程度の極性（HFの場合），そして完全なイオン性（NaFの場合）まで変わる．どの結合様式が形成されるかは結合する原子の電気陰性度の差によって決まる．電気陰性度の差が大きいほど，結合の極性は大きくなる．大まかにいって，電気陰性度の差が約2.0を超える場合，その結合はイオン性とされる[*12]．

図7・8の電気陰性度の値を参照すると，NaFの電気陰性度の差は3.0であり，明らかにイオン性結合である．テフロンのようなフッ化炭素のC-F結合の場合は，電気陰性度の差は1.5で極性共有結合になり，F-F結合は完全な共有結合である（電気陰性度の差は0）．例題7・3でこの概念をさらに考えてみよう．

> **例題7・3**
>
> つぎの結合，C-H，O-H，H-Clのうち，最も極性が大きいのはどれか．これらの結合の中で部分的に正の電荷を帯びている元素はどれか．
>
> **解法** 結合の極性は結びついている二つの元素の電気陰性度の差に依存する．そこで，元素の電気陰性度の値を調べて引き算し，その差を求める．負の電荷を帯びた電子は高い電気陰性度をもつ原子の方に引きつけられる．そこで電気陰性度の低い原子が部分的に正の電荷を帯びることになる．
>
> **解答** 図7・8より，電気陰性度の値はH = 2.1，C = 2.5，O = 3.5，Cl = 3.0とわかる．ゆえに電気陰性度の差はC-H = 0.4，O-H = 1.4，H-Cl = 0.9となる．したがってO-H結合が三つの結合のうち最も極性が大きい．ここで考えている三つの結合の元素のなかで，水素原子は電気陰性度が低く，そのため正の電荷を帯びることになる．
>
> **考察** この問題は電気陰性度の値とその差を素直に使っているので簡単にみえるかもしれないが，得られた結果によって材料特性に関する重要な洞察が可能になる．ここで注目しているのは単一の分子についてであるが，現実の世界の実験室における観察ではつねに膨大な数の分子の集団に出会う．これらの分子の試料のふるまいは個々の分子の結合の極性に影響される．したがって結合双極子を理解し，電気陰性度を用いてその存在を予見することは，化学の学習を先に進めるにつれていろいろな面で役立つだろう．

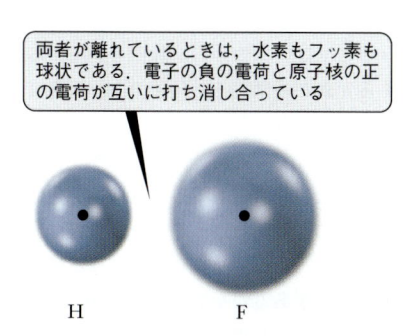

図7・9 高い電気陰性度をもつフッ素原子は水素よりはるかに強く電子を引きつける．そのため，その2原子は極性をもつ共有結合を形成する．

[*12] 電気陰性度の差と結合のイオン性は実際には連続した関係にあるが，結合をイオン性か極性かに切り分けをした方が，用語としては扱いやすい．

理解度のチェック つぎの結合 C–N, N–Cl, H–Br のうち，極性が最も小さいのはどれか．

結合の極性は生体材料のいろいろな特徴，特に生体適合性に関連して重要な役割を果たす．生体に適用される材料はつねに生体系と相互作用している．重要例は生体材料と血液の相互作用である．血液細胞の表面分子がもつ極性結合は，血液が水と相互作用するのを助ける．また，この極性結合は生体材料と相互作用し，生体適合性に影響を与える．

非晶質シリカは SiO_4 のシリカ単位がたくさん集まったもので構成されている[*13]．ほとんどの砂はシリカで，砂が有毒とは考えにくい．しかし非晶質シリカには生体適合性がない．この材料の生体適合性を詳しく調べると，血液細胞を破壊し，特に酸素を運搬するヘモグロビンがもれ出すことがわかった[*14]．このようなふるまいは非晶質シリカの表面に極性をもつ Si–O 結合が多数存在するという事実による説明も可能である．これらの結合は赤血球の表面にある正の電荷と強く相互作用しうる（図7・10）．その相互作用が強すぎるためにシリカの粒子が血液細胞の近くにとどまり，押し合いへしあいして結局，細胞膜に穴を開けて，細胞を破壊してしまう．

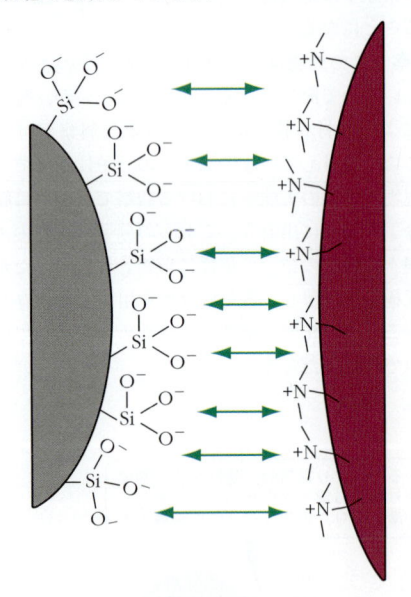

図7・10 細胞の外側にはしばしば極性結合があり，極性のある水分子と相互作用する．非晶質シリカ（左）のような物質もまた表面に極性基をもち，血液細胞（右）の細胞表面にある極性結合と強く相互作用しうる．このような強い相互作用は細胞を傷つけうるので，生体適合性への懸念の原因になる．

7・5 結合のでき方を追跡する ── ルイス構造

これまで化学結合の重要な側面を調べて，いくつかの重要な概念を理解した．しかし，結合と化合物の特性の関連性を考えるには，結合の形成だけでなく，何個の結合がどの元素からできたかを知る必要がある．そこで，§7・3で導入したルイス構造が有力な手段になる．H_2 や F_2 のような簡単な分子のルイス構造を描くとき，各原子を別々に描き，それから一緒にして結合をつくった．このやり方は明らかに，どの原子がどの原子に結合するか知っているということを前提としている．元素の選び方は二原子分子を扱う場合は自明であるが，多原子分子の場合は難しくなりうる．そのような場合は，ある論理的なやり方が役に立つ．その方法を使うと，特定の分子について可能な構造を調べて比較することにより，どの結合ができるか予測することができる．

その方法を紹介するにあたっては，簡単な分子を使って段階をふんで説明するのがよいだろう．水を選んでもよいが，水素はオクテット則に従わないので最良の例とはいえない．代わりに，水と構造がよく似た分子として二フッ化酸素 OF_2 を初めに取上げる．

ステップ1：分子あるいはイオンの価電子の総数を数える[*15]．

そのためには，分子内の各原子がもっている価電子の数を合計すればよい（多原子イオンの構造を描くつもりなら，後で例題7・5でわかるように，イオンの電荷も数える必要がある）．OF_2 の場合は，各フッ素原子は7個の価電子をもち，酸素は6個もつので，分子内には総数で20個の価電子があることになる．

F（フッ素原子）	$2 \times 7 = 14$
O（酸素原子）	$1 \times 6 = 6$
	合計 $= 20$

ステップ2：分子の骨格構造を描く．

ここではいくつかの一般則を利用する．化学式の先頭にくる元素が通常，その分子の中心元素である．ただし，水素が初めにきたときは除く（水素は単結合しかつくらないので中心元素にならない）．通常，中心元素は電気陰性度の最も低い元素である．ときには2種類以上の骨格構造が描けることもある．そのような場合は化学的直観でどちらかを選ぶ．あるいは複数のとりうる構造を描き，どれが最も可能性があるかを評価する．OF_2 の場合は，酸素が先頭に描かれており電気陰性度も低いので，これが中心元素で

[*13] ［訳注］シリカは SiO_2 の組成式で表されるが，Si の周りを O が四面体配置で取囲んでいるので，SiO_4 と考えることもできる．一般に表面は OH 基で覆われているが，解離した状態は図7・10とは異なり，$Si-O^-$ のように表すのが一般的である．
[*14] このような赤血球の破壊を溶血という．
[*15] 少し練習すると機械的操作になってしまうかもしれないが，この過程のステップ1を行うことが大変重要である．学生がルイス構造を描くときによく犯す過ちは，間違った数の価電子を使ってしまうことである．

ある．その酸素の周りに二つのフッ素原子を描く（この時点では酸素のどちら側にフッ素原子を置くかは重要ではない）．

```
      F   O
          F
```

ステップ3：結合している原子間に線を引いて単結合を表す．

この時点では分子中に何本の結合が必要かわからないが，各原子を1個の分子として保つためには，少なくとも酸素とフッ素の間にそれぞれ1個の単結合は必要である．したがって単結合を2本描いて先に進む．

```
      F—O
        |
        F
```

ステップ4：上の単結合で使われなかった残りの価電子を，オクテット則を満たすように各原子の周りに描く．可能なかぎり孤立電子対として電子を描く．

通常，初めに外側の原子に電子を描き，中心原子は最後に残すのがよい．各結合は2個の電子をもつことを思い出そう．したがって2本の単結合を描く場合には4個の電子を使う．いま考えている分子は20個の価電子をもつので，残りの16個をルイス構造に描き加える．その16個のうち各フッ素原子の周りに6個の電子を配置して12個を使い，残った4個を中心原子の酸素に置けば，これで20個すべての電子を配置し終えたことになる．その16個の電子はすべて孤立電子対として描くべきである．

```
    :F̈—Ö:
       |
      :F̈:
```

ここで，利用できる電子すべてが構造のどこかに表れていることがわかる．これが価電子の最適配置かどうかを確かめるために，各原子がオクテット則を満足しているかどうかを調べる．このOF_2の場合，各原子はオクテット則を満足する電子をもっているので，この構造が最終構造といえる．オクテット則より少ない電子をもつ原子があった場合はつぎの段階に進む必要がある．

ステップ5：価電子がオクテット則を満足していない原子に対しては，孤立電子対を必要なだけ結合できる場所に移して多重結合をつくる．

OF_2の構造はオクテット則を満足しているので，この分子に多重結合をつくる必要はない．後で出てくる構造で，この追加ステップを使うことにする．

つぎの例題で，ここに紹介した方法についてさらに解説する．もちろん，これらのステップをよく理解するためにはルイス構造を自分自身で描く練習をすることが必要である．

例題7・4

クロロフルオロカーボンは1930年代から冷媒として使われた．しかし成層圏大気のオゾン層破壊の懸念から，その使用は段階的に廃止された．デュポン社の商品，フレオン12として知られているジクロロジフルオロメタン CF_2Cl_2 のルイス構造を描け．

解法 上述の方法を使ってルイス構造を描く．

解答 **ステップ1**：価電子の総数を数える．炭素は4個，フッ素は7個，塩素も7個である．

```
  C（炭素原子）   1×4 = 4
  F（フッ素原子） 2×7 = 14
  Cl（塩素原子） 2×7 = 14
                ─────
                合 計 = 32
```

ステップ2：分子の骨格構造を描く．炭素が化学式の最初にきており，電気陰性度が最小なので，炭素を中心原子にする．

```
       Cl
    F  C  F
       Cl
```

ステップ3：すべてのつながる原子間を単結合で結ぶ．

```
       Cl
        |
    F—C—F
        |
       Cl
```

ステップ4：ステップ3で使われなかった各原子の残りの価電子を，オクテット則が満足されるまで描く．4本の結合がすでに描かれており，8個の価電子を使っている．全部で32個の電子があり，その8個を引いてまだ24個が残っている．そこで，4個のハロゲン原子のおのおのに3個の孤立電子対（6個の電子）を配置する．

```
      :C̈l:
        |
   :F̈—C—F̈:
        |
      :C̈l:
```

ステップ5：オクテット則を満たす電子をもっていない原子があれば多重結合を描く．各原子がオクテット則の8個の電子をもっているかどうかを確認する．炭素は四つの結合対，つまり8個の電子をもつ．各ハロゲン原子は一つの結合対と三つの孤立電子対をもっているので，これもオクテット則を満たす．多重結合は必要なく，ステップ4で描いたものが最終構造である．

考察 一つの定められたやり方に従って構造を描いているので，各ステップを正確に行うことが重要である．間違いがあると，残りのステップでそれが増幅されるかもしれない．ステップ1が最も重要である．含まれるべき価電子数の跡をたどれないと，正確な構造にたどり着くことはありえない．多くの学生が試験問題で犯す

過ちは，多重結合を描くときの誤りよりも，ありもしない孤立電子対を描き加えることである．

理解度のチェック　エタン C_2H_6 のルイス構造を描け．

例題 7・5

リン酸カルシウムはバイオセラミックス塗装膜の生成に欠かせない前駆体である．リン酸イオン PO_4^{3-} のルイス構造を描け．

解 法　ルイス構造の描き方の手順に従う．この場合はアニオンなので価電子の数を決める際にその電荷を考慮する必要がある．

解 答

ステップ1: 価電子の総数を数える．リン原子は5個の価電子，各酸素原子は6個の価電子をもつ．リン酸イオンは全体として3−の電荷をもち，つまり3個の電子を余分にもっていることになる．

$$\begin{array}{ll} P（リン原子） & 1\times 5 = 5 \\ O（酸素原子） & 4\times 6 = 24 \\ イオンの価数 & +3 = 3 \\ \hline & 合計 = 32 \end{array}$$

ステップ2: 分子の骨格構造を描く．リンの電気陰性度が最小でリンが化学式の最初にきているので，リンを中心原子にする．イオン全体を角カッコでくくり，その電荷を書く．

$$\left[\begin{array}{c} O \\ O\ P\ O \\ O \end{array}\right]^{3-}$$

ステップ3: すべてのつながる原子間を単結合で結ぶ．

$$\left[\begin{array}{c} O \\ | \\ O-P-O \\ | \\ O \end{array}\right]^{3-}$$

ステップ4: ステップ3で使われなかった各原子の残りの価電子を，オクテット則が満足されるまで描く．酸素原子との結合を描くと，32個の電子の中の8個の価電子を使うので，24個が残る．そこで，各酸素原子に三つの孤立電子対を描くと，すべての電子を使い切る．

$$\left[\begin{array}{c} :\ddot{O}: \\ | \\ :\ddot{O}-P-\ddot{O}: \\ | \\ :\ddot{O}: \end{array}\right]^{3-}$$

ステップ5: オクテット則を満たす電子をもっていない原子があれば多重結合を描く．オクテット則がすべて満たされており，電子はすべて使われている．多重結合はこのイオンでは必要ない．

考 察　この例題は前例と似ているが，ここではイオンを扱っているので，何個の価電子がかかわっているかを決める際にさらに注意が必要である．

理解度のチェック　NH_4^+ イオンと ClO_2^- イオンのルイス構造を描け．

[訳注] オクテット則が一般に適用できるのは第3周期の Mg まででリン原子は適用範囲外であるが（この点は例題7・7で述べられている），ここでは多原子イオンにオクテット則を適用する場合の事例として紹介されている．例題の表示だと P–O 結合はすべて単結合のように見えるが，実際には少し二重結合性を帯びている．これはイオンではない H_3PO_4 のルイス構造を考えてみるとわかる．下図のようになり，オクテット則を満たしていない（P原子の価電子数は10）．

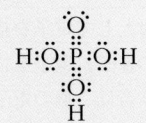

$$\begin{array}{c} :\ddot{O}: \\ \| \\ H:\ddot{O}:P:\ddot{O}:H \\ :\ddot{O}: \\ | \\ H \end{array}$$

例題 7・6

ポリビニルアルコールは外科用縫合材料などに使われている．ポリビニルアルコールのモノマーであるビニルアルコール CH_2CHOH のルイス構造を描け[16]．

解 法　ルイス構造の書き方の手順に従う．今回のような大きな分子を扱う場合，中心原子は1個とは限らない．

解 答

ステップ1: 価電子の総数を数える．炭素原子は各4個，水素原子は各1個，酸素原子は6個をもつので，18個の価電子がある．

$$価電子数 = 2\times 4 + 4\times 1 + 1\times 6 = 18$$

ステップ2: 分子の骨格構造を描く．今回の分子は有機化合物であり，有機化学の知識では，炭素原子が有機化合物の中心にあって化学結合でつながっている．そこで2個の炭素原子を中央に置き，残りの元素をその周りに配置する．また，第2章でアルコールは–OHの官能基をもつことを学んだ．ビニルアルコールがその性質を示すと思われる．水素原子はつねに外側にあり，1本の化学結合をつくるとわかっている．このようなことを結びつけて考えると，3個の水素原子と1個のOH基が炭素原子2個と結合することになる．化学式が上記のように書き表せるということは，2個の水素原子が一方の炭素原子と結びつき，1個の水素原子と1個のOH基がも

---

[16] [訳注] ビニルアルコールは不安定なので，ポリビニルアルコールを得るときは，まずその酢酸エステルである酢酸ビニルを重合してポリ酢酸ビニルを製造し，それを加水分解する．

う一方の炭素原子と結合することになる．

$$\begin{array}{ccc} & H & H \\ H & C & O H \end{array}$$

ステップ 3: すべてのつながる原子間を単結合で結ぶ．分子を一つにまとめるには，隣合う原子同士の間に少なくとも 1 本の結合が必要である．

$$\begin{array}{c} H \quad H \\ | \quad | \\ H{-}C{-}C{-}O{-}H \end{array}$$

ステップ 4: ステップ 3 で使われなかった各原子の残りの価電子をオクテット則が満足されるまで描く．6 本の結合をつくるには，12 個の電子が必要である．18 − 12 = 6 でまだ 6 個の電子が残っている．水素原子には孤立電子対を割り当てることはできない．酸素は炭素より電気陰性度が高いので，2 組の孤立電子対を酸素原子に割り当てるとオクテットになる．2 個の価電子が残っているので，当面，炭素原子の一つに配置する（この時点ではどちらの炭素に電子を配置するかは任意である）．

$$\begin{array}{c} H \quad H \\ | \quad | \\ H{-}\overset{..}{C}{-}C{-}\overset{..}{\underset{..}{O}}{-}H \end{array}$$

ステップ 5: オクテット則を満たす電子をもっていない原子があれば多重結合を描く．ステップ 4 で孤立電子対を受け取らなかった炭素はオクテットになっておらず，隣の原子から孤立電子対をもってきて二重結合をつくる必要がある．しかし，炭素-炭素間と炭素-酸素間のどちらにつくるべきだろうか．少なくとも二つの要因が炭素-炭素間の結合の方だと示している．第一に，これまで炭素が多重結合をつくる例を数多くみてきた．第二に，二つの炭素間の二重結合は分子構造の対称性を高め，そのような配置が普通は望まれるからである*17．

$$\begin{array}{c} H \quad H \\ | \quad | \\ H{-}\overset{..}{C}{-}C{-}\overset{..}{\underset{..}{O}}{-}H \end{array} \longrightarrow \begin{array}{c} H \quad H \\ | \quad | \\ H{-}C{=}C{-}\overset{..}{\underset{..}{O}}{-}H \end{array}$$

考察 この例題は，ルイス構造の描き方手順を使っても，一通りに定まらず選択を迫られることがあることを示している．経験を積めば，どこに二重結合を置くかはもっと容易に決められるようになる．たとえばこの場合と同様に手がかりが探せる場合も多い．炭素は二重結合（さらには三重結合）を普通に形成する．さらに，炭素-炭素の二重結合があると，付加反応によって単量体から高分子を合成することができることも知っている．しかしどちらを選ぶべきかがさほど明らかでないときにはどうなるのだろう．次節でそのような状況について考えてみよう．

理解度のチェック 二酸化炭素のルイス構造を描け．

化学者はルイス構造が好きである．その理由は明らかで，構造が簡単に描けて，しかも分子内の結合について洞察を与えてくれるからである．しかし，ルイス構造の描き方の最終ステップで二重結合をどこに置くかは決まらないことがある．**共鳴**（resonance）という概念が発達したことにより，ルイス構造の枠組みのなかで多重結合のでき方を説明できるようになった．

共　　鳴

第 5 章で考察した，EPA の定める基準汚染物質の一つ，二酸化硫黄について考えてみよう．そのルイス構造はどうなるだろうか．硫黄と酸素はどちらも 6 個の価電子をもち，全部で 18 個の価電子がある．硫黄が化学式の最初に出てきて電気陰性度も低いので，骨格構造の中心に置く．

$$O \quad S \quad O$$

つぎに硫黄原子と酸素原子の間に結合対を配置する．

$$O{-}S{-}O$$

まだ 14 個の価電子が残っているので，酸素原子から始める．14 個の電子をすべて孤立電子対にすると，つぎの構造が得られる．

$$:\!\overset{..}{\underset{..}{O}}{-}\overset{..}{S}{-}\overset{..}{\underset{..}{O}}\!:$$

オクテット則を確かめると両方の酸素原子はそれを満足しているが，硫黄原子は 6 個の電子しかもっていない．あと 2 個の電子が必要で，二重結合を一つつくれば満たされる．その場合，二重結合はどちらに配置するべきか．例題 7・6 の場合と異なり，まったく対等な二つの選択肢に直面する．つぎの二つの構造のどちらでもとりうることになる．

$$:\!\overset{..}{\underset{..}{O}}{=}\overset{..}{S}{-}\overset{..}{\underset{..}{O}}\!:\; \longleftrightarrow \;:\!\overset{..}{\underset{..}{O}}{-}\overset{..}{S}{=}\overset{..}{\underset{..}{O}}\!:$$

どちらの構造も同じ弱点をもっている．すなわち中心に位置する硫黄原子は一方の酸素より他方の酸素と強く相互作用する．この矛盾に対する説明は，この分子構造は一つのルイス構造では正確に描き表せないということである．代わりに，実際の構造は二つの構造を平均したものに相当するといえる．この平均したものを，ルイス構造の**共鳴混成**とよぶ．両方向の矢印はけっして，二つの構造を交互に取りうることを意味しているのではない．この二つの SO_2 の構造は，共鳴混成に寄与している共鳴構造を表している．<u>共鳴構造においてはすべての原子の位置はまったく同じで，電子の位置だけが違っている</u>．

ここで強調したい重要な点は，共鳴混成は寄与共鳴構造の平均的な構造をもっていることである．このことをきちんと説明するために，上に示した二つの可能な構造を別の

---

*17　炭素-炭素間の二重結合（C=C）は，第 2 章で線形構造を書くときに学んだ，各炭素が 4 本の結合を形成するという規則とも一致する．

観点から検討してみよう．いずれの共鳴構造を取上げても，SO_2 分子は一つの単結合と一つの二重結合をもつ．もしこの言い方が正しいとすると，一つの結合（単結合）は他の結合（二重結合）より長いはずである．結合距離は実験的に測定可能で，測定の結果，二つの結合の長さは同じであることがわかっている．しかも SO_2 で測定した結合距離は，S-O の単結合の距離と S=O の二重結合の距離の中間であることがわかっている．この実験結果からは共鳴構造だけで SO_2 分子の描像をきちんと与えることはできないし，本来の構造は可能な共鳴構造の平均として考える方が正しいということがわかる．<u>共鳴構造を描くとき，実際の構造は可能な構造の混成であり，それらの混合物ではない</u>．その結合電子は分子全体に広がり，非局在化していると考えることができる．

SO_2 分子に関しては，一重結合と二重結合というより，二つの 1.5 重結合と考える方がいいかもしれない．ルイス構造の単純さを考えると，すべての分子を的確に説明できるわけではないのは驚くにはあたらない．共鳴という概念は，ルイスモデルの簡便さを保ちつつ，実験事実も合理的に説明しようとする試みとして考えればよいであろう．

共鳴を構造の観点から考えてきたが，エネルギーの観点からも考えてみよう[*18]．複数の共鳴構造をもつ分子は，単結合と二重結合から成る一つ一つの共鳴構造に基づいて考えた場合とは異なるふるまいをする．ベンゼンは共鳴性を示す古典的な物質の一例であり，実際に共鳴という概念はベンゼンの化学を説明するために出てきたものであった．ベンゼン C_6H_6 はコールタールからとれる揮発性の液体である．19 世紀の後半に，ベンゼンは 6 個の炭素から成る環状の化合物であることがわかっていた．したがって，ベンゼンの構造として描けるのは単結合と二重結合が交互に配置される分子だけであった（図 7・11）．もしこれがベンゼンの構造として正しいのであれば，炭素–炭素二重結合の典型的性質である付加反応をするはずである．しかし，ベンゼンはアルケン類よりも反応性は低い．とい

うことは，ベンゼン分子はルイス構造の予想よりはるかに安定していることになる．やがていろいろな化合物を調べていくうちに，この結果は一般的であることが明らかになった．すなわち，複数の共鳴構造で表される分子はそのうちの一つの構造から予測される分子より安定である（つまりエネルギーが低く，反応性も低い）．このエネルギーの安定化を量子力学に基づいて理解する方法はあるが，ここでは言及しない．

7・6 軌道の重なりと化学結合

ルイス構造を描くことは，分子の結合をある程度理解するのには便利な手段である．しかし，電子の共有によるという一般的な考えを除けば，化学結合が<u>いかにして形成されるかについて多くを教えてはくれない</u>．結合を理解すれば実際の応用にも役立つだろうし，純粋に科学的な好奇心からも，共有結合についてもっと多くのことを知りたいものである．共有された電子が"のり"として共有結合を保っていることはわかっているので，電子に焦点を当てた，何かもっと深遠な説明があるに違いない．第 6 章で，現代の原子モデルでは，電子を軌道で表される非局在化した波とみなすことを学んだ．電子が波としてふるまうならば，電子がどのようにして原子間に結合を形成するのか説明するためには，波同士の相互作用について考える必要がある．

二つの波または軌道が互いにどのように相互作用するか説明するには，粒子では生じることのない干渉の概念が必

図 7・11 ベンゼンの共鳴構造には，環状の 6 個の炭素原子に三つの二重結合を配置する方法が 2 種類ある．ベンゼンが三つの二重結合をもつ化合物として化学反応しない理由は，実際の構造がこれらの 2 種類の共鳴構造の平均だからである．

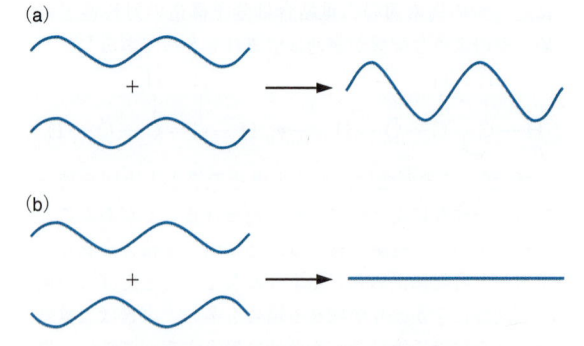

図 7・12 単純な正弦波で干渉の概念を説明する．(a)では，左にある二つの正弦波は位相が合っているので山と谷の位置はそろっている．これらを足し合わせると強め合う干渉が起こり，元の波の 2 倍の振幅をもつ波ができる．(b)では，二つの波は位相がずれていて，片方の山がもう一方の谷の位置にある．これらを足し合わせると弱め合う干渉が起こり，互いに打ち消し合って，平らな線となってしまう．

[*18] 共鳴したときにエネルギー差が生じる理由は，量子力学理論の運動エネルギーにかかわる部分である．この取扱いの詳細は一般化学のレベルでは必要ない．

要になる．二つの粒子が同じ空間を占めようとすると衝突が起こるが，二つの波の場合は干渉が起こる．高校の物理で習ったかもしれないが，干渉は強め合うかまたは弱め合うように起こる．強め合う干渉（建設的干渉）では，波は相互作用してより大きな波となり，弱め合う干渉（相殺的干渉）では打ち消し合ってより小さな波になるか，まったく波が消えることもある．図 7・12 にその様子を示す．

量子力学モデルでは電子は波の一種にすぎないから，化学結合の形成を，電子の波の間に起こる強め合う干渉として描写することができる．しかし異なる原子に属する電子の波が相互作用するには，まず同じ空間を占有しなければならない．別の言い方をすれば，結合が形成されるときは，一つの原子の原子価軌道が，もう一方の原子の原子価軌道と重なり合う必要がある．この考えは，化学結合の**原子価結合理論**（valence bond model）の基本であり，この理論ではすべての結合は原子軌道の重なりの結果として理解される[*19]．この**軌道の重なり**（orbital overlap）の考えを，最も単純な分子 H_2 を使って調べてみよう．

水素原子は 1s 軌道に価電子を 1 個もっている．二原子分子をつくるためには，2 個の水素原子の 1s 軌道が重ならなければならない．図 7・13 は，この重なりがどのようなもので，2 個の電子の波動関数の干渉がいかにして原子間に結合を生み出すのか示している．1s 軌道は球状なので，2 個の水素原子が近づくとき優先方向はない．しかし p 軌道が関与するときは，形が複雑なので，軌道相互作用の幾何学は違ったものになる．この違いを利用して化学結合の種類を区別することができる．

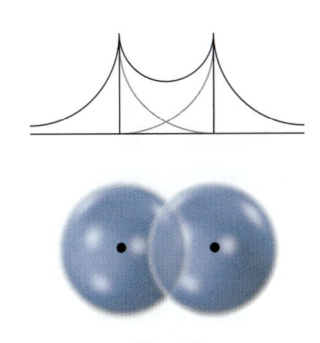

ルイスの点構造を使うと，N_2 などの分子では三重結合ができることを容易に示すことができる（$:\!N\!\equiv\!N\!:$）．このような場合，核間の負電荷密度が大きくなるので非常に強い結合となるが，一つの疑問も浮かんでくる．6 個の電子はどうやって強く反発することなく同じ空間領域を占めているのだろう．この問題に対しては，軌道の重なりが起こるときの形と配置を考えることで取組むことができる．窒素原子の価電子配置は $2s^2 2p^3$ である．3 個の 2p 軌道には 1 個ずつ電子が入っているので，対応する 2p 軌道が原子間で重なると結合が形成される．しかし 3 個の p 軌道は向きが異なるので，重なる向きも異なる．

どんな原子の 2p 軌道でも，その三つの軌道は x, y, z 軸に沿って互いに直交していることを思い出そう（p.114，図 6・13 参照）．いま，二つの窒素原子が z 軸に沿って近づくとしよう．図 7・14 からわかるように，$2p_z$ 軌道は端と端で重なることができる．これは H_2 の場合と同じで，二つの核間を結ぶ線に沿って電子密度が大きくなる．この種の強め合う干渉により生じる結合は **σ 結合**（σ bond, sigma bond）とよばれる．この種の重なりは s 軌道と p 軌道間や，（水素分子の場合のように）二つの s 軌道間にも生じ，それぞれ σ 結合を形成する．

つぎに窒素原子の $2p_x$ と $2p_y$ 軌道について考えよう．二つの核が接近するにつれ，これらの軌道は図 7・15 に示すように横と横で重なることができる．この場合も強め合う干渉が起こり，化学結合に必須の核間電子密度の増大が生じる．しかしこの横向きの重なりによる電子密度の増大部分は，核間を結ぶ線上に局在化していない．図 7・15 に示すように，電子密度はこの線の上下または（紙面に対して）前後に局在化している．このような結合は **π 結合**（π bond, pi bond）とよばれる．N_2 分子の場合は $2p_x$ 軌道の重なりと $2p_y$ 軌道の重なりによってそれぞれ一つずつの π 結合が形成される．このように，窒素分子の三重結

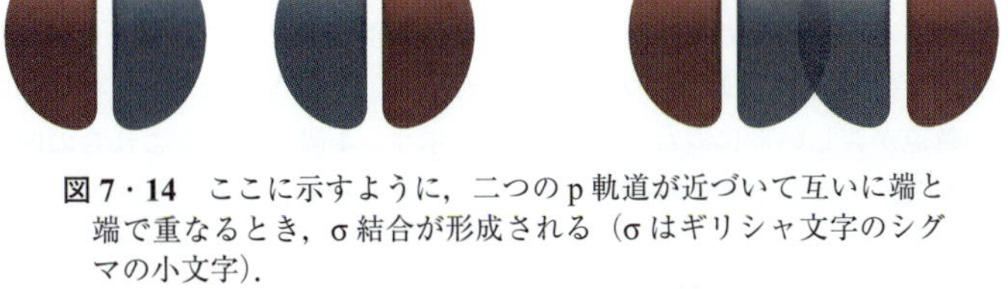

図 7・13 水素分子の共有結合は，二つの水素原子の 1s 軌道の重なりで説明できる．上の図では，この重なりを 1s 軌道の波動関数をプロットすることで示している．核間の領域で波動関数が強め合う干渉を起こす結果，結合が形成される．下の図では，電子密度が同様に高まっていることを裏づけている．

図 7・14 ここに示すように，二つの p 軌道が近づいて互いに端と端で重なるとき，σ 結合が形成される（σ はギリシャ文字のシグマの小文字）．

[*19] 原子価結合理論という名前は，価電子のみを考慮することからきている．

図7・15 ここに示すように，二つのp軌道が近づいて互いに横と横で重なるとき，π結合が形成される（πはギリシャ文字のパイの小文字）．この例では，軌道の重なりにより二つの核を結ぶ線の上下で電子密度が増大している．

合は1本のσ結合と2本のπ結合から成る．

結合は異なる原子の軌道の重なりと相互作用から生じるという考えは，化学結合をより詳細に理解するための基礎となる．そのため原子価結合理論は，結合の様子を想像するうえで今でも重要な役割を果たしている．しかし軌道の重なりで結合を説明しようとすると，深刻な困難に直面する．p軌道は互いに90°の角をなしているので，H_2O や OF_2 などの多くの分子で結合角は90°と予測される．しかし90°の結合角は非常にまれである．さらに，炭素の電子配置からは CH_2 や CF_2 が安定で普通に存在すると期待されるが，実際に存在するのは CH_4 と CF_4 である．このように軌道の単純な重なりだけではこれらのことは合理的に説明できない．次節で示すように，原子価結合理論を拡張して，軌道間にもっと広い範囲で相互作用が及ぶと考えると，これらのことも理解できるようになる．

7・7 混成軌道

軌道という概念は，個々の原子を量子力学的に扱うことからきている．量子力学が提示する概念を理解することは難しいが，s，p，d，f軌道が存在することは認められている．とにかくそれにより周期表を合理的に理解することができるからである．しかし原子が一緒になって分子となるときは，上述の例から，s〜fの軌道では観察結果を説明できない場合が多々あることがわかる．たとえば水の結合角はp軌道の直交性からすると90°となるはずであるが，それは観察される角度とは異なる．しかしそれでも結合は軌道の重なりから生じるという考えは魅力的なので，軌道の**混成**（hybridization）という概念が導入された．これはさまざまな分子の形や構造を，軌道の重なりという考えで説明できるようにしたものである．混成の考えで重要なのは，2個以上の原子が化学結合を形成するほど近づくと相互作用は強くなり，原子の軌道が新しい形に変わるという事実を取入れていることである．炭素と水素から形成される最も簡単で安定な化合物はメタン CH_4 である．このルイス構造を分子模型とともに下に示す．

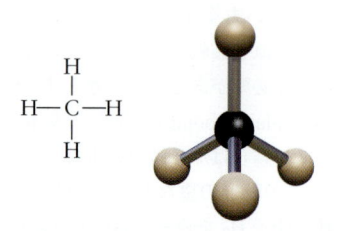

結合長と強度は実験的に測定でき，それによるとメタンの4本のC–H結合はすべて等価である．さらに分子の形も分子回転の観察からわかるが，それによると図の分子模型が示すようにH–C–H角はすべて109.5°である．これらのデータを軌道の重なりから説明しようとすると，炭素原子には互いに109.5°の角をなす等価な四つの軌道があることになる[20]．ところで軌道の考えを導入したとき，それらは数学的な起源をもつと述べた．数学では定められた規則に従って関数を操作し，変形できる．軌道の波動関数もまた同じように操作することが可能である．そのような操作の詳細を気にする必要はないが，一つの規則だけは重要である．すなわち，軌道の数を変えてはいけない．初めに軌道が二つあったら，最後も軌道は二つなければならない．なによりこれを守ることで，必要な電子をすべて収容することができる．操作の例としては，軌道の線形結合をとることで，結合モデルの基礎として使える新しい軌道をつくり出すことができる．こうして得られる軌道は二つ以上の軌道の混合物なので**混成軌道**（hybrid orbital）とよばれる．

混成過程を図に描く一つの方法は，第6章で電子配置を導入したときと同じような箱を使うことである．図7・16では，このやり方を炭素原子の混成に対して示している．s軌道と三つのp軌道が混ざって，同じエネルギーをもつ四つの混成軌道ができる．これらの混成軌道は sp^3 とよばれるが，上付きの数字は三つのp軌道が含まれていることを示す．4個の電子をこれらの四つの混成軌道に配置すると，それぞれに1個ずつ入る．このように混成軌道を考えることで炭素が4本の等価な単結合をつくることができる

---

[20] 軌道理論はモデルとして始まった．混成軌道の考案のような修正は，モデルの前提を変えないかぎり行ってもよく，新しい洞察が得られるならそうする価値はある．

7・8 分子の形（分子構造）

ことを容易に説明できる．数学的に詳しく調べれば，これらの sp³ 軌道は互いに 109.5° の角度をなすように配向していることもわかるだろう．このように，混成軌道により CH₄ の観察事実は容易に説明できる．炭素の sp³ 軌道と水素の s 軌道が重なって，4 本の C-H 結合ができる．

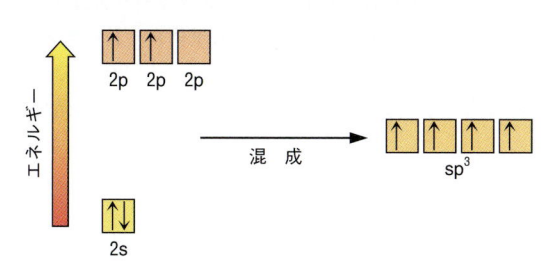

図 7・16 この図は sp³ 混成によるエネルギー変化を示している．sp³ 混成軌道のエネルギーは p 軌道より低いが，s 軌道よりは高い．

表 7・2 に示すように，混成軌道モデルの基本概念は，混成に用いられる軌道の数に関しては非常に柔軟である．p 軌道が一つだけのときは sp 混成，二つのときは sp² 混成ができる．電子殻が $n = 3$ 以上の価電子の場合は，混成に d 軌道も入ることができる．たとえば sp³d 軌道では 5 個の軌道ができ，sp³d² 混成では 6 個の軌道となる[*21]．これらの仕組みはすべて，共有結合分子の結合の説明に役に立つ．

表 7・2 五つの一般的な軌道混成を示す．混成軌道の名前は，元になる軌道の種類と数からきている．たとえば sp² 混成は，一つの s 軌道と二つの p 軌道から生じる．左端に示した軌道の配置から，次節で述べる一般的な分子の形が生まれる．

一緒になる軌道	混成の名称	軌道の配置
s, p	sp	
s, p, p	sp²	
s, p, p, p	sp³	
s, p, p, p, d	sp³d	
s, p, p, p, d, d	sp³d²	

† この図では，各ローブは別の混成軌道を表す．これは，各軌道に電子密度のローブが二つある非混成軌道とは重要な違いである．

7・8 分子の形（分子構造）

ルイス構造は，分子中の結合の数や，どの原子が何本の結合で結合しているかを教えてくれるが，分子の構造としては不完全な二次元の様子しかわからない．分子構造を三次元まで拡張して調べるなら，空間における原子の配置，言い換えると **分子の形**（molecular shape）についても調べる必要がある．理論的興味に加えて，分子の形は反応性などの分子特性にも影響するので重要である．分子の形を予測できることは，PMMA のような高分子，生体組織で機能するタンパク質や核酸，工業プロセスで用いられる触媒，薬や一般商品などの特性や反応性を理解するうえでもきわめて重要である．経験豊富な化学者なら，初心者の学生とは違い，分子式をみればその分子がどのような三次元構造か思い描くことができる．

分子の形を理解するには，ルイス構造をより詳細に分析する必要がある．このために非常に役に立つのが **原子価殻電子対反発則**（valence shell electron pair repulsion rule, VSEPR rule）で，これによると **分子は中心原子の原子価殻の電子対間の反発が最小になるような構造をとる**．ルイス構造では，結合性電子対であれ孤立電子対であれ，原子の周りの電子対の重要性を強調しているが，これらの電子対が限られた空間領域にあるときは，互いにできるだけ離れようとするだろう．すなわち，それらの領域には負電荷の中心があり，同符号電荷は互いに反発するからである．この電子対の反発と，ルイス構造には価電子のみが含まれることを組合わせて，VSEPR という名前ができている．この理論では，分子中の電子を非常に単純にとらえているが，驚くほど正確に分子の幾何学構造を予測できる．

VSEPR 則は幾何学の一種の応用である．ここで特に知りたいのはつぎのような疑問に対する答えである．結合長が一定の場合，どのような幾何学的構造だと，電子対の負電荷領域はできるだけお互いから離れるようになるだろうか．この答えは原子周りの電子対の数に依存する．表 7・3 は，2〜6 個の電子対を最小の反発で分布させる構造を示している．この表を見ると，ほとんどの構造はかなり簡単であることがわかる．たとえば，電子対の領域が二つしかなければ，直線的な配置で距離が最大になることは直感的

[*21] 5 個または 6 個の軌道の混成によれば，1 個の原子の周りに 9 個以上の価電子がある拡張オクテット化合物を形成する元素もあることを説明できる．

表 7・3 ここに示した幾何学的配置では，各電子対の数ごとに，電子対間の反発が最小になっている．分子の形を想像するには，これらの配置を正しくイメージすることが大切である．

電子対の数	幾何学的名称	結合角	線図
2	直線	180°	2: 直線
3	平面三角形	120°	3: 平面三角形
4	四面体	109.5°	4: 四面体
5	三角両錘	120°, 90°	5: 三角両錘
6	八面体	90°, 180°	6: 八面体

に明らかである．表に示した構造のうち，四面体と三角両錘はおそらくなじみがないだろう．しかし必ず，これらの構造が実際どのようなものか理解しておく必要がある[*22]（模型でもコンピューターソフトでも，実際に形を見ておくと非常に役に立つ）．これから出てくる結合配置のほとんどはここに示した五つの構造で解析できる．

分子構造は系統的に予測することが可能である．このやり方では中心原子の周りに電子対を配置するので，いつもルイス構造を描くことから始めればよい．描き終えたら，中心原子の周りの結合性と非結合性の電子対の数を数える．最も簡単な例として，中心原子の周りはすべて単結合の電子である場合から始めよう．その後で，非結合性電子対や多重結合も含まれるような分子構造の決め方を調べる．

単結合だけの場合，分子構造を決定するやり方はかなり単純である．中心原子から出ている単結合の数を数えて，表 7・3 の情報を使って電子対の数と VSEPR 則で予測される構造を関係づければ，それがその分子の構造である．

例題 7・7

つぎの化学種の構造を決定せよ．(a) PO_4^{3-}，(b) PCl_5

解法 ルイス構造を描く．いずれも単結合のみを含むので，結合性電子対の数を数えて，必要なら表 7・3 より構造を割り当てる．

解答

(a) 例題 7・5 で描いたように，PO_4^{3-} のルイス構造は以下のとおり．

$$\left[\begin{array}{c} :\ddot{O}: \\ | \\ :\ddot{O}-P-\ddot{O}: \\ | \\ :\ddot{O}: \end{array} \right]^{3-}$$

中心のリン原子は，4 個の結合性電子対の寄与によりオクテットが完成している．これらの電子対は四面体の頂点の方向を向くと反発が最小になるので，このイオンは四面体形をしている[*23]（表 7・3）．

(b) PCl_5 のルイス構造は中心リン原子の周りの電子数が 8 個を超えており，少し変則的である．このような挙動をする原子は多いが，VSEPR 則で構造を予測するうえでの有用な例となっている．

$$:\ddot{Cl}-P(\ddot{Cl}:)(\ddot{Cl}:)(\ddot{Cl}:)\ddot{Cl}:$$

中心のリン原子は拡張オクテットとなっており，5 個の結合性電子対は三角両錘の頂点を占める（表 7・3）．(a) の四面体イオンとは異なり，これらの塩素原子はすべて等価な位置にはない．赤道位置で三角形に配置された塩素原子は互いに 120°，その上下の軸位置にある二つの原子は三角形平面と 90° の角をなす．

考察 これらの例を理解するのは，文章を読んだだ

[*22] もし分子模型がなければ，小さな風船をいくつか結びつけてつくることができる．こうすると電子の反発のように風船は互いに距離を置いて離れるはずである．

[*23] ［訳注］例題 7・5 の訳注でも述べたように，P–O 結合は二重結合性を帯びているがいずれも等価なので四面体形となることに変わりはない．

7・8 分子の形（分子構造）

けでは難しい．模型やモデリングソフトを使うとこれらの三次元構造を想像しやすくなる．

理解度のチェック SF_6分子の構造を予測せよ．

分子の構造というときは，構成原子の位置のことをいっている．例題7・7のように，中心原子に孤立電子対がない場合は，これは当然のことのように思われる．しかし孤立電子対がある場合でも，同じ考えは成り立つ．その場合も構造を決めるのは原子の位置だが，<u>孤立電子対も電子対間の反発に寄与するので分子構造に影響する</u>．中心原子が結合性電子と非結合性電子対で囲まれているときは，結合性電子対と孤立電子対を合わせた高い電子密度の領域を数えて表7・3のなかから基本構造を選ぶことができる．実際の分子構造を決めるには，孤立電子対が占めているところが空だと構造はどのようになるか想像する．二つ以上の構造が可能にみえる場合もある．そのようなときのVSEPR則の前提は，電子対間全体の反発が最小になるのが正しい構造だということである．どの構造が当てはまるか決めるには，孤立対間＞孤立対−結合対間＞結合対間という反発相互作用の順序が役に立つ．この順は，孤立電子対は一つの核にしか引きつけられていないという事実から説明できる．つまり孤立電子対は局在化の程度が低いので，より大きな空間を占める．いろいろな可能な構造を表7・4に示す[24]．結合性電子と非結合性電子を両方もつ分子の構造を決める方法は，いくつか例を使って説明するのがいちばんよい．

表7・4 中心原子周りの電子対の総数と，そのうちの孤立電子対の数の組合わせから生じる分子構造

電子対の総数	孤立電子対の数	構造	球棒モデル	電子対の総数	孤立電子対の数	構造	球棒モデル
3	0	平面三角形		5	2	T字形	
3	1	折れ曲がり		5	3	直線	
4	0	四面体		6	0	八面体	
4	1	三角錐		6	1	四角錐	
4	2	折れ曲がり（109.5°）		6	2	平面四角形	
5	0	三角両錘		6	3	T字形	
5	1	シーソー形		6	4	直線	

[24] 表7・3の基本構造をよく理解していれば，この大きな表7・4のリストを覚える必要はない．電子対の数に対応する基本構造から始めて，孤立電子対のところの結合をなくすと構造はどうなるか想像すればよい．

例題 7・8

VSEPR則を用いてつぎの分子の構造を決定せよ．(a) SF₄, (b) BrF₅

解法 いつものようにルイス構造を描くことから始める．それから中心原子周りの電子対の数を数えて，必要なら表7・3を見て電子対の空間配置を決める．電子の反発が最小になる位置に孤立電子対を置いて，得られる原子の幾何配置を説明する．

解答
(a) SF₄のルイス構造は以下のとおりである．

硫黄の周りには5個の電子対があるので，最小反発の構造は三角両錐である．しかし前の例（PCl₅）とは異なりそのうち1個は孤立電子対である．すなわち5個の位置は等価ではないので，反発が最小になる孤立電子対の位置を決める必要がある．赤道位置にある平面三角形の電子対の隣には，120°の角度に2個，90°の角度に2個電子対がある．一方，軸位置の隣には3個の電子対がありいずれも90°の角度なので，赤道位置の方が隣との空間がより空いている．孤立対-結合対間反発は結合対間反発より強いので，孤立電子対は赤道位置を占めるはずである．これにより全体の反発相互作用が小さくなるからである（最も近い結合対が90°に二となる．一方，もし軸位置に孤立電子対があれば，それは三つになってしまう．）

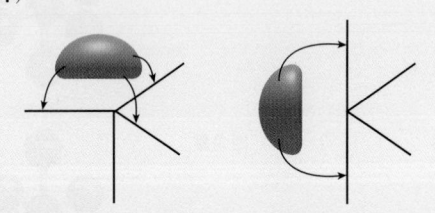

結果としてシーソー形といわれる構造になる．なぜだかわからなければ，模型を見てみよう．

(b) BrF₅のルイス構造は以下のとおりである．

臭素原子の周りに6個の電子対があるので，基本構造は正八面体である．この場合も孤立電子対が一つあるので，その場所を考える必要がある．しかし正八面体は完全に対称形でどの頂点も等価なので，どこに置いてもよい．結果として得られる構造は四角錐である．

考察 この種の問題で混乱しやすいのは，問題のなかで孤立電子対を考慮すべきところとすべきでないところがあるからである．覚えておくべきことが二つある．

(1) 分子の構造は原子の位置で決まる．これは構造の測定手段からきている．核は電子よりずっと質量が大きいので，実験で検出しやすい．したがって構造は核の位置で定義されると考える．(2) 結合に関与するしないにかかわらず，ルイス構造に描かれたすべての電子対は，比較的高濃度の負電荷領域を空間に構成する．VSEPR則の主要概念は，これらの負電荷領域が互いに反発するため，できるだけ離れるように配置するということである．したがって電子も分子の構造に影響するのだが，その存在は直接は測定されない．このため最終構造はあくまで核の位置で決めるので，そのときは孤立電子対を構造の一部とは考えないのである．

理解度のチェック つぎの分子の構造を定めよ．(a) ClF₃, (b) XeF₂

VSEPR則により分子構造を決めるときは，多重結合も単一の高電子密度領域として取扱う．多重結合でも最大の電子密度の位置は単結合と同様に結合原子間の領域にあるので，これは直感的に合理的である．別の言い方をすれば，二重結合や三重結合をつくっている電子対がまったく別の方向を向くはずだといったら，それはおかしいということである．このように，分子構造を決定するときは，二重結合も三重結合も1個の電子対のように扱えばよい．

例題 7・9

VSEPR則を使ってNOF分子の構造を決定せよ．

解法 この場合もルイス構造から始める．二重結合も三重結合も単結合とみなすことを思い出して，中心原子周りの高電子密度領域の数を数える．表7・2を使うなどして電子対の空間配置が決まったら，反発が最小になる位置に孤立電子対を置いて，最終的な分子構造を決める．

解答 中心原子が何であるか，これまでの例よりわかりにくい．しかし窒素がこのなかでは最も電気陰性度が小さいので，これが中心原子であろう．F-N-O骨格から始めるとルイス構造は以下のようになる．

$$\ddot{\text{O}}=\ddot{\text{N}}-\ddot{\text{F}}:$$

窒素原子の周りには3箇所に高電子密度の領域があるので，反発が最も少ないのは平面三角形である．窒素原子は孤立電子対を一つもっているが，平面三角形の頂点はみな等価なのでどこに置いてもよい．この分子はO-N-Fの角度が約120°の折れ曲がり構造を示すだろう．孤立電子対は反発が強いので，実際の角度は120°よりわずかに小さいはずである．

考察 孤立電子対と同様，二重結合も誤解の原因となる．ルイス構造を描くために価電子を数える際，二重結合は4個の電子と数えなければならない（三重結合な

ら6個である). しかし構造を決めるときは, 二重結合も三重結合も, 一つの高電子密度領域として取扱う. 二重結合に含まれる二つの結合は, どちらも同じ原子同士を結びつけているのだから同じ方向を向いているのは当然だと気づくと, このことは理解しやすい.

理解度のチェック つぎの分子の構造を決定せよ.
(a) COF_2, (b) COS

小さい分子の場合と同じように VSEPR 則を適用して, より大きな分子の構造を予測することができる. 中心原子が二つ以上ある分子の構造を予測するときは, 分子の骨格をなす各原子を調べ, その原子の周りの結合をこれまで説明してきたのと同じ方法で予測する. たとえば, 手術用の縫合糸など医用材料としても重要な用途があるポリビニルアルコールのモノマー単位であるビニルアルコール $H_2C=CHOH$ に VSEPR 則を適用するとどうなるかみてみよう. 例題 7・6 で描いたルイス構造から始める.

二つの炭素原子はどちらも 3 個の原子と結合していて孤立電子対をもたない. したがってそれぞれは平面三角形構造と考えられる. つぎに問題となるのはこれら二つの平面三角形が同一平面上にあるかどうかという点である. ここで役に立つのが混成で, 炭素原子の結合にかかわる軌道について考えてみよう. これらは sp^2 混成軌道と表すことができる. どちらの炭素でもこれら三つの軌道のうち二つは水素または酸素の軌道と重なって, 三つめがもう一方の炭素の sp^2 軌道と重なる. ここまででは炭素間には σ 結合が 1 本だけである. しかしまだ非混成軌道が一つずつ残っていて, この p 軌道は図 7・17 に示すように sp^2 混成平面に垂直である. もしこれらの p 軌道が互いに平行なら, 側面で重なって π 結合をつくることができる. これは二重結合ができる説明であると同時に, 炭素原子とそれらに結合した原子がみな同一平面上にあることを教えてくれる. もしこの分子の一端がもう一方に対して回転したら, 二重結合の p 軌道は π 結合できない配向になってしまうからである.

7・9 洞察: 薬物送達の分子工学

本章を通じて, 医用生体工学用材料の設計において, 化学結合の解釈が重要な例をいくつもみてきた. 分子レベルで工学材料設計を行うことはますます可能になりつつあり, 治療効果をあげるための医薬品の標的送達は, 活発な研究領域の一つである.

多くの薬剤, 特に化学療法で用いられる抗がん剤は, 副作用が激しい. 副作用が起こる理由の一つは, 薬剤分子が病気の細胞ばかりでなく健康な細胞にも影響するからである. したがって新しい生体材料を使って望みの場所(たとえばがん細胞)だけに薬剤を送り届ける戦略は, 医用生体工学の進歩の代表例である. 本章の初めにおいて強調したように, この場合も生体適合性の制約内で行わなければな

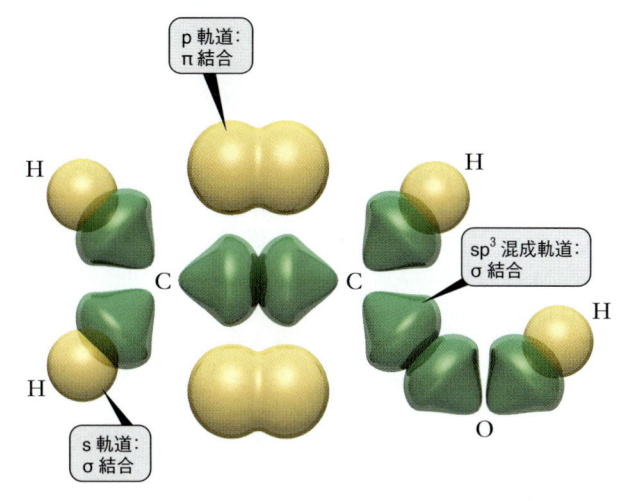

図 7・17 $H_2C=CHOH$ の結合軌道図. σ 結合は炭素原子の sp^2 混成軌道と, (1) もう一方の炭素の sp^2 混成軌道, (2) 水素原子の s 軌道, (3) 酸素の sp^3 混成軌道との重なりからそれぞれ生じる. π 結合は, 炭素原子の残りの非混成 p 軌道の重なりにより生じる. したがって π 結合の高電子密度領域は紙面の上下にある. 各炭素原子の周りは平面三角形で, 酸素原子のところは折れ曲がっている. この図では 7 個の原子はすべて同一平面上にあり, 酸素の孤立電子対は紙面の上下にあるが, OH 基の結合軸は実際には C–O 結合軸の周りを自由に回転する.

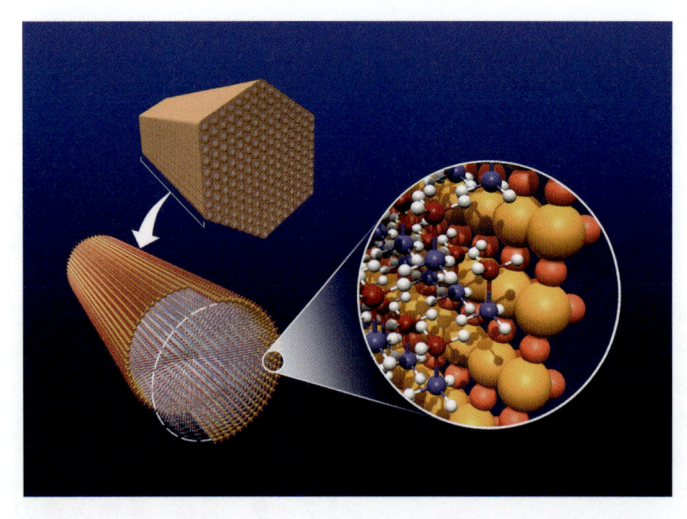

図7・18 メソポーラスシリカにみられるハニカム構造．挿入図は，薬物送達に用いる場合，小さな分子がどのように入るかを示している．（訳注：この挿入図ではシリカ部分が大きく描かれている．）［画像：Pacific Northwest National Laboratory］

らない．

この種の薬物送達システムにとって有望な方法の一つに，メソポーラスシリカ（mesoporous silica nanoparticle, MSN）とよばれるナノ粒子の利用がある[*25]．以前みたように，シリカは SiO_4 の網目から成っていて，図7・18に示すようにこの SiO_4 単位はハニカム（ハチの巣状）構造を形成できる．MSN はこのハニカム構造をもった非常に小さな粒子にすぎないが，この構造のため，これらの粒子は体積に比べ表面積が非常に大きい．1gの表面積はフットボール場と同じくらいである．この大きな表面積をもった MSN の孔は薬剤分子の格納に用いることができる．まず治療薬を孔に入れたら，他の分子でふたをして，ナノ粒子ごと目的のところへ送る．

以前，非晶質シリカは赤血球を壊すので生体適合性ではないと述べた．これからすると，MSN が生体適合性となりうることは意外なことかもしれない．この違いは MSN のハニカム構造から生じている．MSN の全体の表面積は非常に大きいものの，その大半は孔内部にあって粒子の外側の面積は実際にはたいしたことはない．さらに孔は赤血球より小さいので，内側の SiO_4 基が赤血球を破壊することはない[*26]．

MSN のような薬物送達用ナノ粒子の開発は，分子スケールでの材料設計の代表例である．この設計でおそらく最も重要なところは，ふたとなる分子をいかにして孔の端の決まった位置に固定するかということである．このための材料は，薬剤が所定の細胞に届くまでは固定されていて，細胞に入ったら何らかの方法でその結合を切ってふたが開くようにできなければならない．この種の研究を行うにあたっては，生物学者，技術者，化学者が協同して，用いる結合の強度や種類の調整にあたっている．この例なども，異なる分野の専門家たちの共同研究が，いかに現代技術を推進しているかを示している．

問題を解くときの考え方

問題 正体不明の固体を水に溶かすと，無色透明で電気伝導性の溶液となった．そこへ別の溶液を加えると沈殿が生じた．沈殿の上澄みには伝導性は検出されなかった．この実験から，最初の固体とその後の沈殿に含まれる結合について何がいえるか，またなぜそのようにいえるのか．

解法 この問いも概念的に答える問題の一例である．本章で3種類の化学結合をみてきたが，この実験の観察事項から，この未知の固体ではどの結合が重要かを推定する必要がある．もう一つ必要な情報は，第3章で議論したように，溶液が伝導性を示すのはなぜかということである．

解答 どんな物質であれ，電気を伝えるには電荷が動かねばならない．溶液中の荷電粒子といえば普通はイオンなので，電荷の流れはイオンの運動から生じる．これより，溶かした固体はイオン結合性であったことが伺

[*25] ナノテクノロジーについては第8章でさらに議論する．
[*26] ［訳注］実際には MSN でも比較的大きなサイズのものは赤血球と強く相互作用するので生体適合性とはいえない．小さなものでも相互作用はするので，現在，表面処理などにより，生体適合性を改善する研究がさかんに行われている．ナノ材料の人体への影響調査はこれからの課題となっている．

われる．では観察事項はどのように説明されるだろうか．イオン性固体が溶けると，構成イオンは互いに離ればなれになって動くので溶液は伝導性になる．後で溶液を加えると沈殿が生じたことからも，いくつかのことがわかる．まず，二つの溶液から生じたことから，その沈殿は不溶性のイオン性化合物であるに違いない．さらに，沈殿の構成イオンすなわちカチオンとアニオンは，それぞれの溶液に含まれていたはずである．もしアニオンが最初の溶液に入っていたなら，カチオンは2番目の溶液から来たはずである．また，沈殿を除いた溶液には伝導性がなかったことから，この最後の溶液にはイオンはほとんど含まれていなかったはずである．このことから示される可能性は多くはない．つまり，電気的中性であるためにはどちらの溶液にもアニオンとカチオンは含まれていたはずだから，混合したときこれらのイオン，つまり別の溶液のアニオンとカチオンが結合して二つの生成物となった可能性である．これに合致する生成物には2種類ある．一つは2種類の沈殿が生じてイオンがなくなった場合．もう一つは，酸と塩基の中和反応で1種類の沈殿と同時に水ができた場合である．

要 約

原子構造の理解に基づいて，原子が化学結合でどのように"くっつく"かがよくわかるようになった．原子の結合に関与する力は荷電粒子間に作用する力であり，そのうち最も理解しやすいのはイオン結合である．金属原子がカチオンとなり，非金属原子がアニオンとなると，当然のことながらこれらの相反する荷電粒子間に引力が働き，イオン結合とよばれる結合を生じる．この結合の生成を段階的に眺めることで，さらに理解を深めることができる．カチオンの生成にはイオン化エネルギーに等しいエネルギーの注入が必要であり，アニオンの生成時には通常，電子親和力で示されるエネルギーの放出が起こる．結局のところ，反対符号の粒子が格子状に並ぶと反発力より引力が大きく上回るので，金属原子と非金属原子がイオン性化合物をつくることはよくあることである．

非金属原子間で結合ができるときは，電子は完全に移動してイオンになるのではなく，対になって両者に共有される．この電子対の共有による結合は共有結合とよばれる．原子により，共有結合内の電子を引きつける能力に違いがあり，これは電気陰性度という尺度で測られる．したがって共有電子の分布は必ずしも対称ではないので，ここから極性結合という考えが生まれる．共有結合における均等共有（同一原子間の場合のように）から，不均等共有による極性結合の生成，さらには完全な電子の移動によるイオン結合に至るまで，この挙動は連続的に変化する．

原子が電子を共有する傾向は，ルイス構造で視覚的にまとめることができる．かなりやさしい規則に従うだけで，多くのイオンや分子のルイス構造を描くことができる．このルイス構造を使うと，結合の性質まで予測することができる．何より，ルイス構造を使えば何対の電子が共有されているかがわかり，単結合か多重結合か予測できる．

しかし，分子にどのような結合が含まれているかということ以上の化学結合の詳細については，ルイス構造からはほとんどわからない．電子がどのように共有されているかを理解するためには，電子は波としてふるまい，波が重なれば互いに干渉することを理解する必要がある．波が"積み重なる"ときは建設的干渉といい，化学結合が形成される．重なり合い方は一つではなく，σ結合やπ結合として区別される．

最後に，化学結合はたんに電子対の共有を表すだけでなく，構造的意味合いも含んでいる．電子は負に帯電しているので，いくつかの結合があると物理的に互いに離れようとする．この考えは，原子価殻電子対反発（VSEPR）則とよばれる分子構造を予測する方法の基礎となっている．これを使うと，分子やイオンの一般的な構造を予測することができる．

キーワード

生体適合性（7・1）
イオン結合（7・2）
格子エネルギー（7・2）
共有結合（7・3）
結合エネルギー（7・3）
結合距離（結合の長さ）（7・3）
オクテット則（7・3）
ルイスの点記号（7・3）
ルイス構造（7・3）

結合対（7・3）
孤立電子対（非共有電子対）（7・3）
二重結合（7・3）
三重結合（7・3）
電気陰性度（7・4）
双極子（7・4）
極性結合（7・4）
共　鳴（7・5）
原子価結合理論（7・6）

軌道の重なり（7・6）
σ結合（7・6）
π結合（7・6）
混　成（7・7）
混成軌道（7・7）
分子の形（分子構造）（7・8）
原子価殻電子対反発則（VSEPR則）
　　　　　　　　　　　　（7・8）

8 分子と材料

概　要

- 8・1　洞察: 炭素
- 8・2　凝縮相──固体
- 8・3　固体における結合──金属, 絶縁体, 半導体
- 8・4　分子間力
- 8・5　凝縮相──液体
- 8・6　高分子
- 8・7　洞察: 新材料の発明

図は二元金属性 FePt の結晶構造を示す. この物質を構成するナノスケールの粒子は磁性をもち, きわめて高密度の情報記憶素子として期待されている.

　化学結合は, 明らかに化学における統一概念の一つであり, その理解は向上しつづけている. 原子が一緒になって分子を形成することがわかってからというもの, 科学者たちは結合を説明するモデルの改良を重ねてきた. 結合の計算モデル化も, 個々の結合を高度に選択的に扱おうとする実験的な努力も, 共に現代化学において活発に行われている. 化学結合は, 分子を維持する"のり"であると同時に, 化学という学問をまとめている概念でもある.

　これまで紹介した化学結合の概念は, 工学設計に用いられる材料の特性からは, やや乖離していたきらいがある. 孤立した分子とそれらから構成される材料の間のギャップを埋めるためには, 視点をもっと広げなくてはならない. この章では高分子や金属といった材料を調べ, 化学結合に関係した考えが, それらの重要な工学特性の理解に応用可能であることを学ぶ. これらの材料において役割を演じている元素である炭素のもつさまざまな形を考えることから始めよう.

本章の目的

この章を修めると以下のことができるようになる.

- グラファイトとダイヤモンドの構造を描き, それぞれの物質の特性がその構造からいかにして生じるかを説明する.
- 一般の立方格子結晶中の原子配列を描き, 格子の充塡効率を計算する.
- バンド理論を用いて固体中の結合を説明する.
- 金属, 絶縁体および半導体 (含 n 型, p 型) のバンド図を描く.
- バンド図を見れば, 金属, 絶縁体, 半導体のどれであるかがわかる.
- 金属, 絶縁体および半導体の電気特性とそれらの化学結合との関係について説明する.
- それぞれの物質について, 最も重要と思われる分子間力の種類を特定する.
- 沸点や蒸気圧のような特性と, 分子間力の間の関係について説明する.
- 付加反応と縮合反応による高分子の成長を説明し, ある特定のモノマーにとってどちらが重要な反応過程であるか予測する.
- 高分子の特性と分子構造の関係を説明する.

8・1　洞察: 炭　素

　周期表中の元素について考えるとき, それらについてすでにほとんど何でもわかっていると思うかもしれない. 何十年にもわたって化学の教科書には, 炭素の単体の形にはグラファイトとダイヤモンドの2種類しかないと書かれていた. 1985年, 事態は一夜にして変わった. ライス大学の化学者チームは, 60個の炭素原子が小さなサッカーボールのような骨格を形成している, 炭素の新しい形を発

見した[*1].その構造は,建築家 Buckminster Fuller で有名なジオデシックドームに似ていたので,"バックミンスターフラーレン"という風変わりな名前がつけられた.今では集合的にフラーレンとして知られる,C_{60} とその類縁分子の発見は,新形態炭素が,そしてナノテクノロジーという科学の新分野が登場する手助けとなった.確かに,新しい炭素の構造ばかりがナノテクノロジーの盛んな研究分野ではないが,C_{60} の物語は化学の研究が新材料の開発に影響する好例といえる.旧来の形態の炭素も同様に,材料として重要な用途で長く使われてきている.

たとえばダイヤモンドのいろいろな物理特性から広範な用途が生まれてきた.なかでもカットダイヤモンドの印象的な外観により,宝石という最も知られた用途が生まれた.しかし工学的な見地からは,ダイヤモンドの硬さがおそらくより重要な特性である.ダイヤモンド製のドリルは,油田の掘削用など多方面で使われている(妨害となる岩石の性質によってドリルを選択する).ダイヤモンドの硬さは非常に有用であるため,グラファイトを小さなダイヤモンドへ変える工業プロセスが長年にわたり求められてきた.いまや,複数の方法で人工ダイヤモンドを作ることが可能であるが,その使用はいぜんとしてかなり限られている.天然のダイヤモンドの価格から考えて,ダイヤモンドを作るということは,困難なばかりでなく高くつくということがすぐに推測できる.

図8・1は,ダイヤモンドを作ることがなぜそれほど難しいかを示している.この図は炭素に対する**相図**(phase diagram)とよばれるもので,ある特定の温度と圧力の組合わせにおいて,元素のどの状態が最も安定であるか示している.縦軸の単位によく注意すると,ダイヤモンドは 200,000 atm 以上の桁外れな高圧下でしか,炭素の優先形態にならないことがわかる.幸いなことにダイヤモンドがグラファイトに変わる過程は事実上存在しないといえるほど非常に遅いので,この相図は少なくとも今あるダイヤモンドがすぐにグラファイトに変わってしまうことを意味するものではない.しかしグラファイトの塊をダイヤモンドに変えるには非常な高圧を実現する必要があるということを,この図は教えている[*2](結局のところ,変換プロセスを実用的な速さにまで高めるには高温もまた必要である).これらの高温,高圧状態をつくり出して維持するのは,困難で高価かつ危険であり,だからこそどこの宝石店でも人工ダイヤモンドを見かけることがないのである.ここでは固体における結合について検討しているのだから,ダイヤモンドを形成するのになぜこのような極端な条件が必要なのか,いくつかの基本的な疑問点について調べておきたい.圧力や温度などの変数と元素の形態はどのように関係するのか.そもそもグラファイトとダイヤモンドはど

のように異なるから,目で見てわかるほどの変換が起こるのか.

もちろんグラファイトはダイヤモンドを作るためのたんなる原料ではなく,それ自身重要な用途がある.たとえばこの本に鉛筆で書き込みをするとき,グラファイトを使っている.グラファイトのどんな性質が鉛筆で役に立っているのだろうか,そしてグラファイト中の結合はどのようにしてその性質をもたらしているのだろうか.グラファイトは潤滑剤としても使われる.潤滑剤はどのように働き,工学設計にどのように影響するだろうか.

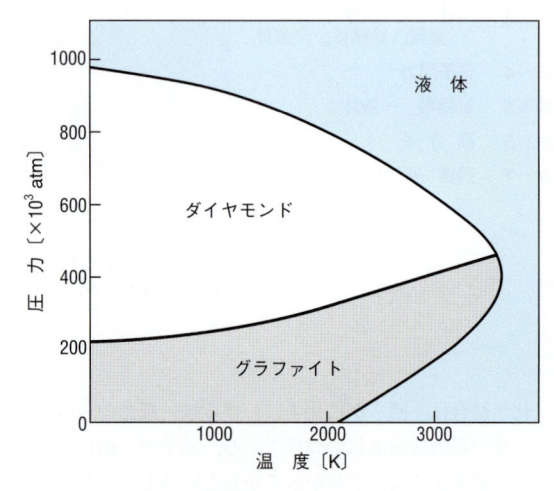

図 8・1 この炭素の相図は,温度と圧力が変わったときどちらの形が最も安定であるかを示している.圧力の単位に注意しよう.常温常圧下ではグラファイトが有利であり,ダイヤモンドの形成には非常な高圧が必要であることがわかる.

グラファイトを,唯一の,とまではいかなくとも主要な成分としている現代的な材料はほかにもある.さまざまなカーボンファイバー素材は,高強度と低重量という魅力的な特性を併せもち,スポーツ用品においてますます人気が高まっている.グラファイトシャフトのゴルフクラブやカーボンファイバーのスキー板は,この素材の耐久性と柔軟性を裏づけている.鉛筆の芯を束ねても,ゴルフクラブができるとは想像できない.この用途に使うことができる材料へとグラファイトを変換するにはいったい何が必要なのだろうか.カーボンファイバーなどの複合材料の場合,その特性を左右するものは何だろうか.

現実の話から可能性の領域へ話を移すと,C_{60} に関するこの新しい発見は,21世紀の技術者が用いるであろう材料にとって何をもたらすだろうか.C_{60} の小さな球はそのままですぐには利用はされないかもしれないが,実験条件を操作すると,図8・2に示す**ナノチューブ**(nanotube)

[*1] 1996 年のノーベル化学賞は,C_{60} の発見に対して Curl 教授,Kroto 教授と Smalley 教授に授与された.
[*2] ダイヤモンドのフィルムやウエハーは,化学蒸着法(CVD)とよばれる方法を使うと非常に低圧でもできる.

とよばれる炭素の管が成長する．これは大規模な材料設計はまだ無理だが，注目すべき特性をもっている．その引っ張り強度は鋼鉄よりもずっと高いので，未来学者たちは宇宙エレベーターのような空想的なものに対してもその可能性をすでに考え始めている．金属元素を内包して成長したカーボンナノチューブからは，太さが1分子程度のワイヤーをつくることができる．これが電子デバイスの微小化にもたらす影響は，新しいナノテクノロジーにより期待されるもののなかでも最も直接的で刺激的である．だからこそ科学者や技術者たちは，ナノテクノロジーに関する基本的な問題に積極的に取組んでいる．金属原子をナノチューブの中に含めたものがどうして分子ワイヤーになるのか．この問題は金属の塊のなかにある結合の性質を理解することにも関係する．

分子レベルの特性と巨視的な材料の性質の間のつながりをきちんと理解することは必ずしも容易ではない．しかし材料科学とコンピューターモデリングの最近の研究により，理解は向上しつつある．この章で，材料の性質に関して分子レベルで説明するために利用できる考えを紹介する．その途中で，これまで炭素材料と新興のナノテクノロジー分野について提起してきた質問のいくつかには答えることができるだろう．

8・2 凝縮相——固体

上に述べたさまざまな形の炭素は，一つの重要な物理的性質を共有している．つまり，通常の温度と圧力ですべて固体である．大多数の元素はそのような条件下で固体である．凝縮相[*3]の安定性にはどのような因子が寄与しているのだろうか．原子間や分子間の力が重要な働きをしているのは確かだが，凝縮相の基本構造もその安定性の理解には重要である．この構造を概観することから始めることにしよう．

第1章に戻ると，物質の微視的描写のところで，固体や液体中の原子や分子は気体中よりもずっと密に詰め込まれていることを述べた．原子や分子が配列して固体となる仕方には大きく分けて2通りある．多くの物質は規則正しい繰返しの幾何配置をとり，これは**結晶**（crystal）構造とよばれる．もう一つではでたらめな配置で固体となり，これは**無定形**（amorphous, アモルファス）構造として知られる．どちらの分類にも重要な物質があるが，結晶性物質の方がずっと多くのことが知られている．これはたんに，規則正しい周期構造の方が標準的な実験手段でずっと簡単に研究できるからである．よって，ここでは結晶性固体に重点を置くことにしよう．

原子は球として考えることができるので，結晶性固体へそれらを配列することは，箱の中へ球を詰めていくことに似ている[*4]．直感的に明らかなことは，どんなふうに球を並べても，球の間に必ず隙間ができることである．すなわち，球は箱の体積すべてを埋め尽くすことはけっしてできない．しかし，注意深く並べることで，隙間の大きさを最小にできることもまた明らかである．球，つまりは原子を詰めるやり方のこの違いは，二次元のモデルを使って説明することができる（図8・3）．ビー玉の列が互いに埋め合わせるように並んでいれば，隙間は減ることが容易に見て取れる．この考えは，ある特定の配列で占有される空間の割合を表す，構造の**充塡効率**（packing efficiency）を考えることで定量化できる．この埋め合わせ構造の充塡効率は91%であるのに対し，すべて一列に並んだ構造では76%である．

さてビー玉から原子に話を戻そう．同じ体積により多くの原子を詰め込めば充塡効率は増すから，原子の充塡効率

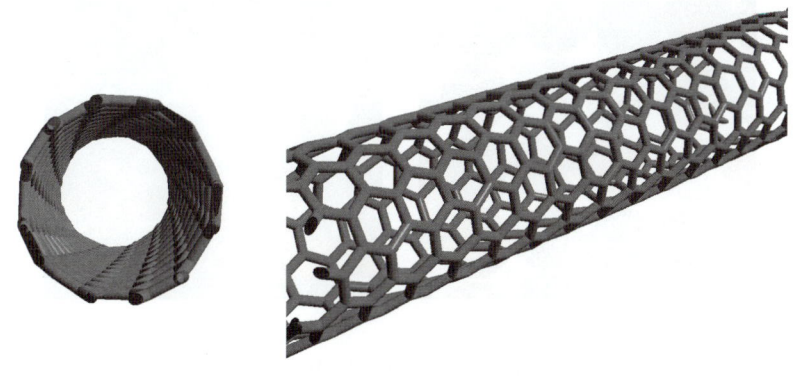

図8・2 ここに示したナノチューブは，単体の炭素の最も最近発見された形態である．このチューブの形はグラファイトにもバックミンスターフラーレンにも類似点がある．これらのチューブはすでに広範に応用され始めている．［画像はライス大学の R. Bruce Weisman 教授による．］

[*3] 凝縮相とは固体と液体の両方をさす．
[*4] 非球形分子も規則正しく充塡すれば結晶になるが，簡単にするため球形原子に話を限ることにする．

は明らかに物質の密度に関係するだろう．結晶構造に関する実験によると，多くの元素は凝縮するときできるだけ空間を埋めるようにして固体となる．そのような配列は最密充塡構造とよばれ，図 8・3 のビー玉が互い違いに並んだ配列の三次元版である．

しかし二次元の円から三次元の球に変わると，選択肢が増えることになる．箱にビー玉や球を詰める類推を続けて，図 8・3(b) の最密充塡で一つの層が完成したとしよう．2 番目の層を積み重ねるとき（図 8・4），第一層の球の上に直接置くこともできるし，下の層の球の隙間において互い違いに並べることもできる*5．この互い違いの方が充塡効率が高くなり，より多くの球を箱に納められることは明らかだろう．この 2 番目の層が完成して 3 番目をどこに置こうか考えると，別の選択肢の問題に直面する．ここでも第二層と互い違いに第三層を置きたいのだが，今度は 2 通り可能である．第三層の球は第一層の球の真上に置くこともできるし，第一層の球の隙間の上に置くこともできる．前者を**六方最密充塡**（hexagonal closest packing, hcp），後者を**立方最密充塡**（cubic closest packing, ccp）という．どちらの構造も空間のおよそ 74% を占める．

立方最密充塡構造は，**面心立方**（face-centered cubic, fcc）とよばれることもよくあるが，これは図 8・5 の右図の構造を見れば明らかである．立方体の各頂点に原子が 1 個あり，各六面の中央にも原子がある（正直なところ，これが図 8・4 の左の図と同じ構造だと理解することは難しい．最もよい方法は，ビー玉や小さな球でモデルを組立ててみることである）．面の四隅にある原子は中央の原子に皆"接して"いる．面の中央に原子をはめ込むためには，立方体の辺の長さは原子の直径よりも長くなくてはならないから，頂点にある原子同士は接しない．図 8・5 の右に示した立方体は，面心立方構造の**単位格子**（unit cell）として知られている*6．これは，この構造の特徴をすべて示す最少の原子の集まりである．この単位格子から fcc 金属の実際の試料構造に至るには，単位格子を全方向に向かって繰返して結晶格子を広げる必要がある．

最密充塡構造より充塡効率の低い物質もある．たとえばある種の金属は図 8・5 の中央の図のような**体心立方**（body-centered cubic, bcc）構造をとる．ここでも立方体の頂点に原子があるが，今度は面の中心の代わりに立方体の中心に原子がある．頂点の原子は中心原子に接しているが，面心立方構造と同様，互いには接していない．この構造の充塡効率は低く，約 68% である．まれに中心原子がない場合がある．この場合，辺の長さは 1 個の原子の直径に等しくなり，頂点の原子は互いに接することができる．この構造は**単純立方**（simple cubic, sc）構造とよばれる*7．見かけは最も単純な立方体配列だが，充塡効率は最も低く，52% にすぎない．

例題 8・1
面心立方構造の充塡効率が，上で示したように実際に 74% であることを示せ．

解法 これは本質的に幾何学の問題であり，fcc 格子の原子の位置や間隔を理解する必要がある．充塡効率を求めるには，fcc 単位格子の原子の体積を格子それ自

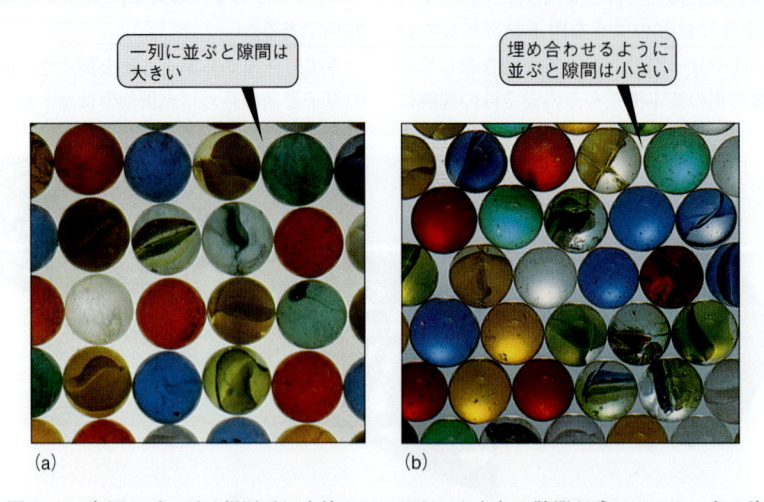

図 8・3 左図のビー玉は規則正しく並んでいるが，かなりの隙間が残っている．ある決まった範囲にできるだけ多くのビー玉を入れるのが目的であれば，右図に示すように，互い違いの並びにした方がよい．同じ大きさのビー玉でも，右の並び方の方がより多くのビー玉が入る．[写真：© Cengage Learning/Charles D. Winters]

---

*5 この二つの充塡配列の違いをさらに深く調べたいのであれば，コインを使ってもこの図を"組立てる"ことができる．
*6 今後の材料科学の授業でわかるように，すべての単位格子が立方なわけではないが，ここでの議論は立方格子に限ることにする．
*7 単純立方格子の英語表記は simple cubic のほかに primitive cubic というのもある．

8・2 凝縮相——固体　159

第一層は互いに列をずらして配置する

第一層の球の隙間へ第二層の球を積み重ねる

二層目には，三層目を置くことのできる隙間が2通りできる

一層目の球の隙間の上に三層目の球を置くと立方最密充填になる

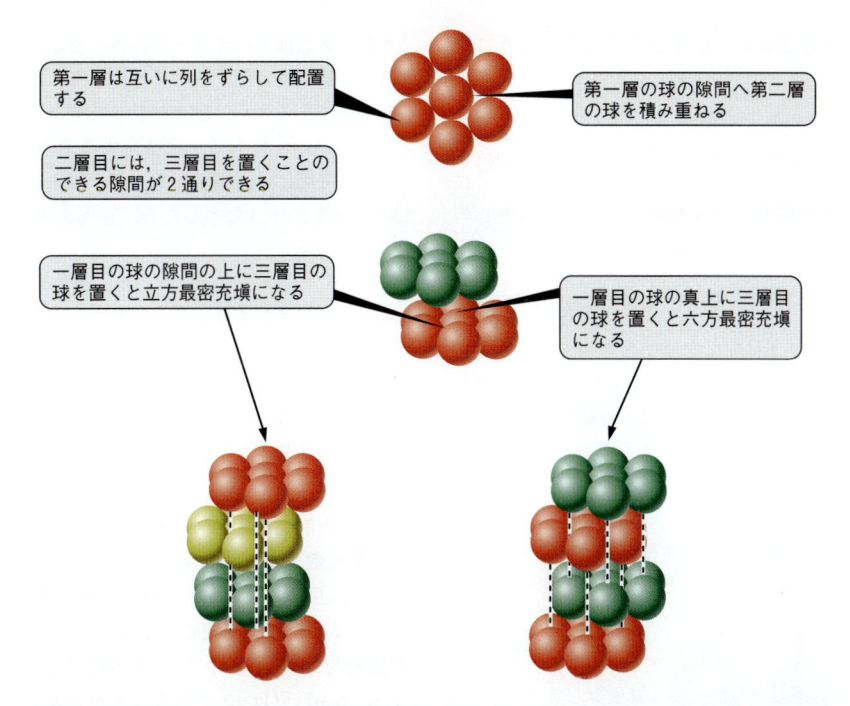

一層目の球の真上に三層目の球を置くと六方最密充填になる

図8・4 球を積み上げて最大の充填密度を達成するやり方には2通りある．左の構造は立方最密充填といい，右は六方最密充填とよばれる．この二つの配置は層の並び方に違いがある．立方構造の特徴は"a,b,c,a,b,c..."という積み方にあるのに対して，六方構造の方は"a,b,a,b..."というパターンである．

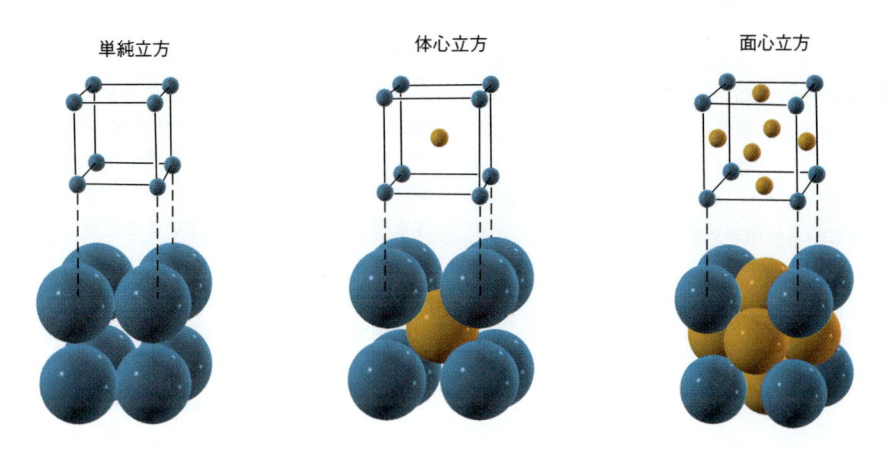

単純立方　　　体心立方　　　面心立方

図8・5 3種の立方結晶格子を示す．単純立方結晶では原子は立方体の各頂点にある．体心立方結晶では立方体の中心にも原子が1個あり，面心立方結晶では立方体の各面の中心に原子がある．これらの配置はそれぞれ結晶中で繰返されている．それぞれで原子はすべて同一種であるが，色を変えて格子内の位置の違いを見やすくした．

身の体積と比較する必要がある．わかりやすい図解があると助かるが，図8・5を部分的に使うほか，もっと単純な図として立方体の一つの面も使うことにする．これは三次元結晶構造を描いて説明するのはなかなか大変だからである．

解答 単位格子中の原子の体積が計算できるためには，その前に"単位格子には何個の原子が含まれるか"という一つの非常に基本的な質問の答えがわかっている必要がある．そのためには各原子が複数の単位格子の間で共有されているということを理解する必要がある．たとえば面上の原子は，問題としている単位格子ばかりでなく，立方格子のその隣の格子中にもある．各頂点の原子は，積み木のように単位格子を重ねていくと8個の立方体の角が接触することからわかるように，全部で8個

の単位格子中に含まれる．結果としてつぎのようになる．

単位格子あたりの原子の数 = $\frac{1}{2}$(面の中心の原子の数) + $\frac{1}{8}$(頂点の原子の数)

立方体には角が8個と面が6個あるので，面の中心の原子は6個，頂点の原子は8個ある．

単位格子あたりの原子の数 = $\frac{1}{2}(6) + \frac{1}{8}(8) = 4$

したがって各単位格子は完全な原子を4個含む．原子の半径をrとすると，各原子の体積は$4/3\pi r^3$である．したがって原子が占める全体積は，原子の数に各原子の体積をかけて

$$4\text{原子} \times \left(\frac{4}{3}\pi r^3\right) = \frac{16}{3}\pi r^3$$

つぎは原子の半径で単位格子の体積を表せばよい．ここでは立方格子の一つの面を描くと役に立つ．

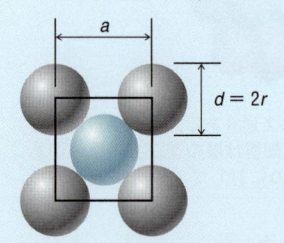

図で円は原子を表し，正方形は単位格子の面を示す．原子の直径dは$2r$で，立方体の一辺の長さをaとする．図から，立方格子の面の中心を通った対角線は，中心原子の全直径と2個の頂点原子の半径を含むので，長さ$2d$であるとわかる．立方格子の面は正方形なので，対角線が辺となす角度は45°である．したがって三角関数を少し思い出すとつぎの関係式が書ける．

$$\frac{a}{2d} = \sin 45° = \frac{1}{\sqrt{2}} = 0.707$$

つまり

$$a = 1.414\,d = 2.828\,r$$

立方体の体積はa^3なのでこれをrで表すと，単位格子の体積Vは

$$V = a^3 = (2.828\,r)^3 = 22.63\,r^3$$

これを前の式で得られた原子の占める体積とあわせると

充填効率 = $\frac{4\text{個の原子の体積}}{\text{単位格子の体積}} \times 100\%$

$= \dfrac{\frac{16}{3}\pi r^3}{22.63\,r^3} \times 100\% = \dfrac{16.76}{22.63} \times 100\% = 74.05\%$

これは本文中で引用した値を実証している．

解答の分析 ここではすでに与えた結果を確認するだけだったので，問題を正しく解いたことが簡単に結論できた．もし前もって答えがわからなかったら，どのようにして結果を評価すればよいだろう．第一に，充填効率の計算であるから，物理的に意味のある結果は100%より小さいはずである．最密充填構造の74%という充填効率は実際には上限値であって，何か別の構造について同じ計算を行ったとしたら，74%より小さい値となるはずである．

考察 この単純な計算から，固体を扱うときは結晶構造の視覚化が重要であることがわかる．正確な図を描いてしまえば，あとは高校の幾何を使って計算できる．

理解度のチェック 単純立方構造と体心立方構造の充填効率を計算せよ．答えをp.158に与えられた数値と比較して検証せよ．

固体構造に関連した重要な因子は充填効率だけではない．**配位数**（coordination number），すなわちある特定の原子に直接隣接した原子の数も，結合の観点から重要な概念である．これまで紹介してきた構造を調べると，単純立方構造で配位数は6，体心立方構造で8，最密充填構造（ccp，hcp）では12であることがわかる．これで最密充填構造がずっと一般的な理由がわかる．つまり配位数を増していくと格子中の各原子はより多くの最近接原子と相互作用ができるからである．これらの相互作用引力が，結局のところ結晶を一固まりに保っている．

図8・6の周期表は，各元素の固相での優先結晶格子を示している．この図をざっと見ると金属は概してbcc，fcc，またはhcpのどれかの構造をとることがわかる．しかし金属の種類によってどの構造をとりやすいといった傾向はまったく認められない．それでも，ある金属がどのような構造をとるのか知っていることは，新しい材料を開発するうえで重要である．たとえば鋼はおもに鉄でできているが，他の元素を比較的少量加えることでその特性を細かく調節できる．鉄の固体構造内にどんな原子が混ざるといいか決めるためには，材料技術者は鉄の構造に関する知識に加え，鉄を他の元素の原子と交換するとその構造がどのように変わるかについて知っている必要がある．

元素のなかには炭素のように二つ以上の固体相を形成するものもある（そのような場合，図8・6には最安定構造が示してある）．炭素は，よく知られたダイヤモンドとグラファイト形態で劇的に異なる物理特性を示すが，これらの特性は結晶構造の違いに直接関係づけられる．ダイヤモンドとグラファイトの結晶構造は，どちらもかなり変わっているが，それは共有結合に基づいた構造だからである．図8・7に示したダイヤモンド構造は，炭素化合物についてここまで学んだことに一致している．§7・7でみたように，4本の単結合をもつ炭素は四面体構造をとる．この構造をあらゆる方向に広げたのがダイヤモンド構造で，各炭素原子は4個の近接原子と結合している．図8・7は

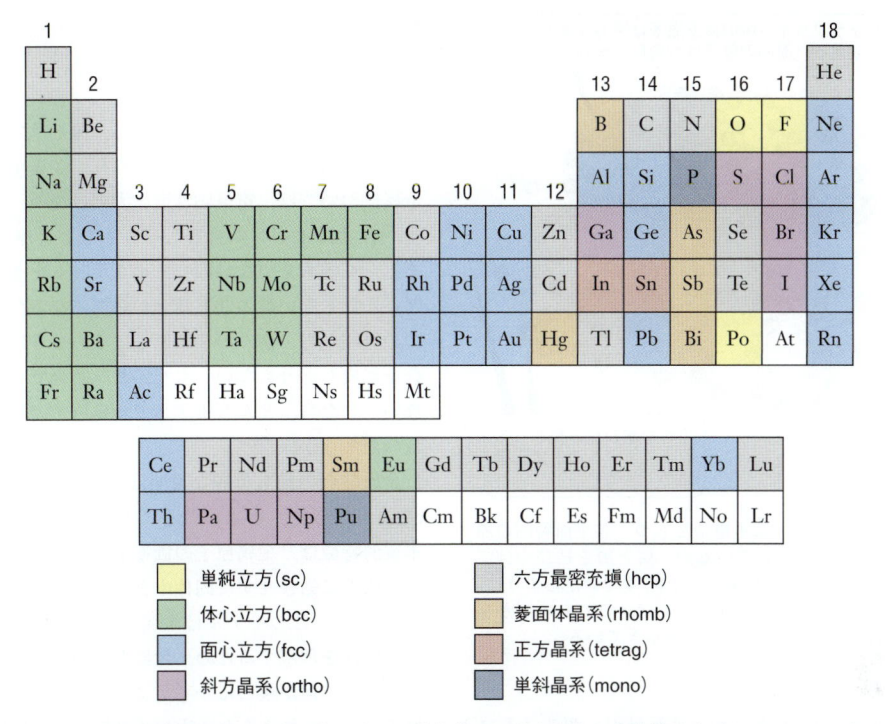

図8・6 この周期表での色分けは，各元素の固体状態での最も安定な結晶構造を示している．ほとんどの元素は本文で説明した構造の一つを示すが，あまり一般的でない結晶配置も知られている．

1個の炭素原子の局所的な四面体構造を強調している．各炭素原子が所定の場所で4個の強いC–C結合で保持されていることが，ダイヤモンドの固さの理由である．ダイヤモンドを壊すには，多くの共有結合を切らなくてはならず，それにはきわめて多量のエネルギーを要する．ケイ素もダイヤモンド構造を示す．

§8・1で述べたように，ダイヤモンドは固体炭素の唯一の形態でもなければ最も一般的でもない．グラファイトは明らかにダイヤモンドの硬さはもっていないから，構造もまったく異なっているに違いない．グラファイトの層状構造（図8・8）は，ダイヤモンドの構造よりやや複雑である．グラファイトにおいては，単一面（層）内の炭素間距離は，炭素–炭素共有結合距離と同じ程度であるがやや短い．しかし面間（層間）距離はずっと長く，層内の原子間距離の2倍以上である．§8・4で，この違いが，層内で働く力と層間で働く力の基本的な違いから生じていることがわかるが，それによりグラファイトの特異で有用な物理特性が説明できる．固体の幾何構造は非常に奥の深い研究分野であるが，ここではそのほんの初歩だけを述べるにとどめる．しかし工学系の学生として，のちに材料の構造と性質を学ぶことになるかもしれない．当面の目的として，化学結合の知識を拡張して固体をよりよく理解できるように，固体と関係した構造概念を紹介しよう．

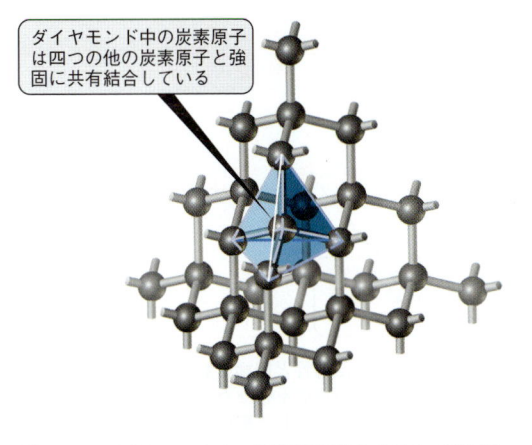

図8・7 ダイヤモンド中の炭素原子は共有結合で結ばれ，各原子は，第7章でみたメタンに似た分子がとるのと同じ四面体構造を示す．ダイヤモンド結晶を割るには多くの共有結合を切断する必要があるので，ダイヤモンドはすごく固いのである．

8・3 固体における結合──金属，絶縁体，半導体

金属が幅広く使われる理由となっている物理特性は，容易にリストアップできる．少なくとも中学校の理科の授業以来，金属の基本的性質にはなじみがあるだろう．まず金属には**展性**（malleability）があるが，これは圧をかけることによっていろいろな形や箔に変形できることを意味す

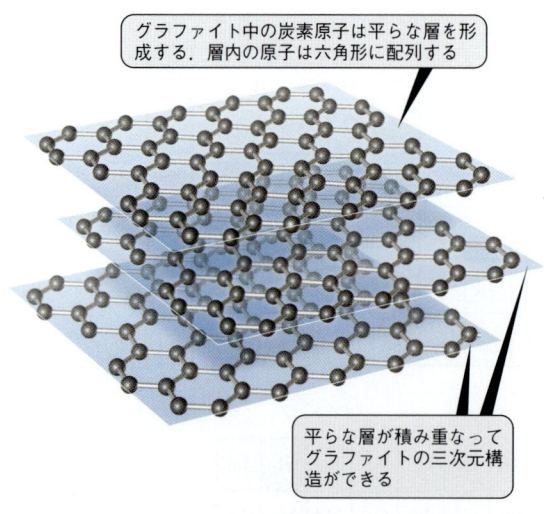

図 8・8 グラファイトは層構造をもつ．各平面層内の原子は互いに共有結合しているが，層と層を結びつけているのはずっと弱い力である．§8・4でわかるように，グラファイトの有用な特性の多くは，これらの層が互いに滑り合うことができることからきている．

察できる．

金属結合のモデル

これまでにみてきたことのうち，第6章で述べた周期的傾向から話を始めるのがいいだろう．金属全般，特に遷移金属においては，電気陰性度に大差はない．したがって金属や合金はイオン結合をしそうもない．原子殻の亜殻はまったく満ちていないので，オクテットを満たそうとするととんでもない数の共有結合が必要になるだろう．これまでの経験から，個々の金属原子はそのように多数の共有結合を形成しそうもない．もしイオン結合でも共有結合でもないとしたら，どんなモデルで金属原子の結合は説明できるのだろうか．

金属結合の最も単純な説明は，**電子の海モデル**（sea of electron model）とよばれることが多い[*8]．このモデルの本質的特徴は，金属原子の価電子が非局在化して，ある特定の原子に結合せずに固体中を自由に動き回ることである（図8・9）．このモデルは金属のいくつかの特性を説明する．展性を理解するため，金属が金づちでたたかれると原子レベルで何が起こるか考えよう．少なくともいくつかの原子は，この加えられた力により他の原子に対し相対的に動くだろう．しかし電子が自由に動いているなら，電子の海モデルで仮定したように，それらは原子の新しい位置に順応し，結合はあまり変化しないだろう．同様に，金属を引っ張って針金状にすると，原子の位置は変わるが，非局在化した電子は順応して，金属結合を保持する．さらに，

る．**延性**（ductility）もあるが，これは引っ張ることにより針金のように細くできることを意味する．金属は電気と熱の良導体でもある．これらの特性は，金属の結合によりどのように説明されるだろうか．ナノチューブ内に入れた金属原子も同じ性質を示すことができるだろうか．金属結合のモデルを調べることで，これらの疑問を深く洞

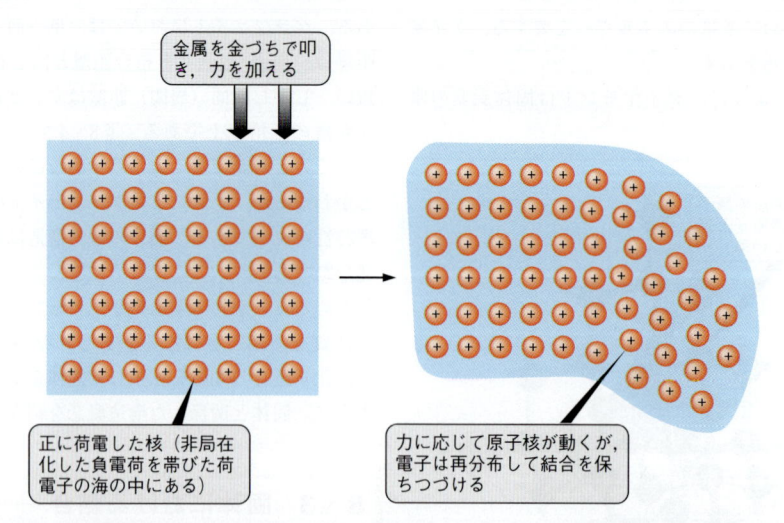

図 8・9 金属結合の"電子の海"モデルは，いくぶん粗いが，電気伝導性と同様に展性や延性も説明する．青い領域は金属片中に非局在化して広がる（負の電荷を帯びた）価電子を表す．球は金属原子の正に荷電した核を表す．左図で原子は規則正しく配列している．金属を金づちで叩くなどして力が加えられると，この力に応じて金属原子の核が動き，右図に示すように変形する．しかし電子は自由に流れて結合は保たれたままである．同様のことは，金属を金型に通して針金にする過程に対してもいえる．

[*8] このモデルは§2・4で最初に紹介した．

これらの非局在化電子は加えられた電場に反応して移動できるので,金属の伝導性もこのモデルから理解できる.

電子の海モデルは金属結合に対する定性的な理解を与えるが,定量的モデルも存在する.最も重要なものは**バンド理論**(band theory)とよばれ,カーボンナノチューブに金属原子を入れる例を使うとこの理論の起源を説明することができる.

適当な大きさのナノチューブの中にリチウム原子を入れることができれば,一列に並べて1原子の太さの"針金"にすることができる(リチウムを使ったのはs軌道の重なりが単純だからで,最も現実的な選択だからではない).リチウムの価電子配置は$2s^1$なので,この金属原子間の結合相互作用は2s軌道によって生じる.これらの軌道はもちろん波なので,波の干渉の概念を使ってどのように相互作用するかを考えることができる.最も単純な場合から始めよう.2個のリチウム原子が2s軌道が重なって相互作用できるほど十分近接して置かれている.波は強めるよう(建設的)にも弱めるよう(相殺的)にも干渉できることを思い出すと,同位相で相互作用するとその干渉は建設的となる.その結果生じる波は,核間で振幅(電子密度)が増しており,**結合性軌道**(bonding orbital)とよばれる.一方,位相がずれて相互作用するとその波は核の間に節をもつ.これは**反結合性軌道**(antibonding orbital)として知られる[*9].これらの新たにできた分子軌道は,どちらかの原子に個別に付属しているというより,1組のリチウム原子に一緒になって属していると考えることができる.図8・10は,これらの分子軌道のエネルギーが元の2s軌道とどのような関係にあるか示している.この図を見ると,ナノチューブに,より多くのリチウム原子を入れていくと何が起こるか考えることができる.原子が2個では一つの結合性軌道と一つの反結合性軌道ができる.4個だと,図8・10の中央に示すように,2個の結合性軌道と2個の反結合性軌道ができる(奇数の原子では,結合性軌道と反結合性軌道の数が同じになるように,一つの非結合性軌道ができる).さらに多数の原子の場合は,形成される分子軌道の数も非常に大きくなるので,軌道間にエネルギーの差は実質的になくなる.このとき,軌道は許容エネルギー準位のバンドに融合されるので,バンド理論という名がついた.ここで述べたことはまったく定性的であるが,これらの考えをもっと発展させていけば定量的モデルに導かれることは注目すべきである.

ここではナノチューブ内のリチウム原子を用いて説明したが,それはそうすると一次元系ができるからである.三次元の金属の塊はもう少し複雑で,軌道が合体する仕方も固体の構造に依存する.s軌道以上の価電子をもつ金属の場合,最終的にバンドを形成する軌道にはp軌道またはd軌道が含まれる.これらは別のバンドを形成し,sバンド,pバンド,dバンドのエネルギーは互いに重なり合う.伝導性のような特性を理解するためには,材料のバンド構造は非常に有効なモデルを提供する.

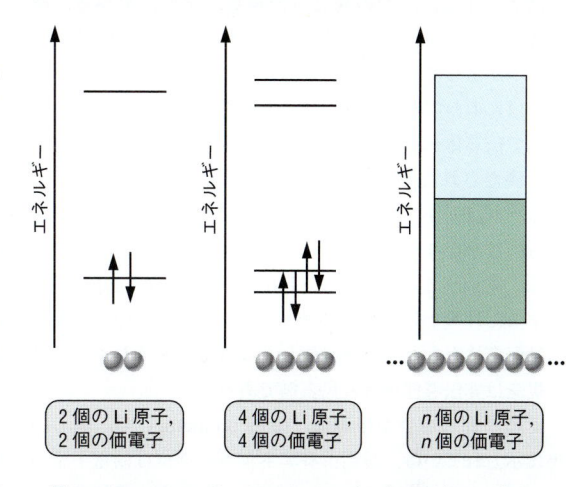

図8・10 ここでは,ナノチューブの中でできるような,リチウム原子の一次元配列における結合について調べる.左図ではリチウムは2原子しかなく,それぞれ1個の価電子を提供する.4原子の場合は中央の図のように電子は4個ある.原子の数が非常に大きくなると,利用できる軌道のエネルギーの差は非常に小さくなる.各原子から1個の電子が出るので,利用できる軌道の下半分は満たされ,価電子帯をつくり出す.より高いエネルギー状態の伝導帯は空のままである.

バンド理論と伝導性

物質とそのバンド構造の関係は,第6章における原子と原子軌道エネルギー準位の関係とまったく同じである.構成原理により電子は最低エネルギー軌道を占めるが,バルク物質中の電子も最低エネルギーから順にバンドを占める.電子が占有する最高エネルギーバンドと,そのつぎのバンド間のエネルギーギャップにより,物質の電気伝導性を理解することができる.電子が物質中を動くことで電気は流れるが,これは電子の軌道から軌道への運動と考えることができる.しかし電子で満ちたバンド(充満帯)内で電子は動けないので簡単には電気は流れない.電子が動けるためには,充満帯またはその一部に近いエネルギーをもつ,非充満帯またはその一部が必要となる.

これらの考えを,図8・10の右に示したリチウムのバンド図を例にとって考えてみよう.価電子の存在するバンドを**価電子帯**(valence band)とよび,すぐ上の非占軌道は**伝導帯**(conduction band)とよぶ[*10].伝導帯のエネ

[*9] "反結合"とよぶのは,この軌道の電子は原子間の結合を弱めてしまうからである.
[*10] そのトのエネルギー準位が満たされているエネルギーをフェルミ準位という.金属の場合,フェルミ準位は価電子帯の最上部にある.

ギーは価電子帯のすぐ上にあり，最高占有エネルギー準位はこれらの二つのバンドの境界にある．したがって価電子帯のトップに位置する電子が伝導帯へ移るには，ほんのわずかなエネルギーしか必要としない．これはリチウムがよい電気伝導体であることを意味し，実際そうである．

図 8・11 は，三つの異なった物質，金属，半導体，**絶縁体**（electric insulator）についてバンドの一般的特徴をいくつか示している．金属の場合はいま述べた状況にあって，ほんのわずかなエネルギーを価電子帯の電子に与えるだけで伝導帯へ昇位させることができる．一方，非金属では，満たされた価電子帯と空の伝導帯の間のエネルギーギャップは大きいので，電子が運動できる空のバンドへ達するにはかなりのエネルギーが必要となる．通常の環境下では，電子はこの大きな**バンドギャップ**（band gap）を克服するだけの十分なエネルギーをもっていないので，非金属は伝導性をもたず，絶縁体とよばれる．ダイヤモンド型の炭素は非伝導性物質の代表例である．

その中間の場合が**半導体**（semiconductor）で，図の中央に示されている．最高占有エネルギー準位は価電子帯のトップにあるが，その上のバンドのエネルギー準位はやや高い．半導体では，室温でも上のバンドへ達することができるだけの熱エネルギーをもつ電子もあるので，少なくともわずかな電気伝導性は示す．温度が高くなるとさらに多くの電子が上のバンドを占めるので，半導体の伝導性は高温ほど高くなる．炭素と同じ 14 族のケイ素は半導体の性質を示す元素の典型例である．

半 導 体

工学部の学生なら，半導体は 21 世紀の生活の隅々にまで行き渡っていることを知っているだろう．半導体技術は電子産業の核心にある．マイクロプロセッサーは今でこそ車や電化製品に使われているが，この産業の領域はかつてこれほど広くはなかった．半導体の隆盛は，原子レベルでみる化学と，巨視的に考える工学が組合わさって生じた好例である．半導体革命は，自然界にはない多くの新物質の巧妙な開発なしにはけっして生じなかっただろう．

純粋なケイ素は，教科書では半導体のよい例であるが，ほとんどの用途では役に立たない．純ケイ素中に高い伝導性を発生させるには，何とかして電子を価電子帯から伝導帯へと昇位させなければならない．つまりエネルギーを与えなければならないが，電子をバンドギャップを超えて励起するための方法は二つある．一つはケイ素を高温にさらすことで，もう一つは十分な光エネルギーを吸収させることである．どちらも，ほとんどの電子デバイス中で実行することも維持することも難しい．しかし周期表で別の元素を探してもこれよりよい選択肢は見つからない．半導体として分類できる元素がもともと少なく，そのどれも純粋な形では広い用途に適していないのである．そこで半導体産業は，元素を組合わせて特定の用途に適した半導体性能をもつ物質を作り出すという巧妙な方法を用いた．その一つの方法が**ドーピング**（doping）という，別の元素をケイ素のような半導体の中へごく微量だけ制御して入れる手法である[*11]．

ドーピングがどのように作用するかを理解するために，図 8・12 の左に示したバンド図から始めよう．純ケイ素の伝導度を少しだけ上げたいとすると，金属の伝導について学んだ内容から，そのためには電子をいくらか伝導帯に入れてやればよいことがわかる．過剰な電子を"注入"できれば，それは上のバンドへと行くだろう．そうなればそのバンド内を動き回ることができる．十分な電子を加えることができれば良導体を得ることだってできる．でもどうしたらケイ素へ電子を加えることができるだろう．各ケイ素原子は 4 個の価電子をもっている．価電子の数を増やすためには，価電子の数が 4 より大きい元素を少量加えてや

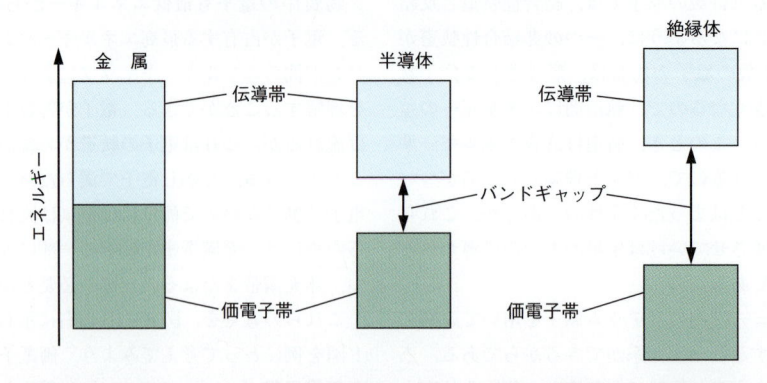

図 8・11 これらのバンドエネルギー図は，金属，半導体，絶縁体間のおもな違いを示している．緑色の部分は電子で満たされたエネルギー準位を，水色の部分は非占有エネルギー準位を表す．伝導性の違いは，バンドギャップと占有準位から非占有準位へ電子を上げる相対的困難さによって説明される．

[*11] 有用な特性を引き出すための物質へのドーピングは，半導体だけでなく特殊鋼などの合金でも意図的に行われる．

ればよい．純ケイ素の試料にリンの原子を1個入れて，ケイ素の原子1個と何とかして置き換えたとしよう．1個の原子しか変えていないので，結晶構造もバンド図も壊れない．でも電子は1個余分にある．価電子帯はいっぱいなので，その余分な電子はエネルギーの高い軌道へ入らなくてはならない．この軌道はケイ素ではなくリン原子と結びついているので，ケイ素の伝導帯よりわずかに低いエネルギーをもつだろう．つまり，リンの存在が伝導帯に近いエネルギーの**ドナー準位**（donor level）を導入したのである．このドナー準位と伝導帯のギャップは非常に小さいので，電子はドナー準位からかなり容易に伝導帯へと昇位できる．したがってこの思考実験では，ケイ素の結晶へ1個のリン原子を加えることで，伝導性をほんのわずかだが上げることができるだろう．

含まれる（これを可能にするには，ケイ素自身の純度はきわめて高くなくてはならない）．ケイ素がリンでドープされるといったが，このドーピングは通常，材料の調製過程で行われる．ドーパント原子が固体中にランダムに分散しているかぎり，結晶構造への影響は最小限である．価電子が4より多い他の元素も使うことができるが，リンは原子半径がケイ素に近く，結晶格子を大きく乱さないので，都合がよい*12．

ドーピングによる半導体には，**p型半導体**（p-type semiconductor）とよばれる種類もある．この場合は，電子をバンドギャップを通して昇位させなくとも伝導性が得られるように，価電子帯の電子の数を減らすというやり方である．n型半導体の場合と似ているが，p型半導体では4より少ない価電子をもつドーパントを使う．そうすると価電子帯より少し高い**アクセプター準位**（acceptor level）が導入される．このドーパントにはアルミニウムが最も一般的に用いられる．図8・13はドープされたときにバンド図がどう変化するか示している．価電子帯からアクセプター準位へ電子は容易に昇位できるので，後には空孔すなわち正孔が価電子帯に残る．正孔は正電荷（positive charge）のようにふるまうので，電気工学者はこれをp型材料とよぶ．n型の場合と同様，ドーピングの程度によって伝導度のレベルを調節できる．

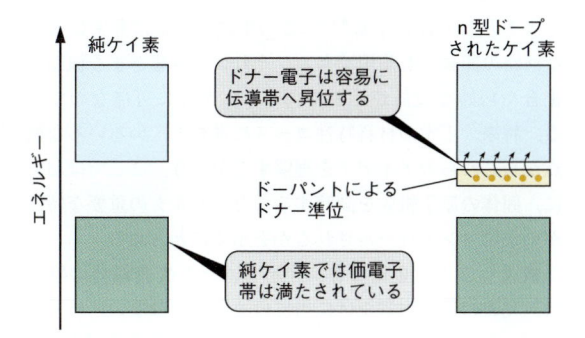

図8・12 微量のリンを入れることにより純ケイ素に電子を加える場合を想定しよう．加えられた電子は伝導帯のすぐ下のドナー準位を占有する．これによりn型半導体となる．ドナー電子は，伝導帯の非占有準位へ入るのにバンドギャップを超える必要はないので，伝導度が上昇する．ドーピングの程度を調整することにより，ドナー電子の数を調節できる．

もちろん，そのような1原子の置換はできない．もしできたとしても伝導度の変化は測定できないほど小さい．しかしこのアイデアは，もっと多くのリン原子ででも成り立つ．リン原子の5番目の価電子は，上述のドナー準位に似た新しいバンドに入り，その電子は伝導帯へ昇位して，図8・12の右側に似たバンド図となる．リン原子のドナー準位は，伝導帯の近くに電子密度を供給する源となり，伝導性を上げる．さらに，伝導率はリンの量を加減することで調節できる．これは**n型半導体**（n-type semiconductor）として知られるものである．この名前は，加えた電子が負電荷（negative charge）をもつことに由来する（ケイ素を置換したリン原子は陽子も1個多いので，格子全体は電気的に中性であることに注意しよう）．これらの負に帯電した電子のため，半導体に電気が流れる．

典型的なn型半導体には0.00001％のオーダーのリンが

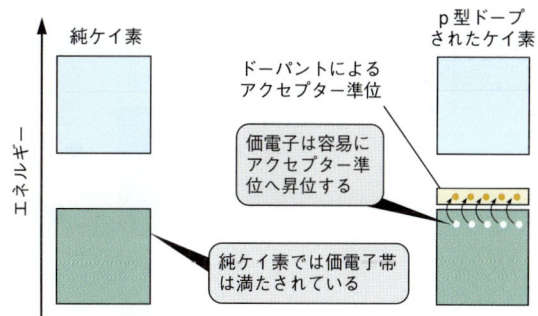

図8・13 p型半導体では，電子不足のドーパント原子を加えることで価電子帯のすぐ上にアクセプター準位ができる．電子はこの準位へ昇位して，価電子帯にはその空孔すなわち正孔が残る．

例題8・2

ケイ素（シリコン）デバイスよりずっと一般的ではないが，ゲルマニウムを用いても半導体をつくることができる．もし純ゲルマニウムに (a) ガリウム，(b) ヒ素，(c) リンをそれぞれドープした場合，n型とp型のどちらの半導体が得られるか．

解法 ケイ素同様，ゲルマニウム原子は4個の価電

---

*12 大きさの重要性を巨視的に示すため，食料品店のオレンジの山を考えよう．底近くのオレンジを別の物で置き換えても山が崩れないようにするには，同じ程度の大きさのタンジェリンミカンともっと大きなグレープフルーツのどちらがいいだろう．

子をもっている．したがって4より少ない価電子をもつドーパントではp型が，4より多い価電子をもつ場合はn型が得られるだろう．各元素の価電子の数は周期表を見ればわかる．

解　答

(a) ガリウムは13属元素で，3個の価電子をもつ．したがってガリウムをドープしたゲルマニウムはp型半導体になる．

(b) ヒ素は15属元素で，5個の価電子をもつ．したがってヒ素をドープしたゲルマニウムはn型半導体になる．

(c) リンも15属元素なので，リンをドープしたゲルマニウムは (b) と同様，n型半導体になる．

理解度のチェック　ある材料技術者がケイ素からできたn型半導体を必要としている．ドーパントにどんな原子を用いることができるか．得られる物質のバンド図を描け．

ここまで述べてきたことからは，なぜこれら2種類の半導体が必要で，それらからどうやって役に立つデバイスを作れるのか，はっきりとはわからないかもしれない．実際には，チップにおける重要な回路機能は，すべて異なる半導体の接合部で起こっている．p型物質がn型物質に接する点は **p-n接合** (p-n junction) とよばれる．この接合部を通る電子の流れは，電池や他の電源から電圧を印加することにより，容易に整流される．これらの接合の集まりに，複雑さの異なるいろいろなスイッチやゲートとしての機能をもたせることができる．ここでは詳しく説明しないが，単純なp-n接合がどのように動作するか述べる．

図8・14はp-n接合の模式図を示す．左のp型物質には正孔がいくつか描かれており，これらは電子が欠けている．一方，右のn型物質には過剰の電子が描かれている．接合物質の端に電池をつないだ場合を想像すると（図8・14b），p型物質から電子が電池の正極側へ移動し，正孔は負極側へ動くだろう（正孔は正の電荷のようにふるまう）．これはこのように電池をつなぐと接合部を通して電気が流れることを意味する．しかし図8・14(c)のように電池を逆につなぐと，今度は電子も正孔も両方とも接合部から引き離される．したがって接合部に電流は流れない．この接合は，正しい方向へ電圧をかけたときのみ接合部に電流が流れ，電流のオンとオフを切り替える電圧制御スイッチとして作動する[*13]．この単純な考えは非常に複雑な回路の開発にも適用できる．それにはさまざまな種類の接合や巧妙な設計が必要であるが，実際に可能なのである．将来，工学の材料特性コースに進むと，いろいろな観点からこれらのアイデアを理解するだろう．ここではおもに，固体の原子組成を調節することでバルクの重要な特性がいかにコントロールされるかを示すにとどめる．

概説してきた金属導体，半導体，そして絶縁体の特徴は，元素の形の物質だけに当てはまるのではない．ほとんどの合金は金属元素の組合わせであり（少量成分が非金属のものもあるが），それらの結合は金属について述べてきた

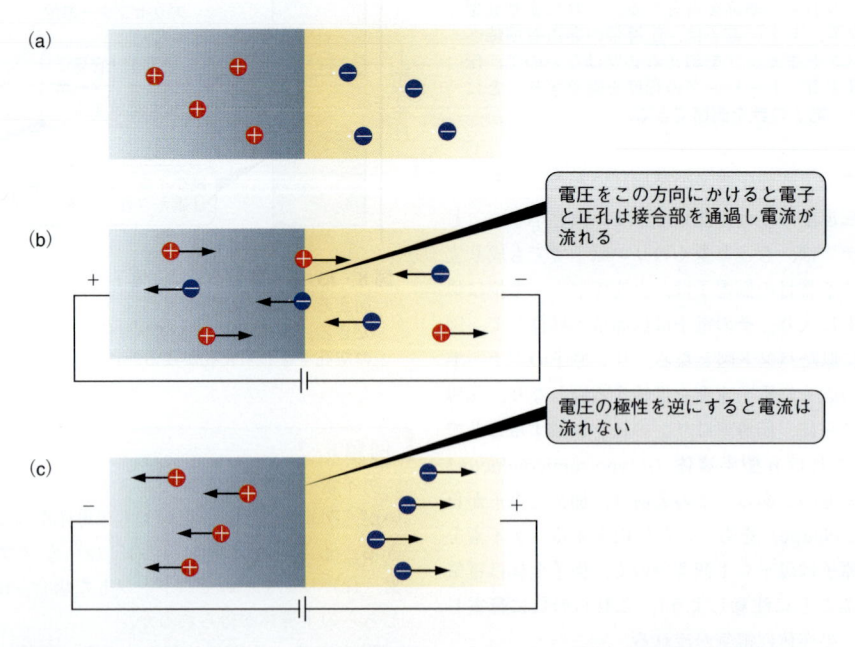

図8・14　p-n接合は，正しい極性で電圧がかけられたときのみ電気が流れるようにする，簡単なスイッチとして働く．この単純な機能をうまく使って，複雑な回路機能も構築できる．

[*13]　金属酸化物半導体電界効果トランジスター (MOSFET) などの一般的なデバイスでは，必要な電圧は1〜3Vの範囲である．

ことに似ている。半導体も多くは元素の組合わせから成り，ガリウムヒ素は特に重要な例である。絶縁体もまた元素の組合わせであることが多く，多くのセラミックスは絶縁体である。

すべての物質が，固体を保つのに化学結合によっているわけではない。凝縮相で働いている別の力について調べることにしよう。

8・4 分子間力

第7章で，化学結合は結合に関与する原子のエネルギーが最小になるように生じることを学んだ。固体の構造に目を向けると，この原理はここでも成り立つことがわかるだろう。固体であれば結晶性であろうと無定形であろうと，その構造は，関与する原子または分子間の引力と斥力のバランスによって決定される。この節では，**分子間力**（intermolecular force）すなわち分子の間に働く力の性質について考える。

分子間の力

第7章で，原子間の相互作用がいかにして分子を構成する結合となるか学んだ。これらの相互作用が化学における非常に重要な一面であることは間違いない。しかし化学結合を理解しても，物質の構造について多くの特徴を理解するにはまだ十分でない。分子間の力もまた重要なのである*14。ふつうは化学結合の力よりずっと弱いが，これらの分子間力は凝縮相の構造と物性の大部分を決定しており，工学的観点からも特に重要である。ここではさまざまな種類の分子間力について調べてみよう。

分散力

分散力（dispersion force）はロンドン力とよばれることもあるが，すべての物質に共通して存在する。瞬間双極子−誘起双極子間力（instantaneous dipole-induced dipole forces）ともよばれる。この恐ろしげな名前はこの力の起源を示しているので，名前の前半と後半についてそれぞれ考えてみよう。まず，反対に荷電した二つの電荷または物体がある距離だけ離れて存在するときはつねに双極子が存在することを思い出そう。

原子やさまざまな軌道についての量子力学的描像は，確率と平均位置という考えから成っている。しかし瞬間双極子という言葉を理解するには，そのような観点から離れる必要がある。代わりに，ある瞬間での電子の位置と分布を考える。たとえばs軌道にある電子の場合，第6章の考えからすると，原子核からある距離だけ離れた位置で電子を見いだす確率は球対称である。しかし今，ある瞬間での電子のスナップショットが得られるとしよう。その場合は，電子は原子核の片側におそらく見いだされるだろう（つぎの瞬間のスナップショットでは電子は反対側にあり，したがって平均すると軌道の球対称の描像と矛盾しない）。この電子の分布の動的な揺らぎは分子でも同様に起こる。このように，平均すれば分子中に電子は均一に分布していたとしても，ある特定の瞬間には，分子の一端に反対側よりも多く電子があるかもしれない。そのような揺らぎが起これば電荷分布は一時的に非対称になる。つまり，分子の一端に小さな過渡的な負電荷があり，もう一端には同様の正電荷がある。これはすなわち短寿命の電荷分離があることを意味し，これは双極子モーメントを生じさせる。この双極子は，以前極性結合について述べたものとは違う。なぜなら，電子がたまたま不均一に分布するのは，ほんの一瞬しか持続しないからである。したがって**瞬間双極子**とよばれるのである。この寿命ははかなく，すぐ消え去って，一時的な電子分布がまた非対称になると形成される。

この電子の動的分布は，電子密度が不均一になる唯一の方法ではない。電子の質量は非常に小さく，また荷電しているので，近隣分子の双極子からのような外部電場によっても影響される。分子が外部電場に出会うと，負に荷電した電子はその電場の負極から離れようとする。このような応答は分子自身の中に新たな双極子をつくり出す。このように外部電場はそれまでなかったところに双極子を強制的につくり出す。これが**誘起双極子**である。この過程を図8・15に模式的に示す。

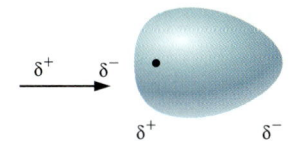

図 8・15 外部電場が分子または原子の周りの電子雲の形を変形し，一時的な誘起双極子をつくり出す。変形した分子（の電子雲）は近くの分子に外部電場として作用し，その影響が伝わる。分散力は，分子の集まりの中のそのような誘起双極子の間で働く相互作用引力から生じる。

ここで瞬間双極子と誘起双極子の考えを結びつける。二つの分子が近距離にあるとしよう。一方の分子で電子密度の揺らぎが生じて瞬間双極子をつくり出すと，他方の分子はそれを外部電場と感じて誘起双極子をつくり出す。この組合わせが瞬間双極子−誘起双極子相互作用で，すなわち

---

*14 分子間力は第7章で学んだいくつかの生体材料などの生化学系においてもきわめて重要である。

分散力である．こうして対になった双極子は，一方の正の端が他方の負の端の近くに配列するので，分散力は引力である．対になった分子間のそのようなはかない力は，きわめて弱い．しかし巨視的な大きさの物質にはアボガドロ数のオーダーの分子が含まれるので，このような弱い相互作用でも，すべて足し合わせればかなりの量のエネルギーとなりうる．実際，このエネルギーが多くの液体やある種の固体をその状態に保っている[*15]．

いろいろな物質の分散力の相対的大きさは，どうやったら見積もれるだろうか．この質問に答えるのに必要な重要な概念は**分極率**（polarizability）である．分極率は，外部電場によって分子がどれだけ電荷分布を変化させるかを示す．この分子特性は，分子間の相互作用の強さを測定することで実験的に定量化できる．そこから得られる一般的な結論のうち最も重要なのは，大きな分子は小さな分子より分極しやすいということである．正の原子核と負の電子の距離が離れるほど相互作用は弱くなるので，大きな分子で分極しやすいのは理にかなっている．電子はしっかり固定されていないので，外部電場に，より容易に影響される．大きな分子ほど分極しやすいということは，分散力も強くなることを意味する．

双極子間力

永久双極子をもつ分子同士が相互作用するときは，それらは配向する傾向がある．この配向は，特に液体においてはしっかりしたものではない．しかしある分子の正の部分は他の分子の負の部分に，負の部分は正の部分に近づこうとする．これらの電荷は電子の電荷量より大きくなることはめったにないため，反対電荷の引力と同符号電荷の斥力は，分散力よりは大きいが，化学結合の強さと比べたら，まったくたいしたことはない．わずかな引力や斥力しか働いていないので，双極子の配向は完全ではない．いつでも物質中の分子のなかには斥力を感じているものもあるが，より多くの分子には引力が働いている．図 8・16 は 50 個の分子から成る試料のスナップショットでこの状況を示している．黒の実線は引力相互作用を，赤の点線は反発相互作用を表している．この図では少数の分子についてしか示していないが，明らかに引力相互作用の方が斥力より多い．もしスナップショットを少し後で取ったら，相互作用の位置は変わっているだろうが，引力と斥力の数は平均すれば同程度のままだろう．これらの**双極子間相互作用**（dipole-dipole interaction）は一時的な双極子ではなく永久双極子によるものなので，通常，分散力よりも強い．

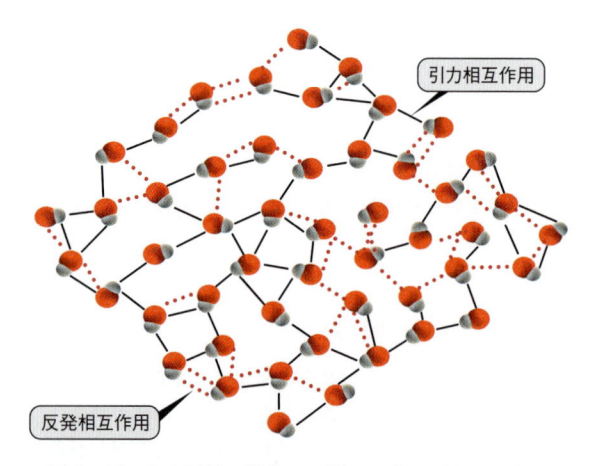

図 8・16 この図は，液体の一瞬のスナップショットで見られるような，50 個の極性分子の配置を示している．黒い実線は双極子間の引力相互作用を表し，赤の点線は反発相互作用を表す．引力の数と強さが斥力を上回っているので，分子を一まとめに保つ正味の力が存在する．

水 素 結 合

最後に紹介する分子間相互作用には，科学のなかでも最もまずい名前がつけられている．それはよく，"**水素結合**（hydrogen bond）"とよばれるが，これはけっして結合ではないからである．第 7 章で用いた形式的な意味での化学結合は含まれていない．どちらかといえば，化合物中に，ある元素の組合わせが存在するとき観察される，特に強い双極子間相互作用である．水素結合は通常，すべての分子間力中最強である[*16]．水素結合は生化学において顕著な働きをし，生命に多大な影響をもつことがよく知られている[*17]．水素結合の形成には特有の条件がいくつかある．

水素結合における"水素"とは，N，O や F などの電気陰性度の高い原子に結合した水素原子のことである[*18]．この電気陰性度の高い原子は水素と共有している電子対を引き寄せる傾向があるので，水素原子は部分的に正の電荷を帯びることになる．水素はほかに価電子をもたないので，この正電荷は他の分子にむき出しになる．もし部分負電荷や利用可能な孤立電子対をもった原子がこの露出した正電荷に近づくと，双極子による強い相互作用が生じる．この電子密度のもとになるのに最適な原子は，以前述べたのと同じで，N，O，F である．実際すべてのそのような化合物で，これらの元素は一つ以上の利用可能な孤立電子対をもち，それらの電子は近くの別の分子の水素原子と少なくとも部分的に共有される．

水素結合の最も単純な例として，水素と電気陰性度の高

[*15] ポリエチレンを含む多くの高分子は固体を形成し，そこでは分散力が最も重要な分子間引力である．
[*16] ［訳注］分子間力に静電力（クーロン力）を含めると，静電力が一般に最強である．
[*17] 水素結合の多くの役割のうち，おそらく最も重要なのは，DNA の二本鎖を結びつけて二重らせんとすることである．
[*18] ［訳注］最近では，炭素に結合した水素とカルボニル基の酸素などの陰性原子間の相互作用も，水素結合に分類されている．

い原子から成る化合物をみてみよう．たとえばフッ化水素の場合，ある分子の水素原子は別の分子のフッ素原子に引きつけられる．水の場合は，酸素原子が水素原子を引きつける孤立電子対を供給する．重要なのは，これらの水素結合相互作用は，単一分子の共有結合よりずっと弱いということである．たとえば水では，水素結合が固相または液相中で分子を互いにくっつけている．液体の水が加熱されると水素結合は切れるが，共有結合は切れないので，水が沸騰して出てきた蒸気はまだ H_2O 分子でできている（p.6，例題 1・1 参照）．生物学に出てくるような多くの分子を含むもっと複雑な場合では，水素結合は異なる分子間で，また，タンパク質のような大きな分子では分子内でも生じる．これらの例に共通するのは，電気陰性度の高い原子に結合した水素の存在である．

例題 8・3

つぎの物質が液体から気体になるためには，どんな分子間力に打ち勝たねばならないか．

(a) CH_4　(b) CH_3F　(c) CH_3OH

解法　分散力はどんな物質にも存在するが，それが最重要な力となるのは，より強い双極子間力や水素結合がないときだけである．これらの強い相互作用があるかどうかを知るには，化合物の構造を調べる必要がある．そこでルイス構造を使って分子構造をはっきりさせることから始めよう．ここで扱うのは構造をよく知っているメタンと二つの関連物質である．

解答　(a) 第 7 章でみたように，メタンは 4 本の同じ C-H 結合をもつ四面体分子である．

$$\begin{array}{c} H \\ | \\ H-C-H \\ | \\ H \end{array}$$

構造は全体として対称なので，双極子間相互作用はない．CH_4 の H 原子は N，O，F には結合していないので，水素結合もない．分散力に打ち勝てば液体のメタンを気化させられる．

(b) フッ化メチルも四面体であるが，メタンの水素原子 1 個がフッ素で置き換わっている．

$$\begin{array}{c} :\ddot{F}: \\ | \\ H-C-H \\ | \\ H \end{array}$$

フッ素原子は 1 個しかないのでもはや対称ではない．C-F 結合は非常に極性が高いので，分子は双極子モーメントをもつ．したがって CH_3F を気化させるには双極子間力に打ち勝つ必要がある．

(c) メタノールの構造もメタンに近い．水素原子 1 個が OH 基に置き換わっている．

$$\begin{array}{c} H \\ | \\ H-C-\ddot{O}-H \\ | \\ H \end{array}$$

CH_3F と同様，この分子も双極子モーメントをもつが，その双極子は OH 基に起因している．この基は水素結合が可能である．ある分子の OH 基の水素原子は，別の分子の酸素原子の孤立電子対に強く引きつけられる．したがってメタノールを気化させるには，水素結合に打ち勝つ必要がある．

考察　関与している力を同定できれば，これらの液体の沸点の順を予測できる．弱い分散力だけが関与するメタンは，非常に低い沸点をもつはずである．CH_3F の場合は双極子間力が気化を難しくするので，もっと高い沸点となる（分子量が大きいので，分散力も CH_4 よりわずかに強いはずである）．最後に，CH_3OH では水素結合のため，これらのなかでは最高の沸点となる．この予測は正しく，沸点はそれぞれ $-164\,°C$（CH_4），$-78\,°C$（CH_3F），$65\,°C$（CH_3OH）である．

理解度のチェック　それぞれ何が重要な分子間力かを考慮して，Ne，CO，CH_4，NH_3 の沸点を順に並べよ．

分子間に生じる相互作用の多くはここでみてきた分散力，双極子間相互作用，水素結合であり，凝縮相の存在と特性の理解の基になる．どの力も，かなり弱い化学結合にすら及ばない．水素結合は分子間力のなかでは通常最も強いが，それでも平均的な化学結合より 1 桁弱い．にもかかわらず，巨視的な物質の場合はこのような相互作用が非常に多数あるため，バルクの性質を決める主要因となる．

分子間力と分子内に働く力の違いは，グラファイトをもっと詳しく調べることでよくわかる（図 8・8 から構造の一般的特徴を思い出そう）．平面内で炭素原子は，図 8・17 の左図に示すように，強い共有結合で結合している．多数の共鳴構造も描けるが，平均すれば各炭素−炭素結合の強さは，単結合と二重結合の間である．一方，平面（層）間の相互作用は分散力によるのではるかに弱い．したがって，ある層内の炭素原子は比較的強い化学結合で結ばれているが，隣合った層を互いに結びつけているのはずっと弱い分散力である．この結果，グラファイトの層は比較的容易に互いに滑り合う．これがグラファイトが潤滑剤として有用な理由である．潤滑剤は大きな力に耐えなければならないが，層内の強い結合がその力をもたらす．潤滑剤は粘性流動も可能でなければならないが，隣合った層間の相対的運動がそれを可能にする．

かなり単純だが，グラファイトの構造は固体の特性を決定するうえで化学結合と分子間力が共に重要であることを示している．つぎに液体の物性におよぼす分子間力の影響についてみてみよう．

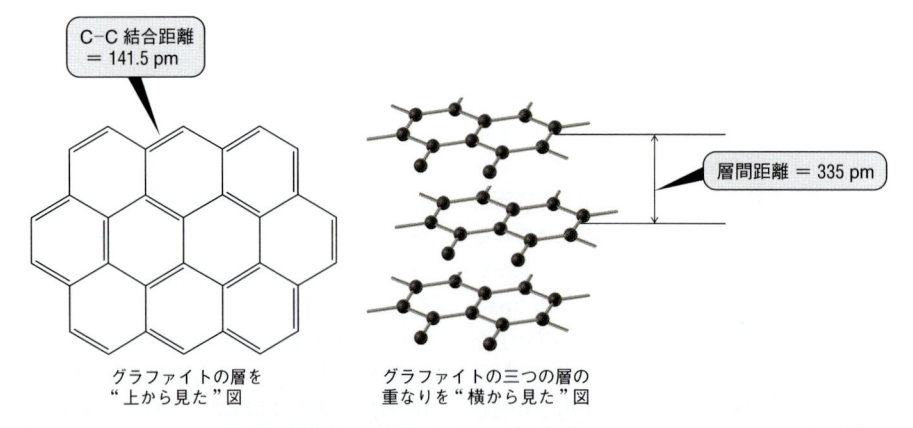

グラファイトの層を   グラファイトの三つの層の
"上から見た"図   重なりを"横から見た"図

図 8・17 グラファイト構造の各層内の炭素原子は強い共有結合でつながれていて，C–C間距離はかなり短い．各炭素原子は，層内で四つの結合をしているので，各層を結びつけているのは分子間力である．これは，層間距離がずっと長いことからも明らかである．層を結びつける力は弱いので，隣の層同士の滑りはかなり容易で，このためグラファイトは柔らかく，潤滑性をもつ．

8・5 凝縮相——液体

物質の凝縮相は固体だけではない．上述の分子間力によって固体ばかりでなく液体も形成される．液体の構造は固体ほど秩序だっていないが，その重要な特性のいくつかは調べることができる．

液体と固体の重要な違いは，液体中の原子または分子の方がずっと動きやすいということである．固体の場合，各粒子の平均位置は本質的には変わらず，たとえ平均位置の周りで大きく振動するとしても，原子は長期にわたりある固定された配列のままでいる．それと対照的に，液体中の粒子はお互い自由に動き回ることができ，それが止まることはない．このたえまない運動は，液体が他の化学物質を溶かす溶媒として役立つという事実において重要な役割を果たしている．溶けた粒子も，溶媒としての液体同様，動き回れるようになる．このため溶けた粒子は他の溶解物質（または液体に接した固体）に遭遇することができ，化学反応を起こすことも可能になる．

当面，純液体に議論を限るが，分子間力を調べることでその特徴について何が学べるだろうか．液体の挙動を理解するうえで重要と思われるいくつかの物理特性を考えてみよう．

蒸気圧

にわか雨が降った後の歩道には水たまりができる．この水たまりはそのうち消えるが，水は沸騰したわけではない．水たまりの蒸発は，液体と固体に特有の蒸気圧という現象をさし示している．**蒸気圧**（vapor pressure）は密閉された容器内で純液体と平衡にある物質の気相の圧力である．ある特定の温度における蒸気圧は，物質に固有の性質である．同じ大きさの水たまりは，寒い日より暑い日の方が速く蒸発する．もし歩道の液体が水ではなくてアセトンなら，ずっと素早く消えてしまうだろう．

上述のさまざまな分子間力を考えることで，蒸気圧の概念を定性的に説明できる．どんな固体や液体でも，引力的な分子間相互作用が分子を結びつけている．分子レベルで考えると，液体系は多数の分子から成り，つねに動き回っているが互いに相互作用している．どんな分子系でも，個々の粒子の速度はつねに変化しているが，高い運動エネルギーをもった粒子が，ある一定割合で必ず存在する．(§5・6で議論した気体分子に対するボルツマン分布はこの一例である．同様の考えは液体中の分子にも当てはまるが，分布関数の厳密な形はずっと複雑である．)もしエネルギーの高い分子がたまたま液体表面に出てきたら，隣の分子の引力に打ち勝って気相へ逃げるだけの十分なエネルギーをもっているかもしれない．これが気化の分子的起源である[*19]．

この分子的見方により，温度変化に伴う蒸気圧の挙動を予測できる．温度が高くなるにつれ，高い運動エネルギーをもつ分子の数も増大する．したがって分子間相互作用の引力から逃げられる分子が多くなる．こうして温度が上がると蒸気圧は高くなり，それは実験的に観察される．この分子的な説明により[*20]，異なる分子の蒸気圧の違いについても理解することができる．液体から逃げるために，分子は，液体における分子間力に打ち勝つだけの十分高い運動エネルギーをもっていなければならない．したがってそ

[*19] [訳注] 図8・20に示すように，気体と接する液体表面にある分子は，液体中の分子に比べて周りの分子の数が少なく，引力相互作用が弱いので，もともと蒸発しやすい．

[*20] [訳注] 分子間相互作用に対する温度効果を分子の運動性と結びつけて説明することは一般に正しくない．第9章で学ぶ"吸熱的"相互作用の場合は，温度が高い方が分子間引力は強くなる．

のような分子間力の強さが，気化する分子が克服すべき障害である．もし分子間相互作用の強い系であれば，分子は特別に大きな運動エネルギーが必要になる．分子間力が強いと，逃げられる分子の数は単純に少なくなるので，蒸気圧は低くなる．逆に蒸気圧の高い液体はすぐに気化するので，**揮発性**（volatile）であるといわれる．ガソリンエンジンなどの多くの工業設計においては，燃料などの成分の揮発性を考慮に入れなくてはならない．揮発性は，たとえば燃料が燃焼シリンダーへ注入されるときなど，長所となることもある．また，貯蔵タンクから大気中への燃料の放出を最少にしたいときなどは欠点ともなる．

上に述べたことは蒸気圧の定性的な見方としてはそれなりに役に立つ．しかしどうしたら定量できるだろう．水はアセトンより蒸気圧が低いが，どの程度低いのだろう．液体または固体の蒸気圧を測定するには，系が平衡に達することが必要となる[*21]．言い換えると，出ていく分子の数は図8・18に示すように，液体に入ってくる分子の数とつり合っていなければならない．ひとたびこの平衡が確立すると，気相中の分子の圧力は一定を保つのできわめて容易に測定できる．系の正味の状態は変化しないが，液体を逃れる分子と液体に捕まる分子がつり合っているこの状態は，**動的平衡**（dynamic equilibrium）とよばれる．この概念はたんに蒸気圧に限らずもっと多くの状況下で重要であり，第12章で詳細に検討する．室温付近でのさまざまな液体の蒸気圧を表8・1に示す．

表8・1　いろいろな物質の295 Kでの蒸気圧と標準沸点

物 質	蒸気圧〔Torr〕[†]	標準沸点〔℃〕
アセトン	202	56.2
Br$_2$	185	58.8
CClF$_3$	24940	-81.1
CCl$_2$F$_2$	4448	-29.8
CCl$_3$F	717	23.8
CCl$_4$	99.0	76.54
HCN	657	26
ホルムアルデヒド	3525	-21
メタノール	108	64.96
n-ペンタン	455	36.07
ネオペンタン	1163	9.5
イソブタン	2393	-11
n-ブタン	1658	-0.5
プロパン	6586	-42.07
エタン	29380	-88.63
水	19.8	100

[†]　760 Torr = 1 atm．〔訳注：ただし圧力のSI単位はPaであり，1 Torr =（101325/760）Pa ≈ 133.322 Pa．〕

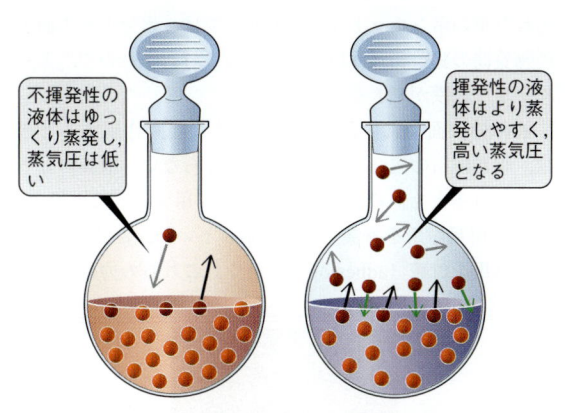

図8・18　液体を密閉容器中に入れると，蒸気相との平衡状態になる．その蒸気圧は，液体の蒸発しやすさの尺度となる．

沸 点

液体の沸点も分子間相互作用の強さに依存し，蒸気圧と密接に関係している．上述のように，物質の蒸気圧は温度が上がると高くなる．この関係はすべての温度領域で成り立つので，温度が上がりつづけると最終的には蒸気圧は外

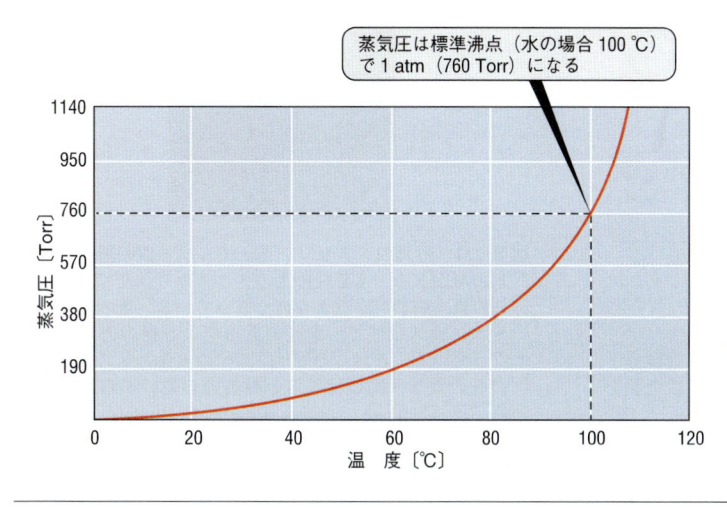

図8・19　水の蒸気圧は温度と共に劇的に変化する．蒸気圧は沸点を超えても上昇しつづけることに注意しよう．ポップコーンや圧力鍋などの身近なものもこれを利用している．

---

*21　蒸気圧測定は真空容器中で行われるので，圧の発生源は蒸気だけである．

気圧に等しくなる．こうなると，液体内部で蒸気の小さな泡ができ，沸騰する[*22]．**標準沸点**（normal boiling point）は，蒸気圧が 1 atm に等しくなる温度と定義される．よく知られた水の標準沸点は 100 °C である．もし外気圧が 1 atm より低いと，沸騰が起こる温度も低くなる．このため，大気圧の低い山岳地帯に住む人たちには特別な料理法が必要になる．もしゆで卵を高地で作りたいのなら，水はより低温で沸騰するので，海面付近よりも長時間かかる．図 8・19 に水の蒸気圧を温度の関数として示す．海と山で沸点が違うのは，蒸気圧の温度依存性の直接の結果である．高地では大気圧は低いので，蒸気圧がその外気圧に等しくなると沸騰してしまう．

表 8・1 に示した標準沸点をみてみよう．蒸気圧の低い液体は沸点が高い．ここから，液体の標準沸点を見れば，分子間力の強さが評価できる．すなわち沸点が高いほど分子間力は強い．分子間相互作用の強さが異なる分子を蒸留によって分離することもでき，これは石油精製における重要な過程である．

表面張力

分子間相互作用が引力的だということは，液体は一般に，相互作用の数を最大にしようとするということを意味する．その結果，液体の表面では分子の数は最少になる．表面の分子はバルク液体中とは異なる環境下にいる．もし液体の表面が気体と接していたら，気体は液体より密度が低いので，表面分子が相互作用できる分子の数は少ない（図 8・20）．通常，分子間相互作用は引力なので，これらの表面分子に隣接する分子の数が少ないということは，バルクの分子より高いエネルギー状態にあるということを意味する．系は当然，高エネルギー状態にある分子の数を最少にしようとして，**表面張力**（surface tension）とよばれる力が発生する．張力を受ければ何でも高エネルギー状態になるが，この場合高エネルギー状態になるのは，表面に存在する分子はバルクの液体中より隣接する分子の数が少ないためである．

表面張力は，水が丸くなって球形（または球に近い形）の水滴になろうとする傾向があることなど，さまざまな観察現象を説明する[*23]．どんな液体試料でも，表面にある分子の数が少ないほどそのエネルギーは減少する．最少の表面積で最大の体積を囲める形は球である．水は水素結合のため強い分子間力を受けているので，表面張力は比較的強く，その強い力で球形の水滴を形成する．この効果はワックス表面上でよく観察できる．極性の高い水分子は非極性のワックスとは強く相互作用しないからである．一方，汚れた車のボンネットなどの表面上では，水分子と表面上の物質間の強い相互作用が表面張力に打ち勝つので，より均一な水の膜ができる．

液体の表面が気体とではなく固体と相互作用するときは，相互作用の競合を考えなければならない．液体の分子は液体分子とも，固体分子とも相互作用する．この場合，液体間相互作用を**凝集**（cohesion）といい，液体-固体間相互作用を**付着**（adhesion）という．これらの力の相対的

図 8・20 液体の表面の分子は，バルク中より近接分子が少ない．この分子レベルの環境の違いから表面張力が生じる．

図 8・21 写真のメスシリンダー中には水銀の層の上に水の層がある．水銀柱の上のメニスカスは凸で，水銀柱の真ん中の方が壁より高くなっている．水の表面のメニスカスは凹で，水柱の真ん中より壁の方が高くなっている．これらの形は，二つの液体とメスシリンダーのガラス間の付着力と凝集力の違いからきている．[© Cengage Learning/Charles D. Winters]

[*22] 液体中の気泡の形成は自動的に起こるわけではないので，ある条件下では液体を沸点以上に"過熱"することができる．
[*23] 表面張力が問題となるような工業的用途では，界面活性剤とよばれる分子を加えて表面張力を低下させる．界面活性剤の分子設計でも，分子間力の理解が必要である．

強さにより，液体に形成されるわん曲した表面の形，すなわちメニスカスが決定される．図8・21は試験管中の2種の液体を比較している．上層の水の場合，表面に多くの極性基をもつガラスと強く相互作用するので，付着力が凝集力を上回ってメニスカスは凹になる．下層の液体は水銀で，これはガラスの極性表面とは強く相互作用しない．したがって付着力は凝集力より小さく，メニスカスは凸になる．付着力と凝集力が等しい液体では，平らな表面となり，事実上メニスカスをもたない．

§8・1で述べた炭素の構造は，液相中にそのまま残ってはいない．ダイヤモンドやグラファイトを溶融するには，実用上意味がないほど高温にする必要がある．しかし，固体でも液体状態でも重要な特性をもつ炭素材料があり，それらは現代工業で用いられる材料のかなりの部分を占める．材料に関する項目を終える前に，高分子，特に炭素系高分子について調べてみる必要がある．

8・6 高分子

化学や材料科学において炭素が重要なのは，本章でこれまで述べてきた単体の炭素のためではなく，それが形成する無数の化学物質のためである．その特性や反応を説明しようとしたら一つの授業科目では足りないくらい，多くの有機化合物があるが，ここでは炭素系高分子にしぼって考える．第2章でみたように，高分子は分子のなかでも特に巨大で，モノマーとよばれる小さな分子が順に一列に連なって構成されている．高分子はプラスチックの主成分である．プラスチックは型に合わせて成形できるところから名づけられたが，通常，高分子のほかに添加物を含んでいる．

工業用途で高分子とプラスチックが有用なのは，材料化学者や技術者がその物理特性を制御できるからである．高分子を変えるのに経験的に用いることのできる調節要素には，用いるモノマーの種類，高分子の生成反応様式や反応を加速する触媒の種類などがあり，これらを注意深く選択すれば，得られる高分子の物理特性を制御できる．

付加重合体

化学結合と化学反応についてはすでに少しわかっているので，高分子が生成する仕方が，関与するモノマーの性質に強く依存することは驚くにはあたらないだろう．§2・8で，二重結合を含むモノマーがラジカル反応によって高分子となることを示した．図8・22に示すように，**付加重合**（addition polymerization）はラジカルの発生により

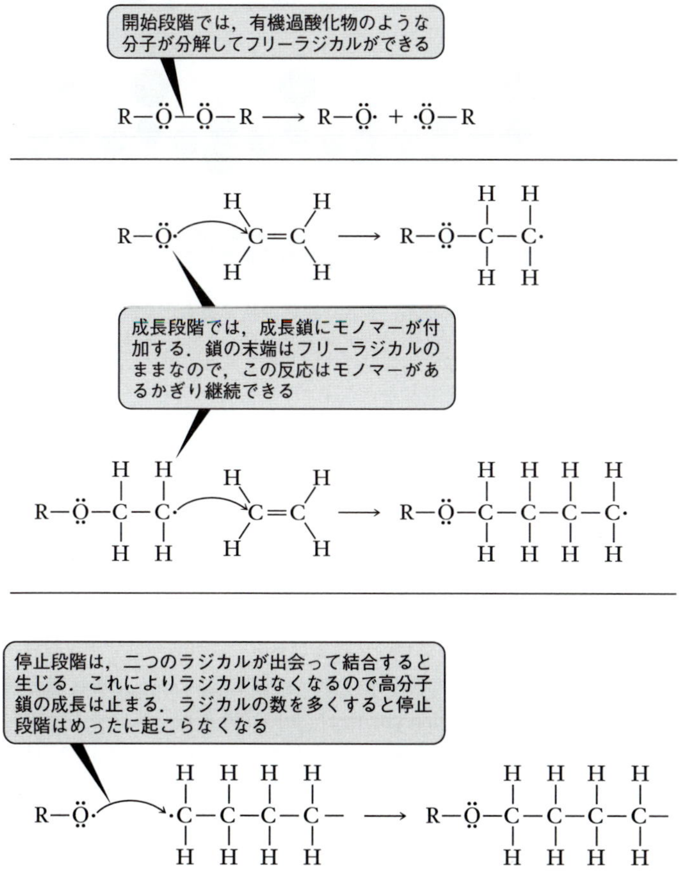

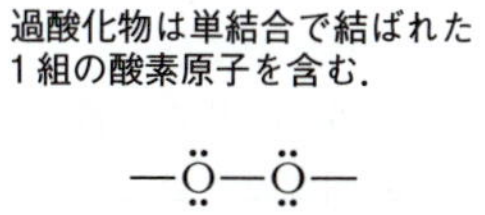

図8・22 付加重合は，開始，成長，停止段階を特徴とするラジカル機構で進行することが多い．開始も停止もめったに起こらない条件が選ばれる．各成長段階で，高分子の成長鎖にモノマー単位が1個加わる．

開始する（この反応段階は，通常ある分子が加熱により2個のラジカルに分解することで達成される）．このラジカルがつぎにモノマー分子の二重結合を攻撃して，1個のモノマー単位を含むラジカルを形成する．このラジカルがまた別のモノマーの二重結合を攻撃してそれを切断し，単結合ができる．重要なのは，今度は2個のモノマー単位を含んだラジカルができるということである．このラジカルがまた別のモノマーを攻撃して，これを十分多数回繰返すことで高分子が形成される．この反応が何回繰返されるかで，高分子鎖の長さが決まる．いずれはラジカルは別のラジカルと出会うか何か別の反応で除去される．これにより高分子鎖の成長は止まるので，連鎖停止反応とよばれる．この停止段階がいくぶんランダムに起こるので，すべての高分子鎖が同じ長さまで成長するわけではない．通常鎖の長さには幅があり，それゆえ分子量には分布がある．この分布は，高分子中の繰返し単位の数である**重合度**（degree of polymerization）を使っておおよそ表すことができる[*24]．重合度は通常，質量を使って以下の式で計算される．

$$重合度 = \frac{高分子の分子量}{モノマーの分子量}$$

高分子がこれほど一般的な工業材料である一つの理由は，その特性を多くの方法で調節できるからである．最も効果が著しいのはモノマーの選択で，これが違えばまったく違った特性の高分子になる．しかし同じモノマーからでも，はっきりと性質の異なる高分子を得ることもできる．重合度は一つの可変因子で，合成反応における条件を変えることで調節できる．このほかモノマーの結合の仕方を変えるというのもある．その重要な例として，§2・8でみた低密度ポリエチレンと高密度ポリエチレンの形成がある．

モノマーがエチレンのように対称性ではない場合，重合過程から別の多様性が生じる．たとえば，プロピレンはエチレンと構造が似ているが，1個の水素原子はメチル基（-CH₃）で置換されている．この変化により，得られる高分子の炭素骨格に，メチル基は3通りの仕方でつくので，図8・23に示すようなさまざまな幾何配置が得られる．鎖の炭素原子は四面体配置であるから，メチル基はこの図の紙面の手前か向こうにある．メチル基が図8・23(a)のようにすべて前を向くか後ろを向いている場合は，この高分子は**アイソタクチック**（isotactic）である．メチル基の位置が系統的に前と後ろを繰返していたら，この配置は**シンジオタクチック**（syndiotactic）とよばれる（図8・23b）．図8・2(c)のようにメチル基の配置が不規則な高分子は**アタクチック**（atactic）とよばれる[*25]．

高分子の物理特性はこのようなタクチシティーの変化により強く影響される．アタクチック高分子の構造は明確に定まっていないので，その物理特性はものによりかなり変化する．アイソタクチックやシンジオタクチックの高分子ではモノマーの配列が規則正しいので，一般にその性質は予測しやすく，調節しやすい．したがってそのどちらかの配列で選択的に高分子を生産することができれば，材料科学者や技術者にとって強力な助けとなる．高分子を特有の配置に制御するこの能力は，チーグラー（Karl Ziegler）とナッタ（Giulio Natta）により1950年代に実現された．彼らは，付加重合反応の反応速度を上げ，構造も制御する新しい触媒を発見した．この触媒はチーグラー–ナッタ触媒として知られるようになった．彼らの発見により高分子の研究は活発になり，その成果に対して1963年ノーベル化学賞が授与された．

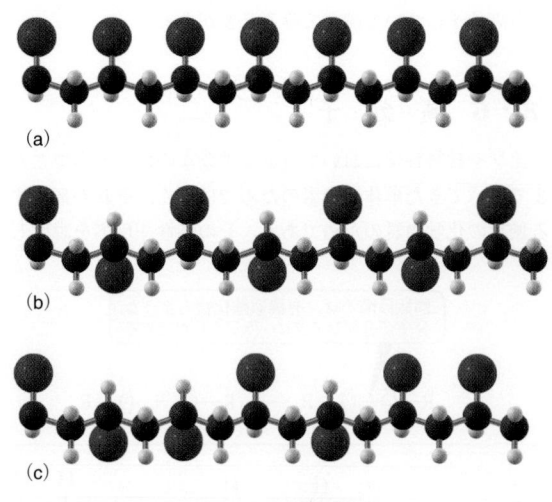

図8・23 ポリエチレンより複雑な構造のモノマーでは，いろいろな結合の仕方が可能である．ここに示すポリプロピレンは，炭素原子についている水素が一つおきにメチル基（大きな紫色の球で表す）で置換されている点が，ポリエチレンと異なる．(a)ではすべてのメチル基が高分子鎖の同じ側にあり，アイソタクチックポリプロピレンとなっている．(b)ではメチル基は一つおきに反対側にあり，シンジオタクチックポリプロピレンとなっている．(c)ではメチル基はランダムで，アタクチックポリプロピレンである．

縮合重合体

高分子の2番目に一般的な生成反応は，縮合反応とよばれる．この反応では，モノマー上に，反応すると低分子を放出する二つの官能基がある．これらの低分子が離れた後には，二つのモノマーが結合している〔**縮合重合体**（condensation polymer）という言葉は，低分子が分離して合計の分子量が小さくなることによる〕．図8・24はナイロンとダクロンという繊維の製造で重要な高分子を生成

[*24] ［訳注］分子量分布は分子量分布指数という数値で評価するが，このとき分子量は重合度を用いて計算する．
[*25] ポリスチレンはシンジオタクチックかアタクチックかで性質が変わる市販高分子の例である．

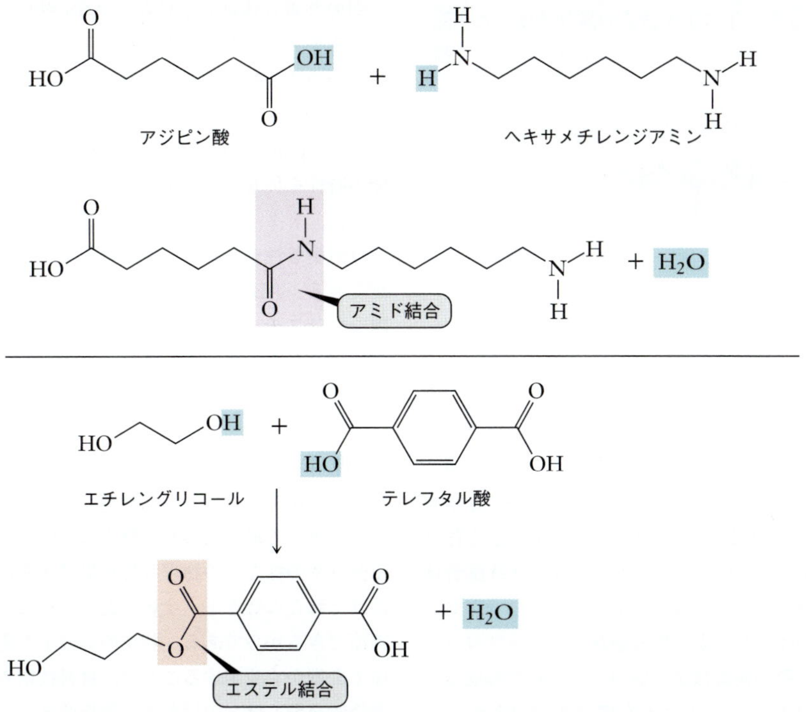

図 8・24 縮合重合では，一般にモノマーが鎖に加わるたびに水が1分子除去される．ここではナイロン（上図）とダクロン（下図）の形成の第一段階を示す．両方とも二つの異なるモノマーが結合してできる共重合体である．縮合時に各モノマーがそれぞれ官能基を提供するので，規則正しい交互性が保証されている．両端に異なる官能基をもった1種類のモノマーによって生じる縮合重合もある．

する縮合反応を示す．これらは，それぞれ分子中のアミド結合とエステル結合にちなみ，ナイロンはポリアミド，ダクロンはポリエステルとよばれる．これらの例をみると，縮合重合するモノマーにどんな官能基があるかわかる．

例題 8・4
つぎのモノマーまたはモノマーの組は縮合重合反応が可能である．得られる高分子の繰返し単位と連結部を示す構造を描け．
(a) グリシン 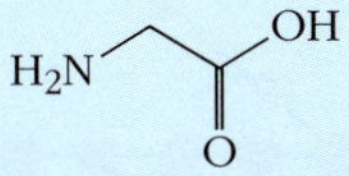
(b) 6-アミノカプロン酸 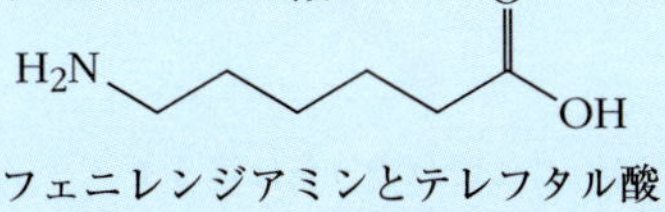
(c) p-フェニレンジアミンとテレフタル酸

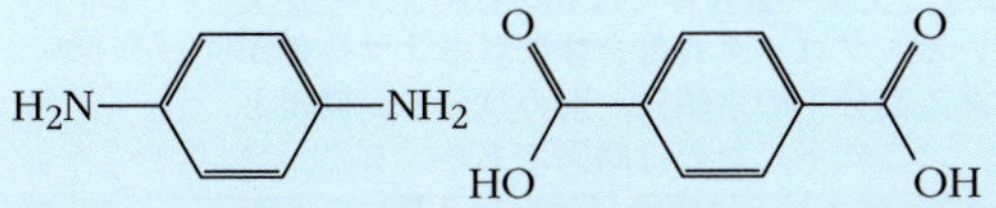

解法 縮合重合では，成長鎖にモノマーが付加するたびに，通常は水などの低分子が脱離する．そのような反応を起こすことのできる官能基がモノマーの端にあると期待される．

解 答
(a) モノマーの一端にアミノ基（−NH$_2$），もう一端にカルボキシ基（−COOH）がある．これらから水が脱離するとアミド結合ができる．したがって高分子はアミド結合でモノマーがつながった下記の構造をもつ．

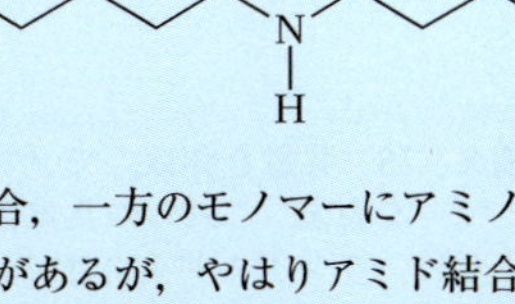

(b) これは (a) と同様である．

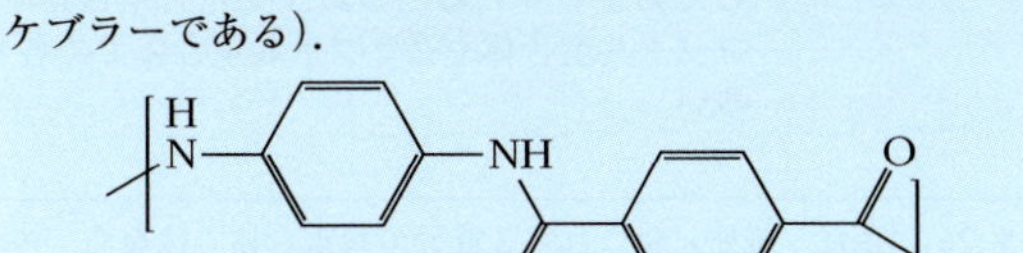

(c) この場合，一方のモノマーにアミノ基が，他方にカルボキシ基があるが，やはりアミド結合ができて，異なるモノマーが交互に繰返す（こうしてできた高分子がケブラーである）．

> **理解度のチェック**　下に示す構造の高分子は，水が除去される縮合反応でつくられる．対応するモノマーの構造を描け．

共重合体

ダクロンと一部のナイロンは2種以上のモノマーから成る**共重合体**（copolymer）の例である．これらの場合，モノマーは規則正しく繰返して並んでいるので，**交互共重合体**（alternating copolymer）に分類できる．ほかにも重要な種類の共重合体がある（図8・25）．材料をうまく作り出すもっと創造的なやり方の一つは，**ブロック共重合体**（block copolymer）を設計することである．ブロック共重合体では1種類のモノマーから成る領域（これをブロックという）があり，その両端はまた別のモノマーから成るブロックが連なっていて，このような構造が繰返されている．スパンデックスはブロック共重合体の一例であり，高分子に比較的固い部分と柔軟な部分とがある．結果として強くて柔軟な素材が得られ，スポーツ用品や衣料で広く使われている．

別の共重合体高分子材料にABS樹脂がある．これは含まれるモノマーが，アクリロニトリル，ブタジエン，スチレンなので一般にこうよばれ，ポリブタジエン主鎖にスチレンとアクリロニトリルがついた**グラフト共重合体**（graft copolymer）である[*26]．得られる高分子はその三成分の特性を併せもつ．ポリスチレンは加工性，光沢，剛性を与え，アクリロニトリルは耐薬品性と硬さを，ブタジエンは耐衝撃性を与える．組成は用途に合わせて変えることができる．ABSはパソコンやテレビなどの家電製品の強固なプラスチックケースとして標準的に使用され，塩ビ管の代用としても用いられる．

物理特性

高分子が工業材料として重要なのはおもに二つの理由による．第一の最も明らかな理由は，広範な用途で求められる強さや弾性などの物理特性を提供するからである．第二にはそれらの特性を，金属や他の材料に比べ，より高度に調節できるからである．特定の高分子を選び，その合成と加工を細かく設定することで，材料技術者は必要とする物理特性を驚くほどの細かさで選択できる[*27]．

その一例としてまず高分子の熱特性をみてみよう．高分子を特定の用途で選ぶ場合，使われる温度領域にその完成品が適しているか確かめる必要がある．しかし経験を積んだ技術者なら，その製品の製造方法についても考える必要

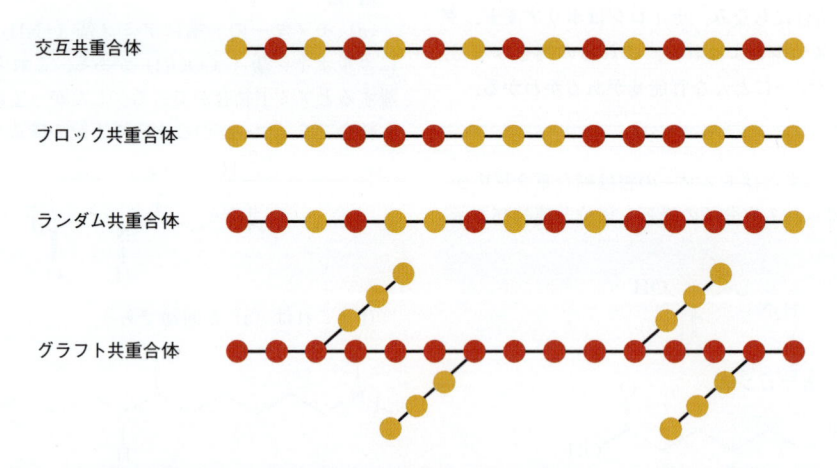

図8・25　共重合体は，モノマーがいろいろな配置で成長できる．ここでは違う色は違うモノマーを表す．これらの共重合体の構造は名前のとおり，交互共重合体では異なるモノマーが交互に，ランダム共重合体ではでたらめに結合している．ブロック共重合体は各モノマー種が集まった領域から成る．グラフト共重合体では，ある高分子の主鎖に，別の高分子が側鎖として結合している．なお，交互共重合体を除けば，ここに示したのは略図である．また，ブロック共重合体やグラフト共重合体での各モノマーのセグメントは実際にはもっと長いことが多い．

[*26]　［訳注］厳密にはこれら3成分の共重合体ではなく，スチレン-アクリロニトリル（SAN）共重合成分中にポリブタジエン成分が分散している構造となっており，その一部でブタジエン鎖へSANがグラフト鎖として結合している．

[*27]　高分子鎖が折りたたまれた秩序領域の形成など，高分子の構造にもいろいろなレベルがあるが，ここではふれない．

8・6 高分子

があることを知っている．多くのプラスチック成分は高温で形成されるが，高分子の種類によって熱に対する応答は劇的に異なる．高分子は，熱可塑性と熱硬化性の二つに分けられる．**熱可塑性高分子**（thermoplastic polymer）は加熱により融解または変形する．これは高温での用途には適さないことを意味するので，弱点と思われるかもしれない．しかし子供のおもちゃやさまざまな容器などの大多数のプラスチック製品は，一般に室温で使われるため，熱すると溶けるという事実は大きな欠点ではない．かなり複雑な形もあるこれらのものを作る方法について考えると，適当な温度で高分子を溶かすことができるのは大きな利点となる．形の複雑さに応じて，熱可塑性高分子でできた製品は，押し出し成形や鋳型成形，プレス成形がなされる．加熱で材料が柔らかくなったり溶けたりするので，望みの形に成形することができ，冷やせば固化してその構造特性を取戻す．

もっと高温で使うものを設計する場合は，熱可塑性樹脂ではなく，代わりに**熱硬化性高分子**（thermosetting polymer）に頼ればよい．この高分子は加熱により固まって強度を保つ．熱硬化性という名前は，構造を固定するのに加熱が必要なことに由来する．しかし一度固まってしまえば，強度は増し，それ以上加熱しても形は失われない．ほとんどの熱硬化性高分子は，押し出し成形ではなく，鋳型成形がなされる．熱可塑性高分子と熱硬化性高分子の違いの分子的起源を図8・26に示す．熱硬化性高分子を熱して硬化させると，異なる高分子間で炭素骨格上の反応点間に多くの結合ができる．これらの結合は，高分子の個々の分子鎖の間を橋かけするので，架橋とよばれる．化学的には，これらの架橋は高分子鎖を結びつける共有結合なので，ほとんどの共有結合同様，加熱しても簡単には切れたりしないほど十分強固である．したがって架橋高分子はさらに加熱してもその形を保つ．

架橋の工業的重要性は，米国の産業史における加硫の発見の例からみてもわかる．加硫とは，天然ゴムを硫黄の存在下で加熱する処理のことで，これにより架橋が生まれ，熱に対して顕著に耐性のあるより固い物質となる．加硫の発見までは，天然ゴムは熱するとべとつくので自動車タイヤなどの用途に用いるのは難しかった．現在は合成ゴムに代わられて広くは使われていないが，加硫タイヤの大規模開発と，それが自動車技術者にもたらした設計の自由さは，米国の自動車とタイヤ産業の成長にとって重要な要素であった．

このほか高分子の重要な物理特性に弾性がある．多くの高分子材料が圧縮したり変形したりしてもまた元の形に戻れるのは，工業的に有用な特性であることが多い．繊維は特に弾性が重要で，特に柔軟で弾性の高い高分子をエラストマーとよぶ．エラストマーの分子構造には共通の特徴があり，特に炭素骨格の配列はしばしば結晶性ではなく無定形となっている．無定形固体中での高分子鎖間の力は結晶性の高い系ほど強くないので，少ない力で変形したり元に戻ったりできる．

高分子と添加剤

高分子は有用な特性を広範にもっているが，それ自身のみでは特定の用途に必要な特性を満たせないことが多い．幸いなことに，**添加剤**（additive）を加えて高分子の特性をさらに制御することができる．添加剤のなかには力学特性にあまり影響しないものもある．たとえば顔料は色を変えるためだけに加え，高分子の基本分子構造には影響しない．一方，材料の性能に決定的な役割を果たす添加剤もある．たとえばポリ塩化ビニル（塩ビ）のみでは多くの用途においてもろすぎるため，可塑剤とよばれる比較的小さな分子を加えて柔軟性をよくする．可塑剤は固体の高分子に取込まれるよう用いる高分子に似た構造をもつことや，望まれる柔軟性を付与する前に固体から出て行ってしまわないよう不揮発性であることなどが必要とされる．しかし可塑剤はゆっくりとはもれ出てしまうので，プラスチック材料に特有の臭いはこれらの添加剤がごくわずか放出されるため生じる．添加剤がよく使われる他の例としては，帯電防止剤，充填剤，難燃剤，光および熱安定剤などがある．

工学部の講義が進んでいくと，もっと多くの高分子の特徴を学ぶことだろう．化学の目でみると，高分子は，炭素

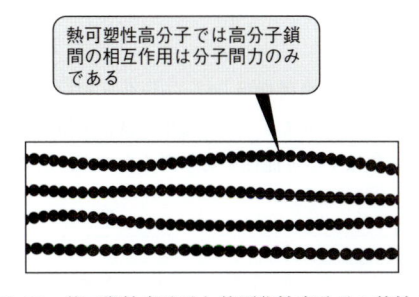

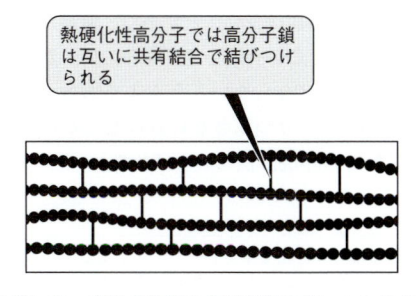

図8・26 熱可塑性高分子と熱硬化性高分子の特性の違いは，高分子鎖間の相互作用の違いから生じる．

を基礎とする分子がいかにさまざまな構造をとりうるか，印象的な例を数多く提供する．他の元素も高分子物質を形成できるが，現代のプラスチック産業を可能にしているのは，炭素の化学特性である．

8・7 洞察: 新材料の発明

化学研究が人類の日常生活に与えた影響のうち，特に重要なのは新材料の発見である．もちろん，新材料の発見のされ方にはたくさんあって，幸運やセレンディピティーなどもあるだろう．

たとえばバックミンスターフラーレンの発見は，化学の研究が進展するうえでのいくつかの要素を示している．C_{60} を発見した Richard Smalley と Robert Curl に率いられていたライス大学の研究者たちは，すでに他の元素クラスター，つまり原子の小さな塊の研究手法を確立していた．その研究過程で，小さな気相クラスターを発生させ，その存在を検出して各クラスター中の原子数を測定するための，精巧かつ独特な装置を組立てた．Harry Kroto が Smalley の研究室へ来て炭素の研究を提案したときは，まったく新しい分野をじきに発見することになろうとは予想していなかった．その後，60原子の炭素クラスター，すなわち C_{60} のピークが異常に大きく検出されることに気づき，この化学種の生成条件を最適化してその異常な安定性を説明しようと試みた．ひとたびこの発見が発表されるや，他の科学者たちも追試し，さらに研究を拡張して，5年後にはアリゾナ大学の物理学者たちにより C_{60} や他のフラーレンを巨視量つくり出す方法が発見された．これによりナノテクノロジーの世界が開かれ，驚くべき可能性を秘めた物質を容易につくって研究することが可能となった．C_{60} 分子は本来小さな球であるという事実からすれば，たとえば，分子スケールでのベアリングとして有用かもしれない．

偶然にではなく，しっかりと確立した技術を計画的に使用して発見された材料もある．新しい材料の伝統的な合成法は，固体の前駆体を，目的の量論比になると予測される比率で混ぜることから始まる．ついでこの混合物を加熱して，別の固体中にある原子を互いに拡散させる．この過程は非常に遅いため，加熱時間は長いことが多く，温度は非常に高くなることもある．この合成を完了するのに，数回この過程を繰返さなければならないこともよくある．通常，中間生成物を小さくすりつぶさなければならないので，この合成法は heat-and-beat 法ともよばれる．

heat-and-beat 法のような確立した方法からも，ときとして思いもよらない結果が得られることがある．物質中で**超伝導性**（superconductivity）が現れると，電流に対するすべての抵抗が消失する．抵抗があると電気を用いるすべての用途でかなりの損失となるので，超伝導体は非常に魅力的な材料である．従来の超伝導物質は極低温を必要としていたが，1987年にヒューストン大学の Paul Chu と彼の研究チームはずっと高温で抵抗がなくなる新種の超伝導体をを発見した．ここで"ずっと高温"というのは相対的な言い方であって，必要とされる温度はまだ室温よりはるかに低い．室温で超伝導性を示す物質の製造は，今でも材料科学で現在進行している研究の主要目標の一つである[*28]．そのような物質が見つかったら，電気の使用効率はずっと向上するだろう．

フラーレンのような物質群の発見は，必ずしも最初から特定の実用をめざして競っているわけではない"純粋"化学の研究中に最もよく起こる．一方，科学的知識の実用可能性を見いだし開発することは，まさに工学の神髄である．したがって技術者は当然，新しく発見された物質に興味をもつ．導電性高分子の開発がいい例で，この分野は現在でも多くの新しい用途で非常に有望である．これまで高分子という言葉はプラスチックと緊密に関係づけてきた．プラスチックといえば絶縁体のはずと思うだろう．電線の絶縁被覆といえばふつうはプラスチックだ．それではどうやったら高分子を電気伝導体にできるのだろう．

本章で，金属と半導体の電気伝導性は，電子の運動性または非局在化の概念と密接に関連していることを学んだ．つまり電子が物質中を自由に動き回れれば，電気を伝えることができる．高分子で伝導性を実現する場合も同じことが重要である．第7章で化学結合を調べたとき，ルイス構造の共鳴の概念をひき合いに出して，電子が特定の化学結合に局在化していない分子構造を描いた．もし広がった共鳴構造を描くことができる高分子をつくり出したら，電子は十分に非局在化して伝導性を示すかもしれない．§7・5に戻って考えると，高分子の主鎖に沿って二重結合と単結合を交互に並べるのが，一つの方法だとわかる．典型例はポリアセチレンで，分子鎖の一部の構造を下に示す[*29]．

その共鳴構造は，C–C 結合と C=C 結合をすべて入れ替えれば描ける．これは単一高分子鎖中に多数の電子を非局在化する可能性を切り開くもので，伝導性への大きな一

[*28] 半導体のところでみた注意深くドーピングするという考え方は，超伝導体の設計にも用いることができる．
[*29] ［訳注］白川英樹博士はポリアセチレンにヨウ素をドーピングすると高い電気伝導性を示すことを発見し，2000年にノーベル化学賞を受賞した．

歩であった．電気伝導性を示す有機物質は，1900年代初めから少数の例が知られていたが，高分子構造と電気伝導性の両者の理解が過去1世紀の間に進展するまでは，一般には珍しい存在でしかなかった．その進展があって初めて，以前の観察が説明でき，特有の伝導特性をもつ新しい高分子を合理的に設計できるようになった．これらの導電性高分子の製造には，無機の半導体でみたものにいくぶん似ているある種のドーピングを必要とする．また，このドーピングを注意深く制御できることから，個々の高分子の特性を調整することも可能である．半導体の基本材料としてはほんの一握りの元素しか使えないが，利用可能なモノマーと高分子の種類はずっと幅広い．

導電性高分子は現在いくつかの領域で応用が進められているが，**有機発光ダイオード**（organic light-emitting diode, OLED，有機ELともいう）としての利用が最も有名である．生成方法を変えれば発色の異なる高分子をつくることができる．この高分子は溶かすことができるので，面白い扱い方ができる．インクジェット印刷に似た方法が使える高分子溶液もあり，それを使えば，どんな表面にもつけられる特別あつらえのディスプレーを作ることができる．

導電性高分子の開発は，いつもそうであるように，化学者と技術者の双方からの寄与が重要であった．好奇心に駆られた科学者の発見と，特定の問題解決をめざす技術者の進歩との相互作用が相乗的に起こる．どちらが進歩しても両者のさらなる思考を促し，次世代の進歩を加速する．

問題を解くときの考え方

問題 10族と11族の金属はすべて面心立方構造をもち，また最も反応性の低い金属でもある．どの金属の密度が最も高いかを決めるには，密度そのものを調べる以外に，何を調べてそれをどうしたらよいだろうか．

解法 この問題には概念的要素と計算的要素とがある．まず，結晶格子はどのように密度と関係しているか理解する必要がある．それから，原子レベルでの構造を巨視レベルでの密度に関係づける計算過程を確認する必要がある．

解答 構造は面心立方なので，原子の配置すなわち原子がどのように結合しているかはわかる．もし格子の立方体の一辺の長さが調べられれば，（単位格子の体積に関係した）ある特定の体積中の原子の数を計算できる．つぎに原子量を調べれば，与えられた体積中の原子の数を原子の質量に変換できる．密度は単位体積中の質量だから，こうしていけば密度がわかり，どの金属の密度が最も大きいかがわかる．

要　約

化学結合を理解することは，工学上重要な材料などのモデルをつくるうえできわめて重要である．しかしほとんどの材料で，考えるべき力は，二原子間で局在化した結合にかぎらない．このため材料のバルクの性質の原因となっている相互作用を理解するには，別の概念を考える必要がある．

固体物質では，構成粒子が充塡して規則配列すなわち格子を形成するので，これがモデルを立てるための最初の単純化要素となる．不規則すなわち無定形固体も重要だが，秩序立った結晶性固体の方がずっと理解しやすい．結晶性固体は充塡効率や配位数を用いて原子または分子のレベルで説明することができる．

電気伝導度などの固体の多くの特性を理解するためには，原子の充塡と，電子がどのように共有されまたは分布しているか考慮しなければならない．たとえば化学結合の考えを拡張し，精巧さの異なるモデルを用いて金属や他の拡張系について考えることができる．単純な電子の海モデルは金属の挙動をいくつか説明するが，バンド理論とよばれるもっと完全な結合モデルならより詳細なレベルで説明可能となる．バンド理論を用いて，金属，半導体，絶縁体の違いも理解できる．望みの特性を得るため，材料，特に半導体を少量の不純物でドーピングして調節できるのも，一般にバンド理論のおかげである．

結晶性固体は凝縮相の唯一の形態ではないので，他の固体や液体を考えるためには，分子間の相互作用の性質を明らかにする必要がある．分子間力としては分散力，双極子間力，水素結合などが知られている．これらの分子間力の強さを基に，蒸気圧，沸点，表面張力といった巨視的に観察される特性が説明できる．工学的視点からいうと，高分子は分子間相互作用の性質がものすごく大きな役割を果たす材料である．この場合，単一高分子内の化学結合も分子間力による高分子鎖間の相互作用も考慮しなければならない．これらの要素に気をつけて考えれば，特有の性質をもった材料をつくることができる．たとえば，ある材料技術者が特定の用途にプラスチックを必要とする場合，モノマーとその重合の仕方を選べば，必要な物理特性をもった高分子を得ることができる．

8. 分子と材料

キーワード

相 図（8・1）	バンド理論（8・3）	p–n 接合（8・3）	付加重合（8・6）
ナノチューブ（8・1）	結合性軌道（8・3）	分子間力（8・4）	重合度（8・6）
結 晶（8・2）	反結合性軌道（8・3）	分散力（8・4）	アイソタクチック（8・6）
無定形（8・2）	価電子帯（8・3）	分極率（8・4）	シンジオタクチック（8・6）
充填効率（8・2）	伝導帯（8・3）	双極子間力（8・4）	アタクチック（8・6）
単位格子（8・2）	絶縁体（8・3）	水素結合（8・4）	縮合重合体（8・6）
面心立方（8・2）	バンドギャップ（8・3）	蒸気圧（8・5）	共重合体（8・6）
体心立方（8・2）	半導体（8・3）	揮発性（8・5）	交互共重合体（8・6）
単純立方（8・2）	ドーピング（8・3）	動的平衡（8・5）	ブロック共重合体（8・6）
配位数（8・2）	ドナー準位（8・3）	標準沸点（8・5）	グラフト共重合体（8・6）
展 性（8・3）	n 型半導体（8・3）	表面張力（8・5）	熱可塑性高分子（8・6）
延 性（8・3）	p 型半導体（8・3）	凝 集（8・5）	熱硬化性高分子（8・6）
電子の海モデル（8・3）	アクセプター準位（8・3）	付 着（8・5）	超伝導性（8・7）

9 エネルギーと化学

概　要

9・1　洞察：エネルギー利用と世界経済
9・2　エネルギーの定義
9・3　エネルギー変換とエネルギーの保存
9・4　熱容量と熱量測定
9・5　エンタルピー
9・6　ヘスの法則と反応熱
9・7　エネルギーと化学量論
9・8　洞察：電池

ここに示したような風力発電地帯は，近年重要性を増した代替エネルギー技術の一例である．これらの進歩にもかかわらず，当分の間は，エネルギーの大部分は化石燃料が供給し続けるだろう．［写真: Kevan O'Meara, 2009/Shutterstock.com］

　化学の用途のなかで生活に重要なものをあげると，その多くはエネルギーやエネルギー変換に関係することだろう．第4章では化学燃焼の応用として燃料の燃焼をみてきた．携帯電子機器を動かすのに頼りとする電池もすべて化学反応によっている．本章では，エネルギーと，化学におけるその役割についてより詳しく調べる．まず北米のエネルギー生産と消費に焦点を当てるが，これは先進国における生活の一要素であり，**エネルギー経済**（energy economy）として後に述べる．

本章の目的

　この章を修めると以下のことができるようになる．
- 異なる形態間でのエネルギー変換の経済的重要性と，その過程でエネルギー損失が避けられないことを説明する．
- 仕事と熱を標準的な記号表記を用いて定義する．
- 状態関数を定義してその重要性を説明する．
- 熱力学の第一法則を言葉と式で表す．
- 熱量データを用いて化学反応の ΔE と ΔH の値を求める．
- $\Delta H_f°$ を定義して，化合物の生成反応式を書く．
- ヘスの法則を自分の言葉で説明する．
- 表に示されたデータから化学反応の $\Delta H°$ を計算する．
- ある特定の用途に適した電池を選ぶ際に考慮すべき，重要な性能特性についていくつか説明する．

9・1　洞察: エネルギー利用と世界経済

　ある国や地域の富を表すうえで，エネルギー消費ほど明らかなものはない．米国の世界経済における中心的役割は，世界のエネルギー使用の24％を占めているという事実に反映されている．カナダ，日本そしてヨーロッパの旧西側諸国もまたエネルギーの大量消費国である[*1]．エネルギー使用は，多岐にわたる社会的，経済的，政治的要因に密接に関係している．たとえば1990年代前半，タイや韓国などの環太平洋諸国の経済は成長していて，エネルギー使用もかなり増していた．しかしその間の世界のエネルギー使用は増えていなかった．これは，ヨーロッパの旧東側諸国の経済が縮小して他の増大を相殺したためである．

　図9・1は国内総生産（GDP）で計った経済成長とエネルギー使用の関係を表している[*2]．数カ国につき1980年から2006年までGDPのドルあたりのエネルギー消費量をグラフにしてある．各グラフはどれもほとんど水平である．この図で水平線はエネルギー使用がGDPに比例することを意味するので，経済効率とエネルギー消費の相関が確認できる．しかし各グラフの線は一致はしていないので，エネルギーにより大きく依存する国があることもわかる．これはエネルギー利用効率の違いや気候その他の要因による．

　エネルギー源とエネルギー使用を考察すると，経済シス

[*1] 2010年に中国が米国を抜いて世界最大のエネルギー消費国になった．
[*2] GDPは通常，ある地域で年間に生産されたすべての財とサービスの総価値として定義される．

テムにおけるエネルギーのきわめて重要な役割についてより多くのことがわかる．国により違いはあるが，先進工業国の例として，米国のエネルギー生産と使用について調べてみよう．

図9・2は2007年における米国のエネルギー生産と使用パターンの図解である．一見すると複雑なようだが，よく見ると多くの情報が読み取れる．まず両端を見てみよう．左端にはエネルギー源が，右端には消費分野が示してある．つまり図全体で米国エネルギー経済における資源の流れを表している．図中の値の単位はすべて10^{15} Btu（千兆 Btu）である〔Btuはエネルギーの単位で，英国熱量単位（英熱単位，British thermal unit）の略．1 Btu = 1055.06 J〕．左上から見ていくとエネルギー生産の源がわかる．石炭は 23.48×10^{15} Btu で，全国内生産 71.71×10^{15} Btu の32.7%を占めている．天然ガスと原油は国内生産のそれぞれ27.6%と15.1%を供給している．核エネルギーと再生可能エネルギーからの寄与は小さく，後者には水力発電，木材，太陽エネルギー，風力発電が含まれる．エネルギー輸入は図の左下に示してあるが，おもなものは原油と関連石油製品である．2007年の国内生産と輸入を合わせた全エネルギー供給量は 106.96×10^{15} Btu であった．図を右へたどると，この供給がどのように消費されるか分けて示されている．エネルギー使用の主要な4分野は住宅，商業，工業，輸送で，それぞれ全体の21%，18%，32%，29%を占める[*3]．

全国内エネルギー使用の半分近くが，電気の生産に投入されている．電気の生産と消費は図9・3に詳しく示されている（この図の見方は図9・2と同じである）．この図から，電気の生産に使われたエネルギーの2/3近くを変換ロスが占めることがわかる．この変換ロスによって全国内エネルギー消費の25%以上が無駄に失われている．ここからいくつかの重要な疑問が生じる．他のエネルギー源から電気へどのようにして変換するのか，そしてなぜ変換が必要なのか．この変換過程でなぜそんなに多くのエネルギーが無駄に失われるのか．この損失をどうしたら最小化または除去できるのか．

エネルギー経済における化石燃料の相対的役割について考えると，別の疑問もわいてくる．p.184, 図9・4は米国内のいろいろなエネルギー資源の消費の歴史を示している．化石燃料の消費が全体を通して確実に増えているのがわかる．しかし成長にはばらつきがあり，石油と天然ガスの消費が実際にかなり低下した時期もあった．さまざまな要因がこれらの消費傾向に寄与するが，特に顕著なのは原料の供給量，価格，輸入燃料の供給量などである[*4]．たとえば1980年代初頭の石油消費の落ち込みはその時代の景気後退と一致しており，経済活動の低下が石油の需要低下を導いた．最近では原油価格の高騰で再生可能エネルギーへの関心が高まった．しかしここでは化学の観点から，これらの燃料にエネルギー生産と変換の点でもっと基本的な違いがあるのか考えてみよう．ある特定の環境下でこれらの化石燃料のうちどれを使うのが最適かを決めるうえで，化学はどんな役割をするのだろうか．この問いに答えるには，**熱化学**（thermochemistry）すなわち化学のエネルギー的因果関係について考える必要がある．

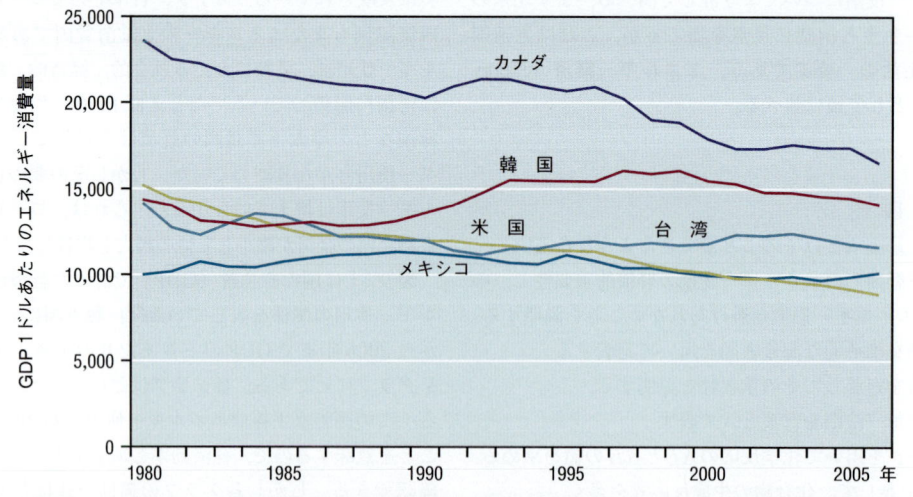

図9・1 このグラフは経済力の一般的指標である国内総生産（GDP）とエネルギー消費のつながりを実証している．データは2000年のドルの価値に換算して求めたドルあたりのBtu単位でプロットされている．グラフの線がどれもほとんど水平であることから，エネルギー使用と経済力の関係が確認できる．データは米国エネルギー情報局（http://www.eia.doe.gov）より．

[*3] 用途をこれらの4種に分ける際，いくつかの仮定が入っているので，ここで重要なのは絶対的数値ではなくそれらの比較である．
[*4] 経済的用語ではエネルギーは一つの商品である．したがって供給が少ないまたは需要が多いときは，価格は上昇する傾向がある．

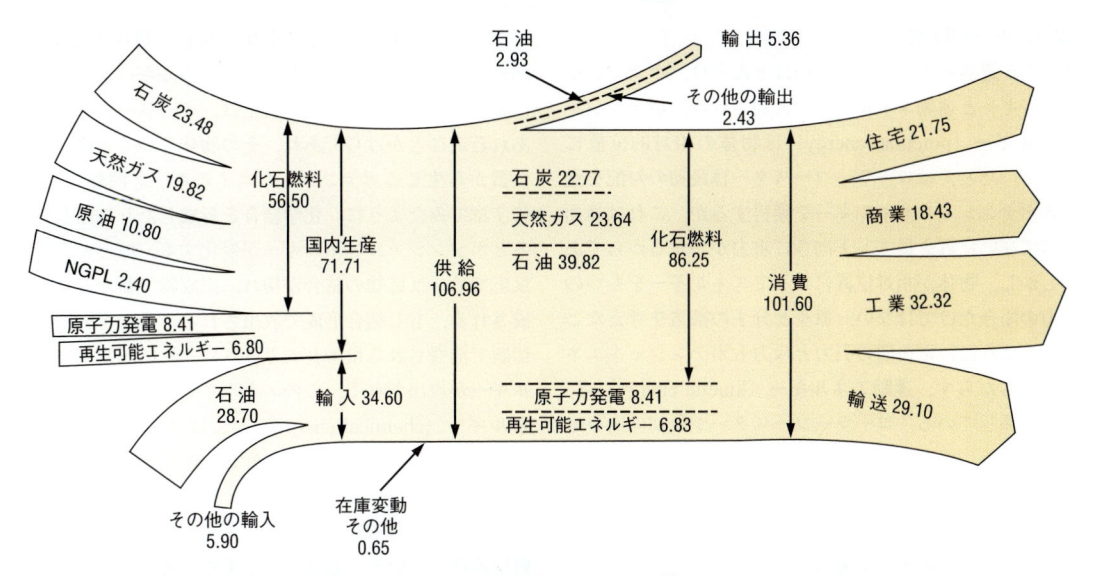

図 9・2 米国における 2007 年のエネルギー生産と消費（単位は 10^{15} Btu）．本文中の議論から，エネルギー経済についてたくさんの情報を含むこの複雑な図の読み方がわかる．エネルギー省からのデータであるが，四捨五入やその他の要因で，必ずしも帳尻は合わない．NGPL: 天然ガスに由来する有機液体．出典: 米国エネルギー情報局，"Annual Energy Review"．最新の報告は http://www.eia.doe.gov/emeu/aer/ で見られる．

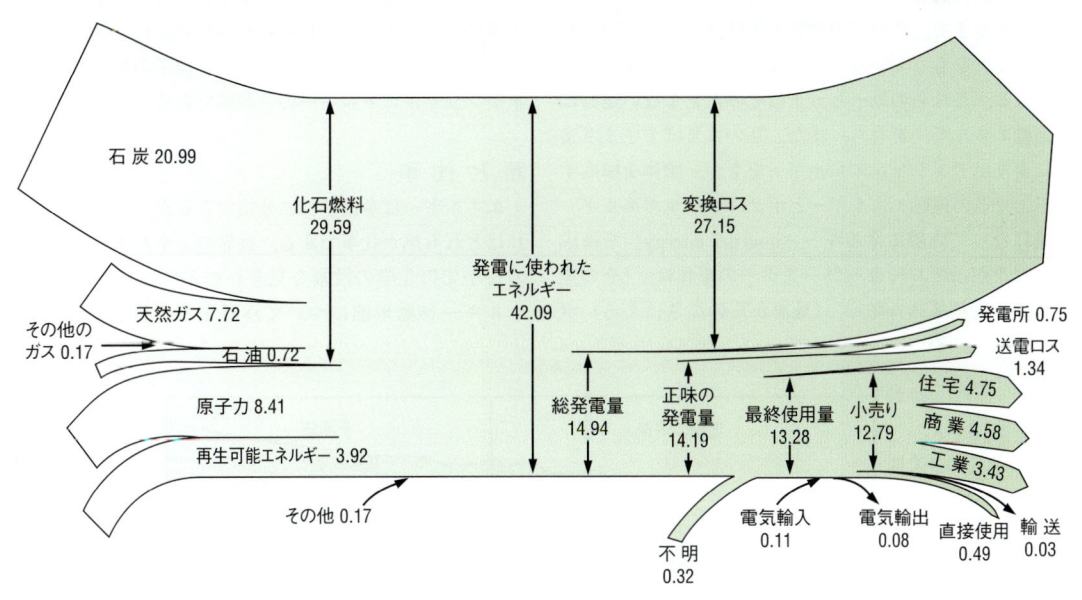

図 9・3 米国の 2007 年における電気の創出と消費を，図 9・2 と同様に視覚化した図．データは米国エネルギー情報局，"Annual Energy Review" より．

9・2 エネルギーの定義

§9・1 で提起した疑問から，エネルギーについて勉強してみよう．ほとんどの人は，エネルギーの概念を直感的に理解しているし，この言葉を毎日目にしている．朝食シリアルで朝のエネルギー供給ができると宣伝しているし，スポーツでは控えの選手がチームのエネルギーを押し上げるといわれる．1970 年代の石油禁輸措置によりもたらされたエネルギー危機は当時の歴史に大きな影響を与え，21 世紀の今なおエネルギーは重要な政治問題の中心である．エネルギーの概念がこれほど広範に使われることからも，その重要性は明らかであり，それゆえエネルギーやその関連用語の定義は非常に注意深く行う必要がある．なぜなら普段の"エネルギー"という言葉は，関連しつつも微妙に異なるさまざまな意味で使われるからである．

エネルギーの形

　私たちが遭遇するエネルギーのほとんどは，ポテンシャルエネルギーと運動エネルギーに大別される．**ポテンシャルエネルギー**（potential energy）は物体の相対的位置に関係する．たとえばローラーコースターは最初の勾配を登るときポテンシャルエネルギーを獲得するが，これは地面に比べて高い位置を得て，下向きに重力がかかるからである．しかし，物体が相対位置によってエネルギーをもつのは重力の場合だけではない．原子と分子の構造を考えたときにみたように，電荷間の引力と斥力もポテンシャルエネルギーをもたらす．**運動エネルギー**（kinetic energy）は，運動と関係している．ローラーコースターが最初の山を越えて進むとき，ポテンシャルエネルギーは運動エネルギーへ変換される．式9・1はよく知っているだろうが，これは物体の運動エネルギーをその質量（m）と速度（v）により表した数学的定義式である．

$$運動エネルギー = \frac{1}{2}mv^2 \quad (9・1)$$

　ローラーコースターは運動エネルギーとポテンシャルエネルギーの巨視的な例である．微視的には，燃料からこの本の紙に至るまで，すべての物質と物体はこれらと同じ形のエネルギーをもっている．どんな物質も物体も原子と分子から成る．これらの原子と分子はそのたえまない運動により運動エネルギーをもち，また，互いに及ぼすさまざまな力によりポテンシャルエネルギーをもつ．物体を構成する原子と分子の運動エネルギーとポテンシャルエネルギーが一緒になって**内部エネルギー**（internal energy）を構成する．したがってローラーコースターの車体は，（その運動による）運動エネルギー，（地面からの高さによる）ポテンシャルエネルギー，（車体の材料を構成する分子の）内部エネルギーの三つの基本的なエネルギーをもつ．

　物体の内部エネルギーの大半は，ローラーコースターであれ石炭ひとかけらであれ，その物体をつくる原子の相対位置から生じるポテンシャルエネルギーと関係している．第7章でみたように，化学結合を形成したり切断したりするとポテンシャルエネルギーが変化する．ほとんどの化学反応では，反応物の結合が切れ，生成物で新たな結合が形成される．もし結合形成で放出されるエネルギー量が結合切断で消費される量より大きければ，反応過程全体でエネルギーが放出される．このエネルギー放出はふつう**化学エネルギー**（chemical energy）とよばれ，その利用は化学が工業技術で果たす役割のなかでも重要な位置を占める[*5]．

　いろいろな形のエネルギーを，もっと固有の名前でよぶのが便利なときもある．放射エネルギーは光や電磁波の放射に関係している．地球のエネルギー源の大半は太陽の放射エネルギーをもとにしている．力学エネルギーは巨視的物体の運動に関係している．熱エネルギーは物体の温度によるものであり，原子や分子の分子レベルでの運動に関係づけられる．電気エネルギーは電荷（通常は金属中の電子の運動）から生じる．核融合や核分裂過程で放出される核エネルギーは，原子核中の陽子や中性子の配置に関係したポテンシャルエネルギーの一形態である．

熱と仕事

　エネルギーは多種多様に分類できるが，エネルギーの流れはどれも熱か仕事である．世界のエネルギー経済と，そのなかでの化学の役割を見きわめるには，この両方のエネルギー移動形態について理解する必要があるだろう．

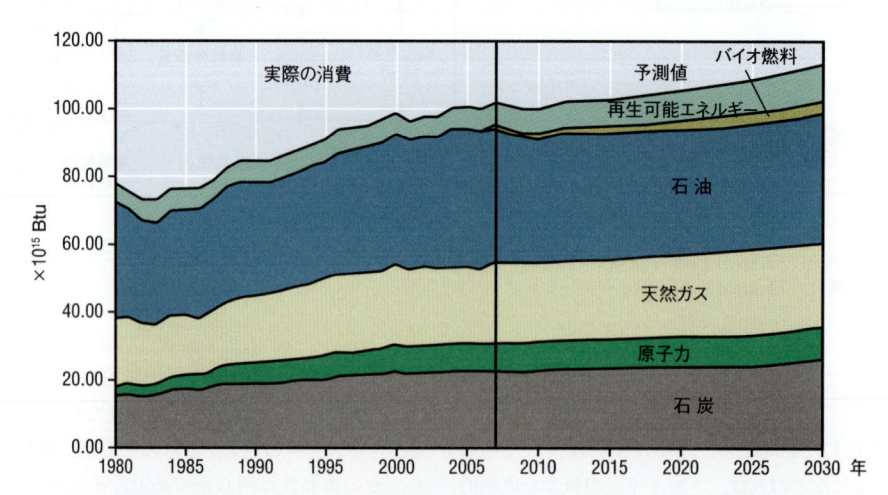

図9・4 米国の資源別エネルギー消費量は時を経てゆっくりと変化している．図は1980〜2007年の実際の消費と，2008〜2030年の予測値を示す．データは米国エネルギー情報局，"Annual Energy Outlook"（2009）より．

[*5] 化学エネルギーはポテンシャルエネルギーの一種である．

熱（heat）とは，物体間の温度差のために温かい方から冷たい方へと流れるエネルギーの流れである．したがって注意深くいえば，熱は過程であって量ではない．よく"加熱する"というが，熱はオーブンやポットのコーヒーへ注入できるような存在ではない．物体は熱はもっていない．厳密に科学的な意味において，かまどが生み出すのは熱ではなく，部屋の空気より温度の高い空気やお湯である．床の通気口から出てくるのは熱ではなくて暖かい空気である．このような区別は本質的に語義の問題だが，この先の多くの場合において非常に重要になる．

エネルギー移動のもう一つの形態は仕事である．**仕事**（work）は，質量を抵抗に逆らってある距離だけ動かす力によってなされたエネルギーの移動である．ローラーコースターの車体を重力に逆らって引っ張り上げるのは仕事の一例である．巨視的な例を考えるときは，通常，力学エネルギーで仕事をみている．しかしながら仕事は，巨視的物体の力学運動よりも広範な現象を含む．化学過程では**圧力-体積仕事**（pressure-volume work, PV 仕事）に遭遇することが多い．気体は膨張するときに仕事をする．膨らんだ風船を縛る前に放すと，閉じ込められた気体が外へ膨張して出て行き，あたりを飛び回る．飛んでいる風船には質量があるので，膨張する気体が風船に仕事をしていることがわかるだろう．これが圧力-体積仕事である．

化学反応によってなされる仕事のもっと生産的な例として，車のエンジンでのガソリンの燃焼を考える．§4・1でガソリンは実際には炭化水素の複雑な混合物であることを学んだ．車を走らせるのに必要なエネルギーは，エンジンのシリンダー内でそれらの炭化水素が燃焼することで放出される．

$$\text{炭化水素} + O_2(g) \longrightarrow CO_2(g) + H_2O(g)$$

燃焼により二酸化炭素と水ができ，それらの気体がシリンダーのピストンに逆らって膨張するときに PV 仕事をする．この PV 仕事が駆動系に伝えられて車を動かす．

エネルギー単位

エネルギーを測定し議論するときには多種多様な単位を使うが，さまざまな科学技術分野ではある特定の単位を好んで使う傾向にある．エネルギーの SI 単位は**ジュール**（J）で，1 J は $1\,\text{kg}\,\text{m}^2\,\text{s}^{-2}$ に等しい．仕事がエネルギーの単位をもつことから，この単位の意味を考えてみよう．仕事は力×距離で，力は質量×加速度である．したがって仕事は

$$\text{質量} \times \text{加速度} \times \text{距離}$$

すなわち

$$\text{kg} \times \frac{\text{m}}{\text{s}^2} \times \text{m} = \frac{\text{kg}\,\text{m}^2}{\text{s}^2}$$

ある特定の単位の大きさについて直感が働くようにしておくと便利である．1 J は 1 kg（約 2 ポンド）の本を 10 cm（約 4 インチ）持ち上げるのに要するエネルギー量である．分子レベルでの化学においては 1 J は非常に大きなエネルギーであり，1 本の化学結合を切断するにはたった 10^{-18} J しか必要としない．しかし一度に 1 個の結合を切断する状況はめったになく，巨視的に反応をみるならば，1 mol の結合を切断することを考える．その場合，J ではエネルギー単位としては小さすぎるので，代わりに kJ（または $\text{kJ}\,\text{mol}^{-1}$）を使う．たとえば 1 mol の C–H 結合を切断するには約 410 kJ のエネルギーが必要である．

多くの古いエネルギー単位は，容易に観察できる性質を使って定義された．たとえばいくつかの工業分野でいまも広く使われている Btu は，1 ポンドの水の温度を 1 °F だけ上げるのに必要なエネルギー量として定義された．もう一つの伝統的なエネルギー単位は**カロリー**（cal）で，これは元は 1 g の水を 14.5 °C から 15.5 °C まで加熱するのに要するエネルギー量として定義された．

J が最も広く受け入れられるエネルギー単位となったので，他の単位は今は J を使って定義されている．1 cal は 4.184 J，1 Btu は約 1055 J である．エネルギー単位を比較するとき混乱しやすいのが栄養学分野で使われる大カロリー（大文字の C を使って Cal と書かれる）で，これは実際には 1 kcal のことである．したがって 1 大カロリーは 4184 J または 4.184 kJ に等しい．

大きな経済で消費されるエネルギーは，図 9・2 と図 9・3 でみたように巨大である．

9・3 エネルギー変換とエネルギーの保存

これまでエネルギーの分類をいくつかみてきた．これらのエネルギー形態はすべてが等しく有用であるとは限らないので，ある形態から別のものへとエネルギー変換が望まれることが多い．たとえば部屋の明かりは電気で与えられるが，その電気は石炭の燃焼で化学エネルギーが放出されて得られたのかもしれない．石炭の火で明かりをとろうとするのでもないかぎり，石炭が燃えて放出される化学エネルギーを電気エネルギーに変える方法が必要である．電気エネルギーは部屋まで運ばれ，電球によって放射エネルギーに変換される．この過程でのエネルギー損失の現実について，§9・1 ですでに言及した．

さて，あるエネルギー形態が別のものへと変換されるときに適用される自然法則について考えよう．エネルギー変換に対する第一の，そして最大の制約は，全エネルギーは保存されなければならないということである．もしすべてのエネルギー変換とエネルギー移動が適切に計上されれば，存在するエネルギーの総量は一定のはずである．すべての種類のエネルギーを適切に把握するには，いくつかの

用語を非常に注意深く定義する必要がある．まず研究対象を詳細に明らかにしなければならない．**系**（system）とは，考えている宇宙の一部と定義される．宇宙の残りの部分は**外界**（surroundings）とよばれるが，実際の宇宙では，一般にその他すべてを考える必要はない．これらの定義により，系と外界を合わせたものは**宇宙**（universe）に等しくなることが保証される．この系と外界は，**境界**（boundary）によって分けられている．この境界は物理的な容器でもよいし，もっと抽象的な分離であってもよい．

これらの考えは自明のようにも思えるが，系と外界の選択は必ずしも自明ではない[*6]．たとえば研究する系が"地球の大気"の場合，境界の定義はいささか難しい．大気は上方に行くにつれてしだいに薄くなるが，どこで終わるかについては任意に決める必要がある．重要なのは首尾一貫していることである．ある問題でひとたび系と外界を決めたら，その選択を途中で変えてはいけない．

ひとたび系が適切に選ばれたなら，エネルギー保存の概念はすぐに有用になる．上述のようにエネルギー移動が可能な形態は熱と仕事だけなので，ある系のエネルギー E における変化はすべてこれら二つの成分に帰することができる．一般に熱は q，仕事は w で表すので，次式のように書ける．

$$\Delta E = q + w \quad (9\cdot 2)$$

ここで Δ（デルタ）は変化を表す．熱力学で頻繁に使われるこの記号は，つねに最終状態と初期状態の差として定義される．

$$\Delta E = E_{最終状態} - E_{初期状態} \quad (9\cdot 3)$$

式(9・2)は見かけは単純だが，q や w の値の正負が何を意味するのか決める必要がある．この符号の定義も，一貫していることが肝要である．慣例では，系内へ入ってくるエネルギーには正の符号を，出て行くエネルギーには負の符号を与える．たとえば外界から系へ熱が流入するときは q の値は正で，系に仕事がなされるときは w の値は正である．逆に，系から熱が流出したり，系によって外界へ仕事がなされるときは，q や w の値は負となる．例題9・1に式(9・1)の使用例を示す．

> **例題 9・1**
> 515 J の熱が気体に加えられ，結果として218 J の仕事をしたとすると，系のエネルギー変化はいくらか．
> **解法** エネルギーの流れは熱か仕事として起こり，それらは式(9・2)のように総エネルギー変化に関係づけられる．q と w の大きさは与えられているが，正しい符号をつけるには，各過程の方向を決めなければならない．
> **解答** 熱は系に対して加えられているので $q>0$ であり，したがって $q = +515$ J である．仕事は系によってなされているので $w<0$ であり，したがって $w = -218$ J である．
>
> $$\Delta E = q + w = 515\,\text{J} + (-218\,\text{J}) = +297\,\text{J}$$
>
> 値が正のときはふつう＋の符号はつけない．
> **考察** 数値的にはかなり簡単だが，この問題は q と w の符号に注意する必要性を指摘している．
> **理解度のチェック** 系に408 J の仕事がなされ，系は185 J の熱を放出した．系のエネルギー変化はいくらか．

上の例で，ΔE は 0 ではなかった．これはエネルギー保存則とどうしたら矛盾しないのだろうか．この問題では q と w の符号の約束事に従って，系（この場合は不特定の気体）における熱と仕事の過程を考えた．したがって計算した ΔE は系の内部エネルギーの変化でもある．この系の内部エネルギー変化は，外界の変化によって正確に相殺される．すなわち $\Delta E_{外界} = -\Delta E_{系}$ である（通常，定義により最も関心があるのは系だから，$E_{系}$ ではなくたんに E と書く）．したがって宇宙のエネルギーは一定のままである．

$$\Delta E_{宇宙} = \Delta E_{外界} + \Delta E_{系} = 0$$

エネルギーは一つの形態から別の形態へと変換できるが，生み出したりなくしたりはできない．これは**熱力学第一法則**（first law of thermodynamics）として知られている．

廃棄されたエネルギー

この章でこれまで何度もエネルギー形態の変換についてふれてきた．夜の寒さを避けてキャンプファイヤーの前に座っていると熱のありがたみが身にしみるが，文明社会ではほとんどの場合，エネルギーは仕事の形で利用される．ガソリンの燃焼そのものは有用ではないが，放出された熱が自動車のエンジンで利用され，その結果生じる仕事でどこへでもドライブできる．しかし，あらゆる観察事項から，熱を完全に仕事に変えるのは不可能であるという考えが示される（このことから第10章で詳しくみる熱力学第二法則が導かれる）．車のエンジンは走行中に熱くなる．しかしこの熱では，車は前に進まない．つまりガソリンの燃焼で放出された熱の一部は，目的の仕事である車の走行には寄与しない．エネルギー経済の観点では，このエネルギーは廃棄されたと考えられる[*7]．

系から仕事を得る一般的な方法の一つは，系を加熱することである．熱が系へ流れ込んで，その系が仕事をする．

[*6] 系とその外界について注意深く定義することも，多くの工学的問題において重要である．
[*7] もちろん寒い冬にはエンジンの廃熱の一部は車内の暖房に利用される．このように，賢い技術者なら"廃棄された"熱も利用できる．

しかし実際には，流れた熱量はなされた仕事量をつねに上回る．この過剰な熱は，熱汚染（温排水や冷排水が川や湖や海へ流れ込んで，それらの水温がその季節の通常範囲より上昇したり低下したりすること）の一因となる．熱から仕事への変換効率は百分率で表すことができる．

一般的な変換過程の典型的な効率を表9・1に示す．これらの製品の効率を改良することは将来のエネルギー節約手段として重要なので，その見通しについてよく議論される．その効果の可能性を図9・5に示す．この図では，2030年の効率に関する技術について，二つのシナリオを比較している．一つは2009年以降新しい技術は開発されないが，買い換えによってより効率的な製品が使われるようになる場合，もう一つは消費者は価格その他の要因によらず，つねに最高技術の製品を選択すると仮定した場合である．しかし，効率のよい製品を使ってエネルギーを節約しても，電気を生み出せば必ず熱としてエネルギーは失われる．電気エネルギーとしてのエネルギー生産量は，発電所での化学エネルギーや核エネルギーの投入量よりつねに少ない．

9・4 熱容量と熱量測定

国全体または世界全体でのエネルギー資源や，その社会的な重要性について述べても，あまりにも数値が大きすぎることもあってぴんとこないかもしれない．この地球規模のスケールと，実験的に観察可能なスケールの間をつなぐには，エネルギーの流れを系統的に測定する方法が必要となる．そのためには**熱量測定**（calorimetry）と総称される一連の技術を用いて，系に流れ込む熱および流出する熱を観察すればよい．

熱容量と比熱

二つの異なる系または物体の温度を上げたいとしよう．

表9・1 いくつかの一般的なエネルギー転換装置の効率

装置	エネルギー転換	典型的な効率(%)
電気ヒーター	電気→熱	～100
ヘアドライヤー	電気→熱	～100
発電機	機械運動→化学	95
電気モーター(大)	電気→機械運動	90
電池	化学→電気	90
蒸気ボイラー(発電所)	化学→熱	85
家庭用ガス暖房炉	化学→熱	85
家庭用石油暖房炉	化学→熱	65
電気モーター(小)	電気→機械運動	65
家庭用石炭暖房炉	化学→熱	55
蒸気タービン	熱→機械運動	45
ガスタービン(飛行機)	化学→機械運動	35
ガスタービン(工業用)	化学→機械運動	30
自動車のエンジン	化学→機械運動	25
蛍光灯	電気→光	20
シリコン太陽電池	太陽光→電気	15
蒸気機関車	化学→機械運動	10
白熱灯	電気→光	5

一般に，異なる系は三つのおもな要因すなわち物質の量，物質の種類，温度変化により異なる量のエネルギーを吸収する．物質の量の重要性は，コップの水と海の挙動を比較するとわかりやすい．暑い夏の日の海辺でコップの冷たい水はすぐに温まってしまうが，海水の温度に目立った変化はない．コップの少量の水は，海の大量の水とは違ったふるまいをする．物質の種類も重要である．この場合も夏の海辺でたとえてみよう．海岸の砂はおもに二酸化ケイ素であり，浅瀬の水よりずっと速く熱くなる．どちらも日光からの同程度のエネルギーにさらされているが，異なった反応を示す．最後に，エネルギーの供給量と温度変化も関係している．曇った日の海辺では砂は熱くならないが，これは雲が太陽エネルギーの一部を吸収するので，砂へ供給されるエネルギーが少ないためである．これらの観察をまとめると，ある特定の温度変化をもたらす熱を計算したけれ

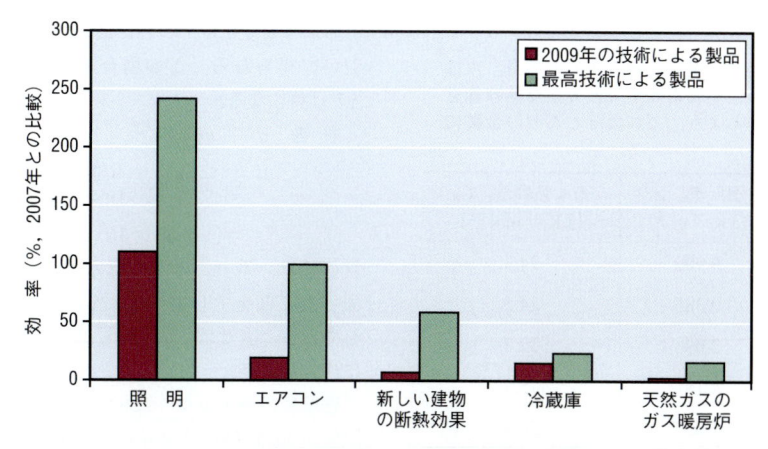

図9・5 2030年までに予測される種々の技術の効率向上を示す．データは米国エネルギー情報局，"Annual Energy Outlook"（2009）より．

ば，その温度変化量だけでなく，加熱される物質の量と材質についても説明する必要があるといえる．

この考えは式で簡単に表せるが，二つの少しだけ違った式を使うことにする．物質の量を表す方法には，質量と物質量（mol）の二つの選択肢がある．どちらを選んでも使用に適した式が得られる．質量は物理の授業で一般に使われているので，その使用に慣れているかもしれない．その場合は，物質が何であるかは**比熱容量**〔specific heat capacity，c，たんに**比熱**（specific heat）ともいう〕とよばれる項に含まれる（式 9・4）．

$$q = mc\Delta T \qquad (9・4)$$

比熱とは 1 g の物質の温度を 1 °C 上げるのに必要な熱を表す，物質の物理的性質である．同様に，**モル熱容量**（molar heat capacity）は 1 mol の物質の温度を 1 °C 上げるのに必要な熱を表す物理的性質である．したがって，物質の量を質量ではなく物質量で表すなら，上の式は次式のように少しだけ変わる．

$$q = nC_p\Delta T \qquad (9・5)$$

（添え字の p は圧力一定における熱容量であることを示す．体積一定などの別の条件下では，熱容量の値は多少異なる可能性がある．）

どちらの式も，一定の温度変化をもたらすのに要する熱量について同じ情報を与える．物質の分子量がわかっていれば，比熱とモル熱容量の間の変換は容易である．表 9・2 にいくつかの物質の比熱とモル熱容量を示す．もっと大きな表は付録 D にある．

例題 9・2 と例題 9・3 は上記の式の応用を示す．これらの問題を解き進むうちに，温度表記が K でも °C でも，熱容量の値は同じであることに気づくだろう．初めは奇妙に思うかもしれないが，必要な熱は温度それ自身に対してではなく，温度差に依存することがわかれば納得がいく．金属片の温度が 20 °C から 30 °C へ上がったとすると，

表 9・2 いくつかの物質の比熱とモル熱容量．水はこの表に示された金属よりずっと大きな熱容量をもつことに注意しよう．これはほとんどの金属にあてはまる．

物 質	比 熱, c [J K^{-1} g^{-1}]	モル熱容量, C_p [J K^{-1} mol^{-1}]
Al(s)	0.900	24.3
Cu(s)	0.385	24.5
H$_2$O(s)	2.09	37.7
H$_2$O(l)	4.18	75.3
H$_2$O(g)	2.03	36.4

† ［訳注］比熱や熱容量は温度に依存する．表は 25 °C，1 atm の値を示す．

ΔT は 10 °C とも 10 K とも書けることを自分で確かめてみよう．

例題 9・2

24.0 g のアルミ缶を加熱して温度を 15 °C 上げた．このときの缶の q 値はいくらか．

解 法 流入した熱量は，加熱された物質の熱容量，試料の大きさ（質量），温度変化に依存する．質量が与えられているので，モル熱容量より比熱を使う方が簡単である．アルミニウムの比熱は表 9・2 にある．

解 答
$$q = mc\Delta T$$
$$= 24.0 \text{ g} \times \frac{0.900 \text{ J}}{\text{g} \cdot °\text{C}} \times 15.0 \text{ °C}$$
$$= 324 \text{ J}$$

解答の分析 熱量の大きさについて正しい感覚を得るには，練習が必要である．q の単位がエネルギーであることは知っているから，計算で得られた単位がそれと一致するか確かめてみよう．計算に関係した量のオーダーをみれば，計算が正しいか確認できる．質量と温度変化は 10 のオーダー，比熱は 1 のオーダーで，これら三つの積は 100 のオーダーになるはずだから，数百 J という答はつじつまが合う．

理解度のチェック 207 g の鉄の塊が 1.50 kJ の熱を吸収した．鉄の温度変化はいくらか．

例題 9・3

液体水のモル熱容量は 75.3 J K^{-1} mol^{-1} である．もし 37.5 g の水が 42.0 °C から 7.0 °C まで冷やされたら，水の q 値はいくらか．

解 法 熱の流れは水の量と温度変化に比例する．前と同様，水の量は g でも mol でも計算できる．モル熱容量が与えられているが，水の量は g で与えられている．したがって水のモル質量を使って g から mol へ変換しよう（g のままで，モル熱容量を比熱に変換することもできる）．温度変化の定義にも注意が必要である．このような変化は，つねに最終状態から初期状態を差し引いて得られる．この場合水は冷やされているので，ΔT は負になる．

解 答
$$q = nC_p\Delta T$$
$$= 37.5 \text{ g} \times \frac{1 \text{ mol}}{18.0 \text{ g}} \times \frac{75.3 \text{ J}}{\text{mol} \cdot °\text{C}} \times -35.0 \text{ °C}$$
$$= -5.49 \times 10^3 \text{ J} = -5.49 \text{ kJ}$$

負の値は，系（この場合は水）が外界へエネルギーを失ったことを示している．ΔT を $T_{\text{最終状態}} - T_{\text{初期状態}}$ として正しく表せば，q の符号は自動的に正しくなることに注目しよう．

理解度のチェック 226 kJ の熱により 47.0 kg の銅の温度が 12.5 °C だけ上昇したとすると，銅のモル熱容量はいくらか．

9・4 熱容量と熱量測定

これらの例では，熱の源については考えず，たんに一定量の熱を系に加えるか，系から除く場合を示した．これにより式になじむことはできたが，現実的ではない．より一般的な応用では，同じ種類の式を用いて，例題9・4のように二つの物体間の熱の流れを決定できる．

例題 9・4

ガラスの容器に 78.0 °C の水が 250.0 g 入っている．2.30 °C の金片を水の中へ入れると，最終的に系の温度は 76.9 °C になった．金の質量はいくらか．水の比熱は $4.184 \, \text{J} \, °\text{C}^{-1} \, \text{g}^{-1}$，金の比熱は $0.129 \, \text{J} \, °\text{C}^{-1} \, \text{g}^{-1}$ である．

解法 熱は水と金の間でだけ流れ，ガラスと外界に対しては失われないし得ることもないと仮定しなければならない．そうすると，金が得た熱と水が失った熱はつり合うはずである．どちらも式(9・3)で計算でき，両者は等しく，符号は逆になる．

解答
$$q_\text{金} = -q_\text{水}$$
$$m_\text{金} \times c_\text{金} \times \Delta T_\text{金} = -m_\text{水} \times c_\text{水} \times \Delta T_\text{水}$$

$$m_\text{金} \times \frac{0.129 \, \text{J}}{°\text{C} \, \text{g}} \times 74.6 \, °\text{C}$$
$$= -250.0 \, \text{g} \times \frac{4.184 \, \text{J}}{°\text{C} \, \text{g}} \times -1.1 \, °\text{C}$$

整理すると，

$$m_\text{金} = \frac{-250.0 \, \text{g} \times \frac{4.184 \, \text{J}}{°\text{C} \, \text{g}} \times -1.1 \, °\text{C}}{\frac{0.129 \, \text{J}}{°\text{C} \, \text{g}} \times 74.6 \, °\text{C}} = 120 \, \text{g}$$

解答の分析 問題文で熱水の温度はあまり変化しないことがわかる．この熱水の小さな ΔT は，金がかなり小さいことを意味する．つぎに，水の熱容量は金の約 30 倍も大きいことと，金の温度変化は水の約 70 倍も大きいことを考える．これらから，金の試料は水の半分に近いことが示唆され，計算結果はこれを裏づけている．

理解度のチェック 125 g の冷水と 283 g の熱水を断熱容器中で混合し，平衡状態にした．冷水の初期温度が 3.0 °C で熱水が 91.0 °C だったとすると，最終温度は何 °C か．

これらの例で熱の流れや関係する情報の計算方法をみてきた．つぎに，熱の流れを実験室で実際に測定するやり方についてみてみよう．

熱量測定

熱の流量測定は一般に熱量測定（カロリメトリー）とよばれる．実験は，例題9・4で説明した概念に基づいた熱量計という装置で行われる．対象とする系から発生あるいは吸収される熱量は，外界の温度変化を測定することで決定される．熱量計は熱的にできるかぎり隔離され，系のすぐ外界から残りの宇宙へ熱が流れないようにしている．図9・6に典型的な熱量計を示す．この装置が残りの宇宙から熱的に隔離されているとすると，考えるべき熱の流れは観察している系とすぐ外界の間の流れであり，この外界の温度変化は測定することができる．

熱量測定は二つの段階によって行われる．第一段階は機器の校正で，既知の熱量が発生される[*8]．第二段階は実際の測定で，既知量の物質の反応で吸収または放出された

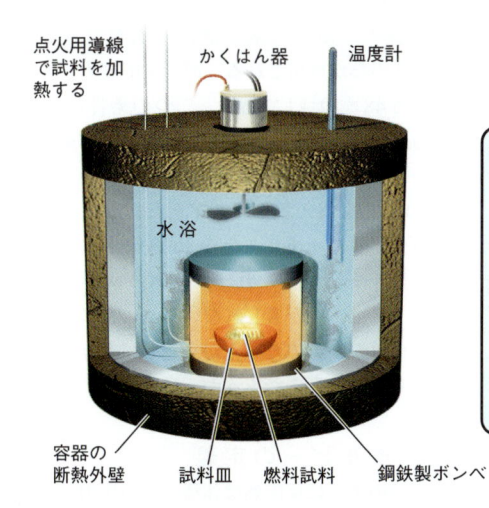

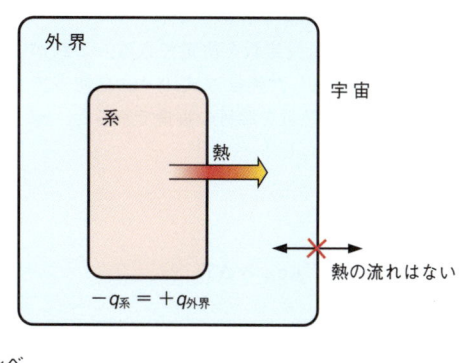

図9・6 ボンベ熱量計は上図のようにかなり複雑な装置である．しかしこの装置の概要は，たんに一定体積で熱量計と外部との間で熱の流れなしに反応を行うことである．右の図はボンベ熱量計実験で一般に用いられる系と外界の定義づけを示す．系はボンベの中身から成る．外界はボンベとそれを取巻く水浴を含む．装置の断熱外壁の外側の宇宙とは熱を交換しないものとする．

[*8] 多くの特殊な型の熱量測定があるが，いずれもこの種の校正を必要とする．

熱量を決定する．校正は，特性のよくわかった既知量の物質を燃焼させるか，抵抗加熱により行われる．後者の場合，電気抵抗により発熱する金属線に既知量の電流を流す．熱量計全体の熱容量は，既知の熱量を加えて生じた外界の温度変化を測定することにより得られる．

$$既知の熱量 = 熱量計定数 \times \Delta T$$

または

$$q = C_{熱量計} \times \Delta T \tag{9・6}$$

q と ΔT の以前の関係式と異なり，物質の量を表す質量や物質量の項がないことに注意しよう．熱量計定数は，物質の熱容量ではなく，ある特定の物体（または一組の物体）の熱容量である．"熱量計あたりの"熱容量と考えればいいかもしれない．いつも同じ熱量計を使うのなら，熱量計中の鋼や水や他の物質についていちいち把握しなくてよいためずっと便利である．図9・6に示したようなボンベ熱量計の場合，熱量計定数の大部分はボンベの周りの水によるが，温度計，かくはん装置，ボンベそれ自身も寄与する．

熱量計定数がわかれば，熱量計を使って実際に測定ができる．熱量計へ既知量の反応物を置き，反応を開始して，熱量計の温度変化を測定する．熱量計定数により，反応で放出または吸収された熱量を決定することができる．例題9・5にこの方法がどう機能するか示す．

例題9・5

熱量計を使って燃料のエネルギー含量を測定する．熱量計の校正において，電気抵抗ヒーターで 1000 J の熱量を与えると，温度は 0.850 ℃ 上昇した．ある燃料 0.245 g をこの熱量計で燃焼させると，温度は 5.23 ℃ 上昇した．この燃料のエネルギー密度[*9]すなわち 1 g 燃焼したときに放出する熱量を計算せよ．

解法 校正により熱量計定数を決定できる．これがわかれば，燃料から発生した熱量は式(9・6)を使って決定できる．最後にこの熱量を燃料の質量で割ると，求めるエネルギー密度が得られる．

解答
● 第一段階: 校正

$$q = C_{熱量計} \times \Delta T$$

したがって

$$\begin{aligned} C_{熱量計} &= q/\Delta T \\ &= 100.0 \text{ J}/0.850 \text{ ℃} \\ &= 118 \text{ J ℃}^{-1} \end{aligned}$$

● 第二段階: 燃料により発生した熱量

$$\begin{aligned} q_{熱量計} &= C_{熱量計} \times \Delta T \\ &= 118 \text{ J ℃}^{-1} \times 5.23 \text{ ℃} \\ &= 615 \text{ J} \end{aligned}$$

また，

$$q_{燃料} = -q_{熱量計} = -615 \text{ J}$$

● 第三段階: エネルギー密度の計算

$$\begin{aligned} エネルギー密度 &= -q_{燃料}/m \\ &= -(-615 \text{ J})/0.245 \text{ g} \\ &= 2510 \text{ J g}^{-1} = 2.51 \text{ kJ g}^{-1} \end{aligned}$$

考察 この問題から，熱力学計算においては符号に注意が必要であることがわかる．燃料の燃焼は熱を放出するので，燃料の q は負でなければならない．しかしエネルギー密度は正の数値で報告するので，最終段階でさらにマイナス記号をつける．

理解度のチェック ナフタレン $C_{10}H_8$ が燃焼すると 5150.1 kJ mol^{-1} の熱量を放出し，熱量計の校正によく用いられる．1.05 g のナフタレンをある熱量計で燃焼させたところ，温度上昇は 3.86 ℃ であった．同じ熱量計で 1.83 g の石炭を燃焼させると温度変化は 4.90 ℃ であった．この石炭のエネルギー密度はいくらか．

9・5 エンタルピー

熱が流れるという考えは無理なく直感できる．冷たい物体は温かい物体から熱を奪って温かくなる．しかし科学的にはこの自然な過程はもっと注意深く調べる必要がある．熱の流れが起こる条件は，その測定に影響する．たとえば，体積一定の条件で，1 mol のオクタン C_8H_{18} が燃焼して気体の二酸化炭素と液体の水ができるとき，5.45×10^3 kJ の熱が放出される．同じ反応でも圧力一定の条件下では 5.48×10^3 kJ である．二つの条件による違いは割合からいえば小さいが，大きなオクタン貯蔵容器用の安全装置を設計することを考えてみよう．そのような容器には 1000 mol を超えるオクタンを入れるかもしれない．定圧では定容より 1 mol あたり 30 kJ 余計に多くの燃焼熱が出る．数千 mol 燃焼すれば，全体のエネルギーの差が安全性のうえで重要かもしれない．この二つの場合で，なぜ違う量の熱が出るのだろうか，そしてどうしたらその違いをうまく説明できるだろうか．

エンタルピーの定義

上述のように反応熱は体積一定や圧力一定などの反応条件に依存するので，エネルギーに2種類の数学的関数を定義すると都合がよい．そのうち内部エネルギーについてはすでに述べた．その定義を使うと，体積一定条件下での内

[*9] エネルギー密度については，§9・7でさらに検討する．

部エネルギー変化は熱の流れに等しいことが示せる．次式から始めよう．

$$\Delta E = q + w$$

化学反応における w としては，通常 PV 仕事のみ考えればよい．気体が膨張するとき，外界に対して $P\Delta V$ に等しい仕事をする．しかしその膨張する気体が観察対象の系である場合，w は気体に対してなされる仕事でなければならないので，マイナス記号をつけて $-P\Delta V$ となる．したがって上記の反応で w は $-P\Delta V$ で置き換えることができる．

$$\Delta E = q - P\Delta V \tag{9・7}$$

この式は内部エネルギーが熱とどのように関係するかを教えてくれる．体積一定なら，ΔV は 0 なので第二項は 0 となり，

$$\Delta E = q_v \tag{9・8}$$

ここで添え字の v は体積一定条件下でのみ成り立つことを示す．式 (9・8) から，一定体積で熱量測定を行えば ΔE を直接決定できることがわかる．

一方，圧力一定の場合はどうなるだろう．圧力一定条件下での熱の流れを表す関数があると便利である．この関数は**エンタルピー**（enthalpy）とよばれ，次式で定義される．

$$H = E + PV \tag{9・9}$$

この定義を使って，エンタルピー変化（ΔH）は一定圧力下での熱の流れに等しいことを示す式が導ける．上の定義から，エンタルピー変化（ΔH）は

$$\Delta H = \Delta E + \Delta(PV)$$

式 (9・7) を使って展開すると

$$\Delta H = (q - P\Delta V) + \Delta(PV)$$

圧力一定なら，$\Delta(PV)$ 項は $P\Delta V$ となるので

$$\Delta H = q - P\Delta V + P\Delta V$$

第二項と第三項が消えて，求める結果は

$$\Delta H = q_p \tag{9・10}$$

したがって定圧下でのエンタルピー変化は熱の流れに等しい．添え字の p は，体積一定の式 (9・8) と同様，圧力一定を示す．

以上のように，二つの異なる条件下で熱の流れを定義するには二つの方法がある．体積一定の過程では，測定される熱の流れは内部エネルギー変化 ΔE に等しい．圧力一定の過程では，測定される熱の流れはエンタルピー変化 ΔH に等しい．多くの場合，定圧条件がより一般的なので，エンタルピーの方が役に立つ．たとえば化学実験室のビーカーで行われる反応は，定圧（またはそれに非常に近い）条件下で起こる．したがってある過程の熱量をいうときは，普通はエンタルピー変化 ΔH のことである．以前の定義と同様に，ΔH は $H_{最終状態} - H_{初期状態}$ のことである．

系から熱が発生するとき，その過程は **発熱的**（exothermic）であるといい，ΔH の値は負である．発熱反応が起こっているビーカーを手に取ると，反応系から出た熱が手に伝わり，発熱過程は熱く感じる．逆に，系が熱を吸収する過程は **吸熱的**（endothermic）であるといい，ΔH の値は正である．吸熱過程は外界から熱を奪うので冷たく感じられる．

相転移の ΔH

物質に熱が流れ込んでも温度が上がるとはかぎらない．たとえば 0 °C で角氷に熱が流れ込むと，氷は溶けて 0 °C の液体水になる（溶けた水に熱を与え続ければもちろん温度は上がり始める）．熱の流入にもかかわらず，どうして温度は一定のままなのだろう．これは，分子間力は液体よりも固体中で強いということを思い出せば理解できる．角氷が溶けるとき，エネルギーを使わないと分子間力の一部に打ち勝って液体になることができない．液体水の内部エネルギーは，同じ温度であっても氷より高い．

同様の理由で，相転移には熱の流れがある．固体，液体，気体間の相転移の名称を図 9・7 にまとめた．これらの相転移は一般に定圧で起こるので，対応する熱の流れはエンタルピー変化としてみるべきである．非常に一般的な相転移については，そのエンタルピー変化に固有の名前があり，記号も指定されている．物質を融解するのに必要な熱は融解熱といい，記号 ΔH_{fus} で表す[*10]．液体から気体へ変化するときのエンタルピー変化は蒸発熱といい，ΔH_{vap} と表す．液体分子が気体になるためには分子間力に打ち勝たなくてはならないので，蒸発には熱の流入が必要である．そのため蒸発熱はつねに正となる．一方，逆の過程である凝縮はつねに熱を放出する．これらのエンタルピー変化は，絶対値は同じで符号が異なる．分子間力の強さは物質ごとに違うので，相転移に対するエンタルピー変化の大きさも，物質によって異なる．それらの値は多くの標準的な表に載っている．例として水の場合を表 9・3 に与える．

これらの値により，どんな水試料でも相転移に必要な熱量を計算できる．温度変化を考えたときと同じように，その熱量は転移する物質の量に依存する．すなわち小さな氷より大きな氷の塊の方が，溶かすのにより多くの熱を必要とする．表 9・3 に示した値は J mol^{-1} 単位で与えられて

[*10] ここで fusion は melting と同義である．[訳注] ここでは fusion は融解，melting は溶融と訳したが，日本語でもこれらの用語は同義に用いられる．つまり，fusion を溶融，melting を融解といってもよい．しかし heat of fusion は一般に融解熱という．

いるため，水の量を物質量で表す必要がある．

$$\Delta H = n \times \Delta H_{相変化} \quad (9\cdot11)$$

ここで n はいつものように物質量である．式(9・4)や式(9・5)と違ってこの関係式は ΔT を含まないことに注意しよう．これは，相転移は一定温度で起こり，転移中に温度変化はないことを考えれば当然のことである．

表9・3 水の標準モルエンタルピーと相転移温度．どんな物質でも，融解熱は蒸発熱よりも通常ずっと小さい．

相転移	転移温度	ΔH〔J mol^{-1}〕
融 解	0 °C	6009.5
凝固（凍結）	0 °C	−6009.5
蒸 発	100 °C	4.07×10^4
凝 縮	100 °C	-4.07×10^4

例題9・6

240 g の氷が溶けるときのエンタルピー変化を計算せよ．

解法 表9・3の ΔH_{fus} は J mol^{-1} 単位なので，氷の量は物質量に変換しなければならない．これに ΔH_{fus} を掛けると求める値が得られる．

解答
$$240 \text{ g H}_2\text{O} \times \frac{1 \text{ mol}}{18.0 \text{ g}} = 13.3 \text{ mol H}_2\text{O}$$
$$\Delta H = n \times \Delta H_{fus}$$
$$\Delta H = 13.3 \text{ mol} \times 6009.5 \text{ J mol}^{-1}$$
$$\Delta H = 8.01\times10^4 \text{ J}$$

解答の分析 融解熱は 6 kJ mol^{-1} であり，エンタルピー変化は試料の大きさに依存する．水の分子量は 18 g mol^{-1} なので 240 g の試料は 10 mol より少し大きい．それゆえ答えは 60 kJ よりも少し大きいと期待されるが，これは結果と矛盾しない．

理解度のチェック 14.5 g の水蒸気が液体の水へ凝結するときのエンタルピー変化を計算せよ．

温度変化のときと同様，物質の量は mol で表しても g で表してもよいが，単位の選択においては首尾一貫していることが重要である．もし量が質量で表されていたら，エンタルピー変化も J g^{-1} で表されている必要がある．水の分子量はわかっているので，表9・3の値は J mol^{-1} から J g^{-1} へ容易に変換できる．もしそのようにして計算をやり直しても，同じ結果が得られるはずである．ほとんどの工学分野では，物質量よりも質量を使う方が一般的である．しかし元になる考え方はどんな単位を使っても同じである．

ここで，相転移と温度変化における熱の流れについて学んできたことを組合わせると，水を氷から液体水，さらには蒸気へと変換するときのエンタルピー変化が得られる．そのような過程について温度を熱の流れに対してプロットしたものを図9・8に示す．**1**，**3**，**5** での熱移動により温度が変化し，**2**，**4**，**6** では相が変化している．

蒸発と電気の生産

図9・8に示したような一連の過程により，水を液体から気体へと変換するのに要する大量のエネルギーは，化学

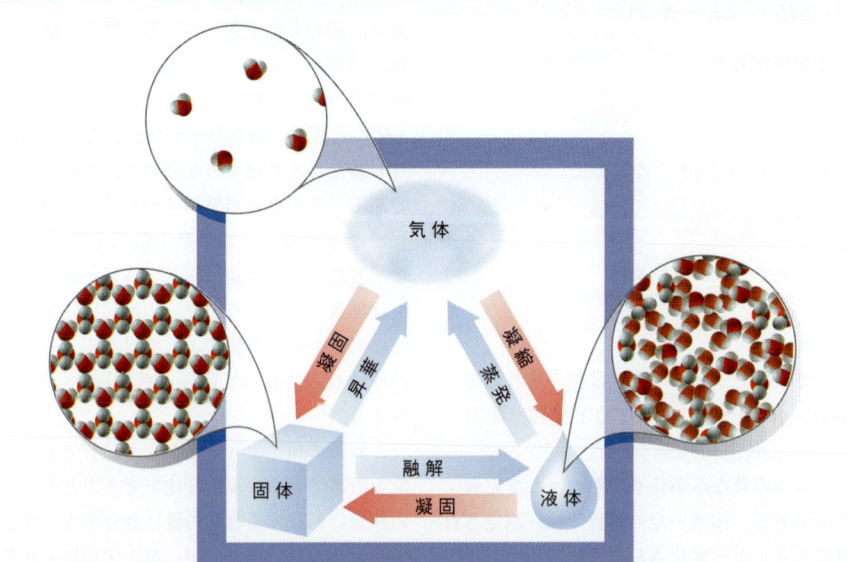

図9・7 固相，液相，気相の微視的描像を，これらの相間の転移の一般的名称とともに示す．〔訳注：日本語では気体から固体への相転移も昇華（sublimation）とよぶことがあるが，一般にはそれと区別して deposition とよばれる．ここではこれを凝固と訳した．〕

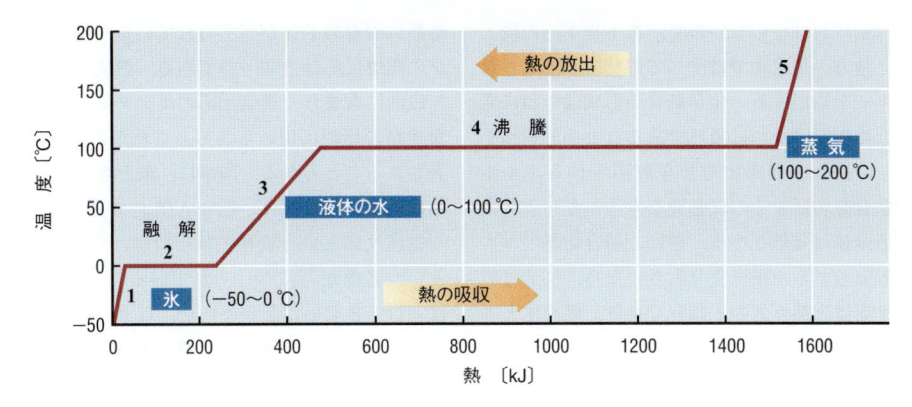

図9・8 500 gの水の温度が熱を吸収してどう変わるかを示す．-50 °Cの氷から始める．領域1で氷の温度は0 °Cの融点に達するまで上昇する．領域2では氷が融けて水になるまで0 °Cの一定値である．領域3では液体水のみが存在し，温度は沸点の100 °Cになるまで上昇する．領域4で水は沸騰しており，蒸気になるまで100 °Cの一定値である．領域5で生じた蒸気が熱を吸収しつづけ，温度は上昇する．

エネルギーを電気へと変換するのに利用されている．化石燃料を動力源とした発電所の模式図を図9・9に示す．

燃料（通常は石炭か天然ガス）が燃えるとき，化学エネルギーは熱として放出される．発電所の目的は，このエネルギーをできるだけ多く電気に変えることである．このうち重要なのは燃焼反応中に発生する熱を捕まえる過程である．この過程に水が選ばれるのは，大きな蒸発熱をもつからである[*11]．§8・4で，水の分子間力は多くの水素結合のため異常に強いと述べた．液体の水分子間に働くこれらの水素結合によって，ΔH_{vap} は大きな値となる．もし蒸発熱の小さな物質を水の代わりに使ったら，同じ量の熱を吸収するのにずっと多くの物質が必要だろう．水は，比較的豊富にあることと大きな蒸発熱のため，エネルギー生産において広く用いられることとなった．

反応熱

これまで温度変化や相転移などの単純な物理過程に対するエンタルピー変化を考えてきた．しかしエネルギー経済に対する化学の重要性は，化学反応においても同様にエンタルピーは変化するという事実から生じる．このエンタルピー変化は一般に**反応熱**（heat of reaction）とよばれる．多くの化学反応は定圧条件下で行われるので，この言葉は少し不正確ではあるが理にかなっている．

結合とエネルギー

化学反応は，反応物が生成物に変化するとき化学結合が切れたり生成したりするので，エネルギー変化を伴う．かなり単純な反応としてメタンの燃焼を考えよう．

$$CH_4(g) + 2\,O_2(g) \longrightarrow CO_2(g) + 2\,H_2O(l)$$

これらの分子はみなよく知っていて，そのルイス構造を簡単に描くことができる．

$$H-\underset{\underset{H}{|}}{\overset{\overset{H}{|}}{C}}-H + 2\,\ddot{\underset{\cdot\cdot}{O}}=\ddot{\underset{\cdot\cdot}{O}} \longrightarrow \ddot{\underset{\cdot\cdot}{O}}=C=\ddot{\underset{\cdot\cdot}{O}} + 2\,\underset{H}{\overset{}{\ddot{O}}}-H$$

この式の反応物側には，4本のC-H単結合と2本のO=O二重結合がある．生成物側には2本のC=O二重結合と4本のO-H単結合がある．反応する間に反応物の結

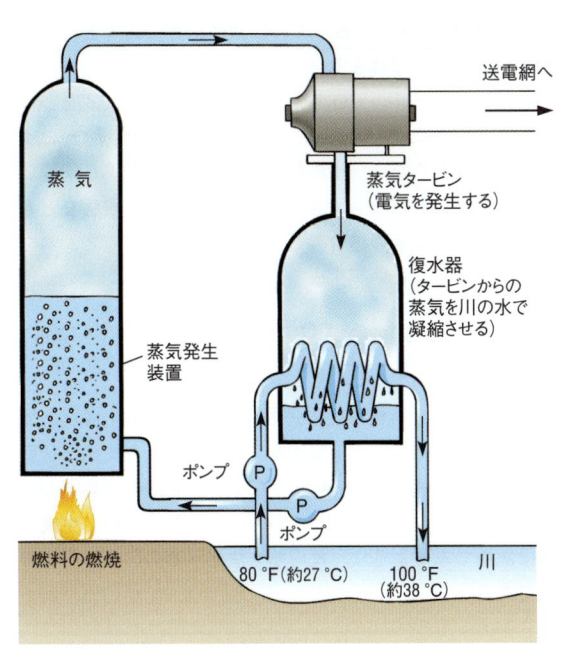

図9・9 標準的な発電所の主要分を示す模式図．水の大きな蒸発熱を利用している．

[*11] 水の代わりに何かずっと蒸発熱の小さなものを使ったとしたら，発電所の設計はどう変わるか考えてみると面白い．

合はすべて切れなければならないので、エネルギーの投入が必要である。他方、生成物ではすべての結合が形成されるのでエネルギーを放出する（化学結合の形成はつねに発熱で、化学結合の切断はつねに吸熱であることを思い出そう）。もし新しい結合を形成するとき放出されるエネルギーが、元の結合を切断するのに必要なエネルギーより大きいなら、反応全体は発熱となる。逆に、結合切断のエネルギーが結合形成のエネルギーより大きいなら、反応は吸熱となる。メタンは天然ガスの主成分であり、燃やすとエネルギーを放出することはわかる。したがってこの反応は発熱的なはずで、熱量測定すれば確かめられる。実際、メタン 1 mol の燃焼の ΔH は -890.4 kJ である。

個々の結合エネルギーの概算値を使って、反応の ΔH の近似値を計算してみることもできる。この方法は、熱力学データが得られない化合物を含む反応について概算値を求めるために行われることがある。しかし表にある値は結合エネルギーの平均値なので、この方法の精度はあまりよくない。あとでみるように、ほとんどの場合は簡単で精度のよい他の方法がある。

化学反応の全体のエネルギー論は、**熱化学方程式** (thermochemical equation) にまとめられる。メタンの燃焼の場合の熱化学方程式[*12]は、

$$CH_4(g) + 2\,O_2(g) \longrightarrow CO_2(g) + 2\,H_2O(l)$$
$$\Delta H = -890.4 \text{ kJ}$$

この方程式は二つの重要なことを教えてくれる。第一に、ΔH の値には符号がついているので反応が発熱的か吸熱的かすぐにわかる。メタンの燃焼は発熱反応だが、これは ΔH が負の値であることから確認できる。第二に、熱化学方程式は ΔH の数値を含むので、どれだけの熱量が放出されるかが正確にわかる。示された反応熱は、書いてある反応式に厳密に対応することに注意しよう。つまり 1 mol のメタンが 2 mol の酸素と反応すると 890.4 kJ の熱が放出される。もっとたくさん燃焼すれば、より多くの熱が放出される。したがって量論係数を何倍かにしたら、反応熱にも同じ係数を掛けなければならない。たとえばメタンの燃焼の別の熱化学方程式は、以下のようになる。

$$2\,CH_4(g) + 4\,O_2(g) \longrightarrow 2\,CO_2(g) + 4\,H_2O(l)$$
$$\Delta H = -1780.8 \text{ kJ}$$

特定の反応の反応熱

非常に一般的な化学反応や特に有用な化学反応には、反応熱に固有の名前が当てられている。例として用いたメタンの燃焼反応はその一つである。燃焼はエネルギー経済に一般的に含まれ、燃焼反応のエンタルピー変化はさまざまな燃料の比較に用いられる。これらの燃焼熱は ΔH_{comb} と表されることもある。同様に、酸と塩基の中和反応の反応熱は中和熱とよばれ、記号 ΔH_{neut} で表される。

生成反応という別種の反応では、反応熱に**生成熱** $\Delta H_f°$ という名前が特につけられている[*13]。この反応は実際には実行できないことが多いが、以下に示すように反応熱の計算のために重要である。**生成反応** (formation reaction) は、1 mol の化合物が標準状態の元素から生成する化学反応である。ここでいう標準状態とは、25 °C, 1 atm でその元素が最も安定な状態をいう。一酸化炭素の生成反応は

$$C(s) + \frac{1}{2}O_2(g) \longrightarrow CO(g) \quad \Delta H° = \Delta H_f°[CO(g)]$$

生成反応の定義は、標準状態にある元素の生成熱はつねに 0 でなければならないことを意味している。これを理解するために、$O_2(g)$ のような標準状態にある元素の生成反応を書くことを想像してみよう。生成物として 1 mol の $O_2(g)$、反応物として標準状態にある酸素が必要になる。しかし酸素の標準状態は $O_2(g)$ なので、この生成反応はまったく反応ではない。

$$O_2(g) \longrightarrow O_2(g) \quad \Delta H° = \Delta H_f°[O_2(g)] = 0$$

両辺とも同じなので、エンタルピーに変化はなく、したがって $\Delta H°$ は 0 である。これは標準状態にあるどんな元素についてもあてはまる。

右辺には 1 mol の CO しか必要としないので、式をつり合わせるためには、奇妙に見えても分数の係数を O_2 につけなければならない。生成反応を書くときよくある間違いには、標準状態にない元素や、2 mol 以上の生成物などがある。一酸化炭素の場合、これらの間違いをすると、つぎのような正しくない"生成"反応になる。

$$C(s) + O(g) \longrightarrow CO(g) \quad \Delta H° \neq \Delta H_f°[CO(g)]$$
$$2\,C(s) + O_2(g) \longrightarrow 2\,CO(g) \quad \Delta H° \neq \Delta H_f°[CO(g)]$$

両方とも正しい化学反応式であるが、CO の生成反応ではない。最初の反応式は酸素が二原子分子として標準状態で示されていないので正しくない。2 番目の反応式は 2 mol の一酸化炭素が生成しているので正しくない。生成反応は次節でみるように、反応熱を決定するのにきわめて有用である。

[*12] ［訳注］わが国の場合、熱化学方程式には矢印ではなく＝を用い、反応熱は符号つきの数値として右辺におくのが普通である。このとき発熱を正にとるので、エンタルピー表記の場合と符号が逆になる。メタンの燃焼の場合は発熱なので＋をつけて、
$$CH_4(g) + 2\,O_2(g) = CO_2(g) + 2\,H_2O(l) + 890.4 \text{ kJ}$$
のようになる。このように表記した方が、"方程式"という名前には合致している。

[*13] 生成熱の記号の右肩にある °の印は、この値が 25 °C, 1 atm の標準状態で起こる過程に対することを示す。

9・6 ヘスの法則と反応熱

化学反応におけるエンタルピー変化を知ることは，新しい燃料や爆薬を比較するときなど広範な状況下で重要である．多くの場合，必ずしも反応を実際に行わずに，反応のエンタルピー変化を決定することが望ましい．たとえば新しい爆薬を合成するのは非常に難しく危険なので，実際にするだけの有用性があるかどうか前もってわかれば助かる．反応熱を直接熱量測定で決めることが難しい場合もある．いろいろな理由で，反応熱を間接的に求める必要があることが多い．

ヘスの法則

反応熱に関する情報を間接的に得るため，**ヘスの法則** (Hess's law) として知られる考え方を利用する．すなわち，いかなる過程のエンタルピー変化も，その過程がたどった道筋には依存しない．この考えが構築されるうえで基礎となった概念は，エンタルピーは**状態関数** (state function) である，というものである．状態関数は系の状態にのみ依存し，その履歴には依存しない変数である[*14]．車を運転するとき，その位置は状態関数であるが，走った距離は違う．化学反応にとって，状態関数の概念は非常に重要である．反応物分子が実際にどのようにして生成物分子に変換されるかについて，その微視的詳細はほとんどわからない．しかし反応物と生成物が何であるか決めることは比較的たやすい．エンタルピーは状態関数なので，エンタルピー変化の値は，反応物から生成物へ至る道筋にはよらない．図9・10はこの概念を説明している．

図9・10に示した状況で，目的とするエンタルピー変化 ΔH は2通りの経路どちらによっても求められる．

$$\Delta H = \Delta H_{A_i} + \Delta H_{A_f}$$
$$\Delta H = \Delta H_{B_i} + \Delta H_{B_f}$$

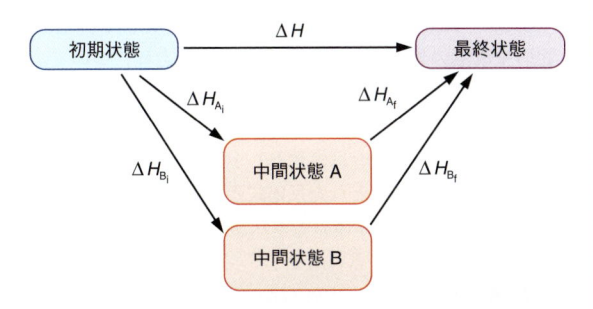

図9・10 ヘスの法則を表す概念図．エンタルピーは状態関数なので，初期状態から最終状態までどんな都合のよい経路をとってもよく，これを使ってエンタルピー変化を計算できる．

系をさらに具体的なものにし，エンタルピーを縦軸にとって，この考えをさらに展開できる．図9・11はメタンの燃焼に対するそのような**エンタルピー図** (enthalpy diagram) を示す．§4・1でみたように，この燃焼は完全であれば二酸化炭素を直接生成し，不完全であれば一酸化炭素を生成する（このため換気が適切に行われていない天然ガスの暖房炉は危険である）．

ヘスの法則は重要な実用的な意味をもつ．化学反応を，正味の結果が元の反応と同じ一連の反応へと何度でも分解できる．ヘスの法則を用いれば，それらの一連の反応を用いて，元の反応のエンタルピーを見積もることができる．

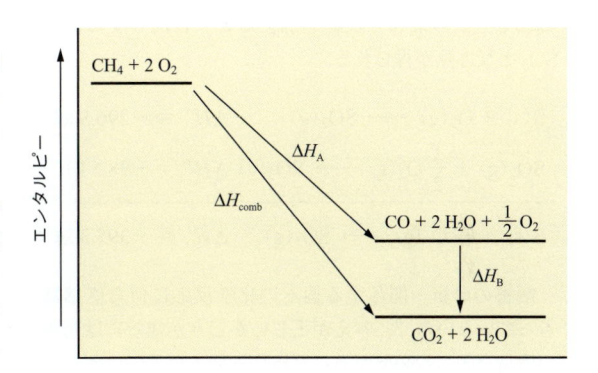

図9・11 メタンの燃焼のエンタルピー図．ここでは1 mol の CH_4 がまず CO に変換され（段階A），さらに反応して CO_2 になる（段階B）と想定している．ΔH_A と ΔH_B がわかれば，それを使って ΔH_{comb} を計算できる．

例題9・7

三酸化硫黄 SO_3 は水と反応して酸性雨の主要因である硫酸を生成する．SO_3 の発生要因の一つは石炭に少量含まれる硫黄の燃焼で，つぎの反応による．

$$S(s) + \frac{3}{2} O_2(g) \longrightarrow SO_3(g)$$

この反応の反応熱を，下に示す熱化学データを用いて決定せよ．

$$S(s) + O_2(g) \longrightarrow SO_2(g) \quad \Delta H° = -296.8 \text{ kJ}$$
$$2 SO_2(g) + O_2(g) \longrightarrow 2 SO_3(g) \quad \Delta H° = -197.0 \text{ kJ}$$

解法 エンタルピー変化が既知の反応を使って，目的の反応となるような経路をつくる必要がある．この場合，与えられた最初の反応で SO_2 が生成し，2番目の反応で消費される．このとき，与えられた反応と目的の反応の正確な化学量論に注意することが重要である．目的の反応では 1 mol の SO_3 しか生成していないが，与えられた2番目の反応では 2 mol できている．したがってこれを補正する必要がある．

[*14] 圧力，体積，温度は，すべて状態関数である．

解 答 与えられた最初の反応から始める．

$$S(s) + O_2(g) \longrightarrow SO_2(g) \quad \Delta H° = -296.8 \text{ kJ}$$

つぎに2番目の反応に1/2を掛ける*15．これは目的の反応では1 mol しか SO_3 は生成しないからである．

$$\frac{1}{2} \times [\ 2\,SO_2(g) + O_2(g) \longrightarrow 2\,SO_3(g)$$
$$\Delta H° = -197.0 \text{ kJ}\ ]$$

これにより1 mol の SO_2 が消費され，エンタルピー変化もそれに対応した熱化学方程式が得られる．

$$SO_2(g) + \frac{1}{2}O_2(g) \longrightarrow SO_3(g) \quad \Delta H° = -98.5 \text{ kJ}$$

これを上記の最初の反応へ加えると，目的とする量の SO_3 と反応熱が得られる．

$$S(s) + O_2(g) \longrightarrow SO_2(g) \quad \Delta H° = -296.8 \text{ kJ}$$
$$SO_2(g) + \frac{1}{2}O_2(g) \longrightarrow SO_3(g) \quad \Delta H° = -98.5 \text{ kJ}$$
$$\overline{S(s) + \frac{3}{2}O_2(g) \longrightarrow SO_3(g) \quad \Delta H° = -395.3 \text{ kJ}}$$

解答の分析 関与する個々の化学反応に何ら直感はもっていないので，答えが正しいかどうか知るには問題の構造を調べる必要があるだろう．加えた反応はどちらも発熱反応なので，その足し算で元の反応より発熱的になるのは理にかなっている．

理解度のチェック つぎの熱化学方程式を必要に応じて用い，ダイヤモンドの生成熱を求めよ．

$$C(ダイヤモンド) + O_2(g) \longrightarrow CO_2(g)$$
$$\Delta H° = -395.4 \text{ kJ}$$
$$2\,CO_2(g) \longrightarrow 2\,CO(g) + O_2(g)$$
$$\Delta H° = \ \ \ 566.0 \text{ kJ}$$
$$C(グラファイト) + O_2(g) \longrightarrow CO_2(g)$$
$$\Delta H° = -393.5 \text{ kJ}$$
$$2\,CO(g) \longrightarrow C(グラファイト) + CO_2(g)$$
$$\Delta H° = -172.5 \text{ kJ}$$

生成反応とヘスの法則

上に示した種類の計算は，化学でたまに用いられる．しかしヘスの法則はもっと一般的なやり方でも役に立つ．多くの物質の生成熱が広く表にされている（付録E参照）*16．ヘスの法則により，これらの表の値を使って実質的にどんな化学反応に対してもそのエンタルピー変化を計算できる．図9・12はこの有用性がどのようにして生じるか説明している．

第一段階で反応物を標準状態の元素へ分解する．これは

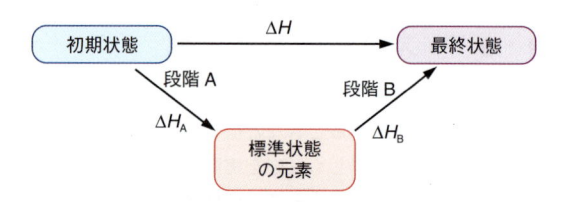

図9・12 この概念図は，生成エンタルピーの表を使って化学反応のエンタルピー変化を計算するやり方を示す．まず，反応物が標準状態の元素に変換され，それからその元素が再結合して生成物になると考える．エンタルピーは状態関数なので，実際に反応がたどる経路について知る必要はない．

反応物の生成反応の逆にすぎないので，この過程のエンタルピー変化は $-\Delta H_f°$（反応物）である．同様に第二段階は，標準状態の元素からの生成物の生成で，エンタルピー変化は $\Delta H_f°$（生成物）である［訳注: $\Delta H_f°$ は標準生成エンタルピーとよばれる］．ここで生成反応は化合物1 mol の生成に対して定義されていることを思い出そう．このため，表に与えられている生成熱を使うには，つり合いのとれた反応式の量論係数を掛けて，消費された反応物や生じた生成物の物質量に合わせなければならない．これらの因子を考慮すると，熱化学でもっと役に立つ式の一つが得られる．

$$\Delta H° = \sum_i \nu_i \Delta H_f°(生成物)_i - \sum_j \nu_j \Delta H_f°(反応物)_j$$
(9・12)

この式では量論係数をギリシャ文字の ν で表した．第一項はすべての反応物に対して，第二項はすべての生成物に対しての総和である．以下の二つの例題は，エネルギーを生み出すのに有用な反応の熱化学を理解するうえで，生成熱がどのように使われるかを示す．

例題 9・8

表のデータを用いて，プロパン1 mol が燃焼して気体の二酸化炭素と液体の水を生成する際の燃焼熱を求めよ．

解 法 目的の燃焼熱を決定するには，反応物と生成物の生成熱の値が必要である．まずこの過程について，つり合いのとれた反応式を書かなくてはならない．それから式(9・2)を用いて，付録Eの表にある生成熱を調べて反応熱（この場合は燃焼熱）を計算する．必要な量論係数はつり合いのとれた反応式から得られる．この反応式の O_2 のような単体の標準状態における生成熱はつねに0であることを思い出そう．

解 答
$$C_3H_8(g) + 5\,O_2(g) \longrightarrow 3\,CO_2(g) + 4\,H_2O(l)$$

---

*15 量論係数とエンタルピー変化に1/2が掛かることに注意しよう．
*16 生成熱などの熱力学データは，"Handbook of Chemistry and Physics" のような参考書やNIST WebBookのようなオンラインの情報源で見つけることができる．

$$\Delta H° = 3 \text{ mol } \Delta H_f°(CO_2) + 4 \text{ mol } \Delta H_f°(H_2O)$$
$$- 1 \text{ mol } \Delta H_f°(C_3H_8) - 5 \text{ mol}(0)$$
$$= 3 \text{ mol}(-393.5 \text{ kJ mol}^{-1}) + 4 \text{ mol}(-285.8 \text{ kJ mol}^{-1})$$
$$- 1 \text{ mol}(-103.8 \text{ kJ mol}^{-1})$$
$$= -2219.9 \text{ kJ}$$

考察 物質の生成熱には $kJ \text{ mol}^{-1}$ の単位を用いている。しかし化学反応のエンタルピー変化を書くときは，$kJ \text{ mol}^{-1}$ ではなく kJ を使う。理由をこの例題の反応で説明する。計算した値 $\Delta H° = -2219.9 \text{ kJ}$ は，1 mol のプロパンが 5 mol の酸素と反応して，3 mol の二酸化炭素と 4 mol の水を生成する反応に対するものである。したがってもし "$-2219.9 \text{ kJ mol}^{-1}$" といったら，どの物質 1 mol あたりか明らかにしなくてはならない。ここで，ΔH は書かれた反応に対応すると理解したうえで，kJ を用いて表している。これは，量論係数は mol の単位をもつとして扱うと，次元のうえでも式 (9・12) と一致する*17. "反応の mol あたり" という教科書もある。

理解度のチェック 付録 E の生成熱の値を使ってつぎの反応の $\Delta H°$ を計算せよ。

$$ClO_2(g) + O(g) \longrightarrow ClO(g) + O_2(g)$$

例題 9・9

エタノール C_2H_5OH は配合ガソリンに酸素成分を入れるのに用いられる。この燃焼熱は $1366.8 \text{ kJ mol}^{-1}$ である。エタノールの生成熱はいくらか。

解法 反応熱（この場合は燃焼熱）と関与する物質の生成熱との関係はわかっている（式 9・12）。あとはこの燃焼についてつり合いのとれた反応式が必要だが，エタノールの燃焼では炭化水素の燃焼と同じ生成物ができることがわかっていなければならない。そうすればつり合いのとれた式が書け，式 (9・12) を使って目的の量を決定できる。この場合，反応熱はわかっているので，エタノールの生成熱について解くことになる。

解答
$$C_2H_5OH(l) + 3 O_2(g) \longrightarrow 2 CO_2(g) + 3 H_2O(l)$$
$$\Delta H° = -1366.8 \text{ kJ}$$

式 (9・12) を使って

$$\Delta H° = 2 \text{ mol } \Delta H_f°[CO_2(g)] + 3 \text{ mol } \Delta H_f°[H_2O(l)]$$
$$- 1 \text{ mol } \Delta H_f°[C_2H_5OH(l)] - 3 \text{ mol } \Delta H_f°[O_2(g)]$$

$$-1366.8 \text{ kJ} = 2 \text{ mol}(-393.5 \text{ kJ mol}^{-1})$$
$$+ 3 \text{ mol}(-285.8 \text{ kJ mol}^{-1}) - \Delta H_f°[C_2H_5OH(l)]$$
$$- 3 \text{ mol}(0 \text{ kJ mol}^{-1})$$

整理して解くと

$$\Delta H_f°[C_2H_5OH(l)] = -277.6 \text{ kJ mol}^{-1}$$

解答の分析 これまで生成熱の例を十分みてきたので数百 $kJ \text{ mol}^{-1}$ という値はかなり一般的のように思える。この種の問題を解くときは，符号を注意して扱うことが非常に重要である。足し算や引き算をするので正や負になり間違えやすい。

理解度のチェック 炭化水素が不完全燃焼すると二酸化炭素ではなく一酸化炭素 CO が発生する。CO の毒性のため，換気の悪い炉で人が死ぬこともある。メタン $CH_4(g)$ から液体の水と $CO(g)$ ができる不完全燃焼の反応熱を計算せよ。

9・7 エネルギーと化学量論

化学反応のエネルギーがどうなるかを予測する能力は，化学において重要な技能であり，多くの実用的用途がある。熱化学方程式を書くと，第 4 章で解き方を学んだ化学量論の問題と多くの点で同じようにエネルギーを取扱うことができる。発熱反応の場合，エネルギーは生成物として扱えばいいし，吸熱反応では反応物と考えることができる。そこに記述された ΔH は，各物質が示された物質量だけ反応し，厳密に式そのままに起こる反応に対応するということに留意しなくてはならない。

化学量論問題の核心として物質量の重要性を強調することは，反応のエネルギーに関する問題を解くときも同じである*18. たとえばある与えられた質量または体積のメタンを燃やすことで放出されるエネルギー量を計算したいときは，その量を物質量へ変換することから始める。それからつり合いのとれた熱化学方程式を使って，エネルギー量を実際に燃えたメタンの物質量へ関係づけることができる。化学量論の問題を解くとき，つり合いのとれた化学反応式を使って，ある化合物の物質量から別の化合物の物質量へ変換した。今度は熱化学方程式を使って，反応物や生成物の物質量と放出または吸収されたエネルギー量の間で変換を行う。図 9・13 にこの方法を模式的に示す。物質量を得るために必要な変換因子はすでに述べたようにモル質量，密度，気体の圧力や体積などである。

例として，窒素ガスと酸素から一酸化窒素ができる反応を考えよう。これは燃料として炭化水素が燃焼するとき普通に起こる副反応である。自動車に動力を与える発熱燃焼反応は，純酸素ではなく空気を用いるので，つねに大量の窒素が存在する。動いているエンジンは高温のため，窒素

---

* 17 ［訳注］この本では量論係数を mol の単位をつけて取扱っているが，必ずしも正当化されない場合もあるので注意が必要である。反応熱や後の章で出てくる熱力学量の変化量は，注目する反応物または生成物の mol あたりに表すのが一般的である。
* 18 熱化学方程式に書かれている熱量は，そこに明示された物質量の反応に対するものであることを思い出そう。

の一部は酸素と反応して一酸化窒素となる.

$$N_2(g) + O_2(g) \longrightarrow 2\,NO(g) \qquad \Delta H° = 180.5\text{ kJ}$$

こうして生成した一酸化窒素は，それ自身かなり低濃度でも刺激性であり，さらに反応して大気汚染をひき起こす重要な化学種である．たとえば，NO(g)は酸素と反応して二酸化窒素になるが，その茶色は都市のスモッグに典型的な黒っぽい霧の主要因である．例題9・10は，この種の式を使って特定量の物質の反応熱を決定する方法を示す．

例題 9・10

あるエンジンは実験室でのテストで15.7 gの一酸化窒素を発生した．このときどれだけの熱が吸収されたか．

解法 この反応の熱化学方程式は上に示してある．この式により，生成したNOの量から吸収されたエネルギーを求められる．他の量論問題と同様に物質量を使って問題を解くが，これは与えられた質量から求められる．表記の $\Delta H°$ の値は，式にあるように2 mol のNO の生成に対応することに注意しよう．

解答

$$15.7\text{ g NO} \times \frac{1\text{ mol NO}}{30.0\text{ g NO}} = 0.523\text{ mol NO}$$

$$0.523\text{ mol NO} \times \frac{180.5\text{ kJ}}{2\text{ mol NO}} = 47.2\text{ kJ}$$

解答の分析 熱化学方程式は書かれた反応に対する ΔH を与える．つまり180 kJ というのは生成された2 mol のNOに対して吸収される．NOのモル質量は30 g mol^{-1} に非常に近いので，発生したNOは1/2 mol より少し多い．つまり熱化学方程式で生成する量の約1/4である．答えも熱化学方程式の ΔH の値の約1/4なので，正しいようである．

理解度のチェック 窒素と酸素から一酸化窒素ができる反応で124 kJ の熱が吸収された場合，生成したNOの質量と消費された N_2 の質量はいくらか．

このような方法で，いろいろな燃料の相対的な長所についても知見が得られる．

エネルギー密度と燃料

特定の燃料の経済的長所を考えるとき，いくつかの因子を考慮する必要がある．有用な燃料の典型的な特徴としては，それを取出す技術の有効性，燃焼により放出される汚染物質の少なさ，相対的安全性などがある（燃料を燃やすと，意図しないまたは制御されない燃焼が起こってしまう危険性はつねにある）．経済的観点から，燃料の輸送しやすさは考慮すべき点として重要である．消費者に届けるコストが高かったり輸送が危険な燃料は，もっと低価格で供給されるものに比べ魅力はない．商品の輸送コストはおもに輸送される質量で決まる．このコストは重要なので，**エネルギー密度** (energy density) すなわち燃やされた燃料1 g あたりに放出されるエネルギー量は，燃料を特徴づける重要な特性である[*19].

いくつかの化石燃料のエネルギー密度を代替燃料の値と共に表9・4に示す．石油がなぜこれほど優れたエネルギー源なのかが容易にわかる．石油を使ううえでの利点を考えてみよう．(1)液体であり，運ぶのも消費者へ届けるのも容易である．(2)比較的安全である．爆発も起こるが，お金をあまりかけずに防ぐことができる．(3)燃焼の生成物は気体である．液体の燃料を運びやすいところでは，気体の燃焼生成物は廃棄しやすい．(4)エネルギー密度が高い．

上述の輸送コストの問題に加え，エネルギー密度が高い

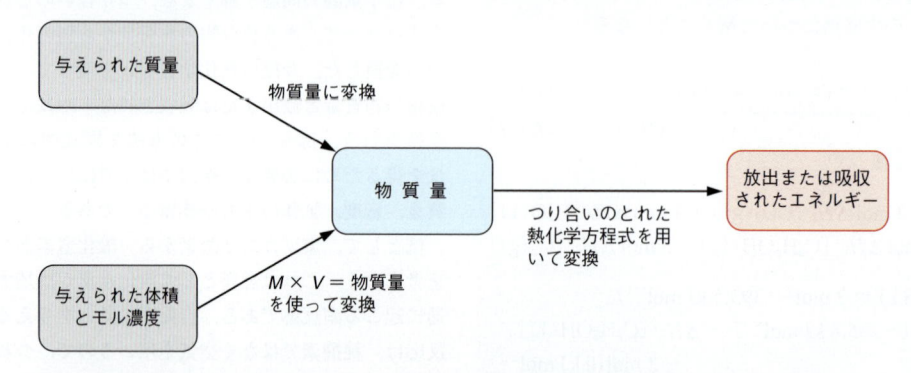

図9・13 このフローチャートは，一定量の物質を使って化学反応を行うとき，放出または吸収されるエネルギー量を計算するのに必要な一連の手順を示している．

[*19] エネルギー密度の考えは例題9・5で紹介した．

ということは，燃料のために自動車全体の重さをあまり重くすることなく，比較的大量のエネルギーを生み出すようにエンジンの設計が可能だということを意味する．もし車のガソリンタンクが車と同じくらい重かったらどれほどやっかいか想像してみよう．ガソリン自体を運ぶために大量にガソリンが必要だし，ガソリンが満タンなだけで車がすごく重くなるなら自動車の安全性も大きく損なわれるだろう．

表 9・4 さまざまな燃料のエネルギー密度

燃　料	エネルギー密度 $[\text{kJ g}^{-1}]$
水　素	142.0
メタン	55.5
オクタン	47.9
プロパン	50.3
航空機のガソリン	43.1
石炭（無煙炭）	31.4
ディーゼル燃料	45.3
原　油	41.9
石油（暖房用途）	42.5
自動車のガソリン	45.8
灯　油	46.3
木材（オーブン乾燥）	20.0

9・8 洞察：電 池

この章を通じて，熱の形でエネルギーを吸収したり放出したりする反応をみてきた．これは化学反応における最も一般的なエネルギーの発現であるが，化学エネルギーと他のエネルギー形態間で相互変換する反応も多くある．ケミカルライトやホタルで起こる反応のように，熱ではなく光としてエネルギーを放出する反応もある．電池を使った装置は化学エネルギーを電気エネルギーに変える反応を利用している．電池で重要なのはエネルギーを放出する化学反応である．どうしたら化学エネルギーを直接電気エネルギーに変換できるだろうか．また，ある電池は消耗するだけなのに，別の種類では何度でも再充電できるのはなぜだろう．電気化学とよばれる電池の化学について第 13 章でもっと詳しく調べるが，ここでは熱化学の考えを使って上の質問の答えをみてみよう．

電気エネルギーは電荷を動かすことで発生する．実際，電気製品に電力を供給するには，金属線を通じて電子を動かす必要がある．したがって，化学反応が有用な電気エネルギーを生み出そうとするなら，その反応は電子を動かす源として機能する必要がある．電荷はつねに保存されなければならないので，これらの電子は閉じた回路を動かねばならない．この回路が完成するには，電池の一方の極で"放出"された電子は，反対の極で"再結合"されねばならない．どんな化学反応が，そのような過程のよい候補となるだろう．**酸化還元反応**（oxidation-reduction reaction, **レドックス反応** redox reaction ともいう）は，一つの化学種から別の化学種への電子の移動を伴う．電池は，実際，酸化還元反応をうまく利用した製品である．電池の設計がうまくいくには，電子が外部回路を流れるとき，電子がある反応種から別の種へと移動する必要がある．

標準的なアルカリ乾電池での重要な化学反応は，

$$\text{Zn(s)} + \text{MnO}_2(\text{s}) + \text{H}_2\text{O(l)} \longrightarrow \text{ZnO(s)} + \text{Mn(OH)}_2(\text{s})$$

どのようにしてこの反応は電子の移動を含むのだろうか．

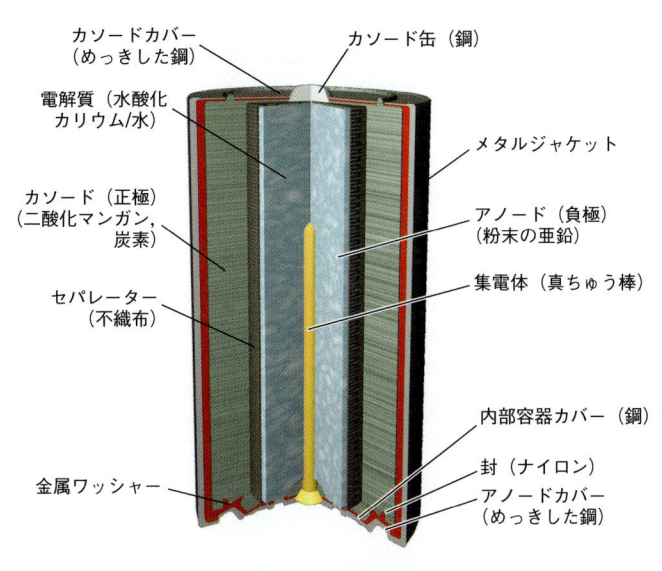

図 9・14　典型的なアルカリ乾電池の構成

表9・5 いくつかの一次電池および二次電池の特徴比較．これらのパラメーターの多くは定量的に測定できるので，技術者は電池の種類を選ぶ前に注意深く比較することができる．

一次電池					二次電池			
性質	マンガン乾電池	アルカリ電池	リチウム電池	性質	ニカド(ニッケル-カドミウム)電池	ニッケル水素電池	リチウムイオン電池
エネルギー密度	高	中	高	エネルギー密度	低	中	高
蓄電力	高	中	中	蓄電力	低	中	中
				使用の寿命	長	長	長
価格	低	低	高	価格	低	中	高
安全性	高	高	中	安全性	高	高	中
環境面	良	良	中	環境面	悪	中	中

反応式の両辺にある亜鉛とマンガンをみてみよう．ZnOをイオン性化合物であるかのように扱うとすると，Znは酸素の2−電荷とつり合うために2+電荷が必要である．したがって金属亜鉛が反応してZnOとなると，亜鉛の各原子は2個の電子を失う．同じ考えはマンガンにもあてはまる．すなわちMnO_2の4+状態から$Mn(OH)_2$の2+状態へ変化するので，各マンガン原子は2個の電子を得る．このように亜鉛からマンガンへ正味の電子移動が起こる．図9・14に示したような電池では，亜鉛と二酸化マンガンを物理的に隔離して，反応の進行に伴って移動した電子が外部回路を流れるようにしている．

電池の酸化還元反応には，すでにみてきた燃焼反応と同じように，固有の特徴的熱化学がある．化学反応のエネルギー変化が電池の電圧を決める．車を始動するようなある種の電池は，実際には電池の有効電圧が増すように配列された複数の電池の組合わせである．

電池は"一次"や"二次"と分類されることがある．典型的なアルカリ乾電池のような**一次電池**（primary battery）は，元になっている化学反応が一度起こり切ってしまうと使えなくなる．電池の寿命は含まれる反応物の量によって決まるので，同じ用途でも，比較的大きな単1形電池は単3形電池より長持ちする．反応物が生成物に変わって反応が止まると，電池は切れてしまう．実際には，電池の電圧は寿命が近づくと下がり始め，反応物が完全に消費される前に役に立たなくなる．

二次電池（secondary battery）は再充電できるので，寿命はずっと長くなる．充電式電池をつくるためには，酸化還元反応を逆にして生成物を反応物に戻せる必要がある．電池の反応はエネルギーを供給するため発熱なので，その逆反応は吸熱だとわかる．したがって反応物へと戻すためには，何らかの外部エネルギー源が必要である．これは充電器の役割で，別のところから得た電気エネルギーを使って，エネルギー的に"上り坂"方向へ反応を駆動する．特定の反応がこのように可逆かどうかで，その電池が充電できるかどうかが決まる．

携帯電話や音楽プレーヤー，ノートパソコンなどの携帯電子機器用の需要が急増し，最近多くの新型の電池が発売されている[*20]．特定の用途に合わせて電池を選ぶ場合，どのような因子が影響するだろうか．最も重要な考慮すべき点の一つは，燃料について前に議論したように，エネルギー密度である．表9・5に数種類の電池の代表的な特性をまとめてある．

電池のメーカーは通常，エネルギー密度を$Wh\,kg^{-1}$単位で報告する．1Wは$1\,J\,s^{-1}$で1hは3600sだから1Wh = 3600 Jである．電池の種類を選ぶうえで価格も重要である．高価なノートパソコン用の高性能電池に数万円も払う人もいるかもしれないが，携帯音楽プレーヤー用電池にそんなにお金を出す人はいないだろう．デジタルカメラなどは，これまでのフィルムカメラに比べてより多くの電力を必要とする傾向にある．したがって消費者は，長い目でみれば安上がりだと見込んで，デジタルカメラ用の充電池に高いお金を払うのもいとわない．

問題を解くときの考え方

問題 1979年のスリーマイル島原発事故で，未知量の燃料ペレットが溶け，反応容器の底の水へ落下した．溶融した燃料ペレットは純粋のUO_2で，水に達する前に再凝固し，900℃まで冷えていたとする．水の初温度は8℃，最終温度は85℃であったとする．

(a) 水に落下した燃料ペレットの質量を決定するために調べなければならない情報は何か．

(b) この情報を使って，事故で溶融した燃料の割合(%)を決定するには，何がわかっていなければならないか．どうしたらその割合を計算できるか．

[*20] 持続的な電池の研究は，大きな技術的，経済的影響をもたらしつづけるだろう．

解 法

(a) 取組むべき最初の問題は，"水の温度を上昇させた熱源は何か"である．溶融した燃料ペレットだけであったのか．他に情報はないので，重要な熱の流れはペレットと水の間だけだったと仮定しよう．もしそれが正しくなければ，この問題を考えるには別の物質も考慮する必要がある．正しくない仮定で計算すると，事故で溶融した燃料の量を過大評価するだろう．

溶けた燃料が水に対する唯一の熱源であった仮定すると，水と燃料ペレット間の熱収支は以下のようになる．

$$q_{ペレット} = -q_{水}$$
$$(mc\Delta T)_{ペレット} = -(mc\Delta T)_{水}$$

この式には 6 個の変数があることがわかる．どれを知っていてどれは調べられるのか．ΔT はどちらもわかっている．水の燃料の初期温度はどちらも問題中に与えられていて，最終温度は 85 °C で一緒である．比熱 (c) はどちらも与えられていない．これが調べなければならない情報であるが，標準的な参考文献から入手できるはずである．

残りは二つの質量だが，この問題の目的は溶けた燃料ペレットの質量を求めることである．しかし関与する水の質量もわからない．したがってこの値を調べる何らかの方法を見つけるか，合理的な見積もりをしなければならない．

(b) 問題のこの部分では，(a) から質量はわかっていると仮定している．もしそうなら，元からあった燃料ペレットの質量を知る必要がある．この値は調べるか，信頼のおける何らかの情報に基づいて見積もらなければならない．

解 答

(a) この質問に答えるためには，水と燃料ペレットの比熱と，反応容器中の水（初期温度 8 °C）の質量を調べなければならないだろう．

(b) 溶融した割合 (%) は次式で計算できる．

$$溶融した割合 = \frac{溶融した質量}{全質量} \times 100\%$$

ここでは溶融した質量とペレットの全質量の値は両方とも得られたと仮定している．このようにして求められる結果は，溶融した燃料が水に対する唯一の熱源であったという仮定の妥当性に依存するということにも留意すべきである．

要 約

エネルギーは科学においても，また経済や社会の発展においても重要な役割を果たす．多くのエネルギー関連技術は，化学結合に蓄えられたエネルギーを化学反応が放出するという事実によっている．化学熱力学は，化学反応におけるこれらのエネルギー変化を調べる学問である．

エネルギーの科学的理解を発展させるには，特に注意して用語を定義しなければならない．仕事や熱といった言葉の科学的意味は，日常の意味よりずっと明確である．科学においては仕事は拮抗する力に逆らって質量を動かすことであり，熱は異なる温度の物体間のエネルギーの移動である．他の計算においても，エネルギーを扱っているときは，一貫した単位を使うように注意しなければならない．

エネルギーは保存されるという概念はよく知られ，これは熱力学第一法則を簡単に言い表している．しかしエネルギーを使うためには，一つの形態から別のものへとしばしば変換しなければならない．この変換にはつねにエネルギーの浪費を伴うので，エネルギー経済全体に重要な影響をもつ．化学反応におけるエネルギー変化の実験的測定は，熱の流れを調べる熱量測定によってなされる．熱の流れは工学的設計において重要であり，たとえば熱の流れを温度変化へ関係づけることができるということは，熱化学と工学両方で重要な技能である．

化学反応の熱力学は，エンタルピーを用いてよく記述される．エンタルピーが状態関数であるということは，その値は系の現在の状態にのみ依存するということを意味する．定圧過程におけるエンタルピー変化は，熱の流れに等価である．相転移を含む特定の過程についてのエンタルピー変化は表にして与えられている．しかしすべての可能な化学反応についてエンタルピー変化を列挙しようとするのは実際的ではない．代わりに，化合物の生成熱の値が一覧表になっている．関与する物質すべてについてこれらの値が入手できれば，それを使ってどんな反応でもエンタルピー変化を計算できる．エンタルピー変化は化学量論とも関係づけられるので，そのような計算を使って与えられた量のエネルギーを生み出すのに必要な燃料の量を求めることができる．

キーワード

- エネルギー経済（9・1）
- 英国熱量単位（Btu）（9・1）
- 熱化学（9・1）
- ポテンシャルエネルギー（9・2）
- 運動エネルギー（9・2）
- 内部エネルギー（9・2）
- 化学エネルギー（9・2）
- 熱（9・2）
- 仕事（9・2）
- 圧力-体積仕事（9・2）
- ジュール（J）（9・2）
- カロリー（cal）（9・2）
- 系（9・3）
- 外界（9・3）
- 宇宙（9・3）
- 境界（9・3）
- 熱力学第一法則（9・3）
- 熱容量（9・4）
- 熱量測定（9・4）
- 比熱（9・4）
- モル熱容量（9・4）
- エンタルピー（9・5）
- 発熱的（9・5）
- 吸熱的（9・5）
- 反応熱（9・5）
- 熱化学方程式（9・5）
- 生成熱（9・5）
- 生成反応（9・5）
- ヘスの法則（9・6）
- 状態関数（9・6）
- エンタルピー図（9・6）
- エネルギー密度（9・7）
- 酸化還元反応（9・8）
- 一次電池（9・8）
- 二次電池（9・8）

10 エントロピーと熱力学第二法則

概　要

10・1 洞察：プラスチックのリサイクル
10・2 自発性
10・3 エントロピー
10・4 熱力学第二法則
10・5 熱力学第三法則
10・6 ギブズエネルギー
10・7 自由エネルギーと化学反応
10・8 洞察：リサイクルの経済学

ミルウォーキー市の例でここに示すように，道路脇にごみを出して集めるのでは"ごちゃ混ぜ"状態の収集になってしまう．約85%を占めるプラスチックは，分離，種分けしてリサイクルしなくてはならない．[写真：Thomas A. Holme]

　化学結合の議論で，結合するのは，関与する原子集団全体のエネルギーが減少するからだという考えを紹介した．燃焼や爆発のような多くの化学反応の例をみてきたが，それらも関与する原子や分子の総エネルギーを低下させる．しかしちょっと考えてみれば，系のエネルギーが明らかに増加する物理過程や化学過程が一般にたくさんあることに気づくはずである．角氷は溶ける．ノートパソコンや携帯電話の電池は再充電される．そもそも吸熱反応だって普通に起こるのだ．直感的にはエネルギー最小化が優先されるが，これらの例がそれぞれ示すように，系のエネルギーはいつも減少するとはかぎらない．ならばどうしたら，どちらの変化が実際に起こるのかを理解し，予測することができるだろう．そのためには熱力学第二法則を導入し，その効果を調べることで理解を広げる必要がある．この法則の用途はほとんどすべての化学・工学分野に適用されるが，特に化学反応に対する理解に与える効果は顕著である．本章ではプラスチックのリサイクルを調べることで，第二法則の意味を検討してみよう．

本章の目的

　この章を修めると以下のことができるようになる．
- プラスチックのリサイクルをより広めるうえでの科学的，経済的障害について述べる．
- 自分の言葉でエントロピーの概念を説明する．
- 多くの化学反応の ΔS の符号を，反応物と生成物の物理状態を調べることで推測する．
- 熱力学第二法則を言葉と式で述べ，それを使って自発性を予測する．
- 熱力学第三法則を述べる．
- 表のデータを用いて，化学反応のエントロピー変化を計算する．
- 系の自由エネルギー変化と宇宙のエントロピー変化の関係を導く．
- 表のデータを用いて，化学反応の自由エネルギー変化を計算する．
- 反応が自発的かどうかを決定するうえでの温度の役割を説明する．
- 表のデータを用いて，反応が自発的に起こる温度領域を決定する．

10・1　洞察：プラスチックのリサイクル

　清涼飲料水の標準的なプラスチックボトルはポリエチレンテレフタラート（PET）でできている．PETの工業的合成における出発物質は，ジメチルテレフタラートとエチレングリコールである（図10・1）．これらの化合物は反応してビス(2-ヒドロキシエチル)テレフタラート（BHET）とメタノールを生成する．このメタノールは反応温度（通常210℃付近）で沸騰により除去される．その後BHETを270℃付近まで加熱すると縮合反応が起

こってPETとなる*1. エチレングリコールはこの第二段階での副生成物であり, プラント内でさらにBHETを作るのに再利用される.

得られたポリマーを溶融し, 型にはめてブロー成型により望みの形の容器とする. これらのボトルに中身を詰めて, ふたをし, 出荷して販売する. 授業へ向かう途中で自動販売機から炭酸水を買うかもしれない. 飲んで空になったらリサイクルのかごに放り込んで環境保護に役立ったということで気分がよい. しかしその後そのペットボトルがどうなるかなどおそらく考えたこともないだろう.

通常, リサイクル用収集かごの中身は, プラスチック加工専門の再生業者に売られる. かごに入っていたプラスチックは, 普通は種類ごとに分別する必要があり, かごに放り込まれた他の物質は捨てられる*2. この分別は手作業のこともあり, ポリマーごとの密度の差を利用することもある. それから押しつぶして体積を減らしてからつぎの処理へ送る. この処理は樹脂再生とよばれ, 分別し圧縮されたプラスチックを使用できる形へと加工する. ほとんどの再生過程では, まず小さな均一サイズのフレークへと切り刻まれる. これらのフレークは洗浄, 乾燥してから溶融してスパゲッティ状に押し出し成型する. これをさらに切断して小さなペレットにする. それが製造業者へ売られて新しい製品に使われる. リサイクルされたPETの最も重要な用途には, 寝袋の充塡材, コート, 屋外で着るフリース, じゅうたん, 産業用結束バンドなどがある.

上記のリストに新しい飲料ボトルがあがっていないことに気がついたかもしれない. ペットボトルはリサイクル用PETの多くを占めているが, 新しいボトルに使われるのはごくわずかである. したがってPETのリサイクルは"閉じたループ"からはほど遠い. 大量の未使用のプラスチックを使ってボトルを作り, 消費者の方では使用済みボトルがどんどんたまる. これはなぜか. 最も簡単で素っ気ない答えは, 経済的だからである. 未使用のプラスチックから作る方が安いのである. これはいくつかの要因による. 多くの場合, リサイクルされた材料を食品や飲料の容器に使うことは汚染の可能性を考慮して法的に制約されている. これらの規制をクリアするには費用がかかる. リサイクルを繰返す間にプラスチックが劣化するのもまた問題である. 高分子の平均鎖長は, リサイクルするといくぶん短くなる傾向がある. したがって, 100%リサイクルされたPETで容器を作るとすると, より厚く重くする必要がある*3. 飲料ボトルに占めるリサイクル原料の割合は増え続けているが, 米国ではその割合はまだ90%未満である.

プラスチック容器からプラスチック容器へとリサイクルされる閉じたループを達成するための一つの方法は, 高分子をモノマーへ変換し, それを再重合して新しいプラスチックを作ることである. どのような状況ならそのようなことが実現できるだろうか. この問題を検討する前にまず, 熱力学についてもっと学ぶ必要がある.

10・2 自 発 性
自 然 の 矢

時間旅行のアイデアは, 多くのSF小説で使われる筋書きである. 時間を移動することや別の時代にいることは空想をかき立てるので, 著者に格好の材料を提供する. しか

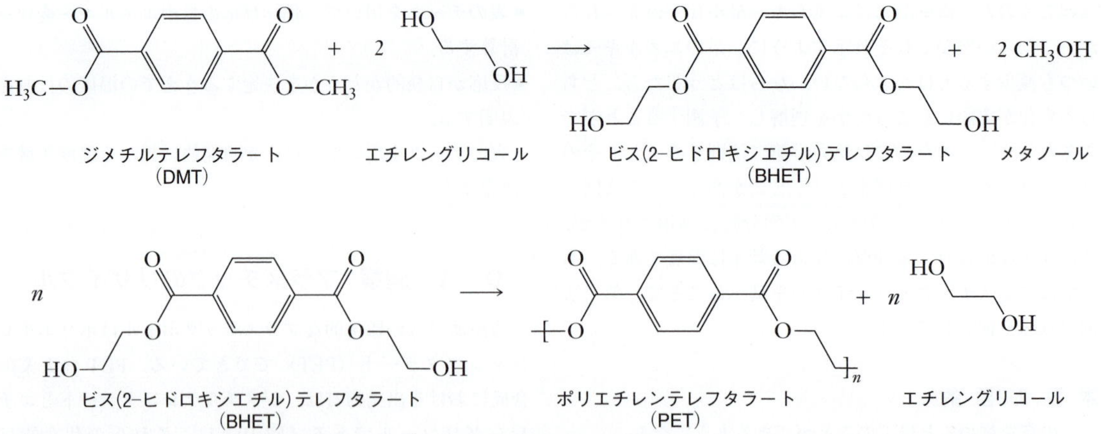

図10・1 PETの工業的合成法の説明. 高分子の分子式中の n は通常130〜150で, 分子量約25,000の高分子になる.

*1 縮合反応については§8・6で紹介した.
*2 圧縮と選別は, 今では, ボトルをリサイクル用に集めるよう設計された空き缶回収機中で自動的にされることもある.
*3 多くの製造業者は, より薄いプラスチックが使える, 新しい丸みを帯びたデザインのボトルを導入している.

し実際の経験では，時間は過去から未来に向かって否応なく進み，この方向は不可逆である．ある意味，時間は，自然が向く方向をさす矢である．ガソリンのような炭化水素分子は容易に酸素と反応して二酸化炭素と水になる．しかし逆反応が起こらないことは経験からわかる．水蒸気と二酸化炭素は空気中につねに存在するが，けっして反応してガソリンになったりしない．自然は，明らかにこの過程の正しい方向を"知っている"．このような，日頃経験する全世界の方向性に関する直感をこの章では取入れる．しかし何が自然に対してこの方向を与えるのだろうか．そしてどうしたらこの直感を，実際に起こる化学反応を予測するための定量的モデルへと変換できるだろうか．私たちの観察に少しばかり数学的な厳密さを与えることで，これらの問いに答えることにしよう．

自発的過程

"勝手に起こる"こともあればそうでないこともあるということに注目すれば，自然の方向性をもっと正式に表すことができる．何ら外的干渉なしに起こる過程があるが，これを自発的過程という．熱力学的観点からは，**自発的過程**（spontaneous process）とは，持続的干渉なしに生じる過程のことである．自発的反応と非自発的反応の区別は明白のようにみえるが，必ずしもそうではないことが以下でわかる．

自発的という言葉は，過程や反応が素早く起こることを示すとよく誤解されるが，自発性の実際の定義には過程の速さはまったく関係ない．自発的過程が非常に速いこともあれば，極端に遅いこともある[*4]．紙のような廃棄物中の化学物質は自発的に反応し，長期にわたって朽ちていく（この過程には細菌が関与するため，単純な化学反応よりも複雑になりうる）．しかし自発的反応には，あまりに遅くてまったく観察できないものもある．ダイヤモンドの燃焼は，熱力学的には自発的過程だが，ダイヤモンドは永遠であると思われている．一度始まれば素早いが勝手には起こらない反応もある．たとえばガソリンは，車庫の缶の中で事実上いつまでも置いておける．空気中の酸素に触れていても反応は観察されない．しかし車のエンジンの中で空気と混ぜられプラグで点火されれば，燃え尽きるまで反応は進行する．この反応は自発的だろうか．答えはイエスである．反応を開始するのに炎や火花が必要だとしても，始まってしまえばそれ以上の干渉なしに反応は継続する．この例は，先の定義中の"持続的干渉"という言葉の重要性を強調している．よい例とは，がけの上に不安定な状態で乗っかっている岩である．軽く一突きすれば底まで落ちてしまう．テレビゲームでもない限り途中で止まることはどない．

多くの高分子を製造するのに用いられる反応は，ガソリンの燃焼に挙動がよく似ている．一度開始すれば，反応は通常自発的で干渉なしに進行する．ポリメタクリル酸メチル（PMMA，商品名プレキシガラス）はよい例である[*5]．

メタクリル酸メチル　　ポリメタクリル酸メチル
モノマー

この反応は，§2・8でポリエチレンについて述べたような，フリーラジカル過程で起こる．微量の開始剤が反応の開始に必要だが，その後は事実上すべてのモノマーが高分子へ変換されるまで進行する．

一方，高分子をモノマーへ戻したいとしよう．この場合，必要な反応は重合の逆反応であり，通常の温度では熱力学的に自発的な過程ではない．それでも反応を逆にしてメタクリル酸メチルモノマーをつくることは可能である．しかし分子に自然が好む方向に逆らわせるには，高温を保ち，十分なエネルギーを供給しなくてはならない．それでは，自然の方向性におけるエネルギーの役割とは何だろうか．

エンタルピーと自発性

第9章で，化学反応におけるエンタルピー変化は定圧における熱の流れに等しいと学んだ．

$$\Delta H = q_\mathrm{p}$$

ΔH が負のとき反応は発熱的で，正なら吸熱反応である．このエンタルピー変化に基づき，反応の自発性について何がいえるだろうか．ここで試しに身の周りの自発過程を列挙して発熱か吸熱かはっきりさせたなら，ほとんど発熱となるだろう．これはエンタルピーと自発性に何らかの関係があることを意味する．しかしこの関係には例外がある．ちょっと考えれば，明らかに自発的に起こる吸熱反応をいくつか指摘できるだろう．角氷が室温で溶けるのは一つの簡単な例である．したがって現時点で結論できるのは，発熱反応はとにかく何らかの形で有利であるということである．しかし明らかに，エネルギーやエンタルピー以外のものが，過程が自発的かどうかの決定に作用しているに違いない．反応の自発性を予測する方法を開発するために，もう一つの熱力学状態関数，エントロピーをまず導入しなくてはならない．

[*4] 自発過程のなかには地質学的な時間の尺度で起こるものもある．プラスチックの原料として使われる石油の形成はその例である．
[*5] §7・1で，PMMAは最初の骨用セメントとして使われていたことを述べた．

10・3 エントロピー

上述のように，熱のようなエネルギーの流れは，過程が自発的に起こるかどうかを示すものではない．そこで，**エントロピー**（entropy）とよばれる，別の熱力学状態関数も考える必要がある．歴史的には，エントロピーは蒸気機関の効率を考える際に初めて導入された．図10・2はカルノーサイクルの説明図で，これは断熱（熱が交換されない）過程と等温（一定温度での）過程を組合わせて使っている．カルノーサイクルは，q/Tの和が閉じた経路を一周すると0になることから，以前は知られていなかった状態関数が存在することを実証した[*6]．この新しい状態関数はエントロピーと名づけられた．系と外界のエントロピー変化により，ある過程が自発的であるかどうかを予測できるということが，じきわかるだろう．エントロピーとは何だろうか，そしてどうして高分子の製造やリサイクルを理解する助けになるのだろうか．

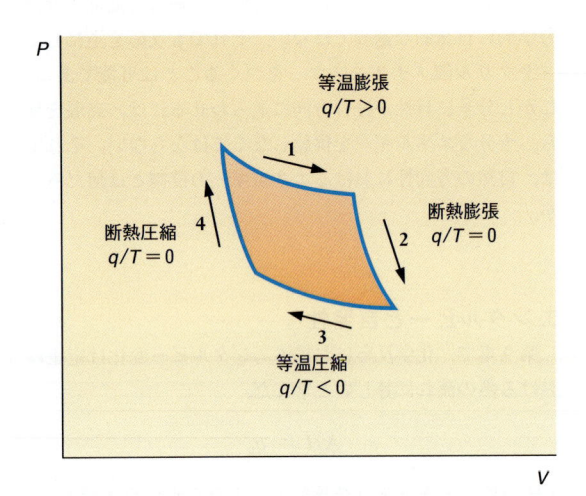

図10・2 カルノーサイクルでは，理想気体が一連の四つの過程を経験する．このうち二つ（図の1と3）は等温過程で，一定温度で起こる．他の二つ（2と4）は断熱過程で，一周のうちこれらの部分では $q=0$ である．カルノーは，一周すると q/T の和は0になることを示した．サイクルの始めと終わりで系が同一状態にあるので，これは q/T に等しい状態関数が存在するはずであると示唆する．この状態関数をエントロピーとよぶ．

確率と自発的変化

分子レベルでの事象に類似した多くの変化パターンを，日常生活で観察することができる．たとえば秋について考えてみよう．落ち葉は涼しくなった証として歓迎されるが，集めて山にするという余計な仕事も意味する．そもそも落ち葉はなぜ勝手に山になってくれないのだろう．その

ようなことは直感に反しており，そんなことはありえないと誰でもわかっている．この巨視的な例は，アボガドロ数個の粒子から成る分子系の妥当なたとえとなる．しっかりと理解するために数学的な確率の概念について考えてみよう．

木の葉が落ちても山にならない例は，おそらく明白ではあるが，数学的に表すのは少し難しい．確率的な考え方の基礎をつくるために，さいころを振ることについて考えてみよう．もし1個さいころを取って転がすと，4の目が出る可能性はどれだけだろう．結果は6通りあるので，可能性は1/6である．2個のさいころで，二つとも4が出る可能性はどれだけだろう．今度の計算は少し込み入っているが，図10・3からすぐに1/36であるとわかる．三つめの

図10・3 2個のさいころを振って，その目の合計がある特定値となる確率は，その合計となる目の組合わせの数に依存する．たとえば最も起こりにくいのは2と12で，この値になる組合わせは1通りしかない．最も起こりやすい合計は7で，その値になる組合わせは6通りある．（二つのさいころの目が違う場合は，二つの可能性があることに注意しよう．たとえば合計が3の場合，1,2と2,1の2通りある．）

さいころを加えて，一度に3個とも4が出る可能性は1/216である．これで全部4が出る場合に成り立つ関係がわかる．すなわち組合わせは1通りしかなく，その確率は

[*6] 状態関数は系の履歴に依存しない．したがって初期状態と最終状態が同じ（訳注：初期状態に戻る）過程にとって，いかなる状態関数にも変化はありえない．

つぎの関係に従って小さくなる．

$$確率 = \left(\frac{1}{6}\right)^N, \quad N は投げたさいころの個数$$

この関係はこの場合には当てはまるが，一般的ではないことに注意すべきである．分子が1なのは各さいころで一つの特定の（4という数字の）目を求めているからで，分母が6なのは各さいころに6通りの目があるからである．しかしこの関係により，5個のさいころで一度に同じ目が出る可能性は 1/1296 であると簡単に予測できる（5個のさいころすべてである特定の数字，たとえば4が出る可能性は 1/7776 であることに注意しよう．六つのうちどの目かあらかじめ特定しなければ，結果は一つだけでなく六つの可能性がある）．経験上，5個のさいころを振ればでたらめな数の組合わせになると予期されるが，それはなぜだろう．でたらめな目の出方は非常に多くある．そのような目の方がはるかに多く出るのは，より可能性が高いからである．

ここで展開した確率の数学には重要な二つの特徴がある．第一に，個々の事象の確率に基づいて，事象の集まりの確率を求めるためには掛け算をする必要がある．これは，自然現象や実験室での観測においてどれだけ多くの分子が関与しているか考えてみればいかに重要かがわかる．第二に，秩序立った事象（さいころが全部4の目になるような）を観察する仕方の数は，もっとでたらめな事象の観察（さいころの出る目に特定のパターンはない）より少ないということである．これを 10^{23} 個ほどの粒子を含む分子集団にあてはめると，ごく限定的な配列となる可能性は著しく小さくなる．もっと化学に関係した数を使うことにして，アボガドロ数個のさいころを振ることを想像してみよう．全部が4になる確率は

$$\left(\frac{1}{6}\right)^{6.02 \times 10^{23}}$$

である．この数は想像を絶するほど小さい．その小数点以下の0をすべて使って地球上のすべての本の文字を置き換えても，まだ0が余る．

エントロピーの定義

多数の粒子に対して，確率はでたらめな配列を好む．この洞察を用いて，系のでたらめさや無秩序さの尺度としてエントロピーを仮に定義することができる．しかしまだ，定量的に分子の観点から用いることのできる定義を確立しなければならない．このためにつぎに**統計力学**（statistical mechanics）または統計熱力学とよばれる物理化学の一部門にとりかかる．そこでは上の定義に少し追加があることがわかる．事象の確率で肝心なのは，粒子が物理的に配列する仕方の数ではなくて，粒子が同じエネルギーとなる仕方の数である（これらの二つの確率は互いに相関することが多い）．

分子の速さのマクスウェル–ボルツマン分布（§5・6参照）のところで，室温の気体中にはゆっくり動くものもあれば非常に速く動くものもあることを学んだ．しかしどの粒子が非常に速くて，どの粒子がもっと遅いかは特定できない（図10・4）．異なる粒子がさまざまな速度をもちながら，試料の全エネルギーが同じになる，したがって同じ温度になる方法は多数ある．統計力学においては，粒子の集団がある特定のエネルギーをとるやり方は，**微視状態**（microstate）とよばれる概念と関係している．ある特定のエネルギーに対する微視状態の数は，一般にギリシャ文字のオメガの大文字（Ω）で表され，系のエントロピー（S）はつぎの式により微視状態の数に関係づけられる．

$$S = k_B \ln \Omega \quad (10 \cdot 1)$$

ここで k_B はボルツマン定数とよばれる．系の微視状態の数について直感を得ることは容易ではないので，この式を今の段階で化学に直接用いるのは難しい．じきにこれを使わなくてもよいことがわかる．しかし，重要なのは系がより乱雑になるにつれ Ω の値が大きくなることを理解することである．したがって系のエントロピーは，系が含む粒子の分布がより乱雑になるにつれて増大する．なぜならそのような乱雑さは微視状態の数を増やすからである．

過程におけるエントロピー変化を判断する

微視状態の概念は抽象的だが，それでもある種の変化は（とりうる微視状態が増えるので）エントロピーの増大につながると断言できる．なぜそうなのかみてみよう．まず固体の融解を考える．固体において，粒子は定位置にしっかりと拘束されているので，特定のエネルギーをとる仕方の数は限られている．液体になると，粒子は互いに動くことができるので，特定のエネルギーを得る仕方の数はずっと多くなる．したがってエントロピーも増す[*7]．同じ推論は沸騰にもあてはまる．このとき液体中の分子は互いの近くに制約されているが，気相ではずっとでたらめに分布するようになる．乱雑な分子運動の増大は，微視状態が増えることに対応し，したがってエントロピーは増大する．系のエントロピーを増す別の方法は，粒子の数を増やすことである．たとえば，始め1 mol しか存在しなかった化学反応で 2 mol の気体が発生するとエントロピーが増大する．

エントロピーは温度によっても変化する．これを考える一つの方法として，極端に低い温度で分子のサンプルを考えてみよう．高速で運動する分子はありそうにない．なぜならそれだけで利用可能なエネルギーの大半を占めてしまうからである．したがって個々の分子の速さは利用可能な

[*7] 1 mol の気体のエントロピーは，一般に 1 mol の液体や固体のエントロピーよりずっと大きい．

全エネルギーの低さによって制約されるだろう．しかしもし系が加熱されて高温になると，今度は利用可能なエネルギーが増えるので高速で運動する分子もいくらかあるだろう．ここでは分子の速さの分布の一部しか考えていないが，より高温の系はエネルギーを分配する仕方の数が多いことはすでにわかっている．この種の推論を速さの全分布へ拡張すると，系を加熱するとエントロピーが増すという重要な結果が得られる．

高分子の合成やリサイクルに関して，エントロピーは何を意味するだろう．高分子が生成するとき，多くのモノマーが1本の巨大な分子へと変換される．ほとんどの場合，反応前のモノマーの方が配置の仕方が多いので，これはエントロピーの減少を導く．（多くの重合反応では，水のような別の低分子が副生成物として生成する．このような場合はエントロピー変化の符号は明らかでないので注意しよう．）それでも重合反応は適切な条件下では自発的であるという事実から，系のエントロピーだけが重要事項ではないことがわかる．エネルギーのような別の因子が高分子の生成に有利に働いているに違いない．リサイクルにおけるエントロピーの役割はどうだろう．プラスチックがリサイクルされるとき，長い高分子鎖が切断される可能性がある．エントロピーの観点からは，これは有利な過程である．鎖を切断すると平均分子サイズは小さくなり，同じ原子の系でも分子の数が増えれば，とりうる微視状態の数は増える．しかし高分子鎖長が短くなると，お互いの相互作用は弱くなるので，プラスチックの機械特性を弱めてしまう．したがってエントロピーはリサイクル過程にとって難問である．材料の品質に一定の損失なしに高分子をリサイクルするためには，エントロピーを増大させるという自然の傾向に打ち勝つ必要がある．この章の終わりでみるように，これはリサイクルにとって非常に直接的な現実の経済的障害となっている．

10・4 熱力学第二法則

第9章で，熱力学の重要性を，人間社会のエネルギーの使い方を用いて強調した．そこではエネルギーの形を別のものへ変換しようとすると必ずエネルギーの損失や浪費が起こることに注目した．言い換えると，潜在的に利用可能なエネルギーのすべてが必要な過程に向けられるわけではない．この事実は熱力学的にどう説明できるのだろうか．エントロピーが，有用なエネルギーの損失が不可避であることを理解する鍵を与えてくれる．

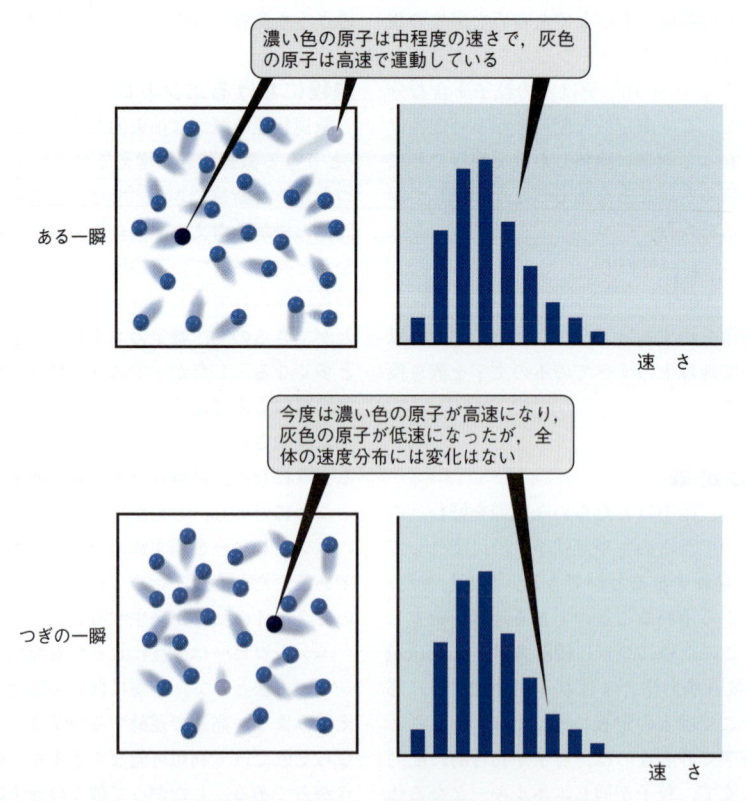

図10・4 マクスウェル-ボルツマン分布は，分子の速さの全体的な様子については教えてくれるが，個々の粒子の速さについては明示しない．分子衝突によるエネルギー交換で個々の分子の速さは変わるが，全体の分布に影響はない．

第二法則

エネルギー経済学を考えたときに，熱を完全に仕事に替えることはできないと述べることで第二法則をそれとなくほのめかした．これは**熱力学第二法則**（second law of thermodynamics）の一つの表現法である*8．さてこれが正しい理由を理解してみよう．まず熱を考える．熱は分子の乱雑な衝突により流れ，温度が上がれば分子の乱雑な運動も増す．対照的に仕事は，質量をある距離動かす必要がある．正味の移動を達成するには，運動と方向が結びついていなければならず，その方向は運動に秩序があることを意味する．熱を仕事に変えることは，それゆえでたらめな運動からより秩序立った運動へと動かす過程である．この種の変化が，より可能性の高い状態（より乱雑な状態）を好む自然の傾向に対しいかに逆らっているか，いま見たばかりである．このような考えをどうやってエントロピーに結びつけられるだろうか．

そのためには，宇宙の変化には系と外界の両方が含まれることを理解しなければならない．もし系のみに注意を向けると，秩序がどうやって生まれるのかまったく理解できない．高分子の合成は，植物，動物，人間の成長のような日常の状況が示すのと同様に，秩序の創造が実際に起こることを示している．熱力学第二法則をエントロピーを用いて表すためには，宇宙の全エントロピー変化 ΔS_u に注目しなければならない．

$$\Delta S_u = \Delta S_\text{系} + \Delta S_\text{外界} \quad (10\cdot 2)$$

自然はつねにより可能性の高い状態に向かって進む傾向があるので，熱力学第二法則の等価表現をつぎのように言うことができる．すなわち，いかなる自発過程においても，宇宙の全エントロピー変化は正である（$\Delta S_u > 0$）．第二法則のこの記述が，元の表現と等価であることは自明ではない．しかし，（エントロピーを減らす過程である）仕事へ変換されないエネルギーは外界へ熱として移動することを思い出そう．したがって外界のエントロピーは増大し，系と外界の全エントロピー変化は正となる．

第二法則が意味することとその応用

この第二法則の式が意味することは，調べたいと思う化学反応や他の過程の結果を計算したり予測したりすることにまで関係する．その意味をまず定性的にとらえるため，熱力学の観点から重合反応を考える．そのあとで，定量的なアプローチを展開する．

PMMA を生成するメタクリル酸メチルの重合に戻ろう．モノマーと高分子の構造は p.205 に示した．両者の構造をみると，ほとんどの化学結合は反応しても変わらないことがわかる．唯一の例外はモノマー中の C=C 二重結合で，これは高分子では 2 本の C–C 単結合に変わる．結合エネルギーの知識からすると，この反応は発熱反応に違いないといえる．2 本の C–C 単結合は，1 本の C=C 二重結合より強い．重合反応は多数のモノマーを 1 本の高分子へ変換するので，系のエントロピー変化は負に違いないとの予測もできる．それではなぜこの反応は自発的なのか．反応が発熱的だという事実は，系から熱が放出されることを意味する．放出された熱は外界へ流出し，これは外界のエントロピーを増大させる．外界のエントロピー増大が系のエントロピー減少より大きいかぎり，全過程の総計は正になりうる．

この推論をさらに進めると，過程の自発性における温度の役割を理解できるようになる．外界は $-\Delta H$ に等しい熱を吸収する．しかし外界は非常に大きな熱だめに相当するので，この熱は測定できるほどの温度変化をひき起こさない．これは外界のエントロピー変化は次式で与えられることを意味する*9．

$$\Delta S_\text{外界} = -\frac{\Delta H}{T}$$

系のエントロピー変化はたんに ΔS であり，その値はわからないが，負であることは知っている．重合が自発的に起こる判定基準は，

$$\Delta S_u = \Delta S + \Delta S_\text{外界} > 0$$

この関係式は $\Delta S_\text{外界}$ の絶対値が ΔS のそれより大きいかぎり成り立つ（ΔS は負，$\Delta S_\text{外界}$ は正であることを思い出そう）．ΔS と ΔH の大きさは基本的に温度に依存しないが，$\Delta S_\text{外界}$ は温度が上がれば減少する．したがって十分高い温度になれば ΔS_u はもはや正ではなくなり，反応は自発的ではなくなるだろう．

これと同じ考え方により，リサイクルで役立つかもしれない解重合が可能であることがわかる．重合反応の ΔS_u が負になるぐらい十分温度を高くすると仮定しよう．その場合，高分子がモノマーへ戻る逆反応の ΔS_u は正になるに違いない．したがってある閾温度以上に高分子を加熱すれば，メタクリル酸メチルモノマーを再生できるはずである．PMMA をおよそ 400 °C 以上に加熱すると，非常に高い効率でモノマーへ変換される．**熱分解**とよばれるこの過程は，**高度リサイクル**または**原料リサイクル**とよばれるものの一例である．回収したモノマーは蒸留などの方法で精製され*10，再重合して未使用品と区別がつかない PMMA を製造することができる．しかし，熱分解はほとんどのプラスチックにとって実用的ではない．熱分解に必要な高温においては，モノマー自身が分解したり望ましく

---

*8 第二法則を表すにはいくつかの等価な方法があるが，結局，すべて同じ解釈になる．
*9 ［訳注］この式は圧力一定におけるエントロピーの定義式に等価であるが，ここでは何ら導出することなく与えられている．
*10 ここで精製とはモノマーを他の物質から分離することを意味する．蒸留は化学物質の混合物の分離法としては一般的な方法である．

ない別の反応をしてしまうからである．PMMA の場合の熱分解は，自動車の尾灯レンズのような部品の製造後に残った断片を再利用するため，おもに工業プラント内で用いられている．

10・5 熱力学第三法則

これまではエントロピー変化に対し純粋に定性的なアプローチをとり，ΔS の数値を求めようとはしなかった．しかし定量的な見方へ移行するためには，固定されたエントロピー値をもつ参照点を何かしら定義することが必要である．これにより求めようとするエントロピー変化の計算が可能となる．化学反応のエントロピー変化を計算しようとするとき，最も便利なのは，**熱力学第三法則**（third law of thermodynamics）を使うことである．これによると，絶対温度が 0 に近づくと，いかなる純物質の完全結晶のエントロピーも 0 に近づく．これは絶対零度に達することは不可能だということを意味するが，それでも科学者たちはその値に非常に近づいている．実際，すべての物質は（少なくとも原理的には）絶対零度付近の温度まで冷やすことはできるので，1 atm で 0 K から 298 K までのエントロピー変化を決定することにより，いかなる化学物質でも標準状態での 1 mol のエントロピーを見積もることが可能である．これにより**標準モルエントロピー**（standard molar entropy），$S°$ が得られる．表 10・1 にいくつかの物質の $S°$ を示す．もっと大きな表は，付録 E にある．

エントロピーは状態関数で，第三法則によりいかなる物質の標準モルエントロピーも求められるので，反応のエン

表 10・1 いくつかの物質の標準モルエントロピー（$S°$）．もっと大きな表は付録 E にある．多くの化合物の値は，ウェブ上の NIST Chemistry Web Book（http://webbook.nist.gov/chemistry）でも見られる．

化合物	$S°$ 〔J K^{-1} mol^{-1}〕	化合物	$S°$ 〔J K^{-1} mol^{-1}〕
H$_2$(g)	130.6	CO$_2$(g)	213.6
O$_2$(g)	205.0	C$_4$H$_{10}$(g)	310.03
H$_2$O(l)	69.91	CH$_4$(g)	186.2
H$_2$O(g)	188.7	C$_2$H$_4$(g)	219.5
NH$_3$(g)	192.3	C$_3$H$_3$N(l)	178.91

トロピー変化についての有用な式を導くことができる．図 10・5 は，第 9 章で生成熱とヘスの法則を用いたやり方を思い起こさせるような方法で，反応のエントロピー変化が決定できるということを示している．

$$\Delta S° = \sum_i \nu_i S°(生成物)_i - \sum_j \nu_j S°(反応物)_j \quad (10 \cdot 3)$$

ここでギリシャ文字の ν は量論係数を表し，添え字の i と j は個々の生成種と反応種を表す．以下の例で示すように，この式はヘスの法則とまったく同じように使われる．この式と式(9・12)のわずかな違いは，ここではエントロピーの絶対値（$S°$）を使うのに対し，式(9・12)は生成反応のエンタルピー変化（$\Delta H_f°$）を使うことぐらいである．

例題 10・1

重合反応は，非常に多くの分子が関与するのでやや複雑である．しかし，重合の熱力学の一般的特徴を，ずっと小さなモデル系を考えることで実証することができ

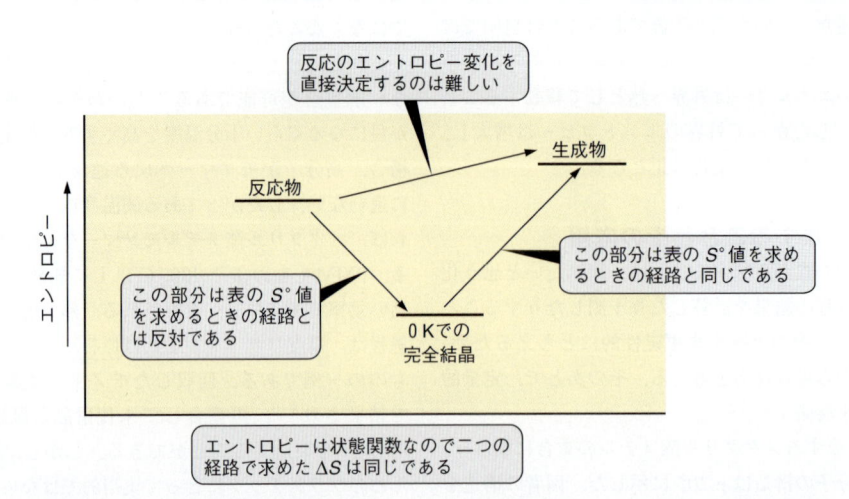

図 10・5 エントロピーは状態関数なので，ΔS の値は反応物から生成物までの経路には独立のはずである．一覧表の標準モルエントロピーを扱っているときは，反応物は 0 K での元素の完全結晶へ変換され，その後元素の反応により目的の生成物を形成する経路を，暗黙のうちに選んでいる．そのような経路は実現不可能である．それにもかかわらず，そうすることでエントロピー変化の正確な値が得られる．

る．たとえばポリエチレンの生成を考える代わりに，2個のエチレン分子が水素と化合してブタンとなるつぎの反応から始めよう．

$$2\,C_2H_4(g) + H_2(g) \longrightarrow C_4H_{10}(g)$$

表10・1のデータを用いてこの反応の$\Delta S°$を計算せよ．

解法 反応の標準エントロピー変化を計算するよう求められたら，まずすべきことは標準モルエントロピーの値を調べてそれを式(10・3)で使うことである．おもな注意点は，1) 物質の状態に注意すること（この場合はすべて気体である），2) 計算に量論係数を入れるのを忘れないことである．生成熱とは違い，標準状態での元素の標準モルエントロピーは 0 ではないので，必ず式に現れるすべてを含める必要がある．

解答

$$\begin{aligned}\Delta S° &= S°[C_4H_{10}(g)] - 2\,S°[C_2H_4(g)] - S°[H_2(g)] \\ &= (310.03\,\mathrm{J\,K^{-1}}) - 2(219.5\,\mathrm{J\,K^{-1}}) - (130.6\,\mathrm{J\,K^{-1}}) \\ &= -259.6\,\mathrm{J\,K^{-1}}\end{aligned}$$

解答の分析 エントロピー変化の大きさについて直感的にはわからないだろうが，少なくとも符号については考えることができる．この反応が負のエントロピー変化をもつのは合理的だろうか．答えはイエスである．なぜなら，この反応の結果，存在する気体の量は減ったからである．3 mol の気体反応物が消費されて，1 mol しか気体生成物が生じていない．

考察 この反応は自発的になりうるだろうか．結局のところはイエスである．その説明は，外界のエントロピー変化にある．強い C–H 結合と C–C 結合がいくつか形成するので，この反応は発熱的である．熱の放出は外界のエントロピーを増大させる．この因子が系自身のエントロピーの減少を補うのに十分大きければよい．

理解度のチェック アクリロニトリル C_3H_3N は多くのアクリル繊維の製造に重要なモノマーである．これはプロペンとアンモニアからつぎの反応で合成できる．

$$2\,C_3H_6(g) + 2\,NH_3(g) + 3\,O_2(g) \longrightarrow 2\,C_3H_3N(l) + 6\,H_2O(g)$$

この反応の$\Delta S°$は$-43.22\,\mathrm{J\,K^{-1}}$である．表10・1の値を用いて$C_3H_6(g)$の標準モルエントロピー$S°$を計算せよ．

例題 10・1 は，ΔS を用いて自発性を予測しようとする際の危険性の一つを示している．系と外界の両方を考える必要があるため余計な作業が生じるし，外界を含めるのを忘れれば間違った結論を導いてしまう．想像がつくように，外界を考慮しなければならないのはたいてい不便なことである．結局，当然のことながら，本当に興味ある対象は系なのだから，理想的には系の計算だけで自発性を予測する状態関数が使えればいいのである．幸運にも，そのような状態関数は存在する．そこで自由エネルギーの概念の導入に進もう．

10・6 ギブズエネルギー

熱力学は，多くの点において化学に対する数学の強力な応用例の一つである．工学の勉強を続けていくと，最終的には熱力学の全課程をとり，数学的にずっと厳密な考え方が身につくことだろう．今のところは，熱力学をつくり上げた科学者の一人，ギブズ（J. Willard Gibbs）による数学的取組みの成果のみを紹介しよう．Gibbs は自発過程の予測への興味が動機となって，最終的に**ギブズエネルギー**（Gibbs energy，ギブズ自由エネルギー Gibbs free energy ともいう[*11]，記号 G で表す）とよばれる新しい関数を定義した[*12]．

$$G = H - TS$$

彼はこの関数の変化で，定圧，定温での過程が自発的かどうかを予測できることに気づいた．圧力，温度に関するこの制約は，それほど厳しいものではない．なぜなら多くの実験室での過程は定温，定圧（または近似的に定温，定圧）下で起こるからである．ここで一定温度下での過程のギブズエネルギーの変化に注目すると，つぎの結果を得る．

$$\Delta G = \Delta H - T\Delta S \qquad (10\cdot 4)$$

実際的な観点からすると，これが本章で最も重要な式かもしれない．

自由エネルギーと自発的変化

この自由エネルギーの変化は，過程の自発性とどのように結びつくのだろうか．自発過程では系とその外界の全エントロピーが増大しなければならないことをすでに確証した．その全エントロピー変化は次式のように書ける．

$$\Delta S_\mathrm{u} = \Delta S_\text{系} + \Delta S_\text{外界}$$

系のエントロピー変化はふつうΔSと表すので，添え字を取って，

$$\Delta S_\mathrm{u} = \Delta S + \Delta S_\text{外界}$$

外界のエントロピー変化は熱の流れのために，T は一定な

[*11] ［訳注］IUPAC ではギブズエネルギーとよぶことを勧告しているが，ギブズ自由エネルギーまたはギブズの自由エネルギーとよばれることもある．以下では原文が Gibbs free energy となっていてもギブズエネルギーと訳した．

[*12] ヘルムホルツ（自由）エネルギーとよばれる別の関数は，定容条件で有用である．これは工学用途では一般的ではないので，考えないことにする．

ので、$\Delta S_{外界}$はたんに$q_{外界}/T$であると示される．そして$q_{外界}$は$-q_系$である．一定圧で$q_系$はΔHである．これらを合わせると，以下の式となる．

$$\Delta S_{外界} = -\frac{\Delta H}{T}$$

この式をΔSに代入すると，

$$\Delta S_u = \Delta S - \frac{\Delta H}{T}$$

両辺にTをかけるとΔGとの結びつきが見えてくる．

$$T\Delta S_u = T\Delta S - \Delta H$$

これを次式

$$\Delta G = \Delta H - T\Delta S$$

と比べると，つぎの関係がわかる．

$$\Delta G = -T\Delta S_u$$

式中のTは絶対温度であり，その値はつねに正である．したがって最後の式から，ΔGの符号はつねにΔS_uの符号の反対であることが確証される．よって，もしΔS_uが正（自発過程ではつねに正である）ならば，ΔGは負でなければならない．

このように，ΔGの符号だけで，系が自発的かどうかがわかる．これが化学者がΔGをこれほど有用な熱力学量であると思う理由である．これは系の状態関数なのでかなり容易に計算できる．

式(10・4)を使うと，特定の反応の自発性を決定するうえでのΔHとΔSの役割を正式に理解する助けになる．$\Delta H < 0$の発熱反応は吸熱反応よりも有利で，ΔSが正の反応も有利なようにみえることはすでに議論した．式(10・4)はもしΔHが負でΔSが正なら，ΔGはつねに負であることを示している．しかしすべての自発過程がこの特別なパターンに合うわけではない．表10・2はΔHとΔSの符号の四つの可能な組合わせを示している．もしその過程が発熱的だがエントロピーは減少するなら，ΔGの符号は温度に依存することがわかる．Tが増すにつれ，$-T\Delta S$の相対的重要性も増すので，そのような過程はΔH項が支配的な低温においてのみ自発的になるだろう．低温においてのみ自発的に起こる過程は，エンタルピー項がΔGの負の値の原因となっているので，**エンタルピー駆動**（enthalpy driven）であるともいわれる．吸熱過程では，系のエントロピーが減少すればΔGの符号はつねに正となるので，その過程はけっして自発的とならない．しかし，エントロピーが増す吸熱過程は，式(10・4)の$-T\Delta S$項がΔH項より大きくなるような高温では自発的になりうる．このような過程は**エントロピー駆動**（entropy driven）といわれる[*13]．表10・2に関係した推論を用いると，例題10・2で述べるように相変化の性質を理解できる．

例題 10・2

ΔHとΔSの符号を使って，氷は室温では自発的に溶けるのに，凍てつく冬の屋外では溶けない理由を説明せよ．

解法 この問題は表10・2で用いたような推論を必要とする．この過程が吸熱であるか発熱であるか，また，系のエントロピーを増大させるか減少させるか究明しなくてはならない．それから，式(10・4)と併せてΔHとΔSの符号を考えることにより，問題の挙動の説明を試みることができる．

解答 融解するには系を加熱しなくてはならないので，吸熱過程（$\Delta H > 0$）である．また，固体中で拘束されていた分子は液体中でより大きな運動の自由度を得，それゆえ秩序が低下するので，エントロピーが増大する過程でもある．したがってΔHとΔSはともに正であり，$T\Delta S$項が大きくなる高温ではΔGは負になる．だから融解は高温で起こる傾向がある．少なくとも水の場合は，融解が自発的に起こるには室温で十分であると知っている．低温ではΔH項がより重要になるので，凍てつく日にはΔGの符号は正になる．融解は自発的ではなくなり，それゆえ観察されない．氷点ではΔGは0であり，氷と水はいかなる比率でも共存できる．

考察 暖かいと氷は溶けるが寒いと溶けないという結果は，直感的には明白である．しかしこの問題が強調しているのは，エントロピー変化を定性的に理解することの重要性である．

理解度のチェック 気体は低温，高温のどちらで凝縮すると予想されるか．この過程での自由エネルギー変化がその温度で負になる理由を説明せよ．

もしΔHとΔSの実際の値がわかっているなら，例題10・2で用いたような議論を拡張して，定量的情報を得ることができる．

例題 10・3

結晶性ポリエチレンの融解熱は約7.7 kJ mol^{-1}で，対応するエントロピー変化は$19 \text{ J K}^{-1} \text{mol}^{-1}$である．こ

表10・2 ΔHとΔSの符号に対する四つの可能な組合わせ

ΔHの符号	ΔSの符号	得られる結論
−	+	あらゆる温度で自発的
+	−	けっして自発的でない
−	−	低温でのみ自発的
+	+	高温でのみ自発的

[*13] "駆動"という言葉は，ここではエンタルピーまたはエントロピー項がΔGの符号を決定するうえで支配的であることを意味するために使われている．自発的変化の駆動の原因となるような，エンタルピーやエントロピーによる力があるわけではない．

れらの値を用いてポリエチレンの融点を求めよ.

解法 ΔH と ΔS はともに正なので，ΔG は低温では正で，高温では負になるはずである．融点はこの低温と高温の境界線にある．したがって融点では ΔG は 0 に等しいはずである．それゆえ式(10・4)で $\Delta G = 0$ とおくことができる．そうすると唯一の未知数として T が残り，式を解いて融点が求められる．

解答 式(10・4)で $\Delta G = 0$ とおくことから始める．(温度に添え字の m をつけると，この式は融点でのみ正しいことを示す.)

$$\Delta G = \Delta H - T_\mathrm{m} \Delta S = 0$$

整理すると，

$$\Delta H = T_\mathrm{m} \Delta S$$

ΔH と ΔS はわかっているので，T_m について解くのは簡単である（ただし ΔH は kJ で ΔS は J なので，単位の扱いには注意が必要である）．

$$T_\mathrm{m} = \frac{\Delta H}{\Delta S} = \frac{7700\ \mathrm{J\ mol^{-1}}}{19\ \mathrm{J\ K^{-1}\ mol^{-1}}} = 405\ \mathrm{K}$$

解答の分析 この結果は合理的に見える．405 K は約 130 °C であり，プラスチックの融点としてもっともらしい．もし単位をいい加減にして ΔH を $\mathrm{kJ\ mol^{-1}}$ から $\mathrm{J\ mol^{-1}}$ へ変換し忘れたなら，0.4 K という答えを得ていただろう．しかしそのように極端に低い温度なら間違いに気づくはずである．

考察 高分子に関する以前の議論から，ある特定の高分子試料中の分子は，すべてが同じ鎖長ではないことを思い出すかもしれない．したがって 1 本の鎖あたりの量を特定するのは少し難しい．ここで用いた値は，モノマー単位あたりの実測値である．

理解度のチェック ポリテトラフルオロエチレンは約 327 °C で融解する．融解熱 $\Delta H_\mathrm{fus} = 5.28\ \mathrm{kJ\ mol^{-1}}$ であるなら，融解のモルエントロピー変化 ΔS_fus はいくらか．

自由エネルギーと仕事

これまで，なぜ自由エネルギーとよばれるのか，その名前が不思議だったかもしれない．ギブズエネルギーの変化は，系によりなされる最大の有効仕事に等しいことを示すことができる．

$$\Delta G = -w_\mathrm{max} \qquad (10 \cdot 5)$$

この式にマイナス符号を含めなければならないのは，w は系に対してなされた仕事であるという慣例に合わせるためである．この関係は，どれだけのエネルギーが自由，すなわち何か有効なことをするために利用できるかを ΔG が教えてくれることを示唆している．化学反応を実際に利用しようとする技術者なら，その意味するところは理解しておかなければならない．

仕事は状態関数ではないことに留意しよう．そのため最大仕事はある特別な経路でその過程を実行したときにのみ実現される．この場合の必要条件は，その変化を，**可逆**（reversible）経路に沿って行うことである．これは，系が平衡の近くにあり，ある変数が少し大きくなっても初期状態へ戻ることを意味する．最大仕事は可逆過程に対してのみ可能である．平衡から離れた系は，通常，不可逆変化を受ける．**不可逆**（irreversible）変化では，どんな変数がわずかに増しただけでも元の状態には戻らない[*14]．不可逆過程で得られる仕事の量はつねに最大仕事より少ない．したがって，自由エネルギー変化は特定の過程から得られる仕事量の上限を定めるのに使うことができるが，現実に生み出される実際の仕事量はかなり少ない．燃焼反応でみられるような反応混合物は一般に平衡から非常に離れている．平衡から離れた系は素早く変化することが多く，素早い変化は不可逆の傾向がある．

これらの自由エネルギーに関する概念を定量的に利用するためには，もちろん，自由エネルギー変化の正確な値を求める簡単な方法がさらに必要である．

10・7 自由エネルギーと化学反応

自由エネルギーは状態関数なので，系の自由エネルギー値は濃度や圧力などの固有の変数に依存する．一貫性のある比較をするために，通常どおり標準状態を圧力は 1 atm，溶液濃度は 1 M と定める．この条件下での自由エネルギー変化を**標準ギブズエネルギー**（standard Gibbs energy，記号 $\Delta G°$）とよぶ．式(10・4)を用いて与えられた温度での $\Delta H°$ と $\Delta S°$ からこの値を計算することは可能だが，多くの反応の自由エネルギー変化を計算する最も便利な方法は，エンタルピー変化に対するヘスの法則に似た式を使うことである[*15]．

$$\Delta G° = \sum_i \nu_i \Delta G_\mathrm{f}° (\text{生成物})_i - \sum_j \nu_j \Delta G_\mathrm{f}° (\text{反応物})_j$$
$$(10 \cdot 6)$$

式(10・6)でも，第 9 章で学んだ生成反応の概念を使っている．数種の物質に対する生成の自由エネルギーの値を表 10・3 に示す．もっと大きな表は付録 E にある．生成熱が 0 であるのと同じ理由で，標準状態における元素の $\Delta G_\mathrm{f}°$ は 0 であることに注意しよう［訳注：$\Delta G_\mathrm{f}°$ は標準生成ギブズエネルギーとよばれる］．生成反応は反応物を定義するのに標準状態の元素を使うので，元素の生成反応は反応物も生成物もともに同じ化学種となり，この過程では明らかにどんな熱力学的状態関数も変化しない．例題

[*14] 不可逆変化の計算は，やりがいはあるが難しいので，ここでは扱わないことにする．
[*15] エンタルピー変化を生成熱に関係づけるヘスの法則は，p.196 の式(9・12)に与えられている．

表10・3 いくつかの物質の生成の自由エネルギー変化 ($\Delta G_f°$). もっと大きな表は付録Eにある.

化合物	$\Delta G_f°$ [kJ mol^{-1}]	化合物	$\Delta G_f°$ [kJ mol^{-1}]
H$_2$(g)	0	CO$_2$(g)	-394.4
O$_2$(g)	0	C$_4$H$_{10}$(g)	-15.71
H$_2$O(l)	-237.2	CH$_4$(g)	-50.75
H$_2$O(g)	-228.6	C$_2$H$_4$(g)	68.12
NH$_3$(g)	-16.5	C$_3$H$_6$(g)	62.75

10・4で実証されるように, 式(10・6)を使って標準自由エネルギー変化を計算することができる.

例題 10・4

例題10・1で2個のエチレン分子の付加反応を考え, エントロピー変化が負であることを見いだした. そのとき, この反応は発熱性が強いので, エントロピー変化は負でも自発的だろうと示唆した. これを, 表10・3の値を使って同じ反応の標準自由エネルギー変化を計算することにより確かめよ.

$$2\,C_2H_4(g) + H_2(g) \longrightarrow C_4H_{10}(g)$$

解法 表の値を使った状態関数の計算を要求する問題では, 一般に式(10・6)のような式を使うことになる. 自由エネルギーは標準エンタルピー, エントロピーに続き, このように扱える三つめの状態関数である. 存在する分子の状態と量論係数に注意さえすれば, この種の問題は容易に解ける.

解答
$$\begin{aligned}\Delta G° &= \Delta G_f°[C_4H_{10}(g)] - 2\Delta G_f°[C_2H_4(g)] \\ &\quad - \Delta G_f°[H_2(g)] \\ &= (-15.71\,\text{kJ}) - 2(68.12\,\text{kJ}) - (0) \\ &= -151.95\,\text{kJ}\end{aligned}$$

解答の分析 この値は負であり, 先に述べたように, この反応が標準状態では自発的であることを示す. 多くの反応の自由エネルギー変化は10^2 kJ mol^{-1}のオーダーなので, この結果は妥当であると思われる.

考察 しかし再び指摘しておくが, 上の結果は, この反応物を混ぜるとすぐ反応が起こることを意味するわけではない. 反応の$\Delta G°$が負の値だからといって, 自発的な変換が観察されるわけではない. 熱力学的には自発過程であっても, 反応速度が非常に遅くて, 反応が観察されない場合もある. 熱力学は, 自発過程がどれほど素早く起こるかについては教えてくれない.

理解度のチェック 以下に示した反応の$\Delta G°$は-1092.3 kJである. 液体のアクリロニトリル C$_3$H$_3$N の$\Delta G_f°$を求めよ[*16].

$$2\,C_3H_6(g) + 2\,NH_3(g) + 3\,O_2(g) \longrightarrow 2\,C_3H_3N(l) + 6\,H_2O(g)$$

反応の$\Delta G°$の意味

標準自由エネルギー変化の計算法がわかったので, つぎの問題は, この値が教えてくれることは何かということである. 一つの答えは, 反応から得ることのできる最大の有効仕事である. しかしどちらの方向にも反応させられる多くの化学反応に対しては, 別の重要なことを教えてくれる. この章の初めで, 機械的なリサイクルの代替として, PMMAの解重合(熱分解)について考えた. 今度は, 自由エネルギー変化を使ってこの考えを定量的に調べることができる. メタクリル酸メチルの重合では, $\Delta H° = -56$ kJ mol^{-1}, $\Delta S° = -117$ J K^{-1} mol^{-1}である. これらの値を式(10・4)に使うと, $\Delta G° = -21$ kJ mol^{-1}と求められる(標準自由エネルギー変化が得られるように, 標準温度298 Kを用いる). 負の値であることから, この高分子の生成は298 Kで自発的であることがわかる. もちろんこのことは, PMMAがモノマーに分解する逆反応はこの温度では自発的でないことを意味する. 解重合は, 重合反応を逆向きに行うことだから, その$\Delta G°$は21 kJ mol^{-1}と結論できる.

重合: メタクリル酸メチルモノマー $\longrightarrow$ PMMA
$$\Delta G° = -21\,\text{kJ mol}^{-1}$$

解重合: PMMA $\longrightarrow$ メタクリル酸メチルモノマー
$$\Delta G° = 21\,\text{kJ mol}^{-1}$$

これらの自由エネルギー変化の数値が比較的小さいので, 比較的小さな温度変化でこのマイナス符号は逆になって, 解重合が熱力学的に好まれる過程になるのではないかと考えられる. この考えは定量化することもできる. 例題10・3と同種の計算により, $\Delta G°$が0になる温度を求めることができる.

$$T = \frac{\Delta H}{\Delta S} = \frac{-56\,\text{kJ mol}^{-1}}{-0.117\,\text{kJ K}^{-1}\,\text{mol}^{-1}} = 479\,\text{K}$$

この温度以上で, エントロピー項がエンタルピーを上回るので反応はモノマーに向かって逆に進む. この閾温度が適度に低いことが, PMMAのリサイクル手段の一つとして解重合を用いることができる理由である. ほとんどの重合反応は-100 J K^{-1} mol^{-1}程度の$\Delta S°$をもつが, 多くの反応の発熱性はPMMAより強い. 上の式をみると, 解重合にはより高温が必要になることがわかる. したがって熱分解は二つの理由で実現が難しい. 第一に, 高温が必要だと

[*16] [訳注] この例題では第9章の例題9・8などと同様に量論係数にmolの単位を与えているので, 計算結果にはmol^{-1}がついていない. これは与えられた特定の反応についての$\Delta G°$という意味で正当化されるが, 理解度のチェックのように$\Delta G_f°$を求めるときはmol^{-1}が必要である. したがって与えられた式中のアクリロニトリルの量論係数で答えを割る必要がある.

いうことはコストがかかる．第二に，高温だとモノマーが分解して他の化合物になるような付加的反応が熱分解と競合する可能性が高くなる．

10・8　洞察：リサイクルの経済学

　容器リサイクル研究所によると，2006年に米国で販売されたアルミ飲料缶のうち約45％がリサイクルされた．しかし同年，PETボトルは約24％しかされなかった[*17]．個々の消費者が，プラスチックボトルよりアルミ缶をリサイクルしたがっているとも思えないので，この数値の差には何か現実的な原因があるに違いない．その原因は経済にある．要するにリサイクルビジネスとは，ごみを売ろうとするようなものである．ごみを売るのが難しいことは察しがつく．この節では，プラスチックよりアルミニウムのリサイクルをずっと魅力的にしている要因のいくつかについて調べることにする．

　いまや米国で販売される飲料缶のほとんどすべてを占めるアルミニウムのリサイクルを調べることから始めよう．アルミニウムはその化学的性質から，リサイクル対象として優秀なのである．第1章で，ボーキサイトのような鉱物から純アルミニウムを得ることがいかに難しいか指摘したことを思い出そう．アルミニウムは酸素とすぐに反応して，容易には分離できない強力な化学結合を形成する．アルミニウムをその鉱物から取出すには非常な高温が必要であり，それゆえ多量のエネルギーを消費する．しかしアルミ缶がリサイクルされたとき，缶の塗料や被覆物は比較的容易に取除けるので，地金のアルミニウムを融解して新しい缶に再加工できる[*18]．現在では，リサイクルされたアルミニウムから4個の新しい缶をつくるのに要するエネルギーは，アルミニウム原鉱石から1缶製造するのに必要なエネルギーに等しいと工業的に見積もられている．これは非常に強い経済的動機をこのリサイクル全体にわたって与える．第一に，低コストならば飲料産業はリサイクルを奨励し，リサイクルされたアルミニウムで新しい缶を製造しようとする強い意欲をもつことになる．つまりリサイクルを行う地域共同体や私企業は，彼らが収集するアルミ缶によい市場があると確信できる．リサイクル材を回収するにはつねにコストがかかるので，これは重要な懸案事項である．別の好ましい要因は，アルミニウムのリサイクル方式にも存在する．ほとんどすべての飲料缶がアルミニウムでできているという事実は，集めた缶をいろんな種類に分ける必要がないことを意味する．そしてアルミ缶は容易につぶれるので，貯蔵や運搬が容易かつ安価になるように，集めたものを圧縮できる．結局のところ，アルミニウムはリサイクルにとって理想的な候補なのである．

　さてプラスチックのリサイクルと比べてみよう．未使用高分子の製造コストについて考えることから始める．なぜならそのコストが，リサイクルされたプラスチックの価格に対する基準になるからである．事実上すべての商用高分子の重合反応において，原料は石油に由来する．したがってほとんどのプラスチックを合成するための原材料にかかるコストは，石油の価格に連動している．石油は化合物の複雑な混合物であり，エントロピーを学んだいまでは，そのような混合物が種類ごとに自発的に分離するなど起こりそうもないことは明らかである．さまざまな分離・精製法が，必要なモノマー分子を得るために用いられる．これらのうちのほとんどは熱分解と蒸留を含むが，その操作では，原油を加熱してさまざまな成分を留去し，蒸気相から回収できるようにする．加熱の必要があるということは，重合用の原料を製造するのにエネルギーコストがかかることを意味する．いったんしかるべきモノマー（とほかに必要な反応物）が供給されたら，それを高分子の製造工場までお金を払って輸送しなければならない．もちろんこのコストは，石油が処理された精油所の近くに高分子の製造工場があれば，最小限に抑えることができる．

　多くの重合反応は通常の条件下で自発的だが，すでに学んだように，それはその反応が速いということを必ずしも意味しない．もし高分子の製造に従事していたら，その製造に何日もましてや何年もかかるのでは，満足できないだろう．しかし第11章で化学動力学を調べるときわかるように，加熱すればほとんどの反応は速くなる．したがってより高温で重合を行いたいことになるので，このこともまた，高分子の製造にエネルギーコストを追加する．

　それではこのプラスチックの製造コストは，リサイクルのコストと比べてどうなのだろうか．アルミ缶の場合と同様に，リサイクル用にボトルを集めるにはいくらかコストがかかる．プラスチックボトルは広範な高分子から作られるため，さらに複雑になる．いろいろな種類の高分子は，通常，処理する前に分けなければならない．消費者に，ボトルに一般に表示されているリサイクルマーク（表10・4）に従って分別するよう，奨励することはできる．しかし，同じ種類のプラスチックでも色が違えば一緒にできないので，どうしてもいくらかは収集容器の中で混ざってしまう．したがってリサイクル業者は，販売前に材料を分別するのは当然と考えなければならない．これはほとんどの場合手で行われるが，密度に基づいた浮遊分別が可能な場合もある．方法はどうあれ，この分別はリサイクル活動全体のコストを増大させる．特定の種類にボトルが分別されさえすれば，すぐにでも処理できる．この処理とは，一般にプラスチックの圧縮，洗浄，溶融などであり，その後ペレットに成型して販売される．ここでもやはり，各段階で

[*17] リサイクル率は場所によって大きく変わり，供託法のある州ではかなり高い．ここで引用した数値は米国の平均である．
[*18] リサイクルされたアルミニウムだけで作られたアルミホイルも最近売り出された．

表10・4 さまざまなリサイクルプラスチックの記号，構造，原料と用途

記号	ポリマー	繰返し単位	原料	リサイクル製品
♳ PETE	ポリエチレンテレフタラート†		ソーダボトル，ピーナッツバターの容器，植物油のボトル	繊維，トートバッグ，衣類，フィルムやシート，食品や飲料のコンテナ，じゅうたん，フリース
♴ HDPE	高密度ポリエチレン		牛乳や飲料水のピッチャー，ジュースや漂白剤のボトル	洗濯洗剤，シャンプー，モーターオイルのボトル，パイプ，バケツ，梱包用の箱，植木鉢，花壇のブロック，フィルムやシート，リサイクルボトル，ベンチ，犬小屋，プラスチック材木
♵ PVC	ポリ塩化ビニル		洗剤やクレンザーのボトル，パイプ	梱包材，ルーズリーフのバインダー，床や屋根の材料，鏡板，雨どい，マッドフラップ（車の部品），フィルムやシート，床用タイルやマット，弾力性のフローリング，配線ケース，ケーブル，ロードコーン，ホース
♶ LDPE	低密度ポリエチレン		缶をまとめるリングバンド，パンやサンドイッチの袋	船便用封筒，ごみ袋，床用タイル，家具，フィルムやシート，肥料の容器，鏡板，ごみ箱，造園用材木，材木
♷ PP	ポリプロピレン		マーガリンの開け口タブ，ストロー，ねじぶた	自動車のバッテリーケース，信号機，電気ケーブル，ほうき，ブラシ，アイススクレーパー，オイル用じょうご，駐輪用ラック，熊手，容器，へら，シート，トレイ
♸ PS	ポリスチレン		発泡スチロール，梱包用の詰め物，卵のパック，樹脂のコップ	温度計，スイッチのプレート，断熱材，卵のパック，パイプ，デスクトレー，定規，車のナンバーフレーム，発泡梱包材，発泡プレート，カップ，台所用器具
♹ Other	その他		絞って使うケチャップやシロップの容器	ボトル，プラスチック材木

† ［訳注］わが国では容器包装リサイクル法によりポリエチレンテレフタラートには ♳PET ，その他のプラスチックには ♹ のマークが表示される．

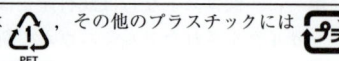

コストの上乗せがある．

　消費者は，いいことをしていると思ってリサイクル容器へボトルを投げ入れるかもしれないが，リサイクルされたプラスチックペレットの購入に興味のある会社にとっては，注目はその最終結果に向けられている．リサイクルで最終的に得られたペレットが魅力的であるためには，未使用の高分子と価格的に競合できなくてはならない．しかしこの点において，とうていアルミニウムほど有利ではない．原材料から製造されるほとんどのプラスチックは，鉱石からのアルミニウムの加工処理より一般に安価である．したがって経済的条件において，リサイクルプラスチックが成り立つための基準は，アルミニウムより厳しい．リサイクルで高品質の材料を生産する能力にも重要な差がある．アルミニウムは，いったんリサイクル缶から回収され溶融されれば，それは鉱石から取出したばかりの新しいアルミニウムと区別がつかない．しかしプラスチックの場合，リサイクル過程で劣化が起こる．これはまさに第二法則の結果である．すなわち高分子のエントロピーは，その長い鎖が切れて短くなると一般に増大する[19]．したがってリサイクルされたプラスチックの鎖長は，未使用の材料

---

[19] 通常の試料はある範囲の高分子鎖長を含むことを思い出そう．リサイクルに伴う劣化は，この分布をより短い鎖の方へずらす．

より短くなることは避けられず、これはリサイクルされた材料が、設計要求を満たすだけの十分な強度を提供できるかという問題となりうる。結局、多くの企業ではリサイクルされた高分子よりむしろ未使用のプラスチックを使った方が安上がりになる。

このバランスを変えそうな環境はあるだろうか。そのためにはリサイクルが安くなるか、未使用高分子の製造コストがもっと高くなるか、その両方が必要である。未使用材料のコストは、必要な原料が得られる石油の価格に起因している。したがって石油の値段が大きく上昇すればほとんどすべてのプラスチックのコストも跳ね上がる傾向がある。しかしリサイクルのコストも、多くはエネルギーに関係しているので、何らかの形で石油価格とつながっている。したがって今後短期間にプラスチックのリサイクルが経済的により魅力的となりうるかは、すぐにはわからない。

もしリサイクルされたプラスチックが、飲料ボトルのような用途では未使用材料と事実上競合できないのであれば、使用可能な別の用途はないのだろうか。ますます知られるようになった一つのアイデアは、リサイクルされたプラスチックを伝統的な(すなわちプラスチックでない)材料の代わりに使うことである。リサイクルされたプラスチックから作られた"木材"の市場の急速な成長は、その最もよく知られた例である。リサイクルされたプラスチックは、通常は木でできていると想像するような、建築用板材、ピクニックテーブル、公園の遊具やその他に、いまやかなり広く使われている。伝統主義者には気に入らないかもしれないが、プラスチックの代替材は耐候性と耐久性に優れている。したがって特に長期にわたって維持費を節約したいのなら、経費節減の選択肢になりうる。リサイクルプラスチックが非プラスチック材料と競合する他の分野としては、冬物のコートや寝袋の中綿などがある。

問題を解くときの考え方

問題 電子レンジにかけられる食品包装の設計のため、ある油の融点を知る必要があるとしよう。その油の試料はないので、融点を測ることはできない。しかし一覧表で、その油の固相と液相の熱力学データは見つけることができる。その表で調べるべき値は何で、それらをどのように使ったら油の融点を決定できるか。

解法 この問題は、相変化は熱力学的にどのように表され、どうしたら表の値とその式を使って融点が求められるか考えるよう求めている。油の融解を次のように単純に考えるといいだろう。

$$\text{油(s)} \longrightarrow \text{油(l)}$$

解答 例題10・3から、融点は比 $\Delta H/\Delta S$ で与えられることを知っている。もし油の固体と液体の両方の値があるなら、液体の生成熱から固体の生成熱を引いて融解エンタルピー(ΔH_{fus})を決めることができる。同様にして、液体の絶対エントロピーから固体の値を引くことで融解のエントロピー変化(ΔS_{fus})を得ることができる。それら二つの数値の比をとるとそれが融点である。

要 約

第9章で議論したように、熱力学は、化学的あるいは物理的過程で放出または吸収されるたんなるエネルギー量以上の情報を与えることができる。さらに別の状態関数を定義することで、いかなる系についても自発的変化の方向を決定することもできる。これは化学を理解する上での非常に強力なツールであり、多くの工業設計において重要な因子である。

自発性を予測するために、新しい状態関数すなわちエントロピーと自由エネルギーを導入した。エントロピーは次の二つのうちいずれかの方法で定義することができる：熱の流れの、温度に対する比、または、系が同じエネルギーをもつ仕方の数。この後者の定義は、実際上は、原子・分子レベルでの系の乱雑さの程度の尺度である。より乱れた系は、エネルギーを分配する仕方も多く、したがってエントロピーは乱雑さとともに増大する。

熱力学第二法則は、自発的変化はつねに宇宙のエントロピーを増大させるということを教えている。しかし宇宙を考慮しなければならない計算はほとんど実用的ではない。したがって、その変化により自発性が予測できるギブズエネルギーとよばれる別の状態関数を定義する。$\Delta G = \Delta H - T\Delta S$ で与えられるギブズエネルギーは、自発過程ではつねに負である。エントロピー変化と自由エネルギー変化はともに、熱力学の一覧表の値を使って、多くの化学的、物理的過程について計算できる。

キーワード

自発的過程（10・2）	標準モルエントロピー（10・5）	可　逆（10・6）
エントロピー（10・3）	熱力学第三法則（10・5）	不可逆（10・6）
統計力学（10・3）	ギブズエネルギー（10・6）	標準ギブズエネルギー（10・7）
微視状態（10・3）	エンタルピー駆動（10・6）	
熱力学第二法則（10・4）	エントロピー駆動（10・6）	

11 化学反応速度論

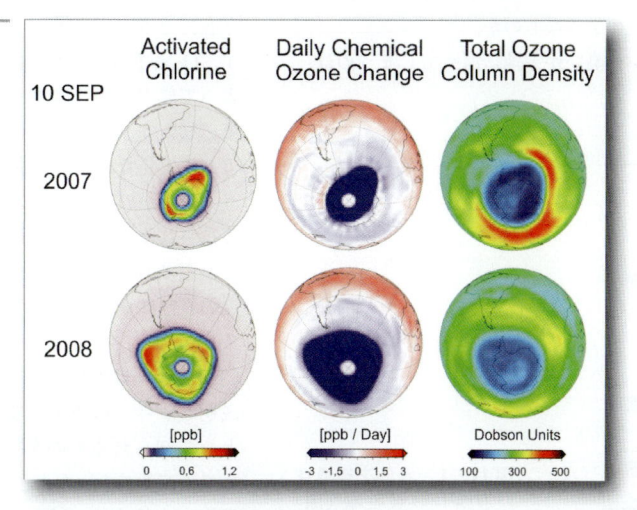

成層圏の塩素が，オゾン層破壊の主要因であるとみなされている．左の列の図で色のついた領域では塩素濃度が上がっているが，これは中央列の青い領域で示されたように，オゾン濃度の低下と強く相関している．右の列のドブソン単位（Dobson Units）とは標準状態で 10 μm の厚さとなるオゾン密度を意味する．
[図：欧州宇宙機関]

概　要

11・1　洞察：オゾン層破壊
11・2　化学反応速度
11・3　速度式と速度の
　　　　　濃度依存性
11・4　積分形速度式
11・5　温度と反応速度論
11・6　反応機構
11・7　触媒作用
11・8　洞察：対流圏オゾン

　これまでの章で扱った熱力学では，最終的に化学系に何が起こるのかを考えることに専念した．しかしその最終結果に至るまでにどのくらいかかるのか，また，反応物が集まってどうやって生成物へ変換されるのかについては，まだ何も考えていない．基本的に，化学の目的は変化である．したがって化学を理解したいのなら，変化の過程とそれが起こる速さの両方を調べる必要がある．独立記念日に花火の爆発的酸化反応を見ると元気が出るが，鉄がさびるのを見る催しでは誰も集まらないだろう．反応が爆発的速さで進行するのか，遅すぎてわからないぐらいの速さで進むのかを決めるのはどんな因子だろう．そのような因子を操作して，望む速さで反応を起こせるようになるだろうか．このような，"どのようにして" や "どのぐらい速く" に関する問題を扱う化学の領域は，化学反応速度論とよばれる．まず成層圏のオゾンとその破壊について垣間見ることから始める．

本章の目的

　この章を修めると以下のことができるようになる．
- 大気中のオゾンの生成と破壊における化学反応速度論の役割を説明する．
- 化学反応の速度を定義し，その速度を個々の反応物や生成物の濃度で表す．
- 初速度の方法を使って実験データから速度式を決定する．
- グラフを使った方法で実験データから速度式を決定する．
- 素反応と多段階反応の違いを説明する．
- 特定の反応機構で予測される速度式を求める．
- 分子論的考え方で，アレニウス式の各項の意味を説明する．
- 反応の活性化エネルギーを実験データから計算する．
- 実際の化学反応の設計における触媒の役割を説明する．

11・1　洞察：オゾン層破壊

　夏の雷雨の後すぐに外を歩くと，心地よい爽やかな香りに気づくだろう．その楽しめる香りのもとは，酸素の同素体のオゾン O_3 である．非常に低濃度ではその刺激臭も心地よいが，1 ppm を超えると不快で有毒となり，頭痛や呼吸困難をひき起こす．雷雨では稲妻のエネルギーによって O_2 からオゾンができる反応が促進される．一方，オゾンは自動車や工業プロセスからの排ガスに含まれるさまざまな化合物の反応によっても生成される．多くの都市部の天気予報では，空気中のオゾン濃度が 0.1 ppm を超えると予測される日にはオゾン警報[*1]が出される．オゾンは対

---

*1 [訳注] わが国における光化学オキシダント注意報に対応する．光化学オキシダントの主成分はオゾンである．

流圏（地表近くの大気圏．図 11・1 参照）の主要な大気汚染物質であるが，ニュースでのおもな関心事は成層圏のオゾン層破壊である．オゾンは対流圏にあると問題になるのに，なぜ成層圏では必要になるのか．これらの問題の背後にある化学とはどのようなものか．

雷雨の後のオゾンの臭いが急速に消えてしまうのは，一つには空気中を拡散する（そして嗅神経が鈍感になる）からだが，オゾンは不安定で O_2 に分解してしまうからでもある．この分解反応の全体の反応式は $2O_3 \longrightarrow 3O_2$ で，一見単純である．オゾンは反応性で，地球表面では長くは存在できない．これは二つの重要な事実を示唆する．まず，O_2 が酸素の二つの同素体のうちより安定な方であり，よって熱力学的にはオゾンの分解の方が有利に違いない．第二に，オゾン層が存在するためには，大気の上層には，より不安定な同素体である O_3 がかなりの濃度で生成されうる何らかの条件があるに違いない．成層圏中にオゾンが蓄積されるのは，そのような条件が化学反応速度に影響するからであり，したがってそこから化学における反応速度論の役割について考えることができる．

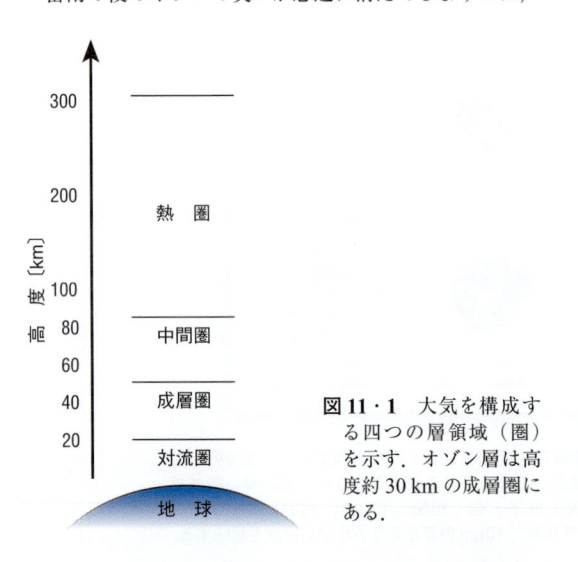

1903 年に，英国の科学者チャップマン（Sydney Chapman）は大気圏上方でのオゾン生成の化学を初めて説明し，今ではチャップマンサイクル（Chapman cycle）として知られるものを提案した[*2]．彼の元の提案はきわめて推測的であったが，現代の広範な濃度での測定はその仮説を支持する．チャップマンサイクルは，図 11・2 に示すように，より安定な同素体である 2 原子分子の酸素の分解で始まり，最後にまたそれが再生されて終わる．第一

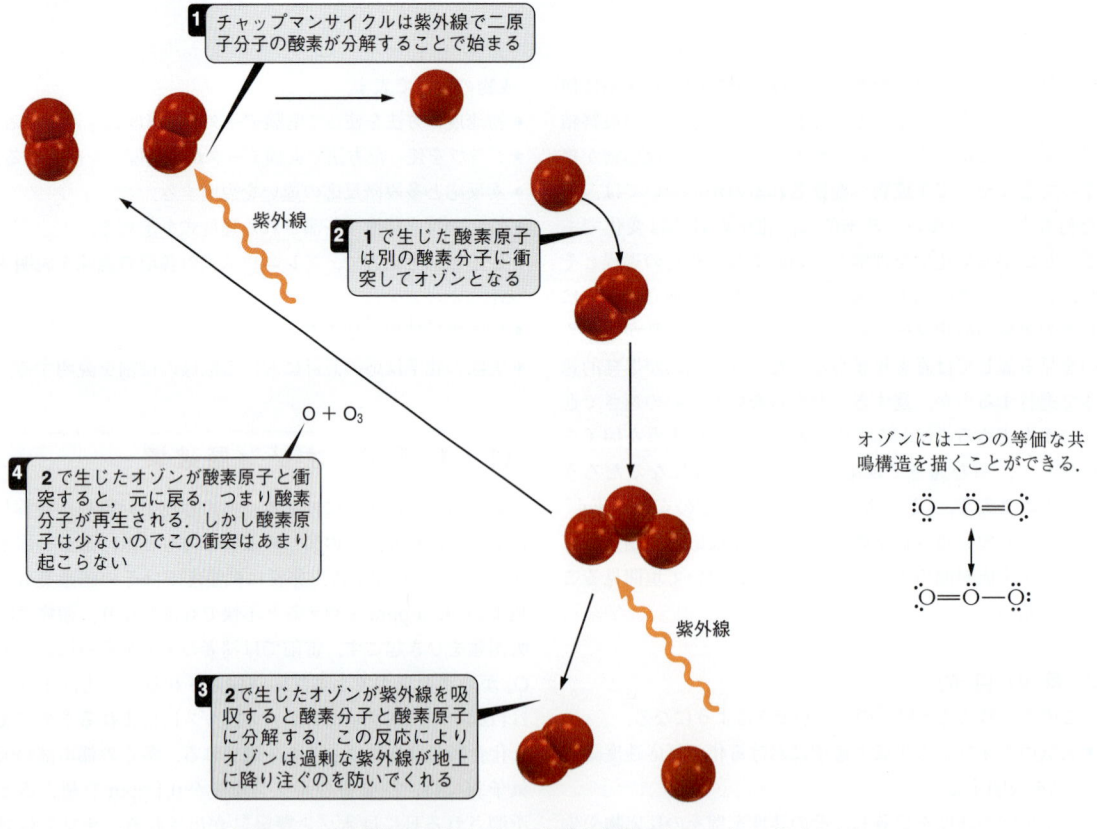

図 11・1　大気を構成する四つの層領域（圏）を示す．オゾン層は高度約 30 km の成層圏にある．

図 11・2　成層圏におけるオゾンの生成と分解のチャップマンサイクル．

[*2]　チャップマンは数学者であり，気体の数学理論の研究中に，チャップマンサイクルを考案した．

段階は O_2 の光解離で，酸素原子を生成する．これはその後 O_2 と反応してオゾン O_3 を生成しうる．オゾン分解の機構も存在するが，これは成層圏でもオゾンは安定ではないからである．それではなぜオゾン層は存在するのか．これに答えるためには，オゾンがつくられる速度と消費される速度について考える必要がある．もしオゾンが消費されるより速くつくられるのであれば，その濃度は増大するだろう．一方，オゾンがつくられるより速く壊されるなら，オゾン濃度は減少するだろう．よってオゾン層の存在は，オゾンがつくられる速度と壊される速度のバランスに依存する．オゾン層破壊を理解するためには，反応速度を理解する必要がある．

オゾン層は，危険にさらされていなかったなら，見出しになることはたぶんなかっただろう．過去数十年にわたり科学者たちは，南極大陸と（それほど劇的ではないが）北米大陸上空のオゾン濃度が春の早い時期になると毎年減少を繰返すことを観察してきた．30年前から成層圏オゾンの濃度は減少傾向にあり，これは一般にオゾンホールとよばれている（図11・3）．

オゾンホールはなぜ発生するのだろうか．チャップマンサイクルにおける酸素の同素体以外の種の役割を考える必要がある．成層圏の塩素と臭素がオゾンの量を低下させるという証拠がある．なぜそうなるのか．どんな因子が，濃度低下が起こるかどうかに影響するのか．そしてオゾンの減少をくい止めるために何ができるだろうか．これらの疑問はすべて，答えはこの章で取組む化学反応速度論の考え方にあることを示している．この勉強を始めるために，まず反応速度の概念と反応速度の測定法をみていこう．

11・2　化学反応速度

いろいろな化学反応の速度が大気中のオゾン濃度を支配しているといったが，これは理にかなっているようにみえる．もしオゾンや他の何かが，消費されるよりも速くつくられたら，それは蓄積するだろう．これらの考えを定量的に議論するためには，化学反応速度論の二つの基本的問題をまず取上げなくてはならない．すなわち，反応の速度をどのように定義するのか．そしてそれをどのようにして測定するのか．

速度の概念と反応速度

オゾンの分解速度についての関心はさておき，速度についてはみんな一般的に経験している．もし家から 55 km 移動するのに1時間かかったとしたら，平均速度は毎時 55 km である．

$$\text{平均速度} = \frac{\text{移動距離}}{\text{経過時間}}$$

この比には，かかった時間に対する行程（移動距離）が示されている．測定された距離は（家の）0 km から家から 55 km のところまでだから，家からの距離の変化は Δd で表される．ここで Δ は変化を表す記号である．時間は，（家の）0時間から目的地に着いたときの1時間後まで変化した．したがって経過時間は Δt で表すことができる．

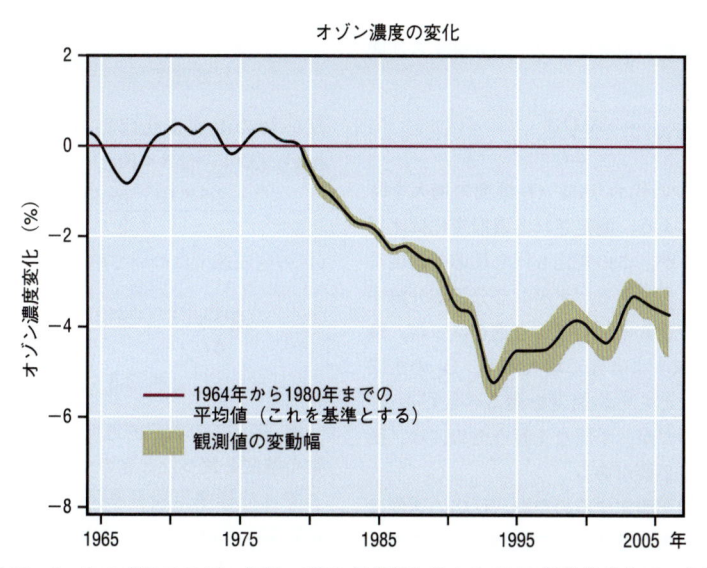

図 11・3　このグラフのデータは，1970年代終わりから1990年代前半まで，大気中のオゾン濃度が減少していることを明らかに示している．最近のオゾン濃度の増大は，おもに，オゾン破壊物質の使用を削減したモントリオール議定書の効果のためである．[出典：WMO（世界気象機関），"オゾン層破壊の科学的評価── 2006年全地球的オゾン調査監視計画"，報告書 No.50，ジュネーブ（2007）]

$$\text{平均速度} = \frac{\Delta d}{\Delta t}$$

どうしたらこの比を化学反応で意味のあるものへと翻訳できるだろうか.

必要なのは，かかった時間に対する反応の進行度の比である．化学反応においては，移動距離が化学物質の変化に置き換わる．したがって化学反応速度を定義するには，反応中に生じる化学物質の含有量の変化を測定しなくてはならない．通常これは濃度を測ることで行う．このように，**反応速度**（reaction rate）は経過時間に対する濃度変化の比である．

$$\text{反応速度} = \frac{\text{濃度変化}}{\text{経過時間}} \qquad (11\cdot 1)$$

この比が意味する単位に注目しよう．通常，濃度は容量モル濃度すなわち $mol\,L^{-1}$ で，時間は秒で測るので，速度の単位はふつう $mol\,L^{-1}\,s^{-1}$ である[*3]．濃度すなわち容量モル濃度を表すのに角括弧 [ ] を用いると，この比を数学的にもっとコンパクトな形で表すことができる．

$$\text{反応速度} = \frac{\Delta[\text{物質}]}{\Delta t}$$

オゾン分解の例を使って，手始めに反応速度を表す式を書くことができる．

$$\text{反応速度} = \frac{\Delta[O_3]}{\Delta t}$$

化学量論と速度

オゾン分解の全体反応については §11・1 で述べた．

$$2\,O_3 \longrightarrow 3\,O_2$$

上でみたように，この反応の速度はオゾンが分解する速度で与えることができる．

$$\text{反応速度} = \frac{\Delta[O_3]}{\Delta t}$$

一方，オゾン濃度の減少の代わりに，O_2 濃度の増大を時間とともに測定したとしよう．測定される濃度変化はオゾンの場合と異なるだろうが，この変化も同じ反応の速度によって決定されているはずである．オゾン2分子が分解するごとに酸素は3分子できるので，反応が進むにつれ，酸素濃度はオゾン濃度の減少より速く増大する．O_2 の生成速度と O_3 の消失速度のどちらの速度を測るべきだろう．答えはどちらでもいいのだが，矛盾なく行うためには，反応の化学量論を考慮する必要がある．

もし生成物の濃度増加を測定するのなら，反応の速度は当然正の数である．反応物の濃度減少を観察するのであれば，速度が正の値となるように，速度の記述にマイナスをつけなければならない．したがって速度は，

$$\text{反応速度} = \frac{\Delta[\text{生成物}]}{\Delta t}$$

または

$$\text{反応速度} = -\frac{\Delta[\text{反応物}]}{\Delta t}$$

のように定義される．しかしこれではまだ，一定時間に生成される O_2 分子の数の方が消費される O_3 分子の数より多いことが勘定に入っていない．このため，速度式の分母につぎのように量論係数を含める．

$$\text{反応速度} = \frac{\Delta[\text{生成物}]}{\nu_p\,\Delta t} \qquad (11\cdot 2a)$$

または

$$\text{反応速度} = -\frac{\Delta[\text{反応物}]}{\nu_r\,\Delta t} \qquad (11\cdot 2b)$$

ここで ν_p は測定している生成物の量論係数，ν_r は反応物の量論係数である[*4]．このようにして化学量論を考慮すると，反応物の消失速度と生成物の生成速度のどちらを使っても，確実に同じ反応速度が得られる．

> **例題 11・1**
> オゾンの酸素への変換 $2\,O_3 \longrightarrow 3\,O_2$ が実験で調べられ，オゾンの消費速度が $2.5\times 10^{-5}\,mol\,L^{-1}\,s^{-1}$ と測定された．この実験での O_2 の生成速度はいくらか．
>
> **解法** それぞれの速度式を関係づけるために反応の化学量論を使おう．どちらの量を測定しても，反応速度は同じなので，酸素の生成とオゾンの消失の速度式を等しくおいて，未知量について解く．
>
> **解答** O_2 と O_3 の濃度を使って反応速度の式を書くことから始める．
>
> $$\text{反応速度} = -\frac{\Delta[O_3]}{2\,\Delta t} = \frac{\Delta[O_2]}{3\,\Delta t}$$
>
> 反応物の濃度変化は負の量であることを思い出し，$\Delta[O_3]/\Delta t$ に $-2.5\times 10^{-5}\,mol\,L^{-1}\,s^{-1}$ を代入すると
>
> $$\frac{2.5\times 10^{-5}\,mol\,L^{-1}\,s^{-1}}{2} = \frac{\Delta[O_2]}{3\,\Delta t}$$
>
> O_2 の生成速度について解くと，
>
> $$\frac{\Delta[O_2]}{\Delta t} = \frac{3(2.5\times 10^{-5}\,mol\,L^{-1}\,s^{-1})}{2}$$
> $$= 3.8\times 10^{-5}\,mol\,L^{-1}\,s^{-1}$$
>
> **考察** この数学的速度表現でやっかいなのは，反応物の濃度を使ったときのマイナス記号かもしれない．そこで Δ の標準定義を思い出すと，このマイナス記号が必要なことがよりはっきりわかる．この場合，興味のあるのは $\Delta[O_3]$ だが，これは $[O_3]_{later} - [O_3]_{initial}$ である．

[*3] 化学反応速度論で注目される時間スケールは，ピコ秒から年まで広範囲にわたる．
[*4] [訳注] ν_p, ν_r は正式には化学量数とよばれ，反応速度論においては ν_r にはマイナス符号を含むのが一般的である．たとえば前出のオゾン分解反応の場合，オゾンの化学量数は -2 である．

反応物の初濃度 [O₃]initial は後の濃度 [O₃]later より大きいので，Δ[O₃] は負である．式にマイナス記号が必要なのは，速度が負の値にならないようにするためである．

理解度のチェック オゾンのように，五酸化二窒素も反応 2 N₂O₅ ⟶ 4 NO₂ + O₂ によって（二酸化窒素とともに）酸素を生成する．N₂O₅ の消失速度が $4.0×10^{-6}$ mol L^{-1} s^{-1} ならば，各生成物の生成速度はいくらか．

平均速度と瞬間速度

図 11・4 に示すような単純な実験について考えてみよう．三角フラスコにろうそくを入れる．ろうそくに火をつけてしばらく燃やし，ふたをする．炎はどうなるだろうか．明るく燃えていた炎はしだいに小さくなり，反応物の一つである酸素が減るので消えてしまう．この実験の間，燃焼反応の速度は反応が止まるまで低下していく．この場合の反応速度とは何か．明るく燃える炎の中で酸素が消費される速度か，ほとんど消えそうになっているときの速度か．この単純な実験は，観察する速度は，いつどうやって観察するかに依存することを示している．

図 11・5 は実験で得られた濃度と時間の関係を表すグラフである．このグラフをよく見ると，平均反応速度と瞬間反応速度に違いがあることがわかる．反応速度を定義するこれら二つの方法の違いは，観察する時間の長さにある．**平均速度**（average rate）の場合，一定時間離れた時点で測定した二つの濃度の間を結ぶ直線の傾きが速度を与える．**瞬間速度**（instantaneous rate）とは，ある一つの時点での速度のことで，時間に対する濃度変化で定義される曲線の接線の傾きで与えられる[*5]．図 11・5 が示すように，これら二つの傾きは異なりうる（車のスピードの類推に戻ると，長いドライブの間の各瞬間速度は，その平均速度と大きく違っているかもしれない．別の車を追い越そうとして加速したり，渋滞で止まったりするだろう）．ほとんどの場合，反応速度論では瞬間速度の方を用いる．一般に測定される速度として，初速度がある．これは反応開始

図 11・4 ろうそくが密閉容器中で燃えると，炎は小さくなって最後には消える．酸素の量が減るにつれ，燃焼速度も低下する．容器中に酸素がいくらか残っていても，最終的には燃焼速度が炎を保っていられるほど十分ではなくなる．［写真：Thomas A. Holme］

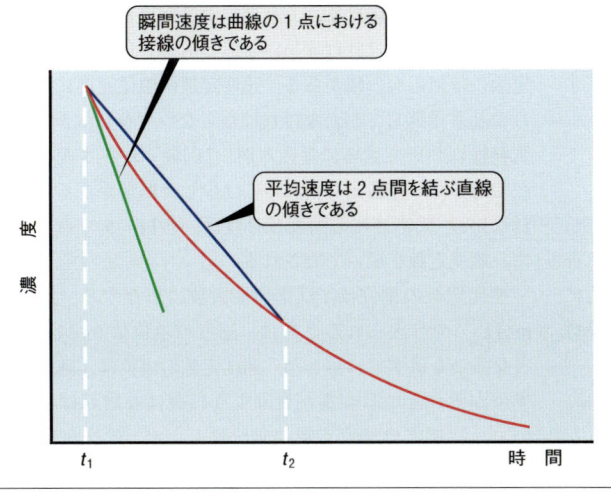

図 11・5 瞬間速度と，ある時間にわたって測定された平均速度の違いがここで説明されている．左にある緑の線の傾きは時間 t_1 での瞬間速度を与える．右の青い線の傾きは，時間 t_1 から t_2 までの区間での平均速度を与える．

[*5] もし微積分学に詳しいなら，瞬間速度は濃度の時間微分であることがわかるだろう．

時の瞬間速度である．図11・5で，接線と濃度曲線は反応初期の少なくとも短時間は一致している．したがって初速度は比較的容易に測定できることが多い．

成層圏のような複雑な系での反応速度を決定するためには，通常，実験室で同じ反応の速度を独立に測定することを試みる．たとえばチャップマンサイクルの反応を考えるためには，化学者は，酸素原子のような非常に反応性の高い種の反応速度を測定する実験を考案しなければならないだろう．まず（おそらくレーザーパルス光などで O_2 の結合を切って）反応性の高い種がつくられ，それからその素早い消費を観測する．この反応はきわめて速く進むので測定は難しい．酸素原子のような反応性の高い種は反応容器内のほとんどの化学種と反応するので，対象とする反応のみが確実に起こるよう反応種を十分注意して分離しなくてはならない．一度反応種の濃度が測定されたら，速度が濃度にどのように依存するかを表す式を立てることができる．

11・3 速度式と速度の濃度依存性

図11・4で O_2 が消費されるにつれ燃焼速度が低下するのをみた．化学反応の速度は，多くの因子に依存する．その一つ，反応種の濃度は，酸素の二つの同素体のうち O_2 の方が安定であるにもかかわらず大気の上方にオゾン層がある理由を理解する手助けとなる．成層圏でのこの問題に取組むため，まず実験室で測定される反応速度が濃度にどのように依存するか調べてみよう．

速度式

多くの化学反応を観察すると，反応速度の濃度依存性は，比較的単純な数学的関係に従うことが多いことがわかる．この挙動は，**速度式** (rate law) として知られる数式にまとめることができる．速度式には2種類の有用な形式があるが，**微分形速度式** (differential rate law，この名前と式は微積分学に由来する) から始める．物質 X と Y の間の反応において，反応速度は通常，つぎの形の式で表すことができる．

$$反応速度 = k[X]^m[Y]^n \quad (11・3)$$

ここで k は**速度定数** (rate constant) とよばれる定数，[X] と [Y] は反応物の濃度，m と n は通常，整数か半整数 (奇数の1/2) である．これらの指数の実際の値は，実験的に測定されなければならない（これらの値が反応の量論係数に関係づけられることもあるが，いつもではない）．

指数（この場合 m と n）の実験的に決定された値は，**反応次数** (order of reaction) とよばれる．たとえばもし $m=1$ ならこの反応は反応物 X に関して一次である．もし $m=2$ ならこの反応は X に関して二次である．通常，速度式の指数が2より大きな値をもつことはない．速度式が二つ以上の反応物の濃度に依存するときは，反応全体の次数と個々の反応種に関する次数を区別することができる．たとえば次のような速度式

$$反応速度 = k[A][B]$$

は，全体では二次だが，反応物 A と反応物 B に関しては一次である（各指数は 1 であるから）．

> **例題 11・2**
>
> つぎの速度式で，各物質に関する次数と反応の全次数を決定せよ．(a) 反応速度 = $k[A]^2[B]$, (b) 反応速度 = $k[A][B]^{1/2}$
>
> **解法** 個々の反応種に関する次数はその指数であり，全次数は個々の次数の和である．
>
> **解答** (a) A に関する次数は 2, B に関しては 1 である．全次数は 3 である．
> (b) A に関する次数は 1, B に関しては 1/2 である．全次数は 3/2 である．
>
> **考察** 反応次数は実験的に決定されるということを覚えておくことは重要である．この例題は反応次数の定義の数学的詳細に焦点を当てているが，反応次数と化学量論は，直接には関係ないことに留意しなくてはならない．
>
> **理解度のチェック** 以下の反応が実験室で調べられ，それぞれの速度式が決定された．各反応物についての次数と全反応次数をそれぞれ求めよ．
> (a) $H_2(g) + I_2(g) \longrightarrow 2\,HI$
> $$反応速度 = k[H_2][I_2]$$
> (b) $2\,N_2O_5 \longrightarrow 4\,NO_2 + O_2$ 　反応速度 = $k[N_2O_5]$

速度定数は化学反応の速度論に関して重要な情報を与えてくれる．おそらく最も重要なのは速度定数の大きさで，反応が素早く進行するかどうかがわかる．もし速度定数が小さければ，反応はゆっくり進行すると思われるが，逆に速度定数が大きければ素早い反応である．化学反応の速度定数には何桁もの幅がある．速度定数の値は温度に依存することも指摘しておかなければならない（§11・5 で温度依存性についてさらに考えるが，"定数"がある変数の関数であるという考えに慣れるには少し時間がかかるかもしれない）．反応速度の温度依存性は，§11・5 でみるように，速度定数を用いて表される．

速度定数の単位は，反応の全次数に依存する．濃度が $mol\,L^{-1}$ で与えられるときは，速度の単位は $mol\,L^{-1}\,s^{-1}$ となることはすでに示した．速度定数の単位は，速度式の単位がそれとつじつまが合うように選ばなければならない．一次反応の速度定数の単位は s^{-1} で，二次反応では $L\,mol^{-1}\,s^{-1}$ となることは検証できるはずである．

すべての速度式が，これまで述べた，反応物の濃度のみ

を含む速度式のように単純とはかぎらない．たとえば成層圏の O_3 の分解反応では，生成物である O_2 の濃度に依存する．しかし O_2 の濃度が増すと速度は速くなるのではなく遅くなる．つまり $2O_3 \longrightarrow 3O_2$ の速度式は次式

$$反応速度 = k\frac{[O_3]^2}{[O_2]}$$

または次式

$$反応速度 = k[O_3]^2[O_2]^{-1}$$

によって与えられる．また，反応によっては速度式に 1/2 や −1/2 の次数をみつけることも珍しくない．

速度式の決定

先に述べたように，速度式は実験的に決めなければならない．これには一般に二つの方法がある．一つは，一連のグラフを使って，データを可能性のある種々の速度式と比較するやり方で，この方法は §11・4 で特に重点をおいて述べる．ここではもう一つの方法，すなわち種々の反応物の濃度を調整しながら初速度を測定するやり方を始めに考える．

速度式を決定するための方法論を理解するため，A という物質のみが反応物であるような単純な反応について考えよう．そのような反応の速度は，A の濃度の何乗かに速度定数をかけたもので与えられるはずである．

$$反応速度 = k[A]^n$$

反応次数 (n) は通常は整数で，2 より大きくなることはめったにないことに留意しよう．そうすると可能性のある次数は 0，1，2 の三つである．各場合で，たとえば A の濃度が 2 倍になったときの速度の変化は単純なので予測できる．

1. もし $n = 0$ なら，A の濃度を倍にしても速度はまったく変化しない．なぜならどんな数を 0 乗しても 1 だからである．

2. もし $n = 1$ なら，A の濃度を倍にすると速度も倍になる．

3. もし $n = 2$ なら，A の濃度を倍にすると速度は 4 倍になる．($2^2 = 4$ だから)

他の反応次数も可能で，もっと複雑な関係になるが，これら三つの場合で通常お目にかかるような反応の大多数をカバーしている．それでは反応物が一つだけの反応の速度式を決定しよう．

> **例題 11・3**
> この章の前の方で，N_2O_5 の分解について述べた．
> $$2N_2O_5(g) \longrightarrow 4NO_2(g) + O_2(g)$$

この反応の速度論に関するつぎのデータを考えよう．

	N_2O_5 の初濃度 〔mol L^{-1}〕	反応初速度 〔mol L^{-1} s^{-1}〕
実験 1	3.0×10^{-3}	9.0×10^{-7}
実験 2	9.0×10^{-3}	2.7×10^{-6}

これらの実験温度での，この反応の速度式と速度定数を決定せよ．

解法 速度式を定めるためには，濃度変化に伴い速度がどう変化するかに注意して反応物についての次数を決める．速度式を書き，実験の一つから濃度と速度を速度式へ代入して k を計算する．

解答 データをみると，実験 2 の初濃度は実験 1 の 3 倍になっていることがわかる．

$$3(3.0 \times 10^{-3}) = 9.0 \times 10^{-3} \text{ mol L}^{-1}$$

また，速度も 3 倍である．

$$3(9.0 \times 10^{-7}) = 2.7 \times 10^{-6} \text{ mol L}^{-1} \text{ s}^{-1}$$

濃度が 3 倍になって速度が 3 倍になるので，この反応は N_2O_5 について一次に違いない．

$$反応速度 = k[N_2O_5]$$

どちらの実験データを使っても k を決めることができる．実験 1 を使うと，

$$9.0 \times 10^{-7} \text{ mol L}^{-1} \text{ s}^{-1} = k(3.0 \times 10^{-3} \text{ mol L}^{-1})$$

したがって $k = 3.0 \times 10^{-4} \text{ s}^{-1}$ である．

解答の分析 この問題にはほとんど直感が働かないが，それでも数値をぱっと見て桁に注目すると，値が合理的かどうかわかる．10 の指数だけみれば測定した速度と実験で使った濃度は $10^{-3} \sim 10^{-4}$ の違いがある．この範囲の k の値が得られているので理にかなっている．

考察 初濃度の絶対値は，この種の実験を行うときに問題にはならない．この初濃度の 2 倍や 3 倍を選んでもよいし，初濃度を半分にして速度を測ってもよい．それでも速度式を決める方法論は同じである．実験をする場合，濃度を任意の量ではなくちょうど 2 倍か 3 倍だけ変えようとするかもしれないが，これさえも本当は必要ない．2 倍や 3 倍にすると，反応の次数ごとに期待される効果がわかりやすくなるだけのことである．

理解度のチェック 速度定数を決めるのに実験 2 のデータを使ったら結果は変わるか．

つぎに二つの反応物を用いた場合を考えてみよう．今度はそれぞれについての反応次数を決める必要がある．この場合，速度式には三つの未知数がある．速度定数と二つの反応次数である．これらの三つのパラメーターの値を決めるためには，少なくとも三つの実験をしなくてはならない

（三つの未知数を解くには少なくとも三つの方程式が必要だという考えからである）．いくつかの変数に依存する系を扱うときは，一つの変数の影響をほかから分離するのがよい．この場合，一つの反応物の濃度を一定に保ってもう一つの反応物の濃度を変えればよく，そうすることで速度への影響を決めることができる．

例題 11・4

実在系の反応速度論の研究は複雑である．たとえば，O_3 が O_2 へ変換される方法は数種類あるが，そのうちの一つはつぎのとおりである．

$$NO_2 + O_3 \longrightarrow NO_3 + O_2$$

三つの実験が行われ，以下のデータが得られた．

	NO_2 の初濃度 [mol L^{-1}]	O_3 の初濃度 [mol L^{-1}]	反応初速度 [mol L^{-1} s^{-1}]
実験 1	2.3×10^{-5}	3.0×10^{-5}	1.0×10^{-5}
実験 2	4.6×10^{-5}	3.0×10^{-5}	2.1×10^{-5}
実験 3	4.6×10^{-5}	6.0×10^{-5}	4.2×10^{-5}

速度式とこの反応の速度定数を決定せよ．

解法 各反応物について次数を決めるために，一つの反応物のみ濃度が違う実験の組を探し，それらの速度を比較する．速度の違いは濃度が変化した反応物の効果に違いない．速度式を書き，それを使って k を決定する．

解答
NO_2 に関する次数：実験1と2から，[O_3]一定のまま[NO_2]を2倍にすると速度が（実験誤差内で）2倍になることがわかる[*6]．したがって NO_2 の次数は1である．
O_3 に関する次数：実験2と3から[NO_2]一定のまま[O_3]を2倍にすると速度が2倍になることがわかる．したがって O_3 の次数も1である．速度式は，

$$反応速度 = k[NO_2][O_3]$$

三つの実験のいずれかを用いて k を見積もる．ここでは実験2を使うと，

$$反応速度 = k[NO_2][O_3]$$
$$2.1 \times 10^{-5} \text{ mol L}^{-1} \text{ s}^{-1} = k(4.6 \times 10^{-5} \text{ mol L}^{-1})(3.0 \times 10^{-5} \text{ mol L}^{-1})$$
$$k = 1.5 \times 10^4 \text{ L mol}^{-1} \text{ s}^{-1}$$

解答の分析 ここでも 10 の指数に注意してちょっと調べれば，数値が合理的かどうかわかる．10^{-5} のオーダーの数値が式の右辺に二つ（濃度）と左辺に一つ（速度）ある．濃度の一つを相殺して k のおよその値を求めると，得られた結果は理にかなっている．

考察 この種の問題を解く鍵は，どの濃度が変化してどの濃度が同じままか理解することである．速度が指数表記（10^n）で報告されているときは，べき乗の変化をうっかりしやすい．この種の問題が例題 11・3 に比べて複雑になっているのは，問題構成上のそういう細かな点のみである．

理解度のチェック この例題の k の単位は例題 11・3 の単位となぜ違うのか．

11・4 積分形速度式

前節で述べた方法で決定される速度式により，特定の濃度の組について反応速度を予測できる．しかし反応物の濃度は時間とともに変化するので，この速度式では，少し時間がたった後の速度や濃度を簡単に予測することはできない．これをするためには，時間の関数として濃度がどのように変化するか明確に教えてくれる式を立てる必要がある．**積分形速度式**（integrated rate law）とよばれるこの新しい式は，速度式そのものから導出できる[*7]（"数学とのつながり"を参照）．積分形速度式の背景にある論法はつぎのとおりである．もし特定の時間における反応系の濃度がすべて明らかで，反応速度が時間とともにどう変化するかがわかれば，ある時間経過後の濃度がいくらであるか予測することができる．これは，投射物の位置を初期位置と初速度から計算する物理の問題に概念的には似ている．

積分形速度式の形は反応次数に依存する．もしいくつかの一般的反応次数について積分形速度式がわかれば，データと比較するためのモデルとしてそれらを用いることができる．以下に示すように，これは反応の速度式を決定する便利な別の方法である．

数学とのつながり

微積分学で積分についてすでに学んでいるかもしれないが，もしそうなら，積分形速度式という名前から，速度式を積分することにより得られると推測できるかもしれない．どのようにしてできるかちょっとみてみよう（積分を習っていなくても心配ご無用．導出の仕方がわからなくても積分形速度式を使うことはできる）．最も単純な場合として，単一の反応物 A についてのゼロ次反応から始める．この場合の速度式はたんに

$$反応速度 = k[A]^0 = k$$

反応速度は時間変化にわたる濃度変化であることを思い出そう．これを，Δ を使って巨視的な変化についてつぎのように書いてきた．

$$反応速度 = -\frac{\Delta[A]}{\Delta t}$$

[*6] 速度は実験的に決定されるので，速度の変化は濃度の違い（比）の厳密な倍数にはならないかもしれない．
[*7] 微分形と積分形の速度式は両方とも同じように有効である．時間の関数として濃度を考えたいのなら，積分形速度式が役立つ．

しかし無限小の変化にすれば，Δを微分記号 d に変換できるので，ゼロ次の速度式は，

$$-\frac{d[A]}{dt} = k$$

と書ける．両辺に微分項をおくように整理すると，

$$d[A] = -kdt$$

両辺を積分すれば微分を除去できる．$t = 0$ で $[A] = [A]_0$ の反応開始時から始めて，それぞれ t と $[A]_t$ となるときまで積分する．

$$\int_{[A]_0}^{[A]_t} d[A] = -k\int_0^t dt$$

これらの積分は簡単にできてつぎの式を得る．

$$[A]_t - [A]_0 = -kt$$

これがゼロ次反応の積分形速度式である．

積分に詳しいなら，同じ方法で一次と二次の積分形速度式も誘導することができるだろう．

ゼロ次の積分形速度式

最も簡単な速度式は**ゼロ次反応**（zero-order reaction）の速度式である[*8]．

$$反応速度 = k[A]^0 = k$$

この場合，反応速度は反応物が消費されても変わらない．この種の速度論に対する積分形速度式は次式で与えられる．

$$[A]_t = [A]_0 - kt \qquad (11 \cdot 4a)$$

この式を少し整理して $y = mx + b$ の形の直線の式と比較する．

$$[A]_t = -kt + [A]_0 \qquad (11 \cdot 4b)$$
$$y = mx + b$$

これらの式の形は合っているので，（y 軸上に）$[A]$ を（x 軸上の）t の関数としてプロットすると直線が得られることがわかる．直線の傾き（m）は $-k$ に等しく，y 切片（b）は反応物 A の初濃度 $[A]_0$ に等しいこともわかる．式(11·4)はゼロ次反応速度式に従う系に期待される挙動のモデルを与える．これを確かめるには，特定の反応のデータと比較するだけでよい．つまり反応物 A の濃度を時間の関数として測定し，それを t に対してプロットする．もしプロットが直線になったらゼロ次反応だと結論できる．金の表面上での N_2O の接触分解はこの種の速度論の例である[*9]．図 11·6 にこの反応のグラフ分析を示す．

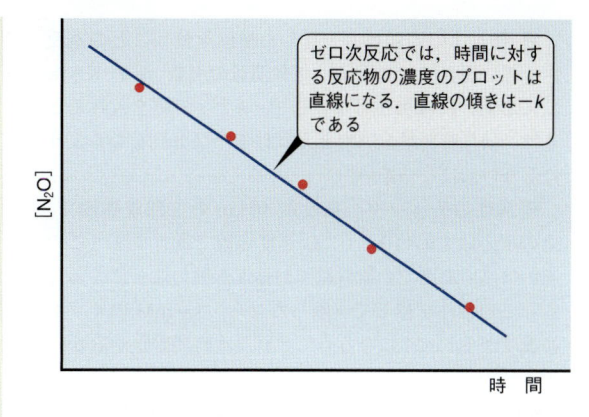

図 11·6 金の表面上での N_2O の分解はゼロ次の過程であり，反応物の濃度は時間の関数として直線的に減少する．

一次の積分形速度式

単一反応物 A の**一次反応**（first-order reaction）について，積分形速度式は次式で与えられる．

$$\ln \frac{[A]_t}{[A]_0} = -kt \qquad (11 \cdot 5)$$

または

$$[A]_t = [A]_0 e^{-kt} \qquad (11 \cdot 6)$$

$[A]_0$ は時間 $t = 0$ における反応物の初濃度を表す．速度定数と初濃度がわかれば，例題 11·5 に示すように，これらの式でいかなる時間においても濃度を予測することができる．

例題 11·5

大気圏上方での紫外線によるオゾンの光分解は一次反応で，地表から 10 km 上空での反応速度は 1.0×10^{-5} s^{-1} である．

$$O_3 + h\nu \longrightarrow O + O_2$$

容器中のオゾンに，その高度での条件を模した強度で紫外線を照射する実験を考える．もし O_3 の初濃度が 5.0 mM なら，1日後に濃度はどうなるか．

解法 速度定数の単位に合わせて時間を秒に変換し，一次の積分形速度式を用いて目的の時間での $[O_3]$ を求める（mM はミリモル，すなわち 10^{-3} M である）．

解答

$$1.0 \text{日} = \left(\frac{24 \text{時間}}{1 \text{日}}\right)\left(\frac{60 \text{分}}{1 \text{時間}}\right)\left(\frac{60 \text{秒}}{1 \text{分}}\right)$$
$$= 8.6 \times 10^4 \text{ s}$$
$$[O_3] = [O_3]_0 e^{-kt}$$
$$= 5.0 \text{ mM}\{e^{-(1.0 \times 10^{-5})(8.6 \times 10^4)}\}$$
$$= 2.1 \text{ mM}$$

[*8] ゼロ次の速度式は比較的まれである．
[*9] 触媒作用と他の触媒的反応は §11·7 で議論する．

考察 この問題は，一貫した単位を使うことの重要性を思い出させてくれる．指数関数の引数（eのべき乗に入る値）には単位はないので，kとtの値を入れるときは，同じ時間単位（たとえば秒または分）となるようにしなければならない．

理解度のチェック 高度約40 kmの上部成層圏で，上の反応は$1.0×10^{-3}\,s^{-1}$の速度定数で進行する（この違いは高い高度での紫外線照射強度が強いことによる）．もしこの条件を模して実験したなら，5.0 mMのオゾン初濃度が2.1 mMになるのにどれだけ時間がかかるか．

図11・7に，例題11・5で述べた実験の$[O_3]$を時間に対してプロットしたものを示す．

図11・6と図11・7をちょっと見ただけで，濃度対時間の二つのプロットには明白な違いがあることがわかる．一つは直線だが，もう一つは明らかに違う．図11・7に示された一次反応の曲線は，指数関数的減衰として知られるものの一例である．数学の授業でこの種の曲線になじみがあるかもしれないが，工学の勉強を続けていくとこの種の挙動を示す物理現象はほかにも多くあることがわかるだろう．

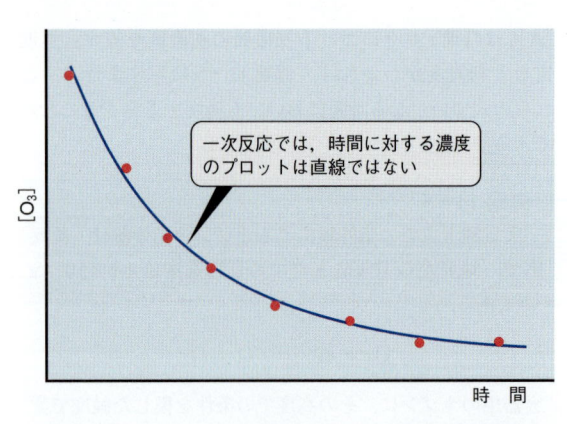

図11・7 この$[O_3]$対時間のプロットは明らかに直線でないので，オゾンの分解がゼロ次の速度式に従わないことを示している．

図11・7のデータを測定したが，まだ反応の次数はわからないとしよう．濃度対時間のプロットが直線でない，すなわちゼロ次の速度式のモデルに合わないことから，この反応がゼロ次ではないことはわかる．つぎにこれが一次反応か考えてみよう．一次の挙動のモデルとデータを比較すればよい．その一つの方法は，このデータが指数関数的減衰（式11・6）に合うか試すことである．これは，関数電卓や表計算ソフトなど非線形関数のフィッティングツールを使えば可能である．しかしデータを視覚的に調べると

きは，曲線プロットは直線ほど判断は容易ではない．したがって直線が得られるようにデータを操作できたらいい[*10]．ちょっと代数を使うだけで，積分形速度式を線形にすることができる．

$$\ln[A] = -kt + \ln[A]_0$$

今度の式では，$\ln[A]$を時間に対してプロットすれば直線が得られる．図11・8は図11・7と同じデータを示すが，直線となるよう操作されている．

この時点で，(1)もし$[A]$対時間のプロットが直線なら反応はゼロ次で，(2)もし$\ln[A]$対時間のプロットが直線なら反応は一次だということがわかる．これらの場合について，積分形速度式から，直線の傾きは$-k$に等しいとも理解できるはずである[*11]．したがってグラフから，速度定数と反応次数の両方を求めることができる．つぎに二次の反応速度論のモデルをみてみよう．

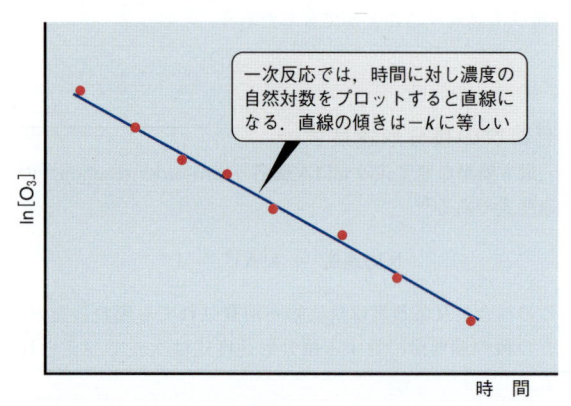

図11・8 一次の積分形速度式は，反応物濃度の自然対数対時間のプロットは直線になるはずだと予測する．この図で，オゾンの分解が実際にそうであることがわかる．

二次の積分形速度式

二次反応（second-order reaction）の場合，積分形速度式の形は一次反応の場合とはまったく異なる．反応物Aが消費される場合の積分形速度式は

$$\frac{1}{[A]_t} - \frac{1}{[A]_0} = kt \qquad (11\cdot7)$$

以前と同様，$[A]_t$は時間tにおけるAの濃度，$[A]_0$は初濃度である．もしkの値がわかれば，この式と例題11・5で用いたのと同じやり方で二次反応を考えることができる．この式は，二次反応の数学モデルを時間の関数として与える．また，以前の場合でみたように，データをそのようなモデルと比較するには直線プロットを用いるとよい．二次反応速度論の積分形速度式の形は，直線プロットの性

[*10] 直線プロットを与えるようにデータを変形することは，データをモデルと比較するための便利な方法である．
[*11] $\ln[A]$には単位はないので，傾き（ならびに速度定数）の単位はたんに時間$^{-1}$である．

質を示している．すなわちこの場合，時間に対して 1/[A] をプロットすればよい．もしそのようなプロットが直線になったら，反応は二次である．例題 11・6 は，グラフを用いた反応次数の決定の練習である．

例題 11・6

大気中の NO_2 が起こしうる化学反応に，NO と O_2 を生成する分解反応がある．学生がこの反応を 370 ℃ で研究し，つぎのデータを得た．

時間 [s]	$[NO_2]$ [mol L^{-1}]
0.0	0.3000
5.0	0.0197
10.0	0.0100
15.0	0.0070
20.0	0.0052
25.0	0.0041
30.0	0.0035

これらのデータに基づき，この反応の次数と速度定数を決定せよ．

解 法 使えるデータは，単一の実験における時間の関数としての反応物濃度であるから，反応次数を決めるのにグラフによる方法を使う必要がある．これまでにみた積分形速度式を使うと，三つの可能性を探ることができる．この反応は，NO_2 についてゼロ次，一次，または二次かもしれない．データをいろいろにプロットしてみて，いずれかのモデルとよく合うか決める必要がある（他の次数の可能性もあるので，どれを試してもだめかもしれないと承知しておくべきである）．表計算ソフトや関数電卓を使うとそのようなデータ処理は簡単である．この例の場合は，3 種のプロットに必要なデータをまずすべて計算し，それからグラフにして直線関係を見つけて次数を決める．

解 答 時間に対してプロットするのに必要な 3 種類の値は，$[NO_2]$（ゼロ次），$\ln[NO_2]$（一次），$1/[NO_2]$（二次）である．下の表にプロットに必要なデータを与える．

時間 [s]	$[NO_2]$	$\ln[NO_2]$	$1/[NO_2]$
0.0	0.3000	-1.20	3.33
5.0	0.0197	-3.93	50.8
10.0	0.0100	-4.61	100
15.0	0.0070	-4.96	140
20.0	0.0052	-5.26	190
25.0	0.0041	-5.50	240
30.0	0.0035	-5.65	290

まず，反応がゼロ次かどうか決めるために時間に対して濃度をプロットする．

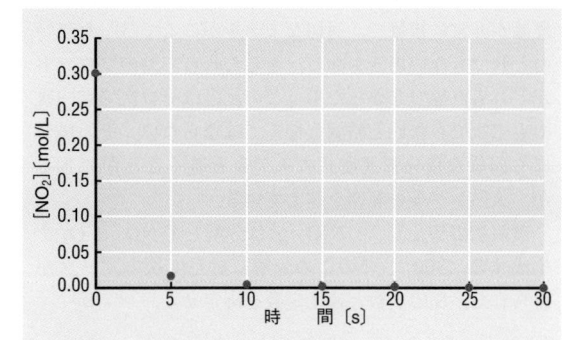

このプロットは明らかに直線ではないので，別の可能性へ移ろう．一次反応速度論か確かめるためには，時間に対して $\ln[NO_2]$ をプロットする必要がある．

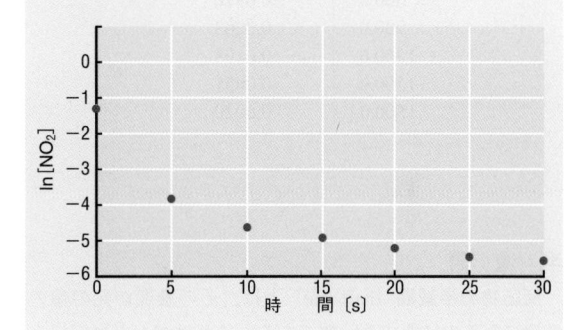

ゼロ次速度論のプロットと同様，このプロットも直線ではないので，反応は一次ではない．最後の選択肢は，反応が二次であるか調べるため時間に対して $1/[NO_2]$ をプロットすることである．

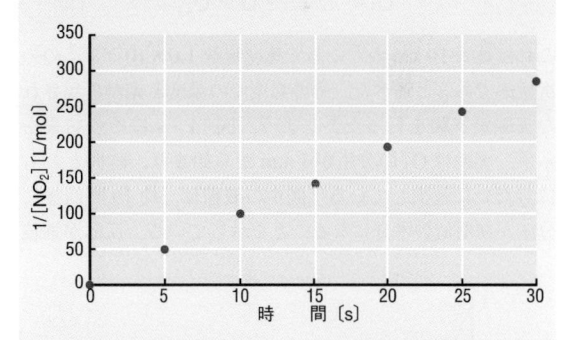

このプロットは直線なので，この反応は二次に違いない．速度定数を決定するには，直線の傾きを測定する必要がある．グラフでみると，直線は 5 秒で 50，21 秒で 200 のところを通っている．これらの数値から傾き（上昇/時間）を計算すると，150/16 で 9.4 L mol^{-1} s^{-1} となる[*12]（この単位はグラフから上昇/時間を考えても得られる）．

考 察 この本は入門書なので，これら三つの簡単なモデルの一つに合うように例を選んだ．しかし，反応速

[*12] 計算機や表計算ソフトに入っている直線回帰関数なら，最良適合線の傾きを決定できる．

度論が非常に複雑で，適切なモデルがここで試した三つのどれでもない場合もある．もしこれら三つのプロットがどれも直線でなかったら，この反応はゼロ次でも一次でも二次でもないと結論しなくてはならない．その場合にも同様な積分形速度式のモデルを導くことができるが，入門レベルの範囲を超えている．

理解度のチェック $N_2O_5(g)$ は分解して NO_2 と O_2 を生成する．300 °C でのこの分解に対して次のデータが得られた．反応次数と速度定数を決定せよ．

時間 [s]	$[N_2O_5]$ [mol L^{-1}]
0.0	0.1500
300.0	0.0729
600.0	0.0316
900.0	0.0203
1200.0	0.0108
1500.0	0.0051
1800.0	0.0020

半減期

反応物の**半減期**（half-life）とは，その濃度が元の値の半分になるのに要する時間である．これはどんな反応にも定義できるが，一次反応で特に意味がある．その理由を理解するため，例題 11・5 で考えた系，大気圏上部における紫外線によるオゾンの光分解に戻ろう．

$$O_3 + h\nu \longrightarrow O + O_2$$

これは地表 10 km のところで速度定数 1.0×10^{-5} s^{-1} の一次反応であると述べた．その高度での温度と光が再現された実験室実験を行ったとしよう．図 11・9 にその結果を示す．実験は O_3 の分圧が 1 atm から始まり，時間とともにしだいに減少している．図中の破線は，約 19 時間後に分圧が初期値の半分になることを示している．反応が継続すると分圧はさらに低下して，約 38 時間後に 0.25 atm すなわち初期値の 1/4 になる．最初の 19 時間でオゾンの分圧は 1 から 0.5 へと半減する．グラフ上で 19 時間と 38 時間の間で，圧力はさらに半減し 0.5 から 0.25 になる．この実験における特別な条件下では，19 時間ごとにオゾンの分圧は 1/2 になる．したがって半減期は，どれだけのオゾンで始めたかに関係なく一定である．

積分形速度式（式 11・5）に代入することにより，一次反応の半減期の数式を得ることができる．定義により，反応が半減期 $t_{1/2}$ だけ進行すると，反応物の濃度は $[A] = 1/2[A]_0$ となるはずである．したがって次式を得る．

$$\ln\left(\frac{\frac{1}{2}[A]_0}{[A]_0}\right) = \ln\left(\frac{[A]_0}{2[A]_0}\right) = -kt_{1/2}$$

これは簡単にすると

$$\ln\frac{1}{2} = -kt_{1/2}$$

$$\ln 1 - \ln 2 = -kt_{1/2}$$

すなわち

$$\ln 2 = kt_{1/2}$$

となる．したがって半減期は

$$t_{1/2} = \frac{\ln 2}{k} = \frac{0.693}{k} \qquad (11\cdot 8)$$

式(11・8)は，任意の一次反応で半減期を速度定数へ関係づけている．k は物質の量には依存しないので，$t_{1/2}$ も依存しない．半減期は原子核の壊変速度を表すのに最もよく用いられる[*13]．すべての放射壊変過程は一次反応速度論に従うので，各プロセスに従事する人々がこれらの系を論じるときは，通常，速度定数より半減期を使う．式(11・8)により半減期を速度定数へ（またはその逆へ）容易に変換できるので，これらの値のどちらかがわかれば反応速度論に関して同じ量の情報が得られる（原子核壊変の場合，半減期は温度にも依存しない）．

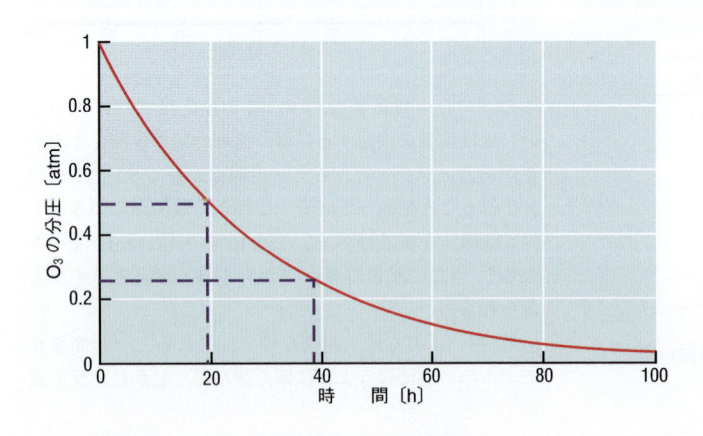

図11・9 成層圏のオゾンの分解をモデル化した実験における時間の関数としてのオゾンの分圧．オゾンの分圧は 19 時間ごとに 1/2 ずつ低下している．

[*13] 放射壊変とその速度論は第 14 章で詳細に議論する．

例題 11・7

図11・9に示したオゾンの光分解速度は遅いようにみえる．しかし実際には，紫外線がないときに比べればものすごく速い．25℃での暗所でのオゾンの熱分解速度定数 k はたったの $3\times10^{-26}\,\text{s}^{-1}$ である．この条件でのオゾンの半減期はいくらか．

解法 速度定数の単位から，これが一次反応であることがわかる．したがって一次反応の半減期の式を使うことができる．

解答
$$t_{1/2} = \frac{0.693}{k} = \frac{0.693}{3\times10^{-26}\,\text{s}^{-1}} = 2\times10^{25}\,\text{s}$$

解答の分析 これほど大きな数値だと戸惑ってしまうかもしれないが，速度定数と半減期は互いに反比例の関係であることに気づけば，このように大きな数値も理にかなっているとわかる．もし速度定数が小さければ，半減期は長いはずである．

考察 この結果を上述の19時間（約68,000 s）の半減期と比較すると，光分解反応における紫外線の重要性がわかる．光がないと速度定数は20桁以上も小さくなり，半減期をものすごく長くする．

理解度のチェック N_2O_5 の成層圏（40 km）における光分解の半減期はおよそ 43,000 s である．この反応の速度定数はいくらか．

11・5 温度と反応速度論

成層圏のオゾン層破壊の原因として最も広く知られているのは，まだ冷蔵庫に多く入っている化学物質，クロロフルオロカーボン（CFC）である．フレオン12®は CCl_2CF_2 の登録商標で，冷蔵庫やエアコンに最も広く使われてきた特別なクロロフルオロカーボンである．

冷蔵庫が必要なわけを自問したことがあるだろうか．好きな飲み物を冷やしておく以外で，この冷却貯蔵スペースに何の利点があるのか．その答えは化学反応速度の温度依存性にある．冷蔵庫なしでは，食品はずっと早く駄目になる．食料を健全な状態に保つことは，冷蔵庫の非常に重要な用途である．それが可能なのは，化学反応は，食品中の危険な細菌を成長させる反応も含め，低温ほど遅くなるからである．この温度効果を簡単な実験で判定することができる．牛乳を一つは室温におき，一つは冷蔵庫に入れて，酸っぱい臭いになるまでにかかった時間を計る．結果ははっきりしており，室温の牛乳の方がずっと早く酸っぱくなる．どうして温度は反応速度に影響するのか．そしてその効果をどうしたら定量化できるだろうか．

温度効果と反応する分子

分子の運動を記述するのに最も有用なモデルである分子運動論を用いて，反応速度論における温度の役割を調べることができる[*14]．二つの気相分子間で化学反応に至るような事象を考えてみよう（同じ考えは固体や液体に関する反応にも当てはまるが，気相の方が議論が容易なだけである）．

分子運動論によれば，分子は互いに衝突によってのみ相互作用する．したがって二つの分子が反応するには，まず衝突しなくてはならない．しかしすべての分子間衝突が化学反応に至るとは期待すべきでない．N_2 と O_2 分子はつねに衝突しているが周りの空気は安定なことは経験からわかる．したがって窒素と酸素の衝突による反応確率は非常に低いに違いない．もし衝突のみで反応性を説明できないのであれば，つぎに頭に浮かぶ変数は何だろうか．一つの可能性は衝突分子の運動エネルギーである．ゆっくり動いている分子が穏やかな衝撃で衝突しても普通は反応には至らないだろうが，速く運動している分子では反応は起こりやすいだろう．

§5・6のボルツマン分布が分子の速さを表すことを思い出そう．図11・10は二つの温度における気体分子の速さの分布を示す．高温では，分子の大部分は高速で運動す

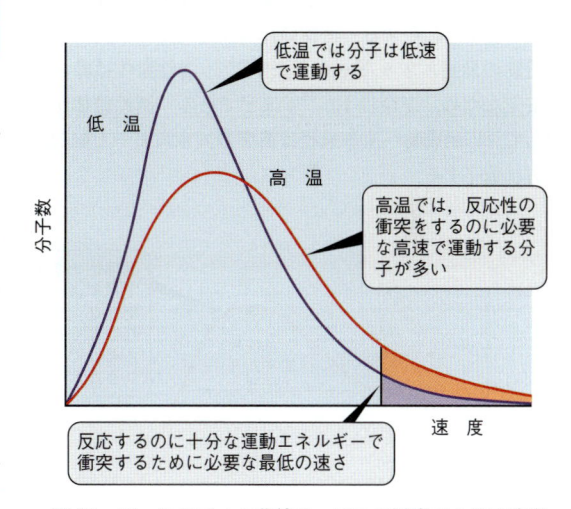

図11・10 この二つの曲線は，二つの温度での分子速度のマクスウェル−ボルツマン分布を表す．影をつけた領域は，反応するのに十分なエネルギーで衝突できるぐらい十分速く運動している分子の数を表す．高温では速く運動する分子がずっと多いことに注意しよう．

る．したがって高温では反応はより素早く進行する傾向がある．反応物間のより多くの衝突で反応をひき起こすのに必要な高いエネルギーをもつからである．

反応はなぜ高エネルギー衝突を必要とするのだろうか．

[*14] 分子運動論については §5・6 で議論した．

化学反応は化学結合の切断と形成を含む．熱力学から，結合の切断はエネルギーを必要とし，結合の形成はエネルギーを放出することを知っている．直感的には，新しい結合ができる前に古い結合が切れる，または少なくとも切れ始める必要があると思われる．したがって多くの化学反応では，反応物の結合の切断開始時にエネルギーの注入を必要とする．図11・11にこの条件を図示する．第9章でみたように，標準熱力学データで，反応が発熱か吸熱かを予測することができる．しかし反応物から生成物を得るためには，反応はまず**活性化エネルギー**（activation energy）または活性化障壁とよばれるエネルギー障壁を越えなければならない．速く運動する粒子の衝突はこの活性化エネルギーを越えるのに十分なエネルギーを供給する．この障壁が大きいほどより多くの運動エネルギーが必要になる．したがって活性化エネルギーは，反応に至るのに衝突がどれだけ強力でなければならないかを決めるものである．

衝突の幾何学も，速く運動する分子間の衝突が有効であるかどうかにかかわっている．図11・12でわかるように，N_2O と酸素原子間の衝突が反応に至るかどうかは，衝突の配向に依存する．有効な衝突の瞬間においては，結合の切断と形成がともに起こっている．ほんのつかの間，結合の再配列が起こっている間，**活性錯体**（activated complex, 図11・12では‡で示す）とよばれる不安定な中間体が反応混合物中に存在する．活性錯体は反応物から生成物へ至る道筋の最高エネルギー点を表す[*15]．活性錯体は非常に不安定なため，寿命は 10^{-15} s ほどである．活性錯体が形成して反応生成物へ至る過程は衝突のエネルギーと配向の両方に依存する．

アレニウス挙動

化学反応速度の温度依存性は長年にわたり研究されてきた．ほとんどの反応に対して，**アレニウス式**（Arrhenius equation）とよばれる関係を用いて速度定数 k の温度依存性を表すことができる[*16]．

$$k = Ae^{-E_a/RT} \tag{11・9}$$

ここで E_a は活性化エネルギー，R は気体定数，T は温度〔K〕，そして A は**頻度因子**（frequency factor）または**前指数項**（pre-exponential factor）とよばれる比例定数である．以前，大きな活性化エネルギーは反応を妨げると述べた．式(11・9)はこの効果を示している．すなわち E_a が増大するにつれ k は小さくなり，小さな速度定数は遅い反応に対応する．温度と活性化エネルギーが指数に現れているので，速度定数はこれらのパラメーターに非常に敏感であることに注意しよう．このため，かなり小さな温度変化でも反応速度に大きな効果をもつことがある．

アレニウス式を使って活性化エネルギーを実験的に決定することができる．温度は通常実験で制御できるパラメーターなので，指数から除いた方が扱いやすい．そこで式(11・9)の両辺の自然対数をとると，

$$\ln k = \frac{-E_a}{RT} + \ln A$$

整理して次式を得る．

$$\ln k = \frac{-E_a}{R}\left(\frac{1}{T}\right) + \ln A$$

これは E_a や A の値の決め方を示している．少なくとも二つの温度で k を測定する必要があるが，すでにそのやり方

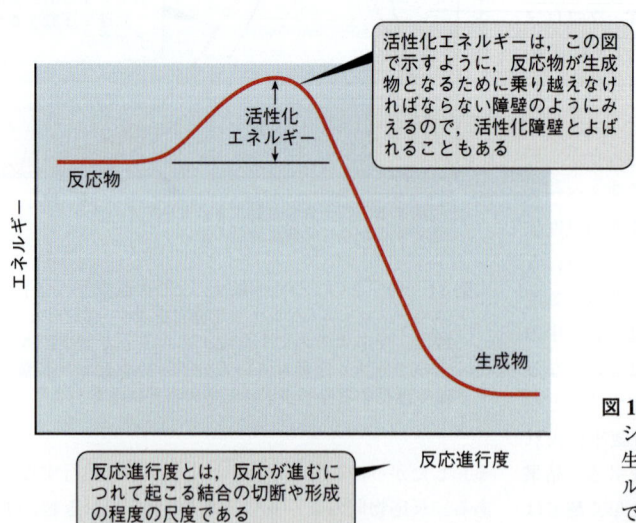

図11・11 発熱的化学反応に対するポテンシャルエネルギーのプロット．反応物から生成物へ進むためには，分子は活性化エネルギーを越えられるほど十分なエネルギーで衝突しなければならない．

[*15] より明確にいうと，活性錯体とは，生成物へ向かう最低エネルギー経路のなかで最もエネルギーの高い点のことである．〔訳注〕通常，この最高エネルギー点は**遷移状態**（transition state）とよばれ，活性錯体とは区別されている．

[*16] アレニウス（Svante Arrhenius）は酸と塩基についても研究した．水中で酸は H^+，塩基は OH^- を生成するとの考えは彼の功績である．

は知っている．整理した方の式はおなじみの $y = mx + b$ の形をしているので，$\ln k$ を $1/T$ に対してプロットすると直線になるはずである．この直線の傾きは $-E_a/R$ で，R は気体定数で値は既知である[*17]．したがって図 11・13 に示すように，直線の傾きから活性化エネルギーを見積もることができる．この種の問題は，関数電卓や表計算ソフトを使えば簡単である．

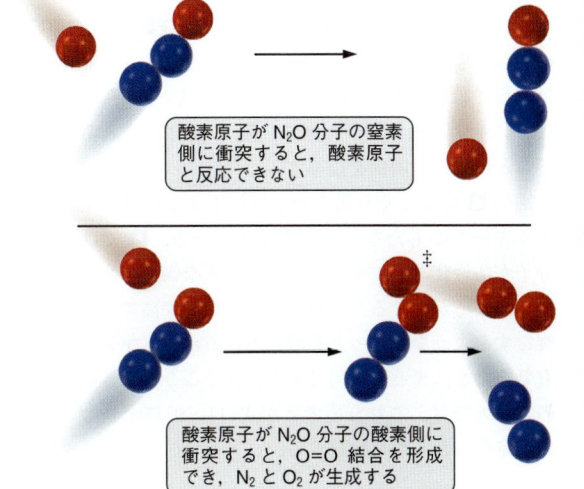

図 11・12 分子衝突が反応性かどうかを決定するうえで，幾何学的因子も重要である．酸素原子が N_2O と反応するためには，N_2O 分子の酸素側に衝突しなければならない．衝突配向の重要性は反応する分子の形に依存する．

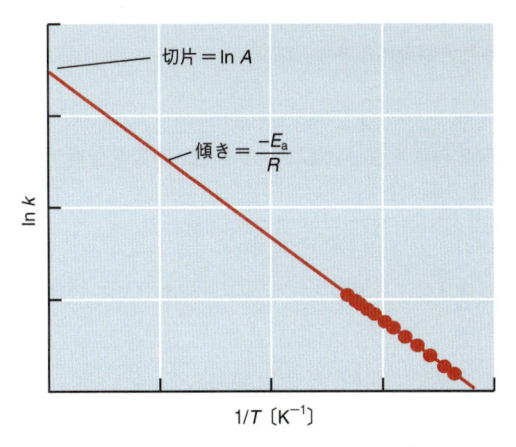

図 11・13 アレニウス式によれば，$\ln k$ 対 $1/T$ のプロットは傾きが $-E_a/R$ の直線を与えるはずである．このようなプロットは，反応の活性化エネルギーを決定するため頻繁に使われている．

例題 11・8

対流圏でオゾンはヒドロキシルラジカルとのつぎの反応で O_2 に変換される．

$$HO\cdot(g) + O_3(g) \longrightarrow HO_2\cdot(g) + O_2(g)$$

この反応の速度定数 k が，種々の温度で実験により測定された．

$k\,[\mathrm{L\,mol^{-1}\,s^{-1}}]$	温度 [K]
1.0×10^7	220
5.0×10^7	340
1.1×10^8	450

(a) この反応はアレニウス挙動を示すか．(b) これらのデータから活性化エネルギーを見積もれ．

解 法 この反応がアレニウス挙動を示すかどうか決定するには，アレニウス式が示すモデルとデータを比較する必要がある．このために，$\ln k$ を $1/T$ に対してプロットする．プロットしたデータが直線になればその傾きが $-E_a/R$ であるから，傾きから活性化エネルギーを決定できる[*18]．

解 答 まず，表を広げてプロットに必要なデータを入れる．

$k\,[\mathrm{L\,mol^{-1}\,s^{-1}}]$	$\ln k$	温度 [K]	$1/T\,[\mathrm{K^{-1}}]$
1.0×10^7	16.1	220	4.5×10^{-3}
5.1×10^7	17.7	340	2.9×10^{-3}
1.1×10^8	18.5	450	2.2×10^{-3}

$\ln k$ (y 軸) を $1/T$ (x 軸) に対してプロットする．

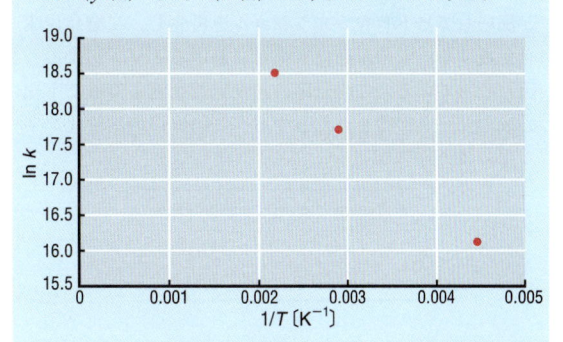

このデータは直線になるようなので，(a) の答えはイエスである（本当はこの結論の元になるデータ点は三つよりもっとあった方がよい）．直線の傾きを測るには関数電卓や表計算ソフトのフィッティングプログラムを使うこともできる．あるいは，直線上の 2 点からも決めるこ

[*17] アレニウス式を扱うとき，最もよく使われる R の形式は $8.314\,\mathrm{J\,K^{-1}\,mol^{-1}}$ である．E_a/RT が無次元となるようにすべての単位を選ぶことが肝心である．

[*18] ある単位の対数をとることに物理的意味はないので，$\ln k$ という量は無次元と考えられる．したがってこのグラフの傾きの単位は K になる．

とができる．グラフからみて妥当と思われるが，もし得られた直線に最初の点と最後の点が含まれているなら，上の表から直接データを使って見積もることができる．

$$\text{傾き} = \frac{\Delta \ln k}{\Delta \left(\frac{1}{T}\right)}$$

$$= \frac{16.1 - 18.5}{(4.5 \times 10^{-3} - 2.2 \times 10^{-3}) \text{ K}^{-1}}$$

$$= -1.04 \times 10^3 \text{ K} = -\frac{E_a}{R}$$

$R = 8.314 \text{ J K}^{-1} \text{ mol}^{-1}$ を代入して E_a を求める．

$$E_a = (1.04 \times 10^3 \text{ K})(8.314 \text{ J K}^{-1} \text{ mol}^{-1})$$
$$= 8.7 \times 10^3 \text{ J mol}^{-1} = 8.7 \text{ kJ mol}^{-1}$$

解答の分析 この答えを評価するには，活性化エネルギーの大きさをある程度熟知している必要がある．典型的な E_a の値は数十 kJ mol^{-1} のオーダーであるから，これは少し小さい．しかしフリーラジカルは非常に反応性が高いので，活性化エネルギーが小さくとも矛盾はない．

考察 実験データの最良適合線が，データ点を通らないことはよくある．関数電卓や表計算ソフトを使うのが，そのような線の傾きを決定する最も簡単で最良の方法である．しかしこの傾きの計算は，直線モデルがデータに対して適度に適合しているときのみ意味がある．適合の質が満足できるか確かめるために，同じ図上でデータ点と最良適合線を比べてみるのがよい．もしデータが直線関係でないようであれば，直線適合から得られた傾きや他のパラメーターを信頼すべきではない．

理解度のチェック HO$_2$・が発生すると，一酸化炭素と反応してヒドロキシルラジカルを再生し，二酸化炭素を生成する．この反応は大都市におけるオゾン汚染の一因となっている．この反応の速度定数を測る実験で下記の表のデータが得られたとする．この反応の活性化エネルギーはいくらか．

k [L mol^{-1} s^{-1}]	温度 [K]
5.9	301
4.7×10^4	650

ほとんどの学生にとって，一般化学で修得すべき事項のうち，最も理解が難しいのは，バルクの巨視的な性質と，そのバルク特性の分子レベルでの起源の間の関係である．アレニウス式はこの種の知的関係に焦点を当てるよい機会を提供する．

$$k = A e^{-E_a/RT} \qquad (11 \cdot 9)$$

この式には，指数の引数 $(-E_a/RT)$ と頻度因子 A という二つの重要な因子がある．図 11・14 は，これら二つの要素が，分子レベルでの考察からいかに生じるかを示している．この図は 2 分子の ClO が Cl$_2$ と O$_2$ へ変換される反応を示している．

$$2 \text{ ClO} \longrightarrow \text{Cl}_2 + \text{O}_2$$

いつもの色表示に従って，図は塩素原子を緑，酸素原子を赤で示している．オゾンの大気化学に関係するのでこの反応を選んだが，他の反応にも同じ議論が当てはまる．

ボルツマン分布に対する温度効果はこれまでのところでたぶんよくわかっているだろうが，低温（❷）と高温（❸）の二つの場合についてそれを示す．ボルツマン分布によれば高温ではより多くの分子が反応できると以前に述べた．ここに示す最後の三つの図で，❷ と ❸ に含まれる分子の速さと反応性の関係を描写する．

図の ❹ はゆっくり動く分子は反応するには不十分なエネルギーしかもたないことを示す．一方，❺ では高速の分子が活性化エネルギーを超える大きな衝突エネルギーをもち，反応が起こる．さらに多くの分子が高エネルギー衝突をするような，もっと高温におけるボルツマン分布での有効衝突も，まったく同じように描くことができる．下記のコラムでは，これらの考えが式 (11・9) によりどのように定量化されるかを検討する．

> **数学とのつながり**
>
> 図 11・14 は衝突エネルギーが活性化障壁を越えることがいかに重要かを示しているが，この概念はアレニウス式ではどのように表されているだろうか．指数の引数は，これら活性化エネルギーと運動（衝突）エネルギーの比である．§5・6 で分子運動論を導入したとき，平均の速さ（より正確には根平均二乗速さ）は次式で与えられたことを思い出そう．
>
> $$\left[v_{\text{rms}} = \sqrt{\frac{3RT}{M}} \right]$$
>
> M は気体のモル質量である．この式の両辺を 2 乗すると RT が分離できて
>
> $$\left[RT = \frac{1}{3} M v_{\text{rms}}^2 \right]$$
>
> モル質量は分子の質量とアボガドロ定数 (N_A) の積であるから，
>
> $$RT = \frac{N_A}{3} m v_{\text{rms}}^2$$
>
> 運動エネルギーは $\frac{1}{2} mv^2$ と表されるので，RT は直接に平均運動エネルギーに関係づけられる．
>
> $$RT = \frac{2 N_A}{3} \left(\frac{1}{2} m v_{\text{rms}}^2 \right)$$
>
> $$= \frac{2 N_A}{3} \times (\text{平均運動エネルギー})$$
>
> このように，巨視的なアレニウス式は試料中の分子の

11・5 温度と反応速度論

平均運動エネルギーに基づいている．ボルツマン分布を用いてその平均的挙動が定量化され，巨視的部分と微視的部分が結びつけられる．アレニウス式はつぎの比を含む．

$$\frac{活性化エネルギー}{運動エネルギー}$$

この比の運動エネルギーの部分を温度を変えて変化させても，活性化エネルギーは変わらない．

頻度因子 A は衝突頻度を説明するが，これは関与する分子の大きさに依存する．図 11・12 で説明したような配向効果のため，高温で衝突エネルギーが高くても，すべての衝突が反応に至るとはかぎらないこともこの因子に反映されている．図 11・14 で考えた反応の場合，たとえば O=O 結合が形成し始める有効な衝突が起こるには，2 個の ClO 分子の酸素側が互いに直接衝突することが必要かもしれない．

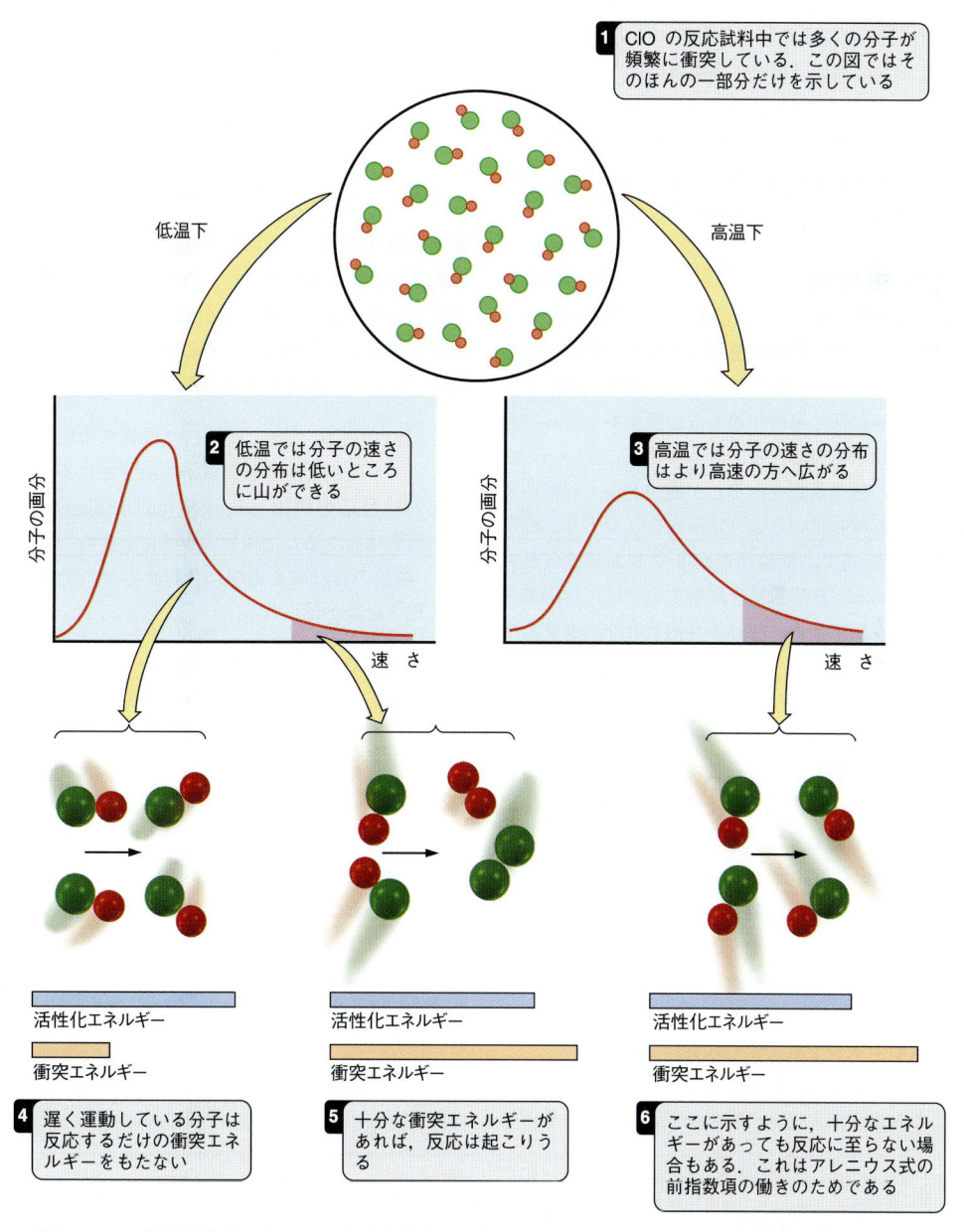

図 11・14 温度と衝突エネルギーと反応速度の関係を示す．活性化エネルギーは，衝突から反応に至るために打ち勝たなければならない最低の閾値を定める．高エネルギー分子の数は，ボルツマン分布に従い温度とともに増大する．

11・6 反応機構

以前，チャップマンサイクルの正味の反応，$2\,O_3 \longrightarrow 3\,O_2$ について述べた．正味の変化がない反応の速度論など無意味のようにも思えるが，すでにみたように，チャップマンサイクルの重要性はその内部の詳細にある．チャップマンサイクルがなければ，大気圏上層にオゾン層はなく，地表に到達する有害な紫外線量はかなり多くなるだろう．この自然の反応サイクルは反応機構の重要性を指摘している．**反応機構**（reaction mechanism）とは，反応物が生成物になる道筋を説明する，一つまたは複数の反応過程の集合である[19]．反応式全体を部品リストと完成品にたとえると，その反応機構は組立て手順書のようなものである．チャップマンサイクルのような多くの場合において，その過程の速度論を理解したいのであれば，反応機構について考えなくてはならない．全体の反応の背後にある，結合切断と結合形成の段階過程とは何だろうか．

素過程と反応機構

化学反応は反応物が衝突したときに起こると述べた．分子運動論によれば，2粒子間の衝突はかなり一般的であるが，3粒子の衝突はずっと起こりにくい．乱雑に運動している種が3個同時に同じ場所に達する必要があるからである．ましてや4粒子衝突などとてもありそうにない．しかし，化学反応式の量論係数をみると，衝突が多くの粒子間で起こることを意味しているようにみえる．つまり，つり合いのとれた反応式で，量論係数が2や3よりずっと大きいことがよくある．反応機構を理解するには，反応の全体の化学量論と，反応機構における各過程とを区別する必要がある．

反応機構における個々の反応は，**素過程**（elementary step）とよばれる．全体の化学量論的反応式とは異なり，素過程において反応物にかかる係数は，その反応過程の速度式に現れる濃度の指数を与える[20]．上で述べた推論によれば，起こりうる素過程には3種類しかない．すなわち1分子，2分子，そして3分子が関与する過程である．反応物が1個の過程は**単分子過程**（unimolecular process），2個と3個の場合はそれぞれ**二分子過程**（bimolecular process），**三分子過程**（trimolecular process）とよばれる．この反応分子数は，表11・1にまとめるように，素過程の速度式の全次数を教えてくれる．

いくつか他の項を定義できるように，特定の反応機構について考えてみよう．オゾンの塩素ラジカルによる分解の

表11・1 素反応の分子数のまとめ

素反応のタイプ	分子数	速度式
A→生成物	1分子	速度 = $k[A]$
A＋B→生成物 2A→生成物	2分子	速度 = $k[A][B]$ 速度 = $k[A]^2$
A＋B＋C→生成物 2A＋B→生成物	3分子	速度 = $k[A][B][C]$ 速度 = $k[A]^2[B]$
A＋B＋C＋D→生成物	観察されない	

正味の反応は $2\,O_3 \longrightarrow 3\,O_2$ で表される．この反応について一般に認められた反応機構は

$$Cl\cdot + O_3 \longrightarrow ClO\cdot + O_2$$
$$ClO\cdot + O_3 \longrightarrow Cl\cdot + 2\,O_2$$
$$計：\quad 2\,O_3 \longrightarrow 3\,O_2$$

素過程の反応式は，他の化学反応式とまったく同じようにみえることに注意しよう．したがって見かけからは区別できないので，反応機構を書くときは，各反応式はつねに素過程であることを覚えていることが大切である．上の反応機構には，二つの重要な特徴があることがわかる．

1. 最初の反応で発生した ClO は第二の反応で消費される．一つの段階で生じ後の段階で消費される化学種は中間体または**反応中間体**（reactive intermediate）とよぶ．多くの機構は一つまたは複数の中間体を含む[21]．

2. 機構の各段階を適切に合わせると，全反応で観察される化学量論が得られる．

気相反応ではあらゆる瞬間において莫大な数の衝突が起こり，反応中間体の形成と分解も非常に速いので，反応機構を確実に知ることはできない[22]．しかし，反応速度を観察し，得られた速度と全体の化学量論を，提案された機構と比較することにより，得られるデータに合う機構を提案することができる[23]．もし二つ以上の機構が可能であれば，別の実験をして選択を試みることができる．例題11・9で，正しい機構とそれに関係した項目を特定する練習をしてみよう．

例題 11・9

N_2O_5 の分解は次式で与えられる．

$$2\,N_2O_5(g) \longrightarrow 4\,NO_2(g) + O_2(g)$$

---

[19] 分子レベルでの反応機構の研究は化学動力学とよばれる．
[20] 非常に重要なこととして，量論係数を反応次数として使えるのは，素過程について考えるときだけであることを覚えておこう．
[21] 全体の反応における中間体は，ある素過程では生成物，また別の素過程では反応物かもしれない．
[22] ［訳注］近年のフェムト秒化学の進展により，中間体の実験的観察が可能になりつつある．
[23] ［訳注］実際にはこのような方法ではなく，機構に現れる中間体に**定常状態近似**とよばれる手法を適用して，得られる速度式が実験により得られる速度式に一致するかどうかで，提案された機構の妥当性を判断することが一般に行われている．

この反応に対してつぎの機構が提案されている．

$$N_2O_5 \longrightarrow NO_2 + NO_3$$
$$NO_2 + NO_3 \longrightarrow NO_2 + NO + O_2$$
$$NO + NO_3 \longrightarrow 2 NO_2$$

(a) この機構はそのままで正しい化学量論を与えるか．もしそうでなければどんな調整が必要か．(b) 機構中の中間体をすべて特定せよ．(c) 機構の各段階の反応分子数を特定せよ．

解法 反応機構の定義を考えて，この機構の例がどのようにその定義を例証しているか確かめよ．

解答
(a) 機構の各素過程を単純に足すと次式となる．

$$N_2O_5 + NO_3 \longrightarrow O_2 + 3 NO_2$$

これは求める化学量論ではない．そこで最初の素過程を2倍すると

$$2 N_2O_5 \longrightarrow 2 NO_2 + 2 NO_3$$

それを素過程2と3に足すと，

$$2 N_2O_5 \longrightarrow 2 NO_2 + 2 NO_3$$
$$NO_2 + NO_3 \longrightarrow NO_2 + NO + O_2$$
$$NO + NO_3 \longrightarrow 2 NO_2$$
計： $2 N_2O_5 \longrightarrow O_2 + 4 NO_2$

となる．したがってこの機構は，他より頻繁に起こる過程が必要だと認識するかぎり，正しい化学量論を与える．

(b) この場合の中間体は NO_3 と NO である．

(c) 最初の素過程は単分子過程であるが，第二，第三の過程は二分子過程である．

考察 この種の問題解答の仕方は，普通とは逆に行われている．つまり問題の反応はすでにわかっていて，問題を解くために与えられた他のデータつまり反応機構の各過程から説明できることも知っていた．一般化学では反応機構の場合以外でもこのような問題解答法を用いる．このように問題を解くのが最も理にかなっている化学の別種の問題とはどのようなものか，考えてみるとよい．

理解度のチェック 以下の機構はかつて N_2O_5 の分解に提案された．

$$N_2O_5 \longrightarrow N_2O_3 + O_2$$
$$N_2O_3 \longrightarrow NO_2 + NO$$
$$NO + N_2O_5 \longrightarrow 3 NO_2$$

(a) この機構が正しい可能性はあるか．(b) この反応の中間体を特定せよ．(c) 各素過程の反応分子数を決定せよ．

機構と速度──律速段階

ひとたび反応機構を提案したら，その各素過程について速度式を書くことは容易である[*24]．しかし実験的に測定できるのは全反応の速度式である．個々の素過程の速度式は，どうやったらこの観察される全反応速度式に関係づけられるだろうか．その答えは，ほとんどの機構には，ほかのすべての過程に比べずっと遅い過程が含まれるという事実にある．この遅い過程は **律速段階**（rate-determining step）とよばれ，これが速度式を決定づける．なぜ最も遅い過程がそのような役割を担うのだろうか．

つぎのようなたとえを考えよう．食事がおいしくて値段も安い非常に人気のカフェテリアで昼食をとるとしよう．唯一の問題は，サービスが少し遅いということだ．列が動くにつれ，1人が食べ物を受け取るのに5分かかり，つぎの人が受け取るのにさらに5分かかる．それから支払いにそれぞれ30秒かかる．このカフェテリアのレジをよく見ていれば，5分ごとに客は食事を持って通っていくと予想できる．すなわちこれは昼食を得る"機構"における遅い過程（食べ物を受け取るとき）の速度に等しい．このたとえをもう一歩進めてみよう．店のオーナーは，列が長すぎて客に敬遠されていると心配している．そこでスピードアップを図るため新しいレジを購入し，支払い時間を1人あたり15秒切り詰めた．しかし驚いたことに，レジを通過するのにかかる時間は客1人あたり5分のままであった．過程の速い部分をスピードアップしても全体の速さには何の影響もない．速度は遅い過程で決まるからである．反応機構における遅い過程を"律速段階"とよぶのはそのためである．化学反応では，速い段階は遅い段階より数桁も速いことがある．

チャップマンサイクルでオゾンが生成するとき，遅い過程は最後の段階すなわち原子状酸素とオゾンの反応である．

$$O + O_3 \longrightarrow 2 O_2$$

成層圏に保護的なオゾン層があるのは，この反応がサイクル反応の律速段階だからである．酸素原子が結びついてオゾンになると，オゾンは紫外線を吸収するに十分なだけ長い間生き延び，その吸収が地表に紫外線が達するのを妨げる．もし上記の最後の過程が遅くなかったら，チャップマンサイクルの前の過程でつくられたオゾンは紫外線の光子に出会う前に化学的に分解するだろう．紫外線を吸収するオゾンがなければ紫外線は成層圏を突き抜けて対流圏の生命体に害を与えるだろう．

11・7 触媒作用

本章の始めから，オゾン層破壊に関する環境問題は，成

[*24] 素過程では，反応次数はつり合いのとれた反応式の係数で与えられる．

層圏におけるオゾンの分解速度の増大から生じていることに注目してきた．これは明らかに，人間がつくり出した化学物質が原因である．冷媒として用いられたクロロフルオロカーボン（CFC）が特にオゾン層破壊の原因としてあげられている．しかしチャップマンサイクルをみても，CFC の明らかな役割はわからない．それでは，元の化学反応式にも現れないとしたら，これらの分子はどうやってオゾンの分解を加速できるのだろうか．触媒作用とは，全反応式で反応物でも生成物でもない物質の存在によって，反応速度が影響される過程のことである．**触媒**（catalyst）とは，反応速度を増大させるが，その過程で生成も分解もされない物質のことである．CFC はオゾン分解をどのように触媒できるのだろうか．

均一系触媒と不均一系触媒

触媒は大きく二つに分類できる．**均一系触媒**（homogeneous catalyst）は触媒と反応物質が同じ相にあり，**不均一系触媒**（heterogeneous catalyst）は違う相にある．気相反応で不均一系触媒は通常固体表面である．大気での反応過程においては両方の触媒が重要である．

成層圏におけるオゾンの触媒的分解は，そこに存在する気体間の反応を含むので，均一系触媒反応の例である．この過程で最も重要な触媒は塩素である．成層圏に存在する塩素の大半は，対流圏で放出されてゆっくりと成層圏に移動してきた CFC 分子に由来する（CFC は地表では非常に不活性なので，大気中に放出された分子はほとんどすべて，最終的に成層圏へたどりつく）．CFC は紫外線を吸収すると以下の触媒反応機構を開始する[*25]．

過程 1:　　$CF_2Cl_2 + h\nu \longrightarrow CF_2Cl + Cl\cdot$

過程 2:　　$Cl\cdot + O_3 \longrightarrow ClO\cdot + O_2$

過程 3:　　$ClO\cdot + O_3 \longrightarrow Cl\cdot + 2\,O_2$

第二，第三の反応には，以前，反応機構について議論したときに出会っている．塩素原子がオゾン分解の触媒として作用しているといえるのは，(a) この反応の化学量論の構成要素ではなく，(b) 反応によって消費されず，(c) 正味の反応速度を増すからである．塩素原子は過程 3 で再生されるので，再び反応を触媒できる．塩素原子 1 個がこの機構を何度も繰返して 100,000 個以上のオゾン分子を分解可能である．このため，米国は 1978 年にスプレー缶中のガスとしての CFC の使用を禁止した．モントリオール議定書は国際条約として CFC の生産終了を求めている．現在，新しい装置では非 CFC の冷媒やスプレーガスが使われているが，古い冷蔵庫やエアコンにはまだ CFC が入っていて，環境中へ放出される可能性がある．

不均一系触媒も同様に，対流圏でのオゾンの大気化学で役割を演じている．自動車の触媒コンバーター（排ガス制御装置）は多孔質のセラミックス材料が充填されているが，これは CO と NO_x（窒素酸化物）の排ガスからの除去反応を触媒する表面を提供している（窒素酸化物は光化学スモッグ中のオゾンなどの肺刺激物質の生成を開始する．この過程は §11・8 で詳細に調べる）．触媒コンバーターが機能するこの過程を図 11・15 に示すが，この種の反応はほとんどの不均一系触媒にみられる．

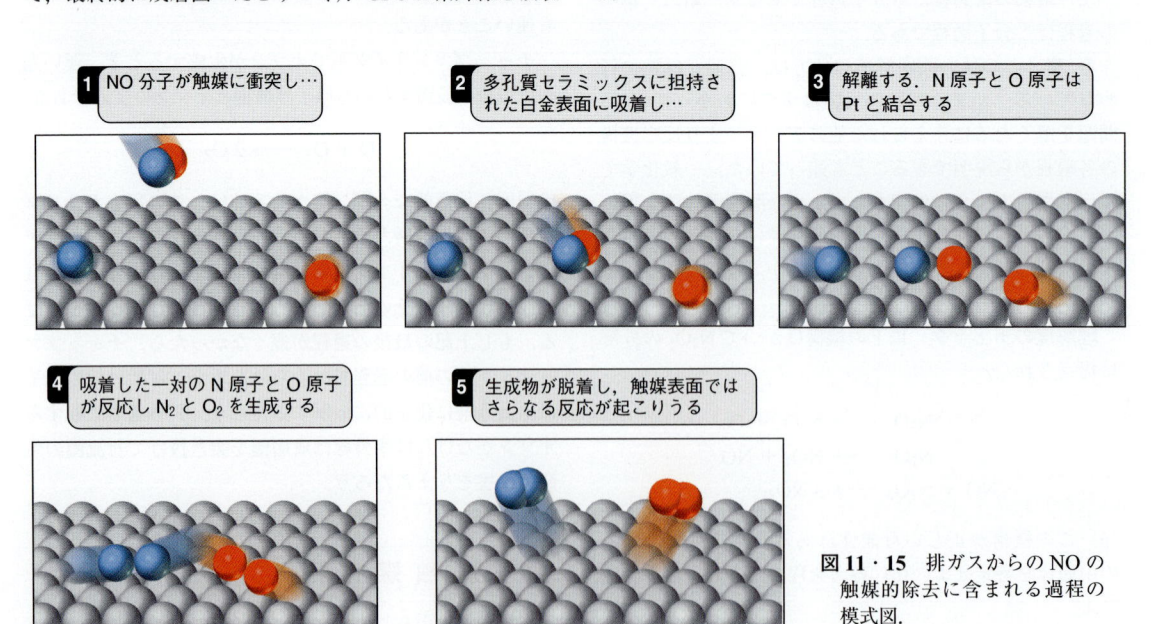

1　NO 分子が触媒に衝突し…

2　多孔質セラミックスに担持された白金表面に吸着し…

3　解離する．N 原子と O 原子は Pt と結合する

4　吸着した一対の N 原子と O 原子が反応し N_2 と O_2 を生成する

5　生成物が脱着し，触媒表面ではさらなる反応が起こりうる

図 11・15　排ガスからの NO の触媒的除去に含まれる過程の模式図．

[*25] 米国海洋大気庁の Susan Solomon 博士の研究によれば，これらの反応は氷粒子の表面で起こっている．

1. 反応種は触媒表面に吸着する，つまりくっつく．(分子の**吸着**とは表面にくっつくことを意味し，分子や物質の**吸収**とは水やスポンジのような物質の中への浸透を意味する．**脱着**は吸着の逆である．)
2. 吸着された化学種は，互いに出会うまで表面上を動き回る．
3. 表面上で反応が起こる．
4. 生成物が触媒表面から脱着する．

触媒作用の分子論的見方

以前，化学反応の活性化エネルギーがその速度論で重要な役割を演じていることを述べた．触媒は，活性化エネルギーを下げる別の経路を提供することにより反応速度を増大させる．図11・16は，2個のオゾン分子から3個の酸素分子への変換について，この概念を説明している．塩素原子が加わると，2個のオゾン分子の直接衝突に比べ一つ余計な過程を必要とするが，反応に必要な正味のエネルギーは低くなる．

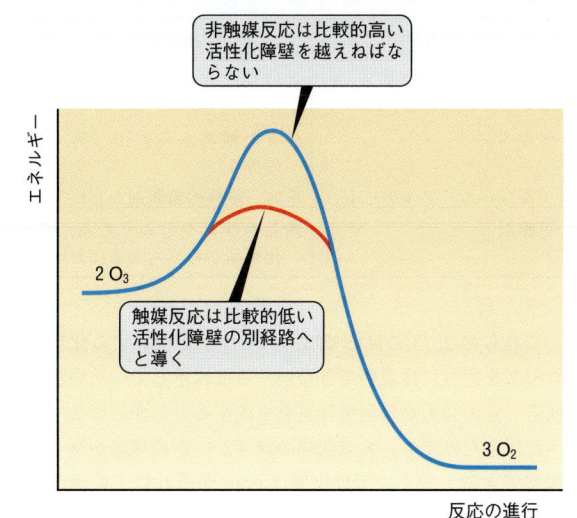

図11・16 触媒はより低い活性化エネルギーをもつ別の経路を与えることで反応速度を増大させる．

§11・5で，活性化障壁に打ち勝つのに必要なエネルギーは，通常，速く動く粒子の衝突から得られることをみた．触媒が導入されると，必要なエネルギー量は減少し，より多くの分子の速さが，必要なエネルギーを与えるのに十分な速さとなる[*26]．したがって分子レベルでの触媒の直接の効果は，活性化エネルギーを下げることであり，その正味の結果として反応速度が増す．

触媒作用とプロセス工学

現代化学と材料科学の最も際立った挑戦の一つは，工業プロセス向け触媒の合理的設計である．触媒は，数兆円ものお金がかかっている石油精製のような産業において重要であり，これらの分野の研究は大いに奨励されている．ほかの設計プロセスと同様，触媒にとって望ましい特徴をいくつかリストアップすることから始める．まず，多くの反応サイクルにわたって持続するよう，十分寿命が長く耐久性がなければならない．触媒の定義からすると永久に持続するはずと思うかもしれないが，実際にはそうはいかない．多くの触媒は化学的劣化や機械的分解のため最後には役に立たなくなる．よい触媒は**ターンオーバー数**（turnover number，単位時間に触媒の結合部位一つにつき反応できる分子の数）も高くなくてはいけない[*27]．これは短時間に多くの生成物を生み出すことができることを意味する．触媒のもう一つの重要な特性は選択性である．触媒には，1種類の，ただ一つの反応だけを加速してもらい，不必要な副生成物の生成は最小限にしたいことがよくある．選択性の高い触媒ならこの目的を達成できる．歴史的には触媒は試行錯誤で選ばれることが多かった．しかし反応機構，分子構造，材料特性が理解されるにつれ，多くの研究者たちは，標準的な工業設計原理を用いて触媒を改良することがいまや可能になりつつあると感じている．

11・8 洞察：対流圏オゾン

成層圏のオゾンは，大量の有害な紫外線を遮断することにより，生命維持に役立っている．しかしながら，対流圏のオゾンは主要な肺刺激物質である．（雷やコピー機の静電機構のような）放電や紫外線によってO_2から生成すると，局所的に問題をひき起こす．オゾンは**光化学スモッグ**（photochemical smog）の主成分として，都市部での健康問題の一因である[*28]．米国環境保護庁の調査によれば，O_3の存在は対流圏できわめて突出している．北米では毎年夏の数カ月間で約2000件もの大気環境基準超過が報告されている．

地表でのオゾン生成の速度論は，成層圏での場合と実質的に異なる．スモッグ中でオゾンが生成するには，数段階必要である．鍵となる化合物は二酸化窒素NO_2で，これは自動車エンジンの高温環境下で生成する．NO_2が日光を吸収すると，つぎのように分解する．

$$NO_2 + h\nu \longrightarrow NO + O \qquad (11・10a)$$

光化学スモッグという用語はこの開始反応に光が関与する

[*26] ［訳注］ここまでの説明は気相の均一系触媒反応に対するものである．
[*27] ターンオーバー数が高いと単位時間当たりの生成物が多くなるので，工業プロセスにとって有利である．
[*28] §5・1で最初に光化学スモッグについて議論したが，本章で得られる考え方によって，より深い説明を与えることができる．

ことに由来する．この反応で発生した酸素原子が，おそらく以下の反応でオゾンを生成すると期待できる．

$$O + O_2 + M \longrightarrow O_3 + M \qquad (11 \cdot 10\,b)$$

ここでMは，正体は明示されない第三の化学種である．このような種が反応中になくてはならないのは，生成したオゾン分子の過剰なエネルギーを除去するためであり，さもないと，その過剰エネルギーのためオゾンはすぐに分解してしまうだろう．たとえ式(11・10b)の反応が起こっても，生成したオゾンは一酸化窒素 NO と反応してすぐに消費されるかもしれない．

$$O_3 + NO \longrightarrow NO_2 + O_2 \qquad (11 \cdot 10\,c)$$

成層圏と同様，オゾンが生成される速度と破壊される速度のつり合いが，オゾン濃度を決定する．表11・2の速度定数は，式(11・10c)の反応の方が，式(11・10b)の反応よりずっと速いことを示している[*29]．したがって，もし NO と反応する他の化学物質がなければ，対流圏ではオゾンは生成しそうもない．

表11・2 大気化学における反応と速度定数の例．データは NBS 技術報告 866，"大気化学のモデル化用化学反応速度論および光化学データ"，米国商務省，米国規格基準局（1975）より採用．

反　　応†	速度定数
$O + O_2 + M \rightarrow O_3 + M$	$5.0 \times 10^5 \text{ L}^2 \text{ mol}^{-2} \text{ s}^{-1}$
$O_3 + NO \rightarrow NO_2 + O_2$	$1.0 \times 10^7 \text{ L mol}^{-1} \text{ s}^{-1}$
$O_3 + NO_2 \rightarrow NO_3 + O_2$	$3.0 \times 10^4 \text{ L mol}^{-1} \text{ s}^{-1}$
$O_3 + OH \rightarrow OOH + O_2$	$4.8 \times 10^7 \text{ L mol}^{-1} \text{ s}^{-1}$
$O_3 + Cl \rightarrow OCl + O_2$	$1.1 \times 10^{10} \text{ L mol}^{-1} \text{ s}^{-1}$
$O + N_2O \rightarrow N_2 + O_2 (1200 \text{ K})$	$8.1 \times 10^5 \text{ L mol}^{-1} \text{ s}^{-1}$
$NO + CH_3O_2 \rightarrow CH_3O + NO_2$	$3.8 \times 10^8 \text{ L mol}^{-1} \text{ s}^{-1}$
$ClO + ClO \rightarrow Cl_2 + O_2$	$1.4 \times 10^7 \text{ L mol}^{-1} \text{ s}^{-1}$

† 表示のないものは300 Kにおける反応を示す．

NO を最も頻繁に消費する化学物質は揮発性有機化合物（VOC）である．一般の VOC はペンタン，ヘキサン，ベンゼンといった工業用溶媒である（表11・3）．これらの物質は原油の蒸留により得られるので，ひとまとめに石油蒸留物として知られる[*30]．この種の化学物質は RH と表すことができる．ここで R は -CH₃，-C₂H₅ などのアルキル基である．これらの RH 種のスモッグ生成における役割は，HO・との反応で始まる．

$$RH + HO\cdot \longrightarrow R\cdot + H_2O \qquad (11 \cdot 10\,d)$$

ここでラジカル種は不対電子を表す・を使って示した．生成した有機ラジカル R・は速い反応で酸素と反応しうる．

$$R\cdot + O_2 + M \longrightarrow RO_2\cdot + M \qquad (11 \cdot 10\,e)$$

RO₂・という種はアルキルペルオキシルラジカルとよばれる．これは NO を除去するので，生成するオゾンの寿命を延ばす．このとき NO₂ と，別のラジカル RO・が生成する．

$$RO_2\cdot + NO \longrightarrow RO\cdot + NO_2 \qquad (11 \cdot 10\,f)$$

これらの反応の代表的な速度定数は表11・2に示した．速度定数の値が広範囲にわたることに注意しよう．NO を除去する反応は，NO とオゾンの反応よりおよそ40倍速いことがわかる[*31]．その結果，NO₂（開始剤）と VOC がともに存在して適度な日光があれば，スモッグの生成とその中でのオゾンの生成が可能である[*32]．

表11・3 揮発性有機化合物（VOC）の例とその発生源

VOC	発生源
石油蒸留物（ペンタン，ヘキサン，ベンゼン）	こぼれたガソリンからの蒸発
テルペン	生きた植物から放出（例: 木の香り）
アルコール，アルデヒド	溶媒（塗料の希釈剤など）
可塑剤	新品のラグやじゅうたん，電化製品から立ち上るにおい

これらの2,3の反応では，スモッグを生成する化学プロセスを完全には説明できない．ここに示していない別な反応も他の強力な肺刺激物質を生成する．しかしここで調べた反応だけでも，大気化学の研究がいかに複雑かを十分理解できる．多くの汚染物質は ppm かそれ以下の濃度で存在し，その濃度は季節や天候で変動し，1日のうち時刻によっても変わる．それでも人間の健康に現実の脅威をもたらすのである．

大気化学者はどうしたらこのような複雑な問題の解明に期待がもてるだろうか．一般的にはできるだけ多くの関連する反応を組込んだモデルを構築することである．そうすれば科学者たちはコンピューターを使って，関連した過程の反応速度式を同時に解くことができる．"都市域大気モ

---

* 29 ［訳注］単一化学種による同一濃度での比較の場合を除き，特定の異なる反応の実際の速度を，速度定数だけで判断することはできない．本文で述べている反応の場合，一つは二次反応，もう一つは三次反応で，関与する化学種も異なっている．このような場合，関与する化学種の濃度と速度定数の積で比較しなければならない．
* 30 製品の成分表にも，ヘキサンのような実際の化合物名でなく，一般的名称である"石油蒸留物"が使われることがある．
* 31 ［訳注］上記の訳注で述べたように CH₃O₂ とオゾンの濃度が同程度でなければこのような比較はできない．
* 32 最近のガソリンタンクのふたやポンプノズルは，VOC の放出を最小限にしてスモッグの生成を減らすように設計されている．

デル"とよばれる一般に用いられるモデルには，36種の化学種間の86個の化学反応が組込まれている．個々の反応の役割は，速度定数を調整したり，モデルから完全に除去することにより調べられる．そこに含まれる化学種のいくつかはこの章で議論したものであり，結果として生じるおもな汚染物質は地表のオゾンである．この機構に含まれるすべての反応のうちたった一つの反応でしかオゾンは生成しないが，それでもオゾンは全機構の鍵となる生成物である．もちろん，このモデルで使われる速度定数値には不確実さがあり，多くの物質の予想濃度に大きなずれを生じることもある．化学反応速度論を簡潔に紹介した本章では，そのような複雑な過程についてさらに調べるのに必要な手段を与えることはできない．しかしそれでも，重要な社会問題を理解しそれに立ち向かううえでの，化学的および数学的モデル化の役割について，何らかの洞察をすることはできたはずである．

問題を解くときの考え方

問題 室温では，容器に入った牛乳が酸っぱくなるのに3日かかる．同じ容器を冷蔵庫に入れると酸っぱくなるのは11日たってからである．この情報をどのように使えば，牛乳が酸っぱくなる化学反応の活性化エネルギーを評価できるだろうか．調べなければならない情報は何か．

解法 この問題は速度と温度に関係するので，アレニウス式で取組んだ反応速度実験の一種である．この場合，アレニウス式を適用する前にいくつかの項目を定めておかなければならないが，鍵となるところはすでにみた例題と同じである．牛乳が酸っぱくなるのにかかる時間は速度定数の逆数に関係づけられ，速度定数，温度，活性化エネルギーの関係はアレニウス式の中にある．

$$\ln k = \frac{-E_a}{R}\left(\frac{1}{T}\right) + \ln A$$

解答 この種の問題の鍵は，温度条件を正確に定めることである．室温は通常，20〜25 ℃ の範囲にあると理解される．この温度範囲を採用すると，この反応の活性化エネルギーもある範囲で報告することになる．冷蔵庫の温度についても同様である．通常，冷蔵庫の庫内温度は3〜7 ℃ に保たれている．これらの温度範囲をいったん定めて酸っぱくなる反応の速度を決定したら，その速度定数を $1/T$ に対してプロットし，その直線の傾きを使って活性化エネルギーを見積もることができる．[訳注：実際には速度定数を図にプロットすることは，ここで与えられた情報だけではできない．得られるのは，かかった時間の逆数に比例する速度定数であるから，そのようにして求めた $\ln k$ の差を $1/T$ の差（25-3 と 20-7）で割ることにより，約 40〜80 kJ mol^{-1} の活性化エネルギーを見積もることができる．]

要　約

化学反応は変化の一例であるから，その変化の速度の理解が重要なことは至極当然のことである．化学反応速度論の研究には，反応速度の測定ばかりでなく，反応が起こる詳細な機構の研究も含まれる．

化学反応の速度は単位時間当たりの濃度変化によって表されるが，反応の化学量論を考慮して注意深く定義しなくてはならない．反応速度は反応が進むにつれて変化するので，平均速度と瞬間速度の区別も必要である．

多くの因子が化学反応の速度に影響する．反応物の濃度は重要な因子で，この効果を実験的に決定すると，反応速度式とよばれる式が得られる．微分形速度式と積分形速度式のどちらを使っても研究ができる．微分形速度式では，適切な濃度がわかれば速度がわかる．一方，積分形速度式では，時間の関数として反応物の濃度を予測する．

温度も化学反応の速度に影響する．温度が上昇すると，一般に反応速度は増大する．これは分子論的見方によれば，ほとんどの反応は開始するのにいくらかのエネルギーが必要であるということに注目すると理解できる．温度が上がるとよりエネルギーの大きな分子衝突が生じ，速度が増す．反応速度を温度の関数として実験的に研究すると，活性化エネルギーを見積もるのに必要なデータが得られる．

活性化障壁に打ち勝つのに十分なエネルギーで反応物が衝突するかどうかだけでは，多くの反応を分子レベルで理解することはできない．多くの反応は，いくつかの素過程から成る反応機構を通じて進行する．機構を実験的に証明することは難しいが，どんな機構でも，反応がいかに進むかを説明するモデルとして有用であるためには，実験的証拠と矛盾があってはならない．反応機構の理解は，触媒作用の解釈に役立つ．触媒は反応に別の機構を提供し，活性化エネルギーを下げて速度を増す．

キーワード

- チャップマンサイクル（11・1）
- 反応速度（11・2）
- 平均速度（11・2）
- 瞬間速度（11・2）
- 速度式（11・3）
- 微分形速度式（11・3）
- 速度定数（11・3）
- 反応次数（11・3）
- 積分形速度式（11・4）
- ゼロ次反応（11・4）
- 一次反応（11・4）
- 二次反応（11・4）
- 半減期（11・4）
- 活性化エネルギー（11・5）
- 活性錯体（11・5）
- 頻度因子（11・5）
- アレニウス式（11・5）
- 前指数項（11・5）
- 反応機構（11・6）
- 素過程（11・6）
- 単分子過程（11・6）
- 二分子過程（11・6）
- 三分子過程（11・6）
- 反応中間体（11・6）
- 律速段階（11・6）
- 触　媒（11・7）
- 均一系触媒（11・7）
- 不均一系触媒（11・7）
- ターンオーバー数（11・7）
- 光化学スモッグ（11・8）

12 化学平衡

概　要

- 12・1　洞察：コンクリートの製造と風化作用
- 12・2　化学平衡
- 12・3　平衡定数
- 12・4　平衡濃度
- 12・5　ルシャトリエの原理
- 12・6　溶解平衡
- 12・7　酸と塩基
- 12・8　自由エネルギーと化学平衡
- 12・9　洞察：ホウ酸塩とホウ酸

テネシー州ウィリアムソン郡のナチェズ道パークウェイブリッジは，コンクリート製の二重アーチ橋である．この橋の独特なすき間のある構造設計では，用いたコンクリートに厳重な強度要件を課している．橋の重さは，各アーチの頂上部に集中している．
［写真：米国国立公園局］

　前章の速度論の研究において，反応速度は時間とともに変化し，反応が進行するにつれて（最終的には）必ず遅くなることがわかった[*1]．もし多くの反応を観察したとしても，すべてこの挙動をとることは明らかである．これは何を意味するのか．最終的にはいかなる化学反応でもその正味の速度は 0 に近づく．速度が 0 になったとき，反応は平衡状態に達している．化学平衡の概念はきわめて重要であり，この章で平衡のいくつかの特徴について簡潔に考察する．非常に身近な建設材料であるコンクリートについて考えることから始めよう．

本章の目的

　この章を修めると以下のことができるようになる．
- コンクリートの製造と風化作用において重要な化学反応を列挙する．
- 平衡は動的現象であり，平衡時，正・逆反応の速度は等しい．これらの考えを自分の言葉で述べる．
- 任意の可逆反応について，平衡定数の式を書く．
- 実験データから平衡定数を計算する．
- 初期データと平衡定数の数値から平衡時の組成を計算する．
- K_{sp} からモル溶解度またはその逆を計算する．
- 弱酸と弱塩基の解離の平衡定数を書き，それらを使って pH またはイオン化度を計算する．
- ルシャトリエの原理を使って，平衡系へ加えた変化に対する応答を説明する．
- 変化を加えた後の系の新しい平衡組成を計算する．
- 工業化学プロセスの設計において，速度論的考察も平衡論的考察もともに重要であることを説明する．

12・1　洞察：コンクリートの製造と風化作用

　コンクリートは最も普遍的に使われる建築材料である．コンクリートについて考えるとき，普通は耐久性や強度といった特徴と結びつけて考える．コンクリートを化学と結びつけたことなどないだろうが，実際には，コンクリートを使う多くの工業設計において考えなければならない複雑な化学系がいくつかある．特に興味深いものの一つには，コンクリートが長期間環境にさらされて生じる風化作用の化学がある．風化作用について考える前に，コンクリートの製造について調べる必要があるだろう．
　コンクリートは伝統的にセメント，水，凝集剤から成る．現代のコンクリートの調合には**混和剤**（admixture）とよばれる付加成分も用いられるが，これは枠に注いだときや長期使用時に望まれる特性をコンクリートに付与するのに役立つ．化学的観点からは，最も興味深い反応はセメ

[*1]［訳注］生成物が反応の触媒となる"自触媒反応"のように，反応の進行に伴い加速する反応も存在する．

ントと混和剤の調製時に起こる.

ほとんどのコンクリートは**ポルトランドセメント** (Portland cement) を使用している[*2]. ポルトランドセメントは, 大部分が炭酸カルシウム $CaCO_3$ の石灰岩から酸化カルシウム CaO を製造することから始まる.

$$CaCO_3 \longrightarrow CaO + CO_2$$

コンクリート用セメントのこの製造段階で生じる二酸化炭素は, 毎年大気中へ放出される CO_2 の5%を占める.

CaO のほかに, セメントはケイ素やアルミニウムの酸化物を含む. これらの複合材料はその後水和され(水を加え), コンクリートに混ぜられる. こうしてできた混合物は, かなり広範囲の組成をもつので, その化学反応式は変数 x を含めて書かれることが多い. この変数は特定のコンクリートの組成に依存して異なる値をとりうるが, 基本的に化学反応の性質は変えない. 水和過程に対する三つの代表的な反応は以下のとおりである.

$$3\,CaO \cdot Al_2O_3 + 6\,H_2O \longrightarrow Ca_3Al_2(OH)_{12}$$
$$2\,CaO \cdot SiO_2 + x\,H_2O \longrightarrow Ca_2SiO_4 \cdot x\,H_2O$$
$$3\,CaO + SiO_2 + (x+1)H_2O \longrightarrow$$
$$Ca_2SiO_4 \cdot x\,H_2O + Ca(OH)_2$$

これらの反応の反応物と生成物中の化学結合の数を数えると, この過程の正味の結果として化学結合が付加的に形成されているので, 熱としてエネルギーが放出されるのは驚くにあたらない[*3]. 図12・1はコンクリートの水和により放出されるエネルギーを時間の関数として示している. 反応がかなり遅いことに注意しよう. グラフの横軸は1カ月を超えている. このことから, コンクリートを使う技術者がその設計に望まれる特性のコンクリートを得るために, なぜ硬化時間の指定が必要であるのかがわかる.

最近, ポルトランドセメントをフライアッシュで部分的に置き換えることが一般的になりつつある. フライアッシュは発電所で石炭を燃やしたときに, 石炭中の鉱物が高温で酸素と反応して生じる残渣である. フライアッシュの平均組成はポルトランドセメントに似ており, 主要成分は SiO_2, Al_2O_3, Fe_2O_3, CaO の四つである. フライアッシュは通常小さな球形粒子から成り, これを混ぜるとコンクリートの強度が改善され, 廃棄物であるフライアッシュの使い道にもなる. フライアッシュの利用は, コンクリートセメントの製造において, より環境に優しい方法としてますます推奨されている.

最近の材料設計では, 混和剤を使うことでコンクリートの調合の際かなり多くの選択肢がある. 表12・1に必要な特性を与える混和剤と一般化学物質を示す. 減水剤は, 水が材料と一体になって働く能力を減らすことなく, コンクリート中の水の量を減らすために用いられる. 空気混和剤は, 特にコンクリートが凍結と融解を繰返す水にさらされるとき, セメント部分の小さな気泡を安定化することで

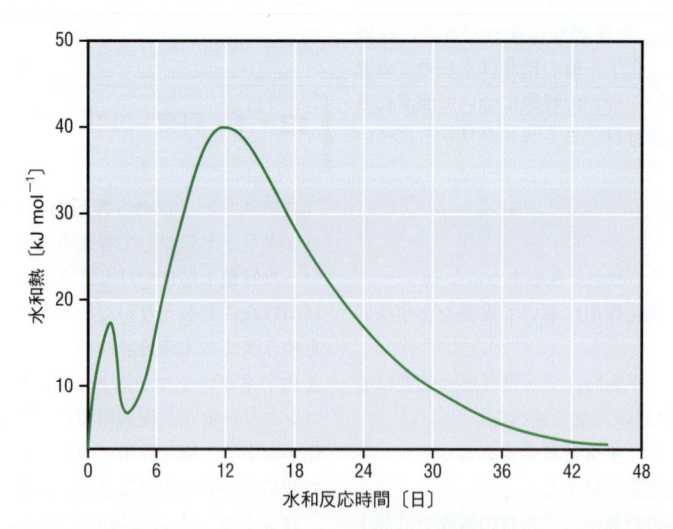

図12・1 コンクリートが生成するときの水和反応は発熱的で, 比較的長期間にわたって起こる. コンクリートを混ぜると前誘導期とよばれる急速な温度上昇の後, 主要な熱放出が1週間ほど続く.

[*2] ポルトランドセメントという名前は, この物質がイングランドのポートランド (Portland) 近くで採石される石灰岩に似ていると考えた Joseph Aspdin により, 1824年のイングランドの特許で初めて使われた.
[*3] [訳注] ここでいう発熱はいわゆるコンクリート (セメント) の水和熱であるが, この水和反応には化学結合とよぶべきではないものも含まれている.

耐久性を改善する．また，防水機能を通じて水分の影響に抵抗する混和剤もある．このほか硬化過程の促進剤や遅延剤として有効なものもある[*4]．いったんコンクリートに添加された混和剤は，環境中での機能に影響を与える．

表 12・1　おもな混和剤の機能と由来

機能	化合物	原料・由来
減水	リグノスルホン酸塩	木材／パルプの副生成物
減水	ヒドロキシカルボン酸	化学合成
空気混和	アビエチック酸とピメリン酸	樹脂
空気混和	アルキル–アリールスルホン酸塩	工業用洗浄剤
防水	脂肪酸	植物性・動物性脂肪
硬化促進	塩化カルシウム	化学合成
硬化促進	ギ酸カルシウム	化学合成の副生成物
硬化促進	トリエタノールアミン	化学合成
硬化遅延	ホウ酸塩	ホウ砂
硬化遅延	マグネシウム塩	化学合成

コンクリートの風化作用にはいくつかの要素が含まれ，凍結融解サイクルもその一つであるが，これは空気混和剤により部分的に緩和される．以下，それらの要素のうち始めからその効果がおもに化学的であるものにしぼってみていこう．

コンクリートの老化に関して鍵となる化学反応は炭酸化である．この反応では，空気中の CO_2 がコンクリート中へ拡散して，水酸化カルシウムと以下の式のように2段階で反応する．

$$Ca(OH)_2(s) \longrightarrow Ca^{2+}(aq) + 2\,OH^-(aq)$$
$$Ca^{2+}(aq) + 2\,OH^-(aq) + CO_2(g) \longrightarrow CaCO_3(s) + H_2O(l)$$

前に述べたように，水酸化物イオンがあるということは塩基性であるということで，コンクリートの炭酸化は酸塩基指示薬を使って観察できる[*5]．図 12・2 は，フェノールフタレインという，塩基があるとピンク色になる指示薬で処理したコンクリート片の断面を示す．この試料の大部分はピンク色なのでコンクリートの内部は塩基性のままであることがわかる．しかし上部 1/8 インチは外部に露出していた表面で，まったく色づいていない．これは環境中の CO_2 がコンクリート中の水酸化物イオンと反応して中和したことを示している．コンクリートの中で起こる反応は，環境中におかれたほとんどの工業製品と同様，長い時間をかけて起こるので，結果として化学平衡に達することができる．

図 12・2　コンクリートをフェノールフタレインで処理すると風化の化学的影響がわかる．ピンク色は，この試料が環境に長期間さらされた後でも中は全体として塩基性を保っていることを示す．上部の無色の領域は実際の露出面であり，もはや塩基性ではない．この表面にあった水酸化物は大気中の CO_2 との反応により中和されてしまった．［写真: Dr. Peter C. Taylor］

12・2　化学平衡

コンクリートのような応用化学系の平衡はどうしても複雑になる．それでも，二，三の基本原理を用いて，この複雑な平衡の化学の多くを理解できる．そこで，平衡について探究するにあたり，まずその原理に焦点を当てるためになるべく単純な系を使って考えてみよう．

正反応と逆反応

コップに水を入れて一晩テーブルに置いておけば，つぎの朝にはコップが空になっているか，少なくとも水は減っているだろう（図 12・3）．水が蒸発したことを知っているので少しも驚くことではない．今度はコップにふたをしてもう一度実験すると，水は減らない．ふたをしたコップのような閉鎖系では，液体の水と水蒸気に動的平衡が成り立っている（図 12・4）．平衡では，水分子が水面を離れる速度は水面に戻ってくる速度と等しい．蒸発速度は液体中の分子エネルギーの分布により決定される．十分な運動エネルギーをもった分子だけが，液体の分子間力に打ち勝って蒸気相へと逃げることができる．水が一定温度にあるとすると，蒸発速度は一定である．凝縮速度はどうだろう．気相分子が液体の表面にぶつかるたびに，ある確率で表面にくっついて液相に戻るだろう．気体分子が液面にぶつかる速度は存在する気体分子の数，つまり気体の圧力に比例する．もし始めに存在したのが液体だけなら，凝縮速度は 0 である．しかし蒸発は起こっているので，短時間で容器は蒸気を含む．これはつまり凝縮が起こることを意味する．（一定の）蒸発速度が凝縮速度より速いかぎり，結果として蒸気相の圧力は高くなる．しかしその結果，凝縮速度も速くなる．最終的に二つの速度は等しくなり，その

[*4] ほとんどの硬化遅延剤は減水剤としても働く．
[*5] §3・3 で酸と塩基の概念を導入したが，この章でさらに検討する．

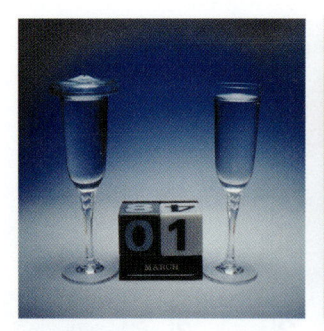

図12・3 この一連の写真は，二つのグラスに入った水の高さが時間と共にどう変わるかを示している．左のグラスにはふたがしてあるが，右は開放されている．左端の写真では二つのグラスの水の高さは同じである．10日後に撮った中央の写真では右のグラスの水位は下がっているが，左のグラスでは変わらない．この傾向は最後の写真でも続く．[© Cengage Learning/Charles D. Winters]

後は，液体と蒸気の量に正味の変化はみられない．

これを**動的平衡**（dynamic equilibrium）とよぶのは，平衡状態で蒸発と凝縮は止まっていないからである[*6]．これらの競合する過程の速度は互いに等しくなっても，0 になるわけではない．したがって微視的には，個々の分子は，液体から蒸気相へ移動しまた戻ることを続けている．しかし巨視的には，液体と蒸気の量に変化はみられない．

化学反応に話を変えると，これまで出てきた反応式は，反応の正方向のみ考えるように書かれていた．逆反応では，生成物とよんでいた物質が反応して反応物になる．逆反応がかなり起こる反応もあれば，ごくわずかで測定できないほどしか起こらない場合もあるが，原理的にはすべての化学反応で起こりうる．これは，閉鎖系ではあらゆる化学反応が，最終的には，蒸発で述べたような動的平衡状態に達することを意味する．

二つの反応物間の化学反応を開始した瞬間には，生成物は存在しない（図12・5）．化学反応の速度は反応物の濃度に依存するので，逆反応の速度は始めは 0 である．正反応で生成される，逆反応の反応物の濃度が 0 だからである．したがって始めに反応物を混ぜたとき，正反応の速度は逆反応の速度より大きい．時間がたつと，正反応の反応

図12・4 密閉された容器内の液体と蒸気の平衡は，蒸発と凝縮の速度論で支配される．(a)では液体は蒸気相なしで容器に入れられているが，液体の表面の活発な分子は気相に出ることができる．いったん蒸気相ができると，(b)に示すように，気体分子は液体表面にぶつかって付着することがある．こうして凝縮が蒸発と競合し始める．凝縮速度は時間とともに増大するが，蒸発速度は一定のままである．最終的に二つの速度は等しくなる．この平衡状態でも，(c)に示すように蒸発も凝縮も継続している．

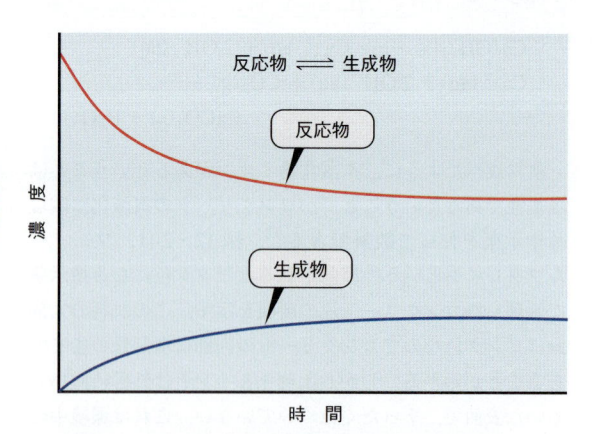

図12・5 このグラフは化学系が平衡に向かう様子を描いている．始めは反応物だけがあり，正反応が進行して生成物ができる．生成物の濃度が増すと逆反応が重要さを増す．最終的に正反応と逆反応の速度は等しくなり，平衡では反応物と生成物の測定濃度はすべて一定となる．

[*6] §8・5で蒸気圧を議論したときに動的平衡の考えを導入した．

物の濃度が低下し，生成物の濃度が増大する*7．これらの濃度変化は反応速度の変化を伴う．つまり正反応は遅くなり，逆反応は速くなる．最終的に二つの速度が等しくなると，化学平衡に達する．このとき反応物と生成物の量は一定になる．平衡状態ではどんな化学系でも，正反応の速度と逆反応の速度は等しい．

数学的関係

正反応と逆反応の速度式から，平衡を記述する数学的関係式が書けると推定できる．反応物 R と生成物 P を含む反応について，過程が動的であることを強調するため正・逆の各方向を向いた矢印を使って，平衡状態の化学反応式を書くことができる．

$$R \rightleftharpoons P$$

単純化のため，この反応は各方向に単一の素過程として進行すると仮定しよう（§11・6 参照．ここでの導出結果は実際にはこの仮定に依存しないが，このようにした方が簡単である）．この正反応に対する速度式はつぎのように書ける．

$$\text{正反応の反応速度} = k_{\text{for}}[R]$$

同様に逆反応は，

$$\text{逆反応の反応速度} = k_{\text{rev}}[P]$$

これらの二つの速度は，平衡では等しいはずなので，

$$\text{正反応の反応速度} = \text{逆反応の反応速度}$$

それゆえ

$$k_{\text{for}}[R]_{\text{eq}} = k_{\text{rev}}[P]_{\text{eq}}$$

速度は系が平衡のときだけ等しいので，添え字の "eq" をつけて平衡濃度であることを明示した．この式より，次式が得られる．

$$\frac{k_{\text{for}}}{k_{\text{rev}}} = \frac{[P]_{\text{eq}}}{[R]_{\text{eq}}}$$

k_{for} と k_{rev} はともに速度定数なので，温度が一定であるかぎりこの式の左辺も定数である．これは一定温度で $[P]_{\text{eq}}/[R]_{\text{eq}}$ は定数であることを意味する（速度定数は温度とともに変化することを思い出そう．したがって，この比も温度の関数として変化するかもしれない）．この式は，§12・3 の平衡の数学的取扱いにおける核心である．

具体的な例として，減水混和剤の成分であるサリチル酸 $C_6H_4(OH)COOH$ を水に溶かしたとき何が起こるか考えてみよう．

サリチル酸

§12・7 でもっと詳しくみるが，酸が水に溶けると水素イオンと陰イオン，この場合は $C_6H_4(OH)COO^-$ ができる．

$$C_6H_4(OH)COOH(aq) \rightleftharpoons H^+(aq) + C_6H_4(OH)COO^-(aq)$$

もし正逆両方向の反応とも素過程であるとしたら，各速度式はつぎのように書ける．

$$\text{正反応の反応速度} = k_{\text{for}}[C_6H_4(OH)COOH]$$
$$\text{逆反応の反応速度} = k_{\text{rev}}[H^+][C_6H_4(OH)COO^-]$$

平衡時，これらの速度を等しくおくと，次式となる．

$$k_{\text{for}}[C_6H_4(OH)COOH]_{\text{eq}} = k_{\text{rev}}[H^+]_{\text{eq}}[C_6H_4(OH)COO^-]_{\text{eq}}$$

これを組替えて，二つの速度定数を一辺に，濃度項を他の一辺にまとめることができる．

$$\frac{k_{\text{for}}}{k_{\text{rev}}} = \frac{[H^+]_{\text{eq}}[C_6H_4(OH)COO^-]_{\text{eq}}}{[C_6H_4(OH)COOH]_{\text{eq}}} = 一定$$

12・3 平衡定数

ポルトランドセメントには他の成分とともに酸化カルシウムが混合されていると上述した．§12・2 で示した石灰石 $CaCO_3$ の分解は，窯の中でつぎのように起こる．

$$CaCO_3(s) \longrightarrow CaO(s) + CO_2(g)$$

平衡反応の一例として，この反応がどれだけ起こるかを考えてみよう．この反応をセメント製造のような工業プロセスで使うには，CaO がどれだけ得られるか，また，増大する大気中 CO_2 濃度に関係した環境への配慮のため CO_2 がどれだけ放出されるかを知ることが重要である．

このような問いに定量的に答えるには，平衡に関する数学モデルが必要である．前の節で，反応物と生成物の濃度の間にある関係が存在することがわかった．1864 年にグルベルグ（Cato Maximilian Guldberg）とボーゲ（Peter Waage）により初めて提案されたこの関係は，質量作用の法則とよばれる．

---

*7 図 12・5 のグラフは反応が生成物へ向かってそれほど進まないことを意味している．この種の観察を定量するやり方を §12・3 で示す．

平衡定数式（質量作用の式）

一般的な化学反応

$$aA + bB \rightleftharpoons cC + dD$$

において，平衡状態にあるなしにかかわらず，つぎのような濃度比を定義することができる．

$$Q = \frac{[C]^c[D]^d}{[A]^a[B]^b} \quad (12 \cdot 1)$$

この比 Q を**反応商**（reaction quotient）とよぶ．生成物濃度は分子に，反応物は分母に現れる．各濃度は，平衡時のつり合いのとれた化学反応式における量論係数がべき乗されている．この反応商は，平衡時には平衡定数式となり，Q に対応する値は**平衡定数**（equilibrium constant）とよばれ，K で表される[*8]．

$$K = \frac{[C]^c_{eq}[D]^d_{eq}}{[A]^a_{eq}[B]^b_{eq}} \quad (12 \cdot 2)$$

特定の反応について K の値を決定するには，平衡での反応物と生成物の濃度を測定する必要がある．化学反応速度論における速度式とは異なり，<u>平衡定数の式はつねに反応の化学量論に直接基づいている</u>ことに注意しよう．つぎの例題で平衡定数式の書き方を示す．

例題 12・1

煙突に使われるコンクリートは，腐食にも耐えるよう設計しなければならないことがある．特に酸化硫黄が生成されることがあり，分散しないと以下のような平衡状態となる．

$$2 SO_2(g) + O_2(g) \rightleftharpoons 2 SO_3(g)$$

この反応の平衡定数式を書け．

解 法 平衡定数式の定義を使う．分子に生成物，分母に反応物を書く．各濃度項のべき数は，化学反応式の量論係数で与えられる．

解 答

$$K = \frac{[SO_3]^2}{[SO_2]^2[O_2]}$$

解答の分析 このような答えを評価するには，たんに平衡定数の定義を正しく使ったか確かめればよい．分子に生成物（SO_3），分母に反応物（SO_2 と O_2）があり，これは正しいし，べき数も量論係数に一致している．したがってこの答えは正しい．

理解度のチェック 大気中の窒素酸化物は雨水を酸性にする．大気中に気体状の亜硝酸ができるつぎの反応の平衡定数式を書け．

$$NO(g) + NO_2(g) + H_2O(g) \rightleftharpoons 2 HNO_2(g)$$

気相平衡 ── K_p と K_c

上の例を含む多くの平衡反応が気相で起こる．例題 12・1 で書いた平衡定数式には 4 種の気体のモル濃度が含まれていた．それで何も間違ってはいないが，モル濃度よりは分圧を使う方が気体を記述しやすいことが多い．そのため気相反応では，分圧でモル濃度を置き換えた別の定義式が使われることがある．その場合，平衡定数を表すのに K_p という記号が使われる．式(12・1)と式(12・2)を導くのに用いた一般的な平衡に戻って，各化学種が気体であることを示すため式を少し変えよう．

$$aA(g) + bB(g) \rightleftharpoons cC(g) + dD(g)$$

これから K_p の式を書くことができる．

$$K_p = \frac{(P_C)^c_{eq}(P_D)^d_{eq}}{(P_A)^a_{eq}(P_B)^b_{eq}} \quad (12 \cdot 3)$$

これで平衡定数の定義式が二つになったので，どちらでも同じ値になるのか確かめてみよう．そのためには気体のモル濃度をその分圧に関係づける必要がある．その関係式は理想気体の法則から得られ，もっと具体的にいえば気体 i の分圧を定義する式(5・5)(p.87)から得られる．

$$P_i = \frac{n_i RT}{V}$$

この気体のモル濃度は n_i/V である．上述の一般反応式に合わせて i を A に変えると

$$P_A = \frac{n_A}{V} RT = [A]RT$$

と書ける．同様の式は残りの気体（B，C，D）についても書ける．これらをすべて式(12・3)へ代入すると，

$$K_p = \frac{([C]_{eq}RT)^c([D]_{eq}RT)^d}{([A]_{eq}RT)^a([B]_{eq}RT)^b}$$

$$= \frac{[C]^c_{eq}[D]^d_{eq}}{[A]^a_{eq}[B]^b_{eq}} \times (RT)^{(c+d-a-b)}$$

$$= K_c \times (RT)^{(c+d-a-b)}$$

ここで添え字の c を最後の K につけたのは，これがモル濃度で書かれた平衡定数であることを強調するためである．$(RT)^{(c+d-a-b)} = 1$ でないかぎり，K_p と K_c が等しくならないことはすぐにわかる．この項の指数 $(c+d-a-b)$ は，反応物から生成物となる際の気体の物質量変化を表す．種々の熱力学量の変化を表したやり方にならって，この物質量の変化を Δn_{gas} と表し，（生成物側の気体の物質量）−（反応物側の気体の物質量）と定義する．この定義を使うと，

$$K_p = K_c \times (RT)^{(\Delta n_{gas})} \quad (12 \cdot 4)$$

と書ける．二つの平衡定数 K_p と K_c は $\Delta n_{gas} = 0$ のときの

[*8] ここで系が平衡にあることを強調するため添え字の "eq" を使う．この添え字は省略されることも多いが，Q ではなくて K を使っていればそれは平衡を意味する．

12・3 平衡定数

み等しくなる．したがって気相の平衡定数を扱うときは，調べている値が K_p なのか K_c なのかつねに確認することが重要である．簡単にするため，<u>本書ではすべての平衡定数は圧力ではなくモル濃度に基づいて表す．</u>したがって今後は K を書くとき添え字の c は用いない．

均一平衡と不均一平衡

これまで調べた平衡はすべて**均一平衡**（homogeneous equilibrium）の例であり，反応物と生成物は同じ気相または水溶液相中にあった．反応物や生成物が一部でも純固体や純液体として存在する場合は，上で導いた平衡定数式を少し修正する必要がある．純固体や純液体の濃度は反応が進行しても変わらない．実際，"純固体や純液体の濃度"という表現は，少し奇妙な印象を受ける．気体や溶液と違って，固体や液体の濃度が変わることはないからである．たとえばポルトランドセメントの製造における炭酸カルシウムの分解を，閉じた系で行ったとしよう（図 12・6）．

$$CaCO_3(s) \rightleftharpoons CaO(s) + CO_2(g)$$

特定の温度で平衡に達すると，気体の CO_2 濃度は mol/L 単位で表せる．この系を加熱すると CaO と CO_2 がさらに生成するが，系の体積を一定に保っていれば，CO_2 のモル濃度は増大してその温度での平衡状態に達する．しかし固体（$CaCO_3$ と CaO）の濃度は変わらない．各物質量は変化するが，体積もそれに応じて変わるからである．固体の密度は温度が変わっても非常にわずかしか変化しないので，たとえば $CaCO_3$ の物質量（と質量）の体積に対する比は一定のままである．このように，純固体の濃度も純液体の濃度も変化しない．この事実により，多相系における**不均一平衡**（heterogeneous equilibrium）の平衡定数式は前出のものとは異なる．液体または固体の反応物と生成物の濃度は一定なので，式には現れない．したがってこの例の場合，平衡定数式は二酸化炭素の濃度のみを含む．

$$K = [CO_2]$$

つぎの例題で，この考えを沈殿反応に適用するやり方がわかる．

例題 12・2

水酸化カルシウムはつぎの平衡で溶液から沈殿を生じる．

$$Ca^{2+}(aq) + 2\,OH^-(aq) \rightleftharpoons Ca(OH)_2(s)$$

この反応の平衡定数式を書け．

解 法 以前と同様に平衡定数式を書くが，固体の水酸化カルシウムの濃度項は含めない．

解 答

$$K = \frac{1}{[Ca^{2+}][OH^-]^2}$$

解答の分析 分子に濃度項がないのでこの答えは何かおかしくみえるかもしれない．しかし反応をみると，唯一の生成物は固体である．純物質は平衡定数の式には現れないので，分子は 1 だけとなり，答えは正しい．

理解度のチェック 銅(II)イオンとリン酸イオンを含む溶液からリン酸銅(II)が沈殿する反応の化学平衡式を書き，対応する平衡定数式を書け．

平衡定数式の数値的重要性

化学反応において平衡濃度を関係づける式を書くことができると，化学平衡を理解するうえで非常に役立つ．いくつかの種類の反応について，これらの式の評価の仕方をじきに学ぶが，まずは平衡定数の値から何がわかるか調べてみよう．たとえばつぎのような質問が考えられる．"アニオンが 2 種以上あった場合，生成しやすいカルシウム化合

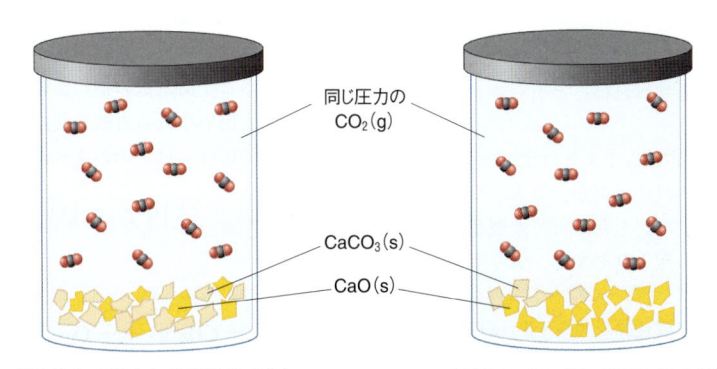

多量の $CaCO_3(s)$，少量の $CaO(s)$　　少量の $CaCO_3(s)$，多量の $CaO(s)$

図 12・6 固体の濃度は変わらないので，平衡定数はたんに CO_2 の濃度である．これは，ある特定の温度における CO_2 の圧力は，存在する $CaCO_3$ と CaO の量によらないことを意味する．この図で示す二つの異なる固体混合物上で，CO_2 の圧力は同じである．

物はどれか." 平衡定数を使うとこのような質問に答えることができる.

平衡定数の値は何桁にもわたる. 10^{-99} のように小さな値もあれば, 10^{99} やそれ以上に大きな値もある*9. 平衡定数の大きさから反応について何がわかるだろうか. 平衡定数式を数式として眺めてみると, 答えがわかる.

$$K = \frac{[生成物]}{[反応物]}$$

生成物の濃度は分子にあり, 反応物の濃度は分母にある. K が大きい場合は, 生成物の濃度が大きく, 反応物の濃度が小さいに違いない. 逆に, K の値が小さくなるためには, 反応物の濃度が大きく, 生成物の濃度が小さくなくてはならない.

$$K = \frac{[生成物]}{[反応物]} = 大きい値$$

$$K = \frac{[生成物]}{[反応物]} = 小さい値$$

このように, K の値から化学反応の進行方向がわかるのである. K の値が大きいときは生成物が有利であるが, K が1よりずっと小さいときは反応物はほとんどそのまま残っている. K が1のオーダーなら, 反応物と生成物のどちらの平衡濃度も有意な値を示す. 例題 12・3 で平衡定数の値の解釈の仕方を練習する.

例題 12・3

例題 12・2 で示したように水酸化物イオンはカルシウムイオンと沈殿を形成する. マグネシウムイオンも同様の挙動を示す. これら二つの平衡は以下のとおりである.

$$Ca^{2+}(aq) + 2\,OH^-(aq) \rightleftharpoons Ca(OH)_2(s)$$
$$K = 1.3 \times 10^5$$
$$Mg^{2+}(aq) + 2\,OH^-(aq) \rightleftharpoons Mg(OH)_2(s)$$
$$K = 6.7 \times 10^{10}$$

カルシウムイオンとマグネシウムイオンの濃度が同程度の場合, どちらがより沈殿しやすいか.

解法 反応の起こりやすさは平衡定数の大きさで予測できる. 二つの数値を比べれば, どちらが水酸化物を沈殿しやすいかがわかる.

解答 どちらの平衡定数も1よりはずっと大きいが, マグネシウムイオンとの反応の方が, カルシウムイオンの場合より明らかに大きい. したがって水酸化マグネシウムの生成の方がずっと起こりやすく, より多くの沈殿が生成する.

理解度のチェック 水酸化マンガン(II)は以下の平衡により沈殿する.

$$Mn^{2+}(aq) + 2\,OH^-(aq) \rightleftharpoons Mn(OH)_2(s)$$
$$K = 2.17 \times 10^{13}$$

カルシウムやマグネシウムと比べて, マンガン(II)イオンの水酸化物を沈殿させる能力はどのように評価されるか.

平衡定数の数学的取扱い

上の例のような沈殿反応を扱う場合, 平衡定数の値を調べる必要がある. しかし参考書では通常, 逆過程を対象としており, すなわち溶解度が載っている. したがってそのような場合に平衡定数がどう変化するか知っている必要がある.

化学反応式の逆転

反応が完結する化学反応式を書くときは, 反応物と生成物の選択は必然的に明らかである. しかし平衡反応の場合は, 正反応も逆反応も重要なので, どちらをどちらに選ぶかはずっと恣意的になる. どちらの方向にも平衡式を書くことができる. どちらを選んでも, 使う平衡定数と式もそれに対応してさえいれば問題ない. 水酸化カルシウムの場合について両方の平衡式は以下のように書ける.

$$Ca^{2+}(aq) + 2\,OH^-(aq) \rightleftharpoons Ca(OH)_2(s)$$
$$K = \frac{1}{[Ca^{2+}][OH^-]^2}$$
$$Ca(OH)_2(s) \rightleftharpoons Ca^{2+}(aq) + 2\,OH^-(aq)$$
$$K' = [Ca^{2+}][OH^-]^2$$

これらの式から, 平衡定数式は互いに逆数の関係にあることがわかる. したがって反応物と生成物を入れ替えて化学反応式を逆にしたときは, 平衡定数式とその値も逆数にする.

$$K' = \frac{1}{K}$$

化学量論の調整

量論係数は平衡定数式に直接かかわるので, 化学量論に変化があると平衡定数の値に影響する. たとえば高分子産業などでも用いられる青酸を製造するアンドルッソー法とよばれる反応は, 以下のいずれかで書くことができる.

$$2\,NH_3(g) + 2\,CH_4(g) + 3\,O_2(g) \rightleftharpoons 2\,HCN(g) + 6\,H_2O(g)$$

または

$$NH_3(g) + CH_4(g) + \frac{3}{2}\,O_2(g) \rightleftharpoons HCN(g) + 3\,H_2O(g)$$

化学量論がこのように変わると, 平衡定数式はどのように

---

*9 平衡定数の10のべき数が99を超えると計算機でエラーが出ることがある. そのような場合は指数を代数的に操作すればよい.

影響されるだろうか．二つの式はつぎのようになる．

$$K_1 = \frac{[HCN]^2[H_2O]^6}{[NH_3]^2[CH_4]^2[O_2]^3}$$

$$K_2 = \frac{[HCN][H_2O]^3}{[NH_3][CH_4][O_2]^{3/2}}$$

見てのとおり，K_2 は K_1 の平方根である．このように量論係数が 1/2 になると，平衡定数式の指数も 1/2 になる．平衡定数の値を考えるときは，化学反応式がどのように書かれているかに注意しなければならない．

例題 12・4
アンモニアは肥料，高分子，セメントの混和剤の製造などを含む工業プロセスで重要な出発原料である．したがって窒素と水素からアンモニアを製造するプロセスは，世界で最も重要な工業反応の一つである．

$$N_2(g) + 3H_2(g) \rightleftharpoons 2NH_3(g)$$

以下の反応について平衡定数式を書け．(a) 上記の反応，(b) 上記の逆反応，(c) 上記の反応の量論係数を 1/2 にした反応．

解法 与えられた反応について平衡定数式を書き，他の条件に合わせてその式を操作する．もし自信がなければ，各平衡式を実際に書いたうえで，平衡定数式を求めるとよい．

解答

(a) $K = \dfrac{[NH_3]^2}{[N_2][H_2]^3}$

(b) $K' = \dfrac{1}{K} = \dfrac{[N_2][H_2]^3}{[NH_3]^2}$

(c) $K'' = K^{1/2} = \dfrac{[NH_3]}{[N_2]^{1/2}[H_2]^{3/2}}$

理解度のチェック 閉じた系でつぎの反応を考える．

$$2NH_3(g) + \frac{5}{2}O_2(g) \rightleftharpoons 2NO(g) + 3H_2O(g)$$

以下の反応について平衡定数式を書け．(a) 上記の反応，(b) 上記の逆反応，(c) 上記の反応の量論係数を 2 倍にした反応．

一連の反応についての平衡定数

複雑な化学系では，ある反応の生成物が反応してひきつづき別の反応を起こすことがある．平衡定数式の性質上，一連の二つの反応の平衡定数がわかれば，二つを合わせて全体の平衡定数を決めることができる．例として，リン酸イオンと水素イオンの段階反応を考える*10．

1. $PO_4^{3-}(aq) + H^+(aq) \rightleftharpoons HPO_4^{2-}(aq)$

$$K_1 = \frac{[HPO_4^{2-}]}{[PO_4^{3-}][H^+]}$$

2. $HPO_4^{2-}(aq) + H^+(aq) \rightleftharpoons H_2PO_4^-(aq)$

$$K_2 = \frac{[H_2PO_4^-]}{[HPO_4^{2-}][H^+]}$$

3. $PO_4^{3-}(aq) + 2H^+(aq) \rightleftharpoons H_2PO_4^-(aq)$

$$K_3 = \frac{[H_2PO_4^-]}{[PO_4^{3-}][H^+]^2}$$

3 番目の式は上の二つの和である．これらの平衡定数はどのような関係にあるだろうか．K_3 に対応する化学反応式を得るため，K_1 と K_2 に対応する化学反応を加算したが，K_3 を得るためには，二つの式を積算しなくてはならない*11．

$$K_3 = K_1 \times K_2$$

$$K_3 = \frac{[HPO_4^{2-}]}{[PO_4^{3-}][H^+]} \times \frac{[H_2PO_4^-]}{[HPO_4^{2-}][H^+]}$$

$$= \frac{[H_2PO_4^-]}{[PO_4^{3-}][H^+]^2}$$

この関係は，一連の化学反応式を加えて新しい反応式を得るときにいつでも成り立つ．平衡定数を掛け合わせれば，目的の反応の平衡定数が得られる．

例題 12・5
つぎの二つの平衡を足し合わせた反応の平衡定数式を求めよ．

$$CO_2(g) \rightleftharpoons CO(g) + \frac{1}{2}O_2(g)$$

$$H_2(g) + \frac{1}{2}O_2(g) \rightleftharpoons H_2O(g)$$

解法 二つの反応の平衡定数式を書き，それらを掛け合わせて，足し合わせた反応の平衡定数式を得る．反応を足し合わせて，それを求めた平衡定数式と比べて解答をチェックする．

解答

1. $CO_2(g) \rightleftharpoons CO(g) + \frac{1}{2}O_2(g)$

$$K_1 = \frac{[CO][O_2]^{1/2}}{[CO_2]}$$

2. $H_2(g) + \frac{1}{2}O_2(g) \rightleftharpoons H_2O(g)$

$$K_2 = \frac{[H_2O]}{[H_2][O_2]^{1/2}}$$

$$K_3 = \frac{[CO][O_2]^{1/2}}{[CO_2]} \times \frac{[H_2O]}{[H_2][O_2]^{1/2}}$$

$$= \frac{[CO][H_2O]}{[CO_2][H_2]}$$

解答の分析 二つの反応の和は $CO_2(g) + H_2(g) \rightleftharpoons CO(g) + H_2O(g)$ である．したがって上の答えが正しいことはすぐにわかる．

理解度のチェック 一組の気相反応の平衡定数式がつ

---

*10 リン酸塩はコンクリートの混和剤に使われることがある．
*11 K の化学量論への依存性はこの関係の特別な場合にあたる．量論係数をすべて倍にすると平衡定数は 2 乗になる．

ぎのように与えられている．これらの反応の和に対応する平衡定数式を求め，その化学平衡式を書け．

$$K_1 = \frac{[NO_2]^2}{[N_2][O_2]^2}$$

$$K_2 = \frac{[NO]^2[O_2]}{[NO_2]^2}$$

単位と平衡定数

上述のように，平衡定数はいろいろな数学表現で用いることができる．後に，平衡定数が自然対数の引数になる場合（log K）も出てくる．変数がそのような関数の引数になるときは，無次元でなければならない．平衡定数を単位なしにするため，すべての種の濃度を標準濃度1Mとの相対値にする．たとえばアルカリ溶液で出てくる式で使う水酸化物イオンの濃度は，実際には $[OH^-]_{eq} = [OH^-]/1\,M$ となる．これは，平衡定数の計算で使う数値には単位がなく，それゆえ平衡定数も単位をもたないことを意味する．1Mを標準濃度としているためこの操作で数値に変化はなく，後に数式中で平衡定数を扱うときに混乱を避けるのに役立つ．

12・4 平衡濃度

平衡定数の値を求めるために，よく平衡濃度を実験により測定する．一方，既知の平衡定数から平衡濃度を予測する場合もある[*12]．水中でのサリチル酸の解離定数は調べればわかるが，この値からどうやったら特定濃度の溶液中のイオン濃度がわかるだろうか．この種の問題に取組むには，平衡定数式とそこからわかる化学量論係数を用いて計算すればよい．

化学平衡に基づく計算は，ややもすると複雑で，大量のデータを含むことがよくある．したがって問題を手順立てて扱うのがよい．この章を通じていくつか特殊な問題の扱い方を示していくが，まずはどんな平衡の計算でも使う方法の基本的特徴を三つあげる．

- 当該の平衡についてつり合いのとれた化学反応式を書く．
- 対応する平衡定数式を書く．
- すべての反応種について濃度の一覧表をつくる．この表の列には平衡に含まれる化学種をそれぞれ割り当てる．1行目には初濃度を，2行目には平衡に至るまでの濃度変化を，3行目には最終平衡濃度を書き入れる．これらの情報の多くは問題を解き始めたときはわかっていないだろうが，解き進むにつれてどんどん埋まってくる．こ

うしてできた表は関連する情報をすべてまとめて整理するのに大変便利である．

初濃度から平衡濃度を求める

密閉容器中で行われ，物質の出入りのない反応をバッチ反応という[*13]．もしある過程がそのようなバッチ系で行われたとしたら，平衡濃度は初濃度とどのように関係づけられるだろうか．このような問題に対しても答えを見つけることができ，それは多くの工業プロセスの設計において重要な出発点となる．この種の問題を考えるために，代数的に簡単な，水素とヨウ素を含む例から始めよう．この例で，平衡計算に用いようとしている方法論を説明する．いったんこの方法論をマスターしてしまえば，コンクリートの風化作用のようなもっと複雑な系にも応用できる．

例題 12・6

気体の水素とヨウ素が高温で反応するとき，つぎの平衡が成り立つ．

$$H_2(g) + I_2(g) \rightleftharpoons 2\,HI(g)$$

400 °C で平衡定数を測ったところ 59.3 であった．水素とヨウ素の初濃度をいずれも 0.050 M として反応させたら，反応物と生成物の平衡濃度はいくらになるか．

解法 まず与えられた情報をまとめてみよう．

与えられた情報：$[H_2]_{initial} = [I_2]_{initial} = 0.050\,M$
$K = 59.3$
求めるもの：$[H_2]_{eq}, [I_2]_{eq}, [HI]_{eq}$

上で概説した3段階の方法論を使う．平衡の化学反応式は問題で与えられている．この式から平衡定数式を簡単に書くことができる．

$$K = \frac{[HI]^2}{[H_2][I_2]} = 59.3$$

つぎに初濃度と濃度変化と最終平衡濃度を書き込む表をつくる．これまでのところ，わかっているのは初濃度だけである（初めは H_2 と I_2 しかないので，HI の初濃度は 0 である）．

	H_2	I_2	HI
初濃度	0.050 M	0.050 M	0 M
濃度変化			
最終平衡濃度			

表の残りは解答の途中で埋めていく．

まだこの段階では問題を解くのは難しくみえる．未知数は三つ（平衡濃度）あるのに，使える式は平衡定数式一つだけだからである．したがって反応の化学量論を使って濃度変化を互いに関係づける必要がある．

解答 最初に存在するのは H_2 と I_2 だけなので，そ

[*12] 平衡濃度が予測できればプロセス設計の初期段階で役に立つ．
[*13] 工業的反応は反応物と生成物がたえず反応容器中を流れるフロー系で行われることが多い．

の濃度は系が平衡に近づくにつれて減少する（そして HI の濃度は増大する）とわかる．つり合いのとれた反応式から，各 H_2 分子は 1 個の I_2 分子と反応して 2 個の HI 分子を生成することもわかる．これより，濃度変化を一つの変数を使って表せる．たとえば $[H_2]$ の変化を "$-x$" と表すことにしよう（マイナス記号は濃度が減ることを示す）．H_2 と I_2 のモル比が $1:1$ であるから，$[I_2]$ の変化も $-x$ で，H_2 と HI のモル比が $1:2$ であるから $[HI]$ の変化は $+2x$ となる．これらを表の 2 行目に書く．

	H_2	I_2	HI
初濃度	0.050 M	0.050 M	0 M
濃度変化	$-x$	$-x$	$+2x$
最終平衡濃度			

つぎに 3 行目を埋める．これには，平衡濃度＝初濃度＋濃度変化という単純な関係を用いる．すなわち上の 2 行を足して 3 行目に入れる．

	H_2	I_2	HI
初濃度	0.050 M	0.050 M	0 M
濃度変化	$-x$	$-x$	$+2x$
最終平衡濃度	$0.050-x$	$0.050-x$	$2x$

もちろん，三つの平衡濃度の値を求めるのが目的であるから，さらに変数 (x) について解く方法を見つける必要がある．そのために平衡定数式に戻る．3 行目の式を平衡定数式に代入するとつぎの式を得る．

$$K = \frac{[HI]^2}{[H_2][I_2]} = \frac{(2x)^2}{(0.050-x)(0.050-x)} = 59.3$$

つまり

$$\frac{(2x)^2}{(0.050-x)^2} = 59.3$$

この式の未知数は一つだけなので解くことができ，その結果から平衡濃度の値が得られる．左辺の分母を両辺に掛けて二次方程式を解くこともできるが，左辺が完全な二乗になっていることに気づけば，少し手間が省ける．つまり両辺の平方根をとって一次式とすれば，ずっと簡単に解くことができる．

$$\frac{2x}{0.050-x} = 7.70$$
$$9.70x = 0.39$$
$$x = 0.040$$

最後にこの x の値を使って三つの平衡濃度を計算する．

$$[H_2] = [I_2] = 0.050 - 0.040 = 0.010 \text{ M}$$
$$[HI] = 2x = 0.080 \text{ M}$$

解答の分析 この結果を最初の量と比較すれば，合理的かどうか確認できる．まず，x は 0.05 より大きくはなれない．$[H_2]$ と $[I_2]$ が負になってしまうからである．さらに詳しくみると，K は 1 よりかなり大きいので，元あった H_2 と I_2 の大半は HI として生成物になることもわかる．これは答えと一致している．

理解度のチェック この反応をもっと高温で行って平衡定数を測定したところ，$K=51.4$ の値が得られた．0.010 M の水素とヨウ素で実験を始めた場合の平衡濃度を予測せよ．

例題 12・6 の計算は二つの要因で簡単になっていた．まず，二つの反応物の 1 mol ずつが反応して 2 mol の生成物になるという化学量論のため，分母も分子も 2 乗になった．第二に，反応物の初濃度が同じであった．もし違っていたら，平衡定数式の分母は 2 乗にはならない．例題ほど都合がよくない反応を扱うときは，二次方程式を解かなければならないかもしれない．これは少しやっかいかもしれないが，実際に大きな障害ではない．つぎの例でこの場合を考える．

例題 12・7

塩素ガスと三塩化リンから五塩化リンができる反応の平衡定数は 250 ℃ で 33 である．実験を 0.050 M の PCl_3 と 0.015 M の Cl_2 で始めたら，3 種の気体の平衡濃度はいくらになるか．

$$Cl_2(g) + PCl_3(g) \rightleftharpoons PCl_5(g)$$

解法 解き方は例題 12・6 と同じである．唯一の違いは，平衡定数式を立てて x について解くときに生じる．この場合の化学量論と初濃度では，x を解くのに二次方程式を使わざるをえない．

解答 例題 12・6 と同様に濃度の表をつくる．初濃度と濃度変化を書き入れる．この反応の化学量論は 1：1：1 なので，濃度変化は Cl_2 と PCl_3 では $-x$，PCl_5 は $+x$ と書ける．

	Cl_2	PCl_3	PCl_5
初濃度	0.015 M	0.050 M	0 M
濃度変化	$-x$	$-x$	$+x$
最終平衡濃度	$0.015-x$	$0.050-x$	x

これらを下記の平衡定数式に代入する．

$$K = \frac{[PCl_5]}{[Cl_2][PCl_3]} = 33$$

$$\frac{x}{(0.015-x)(0.050-x)} = 33$$

これを解くには二次方程式の公式を使わなくてはならないので，まず展開して次式を得る．

$$33x^2 - 3.145x + 0.025 = 0$$

公式を使って

$$x = \frac{-b \pm \sqrt{b^2 - 4ac}}{2a}$$

$$x = \frac{3.145 \pm \sqrt{9.89 - 3.3}}{66}$$

$$x = 0.087 \text{ または } x = 0.0088$$

このような問題で二つの数値解が出てくると戸惑うかもしれない．どちらが正しいのかどうやって決めるのか．得られた平衡濃度は物理的に合理的でなければならない．なによりも負であってはならない．しかし 0.087 の方を選ぶと，Cl_2 と PCl_3 がともに負の濃度になってしまう．したがって正しい根は2番目の方で，つぎのような結果が得られる．

$[PCl_5] = x = 0.0088$ M
$[Cl_2] = 0.015 - x = 0.015 - 0.0088 = 0.006$ M
$[PCl_3] = 0.050 - x = 0.050 - 0.0088 = 0.041$ M

解答の分析 この種の平衡問題でいつも確認できることは，最後の値を平衡定数式に入れて K が合理的な値になるかどうかである．この場合は $K = 0.0088/0.006 \times 0.041 = 36$ となる．33 ちょうどではないが，有効数字は2桁しかないので，厳密に合うとは期待できない．この値が元の K の値に近いことから，おそらく計算は正しかったのだと安心できる．

理解度のチェック この反応は PCl_5 の分解とも考えることができ，その場合の平衡定数は 0.30 である．実験を 0.040 M の $PCl_5(g)$ で始めたら，平衡濃度はいくらになると期待されるか．

平衡計算の数学的手法

上の例題で提案した方法は一般的で，どんな平衡計算でも役立つ．しかしこれらの例題は，もともと比較的容易に解けるものであった．難しい方の問題でも，二次方程式を解くだけでよかった．しかしすべての平衡でこれほど簡単な解が得られるわけではない．前に述べた，HCN を製造するアンドルッソー法を考えよう．全体の反応を下に示す．すべての化学種は反応に必要な高温条件下で気体なので，平衡定数式には五つの濃度項が最大6乗になって出てくる．

$$2\,NH_3 + 2\,CH_4 + 3\,O_2 \rightleftharpoons 2\,HCN + 6\,H_2O$$

$$K = \frac{[HCN]^2[H_2O]^6}{[NH_3]^2[CH_4]^2[O_2]^3}$$

上で解いた例題と同じような問題をこの平衡に対して考えたら，x^8 項を含む方程式を解かなければならなくなる．これは明らかに二次方程式を解くどころの困難さではない．この種の問題を解くには，Maple® や Mathematica® などのソフトウェアがある．しかし注目しているのはむしろ根本にある化学的概念の方なので，ここではそのような計算はしない．望みの反応種の平衡濃度が決定できれば，青酸の製造のような工業プロセスを調査する際によい出発点となるが，生成物の平衡収率がわかってもそれだけでは経済的に実行可能なプロセスとするには不十分である．そのためには反応設計技術者は平衡を操作してより高濃度の生成物やより高い効率が得られる方法を見つける必要がある．どうしたら平衡を操作できるのか．次節でこの問題に取組む．

12・5 ルシャトリエの原理

化学製品の製造においては，化学工業技術者はできるかぎり平衡定数が生成物に有利な反応を選ぶ．もちろん，この種の選択は簡単には利用できない．たとえばアンモニアの製造における H_2，N_2 と NH_3 の平衡は，アンモニアの生成に有利ではない．それにもかかわらずアンモニアの製造が商業的に可能で化学産業の主要要素であるのは，おもに肥料や他の農業用化学物質においてアンモニアが重要だからである．化学プラントではどんな変数が制御できて，それはどのように平衡に影響するのだろうか．

ルシャトリエの原理（Le Chatelier's principle）とは，平衡系が変化にどう応答するかをまとめたものである[*14]．平衡状態にある系に何らかの変化，すなわち摂動が加えられると，系はそれに応答して，加えられた摂動を低減するように平衡を再構築する．化学平衡にそのような摂動を導入する方法としては通常，濃度変化，圧力変化，温度変化の3種類ある．単純な平衡系として NO_2 が二量化して N_2O_4 になる反応を取上げ，これらの摂動法について順に考えていこう．

反応物または生成物の濃度変化が平衡に与える影響

化学平衡の結果，系に含まれるさまざまな化学種の濃度の間につり合いが生じる．したがって平衡状態にある化学系をかき乱す最も直接的な方法は，一つ以上の反応物または生成物の濃度を変化させることである．密閉したフラスコに NO_2 ガスと N_2O_4 ガスの平衡混合物が入っているとしよう．もしこの系に NO_2 を加えたとしたら，平衡はどのように応答するだろうか．図 12・7 のグラフは期待される効果を示している．すなわち系に加えられた摂動を減らすために N_2O_4 がさらに生成する．

しかしこの応答は，加えられた摂動をどのように相殺するのだろうか．§12・3 で平衡定数の議論を始めたとき，まず反応商 Q を定義してそれからこの比の特殊な場合として平衡定数を考えた．つまり平衡では $Q = K$ の関係がある．しかし平衡時の値から濃度を変えたら，Q はもはや

[*14] ルシャトリエ（Henri Louis LeChatelier）はフランス人で，建築家と技術者の家庭に生まれた．彼が化学の研究を行ったのは 1880 年代から 1900 年代初頭にかけてである．

K には等しくない. 図 12・7 に示すように, 反応物の濃度が増すとすぐに Q は K より小さくなる. したがって新しい平衡を確立するには, この比の値は大きくならなければならない. この場合は分子にある濃度は増加し, 分母にある濃度は減少する. 生成物の濃度は分子にあるので, $Q < K$ のときは反応は生成物の方向へ移動しなければならない. 同様に考えて, $Q > K$ のときは反応は反応物の方向に移動しなければならない. 表 12・2 に, 濃度変化に対する平衡系の応答四つをまとめた. 例題 12・8 ではこれをさらに調べる.

表 12・2 平衡に対する濃度変化の影響は, 反応商 Q を考えてそれを平衡定数 K と比較することで合理的に説明できる.

濃度変化の種類	生じる Q の変化	系の応答
生成物濃度の増大	$Q > K$	反応物が増える
生成物濃度の減少	$Q < K$	生成物が増える
反応物濃度の増大	$Q < K$	生成物が増える
反応物濃度の減少	$Q > K$	反応物が増える

例題 12・8

酢酸 CH_3COOH は低濃度ではコンクリートの硬化遅延剤, 高濃度では硬化促進剤となるという, 奇妙な特性をもつ. 溶液中の酢酸が水素イオンと酢酸イオン CH_3COO^- との間で形成する平衡状態は, いくつかの方法でかき乱すことができる. つぎの三つの場合について反応商 Q の変化を予測せよ. (a) 酢酸ナトリウムを加える. (b) 酢酸をさらに加える. (c) 水酸化ナトリウムを加える. さらにその予測に基づいて, 各摂動に応答して平衡はどのように移動するか説明せよ.

解法 それぞれ加えた物質が平衡濃度にもたらす変化を判定しよう. その濃度変化が, 平衡定数式の分子に影響するのか分母に影響するのかに注目すると, 反応商が K より大きくなるか小さくなるかが判断できる. その予測した Q を K と比較することで, 摂動を相殺するように平衡が動く方向はどちらなのかがわかる.

解答 平衡は以下のとおりである.

$$CH_3COOH(aq) \rightleftharpoons H^+(aq) + CH_3COO^-(aq)$$

(a) 酢酸ナトリウムが加えられた場合: ナトリウムイオンはこの平衡に関与していないが, CH_3COO^- が加わるので, 生成物の濃度が上がる. これは Q の値を増すことになる. すなわち $Q > K$ である. 平衡は反応物の方向に移動しなくてはならないので, CH_3COOH がさらに生成する.

(b) 酢酸が加えられた場合: CH_3COOH は反応物なので, この濃度が増大すると Q の値は減少する. Q は K より小さくなるので, 平衡は生成物の方へ移動する. CH_3COOH の一部が解離して H^+ と CH_3COO^- の濃度がともに増す.

(c) 水酸化ナトリウムが加えられた場合: この場合もナトリウムイオンは摂動に効果がない. 一見, 水酸化物イオンも同様に思えるかもしれないが, これまで修得してきた化学的直感を少し働かせれば, OH^- と H^+ は反応して水になることに気づくはずだ. この結果 H^+ の濃度は下がる. 生成物の濃度が減るので, Q の分子が減少し, $Q < K$ となる. したがって平衡は生成物の方向へ移動する.

理解度のチェック この平衡を反応物へ移動させる, 別の方法を二つ述べ, その論拠を説明せよ.

気体が存在する場合の平衡に及ぼす圧力変化の影響

コンクリートの製造と風化には, 気体が関与する局面がいくつかある. しかしもっともよく知られた例を用いて, 平衡状態の化学系に対する圧力の効果を説明しよう. 炭酸ガスの水への溶解について考える. 化学反応が起こり, つぎ

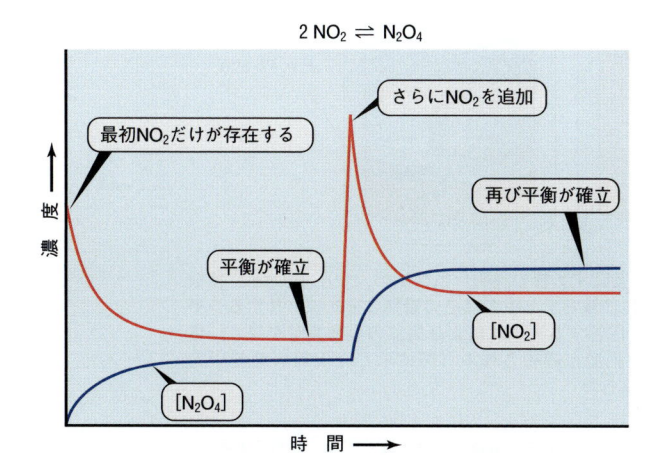

図 12・7 このグラフは反応物の濃度が増したとき平衡がどう応答するかを示している. 始めは NO_2 のみ存在し, N_2O_4 が生成して平衡が確立する. この測定の途中で NO_2 が大量に系に加えられて平衡をかき乱している. 系はこれに対しさらに N_2O_4 を生成することで応答し, 新たな平衡を確立する.

の平衡が成り立つ．

$$CO_2(g) + H_2O(l) \rightleftharpoons H_2CO_3(aq)$$

この本を読んでいる机の傍らにも，その例として炭酸飲料水の缶があるかもしれない．炭酸ガスを高圧で水に溶かすことで清涼飲料は炭酸化される．缶を開けるとどうなるだろう．炭酸ガスの利用できる体積がずっと大きくなるので，圧力が下がる．圧力が下がるとシューッと泡が出て，炭酸ガスが溶液から出て行っていることがわかる．この観察はルシャトリエの原理とどのように対応するのだろうか．

ルシャトリエの原理によれば，加えた摂動を相殺するように平衡は移動する．この場合の摂動は，炭酸水の上にある CO_2 の圧力低下である．系はどうしたら圧力を上げることができるだろう．溶けていた CO_2 を溶液から気相に解放してやれば，圧力増加に寄与できる．炭酸水がシューッと泡を立てているのは，実は系の平衡がより多くの気体を出す方向に移動しているときなのである．容器は大気に開放されているので，CO_2 の圧力はけっして高くならず，気が抜けるまで炭酸ガスは出続ける．

この効果は気体を含むどんな化学反応にも一般化できる．もし気体の物質量が反応物と生成物で違っていたら，（体積変化による）圧力変化が起こると平衡の位置に変化が生じる[*15]．水への二酸化炭素の溶解はこの例である．なぜなら，化学量論によれば気相の物質量は反応物（1 mol の CO_2）の方が生成物（気体なし）より多いからである．もし気相反応物の全物質量が気相生成物の全物質量に等しかったら，圧力を変化させても平衡位置は変化しない．

ここで NO_2 と N_2O_4 の平衡に同じ理屈をあてはめてみよう．2 mol の NO_2 が結びついて 1 mol の N_2O_4 を生成する．したがってもし圧力が加えられたら，系は N_2O_4 をつくることでその変化に応答する．これは図 12・8 に示されている．

> **例題 12・9**
>
> HCN は重要だが危険性のある工業用化学物質である．何通りかの製造法があるが，その一つを下に示す．各系とも始めは平衡状態にあると仮定し，反応に加えられた摂動に応答して移動する方向を予測せよ．
>
> (a) $NH_3(g) + CH_4(g) \rightleftharpoons HCN(g) + 3H_2(g)$
> ：圧力を上昇させる
>
> (b) $2NH_3(g) + 2CH_4(g) + 3O_2(g) \rightleftharpoons 2HCN(g) + 6H_2O(g)$
> ：圧力を低下させる
>
> **解 法** 平衡式の各辺について，気体の物質量の合計を求める．もし圧力が上がると，気体が少なくなる反応が有利となる．もし圧力が下がると，気体が多くなる反応が有利となる．
>
> **解 答**
> (a) 左辺に 2 mol，右辺に 4 mol の気体がある．圧力が上がれば平衡は左へ動くだろう．
> (b) 左辺に 7 mol，右辺に 8 mol の気体がある．圧力を下げるとより多くの気体ができる反応が有利なので，右へ向かう反応が有利となる．
>
> **解答の分析** この種の問題では概念的な理解が求められているので，答えをチェックするには定性的なやり方が必要である．一つの方法は，逆の答えだったらどうなるか考えてみることである．たとえば(a)で平衡が右へ動いたといったらこれは何を意味するだろう．より多くの気体ができて圧力を増すことになる．この問題では最初に示したように圧力を上げたのだから，この結果は加えた変化の逆になっていない．したがって逆の答えは明

図 12・8 NO_2/N_2O_4 の平衡に圧力が及ぼす影響の説明．系は始め，全圧 1.0 atm，体積 10 L で平衡状態にある．体積を 2 L に減らすと圧力はその瞬間 5 atm に上昇する．平衡はさらに N_2O_4 を生成することで応答する．これにより気体の全物質量が減り，体積減少でもたらされた圧力上昇の程度が緩和される（図に示した実際の最終圧力 4.6 atm は平衡定数の値を用いて計算した）．

[*15] 不活性気体を加えて圧力を変えても平衡には影響しない．反応系の気体の分圧に変化がないからである．

らかに間違っており，最初の答えが正しいことになる．

理解度のチェック 以下の各平衡は，示された摂動に応答してどの方向に移動するか答えよ．

(a) $N_2(g) + 3H_2(g) \rightleftharpoons 2NH_3(g)$
　　　　　　　　　　　　：圧力を低下させる
(b) $CO_2(g) + H_2(g) \rightleftharpoons CO(g) + H_2O(g)$
　　　　　　　　　　　　：圧力を増大させる

平衡に及ぼす温度変化の影響

例題 5・7 で，CaO の CO_2 との反応は，二酸化炭素を捕捉する可能な方法であると指摘した．この章では，逆反応，つまり $CaCO_3$ の分解がコンクリートの製造の第一段階であることを述べた．温度が系にどのように影響するかを理解する鍵となる考え方は，温度変化を，反応系を出入りする熱の流れとして考えることである．こう考えるのは，化学反応と熱は熱力学で結びつけられているからである．反応が発熱的か吸熱的かわかっているかぎり，温度変化にどのように応答するか予測できる．

発熱反応の場合，熱は系から流れ出る．この熱を反応の生成物としよう．これを明示的につぎの熱化学方程式で表すことができる*16．

　　　発熱反応： 反応物 $\rightleftharpoons$ 生成物 ＋ 熱

こうしてしまえば，事態は反応混合物への生成物の添加や除去についての議論に似てくる．温度を上げると，熱が加わることで系は摂動される．ルシャトリエの原理によれば，系は過剰な熱を吸収してこの摂動を相殺するように応答し，平衡は反応物の方へ動く．一方，温度が下がると，熱は系から流出し，系は熱を生み出すように応答するので平衡は生成物の方向へ動く．

これまで考えてきた NO_2 と N_2O_4 の平衡は，発熱反応に違いない．なぜなら 2 個の窒素原子の間に結合が形成され，他の結合は切れないからである．したがって N_2O_4 の生成は低温で有利と予測でき，図 12・9 はこれを裏づけている．

吸熱反応の場合はつぎのように書ける．

　　　吸熱反応： 反応物 ＋ 熱 $\rightleftharpoons$ 生成物

同じような論法で，温度が上がれば吸熱系は熱を吸収する方向，つまり生成物の方向へ平衡が動く．温度が下がれば，加えられた摂動を相殺するために反応物の方に移動して熱を出す．表 12・3 に温度変化に対する化学反応の応答をまとめた．

平衡定数に変化の生じない，反応物や生成物の濃度変化とは異なり，温度変化は平衡定数の値も変える（速度定数

図 12・9 写真のフラスコには茶色の NO_2 と無色の N_2O_4 の混合気体が入っている．左の写真のように氷浴につけると色は淡くなるが，右の写真のように 50 ℃ の湯浴につけると色は顕著に濃くなる．このように高温で色が濃くなるのは，ルシャトリエの原理から予測されるとおり，高温では NO_2 がより多く存在することを示す．

表 12・3 平衡状態にある化学系に及ぼす温度の影響は，反応が発熱か吸熱かに依存する．濃度や圧力変化と異なり，温度変化は平衡定数の値も変える．

反応の種類	温度変化	系の応答
発　熱	上　昇	反応物が増える
発　熱	低　下	生成物が増える
吸　熱	上　昇	生成物が増える
吸　熱	低　下	反応物が増える

の場合と同様，平衡定数も温度の関数として変化する“定数”である）．平衡定数が温度とともに変化するという事実は，工業プロセスにおける化学反応では重要である．速度論的理由から高温が必要とされる場合が多いが，平衡定数が不利であったらどうなるだろう．そのような場合は化学者と技術者が協力して，商業的に実行可能な反応となるよう，いろいろな因子の組合わせを見つけ出す．どのような調節であれ，ルシャトリエの原理によって反応はほぼ確実に影響を受ける．

平衡に及ぼす触媒の影響

正反応速度が逆反応速度に等しいとき，平衡が成り立つ．しかし一般には，平衡の位置からは，平衡が成り立ったときの反応速度については何もわからない．平衡系に触媒を加えたら何が起こるだろうか．触媒は正反応も逆反応も両方とも等しく加速するので，平衡の位置も濃度も影響されない．

---

*16 平衡式に“熱”という言葉を入れることで反応がどちらへ移動するかわかりやすくなる．しかしこの熱は，物質がもっているわけではない．

12・6 溶解平衡

前に指摘したが，水酸化物イオンがカルシウムイオンに出会うと沈殿が生じる．この反応はセメントの形成に関与している．一方リン酸や炭酸の場合はさまざまなカチオンと沈殿反応を起こす．コンクリートは非常に複雑な混合物なので，起こりうるすべての沈殿反応の詳細を明らかにすることさえ，化学者や材料技術者にとって困難な仕事である．混和剤を加えることでコンクリートの特性を操作できるのは，水和過程と硬化過程で生じる化学平衡の性質が変わるからである．セメントやコンクリートの製造における新たな進歩は，特定の化合物の溶解度とその平衡反応の研究からもたらされることが多い．

溶解度積

§3・3で，特定の溶媒に溶質がどれだけ溶けることができるかを示す尺度として，溶解度という用語を導入した．この考え方はイオン性物質における溶解則（§3・3, p.49）としてよく転用される．溶解則によれば，水酸化カルシウムも水酸化マグネシウムも水に対し不溶と分類される．しかし例題12・3で，これらの化合物の溶解度には測定できるほどの違いがあることを示した．したがって化合物が"不溶"であるとは何を意味するのか，もっと詳しく述べる必要がある．これらの水酸化物の場合は，**難溶**（sparingly soluble）であるというのがより正確である．十分時間をかけてたえず溶媒を新しくすれば（言い換えると非平衡条件下では），ほとんどの不溶塩は溶ける．何十万年もかかって岩石が雨で溶解するのはそのような過程の一例である．"不溶"な化合物がどの程度溶けるのか，どうしたら明確に定められるだろう．

溶解度積の定義

また水酸化カルシウムと水酸化マグネシウムを例に取上げよう．もしどちらかを水に入れると，かき混ぜないでおいても，塩と構成イオン間の動的平衡はそのうち成り立つ．この反応の平衡は，他の溶解過程同様，不均一系で生じている．したがって平衡定数式には固体塩の濃度項は含まれず，溶解したイオンの濃度の積だけが現れる．この積は溶解平衡定数として一般に用いられているので，**溶解度積**（solubility product, 記号 K_{sp}）とよばれている．例にあげた上記の塩の場合，つぎのように書ける[*17]．

$$Ca(OH)_2(s) \rightleftharpoons Ca^{2+}(aq) + 2 OH^-(aq)$$
$$K_{sp} = [Ca^{2+}][OH^-]^2 = 7.9 \times 10^{-6}$$
$$Mg(OH)_2(s) \rightleftharpoons Mg^{2+}(aq) + 2 OH^-(aq)$$
$$K_{sp} = [Mg^{2+}][OH^-]^2 = 1.5 \times 10^{-11}$$

溶解度積は広い用途で重要であり，多くの難溶塩について値が求められている．表12・4に代表例をいくつか示す．もっと大きな表は付録Hにある．

表12・4 難溶性化合物の溶解度積．値は非常に広範囲にわたることがわかる．

塩	K_{sp}	塩	K_{sp}
$CaCO_3$	4.8×10^{-9}	Ag_3PO_4	1.3×10^{-20}
$FeCO_3$	3.5×10^{-11}	$AgCl$	1.8×10^{-10}
$PbCO_3$	1.5×10^{-13}	$AgCN$	6.0×10^{-17}
Ag_2CO_3	8.1×10^{-12}	$AgBr$	5.3×10^{-13}
$Ca_3(PO_4)_2$	2.0×10^{-33}	ZnS	1.1×10^{-21}
$Mg_3(PO_4)_2$	9.9×10^{-25}	PtS	9.9×10^{-74}

例題 12・10

フッ化カルシウムについて溶解度積の式を書け．

解法 塩の化学式を定めて，その溶解平衡を示す化学反応式を書く．それに基づいて溶解度積の式を書く．

解答 フッ素は -1 価のアニオンに，カルシウムは $+2$ 価のカチオンになるので，フッ化カルシウムの化学式は CaF_2 である．

$$CaF_2(s) \rightleftharpoons Ca^{2+}(aq) + 2 F^-(aq)$$

したがって

$$K_{sp} = [Ca^{2+}][F^-]^2$$

理解度のチェック つぎの難溶塩の溶解度積の式を書け．(a) 水酸化マンガン(II)，(b) 硫化銅(II)，(c) ヨウ化銅(I)，(d) 硫酸アルミニウム

K_{sp} とモル溶解度の関係

この章ではカルシウム塩の溶解度について何度もふれてきた．第3章では溶媒100 g に溶ける溶質の質量で溶解度を定義したが，濃度単位の選択の余地はこれだけではない．**モル溶解度**（molar solubility）は飽和溶液中に溶けて存在する溶質の濃度を容量モル濃度で表したものである．第4章で与えた濃度単位に基づき，これら異なる溶解度の式を相互に変換することができる．モル溶解度は，例題12・11でわかるように，K_{sp} から簡単に求められる．

例題 12・11

$K_{sp} = 2.0 \times 10^{-33}$ として，リン酸カルシウム $Ca_3(PO_4)_2$ のモル溶解度を求めよ．飽和溶液の密度を 1.00 g cm^{-3} とすると，溶媒100 g あたりの溶解度はいくらか．

解法 この問題は，飽和溶液中の平衡イオン濃度を

[*17] これらの平衡定数が非常に小さいことから，これらの化合物は水に溶けにくいことがわかる．

問うている．したがってこの章で以前解いた問題に似ているので，同じ一般的方法を用いる．モル溶解度を求めるため，まず，平衡濃度が未知の溶液の濃度表をつくる．それから平衡定数式を解いて未知の濃度を求める．濃度単位を，溶質のモル質量と水の密度を使って，溶媒 100 g あたりの溶質の質量 (g) に変換する（溶液は非常に薄いので，問題にあるように溶液の密度は水と同じと仮定する）．

解 答 リン酸カルシウムの溶解の平衡式は以下のとおりである．

$$Ca_3(PO_4)_2(s) \rightleftharpoons 3\,Ca^{2+}(aq) + 2\,PO_4^{3-}(aq)$$

この反応の溶解度積の式が必要で，その値は与えられている．

$$K_{sp} = [Ca^{2+}]^3[PO_4^{3-}]^2 = 2.0 \times 10^{-33}$$

この溶解過程は，最初は固体だけ存在していることは想像できる．それがいくらか溶けて平衡の飽和溶液中にはイオンが存在することになる．濃度の表をつくるうえで必ず考慮しなくてはならないのは，構成イオンの化学量論比が 3：2 だということである．1 mol の $Ca_3(PO_4)_2(s)$ が溶けると，3 mol のカルシウムイオンと 2 mol のリン酸イオンが溶液中に放出される．

	$Ca_3(PO_4)_2(s)$	$Ca^{2+}(aq)$	$PO_4^{3-}(aq)$
初濃度	固体	0 M	0 M
濃度変化	固体	$+3x$	$+2x$
最終平衡濃度	固体	$3x$	$2x$

これらを平衡定数式（訳注：この場合は溶解度積に等しいことに注意）に代入する．

$$K_{sp} = 2.0 \times 10^{-33} = [Ca^{2+}]^3[PO_4^{3-}]^2 = (3x)^3(2x)^2$$

これを x について解くと

$$2.0 \times 10^{-33} = 108 x^5$$
$$x = 1.1 \times 10^{-7}$$

これはリン酸カルシウムのモル溶解度が 1.1×10^{-7} M であることを意味する．つぎに単位を変換して質量で表した溶解度を求める．

$$\text{溶解度} = \frac{1.1 \times 10^{-7}\,\text{mol Ca}_3(\text{PO}_4)_2}{\text{L}} \times \frac{1\,\text{L}}{10^3\,\text{cm}^3}$$
$$\times \frac{1\,\text{cm}^3}{1.0\,\text{g}} \times \frac{310.2\,\text{g Ca}_3(\text{PO}_4)_2}{1\,\text{mol Ca}_3(\text{PO}_4)_2}$$
$$= 3.5 \times 10^{-8}\,\text{g 溶質/g H}_2\text{O}$$

これに 100 を掛けると，100 g の水に溶ける $Ca_3(PO_4)_2$ の溶解度は 3.5×10^{-6} g とわかる．

解答の分析 得られたモル溶解度は非常に小さい．これは理にかなっているだろうか．K_{sp} の値は非常に小さいので，平衡は反応物に大きく偏っていると考えられる．反応物に偏るということは溶液にはイオンはほとんどないということなので，溶解度が小さいのは当然である．

理解度のチェック シアン化銀のモル溶解度を計算せよ．溶媒 100 g 当たりの溶解度だといくらになるか．そのときどのような仮定が必要か．

共通イオン効果

水酸化カルシウムや水酸化マグネシウムの溶解度を調べたとき，平衡は純水中の塩について成り立っているとした．もし NaOH を加えて水酸化物イオンが余分にあったらどうなるだろう．ある塩の平衡にかかわるイオンを，別の物質を加えることで系に導入したら，塩の溶解度にどのように影響するだろうか．これはセメントの製造においても重要な問題である．セメントの複雑な混合物に含まれるイオンの起源は一つではなく，いろいろな物質からきているからである．この問題の答えはルシャトリエの原理から導くことができる．平衡に関与しているが外から加えられたイオンは共通イオンとよばれる．起源は違ってもイオンは同じ（共通）だからである．もし平衡状態にある $Mg(OH)_2$ の溶液に共通イオン（この場合 OH^-）を加えたら，加えたイオンを消費する方向に平衡が移動して，固体の $Mg(OH)_2$ をさらに生成する．これが**共通イオン効果** (common ion effect) である（図 12・10）．代わりに難溶性の塩を，共

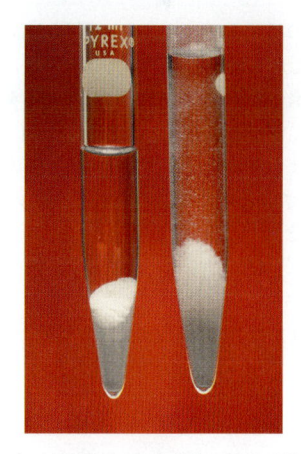

図 12・10 左の試験管には酢酸銀の飽和溶液が入っている．$AgNO_3$ の水溶液を加えると共通イオン効果のため，右の試験管のように固体の酢酸銀が沈殿して出てくる．
［写真：© Cengage Learning/Charles D. Winters］

通イオンを含んだ溶液に加えたら，共通イオンのため固体の溶解度は抑えられるだろう（反応物が生成する方向へ系を移動させるから）．この考えを例題 12・12 で調べる．

例題 12・12

$Ca_3(PO_4)_2$ の溶解度積 K_{sp} は 2.0×10^{-33} である。0.10 M $(NH_4)_3PO_4$ 溶液へのモル溶解度を求めよ。例題 12・11 で計算した水中での $Ca_3(PO_4)_2$ のモル溶解度と比較せよ。

解 法　$(NH_4)_3PO_4$ は、水に非常によく溶ける。0.10 M $(NH_4)_3PO_4$ 溶液中の $[PO_4^{3-}]$ は 0.10 M である。モル溶解度は、固体の $Ca_3(PO_4)_2$ を加えて平衡が成り立ったときの溶液中の $[Ca^{2+}]$ から求められる。まず対象とする反応式を書き、いつもの濃度の表をつくる。K_{sp} の値は非常に小さいので、モル溶解度を出すのに単純な仮定を用いることができる。

解 答　x を 1 L 当たりに溶ける $Ca_3(PO_4)_2$ の物質量 (つまりここで求めたいモル溶解度) とする。Ca^{2+} の初濃度は 0 だが、PO_4^{3-} はこの場合は 0.10 M である。これよりつぎの濃度表が得られる。

$$Ca_3(PO_4)_2(aq) \rightleftharpoons 3\,Ca^{2+}(aq) + 2\,PO_4^{3-}(aq)$$

	$Ca_3(PO_4)_2(s)$	$Ca^{2+}(aq)$	$PO_4^{3-}(aq)$
初濃度	固 体	0 M	0.10 M
濃度変化	固 体	$+3x$	$+2x$
最終平衡濃度	固 体	$3x$	$0.10 + 2x$

溶解度積の式に代入する。

$$K_{sp} = 2.0 \times 10^{-33}$$
$$= [Ca^{2+}]^3[PO_4^{3-}]^2 = (3x)^3(0.10+2x)^2$$

これを解くのは手強そうである。展開すると x^5 の項が出てくる。しかしうまい近似の方法がある。この前の例題から、純水への溶解度は 10^{-7} M のオーダーであることがわかっている。さらにこの場合、共通イオンがあるので溶解度はさらに下がるはずである。したがって x は 10^{-7} より小さいとわかる。それゆえ最後の項の $+2x$ の部分は 0.10 と比べて無視できる。

$$0.10 + 2x \approx 0.10$$

これで問題はかなり単純になる。

$$2.0 \times 10^{-33} = (3x)^3(0.10)^2$$
$$x = 1.9 \times 10^{-11}\,\text{M}$$

前の例題で水中の $Ca_3(PO_4)_2$ のモル溶解度を 1.1×10^{-7} と計算した。この例題ではリン酸イオンが溶液中に比較的高濃度で存在したため、1.9×10^{-11} と、ほぼ 4 桁も溶解度が下がった。

解答の分析　上のような単純化近似をしたときは、最後の解と用いた仮定に矛盾がないか確認することが重要である。この問題では、$2x$ が 0.10 と比べて無視できると仮定した。x は 10^{-11} のオーダーであるとわかったので、この仮定は確かに正しかった。実際の方程式の数値解を求めるために、適当なソフトウェアを使うこともできただろうが、余計な仕事をする割には結果はよくならない。この仮定は、K_{sp} が非常に小さいという事実があってこそ可能であったことに注意しよう。

理解度のチェック　CaF_2 の溶解度積は 1.7×10^{-10} である。水中および 0.15 M NaF 水溶液中での溶解度を計算せよ。

モル濃度の信頼性

これまで行ってきた計算は、この本のレベルに合わせてさまざまに単純化されている。これらの単純化は多くの場合は合理的であるが、重大な誤差をもたらす場合もある。行ってきた基本的単純化の一つは、すべての溶解平衡問題の計算で、イオン種のモル濃度を使ったことである。しかしモル濃度の有用性が低下する場合もある。イオン濃度が高いと、問題としている平衡に関与していないイオンであっても、イオン間の相互作用がイオンの挙動を変えてしまう。この効果を考慮するため、イオンの活量、すなわちイオンの実効濃度を用いる[*18]。活量は、モル濃度から特に直感的に変わっているわけではないので、それを使った計算をここでは行わない。しかし注意すべきは、上述のような濃度を用いた計算では限界があるということである。化学工業で合成プロセスを理解するために用いるモデルは、モル濃度を使って得られる精度よりしばしば高い精度が要求される。したがって代わりに活量を用いて計算することが多い。

12・7　酸と塩基

第 2 章で $-COOH$ をもつ分子はカルボン酸とよばれると述べ、それらの化合物が実際に水溶液中で酸として作用することを示す例を複数みてきた。第 3 章で酸と塩基の基本的概念をいくつか紹介したが、平衡の観点からそれらをさらに検討することができる。溶液中で完全に解離する強酸 (または強塩基) と、部分的にしか解離しない弱酸 (または弱塩基) があったことを思い出そう。ここまで化学を学んでくれば、弱電解質の部分解離は平衡に達する系の一例であったことがわかるはずである。したがって平衡定数を使って弱酸や弱塩基の相対的強さを表すことができる。そのための一般的な方法は、この節で定義する pH 尺度を用いることである。

[*18] 活量は、実験により得られる活量係数をモル濃度に掛けて求められることが多い。

酸と塩基のブレンステッド・ローリー理論

§3・3で最初に行った酸と塩基の定義では，酸とは水中でオキソニウムイオンを生成する物質で，塩基とは水酸化物イオンを生成する物質であった．この定義はアレニウス（Svante Arrhenius）によるものだが，特に非水溶液系を含めたいのであれば拡張する必要がある．これをまさに行ったのがブレンステッド・ローリーの定義であり，1923年に2人の化学者，デンマークのブレンステッド（Johannes Brønsted）とイングランドのローリー（Thomas Lowry）により独立に公式化された[*19]．この定義によれば，ブレンステッド・ローリーの酸（**ブレンステッド酸**，Brønsted acid）とはプロトン（H^+）の供与体で，ブレンステッド・ローリーの塩基（**ブレンステッド塩基**，Brønsted base）はプロトン受容体である．

このより一般的な酸と塩基の定義には，アレニウスの酸と塩基も含まれる．したがってたとえばHClの場合もアレニウスとブレンステッド・ローリー理論の両方に合うはずである．本当にそうか調べるために，HClが水と反応すると何が起こるかみてみよう．塩化水素の気体が水に溶けると，双極子間力が働いてHCl分子の部分的に正の水素原子は，水分子の部分的に負の酸素原子に引きつけられる．この引力は，HClから水分子へ水素イオンの移動をひき起こすのに十分強い[*20]．この結果，水和プロトンすなわちオキソニウムイオン H_3O^+ ができる．

$$H\!:\!\!\overset{..}{\underset{H}{O}}\!: \; + \; H\!:\!\overset{..}{\underset{..}{Cl}}\!: \longrightarrow \left[H\!:\!\overset{..}{\underset{H}{O}}\!:\!H\right]^+ + :\!\overset{..}{\underset{..}{Cl}}\!:^-$$

HClはプロトンを水分子へ供与し，水分子はプロトンを受容したので，これを示す平衡式はつぎのように書ける．

$$HCl(g) + H_2O(l) \rightleftharpoons H_3O^+(aq) + Cl^-(aq)$$

ブレンステッド・ローリー理論では，塩基とはプロトン受容体である．NaOH(s)のイオン化で生じた OH^- イオンは，どんなプロトン供与体からもプロトンを受容できるので塩基である．

$$OH^-(aq) + H^+(aq) \rightleftharpoons H_2O(l)$$

ブレンステッド・ローリー理論における水の役割

つぎに水中でのHCNのイオン化を考えよう．

$$HCN(aq) + H_2O(l) \rightleftharpoons H_3O^+(aq) + CN^-(aq)$$

HCN分子はプロトンを供与するので明らかに酸である．一方，水分子はプロトンを受容しているから水は塩基だろうか．ブレンステッド・ローリー理論によればそうである．しかしつぎのアンモニアと水の反応からわかるように，同じ理論により水は酸としても反応できる．

$$NH_3(g) + H_2O(l) \longrightarrow NH_4^+(aq) + OH^-(aq)$$

水分子（酸）がアンモニア（塩基）にプロトンを供与し，アンモニアはプロトンを受容する．したがって水は，他の反応物が何であるかによって酸としても塩基としても作用できる．酸にも塩基にもなれる物質は**両性**（amphoteric）であるといわれる[*21]．

アンモニアと水の反応は完了しないことにも注意を払うべきである．上記の反応は実際には動的平衡状態にある．

$$NH_3(g) + H_2O(l) \rightleftharpoons NH_4^+(aq) + OH^-(aq)$$

逆反応にもプロトンの供与（今度はアンモニウムイオンからの）が含まれるので，正逆両反応とも酸塩基反応である．

$$\underset{\text{塩基1}}{NH_3(g)} + \underset{\text{酸2}}{H_2O(l)} \rightleftharpoons \underset{\text{酸1}}{NH_4^+(aq)} + \underset{\text{塩基2}}{OH^-(aq)}$$

この式には2対の酸と塩基が含まれている．すなわち NH_4^+/NH_3 と H_2O/OH^- である．これらは**共役酸塩基対**（conjugate acid-base pair）とよばれる．塩基の**共役酸**（conjugate acid）はその塩基がプロトンを受容してできた酸である．酸の**共役塩基**（conjugate base）はその酸がプロトンを供与してできた塩基である．NH_3 は NH_4^+ の共役塩基で，NH_4^+ は NH_3 の共役酸である．H_2O は OH^- の共役酸で，OH^- は H_2O の共役塩基である．これらの関係を強調するため，組合わせを線で結んで示す．

$$\underset{\text{塩基1}}{NH_3(g)} + \underset{\text{酸2}}{H_2O(l)} \rightleftharpoons \underset{\text{酸1}}{NH_4^+(aq)} + \underset{\text{塩基2}}{OH^-(aq)}$$

例題 12・13

CH_3COOH は水に溶けて酸性を示し，酢酸とよばれる．水中でのこの反応の平衡式を書き，共役酸塩基対を定めよ．

解法 酢酸はブレンステッド酸としてふるまうので，プロトンを受容してくれる何かが必要である．ここでのプロトン受容体は，多くの他の場合と同様，水である．これがわかれば CH_3COOH 水溶液の平衡式を書くことができる．その式で，プロトンがつくかとれるかの違いしかない化学種に注目すれば，共役対を特定できる．

解答
$$\underset{\text{酸1}}{CH_3COOH(aq)} + \underset{\text{塩基2}}{H_2O(l)} \rightleftharpoons \underset{\text{塩基1}}{CH_3COO^-(aq)} + \underset{\text{酸2}}{H_3O^+(aq)}$$

[*19] ブレンステッドは1899年に化学工学学士となっている．
[*20] ［訳注］水中でHClが解離するのはここでいう双極子間力のためではない．
[*21] amphoteric の代わりに，しだいに amphiprotic という用語が使われることが多くなっている．

理解度のチェック 炭酸イオンが水と反応して炭酸水素イオンと水酸化物イオンができる反応で共役酸塩基対を定めよ．

ブレンステッド・ローリー理論の利点の一つは，液体アンモニアのような非水溶媒中の酸塩基反応を説明できることである．液体アンモニア中でHCl(g)はプロトンをNH₃へ供与し，NH₄⁺とCl⁻ができる．水は含まれないのでH₃O⁺もOH⁻もできない．アンモニウムイオンと塩化物イオンはアンモニア分子で溶媒和されているので，いつもの "aq" の代わりに "am" を使ってこの溶媒和を示すことができる．

$$HCl(g) + NH_3(l) \rightleftharpoons NH_4^+(am) + Cl^-(am)$$

弱酸と弱塩基

コンクリートの製造で減水混和剤として使われるヒドロキシカルボン酸も含め，多くの酸は，水中で完全には解離しない．§3・3で学んだようにこれらの化合物は弱酸である．弱酸と水が反応すると共役酸塩基と平衡系となるが，その右辺にある酸や塩基の方が，左辺にあるそれらの共役酸や塩基より強い．これは平衡は左辺に偏り，ほんのわずかな割合しか酸は解離しないことを意味する．弱酸をここではHAと表すと，以下のように解離の一般式が書ける．

$$HA(aq) + H_2O(l) \rightleftharpoons H_3O^+(aq) + A^-(aq)$$
　　弱い酸　　弱い塩基　　　強い酸　　強い塩基

この反応の平衡定数式はつぎのように書ける．

$$K = \frac{[H_3O^+][A^-]}{[HA][H_2O]}$$

この平衡反応で，溶質濃度が低い場合，水の濃度は一定とみなせるので，[H₂O] を上式から除くことができる．こうして得られる K は**酸解離定数**（acid dissociation constant, 記号 K_a，酸電離定数 acid ionization constant ともいう）とよばれる．

$$K_a = \frac{[H_3O^+][A^-]}{[HA]}$$

表12・5に一般的な弱酸10種類の25℃での解離定数を示す．これ以外の K_a 値については付録Fを参照されたい．
弱塩基の場合の電離平衡はつぎのように書ける．

$$B(aq) + H_2O(l) \rightleftharpoons BH^+(aq) + OH^-(aq)$$
　弱い塩基　　弱い酸　　　強い酸　　強い塩基

弱酸の場合と同様に，平衡定数式は水の濃度項を入れずに書かれる．この平衡定数は**塩基解離定数**（base dissociation constant, 記号 K_b, 塩基電離定数 base ionization constant ともいう）とよばれる．

$$K_b = \frac{[BH^+][OH^-]}{[B]}$$

一般的な塩基の K_b 値は付録Gを参照されたい．

これらの弱酸と弱塩基の反応は，この章を通じて調べている平衡のなかでも特殊な場合であることは明らかである．どんな酸が水に溶けても，必ず生成物の一つとしてオキソニウムイオンが生成する．この化学種は非常に一般的なので，その濃度を記述する方法が別に考案されている．つまりpHがよく用いられる．pHはオキソニウムイオン濃度の対数にマイナス記号をつけたものと定義され，非常に小さい濃度をそのまま表記することを避けられる．

$$pH = -\log[H_3O^+] \quad (12・5)$$

オキソニウムイオンが 0.1 M (10⁻¹ M) の溶液を考える．この溶液ではpH = −log(10⁻¹) となり，10⁻¹ の対数は−1だからpH = 1 となる．同じようにして他の濃度にこの式をあてはめると，図12・11のpH尺度が得られる[*22]．

表12・5　一般的な酸の25℃における解離定数をいくつか示す．K_a が大きいほど強い酸である．

名　称	化学式	K_a
有機酸		
ギ酸	HCOOH	1.8×10^{-4}
酢酸	CH₃COOH	1.8×10^{-5}
プロパン酸（プロピオン酸）	CH₃CH₂COOH	1.3×10^{-5}
ブタン酸（酪酸）	CH₃CH₂CH₂COOH	1.5×10^{-5}
サリチル酸	C₆H₄(OH)COOH	1.1×10^{-3}
グルコン酸	HOCH₂(CHOH)₄COOH	2.4×10^{-4}
ヘプトン酸	HOCH₂(CHOH)₅COOH	1.3×10^{-5}
無機酸		
フッ化水素酸	HF	6.3×10^{-4}
炭酸	H₂CO₃	4.4×10^{-7}
青酸	HCN	6.2×10^{-10}

[*22] pHについて多くの学生は思い違いをする．たとえばpHは0より小さくなったり，14より大きくなったりしうる．

12・7 酸 と 塩 基

pH	[H₃O⁺] mol/L	各pH領域を示す一般的物質
0	10^0	1.0 M HCl
1	10^{-1}	人間の胃酸（HCl）
2	10^{-2}	
3	10^{-3}	食酢: CH₃COOH(aq)
4	10^{-4}	清涼飲料水
5	10^{-5}	
6	10^{-6}	牛 乳
7	10^{-7}	純水，血液
8	10^{-8}	海 水
9	10^{-9}	
10	10^{-10}	マグネシアミルク（下剤）: Mg(OH)₂(aq)
11	10^{-11}	家庭用アンモニア水
12	10^{-12}	
13	10^{-13}	
14	10^{-14}	1.0 M NaOH

（左側：酸性度 高 ↑／塩基性度 高 ↓）

図 12・11 pH は，日常生活の一般的な物質を含め，水溶液の相対的な酸性や塩基性を測る容易な方法である．純水の pH は 7.0 である．したがって pH ＜ 7 の溶液は酸性，pH ＞ 7 の溶液は塩基性である．pH は対数で測るので，指数表記を使うことなく，何桁にもわたる H₃O⁺ 濃度を表すことができる．pH の値は，負の値にも，14 より大きな値にもなりうることに注意せよ．

この一覧表からわかるように，オキソニウムイオンの濃度が 1×10^{-x} のとき，pH $= x$ である．pH メーターとよばれる実験機器を使えば pH を直接求めることができる．

もし酸の K_a と初濃度がわかっていれば，例題 12・14 に示すように，オキソニウムイオンの濃度を計算して溶液の pH を求めることができる．

例題 12・14

CH₃COOH の K_a は 1.8×10^{-5} である．0.10 M の酢酸溶液の pH を計算せよ．

解 法 いつものように表をつくってすべての化学種の濃度を決めることから始める．H₃O⁺ の濃度がわかれば pH が求められる．

解 答 酢酸の初濃度は 0.10 M でイオンの初濃度は 0 なので，濃度表は下記のようになる．

$$\text{CH}_3\text{COOH(aq)} + \text{H}_2\text{O(l)} \rightleftharpoons \text{H}_3\text{O}^+(\text{aq}) + \text{CH}_3\text{COO}^-(\text{aq})$$

	CH₃COOH(aq)	H₃O⁺	CH₃COO⁻
初濃度	0.10	0	0
濃度変化	$-x$	$+x$	$+x$
最終平衡濃度	$0.10 - x$	x	x

平衡定数式を書いて，表から値を代入する．

$$K_a = \frac{[\text{H}_3\text{O}^+][\text{CH}_3\text{COO}^-]}{[\text{CH}_3\text{COOH}]}$$

$$K_a = \frac{(x)(x)}{(0.10-x)} = \frac{x^2}{(0.10-x)} = 1.8 \times 10^{-5}$$

弱酸では解離の程度は小さいはずである．したがって $(0.10-x) \approx 0.10$ と近似できるほど x が十分小さいと仮定すれば，計算を簡単にできる．この仮定を使うと，二次方程式を使う必要がないように上の式を書き換えることができる．

$$K_a \approx \frac{x^2}{0.10} = 1.8 \times 10^{-5}$$

x について解くと

$$x^2 = 1.8 \times 10^{-5}(0.10) = 1.8 \times 10^{-6}$$
$$x = 1.3 \times 10^{-3} \text{ M}$$

それゆえ [H₃O⁺] = [CH₃COO⁻] = 1.3×10^{-3} M である．[H₃O⁺] がわかったので pH を求めることはたやすい．

$$\text{pH} = -\log(1.3 \times 10^{-3}) = 2.9$$

解答の分析 仮定が妥当であったか確かめる必要がある．$(0.10 - x) \approx 0.10$ と仮定したので，実際に得られた x の値を引いてみればわかる．

$$0.10 \text{ M} - 1.3 \times 10^{-3} \text{ M} = 0.0987 \approx 0.10 \text{ M}$$

初濃度は有効数字 2 桁でしか与えられていないので，行った単純化の近似は十分正当である．

理解度のチェック 上で示した近似法を用いて，サリチル酸の 0.10 M 溶液の電離度を求めよ．この場合近似は妥当か．

酸塩基の化学はコンクリートの風化で重要な役割を果たす．§12・1 の，CO_2 が $Ca(OH)_2$ と反応して炭酸カルシウムと水になる反応を思い出そう．一見すると酸塩基反応ではないようにみえるが，この場合 CO_2 は酸として作用している[*23]．CO_2 がまず水に溶けるすると，生成する炭酸は明らかに塩基性の水酸化カルシウムと反応するだろう．

$$H_2CO_3(aq) + Ca(OH)_2(aq) \longrightarrow CaCO_3(s) + 2\,H_2O(l)$$

この反応の生成物はコンクリートの炭酸化でみたものと同じ，すなわち炭酸カルシウムと水である．図 12・12 に示すように CO_2 がコンクリート中へ拡散してセメントと反応することは，炭酸化領域の侵入とよばれる．この領域がコンクリートの鉄補強材にまで達すると，腐食反応が加速する．この問題については次章でもっと詳しく調べる．

12・8 自由エネルギーと化学平衡

これまで正反応と逆反応の速度論の観点から平衡の問題に取組んできた．しかし平衡は閉じた系が最終的に到達する状態であるので，自由エネルギーとも何らかの関係があるに違いない．自由エネルギーと平衡の関係とは何だろうか．平衡とは最低自由エネルギー状態なのである．すべての系が平衡に向かうのは，そうすることで自由エネルギーが下がるからである．平衡に達すると，系の自由エネルギーはもはや変化しない．すなわち平衡では $\Delta G = 0$ である．

グラフによる理解

図 12・13 のグラフは，反応経路に沿った反応の進行度の関数として自由エネルギーを示している（この図はポテンシャルエネルギーを示した図 11・11 に似ている）．縦軸はギブズエネルギーだが，系のどの点でも自由エネルギーの絶対値は決められないことに留意すべきである．測定できるのは自由エネルギーの変化のみである．それゆえこのグラフの目的は，どちら側（反応物または生成物）から平衡に近づいても，自由エネルギーが下がることを理解できるようにすることである．化学系は自発的に平衡に向かう傾向がある．平衡に達すると自由エネルギー変化は 0 になる．

図 12・13 は，$\Delta G°$ は標準状態にある反応物と生成物の自由エネルギー差であることも思い出させてくれる．右図に描かれた反応では，$\Delta G°$ は $G°_{生成物} > \Delta G°_{反応物}$ なので正である．第 10 章で $\Delta G° > 0$ では反応は自発的に進行しないと述べたが，それは少し単純化しすぎであったことがわかる．すべての化学反応は最小自由エネルギーの点に向かって進行するからである．反応ごとに違いはあるが，"反応の進行度"に沿った自由エネルギー最小点は，自由エネルギーの低い方の状態（反応物または生成物）に近い方に位置する傾向がある．たとえば $\Delta G° < 0$ の反応では，平衡の位置は生成物に近く，そのような反応では生成物に向かって反応が進行するのを観察することになる．一方 $\Delta G° > 0$ の反応では，反応物がまだ大半残っているときに平衡になってしまう．このような場合は平衡に達するまでに反応はそれほど進行しないので，生成物に向かって自発的に進行しているようにはみえない．

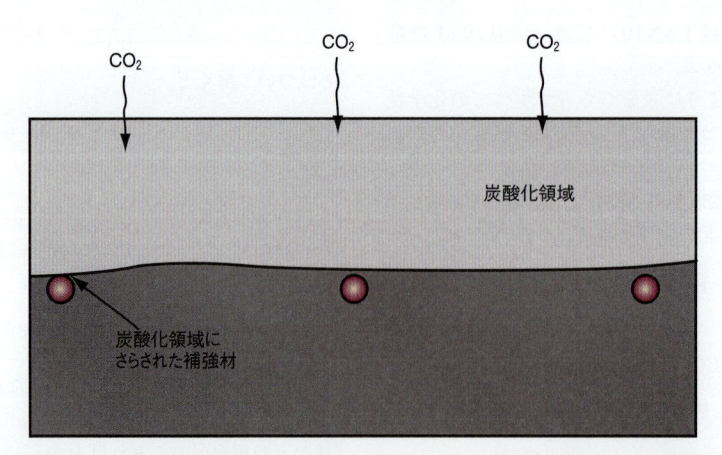

図 12・12 大気中の CO_2 にさらされるとコンクリートが化学的に風化して炭酸化が起こる．この炭酸化領域がコンクリート内の鉄筋に達すると，腐食の速度が増す．腐食については第 13 章で詳しく取上げる．

[*23] CO_2 は "水和すると酸になる" という意味で酸性無水物（acidic anhydride）または酸性酸化物（acidic oxide）とよばれることがある．

自由エネルギーと非標準状態

$\Delta G°$ と平衡定数 K の数学的関係を得るためには，まず，平衡状態は標準状態に対応しないことを理解する必要がある．すべての反応物と生成物が，すべての平衡反応で 1 atm 下，1 mol L^{-1} の濃度であることなど期待できない．非標準状態に合った数学的関係式の導出は，化学を勉強していけばいずれ学ぶ．今のところはその式を与えるだけにとどめる．

$$\Delta G = \Delta G° + RT \ln Q \quad (12 \cdot 6)$$

ここで R は気体定数，T は絶対温度，Q は反応商である．§12·3 で示したように，Q は系が平衡に達すると K に等しくなる．これを平衡で $\Delta G = 0$ であることと合わせると，式(12·6)はつぎのようになる．

$$0 = \Delta G° + RT \ln K$$

移項すると次式を得る[24]．

$$\Delta G° = -RT \ln K \quad (12 \cdot 7)$$

この式を使うと，望みの反応について標準自由エネルギー変化がわかっていれば，平衡定数を計算できる．標準自由エネルギーの値は，§10·7 で学んだように，多くの場合一覧表に載っている．例題 12·15 では，式(12·7)をメタンからメタノールへの変換へ適用する．

例題 12·15

メタンガスから室温で液体のメタノールへの変換は，かなりの研究が行われている分野であるが，それでもこのプロセスはまだ経済的には実現は難しい．熱力学のデータ表を使って，つぎの反応の 25 °C での平衡定数を計算せよ．

$$CH_4(g) + \frac{1}{2} O_2(g) \rightleftharpoons CH_3OH(l)$$

この反応の平衡位置が，このプロセスの商業化が難しい原因となっているかどうかについて述べよ．

解法 この問題を解くためには，式(12·7)で与えられる $\Delta G°$ と平衡定数の関係を使う必要がある．反応物と生成物の生成の自由エネルギーの値を表から求め，$\Delta G°$ を計算すると K を求めることができる．得られる値は K_c ではなくて K_p であることに注意せよ．

解答
$$\Delta G° = \Delta G_f°[CH_3OH(l)]$$
$$\quad - \{\Delta G_f°[CH_4(g)] + \frac{1}{2}\Delta G_f°[O_2(g)]\}$$
$$= -166.27 \text{ kJ mol}^{-1}$$
$$\quad -(-50.75 \text{ kJ mol}^{-1}) - (0 \text{ kJ mol}^{-1})$$
$$= -115.52 \text{ kJ mol}^{-1}$$

式(12·7)を使う際は $\Delta G°$ と R のエネルギー単位をそろえる必要があることに注意しよう．ここでは kJ より J で $\Delta G°$ を表す方が簡単である．

$$-115.52 \times 10^3 \text{ J mol}^{-1}$$
$$= -(8.3145 \text{ J K}^{-1} \text{ mol}^{-1})(298.15 \text{ K}) \ln K$$

したがって

$$\ln K = 46.60$$

となり，

$$K = e^{46.60} = 1.73 \times 10^{20}$$

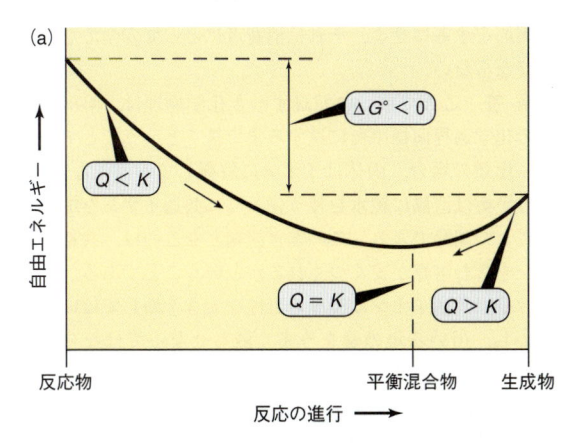

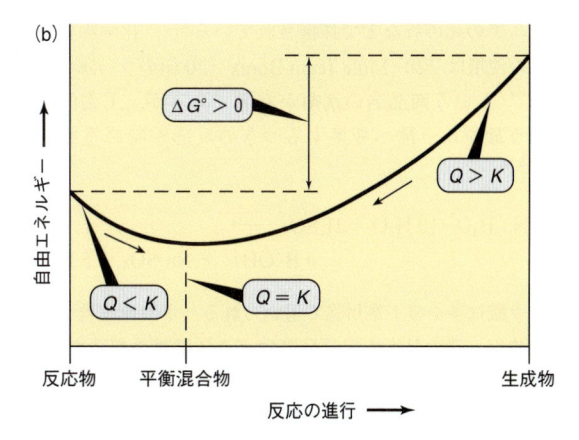

図 12·13 化学反応はつねに自由エネルギー最小に向かって進行する．左の図 (a) ではこの意味を $\Delta G° < 0$ の反応について説明している．この場合，平衡定数は 1 より大きく，平衡は生成物に偏る．右の図 (b) は，$\Delta G° > 0$ の反応を示す．この場合平衡定数は 1 より小さく，平衡は反応物に偏る．どちらの場合も，平衡は自由エネルギーが最小の点で生じる．

---

[24] 気体を含む平衡では，式(12·7)は $\Delta G°$ を K_p に関係づける．

考察 この反応はメタンの部分酸化と考えることができ，平衡は明らかに生成物に偏っている．化学者や技術者がこのプロセスで直面する問題は，メタンは非常に酸化されやすくて二酸化炭素と水になってしまうことである．これについては，"理解度のチェック"でさらに検討する．

理解度のチェック メタンの完全燃焼の平衡定数を計算せよ．

$$CH_4(g) + 2\,O_2(g) \longrightarrow CO_2(g) + 2\,H_2O(l)$$

この平衡定数を前に求めた部分酸化の平衡定数と比較せよ．その結果をもって，部分酸化を行うのが非常に難しい理由を説明できるか．

例題 12・15 は，自由エネルギー変化が負で大きな値であれば，平衡定数は莫大になることを示している．逆に，極端に小さな平衡定数の反応は，大きな正の標準自由エネルギー変化をもつ．$\Delta G°$ の値が小さなときだけ，平衡定数は 1 に近くなる．

12・9 洞察: ホウ酸塩とホウ酸

石油工業用のコンクリートに使われる混和剤でホウ酸塩が役立っている．この小さな分子には特に高分子工業用など他の用途もある．高分子化学でのよく知られたデモンストレーションの一つとして"スライム"がある．これはホウ砂を架橋剤として使い，高分子鎖を結びつけて作製する．ホウ砂とホウ酸は工業的にも家庭でも多くの用途がある．この章で例として用いたヒドロキシカルボン酸と同様，ホウ酸も弱酸である．

ホウ砂の化学式は $Na_2B_4O_7 \cdot 10\,H_2O$ である．カリフォルニアの死の谷などで採掘されている[25]．化学物質としての使用は "20-Mule Team Borax（20頭のラバ隊のホウ砂）" という商品名の洗剤が有名であるが，工業的にはホウ砂をホウ酸へ変換するつぎの反応が特に重要である[26]．

$$Na_2B_4O_7 \cdot 10\,H_2O + H_2SO_4 \longrightarrow$$
$$4\,B(OH)_3 + Na_2SO_4 + 5\,H_2O$$

ホウ酸は多くの工業用途で用いられる．ホウ酸を含めてホウ酸塩一般の最大の成長分野はガラス繊維の製造である．ガラス繊維は断熱材や，サーフボードのような繊維強化プラスチック用の繊維製品として用いられる．ホウ酸塩はガラス繊維の製造時，ガラスが溶ける温度を調節するのに必要とされるし，溶けたガラスを引き延ばして繊維とするのに必要な粘度や表面張力（第8章参照）を得るのにも役立つ．

ホウ酸塩は，化学実験室で使うようなガラス器具を含め，長い間ガラスに使われてきた．ホウケイ酸ガラスは熱変形しにくいため実験室でも台所でも重要である．同じ特性を利用して，現在はハロゲンヘッドライトなどの熱が出る製品で使われており[27]，かつてはブラウン管テレビやコンピューターのモニターでも使われていた．

高分子工業での添加剤として，ホウ酸塩は特に難燃剤として重要である．関連の化合物にホウ酸亜鉛があるが，これは比較的高温でもその水和水を保つという重要な特性をもっている．これが難燃機構に役立っているようである．ホウ酸亜鉛を含むプラスチックが燃えても炎はゆっくりとしか広がらず，煙もあまり出ない．

この節ではホウ酸塩とホウ酸の用途についてほんの数例を示したが，これらの例は小さな分子が多くの工業分野でいかに役立っているかを示している．第13章では腐食の調節という別の話題で，小さな分子の工業的に重要な役割についてひきつづき検討する．

問題を解くときの考え方

問題 食品温め用発熱パックを設計しているとしよう．水に溶けると発熱する無害の塩類を使うことになっているが，放出する熱量を調節する必要がある．最初の設計では使った塩類がかなり少量でも熱くなりすぎた．熱の放出を減らすにはほかにどんな方法があるか．その方法に伴うおもな制約を特定せよ．

解法 これは概念上の問題であり，重要な化学的性質と実用上の特性の両方がわかっている必要がある．食品用途なので，たとえば毒性は重要な問題である．どんな調節をするにせよ，それは消費者にとって安全でなければならない．

解答 ここで第一に認識すべき化学原理は，溶解は他の化学過程同様平衡に達するまで続くということである．塩類の場合，固体はイオンに解離して溶液になる．その平衡は溶媒に純水を使う代わりに共通イオンを加えることで調節できる．このとき問題となるのは，共通イオンを含む溶媒が安くつくれるかということである．また，その共通イオンは製品の毒性を大きく増してはいけないし，用いる塩の量をうまく減らせなくてはならない．用いる塩の量をたんに減らした方が実際的のようにみえるが，そのパックがある程度の時間暖かいままであるためには，始めに最少量の塩は必要である．

---

[25] 死の谷は海抜以下なので，ホウ砂を谷から運び出して山越えするには大規模なラバ隊が必要であった．カリフォルニアのボロン市には 20 ラバ隊博物館まである．

[26] [訳注] $B(OH)_3$ は一見水酸化物で塩基のようにみえるが，水中で OH^- を受け取り $B(OH)_4^-$ となって H^+ を放出するので一種の酸である．

[27] ハロゲンランプの特性については第6章を参照．

要　約

　化学反応について話すとき，反応物と生成物という言葉を使うことが多いが，すべての反応はどちらの方向にも進むことができる．閉鎖系での反応から最終的に生じた反応物と生成物のまさにその混合状態が平衡状態なのであり，そこでは正反応と逆反応の速度は等しくなっている．

　平衡定数 K の式を用いて，平衡混合物を数学的に表すことができる．この式は多くの点で有用である．反応の進行度合いを簡単に見積もることができる．たとえば K が大きければ反応は生成物に偏り，K が小さければ反応物に偏る傾向にある．平衡定数式を使うと，各化学種の初濃度がわかっていれば，平衡時の量も予測することができる．

　動的平衡の概念もまた，反応についての考えを体系づけるのに重要である．もし平衡状態にある反応から何か別の結果を得たいのであれば，環境を調節する必要がある．平衡は加えられた摂動を相殺するように移動する，というルシャトリエの原理が，どのような調節を選べばよいか教えてくれる．加えることのできる摂動には，化学物質の添加，除去，温度変化，圧力変化などがある．

　重要な平衡系の具体例としては，難溶塩，弱酸，弱塩基などがある．塩の場合，溶解度積 K_{sp} により，平衡濃度やモル溶解度が計算できる．弱酸と弱塩基にも，酸解離定数 K_a と塩基解離定数 K_b という特別に名前のついた平衡定数がある．

　平衡位置は反応の熱力学により決定され，平衡定数は反応の標準自由エネルギー変化に直接関係づけられる．したがって熱力学データの一覧表から平衡定数を決定できる．あるいは K を測定により求めても，熱力学データを得ることができる．

キーワード

混和剤（12・1）
ポルトランドセメント（12・1）
動的平衡（12・2）
反応商（12・3）
平衡定数式（12・3）
平衡定数（12・3）
均一平衡（12・3）

不均一平衡（12・3）
ルシャトリエの原理（12・5）
難　溶（12・6）
溶解度積（12・6）
モル溶解度（12・6）
共通イオン効果（12・6）
ブレンステッド酸（12・7）

ブレンステッド塩基（12・7）
両　性（12・7）
共役酸塩基対（12・7）
共役酸（12・7）
共役塩基（12・7）
酸解離定数（12・7）
塩基解離定数（12・7）

13 電気化学

概　要

- 13・1　洞察: 腐　食
- 13・2　酸化還元反応とガルバニ電池
- 13・3　電池電位
- 13・4　電池電位と平衡
- 13・5　電　池
- 13・6　電気分解
- 13・7　電気分解と化学量論
- 13・8　洞察: 防　食

ミルウォーキー市街にあるこの彫刻作品にとって，さびは明らかにデザインの一部となっている．しかし多くの工業製品にとってこの例のような過度のさびは災害の原因ともなりうる．さびを防止するには，酸化還元反応を理解する必要がある．[写真: Thomas A. Holme]

　電気化学は電子とその運動を直接扱う学問である．自発的な化学過程にせよ外部電場による駆動にせよ，電子が動けばまったく新たな事態がひき起こされる．この章では腐食についても取上げるが，この電気化学的事象のため，米国経済は毎年3千億ドルもの損失を被っている．

本章の目的

　この章を修めると以下のことができるようになる．
- 少なくとも3種類の腐食作用を説明し，原因となる化学反応を特定する．
- 酸化と還元を定義する．
- 単純な酸化還元過程につき，つり合いのとれた半反応式を書く．
- ガルバニ電池と電解槽の違いを説明する．
- 標準還元電位を用いて，標準および非標準条件下で電池電位を計算する．
- 標準還元電位を用いて酸化還元反応が自発的に進む方向を予測する．
- 電気分解過程に必要な時間，電流量およびめっきに必要な金属量を計算する．
- 一次電池と二次電池を区別する．
- 一般的な電池で起こっている化学反応について述べ，電池ごとに特定の用途に適している理由を説明する．
- さびを防止する一般的な方法を少なくとも三つ述べる．

13・1　洞察: 腐　食

　米国の宇宙計画の歴史を通じて，NASAはフロリダ沿岸にあるケネディ宇宙センター（KSC）を主要発射基地として使用してきた．このような施設の建設地の選択にあたっては多くの要因が考慮されるが，KSCは海に非常に近いので，米国の宇宙計画にとってさびは長年の重要課題である．実際，NASAは大気がロケット発射台に及ぼす影響を研究するため，1960年代に沿岸腐食試験場を建設した．鋼はさびると弱くなるので，そのような材料を使ったのでは失敗しやすくなる．それゆえNASAはさびと**腐食**（corrosion），すなわち環境と一体となった化学反応による金属の劣化を研究している．腐食は一般に，金属が酸素とゆっくりと結びついて酸化物となることで生じる[*1]（図13・1）．

　腐食には多くの異なる種類があることがわかっている．自動車の車体がさびるのは**均一腐食**（uniform corrosion）の一例で，最もよく見るさびの一つである．これが生じるための必要条件は何だろうか．もう一つの重要な腐食作用

[*1] 多くの金属は腐食する．さび（すなわち酸化鉄）の生成は最も身近な例にすぎない．

は**電解腐食**（galvanic corrosion）で，これは適当な電解質の存在下で二つの異なる金属が接触するときにのみ生じる．このような接触のどこが特別なのだろうか．これ以外の腐食作用では特有の条件が必要となるが，その多くは機械設計においてはけっして特殊なものではない．**隙間腐食**（crevice corrosion）は，多くの大きな機械で重要な問題である．二片の金属が接触するとき，（接合部を塗料などで被覆しないと）小さな隙間ができやすい．この隙間部で金属は腐食されやすい．これらの腐食作用は，電気化学の基本原理を用いるとどのように理解できるだろうか．

腐食作用で不思議な特徴の一つは，鉄（または鋼）とそれ以外の金属とで腐食挙動が違うことである．たとえばアルミニウムは鉄よりはるかに腐食しやすいが，アルミニウムの腐食はあまり問題にならない．なぜだろう．後でわかるようにその答えは，腐食反応の生成物の性質にある．腐食により生じた酸化アルミニウムと酸化鉄(III)の違いは何だろう．どのようにしたら原子レベルでの腐食作用を基にこれらの違いを説明できるだろうか．

腐食は電気化学過程の重要な例ではあるが，材料劣化が電気化学のもたらす結果のすべてではない．電気化学の多くの重要な用途で，社会に役立つ製品が作り出されている．金属鉱石の精錬や電池の製造などは，電気化学の有益な利用例である．しかし電池の製造においても，電池寿命に及ぼす腐食の影響を減らすための工夫が必要である．電池内のどこで腐食が起こり，どうすればそれを防げるのか．電気化学の原理を学ぶことで，これらの疑問に答えることができる．

13・2 酸化還元反応とガルバニ電池

鋼鉄片を覆うことなく外に置いておいたらどうなるか．ほとんどの場合，さびる．もし室内や砂漠であっても同じだろうか．その場合はおそらく違う．鉄が酸素と反応して酸化鉄(III)となる反応を促進する何か特別な条件があるに違いない．しかしさびの生成を調べる実験を計画したとしても，実験室でそれをやるにはさびの生成は遅すぎる．電気化学の基礎をもっと調べるために，より簡単に観察できる反応から始めて，そこで学んだことを腐食の例に応用しよう．

酸化還元と半反応

第9章末の"洞察"の節で電池について議論した際に，**酸化還元**（oxidation-reduction）反応として知られる電子の移動を伴う反応について述べた〔この用語は順序を逆にして**レドックス**（redox）反応と略されることが多い〕．電気化学をより深く学ぶには，まずこの種の化学反応を理解する必要があるが，そのためにいくつか関連する用語を定義しておく．**酸化**（oxidation）は化学種から電子が失われることで，**還元**（reduction）は電子を得ることである．これまで学んだことから，電子が単独で失われることはないことはわかるだろう．電子がどこかへ行くときには，電荷と質量が保存されている必要がある．このことから，レドックス化学の最も重要な原理の一つが導かれる．すなわち，酸化で失われた電子は，必ず同時に起こる還元で別の化学種に受け取られる．言い換えると，還元せずに酸化はできない．この考えを説明するために，教室実験として有名な，硝酸銀水溶液に銅線を入れると起こる反応について考えてみよう（図13・2）．

写真でわかるように，初めは硝酸銀溶液は無色透明で銅線はなめらかだが（図13・2a），まもなく銅線は毛羽立ってきて溶液は薄い青色になる（図13・2b）．これらの傾向は時間がたつとより顕著になる．最後の写真では，銅線上に銀が堆積し，溶液の青色は濃くなっている（図13・2c）．化学的には何が起こったのだろう．溶液の青色

図13・1 腐食はさまざまな形で起こる．左の写真の鎖は均一腐食しているが，右の写真のコンロ台は，コンロの足が触れたところだけ腐食している．これは隙間腐食とよばれ，金属間に隙間があると起こる．〔写真 左：© Cengage Learning/Charles D. Winters; 右：Thomas A. Holme〕

はCu^{2+}イオンの存在を示している．銅イオンは，ほかに供給源はないので，銅線に由来するに違いない．この銅イオンとなるには，銅原子は電子を失う必要がある．つまり銅は酸化されたのであり，この変化をつぎの式で表すことができる．

$$Cu(s) \longrightarrow Cu^{2+}(aq) + 2e^-$$

しかし銅イオンが銅線で生じたとすると，電子はどこに行ったのだろう．この答えは銅線上の銀の堆積にある．この系で金属銀となれるのは，溶液中の銀イオンだけである．したがって銅から失われた電子を銀イオンが受け取ったと結論すべきである．つまり銀イオンは還元されたのであり，この変化も次式で表すことができる．

$$Ag^+(aq) + e^- \longrightarrow Ag(s)$$

これらの二つの反応式は，それぞれ銅の酸化と銀イオンの還元についての**半反応**（half-reaction）を表したものである．酸化と還元は互いに一斉に生じ，どちらかが単独で起こることはない．

このことを理解したうえで半反応を調べてみると，小さくない違いに気づくだろう．銅の半反応では2個の電子が失われているのに，銀イオンの還元の半反応では1個しか受け取っていない．このことから，電子の数を保存するには，銅原子が1個酸化されるたびに銀イオンは2個還元されなければならないことがわかる．これを明らかに示すために，還元反応に2を掛けるとつぎの半反応の組合わせが得られる．

$$Cu(s) \longrightarrow Cu^{2+}(aq) + 2e^-$$
$$2Ag^+(aq) + 2e^- \longrightarrow 2Ag(s)$$

こうすると銅が失った2個の電子を銀イオンが受け取っていることがよくわかる．これらの半反応を足し合わせると，電子は相殺されて，全体のレドックス反応を表すイオン反応式が得られる．

$$2Ag^+(aq) + Cu(s) \longrightarrow 2Ag(s) + Cu^{2+}(aq)$$

§3·3で議論したように，傍観イオン（この場合はNO$_3^-$）も含めて分子反応式として書くこともできる．

$$2AgNO_3(aq) + Cu(s) \longrightarrow 2Ag(s) + Cu(NO_3)_2(aq)$$

この例をみると，この反応では銀イオンが金属銅を酸化しているということもできる．または金属銅が銀イオンを還元しているともいえる．どちらの過程も同時に起こるので，どちらの表現がより正しいということはない．この考えを一般化すると，つぎのように定義できる．

<u>酸化を受ける化学種は還元剤とよばれる．</u>
<u>還元を受ける化学種は酸化剤とよばれる．</u>

混乱しそうだが，言い回しに注意すれば，わかるはずである．

ガルバニ電池の構成

いま紹介した半反応によれば，図13·2の反応を酸化と還元とみなすことができる．しかし結局のところ，どちらも同じビーカー内で起こった反応なのだから，そのように別の反応として扱うのはなにか不自然な感じもする．でも，もしこれらの半反応を別々の容器内で起こすことができたらどうなるだろう．そこでつぎのような実験を考えてみる．

銅(II)イオンの水溶液中に金属銅片を入れる（図13·3a．ここでは傍観イオンは重要ではない．CuSO$_4$·5H$_2$Oは一般的な実験試薬なので，硫酸イオンを使ってもよい）．銀イオンの水溶液の入った別のビーカーに，金属銀片か銀線を入れる（この場合も傍観イオンは重要ではない．硝酸銀は一般的な試薬なので硝酸イオンを使ってもよい）．この段階ではどちらのビーカーにも変化は観察されない．そこで図に示すように，導線を使って二つの溶液をつなぎ，また，銅片と銀片も電圧計を介してつなげてみる．精巧な

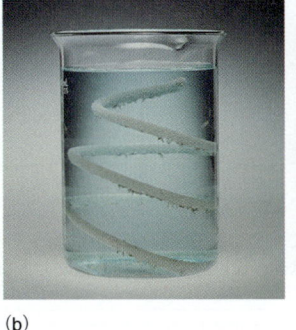

(a)   (b)   (c)

図13·2 きれいな銅線を硝酸銀の無色の溶液へ入れると，すぐに化学反応が起こるのがわかる．銀の結晶が銅線上にできて，溶液は青くなる．この反応で銅は酸化されてCu^{2+}となり，Ag$^+$は還元されて銀になる．[写真：© Cengage Learning/Charles D. Winters]

電圧計であればつないだ瞬間にわずかに電気が流れるのに気づくかもしれないが，その後は何も変化がない．なぜだろうか．溶液中の荷電粒子はイオンであって自由電子ではないので，導線では溶液間に持続的に電気を流すことはできないからである．つまり銅の溶液から銀の溶液に向かって電子が初めだけ流れても，そのために生じた電荷の不つり合いをイオンが流れることで解消することができないため，すぐに止まってしまうのである．そこで2番目の方法では，塩橋を使って二つのビーカーをつなぐ（図13・3 b）．**塩橋**（salt bridge）は電解質を含んでいて，これらのカチオンやアニオンを電気的中性条件が保たれるように移動させる[*2]．この場合の塩橋は NH_4Cl で満たされているとしよう．アンモニウムイオンは，Ag^+(aq)が溶液から失われるため生じる電荷の不つり合いを相殺するように，銀溶液のビーカーへ流れ込む．一方，塩化物イオンも，Cu^{2+} が溶液中へ溶け出るため生じる電荷の不つり合いを相殺するように，銅溶液のビーカーへ流れ込む．図13・3 bでさまざまな電荷の動きがわかる．このような装置はガルバニ電池の一例である．

ガルバニ電池を正式に定義するには，まずその最も重要な特徴を述べる必要がある．つまり二つの半反応を別々に生じさせ，その溶液間を塩橋でつなぎ，金属片を導線でつなぐことで持続的な電流が発生したのである．**ガルバニ電池**（galvanic cell）とは，自発的な化学反応を利用して電流を発生させる電気化学電池のことである[*3]．このような仕組みで電流が生じることから，**電気化学**（electrochemistry）という名前が生まれた．この電気と化学の結びつきは，近代的な化学原理が発展するうえできわめて重要であった．

ガルバニ電池に関する専門用語

つくることのできるガルバニ電池の種類はほとんど無制限であるが，すべて共通の特徴をもっているので，それらを表すために専門用語が考案された．酸化または還元が起こる導電部は**電極**（electrode）とよばれる．酸化は**アノード**（anode，負極ともいう），還元は**カソード**（cathode，正極ともいう）で起こる．これらの用語は別の種類の電気化学電池でも使われ，ガルバニ電池に特有のものではない．

電気化学電池には非常に多くの種類があるので，具体的内容を表すための簡単な表記法が考案された．この**電池表記法**（cell notation）では，反応に関与する金属とイオンを記載する．縦線 | は相境界を表し，二重線 ‖ は塩橋を表す．アノードはつねに左側，カソードはつねに右側に書く．

アノード | アノード電解質 ‖ カソード電解質 | カソード

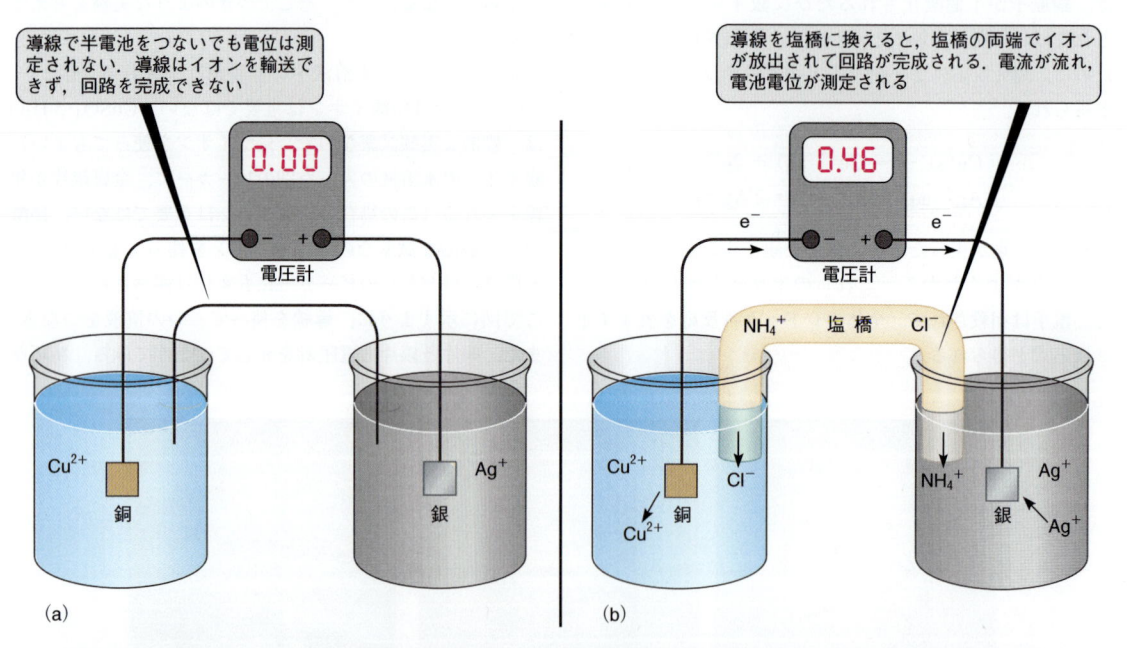

図13・3 塩橋はガルバニ電池において重要である．塩橋は半電池へイオンを流すことで，回路をつないで電流を流す．導線は電子を運ぶがイオンは運べないので，回路を完成できない．

[*2] 塩橋を通じては何も流れない．両端でイオンを供給しているだけである．［訳注］確かに塩橋中の電解質の濃度がしだいに低下するだけで，電解質として考えれば一方向に流れてはいない．しかし塩橋中のアニオンとカチオンが，各電極部の電荷変化を相殺するように移動する，つまりそれぞれ反対方向に動くから，塩橋中には電気が流れることになる．

[*3] ガルバニという言葉は，18世紀のイタリアの物理学者ガルバニ（Luigi Galvani）からきている．彼はカエルを使って生体系における電気の役割を調べる初期の実験を行った．

先の銅と銀の例はつぎのように書ける．

Cu(s)｜Cu²⁺(aq)(1 M)‖Ag⁺(aq)(1 M)｜Ag(s)

ここでも傍観イオンは記されていないが，電解質濃度は一般に記される．上記の例では1Mとなっているが，この濃度は電気化学電池の**標準状態**（standard state）として指定された濃度なので，特別な意味をもつ．半反応で気体が生じたり消費されたりする場合の標準状態は1 atmである．このほかにも標準状態は，電極材料が熱力学的標準状態にあることを意味するが，これはほとんどの電極材料は室温で固体なので一般に当てはまる条件である．

ガルバニ電池の原子レベルでの理解

さびがいたるところに発生することや，電池において電気化学がどのように利用されているかを理解するためには，いくつかの基本法則を知る必要がある．正しく構成された電池では電子が流れることがわかったが，何がこの流れをひき起こしているのだろうか．この疑問に答えるために，ガルバニ電池で生じていることを原子レベルでみてみよう．もしアノードとカソードを別々に構成し，塩橋でつなげなかったらどうなるのだろう．直感とは違うかもしれないが，実際には固体電極と周りの溶液との界面に電荷が蓄積する．化学系は電気的に中性であると考えがちだが，これは単一相内でのみ正しいのであって，異なる相の間では必ずしもそうではない．したがって完全な回路となっていない系では部分的に反応が起こる．アノードではいくらか酸化が起こり，陽イオンが溶液へ溶け出し，アノードには負電荷が残る．カソードでは還元により陽イオンが取込まれ，その結果カソード上に正電荷が蓄積する．このように回路を完成させる前は，すぐ平衡状態になる．つまり各電極上に蓄積した電荷は，図13・4の説明にあるように，溶液中のイオンにより局所的に相殺され，電気的中性が保たれている．電極におけるこの平衡状態は半反応平衡と考えることはできるが，酸化還元平衡ではない．

電極に電荷が蓄積しているということは，電気的仕事をする能力があることを意味するので重要である．電池のもつこの能力は**電池電位**（cell potential）または**起電力**（electromotive force，EMF）とよばれる．起電力は電気化学電池から得られる最大の電気的仕事に関係するので重要である．

$$w_{max} = qE \tag{13・1}$$

ここで，qは（電子の流れにより）移動した電荷，Eは起電力である．この式は，力（起電力）の作用で何か（電荷）が動かされるという仕事の科学的概念に一致している．

起電力により金属の腐食傾向が説明できるが，それはどのようなものだろうか．この疑問に答えるため2種類の腐食について調べてみよう．

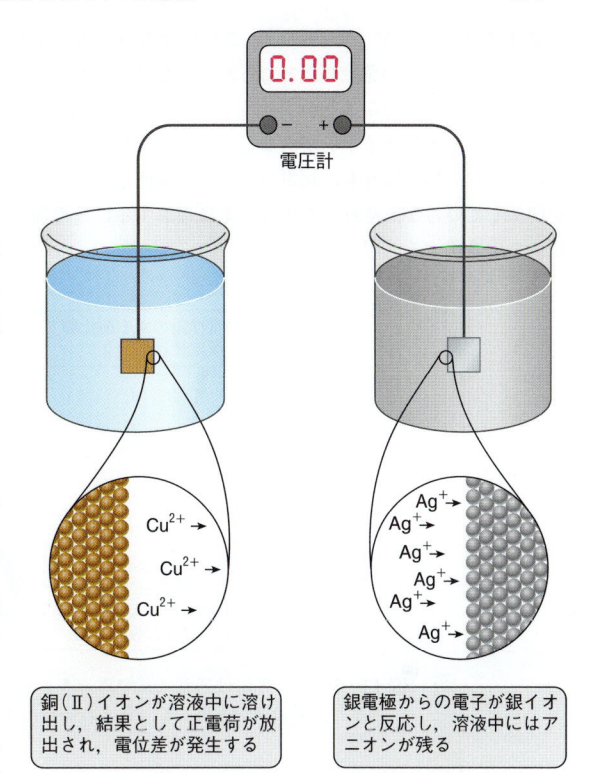

図13・4 塩橋がないと回路が閉じないので，電極付近に電荷がたまる．したがって電極反応はどちらもそれ以上進行できず，電圧は測定されない．

電解腐食と均一腐食

一般的な腐食の例には，実験室でつくるような電池に比べ難解なものが多いが，溶液に金属を触れさせただけで，いま述べた酸化型半反応平衡が生じる．もしその溶液に還元を受ける物質が含まれていたら，レドックス反応が起こる．一方，二つの金属を接触させただけでも，電解腐食が起こる可能性がある．こちらは，酸化と還元が（わずかでも）別の場所で起こるが，金属が接触しているので回路は完成しているという点でガルバニ電池に似ている．しかし図13・5に示すように，この場合の酸化と還元の起こる場所の距離は非常に短い．日常で使う缶はたいていスチール缶（鋼）だが，スズでめっきされたブリキ缶もある．この表面のスズに傷ができて下の鋼（おもに鉄）が空気と水に露出すると，すぐに腐食が起こる．これはなぜだろうか．その理由はスズの半反応平衡が鉄の酸化を助けるからで，これは電解腐食の例である．めっきされていない鋼の腐食はもっとゆっくりで，亜鉛めっきの鋼だと腐食はさらに遅い．

経験からわかるように，裏庭に放置された釘の山は，他の金属と接触していなくてもさびる．これは，この裏庭のレドックス反応のもう一方の半電池反応には非金属が関与していることを意味する．均一腐食ではさびは鉄や鋼の表

面全体に発生するが（図 13・6），この場合もう一方の電極は，初めにさびが発生したところから少し離れたところにできる．電流を運ぶことのできるイオンはこの過程を促進するので，塩化物イオンがあると腐食速度は高まる．

電解腐食も均一腐食も，起電力すなわち電池電位の概念が関係しているが，それらをより完全に理解するには電池電位を定量化する必要がある．

13・3 電池電位

鋼のさびやすさがめっきの種類によって異なることを理解するには，電池電位を数値で表す必要がある．スズめっきの場合どのぐらい腐食しやすいのだろうか．また，亜鉛のような金属による保護効果は実用レベルだろうか．これらの疑問に答えるには，電池電位の概念に戻る必要がある．

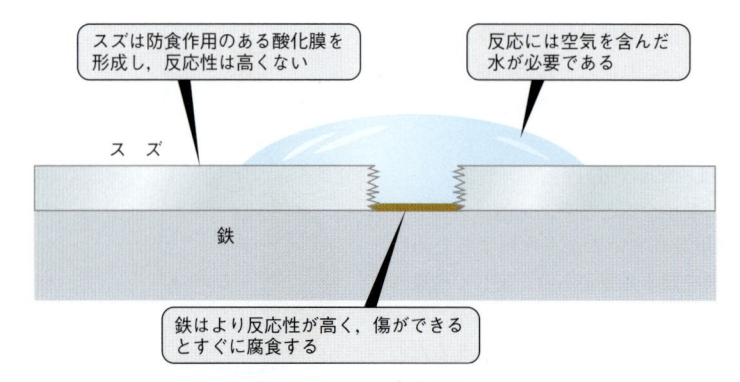

図 13・5 ブリキ缶は通常スズでめっきされた鋼でできている．もしスズめっきに傷ができると，下の鋼が露出して，含まれる鉄はすぐに腐食する．

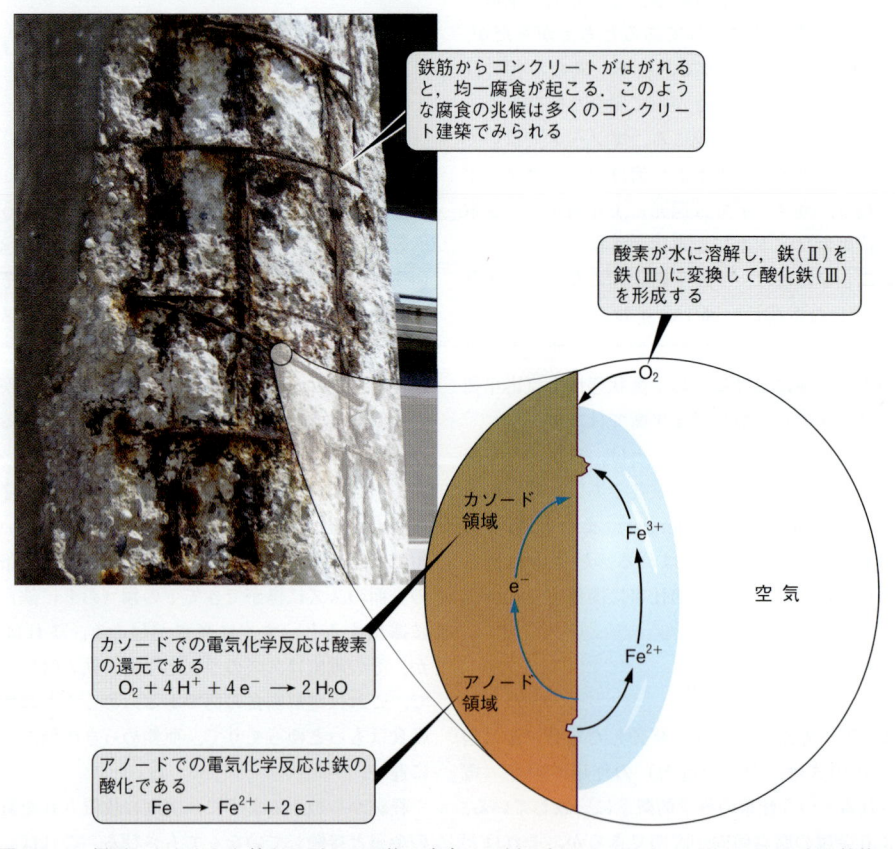

図 13・6 風雨にさらされた鉄がさびるのは均一腐食の一例である．これはコンクリートの中の鉄筋でも起こる．鉄は酸化され，空気中の酸素が還元される．水は，アノードとカソード領域間のイオンの移動に必要で，イオンの素になる塩があると反応はかなり加速される．［写真：Thomas A. Holme］

電池電位の測定

もしガルバニ電池の荷電した電極を高抵抗の電圧計につないだらどうなるだろう．まず電圧計を普通の電池につないだとき何が起こるかから考えよう（この普通の電池というのも，精巧につくられたガルバニ電池であることがじきにわかる）．図 13・7 に示すように，表示される電圧は電圧計のどちらの端子をどちらの電極につなげるかで異なる．つまり電圧計は電位の大きさばかりでなく極性すなわち負電荷の位置（アノード）と正電荷の位置（カソード）も測っている．

電圧計の端子をどちらの電極につないでもよいが，さしあたり，測定結果は正の値となるようにしよう．前述の銅と銀の例にこれを当てはめると，どうなるだろう．電池

$$Cu(s) \mid Cu^{2+}(aq)(1\,M) \parallel Ag^{+}(aq)(1\,M) \mid Ag(s)$$

の電位は 0.462 V である．もしこの銅の半電池を鉄(Ⅲ)が鉄(Ⅱ)に還元される反応の半電池とつなげたら，その電池電位は 0.434 V となる．一方，銀の半電池とこの鉄の半電池をつないだら，その電池電位は 0.028 V である．これらの値に 0.462 = 0.434 + 0.028 の関係があることは明らかである（図 13・8）．この結果は二つの理由で重要である．第一に，電池電位の性質は状態関数に似ている点である．第二に，何か特定の標準電極を決めてそれと他の電極の組合わせで電池電位を測定しておけば，あらゆる組合わせの半反応から成る電池電位を実際に測定せずとも求めることが可能となる．

この標準電極としては，図 13・9 に示す**標準水素電極** (standard hydrogen electrode, SHE) が選ばれる．ここで白金の線や箔が電子を伝える部分である．また，電極上には 1 atm の水素ガスで泡が立てられ，電解質溶液は 1 M の塩酸である[*4]．この半反応は

$$2\,H^{+}(aq) + 2\,e^{-} \longrightarrow H_2(g)$$

半電池の表記は

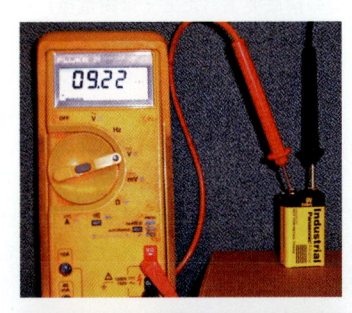

図 13・7 電位には定まった極性と電圧がある．電圧計につないだ電池の極を逆にすると，測定電圧の符号が変わるが，電池内の電気化学反応には影響しない．［写真：Thomas A. Holme］

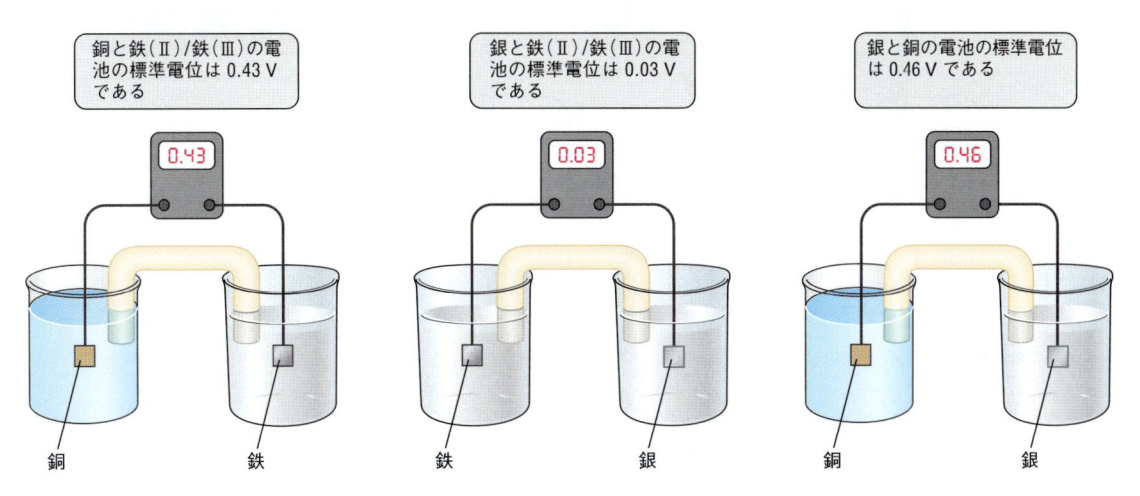

図 13・8 いくつかの半反応を組合わせて標準電池電位を測定すると，得られる電位は用いた半反応と関係していることがわかる（ここに示した電位は本文中より有効数字を少なくしてある）[*5]．

[*4]［訳注］1982 年以降，気体の標準圧力としては 1 atm の代わりに 1 bar（= 10^5 Pa）が推奨されている．
[*5]［訳注］図 13・8 は種々の半電池の組合わせで生じる電池電位の関係を示すために用いた概念図である．実際の Fe^{2+}/Fe^{3+} の半電池は一般に白金電極と Fe^{2+}/Fe^{3+} の混合溶液から構成される．

$$\text{Pt(s)} \mid \text{H}_2(\text{g, 1 atm}) \mid \text{H}^+(1\,\text{M})$$

となる．慣例により，この半反応の電位は厳密に 0 V とされている．他の電極/電解質系の半電池電位を決めるには，SHE とつなげて電池電位を測定すればよい．SHE は 0.00 V とされているので，観察された値は組合わせた方の半電池電位である[*6]．

ここでもう一度電位の向きの問題に戻ろう．SHE を 0 V

としたが，SHE を，アノードをつなぐ電圧計の端子（"−" と表示された端子）にいつもつなぐことにして，さらに電池の構成を明確にする．こうしてもう一方の電極をカソードをつなぐ電圧計の端子（"+" と表示された端子）につなぐと，正の電位や負の電位が観察される．なぜこのように両方観察されるのだろうか．アノードでは酸化が起こっているので，そこで電子が放出される．つまりガルバニ電池のアノードは負電荷をもつ．図 13・10 のような電気回路では，一つの構成要素（たとえば銅電極）が負の極性を示す場合，つぎの構成要素の正の極性を示す側へつなぐことになっている．このように正しくつなぐと，電圧計は正の値を示すようにできている．アノードとは逆に，還元反応が起こるガルバニ電池のカソードでは，電子が消費される（イオンが電極から電子を受け取る）．つまりガルバニ電池のカソードは正の電荷をもつ．もしカソードを，アノードをつなぐべき電圧計の端子へつなぐと，電気回路の構成の約束事が破られるので電圧計は負の電圧を示す（図 13・10）．

これを標準電位の測定に当てはめると，標準水素電極はつねにアノードをつなぐ電圧計の端子につなぐので，測定された電圧が正か負かで酸化還元反応のいずれが起こっているかがわかる．測定された電池電位が正なら，SHE はアノードとして働いているから，H_2 は $\text{H}^+(\text{aq})$ へ酸化されたことがわかる．

$$\text{H}_2(\text{g}) \longrightarrow 2\,\text{H}^+(\text{aq}) + 2\,\text{e}^-$$

電池電位が負のときは，SHE はカソードとなっているか

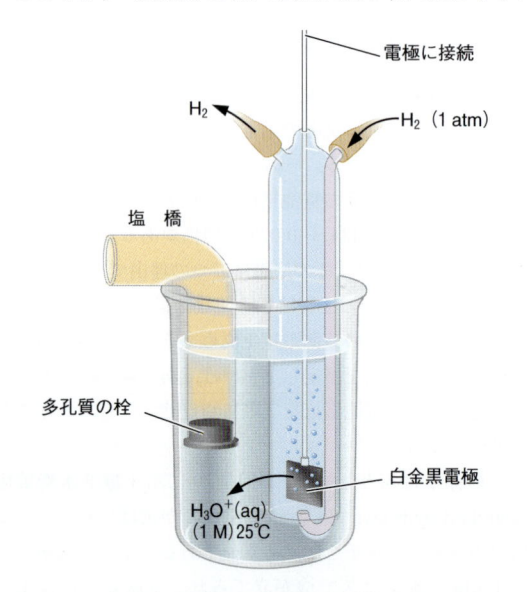

図 13・9 標準水素電極は，標準還元電位の参照点として用いられており，厳密に 0 V とされている．他の電極電位はすべてこの標準に対して測定される．

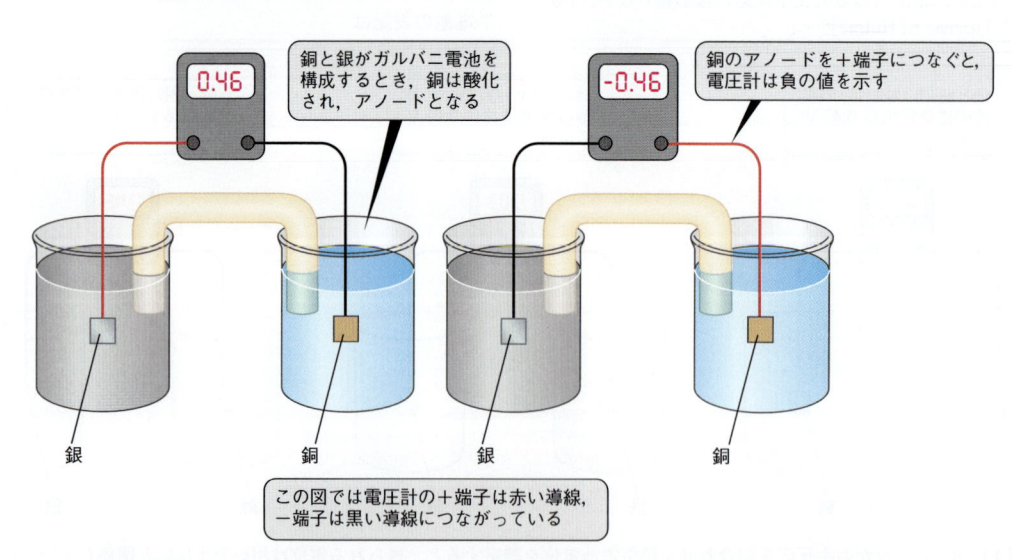

図 13・10 市販の電池と同様，ガルバニ電池も極性が決まっている．電子は外部回路を通じてアノードからカソードへ流れる．電圧計のつなぎ方を逆にすると，示す値の符号が変わるが，電流の向きに変化はない．

[*6] SHE は電池電位を定める標準であるが，扱いにくい装置でもある．実際には別の標準が使われることもよくある．

ら，H$^+$ は H$_2$ へ還元されている．これにより電気化学測定を利用して，物質の酸化還元傾向を評価することができる．

標準還元電位

酸に強弱があるように，化学物質の酸化力や還元力にも幅がある．電気化学で用いられる化学種の酸化還元傾向を体系づけるうえで便利なように，すべての半電池電位は還元反応として表にまとめられている．このような**標準還元電位**（standard reduction potential）の表には，SHE とつないだときの半反応の電位が示されている．このときすべての電極は熱力学的標準状態になければならず，溶液濃度は 1 M で，気体は 1 atm となっていることに注意しよう．標準還元電位の値の一部を表 13・1 に示す．より大きな

表 13・1 本文中で述べた電池の半反応の標準還元電位．もっと大きな表を付録 I に示す．

半反応	標準還元電位〔V〕
Zn^{2+} + 2e$^-$ ⟶ Zn	−0.763
Fe^{2+} + 2e$^-$ ⟶ Fe	−0.44
2H$^+$ + 2e$^-$ ⟶ H$_2$	0.000
Cu^{2+} + 2e$^-$ ⟶ Cu	+0.337
Fe^{3+} + e$^-$ ⟶ Fe^{2+}	+0.771
Ag$^+$ + e$^-$ ⟶ Ag	+0.7994

表は付録 I に与える．この表の特徴について説明しておこう．まず，半反応はすべて還元反応として与えられているが，電気化学電池ではもう片方の半反応は酸化反応になっているはずである．第二に，正の電位の半反応もあれば，負の電位のものもある．SHE をアノードをつなぐ電圧計の端子につないで測定していることを思い出すと，電位が正なら SHE はアノードであり，酸化側である．したがって標準還元電位が正なら，その半反応は書かれているとおりに起こる，つまり還元反応が起こることを意味する．も

し電位が負なら，半反応は酸化反応として起こる．なぜなら接続された SHE はカソードとして働いているからである（図 13・10 参照）．

これらのことから，半反応に含まれる化学物質の酸化還元傾向がわかる．標準還元電位が大きな正の値なら，その物質は還元されやすく，よい酸化剤である．逆に比較的大きな負の値なら，反応は逆に起こる，すなわちその物質は酸化される．したがって負の標準還元電位であればよい還元剤であるとわかる．表に示された半反応の生成物は還元剤である．なぜならその物質は逆反応で酸化されるからである．いずれにせよ電位の大きさは酸化か還元かを決めるうえで重要である．ガルバニ電池では，より大きな正の還元電位をもつ半反応がカソードとなる．標準還元電位と酸化還元反応の方向との関係については，図 13・11 に示したような軸に沿って還元電位を考えるとわかりやすい[7]．

標準還元電位がわかると，どんな半反応の組合わせでもつぎの式を使って標準電池電位 $E°$ を求めることができる．

$$E° = E°_{red} - E°_{ox} \quad (13・2)$$

$E°_{red}$ はカソードの標準還元電位，$E°_{ox}$ はアノードの標準還元電位である．マイナス記号が必要なのは，酸化の電位は表にある還元電位の逆だからである．例題 13・1 では，電解腐食でよく登場する物質を使って，この式の意味について調べる．

> **例題 13・1**
>
> 銅と鉄（一般には鋼）は機械設計でよく用いられる金属である．(a) 標準還元電位を用いて，銅と鉄で構成されるガルバニ電池ではどちらがカソード・アノードとなるか特定したうえで電池電位を求めよ．(b) 銅と銀でもガルバニ電池をつくることができる．つぎのガルバニ電池の電位は 0.462 V であることを確かめよ．
>
> Cu(s) | Cu^{2+}(1 M) ‖ Ag$^+$(1 M) | Ag(s)

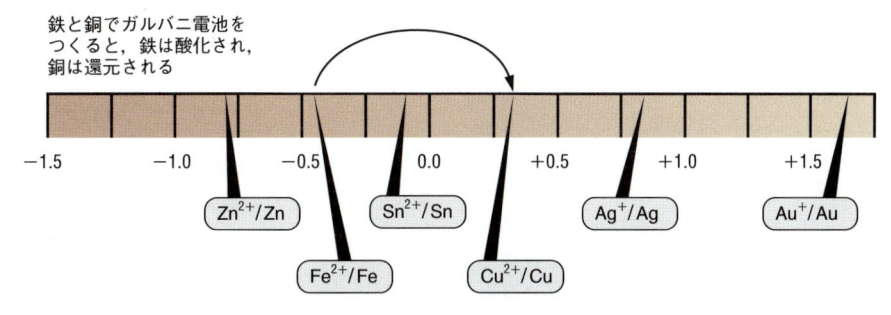

図 13・11 この図に示すように標準還元電位を一直線上に並べると，ガルバニ電池のアノードとカソードが容易にわかる．対の電極のうち，左にある方がアノードになり，右にある方がカソードになる．

---

[7] 標準還元電位に基づいたこのような反応性の順列は，電気化学系列とよばれることがある．

解法 標準還元電位の表から得られる情報に基づいて，対象とする電気化学系がどのようにふるまうか理解する必要がある．半反応を二つ組合わせると，結果は2通りしかない．そのうちの一つは電池電位が負になってしまう．ガルバニ電池の標準電池電位は負にはなれないので，正の値となるように半反応を組合わせなければならない．

解答
(a) 表13・1から，つぎの二つの半反応の標準還元電位がわかる．

$$Fe^{2+}(aq) + 2e^- \longrightarrow Fe(s) \quad E° = -0.44\,V$$
$$Cu^{2+}(aq) + 2e^- \longrightarrow Cu(s) \quad E° = 0.337\,V$$

これらの半反応を組合わせて正の電池電位となるためには，鉄が酸化される必要がある．

$$Fe + Cu^{2+}(aq) \longrightarrow Fe^{2+}(aq) + Cu(s)$$
$$E°_{cell} = ?$$

式(13・2)を用いて

$$E°_{cell} = 0.337\,V - (-0.44\,V) = 0.78\,V$$

銅はこの電池では還元されているのでカソードとなる．鉄は酸化されているのでアノードである．

(b) 表13・1から，つぎの二つの半反応の標準還元電位がわかる．

$$Ag^+(aq) + e^- \longrightarrow Ag(s) \quad E° = 0.7994\,V$$
$$Cu^{2+}(aq) + 2e^- \longrightarrow Cu(s) \quad E° = 0.337\,V$$

これらの値から，銅が酸化され，銀が還元されることがわかる．式(13・2)を用いて電池電位が求められる．

$$Cu(s) + 2Ag^+(aq) \longrightarrow Cu^{2+}(aq) + 2Ag(s)$$
$$E°_{cell} = 0.462\,V$$

解答の分析 ガルバニ電池の $E°$ を計算する際，答えを確かめる最も簡単な方法は，それが正の値であるかみることである．正の値であれば，用いた還元電位が誤りでないかぎり，正しい計算をしたと確信できる．

考察 電池電位の計算においては，還元電位が両方とも負の値だと混乱しがちである．しかしガルバニ電池の電池電位は正の値となることに留意すれば，どんな値が与えられていても，二つの組合わせのうち正しい選択肢は一方だけだとわかるはずである．

理解度のチェック 銅を一方の電極に用いて1.00Vの電池をつくりたいとしよう．表13・1にある電極のうち，銅と組合わせたときの電池電位が1.00Vに最も近くなるのはどれか．どちらがアノードでどちらがカソードになるか．

銅と鉄を用いて電気化学電池を構成した例題13・1(a)は，電解腐食の起源をさし示している．これまでは，電極同士は接触しないよう塩橋を用いて電池が構成されていた．その場合，どちらがアノードでどちらがカソードかや，電池反応を特定することは比較的やさしい．しかし実際の用途では，電極間の距離はずっと短いこともある．

手始めとして，銅と鉄の接合部で起こる電解腐食から考えてみよう．鉄の腐食が起こることから，鉄がアノードとして働いていることは明らかである．つまり銅がカソードである．しかしそれでは何が還元されているのだろうか．実際にはカソードには二つの反応が関与していて，どちらも水の還元反応を含んでいる．どちらが起こるかは，水中に存在する酸素量と電池電位に依存する．しかし銅が反応していないのだとしたら，それでも銅は必要なのだろうか．もし水が実際に反応しているのなら，亜鉛のような別の金属がそこにあったら何が起こるだろうか．ここでも標準還元電位が役に立つ．

例題13・1の半反応に亜鉛イオンの還元反応を加えよう．

$$Fe^{2+}(aq) + 2e^- \longrightarrow Fe(s) \quad E° = -0.44\,V$$
$$Cu^{2+}(aq) + 2e^- \longrightarrow Cu(s) \quad E° = 0.34\,V$$
$$Zn^{2+}(aq) + 2e^- \longrightarrow Zn(s) \quad E° = -0.763\,V$$

もし鉄を亜鉛と組合わせたら，その電池のアノードはどちらになるだろう．電位がより負の方がつねにアノードになるから，この場合は亜鉛がアノードである．したがって亜鉛と鉄が一緒にあっても，鉄は腐食しない．一方，銅と接触していると，銅は鉄よりよい酸化剤であるから鉄は電解腐食を起こす．亜鉛は鉄の腐食を妨げるので，鉄の保護に利用される．**亜鉛めっき鋼** (galvanized steel，トタン) は亜鉛の薄層で覆われているので，さびにくくなっている[*8]．

非標準状態

実際に腐食が起こる場合はふつう標準状態下にはない．その場合，標準状態との違いを考慮するにはどうしたらよいだろうか．これは熱力学と関係する非常に重要な問題である．非標準状態にある電池電位を表す式は**ネルンストの式** (Nernst equation) とよばれる．

$$E = E° - \frac{RT}{nF}\ln Q \quad (13\cdot3)$$

ここで Q は第12章で扱った反応商で，反応物と生成物の濃度比にそれぞれの量論係数のべき乗がついたものである．たとえばつぎのような一般反応の場合，

$$aA + bB \rightleftharpoons cC + dD$$

$$Q = \frac{[C]^c[D]^d}{[A]^a[B]^b} \quad (13\cdot4)$$

[*8] 電気めっき産業では，製品に金属被覆を施して防食などの有用な特性を与えている．

F はファラデー定数（Faraday constant），n は酸化還元反応で移動する電子の数である．F はファラデー（Michael Faraday）にちなんで名づけられた値で*9，96,485 J V^{-1} mol^{-1} すなわち 96,485 C mol^{-1} に等しい（1 J = 1 C V であることを思い出そう）．式(13・3)は，$\Delta G°$ と平衡定数の関係を導くのに使った式(12・6)に似ている．このネルンストの式を使うと，より実際的な濃度で鋼が腐食する電気化学系の電位を見積もることができる．例題13・2では，腐食のモデル系としての電気化学電池でネルンストの式を調べる．

例題 13・2

大型船の動力装置の設計会社に勤めているとしよう．この装置で使う材料は，明らかに腐食を促進させる環境にさらされるだろう．そこで，腐食がひき起こす問題がどの程度か評価するため，使用の際，実際に遭遇すると思われる電解質濃度の電気化学電池のモデルをつくって調べることにした．鉄(II)イオン濃度は 0.015 M，H$^+$ 濃度は 1.0×10^{-3} M，水素の圧力は 0.04 atm で一定，温度は 38 °C とすると，電池電位はいくらになるか．

解法 この問題では非標準状態が示されているので，ネルンストの式を使わなくてはならない．実際には，電池の電解質濃度が 1 M のとき以外はいつでもこの式を使う必要がある．この問題は，どんな反応が起こるのかについても問うている．アノードでは鉄の酸化が起こるのだろうが，カソード反応は原則的には標準還元電位の表から探す必要がある．しかし与えられた情報から，最も可能性があるのは H$^+$ の H$_2$ への還元である．半反応が両方ともわかれば，標準電池電位を計算して，あとはネルンストの式に適当な値を入れればよい．

解答
アノードでの反応：$Fe^{2+}(aq) + 2\,e^- \longrightarrow Fe(s)$
$$E° = -0.44\text{ V}$$
カソードでの反応：$2\,H^+(aq) + 2\,e^- \longrightarrow H_2(g)$
$$E° = 0.00\text{ V}$$

これらの反応から二つのことがわかる．まず，標準電池電位はつぎのように求められる．

$$E° = 0.00\text{ V} - (-0.44\text{ V}) = 0.44\text{ V}$$

第二に，全体の酸化還元反応では 2 個の電子が移動する．

$$Fe(s) + 2\,H^+(aq) \longrightarrow H_2(g) + Fe^{2+}(aq)$$

これらの事実と，与えられた数値や定数値をネルンストの式へ代入すると，電池電位が求められる．

$$E = 0.44\text{ V} - \frac{(8.314\text{ JK}^{-1}\text{mol}^{-1} \times 311\text{ K})}{(2 \times 96{,}485\text{ JV}^{-1}\text{mol}^{-1})} \ln\left[\frac{(0.015)(0.04)}{(0.0010)^2}\right]$$
$$= 0.35\text{ V}$$

考察 標準状態からはかけ離れているにもかかわらず，電池電位に対する補正はかなり小さい．ここで，反応が進むと何が起こるのか考えてみよう．H$^+$ 濃度が低下し，Fe^{2+} 濃度が増す．つまり電位は一定ではない．$\ln Q$ は電位が（少なくとも原理的には）0 になるまで大きくなる（分母が小さくなり，分子が大きくなるから）．このように，多くの用途では非標準状態を考慮することが非常に重要である．

理解度のチェック 化学の研究課題で，ニッケルとカドミウムからガルバニ電池をつくることになったとしよう．カドミウムのような有害な重金属を扱うのに必要な注意を十分したうえで，0.01 M の硝酸カドミウム溶液を電解質の一つとして使うことにした．電池電位として 0.17 V 必要なら，NiCl$_2$ の濃度はいくらでなければならないか．

13・4 電池電位と平衡

多くの金属は酸化鉱として自然界に存在する．一般的な鉄鉱石は，ヘマタイト Fe$_2$O$_3$ とマグネタイト Fe$_3$O$_4$ の二つである．これらの酸化物から金属の鉄を精錬により取出すには，多大なエネルギーを必要とする．酸化物を純物質へ変換する過程では，系のエントロピーは減少する．このため精錬は自発的な過程とはならない．つまりその自由エネルギー変化は正である．

腐食は金属精錬の逆過程と考えることができる．金属が腐食すると，自然界にあったときの（酸化された）状態へ戻るので，それは自発的に起こる．鉄くぎを酸素を含んだ塩水に入れるとさびができる．第 10 章で学んだことによれば，この過程の自由エネルギー変化は負であるに違いない．腐食過程やガルバニ電池の動作過程における自由エネルギー変化を求めることができるだろうか．

電池電位と自由エネルギー

ギブズエネルギーは系によってなしうる最大の仕事量に等しいということを思い出すと，ガルバニ電池の場合は，つぎのように電池電位と関係づけることができる．

$$\Delta G° = -nFE° \qquad (13\cdot 5)$$

ここで式(13・1)の q を nF で置き換えた．化学の問題では電荷量より物質量の方が求めやすいからである．マイナスの符号がついているのは，ガルバニ電池の電位が正の場合は自発的に電気的仕事をするが，自発過程では $\Delta G°$ は負でなければならないからである．標準還元電位がわかりさえすれば，この式により，電気化学反応の標準自由エネ

---

*9 電気化学用語の多くはファラデーによりつくられた．言語学者の友人（William Whewell）の忠告に従い，"東極（easode）"や"西極（westode）"はあきらめて，カソード（cathode, 正極）とアノード（anode, 負極）に決めた．

ルギー変化を計算することができる．具体例をみてみよう．

例題 13・3

亜鉛とクロム間の電解腐食を調べるため，つぎのような電池を組立てたとしよう．

$$\text{Cr(s)} \mid \text{Cr}^{2+}(\text{aq}) \parallel \text{Zn}^{2+}(\text{aq}) \mid \text{Zn(s)}$$

どんな化学反応が起こるか．また，その反応の標準自由エネルギー変化はどれだけか．

解法 自由エネルギー変化を計算するには二つのことがわかっている必要がある．電池電位と，反応で移動する電子の数である．これらがわかれば，式(13・5)に代入して自由エネルギー変化を求めることができる．

解答 各半反応で移動する電子の数(n)は2なので，つり合いのとれた化学反応式はすぐに書ける．

$$\text{Zn}^{2+}(\text{aq}) + \text{Cr(s)} \longrightarrow \text{Cr}^{2+}(\text{aq}) + \text{Zn(s)}$$

標準還元電位を調べると以下の値だとわかる．

$$\text{Zn}^{2+}(\text{aq}) + 2\,\text{e}^- \longrightarrow \text{Zn(s)} \quad E° = -0.763\,\text{V}$$
$$\text{Cr}^{2+}(\text{aq}) + 2\,\text{e}^- \longrightarrow \text{Cr(s)} \quad E° = -0.910\,\text{V}$$

式(13・2)により電池電位は

$$E° = -0.763\,\text{V} - (-0.910\,\text{V}) = 0.147\,\text{V}$$

これを式(13・5)へ代入して

$$\begin{aligned}\Delta G° &= -nFE° \\ &= -2\,\text{mol} \times 96{,}485\,\text{J V}^{-1}\text{mol}^{-1} \times 0.147\,\text{V} \\ &= -2.84 \times 10^4\,\text{J} = -28.4\,\text{kJ}\end{aligned}$$

考察 この種の問題で最も間違えやすいのは移動した電子の数nをネルンストの式の計算に含めるのを忘れることである．しかし，つり合いのとれた酸化還元反応式を得るとき，標準還元電位の化学反応式に，移動する電子の数に合わせて何倍か量論係数をかけなければならないことがあるが，そのような場合でも，標準還元電位に量論係数をかけてはいけない．［訳注：たとえば p.271 の Ag と Cu 間の反応の場合，Ag$^+$ の還元反応は2倍されている．一方，Ag と Cu から成る電池の標準電位は表13・1から 0.799−0.337 = 0.462〔V〕と求められるが，けっして 2×0.799−0.337 ではない．］この点において，還元電位は，量論係数を考慮して求める熱化学量とは違っている．

理解度のチェック この逆反応を起こすことができたとすると，その自由エネルギー変化はいくらになるか．その値からこの逆反応の自発性について何がわかるか．

この種の計算を用いて腐食の自発性を理解するにはどうしたらよいだろうか．そのためには，関与する半反応を特定して，それらをガルバニ電池とみなせばよい．その仮想の電池電位から腐食反応の標準自由エネルギー変化がわかる．腐食の最も一般的な例である，酸素を含む水中において鉄がさびる話に戻ろう．鉄が最初に Fe^{2+} の状態へ酸化され，水中の酸素が必要な還元反応を行う．これらの半反応は以下のとおりである[*10]．

$$2\,\text{H}_2\text{O} + \text{O}_2 + 4\,\text{e}^- \longrightarrow 4\,\text{OH}^- \quad E° = 0.40\,\text{V}$$
$$\text{Fe}^{2+} + 2\,\text{e}^- \longrightarrow \text{Fe} \quad E° = -0.44\,\text{V}$$

これらの電極反応から成るガルバニ電池の電位は 0.84 V となるので，自由エネルギー変化は −320 kJ mol^{-1} である．この大きな負の値から，平衡は鉄の酸化に大きく偏っていることがわかる．

平衡定数

第12章で，$\Delta G°$ は式(12・7)，$\Delta G° = -RT \ln K$ により平衡定数 K にも関係づけられることを学んだ．この式の $\Delta G°$ に式(13・5)を代入すると，電池電位と平衡定数の関係式が得られる．

$$E° = \frac{RT}{nF} \ln K \quad (13 \cdot 6)$$

ここで左辺を電池電位のみの式とするため，両辺を $-nF$ で割っている．この式はネルンストの式（式13・3）にも似ているが，関係はすぐにわかる．平衡では自由エネルギー変化は0（したがって式13・3の左辺 E も0）であり，反応商 Q は平衡定数 K に等しい．

式(13・6)の自然対数を一般的な（10を底とした）対数に置き換えて少しだけ違った式にしてやると，電気化学反応一般，特に腐食反応について重要なことがわかるようになる．

$$E° = \frac{2.303\,RT}{nF} \log K \quad (13 \cdot 7)$$

2.303 は自然対数から一般の対数へ変えた結果生じた係数（ln 10 = 2.303）である．このように底が10の対数表記とすることで，大きさを桁で考えることができるようになる．R も F も定数なので，これらの値を数値項としてまとめてしまえば，式(13・7)はもっと簡単になる．温度についても，標準状態 25 °C (298 K) での実験を対象とすることが多いので，これも数値項に入れる（もちろん，その結果得られる式はその温度でしか正しくない）．すると次式が得られる．

$$E° = \frac{0.0592\,\text{V}}{n} \log K$$

電位 1.0 V で電子が1個だけ移動する電気化学反応の場合，

[*10] 鉄がさびる反応はこれらの半反応よりずっと複雑なので，ここに示した結果は自由エネルギー変化の粗い近似と考えるべきである．

K はつぎのように得られる．

$$K = 10^{\frac{(1)(1.0\,\text{V})}{0.0592\,\text{V}}} = 7.8\times10^{16}$$

このように，電子が1個しか移動せず，電池電位がたった1Vであっても，K の値は非常に大きくなる．K の値が大きいということは，平衡が生成物に大きく偏っていることを示している．腐食反応では電子が2〜4個移動する反応もまったく珍しくなく，その場合は K の値はさらに大きくなる．図13・12にこれを示す．縦軸は平衡定数の対数（$\log K$）なので，たとえば20大きくなると K は 10^{20} 倍になる．電位が大きくなっても移動電子数が増えても，平衡定数は急激に大きくなり，反応は生成物側へ大きく進む．このように平衡の観点からいうと，腐食反応は金属酸化物の生成に大きく偏っている．

13・5 電　池

多くの電気化学反応で平衡が完全に生成物側に偏る傾向があることは，腐食反応の場合は大きな問題であるが，これらの反応を積極的に利用することもできる．最も身近な例は電流を生み出す**電池**（battery）である[*11]．電池はさまざまな材料からできており用途も広いが，共通しているのはガルバニ電池の電気的仕事を生産的に利用できる点である．もう一つの共通点は腐食しやすいことである．したがって電気化学的仕事を有効利用しようとするときでも，腐食について考えなければならない．いくつかの特定の例について考えることで，一般的な電池について理解を深めよう．

一 次 電 池

日常生活で使う電池には，充電できるものもあればできないものもある．充電できず使用後に廃棄する電池は**一次電池**（primary cell）とよばれる．今日，最も多く使われている一次電池は**アルカリ電池**（alkaline battery）であり，懐中電灯や携帯音楽プレーヤーやゲーム機などにも用いられている．このように広く使われるため，多くのテレビCMからもわかるように，メーカー間の競争も激しい．しかしわずかな製造上の違いは別として，アルカリ電池はみな同じ化学反応に基づいている．

アルカリ電池のアノードは亜鉛で，その酸化半反応はつぎのように書ける．

$$\text{Zn(s)} + 2\,\text{OH}^-(\text{aq}) \longrightarrow \text{Zn(OH)}_2(\text{s}) + 2\,\text{e}^-$$

カソードは酸化マンガン（IV）からできており，その半反応は

$$2\,\text{MnO}_2(\text{s}) + \text{H}_2\text{O(l)} + 2\,\text{e}^- \longrightarrow \\ \text{Mn}_2\text{O}_3(\text{s}) + 2\,\text{OH}^-(\text{aq})$$

これらの半反応を組合わせるとアルカリ乾電池で生じている正味の化学反応が得られる．

$$\text{Zn(s)} + 2\,\text{MnO}_2(\text{s}) + \text{H}_2\text{O(l)} \longrightarrow \\ \text{Zn(OH)}_2(\text{s}) + \text{Mn}_2\text{O}_3(\text{s})$$

アルカリ電池のおもな構造を図13・13に示す．用いる電解質はKOHであるが，水に溶けているのではなく，ペースト状またはゲル状になっている．このため乾電池とよばれる．カソードの MnO_2 はグラファイトと混ぜて伝導度を増している．アノードは粉末状の亜鉛を含んだペーストで，粉末にすることで表面積を大きくして性能を高めている．電槽の設計も重要である．酸化で生じた電子は，電槽の底部につながった，スズで被覆された真ちゅう棒（集電体）に集められる．電槽の残りの部分はカソードに接していて，上部にはカソードとわかるよう突起がある．

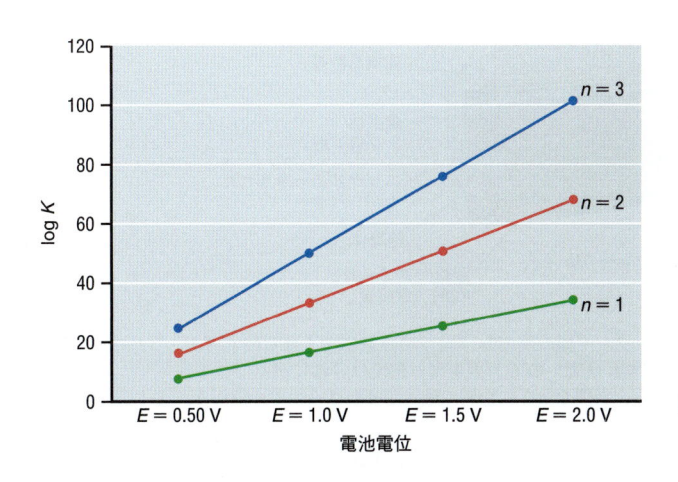

図13・12　平衡定数の電池電位による変化を示す．図中の n は移動する電子の数を表す．

[*11]　ボルトという単位名の由来になっているボルタ（Alessandro Volta）は，金属の化学反応性の違いを利用して電気をつくり出せることに初めて気づいた人物である．彼の研究が基になって電池が開発された．

これらの構造はみな，電池の化学反応を促進するように設計されている*12.

特定の用途に使われる一次電池もある．たとえば非常に小さな電池が必要とされる場合がある．心臓ペースメーカーのような医療機器では，小さいばかりでなく長寿命であることも要求される．**水銀電池**（mercury battery）がこの要求を満たしていた時期もある*13．図 13・14 に示した水銀電池では，アルカリ乾電池と同様，亜鉛がアノードとなっている．

$$Zn(s) + 2\,OH^-(aq) \longrightarrow Zn(OH)_2(s) + 2\,e^-$$

しかしカソードは酸化水銀(II)である．

$$HgO(s) + H_2O(l) + 2\,e^- \longrightarrow Hg(l) + 2\,OH^-(aq)$$

この反応の端子には鋼が使われており，これがカソードとして働いている．この電池の重要な特徴は，小さいにもかかわらず長期間安定な電流と電圧が得られることである．

亜鉛をアノードとする電池には，図 13・15 に示した**亜鉛空気電池**（zinc-air battery）というおもしろい電池もある．この種の電池は長寿命の使い捨て電池として販売されている．この電池のカソード反応は

$$\tfrac{1}{2}O_2(g) + H_2O(l) + 2\,e^- \longrightarrow 2\,OH^-$$

で，酸素は空気から得る．このように周りの空気から反応に必要な物質を得ていることから，軽量の亜鉛空気アルカリ電池の今後の可能性は興味深い．しかし湿度のような環境因子が性能に影響するので，広く使われるに至っていな

図 13・13 典型的なアルカリ電池の構造

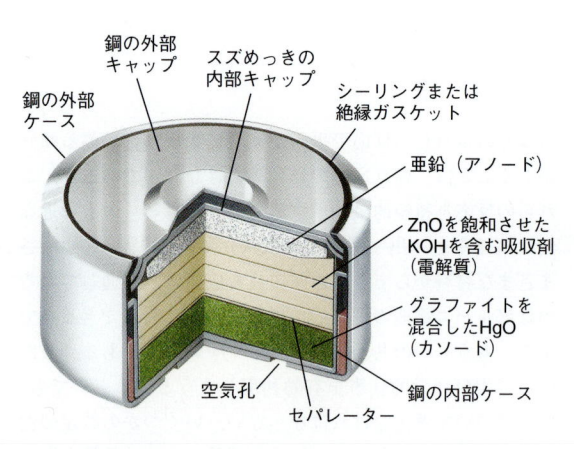

図 13・14 ここに示した水銀電池（亜鉛酸化水銀電池ともよばれる）は長期にわたって電圧がきわめて安定している．これらの電池は，頻繁な電池交換が危険あるいはやっかいな装置で一般に使われる．

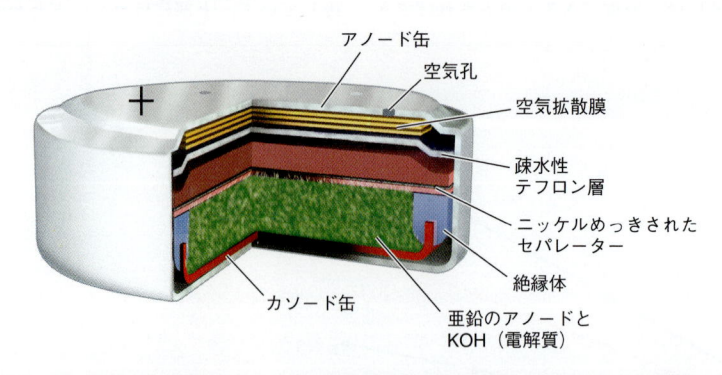

図 13・15 亜鉛空気電池では，カソード側の反応物は周りの空気に含まれる酸素である．アノード側の物質だけ充填すればよいのでエネルギー密度は非常に高くできる．密閉状態にしておけば保存ができ，必要なときに空気に触れさせればいつでも使える．

---

*12　電池の研究は米国の製造業において古くから重要である．エジソン（Thomas Edison）は電池技術に関して 147 もの特許をもっていた．

*13　［訳注］わが国では環境保護の観点から水銀電池は 1995 年に製造中止となり，ペースメーカーにはリチウム電池が用いられている．

い[*14].

二次電池

再充電可能な蓄電池は**二次電池**（secondary cell）の代表例であり，いまや消費者製品に使われるのも一般的になっている．携帯電話，デジタルカメラ，ノートパソコンなどが普及するにつれ，図13・16に示す**ニッケル-カドミウム電池**（nickel-cadmium battery，ニカド蓄電池）が使われるようになった．ニカド蓄電池のアノードはカドミウムで，つぎのように反応する．

$$Cd(s) + 2\,OH^-(aq) \longrightarrow Cd(OH)_2(s) + 2\,e^-$$

カソード反応は複雑だが，つぎのように表される．

$$NiO(OH)(s) + H_2O(l) + e^- \longrightarrow Ni(OH)_2(s) + OH^-(aq)$$

ニカド蓄電池は何度も繰返し充電できるが，メモリー効果を受けやすく性能が落ちる．メモリー効果とは，完全に放電せずに充電すると電池の化学エネルギーが全部は使えなくなる現象である．このため充電を繰返すうちに使える時間が短くなってしまう．この現象は，電池内部の電極表面に薄層が形成され，電気的仕事をするのに必要な酸化還元反応が制限されてしまうために起こる．

ニッケル水素電池（nickel-hydride battery，図13・17）はニカド蓄電池と同じ用途で使われ，大きなものはハイブリッド車の主電源として搭載されている．この電池では，カソード反応は

$$NiO(OH)(s) + H_2O(l) + e^- \longrightarrow Ni(OH)_2(s) + OH^-(aq)$$

のように共通だが，アノード反応は電池により異なる．

$$MH(s) + OH^-(aq) \longrightarrow M + H_2O(l) + e^-$$

ここでMはなんらかの金属または合金である．市販のニッケル水素電池には7種もの金属の合金を使ったものもある[*15]．これらの合金がなぜ高性能をもたらすのかよくわかっていないため盛んに研究されている．

これらの電池は個人用電子機器を使ううえで重要だが，最も広く販売されている蓄電池ではない．その称号はいまだに**鉛蓄電池**（lead storage battery）のものであり，およそ100年にもわたって自動車用に使われてきた[*16]．鉛蓄電池のアノード反応は

$$Pb(s) + HSO_4^-(aq) \longrightarrow PbSO_4(s) + H^+(aq) + 2\,e^-$$

カソード反応は

$$PbO_2(s) + 3\,H^+(aq) + HSO_4^-(aq) + 2\,e^- \longrightarrow PbSO_4(s) + 2\,H_2O(l)$$

である．これらの反応式の硫酸水素イオン HSO_4^- からわかるように，この電池の電解質は硫酸である．この電池の

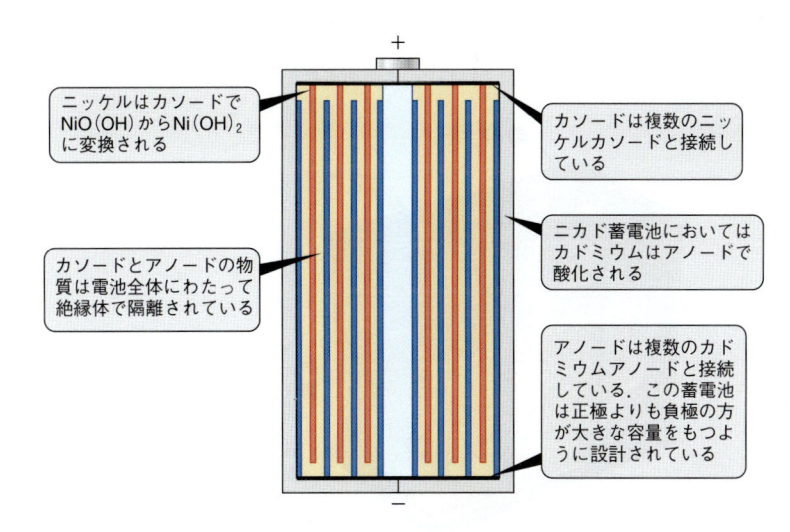

図13・16 ニッケル-カドミウム蓄電池（ニカド蓄電池）の重要な特徴を示す．電気化学反応を市販の電池として役立たせようとするには，多くの技術的困難を克服する必要がある．

[*14] ［訳注］二酸化炭素によっても性能が落ちることもあり，現在は補聴器用など限られた用途でしか使われていない．
[*15] ［訳注］これらの金属には，ランタン，セリウム，ネオジムなどのレアアースや，ニッケル，コバルトなどのレアメタルが含まれる．
[*16] 鉛蓄電池だけで米国の鉛の年間消費量の88%を占める．

硫酸濃度は高いので，そのような酸性条件下では硫酸イオンは HSO_4^- になっている*17．鉛蓄電池は，硫酸の重要性から鉛酸蓄電池ともよばれる．

上記の反応式から成る電池の電位はほぼ 2.0 V である．したがって，標準的な自動車用電池に必要な 12 V を得るためには，6 個の電池を直列につなぐ必要がある．図 13・18 に鉛蓄電池の図を示す．この電池が再充電可能なのは，生成した硫酸鉛が電極表面に付着するからである．直流を流して酸化還元反応を非自発的方向へ起こすことで電池は充電される．電池の反応を逆方向に起こすには，放電圧より高い電圧が必要なこともあるが，それによりすべての化学種を元の状態に戻せる．車の走行中の振動により，いずれは硫酸鉛が電極から落ちて再充電できなくなり，電池を取り替えることになる*18．

燃料電池

燃料電池（fuel cell）は，反応物（燃料）はつねに供給され，生成物はつねに除去されるタイプの電池である．通常の電池と同様，電気エネルギーを生み出すには化学反応を利用する．異なるのは，継続的に燃料補給ができる点である．最も一般的な燃料電池は，水素と酸素が水になる反応を利用している．水素ガスはアノード室へ，酸素ガスはカソード室へ供給される．両電極の素材としては，白金触

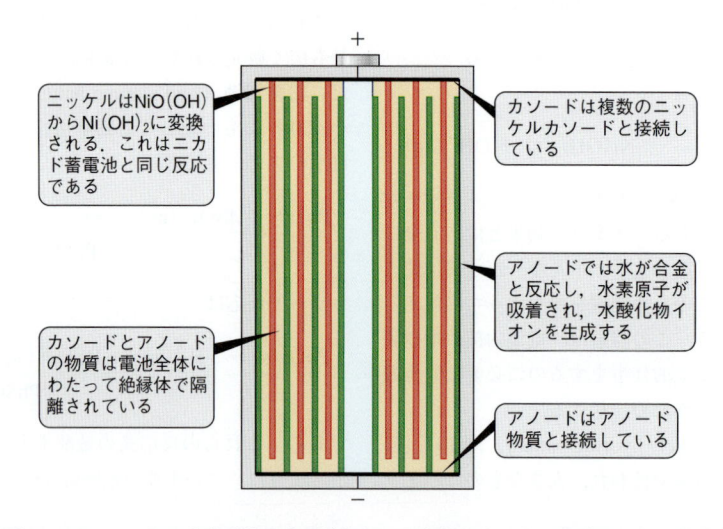

図 13・17 ニッケル水素電池は充電池として一般的になった．設計はニカド蓄電池とよく似ているが，メモリー効果が起こりにくい．このような技術の進歩は，デジタルカメラのような携帯電子機器での需要の高まりによるものである．

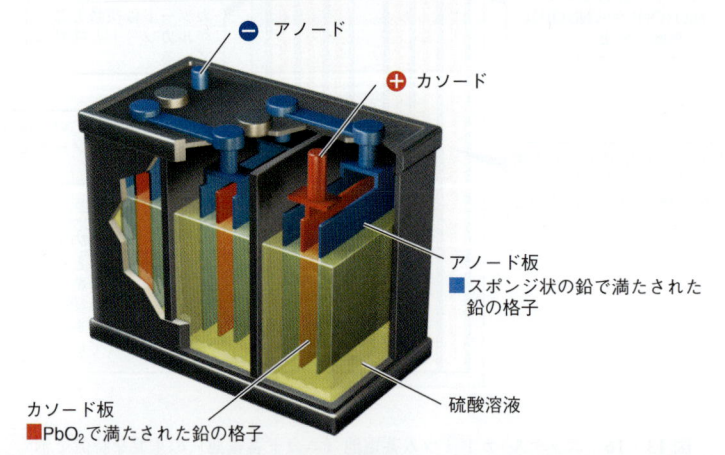

図 13・18 鉛蓄電池は，硫酸に浸かった鉛のアノードと酸化鉛のカソードが交互に連なってできている．基本となる化学反応は長年変わっていないが，技術の進歩により近年では寿命と信頼性が飛躍的に向上した．

＊17［訳注］硫酸は第一段解離では強酸だが，第二段解離の解離定数は $1 \times 10^{-2}\,mol\,L^{-1}$ ほどしかない．

＊18［訳注］このような物理的劣化よりも，硫酸鉛が電極表面で結晶化することにより再充電できなくなる化学的劣化（サルフェーション）の方が深刻である．

媒を含浸させた多孔質炭素が使われることが多い．酸素はカソードで還元され，

$$O_2 + 4H^+ + 4e^- \longrightarrow 2H_2O$$

水素はアノードで酸化される．

$$H_2 \longrightarrow 2H^+ + 2e^-$$

他の電池と同様，これら二つの半反応は物理的に分離されている．電子は外部回路を通じてアノードからカソードへ流れるが，プロトンは二つの電極室を隔てる特殊なプロトン交換膜を通って移動する．

全体の電池反応は，たんに水素と酸素から水ができる反応である．

$$2H_2 + O_2 \longrightarrow 2H_2O$$

第3章では爆発の例としてこの反応を考えたぐらいだから，かなりの量のエネルギーが放出されることは明らかである．水素を除けば，反応物も生成物も環境に優しいことも有利な点である．水素の代わりにメタノールやメタンを使う燃料電池も検討されている．

燃料電池は，宇宙船に搭載する機器の動力源など，さまざまな特殊用途で使われている．ノートパソコンなどの一般的な電子機器類用の開発に向けても多くの研究努力がはらわれている．燃料電池の設計が技術的に難しいのは，通常の電池で使われている固体や液体に比べて，反応物として用いられる気体のエネルギー密度がずっと低いためである．電極に必要な貴金属触媒も，コストを上げるので欠点の一つである[*19]．

電池の限界

電池の製造は主要産業の一つであり，製造企業では関連技術の研究がさかんに行われている．電極素材が高くても，長寿命，高性能で軽量な電池は高い値段で売ることができる．一方，電池の性能を落とす最も一般的な化学的要因は腐食である．たぶん一度は，ラジオや懐中電灯の電池を抜くのを忘れて何カ月も放置してしまったことがあるだろう．そのとき電池を調べてみると，おそらくかなり腐食が進んで液もれも起こしていることに気づくだろう．多くの電池は，腐食にとって最適な条件にある．実際には，現在のアルカリ電池は昔の乾電池よりはるかに腐食しにくくなっている．どのようにしてこの腐食による機能低下を防いでいるのだろうか．一つの方法は，電気分解という別の電気化学過程による，電池に使われる材料の保護めっきである．

13・6 電気分解

平衡の観点からすると，化学反応は生成物と反応物のどちらの方向にも進むことができる．しかし上で議論したように，実際に観察しているのは自然に起こる方向ばかりである．ΔH と ΔS の符号が同じであれば，温度を上げ下げすることで，平衡を特定の方向へずらすように操作できるだろう[*20]．酸–塩基の中和や沈殿生成の場合は自由エネルギーに打ち勝って望みの方向に反応を進ませることができるかどうか明白ではないが，酸化還元の場合はかなり容易に操作できる．酸化還元反応で自発的な方向とは，ガルバニ電池で電流が流れる方向であるから，逆に外部から電流を流してやれば非自発的方向へ反応を進めることができる．**電気分解**（electrolysis）とは，イオン溶液や溶融塩に電流を通して化学反応を生じさせる過程のことである[*21]．

電気分解は，用いる電極が化学的に不活性でたんに電子を通すだけの働きをしている場合と，それ自身が電気分解反応の一部となっている場合に分類される．前者は腐食しやすい金属の精錬に用いられ，後者は，金属を腐食から守るためのめっきに用いられる．両者の例をそれぞれみていくが，その前に電解槽の極性を明らかにしておく必要がある．

電気分解と極性

電気分解では，電池のときと電極の極性が反対になっている．このとき電極では反応が自発的に起こるのではなく，外部電源から電気が供給されて逆反応が起こる．たとえば還元反応の場合，電子はカソード（陰極）へ無理やり供給され，そこで反応が起こる．この場合，電極は電池のカソードとは異なり負に帯電している．アノード（陽極）では酸化が起こるが，電気分解の場合は正に帯電している．酸化反応を強制的に起こすために外部電源が電子を引き寄せるからである．図13・19に電気分解における電極の電荷を示す．

アルミニウムの電解精錬

アルミニウム（以降アルミ）は腐食による大きな問題をひき起こさないので，構造材料として広く使われている．しかしこれはアルミが腐食しないという意味ではない．第1章で指摘したように，純粋なアルミは非常に素早く酸素と反応する．しかし腐食が起こると，表面に酸化アルミニウム Al_2O_3 の薄い皮膜が形成される．アルミがさまざまな用途に使うことができるのは，この酸化物の表面層が下のアルミと非常に強く結合して保護層となっているためである．Al_2O_3 が容易に形成されることは，$Al(s) \mid Al^{3+}$ 半反

[*19] ［訳注］白金のような貴金属を用いない高性能触媒も開発されつつある．
[*20] ［訳注］$\Delta G = \Delta H - T\Delta S$ で，平衡では $\Delta G = 0$ だから，ΔH と ΔS の符号が異なると平衡状態となれない．
[*21] 電気分解を行う装置は電解槽とよばれる．

応の標準還元電位から予測できる．この電位は $E° = -1.66\,V$ であり，$Fe(s)\,|\,Fe^{2+}$ 半反応の $E° = -0.44\,V$ である鉄に比べて，アルミはかなり強い還元剤である（つまり酸化されやすい）．このように，イオンになる反応が熱力学的に起こりやすいということは，逆反応は自発的には起こらないということである（第1章で述べたように，Al_2O_3 を含む鉱石が大量にあることは知られていたが，そこからアルミを精錬して取出すことは非常に難しかったので，19世紀半ばまでアルミは貴金属と考えられていた）．

電気分解により，アルミを酸素と分離させる非自発的反応を起こすことができる．この工業プロセスは，1886年に米国のホール（Charles Martin Hall）とフランスのエルー（Paul Heroult）により同時に発見された．このプロセスでは，図13・20に示すように，不活性電極として炭素電極を用いる．つぎの三つの点がこの方法の成否を決める鍵となった．第一に反応容器内に Na_3AlF_6（氷晶石）を加え混合物としたことで，Al_2O_3 の融点は2045 °Cから1000 °C 近くに下がる[*22]．低い温度で済めば経済的に有利である．第二に，この方法は電気を大量に必要とするが，20世紀初頭の北米では大規模な水力発電により大量の電力が供給可能であった．最後は不利な点であるが，詳しい反応はともかく，この電気分解では酸素が発生する．

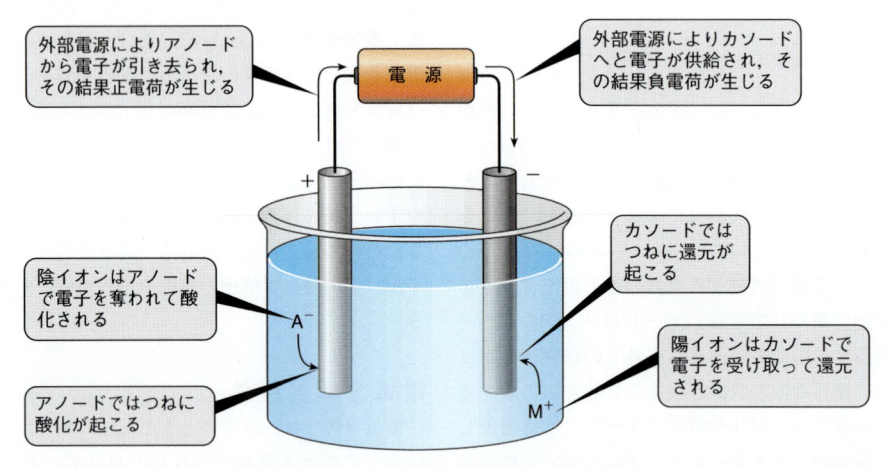

図13・19 電気分解では，本来自発的ではない酸化還元反応を，外部電源により駆動させる．溶液中のイオンの流れにより回路が完成する．電気分解は金属精錬のほかに電気めっきにも有用である[*23]．

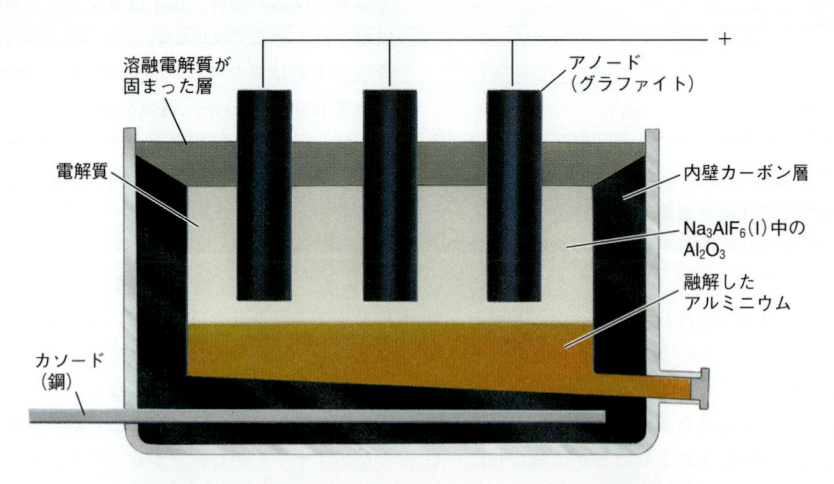

図13・20 ホール・エルー法は，Al_2O_3 からのアルミニウムの電解精錬法である．氷晶石（Na_3AlF_6）の浴中で電気分解することにより温度をかなり下げられるので，経済的に成り立つ方法となっている．

[*22] ここで氷晶石は物質の融点を下げる働きをしているので，フラックス（flux，融剤）ともよばれる．
[*23] ［訳注］図13・19ではカソードとアノードで静電引力でそれぞれカチオンとアニオンが引きつけられて反応が起こっているかのように描いてあるが，電極と反応物間の静電引力は電気分解で起こる酸化還元反応とは一般に無関係である．たとえば，Fe^{2+} がアノードで酸化され Fe^{3+} になったり，$Fe(CN)_6^{3-}$ がカソードで還元されて $Fe(CN)_6^{4-}$ になる場合もある．ちなみにこのような場合も含めて，イオンの移動は，濃度勾配に従って，もしくは正負電荷のつり合いを保つように生じる．

この酸素は炭素電極とゆっくり反応して二酸化炭素となるので，電極を定期的に交換しなくてはならない．しかしこのコストを考慮してもアルミ鉱石の電気分解は経済的に成り立つので，アルミは日常生活で広く使われている．この精錬過程には大量の電気を必要とするので，第10章で述べたように，リサイクルした方が新たに精錬するよりはるかに安価にできる（§10・8参照）．アルミ缶1個をリサイクルすると，100 W 電球を4時間つける電気を節約できる．

電気めっきにおける電気分解

多くの機器では，金属表面上に別の金属の薄膜コーティングがなされている．たんなる装飾のためのこともあるが，被覆部の機能にとって非常に重要な場合もある．電気を用いて金属の薄い皮膜をつくる技術は**電気めっき**（electroplating）とよばれる．電気めっきされた製品には何があるだろうか．一つは前の節で議論した電池である．アノードを外部の機器に接続する集電棒が電気めっきされている．この金属被覆により腐食から守られ，必要な伝導特性も得られる．このような小さな部品は，回転容器に入れ，その容器を電解液に入れることで大量にめっきすることができる．めっきは実際にはどのように起こるのだろう．電気機器用の部品をつくる銀めっきについて考えてみよう．

銀をめっきする水溶液は，通常，銀と錯体をつくるシアン化物イオン CN^- を含んでいる．均一なめっきのためにはこの錯形成過程が重要である．アノードとカソードでの反応はつぎのとおりである．

アノード: $Ag(s) + 2\,CN^-(aq) \longrightarrow Ag(CN)_2^-(aq) + e^-$
カソード: $Ag(CN)_2^-(aq) + e^- \longrightarrow Ag(s) + 2\,CN^-(aq)$

これらの反応は互いに逆反応になっているが，電気めっきではよくあることである．このような組合わせでは電池電位は0なのでガルバニ電池にはならないが，電気分解では外部から電流を流すので，電池電位は重要ではない．むしろほとんどの電気めっきは低電圧で行われるように設計されているので，電池電位が0の方が有利である．図13・21 に銀のバレルめっき法を示す．めっき工程中にバレルが回転することで小さな部品でもカソードと接触するようにし，接触している間はこれらの部品がカソードの一部となる．銀めっきの全工程には，ここには示さないが，前処理工程がいくつも含まれる．多くの場合，まず銅をめっきして，それからその上に銀をめっきする．銀は良導体で腐食に強いので，銀めっきは工業的に重要であり，また，銀めっきにより製品はより魅力的になる．

電気機器で腐食を防ぐためめっきが用いられることから，腐食を理解することがいかに重要かわかるであろう．最近の製品は多くの部品から成るため，必然的に異なる金属が触れ合い，電解腐食が起こりうる．これを防いで性能が落ちないようにするため，部品のめっきがよく行われる．部品の一部だけをめっきすることもある．たとえばナットはねじ山の部分だけ銀めっきする．こうすることでボルトとの接触による電解腐食は防がれる．銀めっきは比較的高価なので，ナットの内側だけめっきすることでコストを抑えている．ナットの外側は他の金属と触れないので，めっきする必要はない．

13・7 電気分解と化学量論

ナットの内側への銀めっきの例は，材料表面に施されるめっきの量を知ることの重要性を教えてくれる．すなわち，銀めっきが厚すぎるとねじ山が狭すぎてボルトがはまらなくなる．それゆえ電気めっきでは，めっきの量を注意深く調節することが非常に重要である．幸いなことに，電子の流れた量からめっき量の情報は容易に得られる．まず電流について少し確認してから，電解槽の場合に応用することにしよう．

電流と電荷

電気回路で電流を測定するとき，観察しているのは単位時間に流れる電荷量である．電流の単位，アンペア（記号A）はSI基本単位の一つであり，$1\,A = 1\,C\,s^{-1}$ である．測定装置は電流計とよばれる．既知量の電流が一定時間回

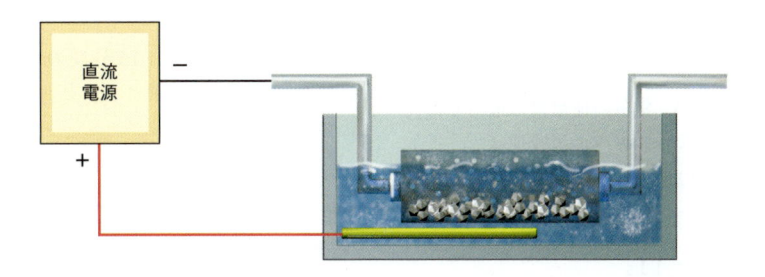

図13・21 バレルめっき法は小さな部品のめっきに用いられることが多い．電気分解の操作中，このカソードが回転することで部品がすべてカソードと接触するようになっている．

路を流れたとすると，その電荷量は容易に計算できる．

$$電荷 = 電流 \times 時間$$
$$Q = I \times t \tag{13・8}$$

ここで使われる単位は，通常，Q はクーロン，I はアンペア，t は秒である．先に導入したファラデー定数 F は 1 mol の電子の電荷量 96,485 C mol^{-1} であるから，電気分解で流れた電荷量が計算できれば，それを F で割ることにより，流れた電子の物質量がわかる．各金属イオンを還元するのに必要な電子の数がわかれば，めっきされた物質量を計算するのは簡単である．

例題 13・4

ストライクめっき（おもに本めっきの前処理として行う非常に薄いめっき）の工程で，2.50×10^3 A の電流を 5 分間流した．流れた電子の物質量はいくらか．

解法 電流値も時間もわかっているので，式 (13・8) から電荷量がわかる．後はファラデー定数を使えば電子の物質量が得られる．ただし，時間は秒ではなく分で与えられていることに注意する．

解答

$$Q = 2500\,\text{A} \times 300\,\text{s} = 7.50 \times 10^5\,\text{C}$$

ファラデー定数を使って

$$7.50 \times 10^5\,\text{C} \times \left(\frac{1\,\text{mol e}^-}{96,485\,\text{C}}\right) = 7.77\,\text{mol e}^-$$

考察 上記の操作では，化学反応における何らかの（この場合は電子の）物質量が求められているので，これは実際には化学量論の問題である．量論問題における物質量の重要性はこれまでの学習でよくわかっている．一方，これまで考えてきた量論問題と同様，物質量を求める関係式を逆に使うことが必要なときもある．たとえば，必要なめっき量を得るために，ある値の電流をどれだけの時間流せばよいか知りたい場合，わかるのは電子の物質量だけだが，上記の同じ関係式を使って答えを求めることができる．

理解度のチェック 機械の試作品に使う部品に薄い銀めっきをするには 0.56 mol の電子が必要とわかった．これを得るには 5.0 A の電流をどれだけの時間流す必要があるか．

電流は容易に測定できるが，電気の使用量は電力で考えることが多い．電力は電気エネルギーの消費速度で，電気料金は電力消費量により決まる．電力の SI 単位はワット（記号 W）である．

$$1\,\text{W} = 1\,\text{J s}^{-1}$$

エネルギー消費量を求めるには，これに時間を掛ければよい．これを手頃な数値にするため，電気会社はキロワット時 (kWh) を使うのが普通である．1 kWh は 3.60×10^6 J に等しい．式 (13・1) のエネルギー（仕事）と電位の関係を単位で表すと

$$1\,\text{J} = 1\,\text{C V}$$

この関係式からめっき業者が低電圧を好む理由がわかる．例題 13・5 で電気分解のエネルギーコストについて調べる[*24]．

例題 13・5

電解槽に部品を入れて 0.15 V，15.0 A で正確に 2 時間，銅めっきをするとしよう．電気料金が 5.00 円/kWh とすると，いくらかかるか．

解法 電流，電圧と時間がわかっているので，消費したエネルギーを求めることができる．電流に時間をかけると電荷量がわかり，それに電圧をかけるとエネルギーが得られる．これがわかれば，J 単位を kWh に直すと電気代が求められる．

解答

$$Q = I \times t$$
$$= 15.0\,\text{C s}^{-1} \times 7200\,\text{s} = 1.08 \times 10^5\,\text{C}$$
$$エネルギー = 電荷 \times 電圧$$
$$= 1.08 \times 10^5\,\text{C} \times 0.15\,\text{V} = 1.6 \times 10^4\,\text{J}$$

これを kWh に変換して電気代を求める．

$$(1.6\times 10^4\,\text{J}) \times \left(\frac{1\,\text{kWh}}{3.60\times 10^6\,\text{J}}\right) \times \left(\frac{5.00\,円}{1\,\text{kWh}}\right) = 0.023\,円$$

解答の分析 この値は小さいように思えるがおかしくはないだろうか．小さな値となったのには二つの理由がある．kWh がかなり大きなエネルギー単位であることと，kWh あたりの値段がそもそも安いことである．したがって非常に安い料金が得られたからといって疑わしいわけではない．このように電気代が安いのも低電圧でめっきしたからである．電圧を上げればそれだけ料金は高くなる．この例は電気めっき業界の典型例ではないが，電気化学的技術を産業的に行うとき，どのような因子について考慮すべきか手がかりを与えてくれる．

理解度のチェック 15 分間の電気分解を行うのに 25,000 A の電流を必要とするとき，電力が 1.7 kWh なら電圧は何 V 必要か．

質量を用いた電気分解の計算

電気分解を定量的に扱うために必要な概念は説明したので，化学量論問題へと進むことができる．この種の問題で

[*24] ここでは扱わないが廃棄物処理も化学量論問題を含んでおり，コストの一部となっている．

よく出てくるのは，"特定の電流または電気エネルギーを使ってどれだけのめっきができるか"と"必要なめっき量を得るのに特定の電流をどれだけの時間流す必要があるか"の2種類である．例題13・6，例題13・7でこれらの問題を説明する．

例題 13・6

Au$^+$水溶液から金めっきする電解槽に 2.30 A の電流を 15 分間流す．めっきされる金の質量はどれだけか．

解法 化学量論問題ではつり合いのとれた化学反応式が必要なので，金の還元を表す半反応を書くことから始める．めっきされた金の質量を求めるには，電流と時間から流れた電子の物質量を計算する必要がある．半反応を使ってモル比を求め，電子の物質量を金の物質量に変換する．それが得られたら，何度もやってきたように，金のモル質量を使って質量に変換する．

解答 まずつり合いのとれた半反応を書く．

$$\text{Au}^+(\text{aq}) + \text{e}^- \longrightarrow \text{Au(s)}$$

つぎに電流と時間から電子の物質量を計算する．

$$Q = I \times t = (2.30 \text{ C s}^{-1})(900 \text{ s}) = 2.07 \times 10^3 \text{ C}$$

$$(2.07 \times 10^3 \text{ C}) \times \left(\frac{1 \text{ mol e}^-}{96{,}485 \text{ C}}\right) = 2.15 \times 10^{-2} \text{ mol e}^-$$

電子と金のモル比は 1:1 なので，金の物質量も 2.15×10^{-2} mol である．したがって

$$(2.15 \times 10^{-2} \text{ mol Au}) \times (197 \text{ g mol}^{-1}) = 4.23 \text{ g Au}$$

考察 この問題の後半は，第3章以来やってきた量論問題に似ているのでなじみやすい．以前との違いは，半反応の使用（これにより電子が明示される）と，電気に関する物理法則を使って電子の物質量を求めたことである．

理解度のチェック ある機械の部品の電気的機能のため，十分厚いめっきをするのに 400 mg の銅が必要だとしよう．銅(II)イオンを使って，電流 0.5 A で 10 分間電気分解したとしたら，この要求を満たすことができるか．

つぎに反対方向から問題にアプローチする例を考える．

例題 13・7

スズのめっきが必要な部品があるとしよう．適切なめっきのためには，計算によれば 3.60 g のスズが必要である．Sn^{2+}を使って 2.00 A の電流を電解槽に流したら，必要なめっきをするのにどれだけの時間がかかるか．

解法 この問題は前の例題とは異なっている．前問では対象物質（この問題だとスズ）の物質量を求めるのに半反応を使ったが，この問題ではスズの質量はすでに与えられている．したがってスズの物質量が得られるので，必要な電子の物質量がわかる．そうするとファラデー定数から電荷量がわかり，与えられた電流値で必要な時間が求められる．

解答

$$\text{Sn}^{2+}(\text{aq}) + 2\text{ e}^- \longrightarrow \text{Sn(s)}$$

$$3.60 \text{ g Sn} \times \left(\frac{1 \text{ mol Sn}}{118.7 \text{ g Sn}}\right) \times \left(\frac{2 \text{ mol e}^-}{1 \text{ mol Sn}}\right)$$

$$\times \left(\frac{96{,}485 \text{ C}}{1 \text{ mol e}^-}\right) = 5.85 \times 10^3 \text{ C}$$

$Q = I \times t$ であることを思い出すと，$t = Q/I$ だから，

$$t = \frac{5.85 \times 10^3 \text{ C}}{2.00 \text{ C s}^{-1}} = 2930 \text{ s} = 48.8 \text{ min}$$

解答の分析 この答えは実験時間としては長いように思えるがおかしくはないだろうか．わずかな電流だと数 g のめっきをするにも数千秒のオーダーの時間がかかることはよくある．前問に比べて2倍以上時間がかかっているが，その大半はスズイオンが還元されるには2個の電子が必要だからである．したがって答えはおかしくはない．

考察 解答を2段階に分けたので，他の量論問題に比べて複雑にみえるかもしれない．それでも問題の基本的要素はいつもと同じである．つり合いのとれた化学反応式を使って対象物質（スズ）の物質量を電子の物質量に関係づけ，それから $Q = I \times t$ の関係式を使って時間を求めた．

理解度のチェック レーザーの鏡として使う部品に，貴金属のロジウムをめっきするとしよう．ロジウムは非常に高価なので，4.5 mg だけめっきしたい．電解槽を 5.0 min だけ作動するとしたら，Rh^{3+}イオンを含む溶液からめっきするには電流値はどれだけ必要か．

めっき会社で技術者や化学者が必要とする計算には，めっきの厚みから物質の質量を求めるような場合もある．その際，部品の表面積も知る必要がある．めっきの厚みに表面積をかけると体積が得られ，密度をかければ質量が得られる．電池を腐食から守るために行われるめっきでは，このような計算はもっと複雑になる[*25]．バレルめっき法では，一度に数百あるいは数千もの部品がめっきされるからである．それでも多くのめっき会社の仕事は，部品を腐

[*25] めっき速度などの因子も製品の品質に影響するので，最も簡単な反応を利用するとはかぎらない．たとえば銀めっきでは，銀が部品表面に付く速度を制御するため，シアン化物溶液を使う．

13・8 洞察: 防　食

　この章を通じて腐食について注目してきたが，いくつかの重要な点が明らかとなった．まず，大きな負の自由エネルギー変化をもつことから，腐食は避けがたい反応だろうということ．第二に，電解腐食の性質からどんな物質が腐食するか予測でき，それにより原理的には鉄のような材料を保護することもできるということ．最後に，アルミのように，すぐに腐食するが，腐食でできた物質（アルミの場合は Al_2O_3）が保護層となるのでそれ以上の腐食は起こらない材料もあるということである．これらの基本的な観察事項は，腐食を減らすためにさまざまな方法で応用されてきた．そのいくつかをここで概観してみよう．

被　覆

　物質を腐食から守る最も一般的な方法は何らかの保護膜で覆うことである．すでに電気めっきについては電気分解のところで述べた．もう一つ広く使われているのは塗装である．これは腐食にどう影響するのだろうか．塗装は鉄などの物質を水と酸素に触れることから守る．しかし塗料による被覆では，傷がついて下の物質が露出しうる．こうなると図 13・22 で示したようにさびやすくなってしまう．傷の部分で鉄が露出し，酸素を含んだ水と接触して鉄表面がカソードとして働き，酸素の還元が起こる．塗料の下に入った水は酸素を含まないので，鉄の酸化に必要な電解質を供給するだけだが，正味の結果として腐食は進む．

　塗装は防食に用いる一般的な方法であり，多くの塗料メーカーは腐食を抑制する化学物質を配合している．塗料会社の協会によれば，環境にやさしい 20 種類のさび止め剤がリストアップされている．成分組成に違いはあっても，これらの腐食抑制剤のほとんどに，リン酸，ホウケイ酸，クロム酸，リンケイ酸のうち一つのイオンが含まれている．腐食抑制の正確な機構はいくつかの要因に依存するが，これらのイオンは鉄に塗装すると酸化鉄と反応して，さびの形成を防ぐ化合物となる．アルミ表面の酸化物皮膜とまったく同じように，これらの皮膜はほんの少量反応しただけで鉄の腐食を止める．この過程は**不動態化**（passivation）とよばれる．

　塗料と塗装の業界は競争が激しく，多くの化学メーカーがこの分野の化合物を専門に扱っている．実は，構造材用の鋼や鉄の保護塗料がうまく機能するうえで腐食抑制剤の添加はそれほど重要ではない．塗料の金属への接着性能も，塗装のしやすさや耐久性に影響するのできわめて重要である．処方設計者，つまり製品改良のために化合物の混合比などを工夫する化学者は，塗料の防食性能向上のために日々多大な時間と労力を費やしている．

図 13・22　これはごみ容器の傷にできた腐食を示す写真である．取扱いの粗い大きな金属製品の設計では，防食はあまりうまくいかない．［写真: Thomas A. Holme］

　自動車の塗装工程にも非常に競争の激しい要因がいくつかある．自動車工場を見学しても，塗装するところはまず見せてくれない．傷やさびを防いでなおかつ客にアピールする塗装方法は，企業秘密でありしっかりとガードされている．自動車産業で一般的な塗装方法の一つに静電塗装があるが，金属部分へ電位をかけることにより塗料の接着性と被覆性が向上する．静電粉体塗装では，粉末塗料がスプレーされると静電引力により金属部分へ接着する．その後その部分を粉末塗料の融点以上に加熱し"焼き付ける"．これにより塗料はしっかりと接着し，耐久性が上がる．腐食抑制剤を含んだ粉体塗料の処方は，化学塗装産業界で現在も活発に研究されている領域である．

カソード防食

　鉄よりも酸化されやすい物質を使って意図的に電解腐食状態をつくって鉄を保護する方法がある．マグネシウムのような金属を選ぶと，その還元電位は鉄よりも負なので，マグネシウムが酸化され，鉄は還元される．

$$Fe^{2+} + 2\,e^- \longrightarrow Fe \qquad E° = -0.41\,\mathrm{V}$$
$$Mg^{2+} + 2\,e^- \longrightarrow Mg \qquad E° = -2.39\,\mathrm{V}$$

鉄を腐食から守りたいなら，マグネシウム片を**犠牲アノード**（sacrificial anode）として使えばよい．マグネシウム

13・8 洞察：防食

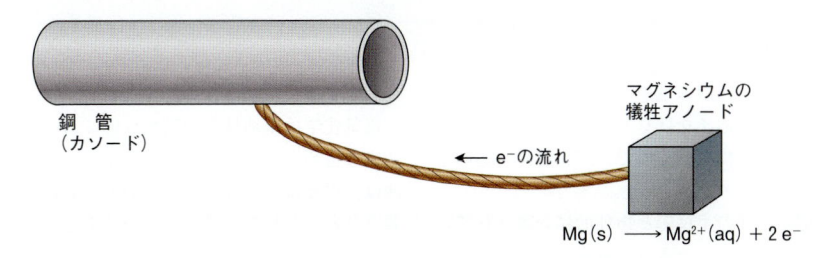

図13・23 犠牲アノードの使用は防食に有効な方法である．地中に鉄管や鋼管をそのままむき出しで埋めると腐食する危険性が高い．埋設管を，酸化されやすいマグネシウムのような金属とつなぐことで，管がカソードとして働くガルバニ電池ができる．その場合，土が電解質の役割を果たす．アノードは長期にわたり酸化され浸蝕されて，保護対象の管の"犠牲"になる．この金属片や棒から成るアノードを交換する方が，管そのものを交換するよりずっと簡単である．

を鉄につなぐと鉄はカソードになるので，鉄の酸化は防がれる．これを**カソード防食**（cathodic protection）とよぶ．鉄をカソードにすることで，アノードとはなり得ず，したがって腐食しない．これが有効であるためには，犠牲アノードを定期的に交換する必要があるが，鉄や鋼のパイプラインの保護など多くの利用例がある（図13・23）．

電池電位の基本概念は，別の形式のカソード防食にも利用されている．自動車をさびから守る手段として，自動車の電池から車体に通電して電位を上げ，車体をカソード化する．車体の腐食部の電位が外部から加えられた電位に負けるので車はさびない．

宇宙での防食

NASAの防食にむけた努力の大半は，打ち上げ時の高温と，発射場のある海岸の腐食を促進する多湿条件に集中している．しかし腐食は宇宙計画の他のところでも問題となる[*26]．国際宇宙ステーション（ISS）で使われる電池は，ISSの中の地球に似せた大気内で腐食しないようにしなければならない．NASAの惑星探査計画では，探査機が安全に着陸できるよう，前もって惑星の大気の腐食性について知る必要がある．たとえば，金星の大気が非常に腐食性が強いことが，着陸機の設計を難しくしている．

腐食の自由エネルギー変化が大きな負の値だということは，それが熱力学的に有利な過程だということだから，腐食は現代社会でこれからも問題でありつづけることだろう．多くの科学者が，腐食速度を遅くしたり，熱力学的に有利とならないように他の化学反応と組合わせたりして腐食を防ぐ方法を研究している．そのような方法の詳細は非常に複雑であるかもしれないが，それでもこの章で学んだ電気化学の一般概念に基づいているのである．

問題を解くときの考え方

問題 ボタン電池の設計をしていて銀でめっきすることになったとしよう（銀は良導体で耐食性にも優れている）．厚さ1 mmのめっきで十分だとして，これにかかる原価の見積もりのためには何を調べる必要があるだろうか．

解法 これは電気めっきを現実的側面からみた問題である．この厚さのめっきにかかる費用は，銀をめっきするのに使う原料，どれだけの銀が必要か，そしてめっき工程にかかるおよその費用がわかれば求められるが，ほかにもいくつか調べる必要があるだろう．

解答 第一に，そしておそらく最も重要なのは，必要な銀の量を決めることである．ボタン電池の表面積を測る必要があるが，それがわかれば1 mmの厚みで覆うのに必要な銀の質量は計算できる．後は銀めっきの化学を調べればよい．いくつか選択肢があるが，銀がめっきされるときの酸化状態はAg^+でなければならない（多くの場合，めっきが均一になるように，Ag^+を含む錯体が用いられる）．そうすると必要量の銀をめっきするのに必要な電子の数（銀1個に電子1個）が計算できる．この値を使ってめっき工程に必要な電流値を定める．このように，調べたり測定したりする必要があるのは以下の事柄である．(1) ボタン電池の表面積，(2) 銀めっきに使う化学反応と原料コスト，(3) 電気めっきの効率，(4) めっきを行う際の電気料金，(5) 廃液などの処理と廃棄にかかる費用．

[*26] 腐食の制御は，火星への有人飛行計画などの長期にわたる宇宙計画で特に重要である．

要　約

　多くの化学反応は，化学種間の電子の移動によって理解できる．これらは酸化還元反応またはレドックス反応とよばれる．電子は，発電や送電時にも動くので，酸化還元反応は電気装置にも関係する．

　もし酸化の半反応が還元の半反応と物理的に分離されていたら，電子が回路を巡るようにできる．電流を発生するために使われる化学装置はガルバニ電池とよばれ，乾電池として市販されている．ガルバニ電池の性質や機能は，多くの要因に影響される．最も重要なのは使われる化学物質により酸化還元反応の起こりやすさが異なることで，電池電位（すなわち電圧）は反応性の実際的な尺度である．材料の濃度も電圧に影響するので，標準状態が定義され，一覧表の多くの半反応の組合わせに対して標準電池電位が計算できる．非標準状態もネルンストの式を使うことで考慮できる．

　他の化学系と同様に，酸化還元反応も平衡に向かって進行する．このため，電位により平衡定数や自由エネルギー変化を測定することができる．

　電気化学は電池技術や腐食反応において重要である．さまざまな種類の電池は，関与する半反応により区別できる．電池は，再充電できない一次電池と再充電可能な二次電池に分類される．これらの違いは，一次電池では反応の結果，元の反応物に戻せない物質ができるのに対し，二次電池では電圧をかければ反応を逆方向に起こすことができることによる．腐食は生産的な反応ではないが，電気化学の重要な一例である．腐食で起こる電気化学反応は電池のそれに似ている．しかし電子の流れは回路の中に制約されていないし，反応生成物は一般に元の物質ほど有用でもない．

　電気化学反応は，電気分解という過程では外部電源によって駆動される．電気分解は，金属による材料被覆（めっき）という重要な産業用途がある．めっきに必要な物質量は，関与する電子の数を電流と時間から求める量論計算によって正確に決定できる．

キーワード

腐　食（13・1）
均一腐食（13・1）
電解腐食（13・1）
隙間腐食（13・1）
酸化還元（13・2）
レドックス（13・2）
酸　化（13・2）
還　元（13・2）
半反応（13・2）
塩　橋（13・2）
ガルバニ電池（13・2）
電気化学（13・2）
電　極（13・2）

アノード（13・2）
カソード（13・2）
電池表記法（13・2）
（電池の）標準状態（13・2）
電池電位（13・2）
起電力（13・2）
標準水素電極（SHE）（13・3）
標準還元電位（13・3）
亜鉛めっき鋼（13・3）
ネルンストの式（13・3）
ファラデー定数（13・3）
電　池（13・5）
一次電池（13・5）

アルカリ電池（13・5）
水銀電池（13・5）
亜鉛空気電池（13・5）
二次電池（13・5）
ニッケル–カドミウム電池（13・5）
ニッケル水素電池（13・5）
鉛蓄電池（13・5）
燃料電池（13・5）
電気分解（13・6）
電気めっき（13・6）
不動態化（13・8）
犠牲アノード（13・8）
カソード防食（13・8）

14 核 化 学

概　要

14・1　洞察: 宇宙線と炭素年代測定法
14・2　放射能と核反応
14・3　放射壊変の速度論
14・4　核安定性
14・5　核反応のエネルギー論
14・6　核変換——核分裂と核融合
14・7　放射線と物質の相互作用
14・8　洞察: 現代医学における画像診断法

赤外線を感知するスピッツァー宇宙望遠鏡を空の赤外線画像を背景にして示す. 宇宙線の強度は高度とともに強くなるので, スピッツァーのような衛星に載せた電子機器は, 特に電離放射線からの損傷を受けやすい. [図: NASA ジェット推進研究所 / カリフォルニア工科大学の厚意による]

　この本を通じて, 原子が相互作用して分子となる過程に注目してきた. 原子はより小さな粒子からできていることは述べたが, ある元素から別の元素へは変換できない安定な粒子とみなしてきた. こうした見方は, 化学と技術における広範な現象を理解するにはきわめて有用である.

　しかし原子は不変ではない. 原子を不変と考えると, ある重要な現象や技術を除外してしまう. ある元素の原子が別の元素の原子に変換されうることを認めないと, 放射能や核反応を理解することはできない. この章では, 核エネルギー, 放射線治療, 炭素年代測定法などの用途の核心にある核化学の世界を探検する. まず, 宇宙で核反応により生じる宇宙線について, 少し調べてみよう.

本章の目的

この章を修めると以下のことができるようになる.

- 宇宙線を説明し, それが地球とその大気にどのように影響するか述べる.
- 単純な核反応についてつり合いのとれた反応式を書き, 解釈する.
- アルファ壊変, ベータ壊変, 陽電子放出, 電子捕獲などのさまざまな核壊変過程を定義し区別する[*1].
- 一次速度式を用いて放射壊変の速度論を解釈する.
- 核種表を用いて放射壊変過程でどのように核安定性が増すか理解し説明する.
- アインシュタインの式を用いて核の結合エネルギーと核反応のエネルギー変化を計算する.
- 核分裂と核融合について述べ, どちらも非常に発熱的である理由を説明する.
- 核分裂と核融合のもつエネルギー源としての能力について議論し, 両技術の利点と欠点を特定する.
- 生体組織を含め, 材料に対する放射線は, 透過能力と電離能力がどのように合わさって影響するのか説明する.
- 臓器機能を調べるための画像診断技術で, 放射性同位体がどのように利用されているか説明する.

14・1　洞察: 宇宙線と炭素年代測定法

　地球は, 高速で飛んでくる**宇宙線** (cosmic ray) につねにさらされている. 宇宙線の大多数は原子核である[*2]. その約87％は水素原子核 (つまり陽子), 約12％がヘリウム核で, 残りはより重い原子核である. これらの高エネルギー粒子はどこから来て, どんな影響をもたらすのだろう.

　地球に来る宇宙線の一部は太陽が発しているが, 太陽フ

---

*1 [訳注] 壊変 (disintegration) の代わりに崩壊 (decay) という言葉もよく使われている (たとえばアルファ崩壊や核崩壊過程など). 原文では decay を用いているが, 核種が変化することがより明白な"壊変"を用いることとする.
*2 通常の定義では, 宇宙線は粒子に限定され, 光子は含まない.

レアでは陽イオンが光速近くにまで加速される．この宇宙線の元素の割合は，太陽それ自身の組成を反映している．水素とヘリウムが最も多いが，炭素，窒素，酸素，ネオン，マグネシウム，ケイ素や鉄の同位体も存在する．その他の宇宙線の起源は太陽系外にある．

宇宙線のエネルギーは，これまで学んできた化学のどの領域での値よりはるかに高い．化学エネルギーは普通 kJ mol^{-1} で表されるが，宇宙線は通常**電子ボルト**(electron volt，記号 eV) で表される[*3]．典型的な化学結合または化学反応で放出されるエネルギーは数電子ボルトのオーダーだが，宇宙線のエネルギーは通常メガ電子ボルトやギガ電子ボルトの領域にある．10^{20} eV ものエネルギーも報告されている．これらのエネルギーは原子のイオン化エネルギーの何倍にもなるので，宇宙線が原子ではなく裸の原子核から成る理由がわかる．しかしこれほど大きなエネルギーだと，どんな新しい反応プロセスが起こりうるだろうか．宇宙線の影響を考慮する必要がある工業設計の問題はあるだろうか．

宇宙線が大気圏に突入すると，気体分子との衝突の確率が大きく増大する．この衝突により大気圏で**核反応** (nuclear reaction) が起こりうるので，地表に実際に到達する粒子はまったく違っている可能性がある．そのような核反応により放射性同位体 ^{14}C ができるが，これは後述のとおり，考古学での年代測定に用いられる．

炭素-14 の起源はどこにあるのだろう．地球の大気圏上層では高エネルギー宇宙線が原子核に衝突して核反応をひき起こしている．そのような過程の一つでは，自由中性子が窒素核に吸収され，その結果，炭素核と陽子ができる．

地球上に存在する炭素の 98.9% は炭素-12，$^{12}_{6}$C で，1.11% が炭素-13，$^{13}_{6}$C であり，ともに安定同位体である．炭素-14，$^{14}_{6}$C は不安定で，自発的に**放射壊変**(radioactive decay)，すなわち分解して，核から粒子を放出して窒素原子となる[*4]．この過程でどうして年代測定ができるのだろうか．この問いに答えるには，核化学の基礎をある程度理解する必要がある．

14・2 放射能と核反応

放射壊変

非常に高エネルギーの宇宙線が大気圏で核反応をひき起こし，^{14}C を生成することを上で述べた．その説明で"自由中性子が窒素核に吸収され，その結果，炭素核と陽子ができる"と表記したが，この表現は化学反応の説明のときと似ている．つまり，中性子と窒素核が反応物で，炭素核

と陽子が生成物である．これを何か適当な核反応式の形でまとめることができれば便利である．どうしたらそのような式が書けるだろう．それにはまず普通の化学反応式と同じように，左側に出発物質，右側に最終生成物を書いて，間に矢印を書けばよい．しかしこの場合の反応物と生成物は，分子ではなく原子や素粒子である．

第2章で，核種を表すのに質量数 A と原子番号 Z のついた E という記号を用いた[*5]．

$$^{A}_{Z}\text{E}$$

窒素の最も一般的な同位体は窒素-14 で，その記号は $^{14}_{7}$N である．原子番号とは原子核のもつ電荷のことであるから，素粒子についても似た記号を書くことができる．たとえば中性子，陽子，電子はそれぞれ $^{1}_{0}$n，$^{1}_{1}$p，$^{0}_{-1}$e となる．このやり方を利用すると，上で述べた核反応を以下の式で表すことができる．

$$^{14}_{7}\text{N} + ^{1}_{0}\text{n} \longrightarrow ^{14}_{6}\text{C} + ^{1}_{1}\text{p}$$

この式は普通の化学反応式のようにはつり合いがとれていないことはすぐにわかる．反応物側には窒素，生成物側には炭素がある．核反応では核種が変わることがあるので，これまでのつり合い則は適用できないのである．しかし核反応にも独自の保存則はあり，それに従っている．具体的にいうと，上の式で電荷と質量数についてつり合いがとれている．どちら側も質量数の合計は 15 で，電荷の合計は 7 である．すべての核反応で，この質量数と電荷のつり合いは保たれている．式中に陽子や中性子が出てくるのは初めは奇妙に思えるかもしれないが，これらはよく知られた粒子であるからまだ序の口である．以下に示すように，もっと違った種類の粒子なども登場する場合がある．

ウランからの放射能が発見されてすぐに，物理学者のラザフォード (Ernest Rutherford) は，図 14・1(a) に示すように，2種類の放射線があることを実証した[*6]．一つは薄いアルミ片で止められるが，もう一つは貫通する．彼は金属で止められる方を**アルファ線**〔α線，α(alpha) ray〕，貫通する方を**ベータ線**〔β線，β(beta) ray〕と名づけた．この2種類の放射線は，磁場や電場中で逆の方向に曲げられることから，反対の電荷をもつことがわかった (図 14・1b)．その曲がる程度に差があることから，質量/電荷比が異なることがわかった．この実験では第三の放射線も見つかり，これは磁場で曲げられなかった．彼はこれを**ガンマ線**〔γ線，γ(gamma) ray〕と名づけた．

これらの発見後数年間で，核科学者たちによりこの放射の詳細が明らかにされた．重くて正に荷電した粒子は

[*3] 1 eV = 96.4853 kJ mol^{-1}．[訳注] 電子ボルトの正式な定義は，1個の電子が真空中で 1 V の電位差で獲得するエネルギーなので，正しくは 1.0622×10^{-19} J 程度の値となる．ここではモルあたりの数値で与えてある．
[*4] 放射壊変とは，不安定な原子または原子核が自発的に原子より小さい粒子を放出する過程のことである．
[*5] 核種という用語には，原子，イオン，原子核が含まれる．核反応は高度にイオン化した種を含むことが多い．
[*6] 放射線とは，原子核の崩壊 (放射壊変) で放出される粒子や光子のことである．

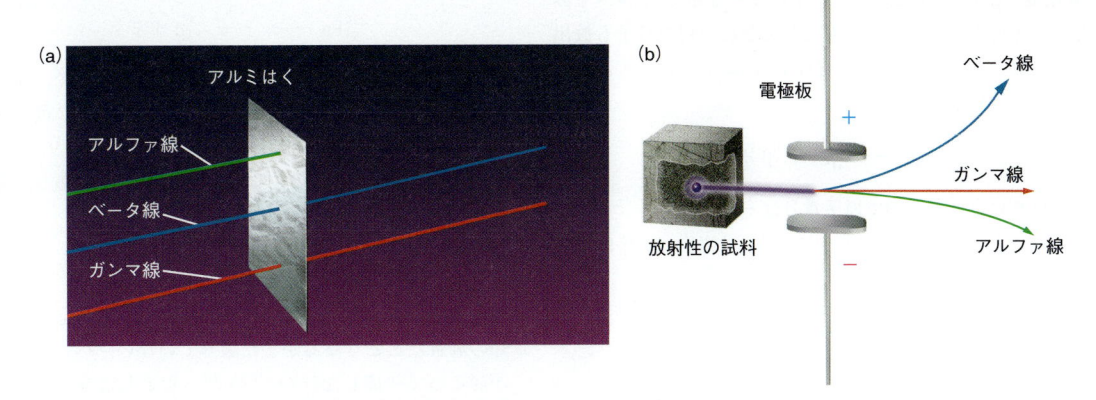

図 14・1 (a) ラザフォードは放射能に関する初期の研究で2種類の放射線に気づき，それらをアルファ線とベータ線とよんだ．薄いアルミはくでアルファ線は止められたが，ベータ線は貫通した．(b) 彼は電場の効果も調べ，アルファ線とベータ線は反対方向に曲げられることを見いだした．この実験では電場に影響されずに通過する第三の放射線，ガンマ線の存在も明らかにした〔ガンマ線はベータ線同様，実験(a)のアルミはくを貫通する〕．

アルファ粒子〔α 粒子，α(alpha) particle，記号 α〕とよばれ，これは実際にはヘリウムの原子核，$^{4}_{2}\text{He}$ である．負に荷電した粒子は電子，$^{0}_{-1}\text{e}$ であったが，原子核から放出された電子は普通**ベータ粒子**〔β 粒子，β(beta) particle，記号 β^{-} または $^{0}_{-1}\beta$〕とよばれる〔正に荷電したベータ粒子もあり，これは**陽電子**（positron，記号 β^{+} または $^{0}_{1}\beta$）とよばれる．これについては後で考察する〕．磁場で影響されなかった粒子はガンマ線（記号 γ）とよばれ，高エネルギーの電磁波（光子）である．

アルファ壊変

原子核が**アルファ壊変**〔α 壊変，α(alpha) decay〕すると，アルファ粒子を放出するので質量数は4減少し，原子番号は2減少する．ウラン-238 はアルファ壊変する核種の一例である．

$$^{238}_{92}\text{U} \longrightarrow {}^{234}_{90}\text{Th} + {}^{4}_{2}\text{He}$$

新しくできる核種は原子番号からトリウムとわかるが，その質量数は 234 である．放射壊変では，反応核を親，生成核を娘という習わしになっている．上の場合は ^{238}U が親核で，^{234}Th が娘核である．式にすべての粒子が含まれていることを確認するには，左辺と右辺の質量数を比較する（238 ＝ 234 ＋ 4）．原子番号でも同じことをする（92 ＝ 90 ＋ 2）．例題 14・1 でこの考え方をさらに練習する．

> **例題 14・1**
>
> つぎの放射壊変過程の式を完成せよ．
>
> $$^{210}_{84}\text{Po} \longrightarrow {}^{206}_{82}\text{Pb} + \ ?$$
> $$^{230}_{90}\text{Th} \longrightarrow \ ? \ + {}^{4}_{2}\text{He}$$
>
> **解 法** 核反応式は質量と電荷の両方でつり合いがとれていなくてはいけない．各式で欠けているのは一つの粒子だけなので，これらのつり合いから何であるか決めることができる．
>
> **解 答** 最初の反応を考える．示された二つの核種をみると原子番号の差が 2 (84 − 82 ＝ 2) で，質量数の差が 4 (210 − 206 ＝ 4) である．これは欠けている粒子の質量数が 4 で，原子番号は 2 であることを意味する．つまりアルファ粒子である．したがって完成した反応式は
>
> $$^{210}_{84}\text{Po} \longrightarrow {}^{206}_{82}\text{Pb} + {}^{4}_{2}\text{He}$$
>
> つぎに 2 番目の反応を考える．この場合も二つの核種の違いをみると，原子番号の違いは 88 (90 − 2 ＝ 88) で，質量数の違いは 226 (230 − 4 ＝ 226) である．原子番号が 88 であるから，欠けている核種はラジウム Ra で，その質量数は 226 となる．こうして式を完成させる．
>
> $$^{230}_{90}\text{Th} \longrightarrow {}^{226}_{88}\text{Ra} + {}^{4}_{2}\text{He}$$
>
> **考 察** アルファ壊変に関するこの種の問題は通常はきわめて簡単である．章の後の方で，中性子が何個か生成するような核反応が出てくる．その場合は複数の核種が生成し，この場合のように1：1ではないのでもう少し複雑になる．
>
> **理解度のチェック** つぎの核反応式で欠けている核種を特定せよ．
>
> $$? \longrightarrow {}^{205}_{82}\text{Pb} + {}^{4}_{2}\text{He}$$

ベータ壊変

^{14}C 核は，ベータ粒子（β^{-} または $^{0}_{-1}\beta$）を自発的に放出して壊変する．しかしどのようにして電子をもっていないはずの原子核から電子が放出されるのだろうか．その答えは中性子が陽子と電子に崩壊するのである．**ベータ壊変**

[β壊変，β(beta) decay]のエネルギーを詳しく調べてみると，電荷をもたず，質量もほとんどない別の粒子も放出されることがわかる．この粒子は反ニュートリノとよばれ，記号 $\bar{\nu}$ で表される*7．

$$_{0}^{1}\text{n} \longrightarrow {}_{1}^{1}\text{p} + {}_{-1}^{0}\beta + \bar{\nu}$$

陽子は核にとどまるので原子番号は一つ増える．

洞察のところで述べたように，^{14}C は窒素-14 核に中性子が吸収されてできる．

$$_{7}^{14}\text{N} + {}_{0}^{1}\text{n} \longrightarrow {}_{6}^{14}\text{C} + {}_{1}^{1}\text{p}$$

炭素-14 は放射性でいずれはベータ壊変を起こす．

$$_{6}^{14}\text{C} \longrightarrow {}_{7}^{14}\text{N} + {}_{-1}^{0}\beta + \bar{\nu}$$

このような β⁻壊変の場合はいつでも<u>原子番号は 1 だけ増える</u>．（炭素）核中の中性子が壊変して陽子ができるからである．このときベータ粒子が放出されるので，その検出はかなり容易である．炭素年代測定法は §14・3 でみるように，この壊変速度がわかっているので可能となっている．例題 14・2 は β⁻壊変の核反応式に関する問題である．

例題 14・2

放射性炭素による年代測定法に含まれるベータ壊変の核反応式を上でみてきた．これを参考につぎの β⁻壊変の反応式を完成せよ．ただしベータ粒子を $_{-1}^{0}\beta$ と表すこと．

$$_{90}^{234}\text{Th} \longrightarrow {}_{91}^{234}\text{Pa} + \text{?}$$
$$_{91}^{234}\text{Pa} \longrightarrow \text{?} + {}_{-1}^{0}\beta + \bar{\nu}$$

解法 アルファ壊変のときとまったく同じように，与えられた質量数と電荷をともに用いて反応式中の欠けている粒子を決めることができる．

解答 トリウム-234 の崩壊から始める．

$$_{90}^{234}\text{Th} \longrightarrow {}_{91}^{234}\text{Pa} + \text{?}$$

Th も Pa も質量数は 234 で同じであるから，式中の欠けている粒子の質量数は 0 である*8．これはベータ壊変と一致している．反応物側と生成物側の電荷のつり合いをとるためには未知の粒子の電荷は 1− である必要がある（90 = 91 − 1）．これはベータ壊変であるから，反ニュートリノも放出される．したがって求める反応式は

$$_{90}^{234}\text{Th} \longrightarrow {}_{91}^{234}\text{Pa} + {}_{-1}^{0}\beta + \bar{\nu}$$

つぎはプルトアクチニウム-234 の番である．

$$_{91}^{234}\text{Pa} \longrightarrow \text{?} + {}_{-1}^{0}\beta + \bar{\nu}$$

生成物の一つであるベータ粒子は質量数 0 なので，未知の粒子の質量数は 234 とわかる．ベータ粒子の電荷は 1− なので，未知の粒子の原子番号は 92（91 = 92 − 1）である．したがって欠けている粒子は ^{234}U であり，求める反応式は

$$_{91}^{234}\text{Pa} \longrightarrow {}_{92}^{234}\text{U} + {}_{-1}^{0}\beta + \bar{\nu}$$

理解度のチェック この種の問題のうち，反応物が未知の場合だとどうなるかまだ調べていない．ベータ壊変が起こって生成した核が ^{218}At だったとしよう．反応核種は何であったか．

ガ ン マ 壊 変

ガンマ壊変では高エネルギーの光子が放出されるが*9，これは他の壊変に付随して生じることが多い．原子の中で電子がエネルギー準位を占めているように，核の中では，陽子と中性子がエネルギー準位を占めている．§6・3 で議論したように，原子が励起状態にあるとき，電子が高エネルギー軌道から低エネルギー軌道へ移ると，光子を放出できる．同様に，アルファ粒子やベータ粒子が核から出ると，核のエネルギー準位に空きができる．つまり核は励起状態になるので，基底状態に戻るために光子を放出する．核のエネルギー準位の間隔は非常に大きいので，放出される光子は非常に高エネルギーのガンマ線となる．このガンマ線の波長は 10^{-12} m 程度で，振動数は約 3×10^{20} s^{-1} である．これは 10^8 kJ mol^{-1} のエネルギーに対応するので，通常の化学反応のエネルギーより数桁大きい．

ガンマ線は，炭素-14 を含むほとんどの核のベータ壊変に伴い放出されるが，このとき質量数も原子番号も変わらない．ガンマ線の放出をはっきりと示すと，前出の炭素-14 の壊変はつぎのように書き換えられる．

$$_{6}^{14}\text{C} \longrightarrow {}_{7}^{14}\text{N} + {}_{-1}^{0}\beta + \bar{\nu} + {}_{0}^{0}\gamma$$

反応式のつり合いに変化がないのは，ガンマ線は電磁波なので，質量も電荷ももたないからである．

電 子 捕 獲

電子捕獲（electron capture）においては，原子の第一電子殻（$n = 1$）の電子を原子核が捕らえる．第一殻は K 殻とよばれるので，電子捕獲は **K 捕獲**（K capture）とよば

---

*7 ニュートリノと反ニュートリノは同じ質量をもち，その大きさは電子の百万分の 1 のオーダーと見積もられている．[訳注：わが国の"スーパーカミオカンデ"という観測装置による実験に基づき，ニュートリノに質量があることが確認された．]
*8 質量数 0 は粒子の質量が 0 という意味ではない．[訳注：ベータ粒子（電子）などは質量をもっているが，陽子や中性子に比べ 1/1000 以下と小さいので，$_{-1}^{0}\beta$ のように表す．]
*9 第 6 章で学んだように，光子は電磁波の量子である．

14・2 放射能と核反応

れることもある．この結果として核の陽子は中性子になる．実際のところ，電子捕獲はベータ線放射の逆過程である．ベータ壊変の場合と同様，エネルギーを保存するには別の粒子の放出が必要である．この場合はニュートリノ，ν である．

$$^{1}_{1}\text{p} + ^{0}_{-1}\text{e} \longrightarrow ^{1}_{0}\text{n} + \nu$$

電子捕獲が起こると，核の電荷は1減る．これをアルミニウム-26を例にとって以下に示す．

$$^{26}_{13}\text{Al} + ^{0}_{-1}\text{e} \longrightarrow ^{26}_{12}\text{Mg} + \nu$$

陽電子放出

陽電子とは正に荷電した電子（β^+ または $^{0}_{1}\beta$）のことである．陽電子と電子は物質-反物質の関係にある*10．すなわちそれらは質量とスピンは同じであるが，電荷が反対である．電子と陽電子の場合も含め，粒子と反粒子が衝突すると，どちらの粒子も消滅して総質量はエネルギーに変換される（図14・2）．陽電子と電子が衝突すると，511 keVのガンマ線光子2個が反対方向に飛び出す（これらのガンマ線は，陽電子放射断層撮影法という医療診断技術で用いられているが，これについては§14・8で議論する）．β^+ 壊変においては，陽子が壊変して中性子と陽電子になる．

$$^{1}_{1}\text{p} \longrightarrow ^{1}_{0}\text{n} + ^{0}_{1}\beta + \nu$$

β^+ 壊変は電子の捕獲と同じ効果をもつ．すなわち核の電荷が1減る．

β^+ 壊変による陽電子放射は上記のように医学に重要な用途がある．例題14・3は，陽電子壊変または電子捕獲を伴う核反応式を書く練習である．

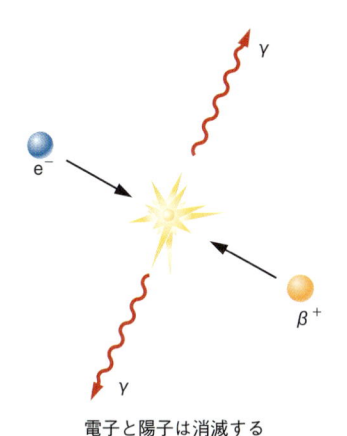

図14・2 粒子がその反粒子と衝突すると両方とも消滅して質量はエネルギーに変換される．陽電子と電子の消滅では，511 keV のガンマ線光子が2個生じる．

例題 14・3

つぎの反応式を完成させ，どのような核反応であるか答えよ．

(a) $^{15}_{8}\text{O} \longrightarrow ^{15}_{7}\text{N} + ?$
(b) $^{40}_{19}\text{K} \longrightarrow ? + ^{0}_{-1}\beta + \bar{\nu}$
(c) $^{40}_{19}\text{K} + ? \longrightarrow ^{40}_{18}\text{Ar} + \nu$

解法 以前と同様，質量数と電荷を頼りに，欠けている粒子を定める．あとはさまざまな核反応の定義に基づいて反応の種類を決めることができる．

解答 各反応を順に考える．

(a) 酸素-15から窒素-15への変換で質量数は変わっていないので，未知の粒子の質量数は0である．生成物側の電荷の総計が8になるには，未知の粒子の電荷は1+でなければならない．これらのことから未知の粒子は陽電子であり，この反応は陽電子の放出であることがわかる．ニュートリノも反応式の完成に必要である．

$$^{15}_{8}\text{O} \longrightarrow ^{15}_{7}\text{N} + ^{0}_{1}\beta + \nu$$

(b) これはベータ壊変であるから，壊変している同位体の質量数は変化しない．したがって生成物の質量数は40である．生成物側の電荷の合計は19でなければならないので，未知の粒子の原子番号は20（19 = 20 − 1）である．したがって未知の粒子は ^{40}Ca である．

$$^{40}_{19}\text{K} \longrightarrow ^{40}_{20}\text{Ca} + ^{0}_{-1}\beta + \bar{\nu}$$

(c) カリウムからアルゴンへの変換で質量数に変化がない．したがって欠けている粒子の質量数は0である．反応物側の電荷の総計が18になるには，未知の粒子の電荷は1−でなければならない．この粒子は電子で，この反応は電子捕獲である．

$$^{40}_{19}\text{K} + ^{0}_{-1}\text{e} \longrightarrow ^{40}_{18}\text{Ar} + \nu$$

考察 さまざまな壊変過程を区別することは必ずしも容易ではない．たとえば最後の反応式は電子捕獲であったが，$^{40}_{19}\text{K}$ は陽電子放出によっても $^{40}_{18}\text{Ar}$ に壊変しうる．

$$^{40}_{19}\text{K} \longrightarrow ^{40}_{18}\text{Ar} + ^{0}_{1}\beta + \nu$$

また，(b) と (c) は，同じ親核（$^{40}_{19}\text{K}$）から二つの異なる娘核（$^{40}_{20}\text{Ca}$ と $^{40}_{18}\text{Ar}$）へ壊変する例である．似たような挙動は通常の化学反応でもみてきた．完全燃焼と不完全燃焼は，同じ反応物から異なる生成物ができる例である．

理解度のチェック 炭素-11は炭素の不安定同位体の一種であり，陽電子放出で壊変する．この核反応式を書け．

---

*10 ニュートリノ-反ニュートリノは，電子と陽電子と同様，物質-反物質の対である．

14・3 放射壊変の速度論

第 11 章で学んだように，化学反応の速度は反応物の消費速度か生成物の生成速度で表される．したがって化学反応速度を調べるときは，反応に関与する一つまたは複数の物質の濃度を測定する．一方，放射壊変の研究では，一般に速度を直接測ることができる．壊変するたびに高エネルギーの粒子や光子が出てくるので，一定時間内の壊変を数えることができる．ある試料が壊変する速度は，その試料の放射能とよばれる．N 個の核から成る試料の場合，壊変速度は $\Delta N / \Delta t$ で与えられる．放射能の SI 単位は**ベクレル**（becquerel，記号 Bq）で，1 秒あたり 1 個の核の壊変と定義される．以前使われていたキュリー（curie，記号 Ci）はずっと大きな単位で，1 g のラジウム-226 で 1 秒あたりに起こる壊変の数と定義されていた．現在の定義では，1 Ci は厳密に 3.7×10^{10} Bq に等しい．

放射壊変の速度論を調べるために，甲状腺異常の診断に用いられる ^{131}I の壊変について考えよう．これはベータ粒子を出して壊変する．

$$^{131}_{53}\text{I} \longrightarrow {}^{131}_{54}\text{Xe} + {}^{\ 0}_{-1}\beta + \bar{\nu}$$

もし正確に 100 μg の ^{131}I を用いて放射能を測定すると，最初の値は 4.60×10^{11} Bq となるはずである．しかし壊変するたびに残りの原子が減るので，放射能は時間と共に低下する．図 14・3 に 40 日間の測定データを示す．

図 14・3 を調べてみると，放射能は時間と共に指数関数的に減衰することがわかる．放射能は存在する核の数に比例するので N もまた指数関数的に減少する．図の青い点線で示したように，8 日ごとに N の値は 1/2 になっている．このような性質の曲線を表す式は

$$N = N_0 e^{-kt} \qquad (14・1)$$

であり，N_0 は核の数の初期値，k は**壊変定数**（decay constant）である*[11]．

各辺の自然対数をとると以下の式が得られる．

$$\ln N = \ln N_0 - kt$$
$$\ln N_0 - \ln N = kt$$
$$\ln \frac{N_0}{N} = kt \qquad (14・2)$$

第 11 章での速度論の取扱いを思い出すと，放射壊変は一次反応過程であり（§11・4），**半減期**（half-life）は試料が 1/2 になるのにかかる時間として求めることができる．

この値は次式のようにして求められる．

$$\ln\left(\frac{N_0}{\frac{1}{2}N_0}\right) = \ln\left(\frac{2N_0}{N_0}\right) = \ln(2) = kt_{1/2}$$

これより半減期は

$$t_{1/2} = \frac{\ln 2}{k} = \frac{0.693}{k} \qquad (14・3)$$

これらの一次反応速度論の式は，例題 14・4 に示すように核化学で広く用いられている．

例題 14・4

放射性炭素年代測定法で用いられる炭素-14 の半減期は 5730 年である．壊変定数はいくらか．

解法 半減期と壊変定数は，壊変速度を特徴づける互いに相補的な指標なので，一方がわかればもう一方も

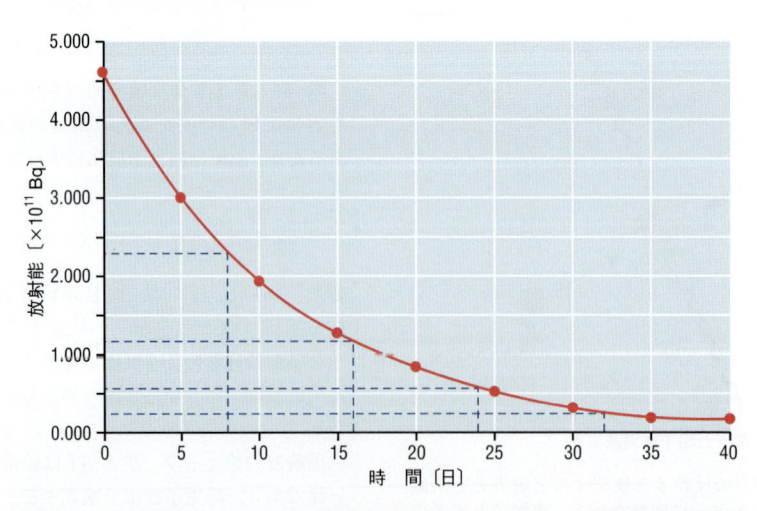

図 14・3　放射壊変はつねに一次反応速度論に従う．したがって半減期は放射性同位体ごとに一定である．ここに示すように ^{131}I のベータ壊変の半減期は 8 日である．

---

*[11]　原子核の壊変定数は記号 λ で表されることが多いが，ここでは他の速度定数との類似性を強調するため k を用いる．

わかる．必要な関係は式(14・3)に与えられている．

解答
$$t_{1/2} = \frac{0.693}{k}$$

$$k = \frac{0.693}{t_{1/2}} = \frac{0.693}{5730\,\text{年}} = 1.21 \times 10^{-4}\,\text{年}^{-1}$$

解答の分析　この答えは理にかなっているだろうか．まず，半減期と壊変定数は互いに反比例の関係にあるから，1000年のオーダーの半減期なら $10^{-3}\,\text{年}^{-1}$ のオーダーの壊変定数が期待される．しかし比例係数は0.693で1よりいくらか小さいので，10^{-4} のオーダーの答えは理にかなっている*12．

理解度のチェック　炭素-15の半減期は2.45秒である．壊変定数を計算し，炭素-14と比較せよ．

放射性炭素年代測定法

上記の放射壊変速度論の関係式があれば，放射性炭素年代測定法によりどのようにして人工物の製造年代を決定できるのかがわかる．本章の初めの洞察のところで述べたように，^{14}C は宇宙線により大気中でつねにつくられている．この ^{14}C は植物や動物に取込まれるので，寿命の短い生物の場合，生きている間は ^{14}C/^{12}C の比率は大気中のそれと同じでほぼ一定とみなせる．生物が死ぬともはや ^{14}C は新たに取込まれないので，放射壊変に伴い ^{14}C/^{12}C の比率は時間とともに低下していく．一方，大気中で形成される ^{14}C の量は大気の組成や降り注ぐ宇宙線量にも依存する．しかし過去7万年間で大気中の元素組成にはほとんど変化はないので，^{14}C の生成と植物への取込みは，この期間でほぼ一定と期待していいだろう．したがって試料中の ^{14}C/^{12}C の値が測定できれば，放射壊変の式を使って試料の年代を推定できる*13．例題14・5に練習問題を示す．

例題14・5

米国南西部の墓から布きれが見つかった．この布を燃やして CO_2 とし，^{14}C/^{12}C の比率を調べたところ現在の大気の比率の0.250倍であった．この布の年代を求めよ．

解法　例題14・4で壊変定数 k は求めてある．これにより布中の繊維が収穫されてから経過した時間を求めることができる．

解答　例題14・4の式を思い出そう．

$$t_{1/2} = \frac{0.693}{k}$$

$$k = \frac{0.693}{t_{1/2}} = \frac{0.693}{5730\,\text{年}} = 1.21 \times 10^{-4}\,\text{年}^{-1}$$

さらに式(14・2)は ^{14}C の量と時間，この場合は試料の古さとを関係づける．

$$\ln \frac{N_0}{N} = kt$$

^{12}C の量は時間がたっても変化しないので，N の代わりに ^{14}C/^{12}C を用いることができる．試料の測定値は現在の25%であったので，$N_0/N = 1/0.25$ とおくことができる．t について解くと

$$t = \frac{1}{k} \ln \frac{N_0}{N}$$

$$= \frac{1}{1.21 \times 10^{-4}\,\text{年}^{-1}} \ln \frac{1}{0.250}$$

$$= 11{,}500\,\text{年}$$

解答の分析　この答えも例題14・4と同じく，桁に注目して考えることができる．壊変定数は時間に反比例する（この関係を忘れても単位を見ればわかる）．壊変定数は 10^{-4} のオーダーであるから，答えは 10^4 のオーダーのはずであり，実際そうなっている．また，この問題文からも推定できる．つまりほとんどの炭素年代測定法は考古学的試料について行われるので，10000年のオーダーというのは妥当と思われる．

理解度のチェック　放射性炭素年代測定は，試料の放射能からも行うことができる．現在，大気中の（したがって生物中の）^{14}C による放射能は，全炭素1gあたり0.255Bqである．コロラド州北東部の平原の発掘現場で発見された炉にあった炭化した小麦の放射能は0.070Bq/g 炭素であった．この小麦は何年前に収穫されたものか．

放射性炭素年代測定法では正確な年代はわからないが（約±40～100年の誤差がある），この技術は，試料が6万年前より新しい場合には非常に貴重な決定法である．ウランのようなもっと寿命の長い核を使うと，ずっと古い鉱物や地層の年代を測定することができる．表14・1に一般

表14・1　放射性同位体の半減期

同位体	壊変過程	半減期
^{3}H	$^{3}_{1}\text{H} \rightarrow \,^{3}_{2}\text{He} + \,^{0}_{-1}\beta$	12.33 年
^{8}Be	$^{8}_{4}\text{Be} \rightarrow 2\,^{4}_{2}\text{He}$	$\sim 10^{-16}$ 秒
^{14}C	$^{14}_{6}\text{C} \rightarrow \,^{14}_{7}\text{N} + \,^{0}_{-1}\beta$	5730 年
^{15}O	$^{15}_{8}\text{O} \rightarrow \,^{15}_{7}\text{N} + \,^{0}_{1}\beta$	122.24 秒
^{18}F	$^{18}_{9}\text{F} \rightarrow \,^{18}_{8}\text{O} + \,^{0}_{1}\beta$	1.83 時間
^{131}I	$^{131}_{53}\text{I} \rightarrow \,^{131}_{54}\text{Xe} + \,^{0}_{-1}\beta$	8.02 日
^{235}U	$^{235}_{92}\text{U} \rightarrow \,^{231}_{90}\text{Th} + \,^{4}_{2}\text{He}$	7.04×10^{8} 年
^{238}U	$^{238}_{92}\text{U} \rightarrow \,^{234}_{90}\text{Th} + \,^{4}_{2}\text{He}$	4.47×10^{9} 年
^{259}Sg	$^{259}_{106}\text{Sg} \rightarrow \,^{255}_{104}\text{Rf} + \,^{4}_{2}\text{He}$	0.9 秒

---

*12 ［訳注］この場合，もちろん半減期のオーダーばかりでなく，10^3 の係数も重要である．たとえばもし 9.0×10^3 であったら，壊変定数は $7.7 \times 10^{-5}\,\text{年}^{-1}$ となるが，この場合でもおよそ 10^{-4} のオーダーといえる．

*13 古い樹木の年輪を数えて行う年輪年代学を用いて，炭素年代測定は校正されている．

的な核の半減期をいくつか示す．

14・4 核安定性

上記のようにして年代がわかるのは考古学にとっては興味深く有用であるが，この方法はいくつかの重要な疑問も提起する．たとえば，^{12}C と ^{13}C は壊変しないのに，なぜ ^{14}C は壊変するのか．この問題に詳細に取組むには，この本で扱う以上の核化学の知識が必要であるが，何か傾向を見つけることができれば，核化学と放射壊変についていくらか予測できるようになる．

前の章で，元素の化学的性質について多くの傾向を理解しようとするときは周期表を頼りとした．核の安定性を理解するためには，核の性質に同じような傾向を見つけるとよいだろう．**核種チャート**（chart of the nuclides）を使うとそのような傾向を可視化することができる．これは図 14・4 に示すように，すべての既知の核種について陽子の数（原子番号）を中性子の数に対してプロットしたものである．

核種チャートの中央部にほとんどすべての安定核種が位置しているのがわかる．図 14・4 中では青で示したこの領域は，**安定帯**（band of stability）とよばれることが多く，その外側は**不安定性の海**（sea of instability）とよばれる．原子番号が小さい場合は，安定核種は Z と N がほぼ等しい線に沿って並ぶが，図からわかるように原子番号が 20 を超える頃から安定帯はこの線からずれ始める．つまり多くの陽子をもつ核が安定性を保つためには，さらに多くの中性子を必要とするようにみえる．最終的に陽子数が 84 以上になると，どんなに中性子が多くても，核とその多くの正電荷を安定化することができなくなる．

上で述べたことはこれまでみてきた例と一致している．炭素のような軽い元素では，陽子と中性子の数がおよそ等しい同位体は安定であると期待されるが，実際，6 個の陽子と 6 個の中性子から成る ^{12}C は安定である．一方，8 個の中性子をもつ ^{14}C は不安定で，ベータ壊変（§14・2）を起こして 7 個の陽子と 7 個の中性子から成る ^{14}N となる．もっと多くの同位体とその壊変様式を調べれば，安定帯の下または右の同位体はベータ粒子を放出して安定となるのに対し，上または左の同位体は陽電子放出か電子捕獲をすることがわかる．安定帯の右にある同位体は必要以上に中性子をもっているので，ベータ壊変を起こして陽子に変える．一方，安定帯の左にある同位体は必要以上に陽子を

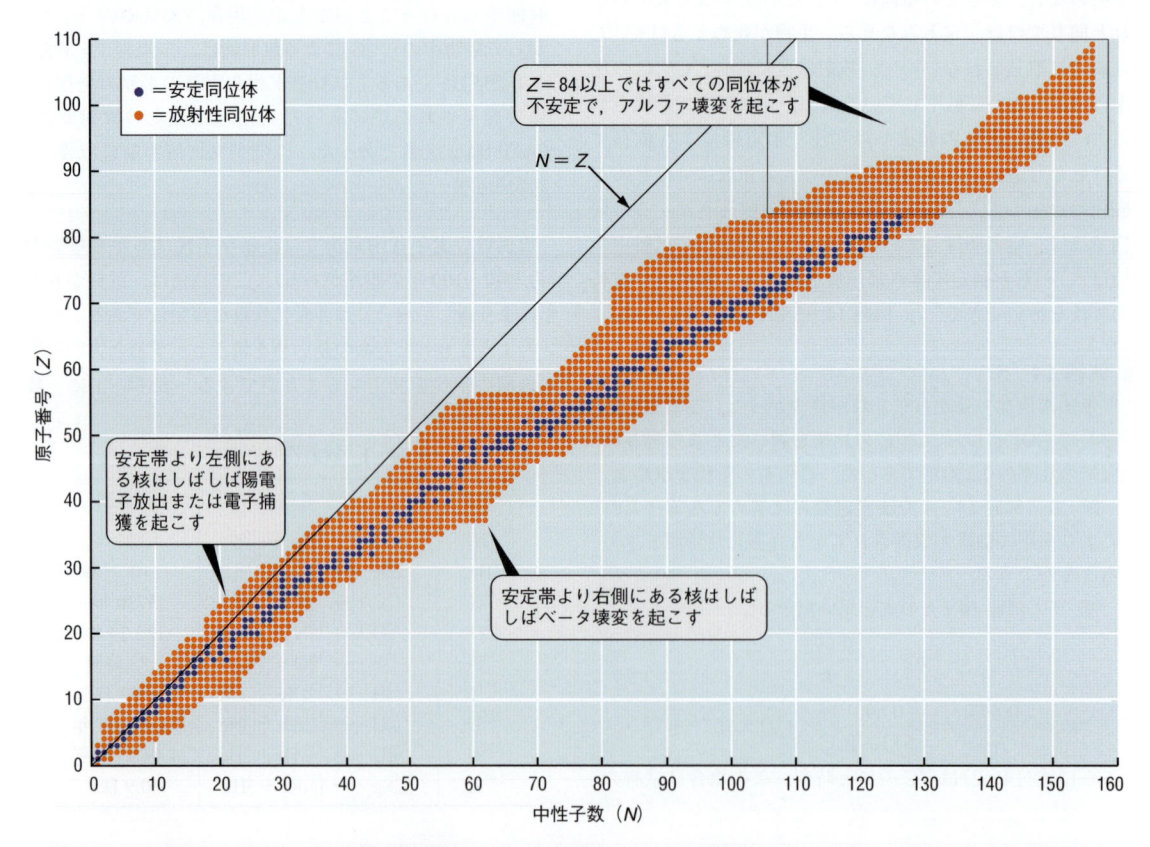

図 14・4 核種チャートはすべての既知の核種について原子番号（Z）を中性子数（N）に対してプロットしたものである．すべての安定同位体が存在する領域は安定帯とよばれ，ここでは青く示してある．一般的な化学の教科書では N を y 軸に，Z を x 軸にプロットすることが多いが，核科学の分野ではここに示した形が使われているので，それに従った．

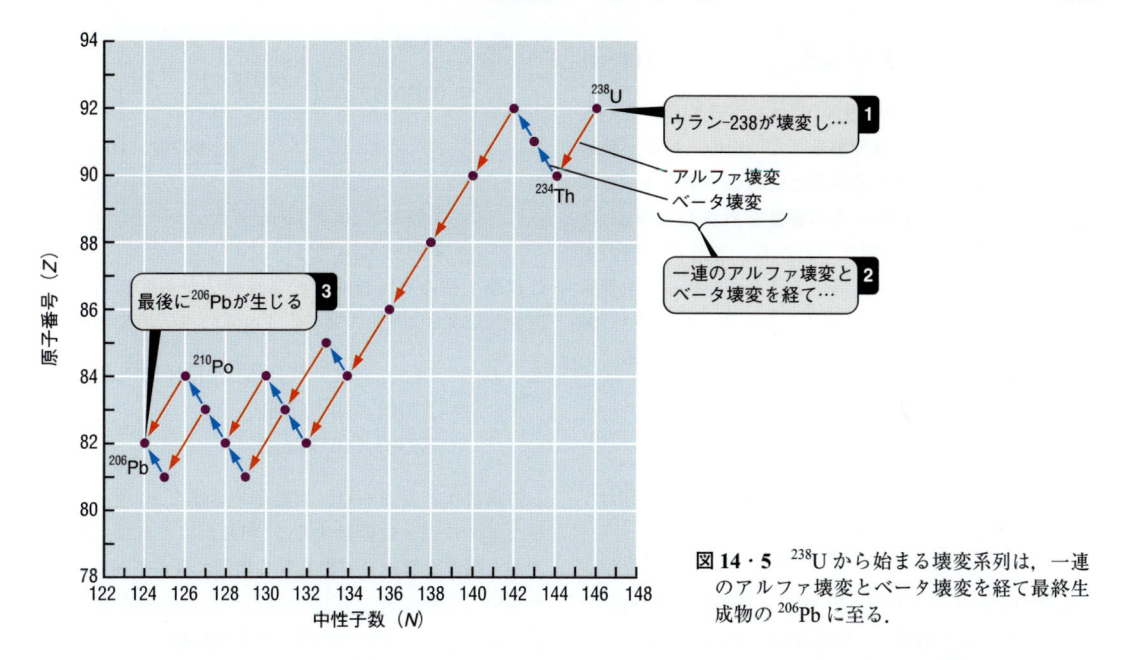

図 14・5 ^{238}U から始まる壊変系列は，一連のアルファ壊変とベータ壊変を経て最終生成物の ^{206}Pb に至る．

もっているので，陽電子放出や電子捕獲により中性子を増やして安定性を増す．

安定な中性子：陽子比は，安定帯の端のビスマス（$Z=83$）になると約 1.5：1 にまで増大する．さらに重い核はアルファ粒子を放出する傾向があり，安定核になるまでベータ粒子の放出も伴いながら連続的に壊変する．アルファ線を出すと陽子と中性子の数が 2 個ずつ減る．図 14・5 に ^{238}U の**壊変系列**（decay series）を示すが，安定な鉛の同位体に至るまでのアルファ壊変の役割がわかる．

図 14・4 の核種チャートの形から，核の安定性には中性子が重要な役割を果たしていることが明らかである．しかしそれはなぜだろう．この問題を検討するためには，核で働いている力を調べる必要がある．

§7・2 でクーロンの法則を議論したが，それによると二つのイオン間の静電力はその距離の 2 乗に反比例する．核の中では，核子（陽子や中性子）間の距離は非常に小さいので，陽子間の反発力は莫大になる．したがって直感的には核子は飛び散ってしまい原子核は存在できないように思われる．しかし実際には存在する．明らかに何らかの引力が働いてクーロン反発を上回っているに違いない．

核科学者は，**強い力**（strong force）とよばれる力が働いて核が保たれていることを知っている[*14]．この力は，二つの核子間の非常に短い（つまり核子程度の）距離にわたって作用する．強い力による引力が陽子間のクーロン反発に打ち勝って核子を互いに結びつける．

では中性子の役割は何だろう．強い力は電荷には依存しないので，陽子-陽子，陽子-中性子，中性子-中性子のよ

うなあらゆる核子の組合わせで作用する．したがって中性子は核を保つのに役立っている．中性子の別の機能は，陽子を"希釈"して互いに少し離すことで反発力を弱めることである．これらの二つの機能により，重い核では陽子に比べて中性子の比率が多くなることが説明される．

14・5 核反応のエネルギー論

核反応を紹介するため高エネルギー宇宙線と大気の反応を考えたが，核兵器や原子力発電などの核技術で莫大なエネルギーが放出されることはよく知っているだろう．しかしこのエネルギーはどこから来るのだろうか．また，なぜ通常の化学エネルギーよりずっと大きいのか．これらの疑問に答えるためには，核そのものと核を保つ力に注意を向ける必要がある．

安定核種はばらばらにならない．ならばそれをばらばらにするにはどれだけのエネルギーが必要だろうか．ある核種の結合エネルギー，すなわち**核結合エネルギー**（nuclear binding energy）とは，自由な核子を集めてその核を形成したとしたら放出されるであろうエネルギーのことである．この結合エネルギーが大きいほど，その核種は安定である．このエネルギーはどこからくるのか．

核結合エネルギー

その答えは，アインシュタインの有名な質量（m）とエネルギー（E）の相互変換式にある．

[*14] 強い力は，クォークとグルーオンとよばれる基本粒子間の相互作用により生じる．

$$E = mc^2 \quad (14 \cdot 4)$$

ここで c は光の速度，$2.9979 \times 10^8 \text{ m s}^{-1}$ である．この式は有名ではあるが一般には理解されていない．特に，核結合エネルギーと相互変換する質量とは何をさすのか．これに答えるために，ヘリウム-4 の質量を計算してみよう．陽子と中性子と電子が 2 個ずつだから，これは 2 個の水素原子と 2 個の中性子の和と考えることができる（水素原子は陽子 1 個と電子 1 個から成ることを思い出そう）．実験的に決定されたこれらの質量はつぎのとおりである．

$$^1\text{H} = 1.007825 \text{ u}$$
$$^1\text{n} = 1.008665 \text{ u}$$

したがって 2 個の水素原子と 2 個の中性子の質量の和は

$$2(1.007825 \text{ u}) + 2(1.008665 \text{ u}) = 4.032980 \text{ u}$$

しかし実験的に決定されたヘリウム-4 の質量は 4.002603 u であり，明らかに計算と一致しない．その差 Δm は

$$\Delta m = 4.032980 \text{ u} - 4.002603 \text{ u} = 0.030377 \text{ u}$$

この Δm は**質量欠損**（mass defect）とよばれる．なくなった質量は，アインシュタインの式で求められる量の結合エネルギーに変換されている（上記の質量差の原因は核の質量にあり，電子の質量は関係ない．なぜなら水素原子 2 個とヘリウム原子の質量を引き算したときに，電子の質量は相殺されているからである）．このように，アインシュタインの式を使うと核結合エネルギー E_b を計算することができる．初めに質量欠損の単位を統一原子質量単位から kg へ変換しておくと，mc^2 の計算結果は J の単位で得られる（J = kg m^2 s^{-2}）．

$$E_b = (\Delta m)c^2$$
$$= 0.030377 \text{ u} \times \left(\frac{1.66054 \times 10^{-27} \text{ kg}}{\text{u}}\right)$$
$$\times \left(\frac{2.99792 \times 10^8 \text{ m}}{\text{s}}\right)^2$$
$$= 4.5335 \times 10^{-12} \text{ kg m}^2 \text{ s}^{-2}$$
$$= 4.5335 \times 10^{-12} \text{ J}$$

これが 1 個の ^{4}He 核がその構成核子から生成するとき放出されるエネルギーである．1 mol の ^{4}He の場合は，

$$E_b = (4.5335 \times 10^{-12} \text{ J})(6.02214 \times 10^{23} \text{ mol}^{-1})$$
$$= 2.7301 \times 10^{12} \text{ J mol}^{-1}$$
$$= 2.7301 \times 10^9 \text{ kJ mol}^{-1}$$

この結合エネルギーは，自動車で地球を 30 周するのに必要なエネルギーに匹敵する！ 明らかにこれは，同じ量のどんな燃料を燃やして得られる化学エネルギーよりずっと大きい（発熱的化学反応で放出されるエネルギーは数百 kJ mol^{-1} のオーダーであることを思い出そう）．

さまざまな核の結合エネルギーを計算して比較すると，核の安定性についてさらなる知見が得られる．各元素で最も安定な同位体につき，核子あたりの結合エネルギーを質量数に対してプロットするとわかりやすい（図 14・6；この図ではメガ電子ボルトすなわち MeV 単位でエネルギーを表している．1 MeV ≒ 1.60×10^{-13} J）．このプロットから，核結合エネルギーは極大を示し，この領域では核の安定性が最大であることがわかる．この領域の中心は ^{56}Fe であり，この核がすべての核のなかで最も安定である．

このプロットから，2 種類の過程で，より安定な核ができることがわかる．二つの核が一緒になって鉄より軽い核

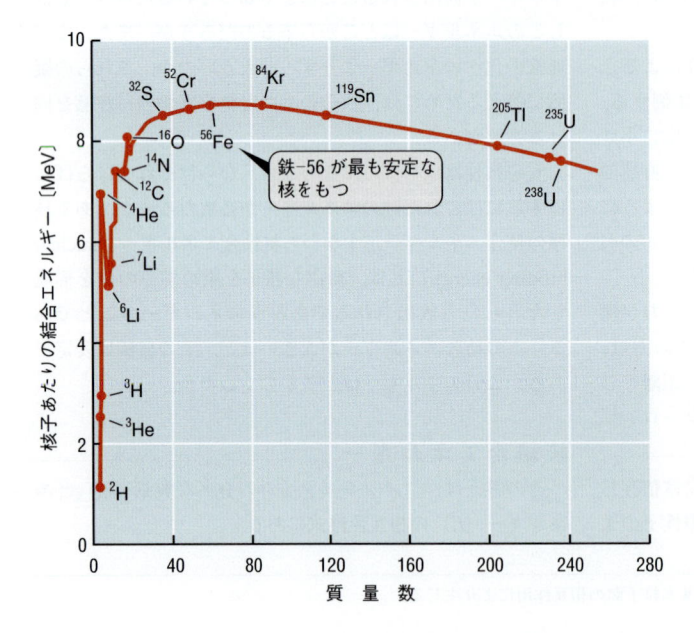

図 14・6 水素からウランまでの質量数の関数として核子あたりの結合エネルギーがプロットされている．この曲線は ^{56}Fe で極大を通る．すなわち ^{56}Fe の核が最も安定である．

になれば安定性は元の核より高まる．この過程は**核融合**（nuclear fusion）とよばれる．一方，重い核が二つ以上に分裂すると，最も安定性の高い領域の軽い核になるかもしれない．これは**核分裂**（nuclear fission）とよばれる．後でこれらの過程をもっと詳しく調べてみよう．

魔法数と原子核の殻構造

第6章で原子軌道の満たされた電子殻や副殻の相対的安定性について議論した．原子番号2, 10, 18, 36, 54, 86の希ガスはその例である．これらの元素は特徴的な np^6 の電子配置をもち，非常に安定でほぼ完全に化学的に不活性である．

周期表が元素の安定性のパターンを明らかにしてくれるのとちょうど同じように，安定同位体の表を調べると明らかなパターンがあることに気がつく．260種を超える安定核種のほとんどは，陽子も中性子も偶数である．両方とも奇数なのは ^{14}N などほんの少数で，残りは陽子か中性子のどちらかが奇数である．

特に安定性の高い同位体を特定することも可能である．これらの同位体の原子番号 Z や中性子数 N は，2, 8, 20, 28, 50, 82, 126, 184となっている[*15]．核科学者たちはこれらの数を**魔法数**（magic number）とよぶ．Z または N が魔法数である同位体は特に安定であると期待される[*16]．もし Z と N がともに魔法数なら，より安定化効果は大きくなり，そのような核種は二重魔法数をもつといわれる．

これらの観察結果と核結合エネルギーのより詳細な研究から，核子も，原子の量子モデルでの電子と同様に，殻すなわちエネルギー準位を占めるという考えが生まれた[*17]．

原子番号126の元素はまだ発見されていないが，核化学者と核物理学者にとっては特に興味深い元素である．魔法数をもつことから，その大きさにしては異常に安定なはずである．しかしそれを得るのは実験的に非常に困難である．いわゆる超重元素（フェルミウム Fm より重い元素）は極端に寿命が短く，一度にほんの数個しかつくることができないため，研究するのは特に難しい[*18]．

14・6 核変換――核分裂と核融合

大気中で窒素は宇宙線により炭素に変換されるという事実から，核反応と化学反応の重要な対応関係が示される．すなわち，化学反応では原子が再配列して新しい分子となるのに対し，核反応では核子が再配列して新しい核となる．これまでの核反応式でみてきたように，核反応では原子の本体が変化する．核種そのものを変える核反応として，三つの種類を区別できる．**核変換**（nuclear transformation）では，自然壊変や，中性子衝撃などの外部干渉により，別の核種へ変化する．核分裂では重い核が軽い核へと分裂し，核融合では軽い核が融合して重い核となる．

核変換――別の核種へ変える

中世の錬金術師の目標の一つは，化学的方法で鉛のような卑金属を貴金属である金へ変えることであった．もちろん彼らは失敗した．現在では，元素の種類の変換は核反応でしか起こらないことがわかっている．

大気中での ^{14}C の生成は，自然に起こる核変換である．別の興味深い例は，^{10}B の中性子捕獲から生じる．

$$^{10}_{5}\text{B} + ^{1}_{0}\text{n} \longrightarrow ^{11}_{5}\text{B}^* \longrightarrow ^{7}_{3}\text{Li} + ^{4}_{2}\text{He}$$

不安定中間体核種 $^{11}_{5}\text{B}^*$ は**複合核**（compound nucleus）とよばれ，化学反応における活性錯体のようにほぼ瞬間的に壊変し，粒子やエネルギーを放出して安定核となる．この場合の複合核はアルファ粒子を放出して壊変している．この反応が特に興味深いのは，^{11}B は通常であれば安定核種だからである．それにもかかわらずこの核反応で複合核となっているのは，高度に励起された状態で生成しているからである．

核変換反応は，多くの医学的に有用な放射性同位体をつくるのに用いられる．章末の洞察の節で，これらの同位体の応用例を調べる．

核分裂

上で述べたように，大きくて不安定な核が二つの小さな核に分裂したとしたら，それらはより安定になるかもしれない（図14・7）．**核分裂**（nuclear fission）では，これが実際に起こる．しかしすべての核が起こすわけではなく，そのような核は核分裂性であるといわれる．大きな核がたんに小さな核に壊れる，自発的に起こる核分裂もあるが，そのほかでは中性子衝撃により誘導してやる必要がある

---

* 15 [訳注] 以前は予測されていたが，現在では184は除外されている．
* 16 [訳注] 上で最も安定であると述べた ^{56}Fe の Z は26, N は30で，どちらも魔法数ではない．^{56}Fe は核子あたりの結合エネルギーを図14・6のようにプロットしたとき最大値を示すという意味で最安定核種とされている．これに対して魔法数をもつ核種では，図のプロットが全体としてなめらかな変化傾向を示すなかで突出した値を示す．つまり周りの核種に比べて特に安定という意味である．魔法数をもつ核種には多くの安定同位体が存在し，たとえば Z = 28 のニッケルでは安定同位体が5種ある．これに対し，鉄では4種である．
* 17 電子と同様に，多くの核にはスピンがある．磁気共鳴画像法（MRI）ではこの核スピンを利用している．
* 18 [訳注] 超重元素とは，一般には，原子番号110以上で未発見の元素（特に Z = 114）や，超アクチノイド元素とよばれるローレンシウム Lr より重い元素（Z > 103）のことをいう場合が多い．フェルミウムより重い元素（Z > 100）は超フェルミウム元素ともよばれる．

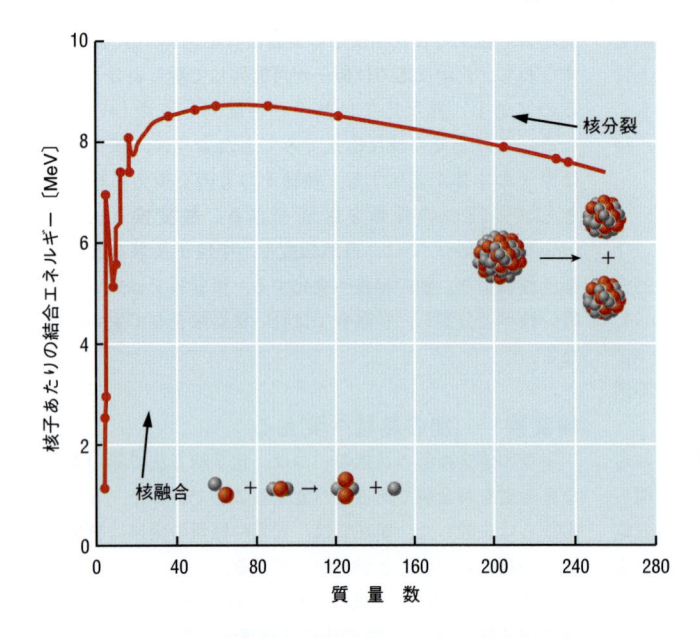

図14・7 核分裂と核融合ではともにより安定な核ができる．核融合では，軽い核が一緒になって重い核となり，核結合エネルギーは最大値の方向に向かって移動する．核分裂では，非常に重い核が小さな核に分かれるので，結合エネルギーはプロットの最大値の方へ戻る．

(中性子衝撃は，自発的に核分裂を起こす核の壊変速度を増すためにも用いられる)．

誘導核分裂では，中性子が ^{235}U のような核分裂性の核に吸収され，^{236}U のような非常に不安定な中間体複合核ができる．この複合核が二つのより小さな核に分かれるとき中性子を放出する．この分かれ方には多くの組合わせがあるが，その一つにバリウムとクリプトンがある．

$$^{235}_{92}\text{U} + ^{1}_{0}\text{n} \longrightarrow ^{236}_{92}\text{U}^* \longrightarrow ^{141}_{56}\text{Ba} + ^{92}_{36}\text{Kr} + 3\,^{1}_{0}\text{n}$$

核反応では質量がエネルギーに変換されると述べたが，この ^{235}U の分裂こそが原子力発電のエネルギー源である．したがってこの反応でどれだけのエネルギーが放出されるのか知りたいところだが，例題14・6での核分裂からのエネルギー放出を求める演習を通じてその答えを与える．

例題 14・6

ウラン-235 が上記の式でバリウム-141 とクリプトン-92 に分裂する際，放出するエネルギーを計算せよ．

解法 アインシュタインの式 ($E = mc^2$) を用いて，分裂するウラン核と生じる核分裂生成物間の質量の差を，エネルギーに関係づける．この核分裂反応式はすでに与えられているので，あとは関与する粒子の質量がわかればよい．

解答 関与する粒子の質量をつぎの表に示す．

粒子	質量〔u〕
^{235}U	235.0439231
^{141}Ba	141.9144064
^{92}Kr	91.9261528
ニュートロン	1.0086649

必要な粒子の質量を合計して反応物と生成物の質量を求める．

$$\begin{aligned}
\text{反応物の質量} &= 235.0439231\,\text{u} + 1.0086649\,\text{u} \\
&= 236.0525880\,\text{u}
\end{aligned}$$

$$\begin{aligned}
\text{生成物の質量} &= 141.9144064\,\text{u} + 91.9261528\,\text{u} \\
&\quad + 3(1.0086649\,\text{u}) \\
&= 235.8665539\,\text{u}
\end{aligned}$$

つぎに引き算で質量欠損を求め，アインシュタインの式へ代入してエネルギー値を得る（$1\,\text{J} = 1\,\text{kg}\,\text{m}^2\,\text{s}^{-2}$ であることを思い出そう）．

$$\begin{aligned}
\Delta m &= 235.8665539\,\text{u} - 236.0525880\,\text{u} \\
&= -0.1860341\,\text{u}
\end{aligned}$$

$$\begin{aligned}
E &= (\Delta m)c^2 \\
&= -0.1860341\,\text{u} \times \left(\frac{1.66053886 \times 10^{-27}\,\text{kg}}{\text{u}}\right) \\
&\quad \times \left(\frac{2.99792458 \times 10^8\,\text{m}}{\text{s}}\right)^2 \\
&= -2.776406 \times 10^{-11}\,\text{J}
\end{aligned}$$

解答の分析 まず気づくのは答えが負の値だということである．これは理にかなっているだろうか．ここでは熱力学で用いた慣例にならって，生成物の質量から反応物の質量を引いて Δm を計算した．つまり得られた結果も，熱力学の符号の慣例に従うのである．したがって負のエネルギーが得られたということは，この値は，期待したように核分裂反応で放出されたエネルギーだということである．答えの大きさの方はどのように評価できるだろうか．まずこのエネルギーは1原子の ^{235}U が分裂して放出したエネルギーであること，また，通常の化

14・6 核変換——核分裂と核融合

学反応よりずっと多くのエネルギーが放出されることを思い出そう。通常の発熱反応で放出されるエネルギーは，kJ mol^{-1} の単位で百かせいぜい千のオーダーである。そこで，得られた答えを kJ mol^{-1} の単位に変換し比較してみよう。すると上の結果は 10^{10} kJ mol^{-1} に相当し，これは明らかに化学反応での値よりずっと大きい。したがって核反応で得られた値として妥当と思われる。

理解度のチェック 1個の中性子が ^{235}U の核分裂を誘導して ^{90}Sr と ^{143}Xe ができることもある。1.00 kg の ^{235}U がこの反応を起こしたとき放出されるエネルギーを計算せよ。実験的に決定された生成核種の質量は $m_{Sr} = 89.9077376$ u と $m_{Xe} = 142.9348900$ u である。

上の例題で用いた核反応式をよく見ると，一つ異常な点に気がつくだろう。中性子が式の両側に現れているのである。反応を開始した中性子は1個だが，核分裂で3個の中性子が放出されている。これらの中性子はいずれもさらに核分裂を誘導できるので，**連鎖反応**（chain reaction）が起こる可能性がある（図 14・8）。そのような連鎖反応が持続するためには，放出された中性子が試料の外へ飛び出す前に，別の核分裂物質に衝突して新たな核分裂が起こ

る必要がある。つまり十分な量の核分裂物質がなければならない。その量は**臨界質量**（critical mass）とよばれ，用いた核分裂物質により異なる。^{235}U の臨界質量は数十 kg である。臨界質量の ^{235}U で核分裂が始まると制御不能の連鎖反応となり，莫大なエネルギーがほとんど瞬間的に放出される。しかしほんの限られた数の中性子しかつぎの壊変を誘導しないように制御できれば，それは発電に利用することができる[*19]。

原 子 炉

商業用の原子炉は，^{235}U の制御核分裂を利用してエネルギーを取出している。核分裂性の ^{235}U は天然に存在するウランの 0.72% にすぎないので，天然ウランを原子炉の燃料として使うためには，^{235}U の割合を高めるために濃縮しなくてはならない。ウラン濃縮は，天然ウランの 99% 以上を占める ^{238}U から ^{235}U を分離することで行う。この分離は技術的に困難であるがそれでもかなり割合を高めることができる。^{235}U の割合は核兵器用のウランでは 90% を超えるが，原子炉で使う場合は 3〜5% 程度である。

濃縮された酸化ウランのペレットは**燃料棒**（fuel rod）

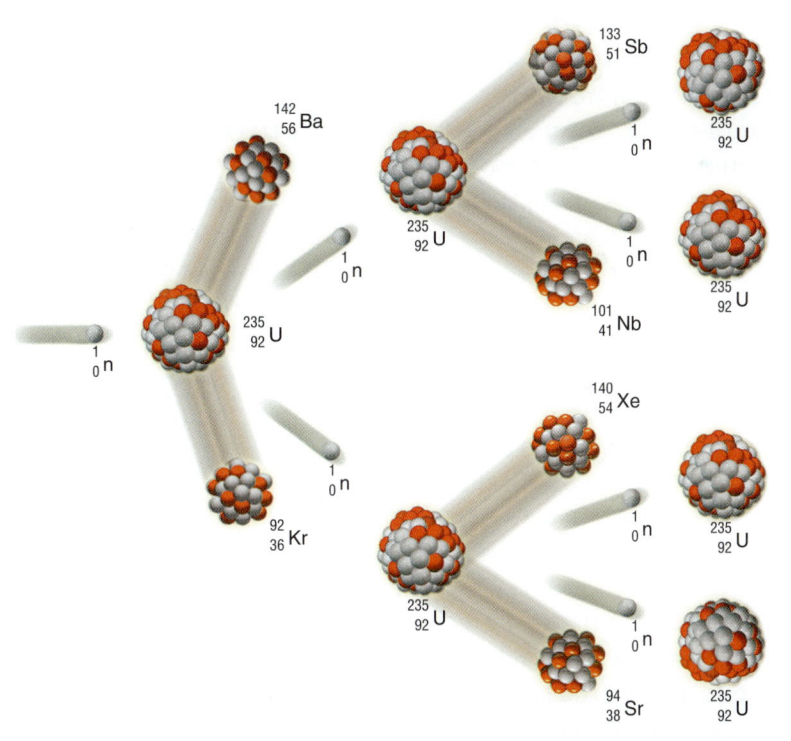

図 14・8　中性子衝撃を受けたウラン-235 は分裂するごとに2個の中性子を放出する。この中性子はさらに分裂を誘導できるので，持続的な連鎖反応が可能である。例題 4・6 とは異なる反応例を示してある。

[*19] 核兵器の拡散を防ぐ手段としては，ほとんどの場合，核分裂性物質を臨界質量以上にもたせない戦略がとられている。

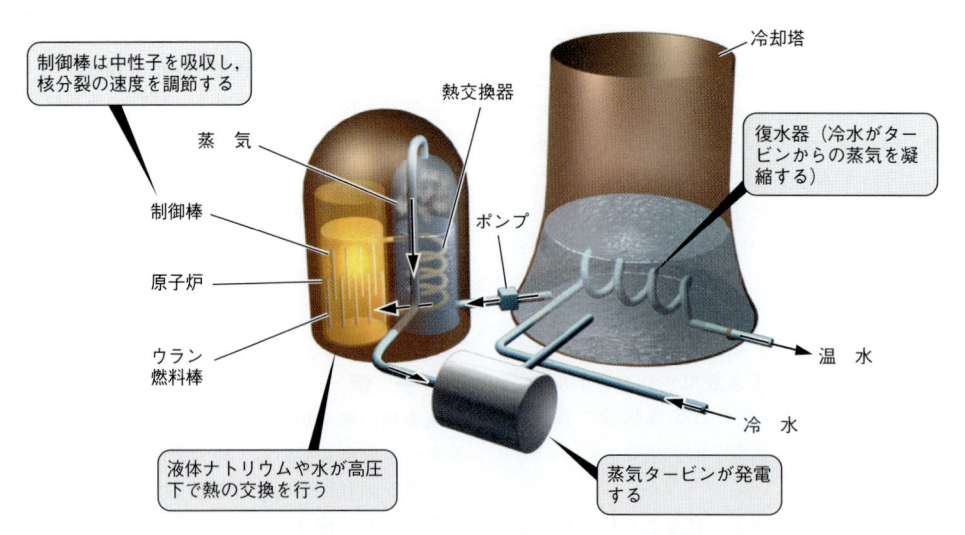

図 14・9 米国の原子力発電所の一般的構成概略図

に埋め込まれ，**炉心**（reactor core）で水に覆われている（図 14・9）．核分裂を生じさせるためには中性子源が必要である．一度分裂が始まると，その連鎖反応は持続する．カドミウムやホウ素でできた**制御棒**（control rod）が過剰な中性子を吸収し，^{235}U に衝突する中性子の数を調節して核分裂を定常状態に保つ．制御棒を燃料棒の間に挿入すれば反応は減速または停止する．燃料棒を取巻く水は原子炉を冷やし中性子を減速させる．つまり速い中性子は水分子と相互作用して遅くなり，^{235}U と有効な衝突が起こるようになる．他のタイプの原子炉では，グラファイトや重水（酸化重水素，D$_2$O，^{2}H$_2$O とも書かれる）などの他の物質が減速材として使われることもある．冷却水は反応で放出された熱を蒸気タービンへ運び，水蒸気がタービンを回して電気を生み出す．

核廃棄物

原子炉では核分裂の結果いくつかの放射性同位体が生成される．この物質のほとんどは使用された燃料棒の中で濃縮されている．これらの放射能はきわめて高いので，**高レベル放射性廃棄物**とよばれている．含まれる放射性同位体には，非常に寿命が長いものもあるので，高レベル放射性廃棄物の貯蔵や処分は，工学上も政策上も非常に困難な問題となっている．

使用済み核燃料を再処理して新たに燃料ペレットとすることは可能である．しかしこの処理は，規制への関心の高まりと核拡散防止条約のため，1970 年代以降米国内では行われなくなった．米国の高レベル廃棄物は現在はすべて原子炉のある場所で保管されている．しかしこのような処置がいつまでも続けられるはずもなく，安全上の懸念をひき

起こしている．1982 年に米議会は放射性廃棄物政策法を制定し，エネルギー省に適切な地中処分場の確保を命じた．1987 年には大規模な予備調査の場所としてネバダ州南西部のユッカ山が選ばれた（図 14・10）．ユッカ山には高レベル廃棄物を埋めるのに適した特徴がいくつかある．非常に人里離れていて，乾燥しており，地下水位は地下埋蔵予定の場所より 1000 フィートも下にある．検討は続いているが，処分場建設には多くの反対がある．議会は建設を進めるために必要な票を集めることができず，高レベル廃棄物の長期保存はいまだ賛否両論があり実現していない[*20]．

この問題は政治的側面以上に工学的に非常に困難である．高レベル廃棄物の貯蔵施設は数千年の長期にわたって損なわれないよう設計されなければならない．そのような時間スケールにわたって環境条件を予測しても，それはほとんど推測の域を出ない．さらに建築材料も，長期にわたり放射線にさらされても持ちこたえなければならない．§14・7 でみるように，放射線は多くの材料に重大な影響を与える．

核融合

核分裂は数十年にわたり発電に利用されてきたが，**核融合**（nuclear fusion）はその比較的安全なエネルギー源としての潜在能力をまだ現実のものとしていない．核融合反応では，小さな核が合わさってより大きくて安定な核となる．太陽のエネルギー源は，4 個の水素原子核が一緒になってヘリウム核となる核融合反応である．

$$4\,^{1}_{1}\text{H} \longrightarrow \,^{4}_{2}\text{He} + 2\,^{0}_{1}\beta + 2\nu + \text{エネルギー}$$

しかし化学反応速度論で学んだように（§11・6），4 個の

[*20] [訳注] 日本においては青森県六ヶ所村に高レベル放射性廃棄物の貯蔵施設があるが，その最終的地層処理候補地は検討・調査が行われている段階である．

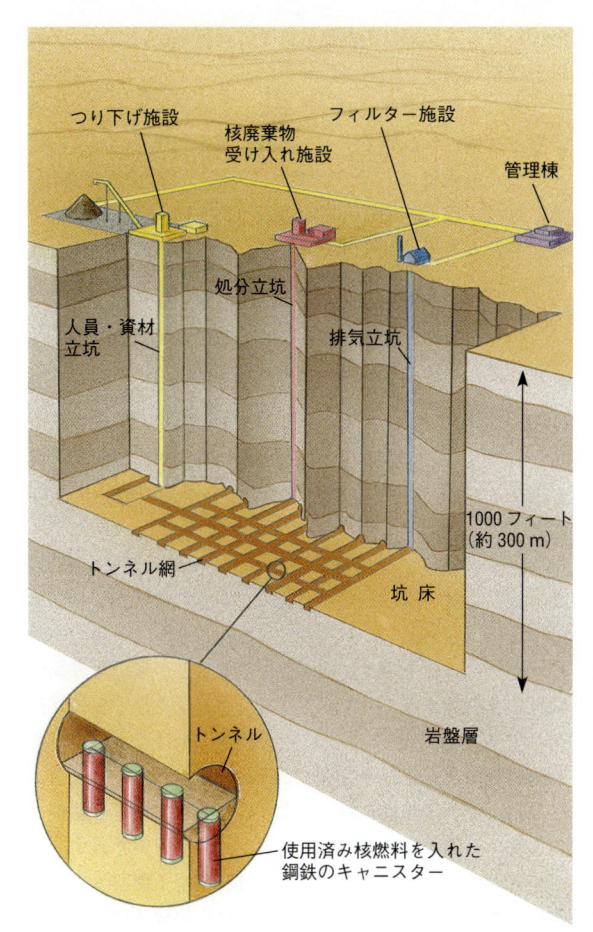

図14・10 ユッカ山に建設が提案されている高レベル放射性廃棄物貯蔵施設の概要．廃棄物は地下約 300 m にある 8 km^2 ほどのトンネル網の中に貯蔵される．

粒子の同時衝突はきわめて起こりにくい．そのため実際の反応は段階的に進行する．つまり1個の水素原子核が互いに衝突して中間体となり，それが3番目，4番目と順に衝突する．しかしそれでも4個の陽子の反応は遅すぎて核融合炉では使えない．

より現実的な方法は，水素の二つの重い同位体，重水素（^{2}H）とトリチウム（^{3}H）の核融合である（図14・7）．

$$^2_1H + ^3_1H \longrightarrow ^4_2He + ^1_0n$$

この反応で発生する核子あたりのエネルギーは核分裂より大きく，下に示すいくつかの理由でより魅力的である．

重水素は天然に存在する同位体で，全水素原子の 0.015 % を占める．したがって重水素の供給は事実上無限である．トリチウムは ^{6}Li からつくることができる．

$$^6_3Li + ^1_0n \longrightarrow ^4_2He + ^3_1H$$

核融合は，核分裂で生じるような高レベル放射性廃棄物を出さない．主生成物は普通のヘリウムで放射線の脅威はない．しかし高エネルギー中性子もできるのでこれは問題となる．核融合炉の周りの材料に対する中性子衝撃により核反応が誘導されて，放射能を帯びるかもしれない．しかしこれは核分裂の原子炉でもあることで，材料を注意深く選択すれば危険性は最小限にできる．

核融合を発電に使うのは多くの要因のため複雑である．その一つは正に荷電した核の反発である．陽子間のクーロン反発に打ち勝って核を十分に接近させるためには，莫大なエネルギーが必要である．そのためこの反応は 10^6 K のオーダーの温度でしか開始できない*21．核融合の最初の応用例である水素爆弾では，原子爆弾を起爆装置として用い，核を無理やり一緒にして融合させた．制御された核融合では，起爆装置は破壊的であってはならない．また，経済的に可能なエネルギー源とするためには，核融合で放出されるより少ないエネルギーで反応が開始できなくてはならない．さもないとエネルギーは生み出されるどころか消費されてしまう．最後の問題は，どんな物質でも溶けてしまう 10^6 K という高温で，反応物を閉じ込めておかなくてはならないという点である．

総じてこれらの問題点の解決は，工学的にきわめて困難である．核融合制御に必要な閉じ込め問題については，二つの解決策が有望である．一つは磁場閉じ込めで，超高温の高エネルギープラズマを磁場で制御する．もう一つは慣性閉じ込めで，燃料ペレットを容器に入れ，高エネルギーレーザーで圧力をかけて破壊する．これまでのところ，核融合炉でエネルギーを取出せてはいるが，反応を続けるにはそれ以上のエネルギーが必要である．核融合研究は継続しており，日本も含め各国が国際的に協力して，フランスのカダラッシュに ITER（イーター）という次世代融合炉を建設する計画をまとめている（ITER の名はラテン語で "道" を意味する "iter" に由来する）．核融合は，21世紀末には利用可能エネルギーとなると予測されている．

14・7 放射線と物質の相互作用

物質に対する放射線の影響は，三つの主要因子により支配される．第一は単純に物質が浴びた放射線量である．容易に推測されるように，通常，線量が多いほど影響もより深刻になる．しかし被曝の影響は，一般に**透過能力**（penetrating power）と**電離能力**（ionizing power，イオン化力）とよばれる，放射線それ自身の二つの特徴にも大きく依存する．

---

*21 速度論の立場からいえば，高温が必要なのは活性化エネルギーが極端に高いからである．

放射線の電離能力と透過能力

放射線は，電離放射線と非電離放射線に分類することができる．この区別は，光子や粒子がもつエネルギーに基づいて行われる．もしそのエネルギーが通常の原子や分子のイオン化エネルギーより大きければ，どんな材料であれイオン化される可能性がある．非電離放射線には可視光，ラジオ波，マイクロ波が含まれるが，その光子エネルギーは通常のイオン化エネルギーより小さい．一方，X線とガンマ線の光子エネルギーはずっと大きいので，これらは電離放射線である．アルファ線とベータ線も電離放射線である．電離放射線の方が，生体組織を含めあらゆる物質に深刻な損傷をもたらす可能性がずっと高い．

電離放射線が生体組織を透過するとき，出会った原子や分子から電子をはじき飛ばしたり，結合を切断してフリーラジカルをつくる（§2・8）．これらの反応性の高い原子や分子の断片は，他の分子から電子を奪う．フリーラジカルの生体内反応の結果，表面やけどから，DNA分子の一部が変化した場合は深刻な遺伝子の損傷に至るまで起こりうる．一般に形成される分子の断片の一つに，きわめて反応性の高いヒドロキシルラジカル・OH がある．これが細胞中にできると近くの分子と反応して細胞は修復不能な損傷を受ける．このように，電離放射線は直接的に細胞の死をもたらしうる．

しかし電離能力だけでは放射線の物質への影響を予測できない．透過能力，すなわちエネルギーが吸収されるまでにどのぐらい深くにまで物質中へ浸透できるか，についても考える必要がある．たとえば高エネルギーのアルファ粒子は大きな電離能力をもつ．しかしアルファ粒子は比較的大きいので，それほど深くまでは浸透できない．アルファ粒子は皮膚の表層の細胞に止められて，そこで電子を得てヘリウムになる．アルファ粒子のエネルギーはおもに皮膚で散逸するので，やけどの原因にはなる．しかし体外から浴びたアルファ線は内部器官にまで到達しないので，それ以上深刻な害はもたらさない．

アルファ粒子が体内でできると，そのエネルギーは内部器官に蓄積されるのでずっと危険である．ラドンガスを吸うとこの危険性がある．ラドンは天然に存在する気体で，その量は土壌や岩石の種類に依存する．ラドンは18族すなわち希ガスの一員なので化学的に安定であるが，放射性があり，アルファ線を出して壊変する．

$$^{222}_{86}\text{Rn} \longrightarrow ^{4}_{2}\text{He} + ^{218}_{84}\text{Po}$$
$$^{218}_{84}\text{Po} \longrightarrow ^{4}_{2}\text{He} + ^{214}_{82}\text{Pb}$$

ラドンは気体なので，吸入されたラドン原子が壊変すると，アルファ粒子が肺の中にできる．そのエネルギーが深刻な組織の損傷をひき起こし，肺がんの危険性が増す．

ベータ粒子はアルファ粒子よりエネルギーが低いので，より安全なようにみえる．しかしベータ粒子は小さいので，体内へ数cmも入り込める．この大きな透過能力のため，ベータ線はアルファ線より危険なことが多い．ガンマ線は体を貫通できるので，生体器官の原子や分子と相互作用して多大な損傷を与えうる．図14・11はさまざまな電離放射線の透過能力を説明している．

これまでの議論からわかるように，放射線被曝の健康への影響を評価するには，電離能力や透過能力を考慮するのが重要である．しかし同じことは材料や電子機器への放射線の影響についてもいえるので，それらの製造にはこの点を考慮する必要がある．この章の初めの節で，大気に入ってくる宇宙線と地上に達するものとではその組成は大きく異なっていることを学んだ．つまり電子機器の宇宙での被曝量は地上よりずっと大きい．現代の通信は衛星搭載の電子機器に依存するようになっているので，宇宙線の影響を研究し，それから保護する必要性が増している．

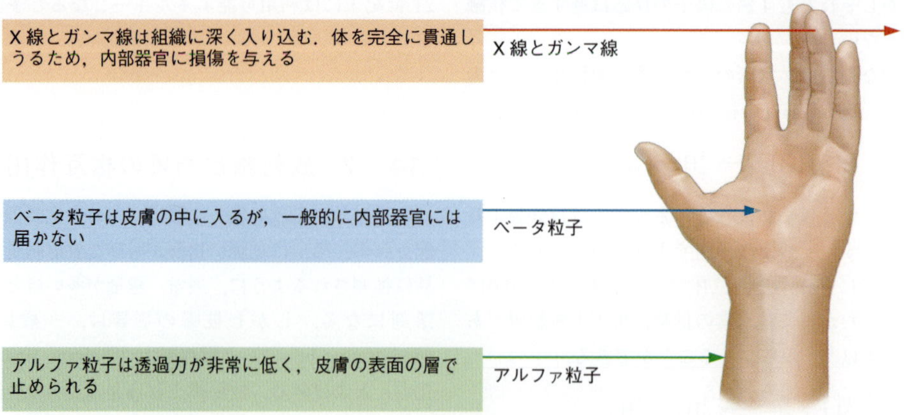

図14・11 電離放射線を浴びることで生じる健康障害は，その透過能力に依存する．アルファ粒子は皮膚の表面の層で止められるが，ベータ粒子は体内へ数cm浸透する．ガンマ線は体を貫通できる．[図：アイオワ大医療予防研究室の図より改変]

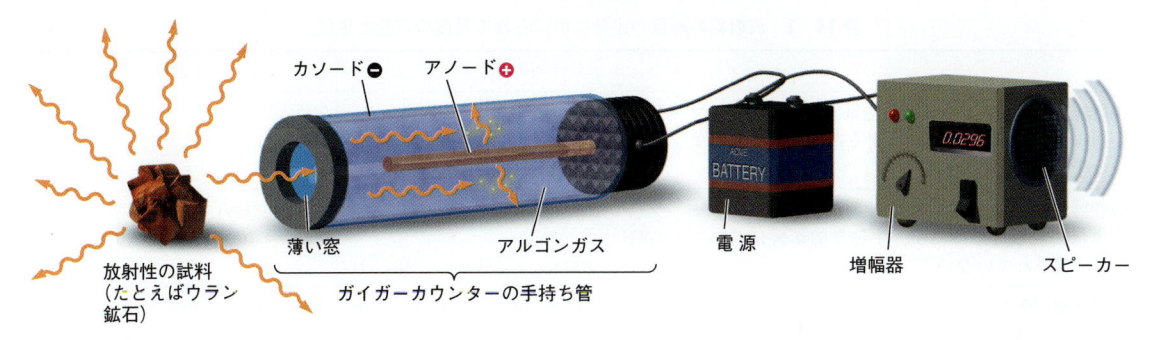

図14・12 ガイガーミュラー管すなわちガイガーカウンターでは，放射線は薄い窓を通って気体の入った管の中へ入る．放射線のもつエネルギーにより気体中にイオンが生じ，電子を放出する．これらのイオンと電子は反対に帯電した電極へ引きつけられ，電流パルスを生じる．一般的なガイガーカウンターでは，この電流パルスはカチッという音に変換される．

コンピューターチップや電子機器は，半導体中の電子と正孔の分布を精密に制御して初めてできる[*22]．したがってそれらの材料中にイオンができると突発的な故障の原因となる．そのようなイオン生成を最も起こしやすいのは高エネルギーの重い核で，それは地上より宇宙空間でずっと多い．そのような粒子は1個でも多数のイオンを生じさせ，シングルイベント効果（SEE）として知られる現象をもたらす．なかには一時的な影響にとどまり装置をリセットするだけで済む場合もあるが，ハードウェアの永久的な損傷をもたらすずっと深刻な場合もある．SEEに備えるため，衛星で使われるチップは，宇宙線から守るよう設計された特別に強化された材料中に収められている．宇宙線被曝の危険性は，ほかの惑星への宇宙旅行など長期の有人宇宙計画でも大きな障害となっている．

放射線の検知法

放射線量を評価するためには，放射線の種類と量を測定する適当な手段がなければならない．ラザフォードの初期の実験では，硫化亜鉛（ZnS）を塗った蛍光スクリーンが用いられた．このスクリーンはアルファ粒子が当たるたびに当たった点が光る．ラザフォードと助手たちはそのかすかな光を観察して数えなければならず，この仕事は骨が折れるうえ不正確さを伴っていた．このような方法は現代の医療用画像診断や年代測定には明らかに不向きである．

この方法の現代版がシンチレーションカウンターである．このカウンターでは蛍光物質を使って放射線を感知し，光子を出す．この光子を光電子増倍管や適当な電子機器を使って数える．

携帯用の**ガイガーカウンター**（Geiger counter）は，放射能を測定するため実験室や放射線安全委員会で一般に用いられている（図14・12）．低圧（約0.1 atm）の気体の入ったガラス管の内面はアノードとして作用する金属で覆われ，管の中心に延びている針金はカソードとして働く．この両電極間には高電圧がかかっている．アルファ粒子やベータ粒子が管の窓から入ってくると，気体原子をイオン化する．このとき放出された電子はアノードに引きつけられ，その途中でさらに気体分子をイオン化し，より多くの電子を放出する．こうして電子がアノードに殺到し，電流パルスが記録される．スピーカーにつなげば，このパルスはカチッという音として聞こえる．

フィルムバッジ**線量計**（dosimeter）は，写真乾板が放射線で黒くなるというベクレルの発見を利用したもので，放射性同位体を扱う人は一般に着用している（図14・13）．黒くなったバッジは，どの放射線にさらされたかを記録することで，安全基準を超える被曝を警告することができる．

放射線を検知する方法では，**バックグラウンド放射線**（background radiation）が適切に把握されていなければならない．たとえば宇宙線は，土壌，空気，水中の天然の放射性同位体と同様，つねに存在する放射線源である．これらの放射線は身の周りにいつもあるので，放射線源の測定時には差し引かなくてはならない．

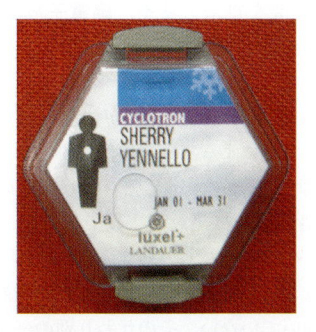

図14・13 放射性物質のある環境で働く人たちは，ここに示すようなフィルムバッジを装着して被曝線量を計測する．［写真: Lawrence S. Brown］

[*22] 半導体については§8・3を参照．

表 14・2　放射線の線量の定量に用いられる尺度の定義と単位．

	旧単位	SI 単位
照射線量: レントゲンは乾燥空気中の光子（ガンマ線や X 線）の照射線量を測る古い単位で，空気分子の電離度の尺度である．	レントゲン（R） 1 R = 2.58×10^{-4} C kg^{-1}（乾燥空気）	
吸収線量: 物質に吸収された放射線量をエネルギー単位で表したものだが，生物学的影響については考慮されていない．	ラド（rad，radiation absorbed dose の略） 1 rad = 100 erg g^{-1}（1 erg = 10^{-7} J）	グレイ（Gy） 1 Gy = 100 rad = 1 J kg^{-1}
等価線量: 吸収線量を，異なる種類の放射線により生じる生物学的損傷に関係づけた単位．線質係数 Q を吸収線量に掛けると等価線量が得られる．	レム（rem，roentgen equivalent man の略） rem = Q × 吸収線量（rad 単位）	シーベルト（Sv） 1 Sv = 100 rem = 1 J kg^{-1} Sv = Q × 吸収線量（Gy 単位）

線量の尺度

上記の放射線測定器によりある環境での放射線強度を定量することができる．放射線量の表し方には複数の方法がある．**照射線量**（exposure）は，空気中に生じたイオンの数の尺度である．**吸収線量**（absorbed dose）はその名のとおり，特定の物質により実際に吸収された線量の尺度である．**等価線量**（equivalent dose）は，人体組織への損傷を定量化しようとするものである．さらに複雑なことに，人体組織への実効的損傷の評価には二つの異なる単位が使われている．これらの尺度とその単位を表 14・2 にまとめる．

線質係数（quality factor，記号 Q で表す）は**相対的生物学的効果比**（relative biological effectiveness，RBE）としても知られ，高エネルギー光子（ガンマ線や X 線）の 1 からアルファ粒子の約 20 までの値をとる．等価線量は吸収線量と毒性の両方を同時に組込むため表 14・2 のように定義される[*23]．

14・8　洞察: 現代医学における画像診断法

体内を観察する方法として X 線が用いられて以来，放射線は医学の診断手段として利用されてきた[*24]．より最近の発展例としては，さまざまな放射性同位体を用いて特定の器官の画像を得る方法や，**陽電子放出断層撮影法**（positron emission tomography，PET）のようなさらに手の込んだ方法などもある．

伝統的な X 線撮影では，X 線が体を貫通するときどれだけ吸収されたかによって写真画像が得られる．骨は他の器官や組織より X 線をずっと強く吸収するので，X 線写真は整形外科の診断に優れた手段である．また，胸部 X 線のように，心臓や肺などの器官の構造を調べるのにも X 線写真を使うことができる．しかし器官の機能を調べるのには一般に向いていない．その代わり別の一連の技術が開発されている．それらは，少量の適当な放射性同位体を選択的に目的の器官に入れることができれば，そこからの放射線を観測することで器官の詳細な画像が得られるというものである．そのような画像を十分な時間分解能で得ることができれば，血流や酸素の取込みといった過程を観察することが可能となり，強力で比較的非侵襲性の（人体に負荷をかけない）医療手段となる．

どうしたら放射性同位体を特定の器官へ入れることができるのだろう．その答えは生化学が教えてくれる．ある種の元素や化合物は特異的に特定の器官に取込まれる．たとえば甲状腺は甲状腺ホルモンをつくるためにヨウ素を用いる．したがって甲状腺疾患を診断するのに放射性の ^{131}I がよく用いられる．患者に少量の放射性ヨウ素を注射すると，通常の生化学的経路を経て甲状腺へ運ばれる．そこで ^{131}I はベータ壊変を起こし，これを観察することで甲状腺の画像が得られる．この場合，器官そのものが光源になるので，放射線を外部から観察できる装置さえあればよい．同様に，別の器官の画像を得るのにいくつかの別の同位体が使われる．線量が少なくて，使った同位体の半減期が長すぎないかぎり，この方法はきわめて安全である．

名前から推測されるように，PET 画像（図 14・14）は陽電子を放出する同位体を利用する．§14・4 で陽電子放出は中性子不足の同位体で起こる傾向があると述べた．利用可能な陽電子放出核には ^{11}C，^{18}F，^{13}N，^{15}O などがある．これらの元素はすべて，一般の有機分子中にみられるものなので，適当な生体分子にそれらを組込むのは比較的容易である．たとえば ^{15}O はグルコースに入れることができる．人体はエネルギー源としてグルコースを利用しているので，標識されたグルコースはほとんどの器官に取込まれる[*25]．

上記の放射性同位体が壊変するたびに陽電子が放出されるが，体内での寿命はきわめて短い．ほとんどの場合，2〜3 mm も行かないうちに電子と出会って物質-反物質消滅を起こす．このとき一対のガンマ線が反対方向に飛

[*23]　[訳注] 実際には各人体組織への影響は，組織ごとに決められた組織荷重係数をさらに掛けて見積もられる．
[*24]　放射線は種々のがんの治療にも使われる．
[*25]　[訳注] PET をがん組織の発見に利用できるのは，ほとんどのがんでグルコースの代謝が正常組織より活発だからである．

び出す．検出器がガンマ線を記録し，コンピューターが標識化合物の位置を三次元的に描き出す．^{15}O の半減期はたった 122 秒なので，安定な（そして無害の）^{15}N に壊変するのは速い．この短い半減期のため，陽電子放出が体内でほんの短い間だけ起こるのはよいが，そのような短い半減期の同位体は保存できないのでこの診断法を実行するのは難しい．そのため PET 法は，必要な同位体をその場でつくることができる施設でのみ実行可能である．

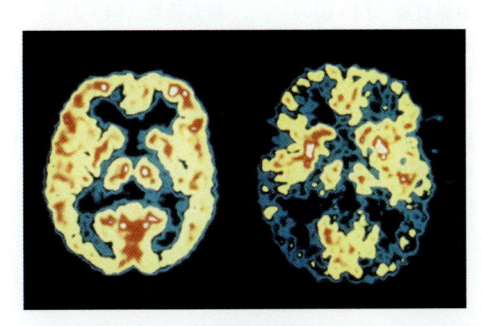

図 14・14 陽電子放射断層撮影法（PET）では，脳やその他の臓器について高品質の画像を得ることができる．この技術は陽電子と電子が衝突したときに生じる一対のガンマ線を同時に検出することに基づく．このため信号強度が低くても非常に高精度の測定が可能となっている．［画像：米国国立老化研究所の厚意による］

問題を解くときの考え方

問題 医療用画像診断に用いる放射性同位体を製造する会社に，ある研究者から実験用に 15 mg の ^{45}Ti の注文が来たとしよう．その実験室まで届けるのに約 1 時間半かかるとして，何 g の同位体をつくればよいか．

解法 ここで重要なのはつくった同位体は運ぶ間にも壊変するということである．実験には規定の質量が必要だから，壊変速度を考慮して，届いたときに必要な量以上残るだけつくらなくてはならない．調べるべき最も重要な情報は ^{45}Ti の半減期である．この値がわかりさえすれば，一次反応の積分形速度式を使って必要な計算ができる．

解答 半減期がわかると速度定数 k が求められる．

$$k = \frac{0.693}{t_{1/2}}$$

つぎに一次反応の積分形速度式，式（14・1）を使う．

$$N = N_0 e^{-kt}$$

ここで核の数の代わりに質量を使うと次式となる．

$$m = m_0 e^{-kt}$$

目的は ^{45}Ti の必要な初期質量 m_0 を求めることであるが，そのためには配達時間や梱包時間に仮定が必要である．もし製造してから配達に出すまで 30 分かかるとすると，合計時間は 120 分となる．min 単位の k を用いると，

$$m = m_0 e^{-kt}$$

$$m_0 = \frac{m}{e^{-kt}} = \frac{15 \text{ mg}}{e^{-k(120 \text{ min})}}$$

要　約

核反応では元素の変換が起こり，通常，高エネルギー粒子や光子の形で放射線が放出される．核反応は，放射壊変のように自然に起こるものと，人為的に起こされるものがある．核の壊変過程は放出される放射線の種類によって分類できる．

通常の化学反応と同様にして核反応式を書くことができる．しかし各元素の数は保存されないので，式のつり合いをとるのには，化学反応式とは異なった観点が必要である．すなわち質量数と電荷数の両方が保存されるようにすれば，つり合いのとれた核反応式が得られる．

すべての放射壊変過程は一次反応速度論に従い，その速度は一般に半減期で記述される．したがって，一次反応の標準的な式を使って，放射性物質の放射能を時間の関数として予測することができる．放射能は通常ベクレルかキュリー単位で報告される．炭素年代測定が可能なのは，^{14}C の壊変過程がよく理解されているからである．

核化学者は，さまざまな同位体の安定性に関する知見をまとめて示すのに，核種チャートを利用する．既知の安定同位体はすべて安定帯として知られる領域に入るが，不安定同位体の壊変の種類は，この領域に対する相対位置により予測できる．

通常の化学反応と比較して，核反応の放出するエネルギーは莫大である．核反応のエネルギー変化は，アインシュタインの式，$E = mc^2$ を利用して質量欠損から計算できる．同じ種類の計算で，特定の核種の結合エネルギーが求められる．それによると核の結合エネルギーは ^{56}Fe で最大値をとる．そのため非常に重い核は分裂して，より安定な 2 個以上の軽い核になることができる．逆に軽い核は 2 個以上が融合してより重く安定な核になることができる．現代の原子炉技術は ^{235}U の核分裂に基づいている．核融合炉も未来のエネルギー源として非常に有望であるが，工学的に大きな困難に直面している．

放射線の，生体組織を含めた物質に対する影響は，放射線の種類と被曝量の両方に依存する．その影響は，放射線を電離能力と透過能力で特徴づけて評価される．

14. 核化学

> **キーワード**

- 宇宙線（14・1）
- 電子ボルト（eV）（14・1）
- 核反応（14・1）
- 放射壊変（14・1）
- 核種（14・2）
- アルファ線（14・2）
- ベータ線（14・2）
- ガンマ線（14・2）
- アルファ粒子（14・2）
- ベータ粒子（14・2）
- 陽電子（14・2）
- アルファ壊変（14・2）
- ベータ壊変（14・2）

- ガンマ壊変（14・2）
- 電子捕獲（14・2）
- K捕獲（14・2）
- ベクレル（Bq）（14・3）
- キュリー（Ci）（14・3）
- 壊変定数（14・3）
- 半減期（14・3）
- 核種チャート（14・4）
- 安定帯（14・4）
- 不安定性の海（14・4）
- 壊変系列（14・4）
- 強い力（14・4）
- 結合エネルギー（14・5）

- 質量欠損（14・5）
- 核融合（14・5）
- 核分裂（14・5）
- 魔法数（14・5）
- 核変換（14・6）
- 複合核（14・6）
- 連鎖反応（14・6）
- 臨界質量（14・6）
- 燃料棒（14・6）
- 炉心（14・6）
- 制御棒（14・6）
- 透過能力（14・7）
- 電離能力（14・7）

- ガイガーカウンター（14・7）
- 線量計（14・7）
- バックグラウンド放射線（14・7）
- 照射線量（14・7）
- 吸収線量（14・7）
- 等価線量（14・7）
- 線質係数（14・7）
- 相対的生物学的効果比（RBE）（14・7）
- 陽電子放射断層撮影法（PET）（14・8）

付録A 原子量表

原子番号	元素記号	元素名	原子量	原子番号	元素記号	元素名	原子量
99	Es	アインスタイニウム	[252]	69	Tm	ツリウム	168.93421
30	Zn	亜鉛	65.38	43	Tc	テクネチウム	[98]
89	Ac	アクチニウム	[227]	26	Fe	鉄	55.845
85	At	アスタチン	[210]	65	Tb	テルビウム	158.92535
95	Am	アメリシウム	[243]	52	Te	テルル	127.60
18	Ar	アルゴン	39.948	29	Cu	銅	63.546
13	Al	アルミニウム	26.9815386	105	Db	ドブニウム	[268]
51	Sb	アンチモン	121.760	90	Th	トリウム	232.03806
16	S	硫黄	32.065	11	Na	ナトリウム	22.98976928
70	Yb	イッテルビウム	173.054	82	Pb	鉛	207.2
39	Y	イットリウム	88.90585	41	Nb	ニオブ	92.90638
77	Ir	イリジウム	192.217	28	Ni	ニッケル	58.6934
49	In	インジウム	114.818	60	Nd	ネオジム	144.242
92	U	ウラン	238.02891	10	Ne	ネオン	20.1797
118	Uuo	ウンウンオクチウム	[294]	93	Np	ネプツニウム	[237]
114	Uuq	ウンウンクアジウム	[289]	102	No	ノーベリウム	[259]
113	Uut	ウンウントリウム	[284]	97	Bk	バークリウム	[247]
116	Uuh	ウンウンヘキシウム	[293]	78	Pt	白金	195.084
115	Uup	ウンウンペンチウム	[288]	108	Hs	ハッシウム	[270]
68	Er	エルビウム	167.259	23	V	バナジウム	50.9415
17	Cl	塩素	35.453	72	Hf	ハフニウム	178.49
76	Os	オスミウム	190.23	46	Pd	パラジウム	106.42
48	Cd	カドミウム	112.411	56	Ba	バリウム	137.327
64	Gd	ガドリニウム	157.25	83	Bi	ビスマス	208.98040
19	K	カリウム	39.0983	33	As	ヒ素	74.92160
31	Ga	ガリウム	69.723	100	Fm	フェルミウム	[257]
98	Cf	カリホルニウム	[251]	9	F	フッ素	18.9984032
20	Ca	カルシウム	40.078	59	Pr	プラセオジム	140.90765
54	Xe	キセノン	131.293	87	Fr	フランシウム	[223]
96	Cm	キュリウム	[247]	94	Pu	プルトニウム	[244]
79	Au	金	196.966569	91	Pa	プロトアクチニウム	231.03588
47	Ag	銀	107.8682	61	Pm	プロメチウム	[145]
36	Kr	クリプトン	83.798	2	He	ヘリウム	4.002602
24	Cr	クロム	51.9961	4	Be	ベリリウム	9.012182
14	Si	ケイ素	28.0855	5	B	ホウ素	10.811
32	Ge	ゲルマニウム	72.63	107	Bh	ボーリウム	[272]
27	Co	コバルト	58.933195	67	Ho	ホルミウム	164.93032
112	Cn	コペルニシウム	[285]	84	Po	ポロニウム	[209]
62	Sm	サマリウム	150.36	109	Mt	マイトネリウム	[276]
8	O	酸素	15.9994	12	Mg	マグネシウム	24.3050
66	Dy	ジスプロシウム	162.500	25	Mn	マンガン	54.938045
106	Sg	シーボーギウム	[271]	101	Md	メンデレビウム	[258]
35	Br	臭素	79.904	42	Mo	モリブデン	95.96
40	Zr	ジルコニウム	91.224	63	Eu	ユウロピウム	151.964
80	Hg	水銀	200.59	53	I	ヨウ素	126.90447
1	H	水素	1.00794	104	Rf	ラザホージウム	[267]
21	Sc	スカンジウム	44.955912	88	Ra	ラジウム	[226]
50	Sn	スズ	118.710	86	Rn	ラドン	[222]
38	Sr	ストロンチウム	87.62	57	La	ランタン	138.90547
55	Cs	セシウム	132.9054519	3	Li	リチウム	6.941
58	Ce	セリウム	140.116	15	P	リン	30.973762
34	Se	セレン	78.96	71	Lu	ルテチウム	174.9668
110	Ds	ダームスタチウム	[281]	44	Ru	ルテニウム	101.07
81	Tl	タリウム	204.3833	37	Rb	ルビジウム	85.4678
74	W	タングステン	183.84	75	Re	レニウム	186.207
6	C	炭素	12.011	111	Rg	レントゲニウム	[280]
73	Ta	タンタル	180.94788	45	Rh	ロジウム	102.90550
22	Ti	チタン	47.867	103	Lr	ローレンシウム	[262]
7	N	窒素	14.0067				

付録 B　物 理 定 数

名　称	記　号	値
アボガドロ定数	N_A	$6.02214179 \times 10^{23}$ mol^{-1}
気体定数	R	8.314472 J K^{-1} mol^{-1}
		0.082057 L atm K^{-1} mol^{-1}
		62.366 L Torr K^{-1} mol^{-1}
光　速	c	2.99792458×10^8 m s^{-1}
重力加速度	g	9.80665 m s^{-2}
中性子の静止質量	m_n	$1.674927211 \times 10^{-27}$ kg
電子電荷	e	$1.602176487 \times 10^{-19}$ C
電子の質量電荷比	e/m	$1.758820150 \times 10^{11}$ C kg
電子の静止質量	m_e	$9.10938215 \times 10^{-31}$ kg
統一原子質量単位	u または Da	$1.660538782 \times 10^{-27}$ kg
ファラデー定数	F	96485.3399 C mol^{-1}
プランク定数	h	$6.62606896 \times 10^{-34}$ J s
ボルツマン定数	k	$1.3806504 \times 10^{-23}$ J K^{-1}
モル体積（標準状態）	V_m	22.414 L mol^{-1}
陽の静止質量	m_p	$1.672621637 \times 10^{-27}$ kg

付録 C　元素の基底状態の電子配置

番号	元素	電子配置	番号	元素	電子配置	番号	元素	電子配置
1	H	$1s^1$	37	Rb	$[Kr]5s^1$	74	W	$[Xe]4f^{14}5d^46s^2$
2	He	$1s^2$	38	Sr	$[Kr]5s^2$	75	Re	$[Xe]4f^{14}5d^56s^2$
3	Li	$[He]2s^1$	39	Y	$[Kr]4d^15s^2$	76	Os	$[Xe]4f^{14}5d^66s^2$
4	Be	$[He]2s^2$	40	Zr	$[Kr]4d^25s^2$	77	Ir	$[Xe]4f^{14}5d^76s^2$
5	B	$[He]2s^22p^1$	41	Nb	$[Kr]4d^45s^1$	78	Pt	$[Xe]4f^{14}5d^96s^1$
6	C	$[He]2s^22p^2$	42	Mo	$[Kr]4d^55s^1$	79	Au	$[Xe]4f^{14}5d^{10}6s^1$
7	N	$[He]2s^22p^3$	43	Tc	$[Kr]4d^65s^2$	80	Hg	$[Xe]4f^{14}5d^{10}6s^2$
8	O	$[He]2s^22p^4$	44	Ru	$[Kr]4d^75s^1$	81	Tl	$[Xe]4f^{14}5d^{10}6s^26p^1$
9	F	$[He]2s^22p^5$	45	Rh	$[Kr]4d^85s^1$	82	Pb	$[Xe]4f^{14}5d^{10}6s^26p^2$
10	Ne	$[He]2s^22p^6$	46	Pd	$[Kr]4d^{10}$	83	Bi	$[Xe]4f^{14}5d^{10}6s^26p^3$
11	Na	$[Ne]3s^1$	47	Ag	$[Kr]4d^{10}5s^1$	84	Po	$[Xe]4f^{14}5d^{10}6s^26p^4$
12	Mg	$[Ne]3s^2$	48	Cd	$[Kr]4d^{10}5s^2$	85	At	$[Xe]4f^{14}5d^{10}6s^26p^5$
13	Al	$[Ne]3s^23p^1$	49	In	$[Kr]4d^{10}5s^25p^1$	86	Rn	$[Xe]4f^{14}5d^{10}6s^26p^6$
14	Si	$[Ne]3s^23p^2$	50	Sn	$[Kr]4d^{10}5s^25p^2$	87	Fr	$[Rn]7s^1$
15	P	$[Ne]3s^23p^3$	51	Sb	$[Kr]4d^{10}5s^25p^3$	88	Ra	$[Rn]7s^2$
16	S	$[Ne]3s^23p^4$	52	Te	$[Kr]4d^{10}5s^25p^4$	89	Ac	$[Rn]6d^17s^2$
17	Cl	$[Ne]3s^23p^5$	53	I	$[Kr]4d^{10}5s^25p^5$	90	Th	$[Rn]6d^27s^2$
18	Ar	$[Ne]3s^23p^6$	54	Xe	$[Kr]4d^{10}5s^25p^6$	91	Pa	$[Rn]5f^26d^17s^2$
19	K	$[Ar]4s^1$	55	Cs	$[Xe]6s^1$	92	U	$[Rn]5f^36d^17s^2$
20	Ca	$[Ar]4s^2$	56	Ba	$[Xe]6s^2$	93	Np	$[Rn]5f^46d^17s^2$
21	Sc	$[Ar]3d^14s^2$	57	La	$[Xe]5d^16s^2$	94	Pu	$[Rn]5f^67s^2$
22	Ti	$[Ar]3d^24s^2$	58	Ce	$[Xe]4f^15d^16s^2$	95	Am	$[Rn]5f^77s^2$
23	V	$[Ar]3d^34s^2$	59	Pr	$[Xe]4f^36s^2$	96	Cm	$[Rn]5f^76d^17s^2$
24	Cr	$[Ar]3d^54s^1$	60	Nd	$[Xe]4f^46s^2$	97	Bk	$[Rn]5f^97s^2$
25	Mn	$[Ar]3d^54s^2$	61	Pm	$[Xe]4f^56s^2$	98	Cf	$[Rn]5f^{10}7s^2$
26	Fe	$[Ar]3d^64s^2$	62	Sm	$[Xe]4f^66s^2$	99	Es	$[Rn]5f^{11}7s^2$
27	Co	$[Ar]3d^74s^2$	63	Eu	$[Xe]4f^76s^2$	100	Fm	$[Rn]5f^{12}7s^2$
28	Ni	$[Ar]3d^84s^2$	64	Gd	$[Xe]4f^75d^16s^2$	101	Md	$[Rn]5f^{13}7s^2$
29	Cu	$[Ar]3d^{10}4s^1$	65	Tb	$[Xe]4f^96s^2$	102	No	$[Rn]5f^{14}7s^2$
30	Zn	$[Ar]3d^{10}4s^2$	66	Dy	$[Xe]4f^{10}6s^2$	103	Lr	$[Rn]5f^{14}6d^17s^2$
31	Ga	$[Ar]3d^{10}4s^24p^1$	67	Ho	$[Xe]4f^{11}6s^2$	104	Rf	$[Rn]5f^{14}6d^27s^2$
32	Ge	$[Ar]3d^{10}4s^24p^2$	68	Er	$[Xe]4f^{12}6s^2$	105	Db	$[Rn]5f^{14}6d^37s^2$
33	As	$[Ar]3d^{10}4s^24p^3$	69	Tm	$[Xe]4f^{13}6s^2$	106	Sg	$[Rn]5f^{14}6d^47s^2$
34	Se	$[Ar]3d^{10}4s^24p^4$	70	Yb	$[Xe]4f^{14}6s^2$	107	Bh	$[Rn]5f^{14}6d^57s^2$
35	Br	$[Ar]3d^{10}4s^24p^5$	71	Lu	$[Xe]4f^{14}5d^16s^2$	108	Hs	$[Rn]5f^{14}6d^67s^2$
36	Kr	$[Ar]3d^{10}4s^24p^6$	72	Hf	$[Xe]4f^{14}5d^26s^2$	109	Mt	$[Rn]5f^{14}6d^77s^2$
			73	Ta	$[Xe]4f^{14}5d^36s^2$			

付録 D　いくつかの一般的な物質の比熱と熱容量

物　質	比　熱, c $[\mathrm{J\,K^{-1}\,g^{-1}}]$	モル熱容量, C_p $[\mathrm{J\,K^{-1}\,mol^{-1}}]$
Al(s)	0.900	24.3
Ca(s)	0.653	26.2
Cu(s)	0.385	24.5
Fe(s)	0.444	24.8
Hg(l)	0.138	27.7
H_2O(s), 氷	2.09	37.7
H_2O(l), 水	4.184	75.3
H_2O(g), 蒸気	2.03	36.4
CO_2(g)	0.843	37.1
C_6H_6(l), ベンゼン	1.74	136
C_6H_6(g), ベンゼン	1.04	81.6
C_2H_5OH(l), エタノール	2.46	113
C_2H_5OH(g), エタノール	1.6	73.6
$(C_2H_5)_2O$(l), ジエチルエーテル	3.74	172
$(C_2H_5)_2O$(g), ジエチルエーテル	2.35	108

付録 E　代表的な物質の 298.15 K における熱力学データ

物質	$\Delta H_f°$ [kJ mol^{-1}]	$S°$ [J K^{-1} mol^{-1}]	$\Delta G_f°$ [kJ mol^{-1}]	物質	$\Delta H_f°$ [kJ mol^{-1}]	$S°$ [J K^{-1} mol^{-1}]	$\Delta G_f°$ [kJ mol^{-1}]
亜　鉛				HCl(g)	−92.31	186.8	−95.30
Zn(s)	0	41.63	0	HCl(aq)	−167.4	55.10	−131.2
ZnCl$_2$(s)	−415.05	111.46	−369.398	**カドミウム**			
ZnCO$_3$(s)	−812.78	82.4	−731.52	Cd(s)	0	51.76	0
ZnO(s)	−348.3	43.64	−318.3	CdCl$_2$(s)	−391.50	115.27	−343.93
Zn(OH)$_2$(s)	−643.25	81.6	−555.07	CdO(s)	−258.2	54.8	−228.4
ZnS(s)	−205.6	57.7	−201.3	CdS(s)	−161.9	64.9	−156.5
ZnSO$_4$(s)	−982.8	110.5	−871.5	**カリウム**			
アルゴン				K(s)	0	63.6	0
Ar(g)	0	154.843	0	KBr(s)	−393.798	95.90	−380.66
アルミニウム				KCl(s)	−436.5	82.6	−408.8
Al(s)	0	28.3	0	KClO$_3$(s)	−391.2	143.1	−289.9
AlCl$_3$(s)	−704.2	110.7	−628.9	KClO$_4$(s)	−432.747	82.59	−409.14
Al$_2$O$_3$(s)	−1676	50.92	−1582	K$_2$CO$_3$(s)	−1151.02	155.52	−1063.5
AlPO$_4$(s)	−1733.8	90.76	−1617.9	K$_2$CrO$_4$(s)	−1403.7	200.12	−1295.7
Al$_2$(SO$_4$)$_3$(s)	−3440.84	239.3	−3099.94	K$_2$Cr$_2$O$_7$(s)	−2061.5	291.2	−1881.8
アンチモン				KF(s)	−567.27	66.57	−537.75
Sb(s)	0	45.69	0	KI(s)	−327.9	106.4	−323.0
Sb$_4$O$_6$(s)	−1417.1	246.0	−1253.0	KMnO$_4$(s)	−837.2	171.71	−737.6
Sb$_2$O$_5$(s)	−971.9	125.1	−829.2	KNO$_3$(s)	−494.63	133.05	−394.86
SbCl$_5$(l)	−440.2	301	−350.1	KO$_2$(s)	284.93	116.7	−239.4
SbCl$_3$(s)	−382.17	184.1	−259.4	K$_2$O$_2$(s)	−494.1	102.1	−425.1
硫　黄				KOH(s)	−424.7	78.91	−378.9
S(s, 斜方系)	0	31.8	0	KOH(aq)	−481.2	92.0	−439.6
S(g)	278.8	167.8	−38.3	K$_2$SO$_4$(s)	−1437.79	175.56	−1321.37
S$_8$(g)	102.30	430.98	49.63	**カルシウム**			
S$_2$Cl$_2$(g)	−18	331	−31.8	Ca(s)	0	41.6	0
SF$_6$(g)	−1209	291.7	−1105	Ca(g)	192.6	154.8	158.9
H$_2$S(g)	−20.6	205.7	−33.6	Ca^{2+}(aq)	−542.8	−53.1	−553.5
H$_2$SO$_4$(l)	−814.0	156.9	−690.1	CaBr$_2$(s)	682.8	130	−663.6
H$_2$SO$_4$(aq)	−907.5	17	−742.0	CaC$_2$(s)	−62.8	70.3	−67.8
SO$_2$(g)	−296.8	248.1	−300.2	CaCO$_3$(s)	−1207	92.9	−1129
SO$_3$(g)	−395.6	256.6	−371.1	CaCl$_2$(s)	−795.0	114	−750.2
SOCl$_2$(l)	−206	—	—	CaF$_2$(s)	−1215	68.87	−1162
SO$_2$Cl$_2$(l)	−389	—	—	CaH$_2$(s)	−189	42	−150
ウラン				CaO(s)	−635.5	40	−604.2
U(s)	0	50.21	0	CaS(s)	−482.4	56.5	−477.4
UF$_6$(s)	−2147.4	377.9	−2063.7	Ca(NO$_3$)$_2$(s)	−938.39	193.3	−743.07
UO$_2$(s)	−1084.9	77.03	−1031.7	Ca(OH)$_2$(s)	−986.6	76.1	−896.8
UO$_3$(s)	−1223.8	96.11	−1145.9	Ca(OH)$_2$(aq)	−1002.8	76.15	−867.6
塩　素				Ca$_3$(PO$_4$)$_2$(s)	−4120.8	236.0	−3884.7
Cl$_2$(g)	0	223.0	0	CaSO$_4$(s)	−1433	107	−1320
Cl(g)	121.7	165.1	105.7	**キセノン**			
Cl$^-$(g)	−226	—	—	Xe(g)	0	169.683	0
Cl$^-$(aq)	−167.29	56.48	−131.26	XeF$_2$(g)	−130	260	−96
ClO(g)	101.22	—	—	XeF$_4$(g)	−215	316	−138
ClO$_2$(g)	104.60	249.4	123.4	XeO$_3$(g)	502	287	561
Cl$_2$O(g)	80	266	98	**金**			
ClF(g)	−54.48	217.89	−55.94	Au(s)	0	48	0
ClF$_3$(g)	−163.2	281.61	−123.0				

付録 E（つづき）

物質	ΔH_f° [kJ mol^{-1}]	S° [J K^{-1} mol^{-1}]	ΔG_f° [kJ mol^{-1}]	物質	ΔH_f° [kJ mol^{-1}]	S° [J K^{-1} mol^{-1}]	ΔG_f° [kJ mol^{-1}]
銀				HBr(g)	−36.4	198.59	−53.43
Ag(s)	0	42.55	0	**水 銀**			
Ag$^+$(aq)	105.79	73.86	77.12	Hg(l)	0	76.02	0
AgBr(s)	−100.37	107.1	−96.90	Hg(g)	61.32	174.96	31.82
AgCl(s)	−126.904	96.085	−109.8	HgCl$_2$(s)	−224.3	146	−178.6
AgI(s)	−61.84	115.5	−66.19	Hg$_2$Cl$_2$(s)	−224	146	−179
AgNO$_3$(s)	−124.39	140.92	−33.41	HgO(s, 赤色)	−90.83	70.29	−58.56
Ag$_2$O(s)	−31.05	121.3	−11.20	HgS(s, 赤色)	−8.2	82.4	−50.6
AgS(s)	−32.59	144.01	−40.67	**水 素**			
AgSCN(s)	87.9	131.0	101.36	H(g)	218.0	114.6	203.3
Ag$_2$SO$_4$(s)	−715.88	200.4	−618.41	H$_2$(g)	0	130.6	0
ク ロ ム				H$_2$O(l)	−285.8	69.91	−237.2
Cr(s)	0	23.8	0	H$_2$O(g)	−241.8	188.7	−228.6
Cr$_2$O$_3$(s)	−1139.7	81.2	−1058.1	H$_2$O$_2$(l)	−187.8	109.6	−120.4
Cr$_2$Cl$_3$(s)	−556.5	123.0	−486.1	**ス ズ**			
(NH$_4$)$_2$Cr$_2$O$_7$(s)	−1807	—	—	Sn(s, 白色)	0	51.55	0
ケ イ 素				Sn(s, 灰色)	−2.09	44.1	0.13
Si(s)	0	18.8	0	SnCl$_2$(s)	−350	—	—
SiBr$_4$(l)	−457.3	277.8	−443.9	SnCl$_4$(l)	−511.3	258.6	−440.2
SiC(s)	−65.3	16.6	−62.8	SnCl$_4$(g)	−471.5	366	−432.2
SiCl$_4$(g)	−657.0	330.6	−617.0	SnO(s)	−285.8	56.5	−256.9
SiCl$_4$(l)	−687.0	239.7	−619.84	SnO$_2$(s)	−580.7	52.3	−519.7
SiH$_4$(g)	34.3	204.5	56.9	**ストロンチウム**			
SiF$_4$(g)	−1615	282.4	−1573	Sr(s)	0	52.3	0
SiI$_4$(g)	−132	—	—	SrCl$_2$(s)	−828.9	114.85	−781.1
SiO$_2$(s)	−910.9	41.84	−856.7	SrCO$_3$(s)	−1220.1	97.1	−1140.1
H$_2$SiO$_3$(s)	−1189	134	−1092	SrO(s)	−592.0	54.4	−561.9
H$_4$SiO$_4$(s)	−1481.1	192	−1332.9	**セ シ ウ ム**			
Na$_2$SiO$_3$(s)	−1079	—	—	Cs(s)	0	85.23	0
H$_2$SiF$_6$(aq)	−2331	—	—	Cs$^+$(aq)	−248	133	−282
ゲルマニウム				CsF(aq)	−568.6	123	−558.5
Ge(s)	0	3	0	**セ レ ン**			
GeH$_4$(g)	91	217	113	Se(s)	0	42.442	0
GeCl$_4$(g)	−496	348	−457	H$_2$Se(g)	−9.7	219.02	15.9
GeO$_2$(s)	−551	55	−497	**タングステン**			
コ バ ル ト				W(s)	0	32.6	0
Co(s)	0	30.04	0	WO$_3$(s)	−842.9	75.90	−764.1
CoO(s)	−237.94	52.97	−214.20	**炭 素**			
Co$_3$O$_4$(s)	−891	102.5	−774	C(s,グラファイト)	0	5.740	0
CoCl$_2$(s)	−312.5	109.16	−269.8	C(s,ダイヤモンド)	1.897	2.38	2.900
CoSO$_4$(s)	−888.3	118.0	−782.3	C(g)	716.7	158.0	671.3
酸 素				CCl$_4$(l)	−135.4	216.4	−65.27
O$_2$(g)	0	205.0	0	CCl$_4$(g)	−103	309.7	−60.63
O(g)	249.2	161.0	231.8	CHCl$_3$(l)	−134.5	202	−73.72
O$_3$(g)	143	238.8	163	CHCl$_3$(g)	−103.1	295.6	−70.37
OF$_2$(g)	23	246.6	41	CH$_2$Cl$_2$(g)	−121.46	177.8	−67.26
臭 素				CH$_3$Cl(g)	−80.83	234.58	−57.37
Br(g)	111.8	174.9	82.4	CF$_4$(g)	−925	261.61	−879
Br$_2$(l)	0	152.23	0	CF$_2$Cl$_2$(g)	−477	301	−440
Br$_2$(g)	30.91	245.4	3.14	CH$_3$CF$_3$(l)	−737	280	−668
BrF$_3$(g)	−255.6	292.4	−229.5	CH$_4$(g)	−74.81	186.2	−50.75

付録 E（つづき）

物質	ΔH_f°〔kJ mol^{-1}〕	S°〔J K^{-1} mol^{-1}〕	ΔG_f°〔kJ mol^{-1}〕
C_2H_2(g)	226.7	200.8	209.2
C_2H_4(g)	52.26	219.5	68.12
C_2H_6(g)	−84.86	229.5	−32.9
C_3H_6(g)	20.41	266.9	62.75
C_3H_8(g)	−103.8	269.9	−23.49
C_6H_6(l)	49.03	172.8	124.5
C_8H_{18}(l)（n-オクタン）	−250.3	361.2	16.32
CH_3OH(l)	−238.66	126.8	−166.27
C_2H_5OH(l)	−277.7	161	−174.9
C_2H_5OH(g)	−235.1	282.6	−168.6
HCOOH(aq)	−425.6	92.0	−351
HCOOH(l)	−424.72	128.95	−361.35
HCHO(g)	−108.57	218.77	−102.53
CH_3CHO(g)	−166.19	250.3	−128.86
CH_3COOH(l)	−484.5	159.8	−389.9
$H_2C_2O_4$(s)	−828.93	115.6	−697.2
$H_2C_2O_4$(aq)	−825.1	45.61	−673.9
HCN(g)	135.1	201.78	124.7
CH_3NH_2(l)	−47.3	150.21	35.6
$CO(NH_2)_2$(s)	−334	105	−198
CH_3CN(l)	54	150	99
C_3H_3N(l)	172.9	188	208.6
CO(g)	−110.5	197.6	−137.2
CO_2(g)	−393.5	213.6	−394.4
CO_2(aq)	−413.80	117.6	−385.98
$COCl_2$(g)	−223.0	289.2	−210.5
CS_2(g)	117.4	237.7	67.15
$(CH_3)_2SO$(l)	−203	188	−99
$C_6H_{12}O_6$(s)（グルコース）	−1274.5	212.1	−910.56
$C_{12}H_{22}O_{11}$(s)（スクロース）	−2221.7	360.24	−1544.3
チタン			
Ti(s)	0	30.6	0
$TiCl_4$(l)	−804.2	252.3	−737.2
$TiCl_4$(g)	−763.2	354.8	−726.8
窒素			
N_2(g)	0	191.5	0
N(g)	472.704	153.19	455.579
NH_3(g)	−46.11	192.3	−16.5
NH_3(aq)	−80.29	111.3	−26.50
NH_4^+(aq)	−132.51	113.4	−79.31
N_2H_4(l)	50.63	121.2	149.2
$(NH_4)_3AsO_4$(aq)	−1268	—	—
NH_4Br(s)	−270.83	113	−175.2
NH_4Cl(s)	−314.4	94.6	−201.5
NH_4Cl(aq)	−300.2	—	—
NH_4HCO_3(s)	−847	12.1	−666
NH_4I(s)	−201.4	117	−113
NH_4NO_3(s)	−365.6	151.1	−184.0
$(NH_4)_2SO_4$(s)	−1180.85	220.1	−901.67
NF_3(g)	−125	260.6	−83.3
NO(g)	90.25	210.7	86.57

物質	ΔH_f°〔kJ mol^{-1}〕	S°〔J K^{-1} mol^{-1}〕	ΔG_f°〔kJ mol^{-1}〕
NO_2(g)	33.2	240.0	51.30
N_2O(g)	82.05	219.7	104.2
N_2O_3(g)	83.72	321.28	139.46
N_2O_4(g)	9.16	304.2	97.82
N_2O_5(g)	11	356	115
N_2O_5(s)	−43.1	178	114
NOCl(g)	52.59	264	66.36
HNO_3(l)	−174.1	155.6	−80.79
HNO_3(g)	−135.1	266.2	−74.77
HNO_3 (aq)	−206.6	146	−110.5
鉄			
Fe(s)	0	27.3	0
$FeCl_2$(s)	−340.67	117.9	−302.3
$FeCl_3$(s)	−399.49	142.3	−334.00
$FeCO_3$(s)	−741	93	−667
$Fe(CO)_5$(l)	−774.0	338	−705.4
$Fe(CO)_5$(g)	−733.8	445.2	−697.3
FeO(s)	−272	—	—
Fe_2O_3（s, ヘマタイト）	−824.2	87.40	−742.2
Fe_3O_4（s, マグネタイト）	−1118	146	−1015
$Fe(OH)_2$(s)	−569.0	88	−486.5
$Fe(OH)_3$(s)	−823.0	106.7	−696.5
FeS_2(s)	−177.5	122.2	−166.7
$FeSO_4$(s)	−928.4	107.5	−820.8
テルル			
Te(s)	0	49.71	0
TeO_2(s)	−322.6	79.5	−270.3
銅			
Cu(s)	0	33.15	0
CuBr(s)	−104.6	96.11	−100.8
CuCl(s)	−137.2	86.2	−119.86
$CuCl_2$(s)	−220.1	108.07	−175.7
CuI(s)	−67.8	96.7	−69.5
CuO(s)	−157	42.63	−130
Cu_2O(s)	−168.6	93.14	−146.0
CuS(s)	−53.1	66.5	−53.6
Cu_2S(s)	−79.5	120.9	−86.2
$CuSO_4$(s)	−771.36	109	−661.8
ナトリウム			
Na(s)	0	51.0	0
Na(g)	108.7	153.6	78.11
Na^+(g)	601	—	—
Na^+(aq)	−240.2	59.0	−261.9
NaBr(s)	−359.9	86.82	−348.98
NaCl(s)	−411.0	72.38	−384
NaCl(aq)	−407.1	115.5	−393.0
$NaClO_4$(s)	−383.30	142.3	−254.85
NaCN(s)	−87.49	118.49	−76.4
$NaCH_3COO$(s)	−708.80	123.0	−607.18
Na_2CO_3(s)	−1131	136	−1048
NaF(s)	−573.647	51.46	−543.494

付録 E（つづき）

物質	ΔH_f° [kJ mol^{-1}]	S° [J K^{-1} mol^{-1}]	ΔG_f° [kJ mol^{-1}]	物質	ΔH_f° [kJ mol^{-1}]	S° [J K^{-1} mol^{-1}]	ΔG_f° [kJ mol^{-1}]
NaH(s)	−56.275	40.016	−33.46	フッ素			
NaHCO$_3$(s)	−950.81	101.7	−851.0	F$^-$(g)	−322	—	—
NaHSO$_4$(s)	−1125.5	113.0	−992.8	F$^-$(aq)	−332.6	—	−278.8
NaH$_2$PO$_4$(s)	−1538	128	−1387	F(g)	78.99	158.6	61.92
Na$_2$HPO$_4$(s)	−1749	151	−1609	F$_2$(g)	0	202.7	0
NaI(s)	−287.78	98.53	−286.06	HF(g)	−271	173.7	−273
NaNO$_3$(s)	−467.85	116.52	−367.00	HF(aq)	−320.08	88.7	−296.8
Na$_2$O(s)	−414.22	75.06	−375.46	ヘリウム			
Na$_2$O$_2$(s)	−510.87	95.0	−447.7	He(g)	0	126.150	0
NaOH(s)	−426.7	64.45	−379.49	ベリリウム			
NaOH(aq)	−469.6	49.8	−419.2	Be(s)	0	9.54	0
Na$_3$PO$_4$(s)	−1917.40	173.80	−1788.80	BeCl$_2$(s)	−490.4	82.68	−445.6
Na$_2$S(s)	−364.8	83.7	−349.8	BeF$_2$(s)	−1026.8	53.35	−979.4
Na$_2$SO$_4$(s)	−1387.08	149.58	−1270.16	BeO(s)	−609.6	14.14	−580.3
Na$_2$S$_2$O$_3$(s)	−1123.0	155	−1028.0	Be(OH)$_2$(s)	−907.1	50.2	−817.6
				BeSO$_4$(s)	−1205.20	77.91	−1093.80
鉛				ホウ素			
Pb(s)	0	64.81	0	B(s)	0	5.86	0
PbCl$_2$(s)	−359.4	136	−314.1	BCl$_3$(l)	−427.2	206.3	−387.4
PbO(s, 黄鉛)	−217.3	68.70	−187.9	B$_2$H$_6$(g)	35.6	232.11	86.7
PbO$_2$(s)	−277.4	68.6	−217.33	BF$_3$(g)	−1137.00	254.12	−1120.33
Pb(OH)$_2$(s)	−515.9	88	−420.9	H$_3$BO$_3$(s)	−1094.33	88.83	−968.92
PbS(s)	−100.4	91.2	−98.7	NaBH$_4$(s)	−183.34	104.68	−119.54
PbSO$_4$(s)	−919.94	148.57	−813.14	マグネシウム			
ニッケル				Mg(s)	0	32.5	0
Ni(s)	0	30.1	0	Mg^{2+}(aq)	−454.668	−138.1	−455.57
NiCl$_2$(s)	−82.0	52.97	−79.5	MgBr$_2$(s)	−524.3	117.2	−503.8
Ni(CO)$_4$(g)	−602.9	410.4	−587.3	MgCl$_2$(s)	−641.8	89.5	−592.3
NiO(s)	−244	38.6	−216	MgCO$_3$(s)	−1095.8	65.7	−1012.1
NiS(g)	−82.0	52.97	−79.5	MgF$_2$(s)	−1123.4	57.24	−1070.2
NiSO$_4$(s)	−872.91	92	−759.7	MgI$_2$(s)	−364.0	129.7	−358.2
ネオン				Mg(NO$_3$)$_2$(s)	−790.65	164.0	−589.4
Ne(g)	0	146.328	0	MgO(s)	−601.8	27	−569.6
バリウム				Mg(OH)$_2$(s)	−924.7	63.14	−833.7
Ba(s)	0	62.8	0	Mg$_3$(PO$_4$)$_2$(s)	−3780.7	189.20	−3538.7
BaCl$_2$(s)	−860.1	126	−810.9	MgS(s)	−347	—	—
BaCO$_3$(s)	−1216.3	112.1	−1137.6	MgSO$_4$(s)	−1284.9	91.6	−1170.6
BaF$_2$(s)	−1207.1	96.36	−1156.8	マンガン			
Ba(NO$_3$)$_2$(s)	−992.07	213.8	−796.59	Mn(s)	0	32.01	0
BaO(s)	−553.5	70.42	−525.1	MnCl$_2$(s)	−481.29	118.24	−440.50
BaSO$_4$(s)	−1465	132	−1353	MnO(s)	−385.22	59.71	−362.90
ビスマス				MnO$_2$(s)	−520.03	53.05	−465.14
Bi(s)	0	56.74	0	Mn$_2$O$_3$(s)	−959.0	110.5	−881.1
BiCl$_3$(s)	−379.1	177.0	−315.0	Mn$_3$O$_4$(s)	−1387.8	155.6	−1283.2
Bi$_2$O$_3$(s)	−573.88	151.5	−493.7	MnSO$_4$(s)	−1065.25	112.1	−957.36
Bi$_2$S$_3$(s)	−143.1	200.4	−140.6	ヨウ素			
ヒ素				I(g)	106.6	180.66	70.16
As(s)	0	35.1	0	I$_2$(s)	0	116.1	0
H$_3$As(g)	66.44	222.78	68.93	I$_2$(g)	62.44	260.6	19.36
As$_2$O$_5$(s)	−924.87	105.4	−782.3	ICl(g)	17.78	247.4	−5.52
AsCl$_3$(l)	−305.0	216.3	−259.4	HI(g)	26.5	206.5	1.72

付録 E（つづき）

物 質	$\Delta H_f°$ [kJ mol^{-1}]	$S°$ [J K^{-1} mol^{-1}]	$\Delta G_f°$ [kJ mol^{-1}]	物 質	$\Delta H_f°$ [kJ mol^{-1}]	$S°$ [J K^{-1} mol^{-1}]	$\Delta G_f°$ [kJ mol^{-1}]
リチウム				P$_4$(s, 赤リン)	−73.6	91.2	−48.5
Li(s)	0	28.0	0	P$_4$(g)	58.91	279.98	24.44
LiAlH$_4$(s)	−116.3	78.74	−44.7	PCl$_3$(g)	−306.4	311.7	−286.3
LiCl(s)	−408.61	59.33	−384.37	PCl$_5$(g)	−398.9	353	−324.6
LiF(s)	−615.97	35.65	−587.71	PF$_3$(g)	−918.8	273.24	−897.5
LiH(s)	−90.54	20.008	−68.35	PH$_3$(g)	5.4	210.1	13
LiNO$_3$(s)	−483.13	90.0	−381.1	P$_4$O$_{10}$(s)	−2984	228.9	−2698
LiOH(s)	−487.23	50	−443.9	H$_3$PO$_4$(s)	−1281	110.5	−1119
LiOH(aq)	−508.4	4	−451.1				
リ ン				ルビジウム			
P(g)	314.6	163.1	278.3	Rb(s)	0	76.78	0
P$_4$(s, 白(黄)リン)	0	177	0	RbOH(aq)	−481.16	110.75	−441.24

付録 F　酸の 25 °C における解離定数

酸	イオン反応式	K_a
アジ化水素	$HN_3 + H_2O \rightleftharpoons N_3^- + H_3O^+$	1.9×10^{-5}
安息香酸	$C_6H_5COOH + H_2O \rightleftharpoons C_6H_5COO^- + H_3O^+$	6.3×10^{-5}
次亜塩素酸	$HOCl + H_2O \rightleftharpoons OCl^- + H_3O^+$	2.9×10^{-8}
過酸化水素	$H_2O_2 + H_2O \rightleftharpoons HO_2^- + H_3O^+$	2.4×10^{-12}
ギ酸	$HCOOH + H_2O \rightleftharpoons HCOO^- + H_3O^+$	1.8×10^{-4}
クエン酸	$C_3H_5O(COOH)_3 + H_2O \rightleftharpoons C_4H_5O_3(COOH)_2^- + H_3O^+$	$K_{a1} = 7.4 \times 10^{-3}$
	$C_4H_5O_3(COOH)_2^- + H_2O \rightleftharpoons C_5H_5O_5COOH^{2-} + H_3O^+$	$K_{a2} = 1.7 \times 10^{-5}$
	$C_5H_5O_5COOH^{2-} + H_2O \rightleftharpoons C_6H_5O_7^{3-} + H_3O^+$	$K_{a3} = 7.4 \times 10^{-7}$
グルコン酸	$HOCH_2(CHOH)_4COOH + H_2O \rightleftharpoons HOCH_2(CHOH)_4COO^- + H_3O^+$	2.4×10^{-4}
酢酸	$CH_3COOH + H_2O \rightleftharpoons CH_3COO^- + H_3O^+$	1.8×10^{-5}
サリチル酸	$C_6H_4(OH)COOH + H_2O \rightleftharpoons C_6H_4(OH)COO^- + H_3O^+$	1.1×10^{-3}
シアン化水素	$HCN + H_2O \rightleftharpoons CN^- + H_3O^+$	6.2×10^{-10}
シアン酸	$HOCN + H_2O \rightleftharpoons OCN^- + H_3O^+$	3.5×10^{-4}
シュウ酸	$(COOH)_2 + H_2O \rightleftharpoons COOCOOH^- + H_3O^+$	$K_{a1} = 5.9 \times 10^{-2}$
	$COOCOOH^- + H_2O \rightleftharpoons (COO)_2^{2-} + H_3O^+$	$K_{a2} = 6.4 \times 10^{-5}$
次亜臭素酸	$HOBr + H_2O \rightleftharpoons OBr^- + H_3O^+$	2.5×10^{-9}
亜硝酸	$HNO_2 + H_2O \rightleftharpoons NO_2^- + H_3O^+$	4.5×10^{-4}
セレン酸	$H_2SeO_4 + H_2O \rightleftharpoons HSeO_4^- + H_3O^+$	$K_{a1} =$ 非常に大きい
	$HSeO_4^- + H_2O \rightleftharpoons SeO_4^{2-} + H_3O^+$	$K_{a2} = 1.2 \times 10^{-2}$
亜セレン酸	$H_2SeO_3 + H_2O \rightleftharpoons HSeO_3^- + H_3O^+$	$K_{a1} = 2.7 \times 10^{-3}$
	$HSeO_3^- + H_2O \rightleftharpoons SeO_3^{2-} + H_3O^+$	$K_{a2} = 2.5 \times 10^{-7}$
炭酸	$H_2CO_3 + H_2O \rightleftharpoons HCO_3^- + H_3O^+$	$K_{a1} = 4.4 \times 10^{-7}$
	$HCO_3^- + H_2O \rightleftharpoons CO_3^{2-} + H_3O^+$	$K_{a2} = 4.8 \times 10^{-11}$
亜テルル酸	$H_2TeO_3 + H_2O \rightleftharpoons HTeO_3^- + H_3O^+$	$K_{a1} = 2 \times 10^{-3}$
	$HTeO_3^- + H_2O \rightleftharpoons TeO_3^{2-} + H_3O^+$	$K_{a2} = 1 \times 10^{-8}$
ヒ酸	$H_3AsO_4 + H_2O \rightleftharpoons H_2AsO_4^- + H_3O^+$	$K_{a1} = 2.5 \times 10^{-4}$
	$H_2AsO_4^- + H_2O \rightleftharpoons HAsO_4^{2-} + H_3O^+$	$K_{a2} = 5.6 \times 10^{-8}$
	$HAsO_4^{2-} + H_2O \rightleftharpoons AsO_4^{3-} + H_3O^+$	$K_{a3} = 3.0 \times 10^{-13}$
亜ヒ酸	$H_3AsO_3 + H_2O \rightleftharpoons H_2AsO_3^- + H_3O^+$	$K_{a1} = 6.0 \times 10^{-10}$
	$H_2AsO_3^- + H_2O \rightleftharpoons HAsO_3^{2-} + H_3O^+$	$K_{a2} = 3.0 \times 10^{-14}$
フェノール	$C_6H_5OH + H_2O \rightleftharpoons C_6H_5O^- + H_3O^+$	1.3×10^{-10}
酪酸	$CH_3CH_2CH_2COOH + H_2O \rightleftharpoons CH_3CH_2CH_2COO^- + H_3O^+$	1.5×10^{-5}
フッ化水素	$HF + H_2O \rightleftharpoons F^- + H_3O^+$	6.3×10^{-4}
プロパン酸	$CH_3CH_2COOH + H_2O \rightleftharpoons CH_3CH_2COO^- + H_3O^+$	1.3×10^{-5}
ヘプトン酸	$HOCH_2(CHOH)_5COOH + H_2O \rightleftharpoons HOCH_2(CHOH)_5COO^- + H_3O^+$	1.3×10^{-5}
次亜ヨウ素酸	$HOI + H_2O \rightleftharpoons OI^- + H_3O^+$	2.3×10^{-11}
硫化水素	$H_2S + H_2O \rightleftharpoons HS^- + H_3O^+$	$K_{a1} = 1.0 \times 10^{-7}$
	$HS^- + H_2O \rightleftharpoons S^{2-} + H_3O^+$	$K_{a2} = 1.0 \times 10^{-19}$
硫酸	$H_2SO_4 + H_2O \rightleftharpoons HSO_4^- + H_3O^+$	$K_{a1} =$ 非常に大きい
	$HSO_4^- + H_2O \rightleftharpoons SO_4^{2-} + H_3O^+$	$K_{a2} = 1.2 \times 10^{-2}$
亜硫酸	$H_2SO_3 + H_2O \rightleftharpoons HSO_3^- + H_3O^+$	$K_{a1} = 1.2 \times 10^{-2}$
	$HSO_3^- + H_2O \rightleftharpoons SO_3^{2-} + H_3O^+$	$K_{a2} = 6.2 \times 10^{-8}$
リン酸	$H_3PO_4 + H_2O \rightleftharpoons H_2PO_4^- + H_3O^+$	$K_{a1} = 7.5 \times 10^{-3}$
	$H_2PO_4^- + H_2O \rightleftharpoons HPO_4^{2-} + H_3O^+$	$K_{a2} = 6.2 \times 10^{-8}$
	$HPO_4^{2-} + H_2O \rightleftharpoons HPO_4^{3-} + H_3O^+$	$K_{a3} = 3.6 \times 10^{-13}$
亜リン酸	$H_3PO_3 + H_2O \rightleftharpoons H_2PO_3^- + H_3O^+$	$K_{a1} = 1.6 \times 10^{-2}$
	$H_2PO_3^- + H_2O \rightleftharpoons HPO_3^{2-} + H_3O^+$	$K_{a2} = 7.0 \times 10^{-7}$

付録 G　塩基の 25 °C における解離定数

塩　基	イオン反応式	K_b
アニリン	$C_6H_5NH_2 + H_2O \rightleftharpoons C_6H_5NH_3^+ + OH^-$	4.2×10^{-10}
アンモニア	$NH_3 + H_2O \rightleftharpoons NH_4^+ + OH^-$	1.8×10^{-5}
エチレンジアミン	$(CH_2)_2(NH_2)_2 + H_2O \rightleftharpoons (CH_2)_2(NH_2)_2H^+ + OH^-$	$K_{b1} = 8.5 \times 10^{-5}$
	$(CH_2)_2(NH_2)_2H^+ + H_2O \rightleftharpoons (CH_2)_2(NH_2)_2H_2^{2+} + OH^-$	$K_{b2} = 2.7 \times 10^{-8}$
ジメチルアミン	$(CH_3)_2NH + H_2O \rightleftharpoons (CH_3)_2NH_2^+ + OH^-$	7.4×10^{-4}
トリメチルアミン	$(CH_3)_3N + H_2O \rightleftharpoons (CH_3)_3NH^+ + OH^-$	7.4×10^{-5}
ヒドラジン	$N_2H_4 + H_2O \rightleftharpoons N_2H_5^+ + OH^-$	$K_{b1} = 8.5 \times 10^{-7}$
	$N_2H_5^+ + H_2O \rightleftharpoons N_2H_6^{2+} + OH^-$	$K_{b2} = 8.9 \times 10^{-16}$
ヒドロキシルアミン	$NH_2OH + H_2O \rightleftharpoons NH_3OH^+ + OH^-$	6.6×10^{-9}
ピリジン	$C_5H_5N + H_2O \rightleftharpoons C_5H_5NH^+ + OH^-$	1.5×10^{-9}
メチルアミン	$CH_3NH_2 + H_2O \rightleftharpoons CH_3NH_3^+ + OH^-$	5.0×10^{-4}

付録 H　代表的な無機化合物の 25 ℃ における溶解度積

物質	K_{sp}	物質	K_{sp}	物質	K_{sp}	物質	K_{sp}
亜鉛化合物		**銀化合物**		SnS	1.0×10^{-28}	**ニッケル化合物**	
$Zn_3(AsO_4)_2$	1.1×10^{-27}	Ag_3AsO_4	1.1×10^{-20}	$Sn(OH)_4$	1.0×10^{-57}	$Ni_3(AsO_4)_2$	1.9×10^{-26}
$ZnCO_3$	1.5×10^{-11}	AgBr	5.3×10^{-13}	SnS_2	1.0×10^{-70}	$NiCO_3$	6.6×10^{-9}
$Zn(CN)_2$	8.0×10^{-12}	Ag_2CO_3	8.1×10^{-12}			$Ni(CN)_2$	3.0×10^{-23}
$Zn_2[Fe(CN)_6]$	4.1×10^{-16}	AgCl	1.8×10^{-10}	**ストロンチウム化合物**		$Ni(OH)_2$	2.8×10^{-16}
$Zn(OH)_2$	4.5×10^{-17}	Ag_2CrO_4	9.0×10^{-12}	$Sr_3(AsO_4)_2$	1.3×10^{-18}	NiS (α)	3.0×10^{-21}
$Zn_3(PO_4)_2$	9.1×10^{-33}	AgCN	6.0×10^{-17}	$SrCO_3$	9.4×10^{-10}	NiS (β)	1.0×10^{-26}
ZnS	1.1×10^{-21}	$Ag_4[Fe(CN)_6]$	1.6×10^{-41}	$SrCrO_4$	3.6×10^{-5}	NiS (γ)	2.0×10^{-28}
		AgI	1.5×10^{-16}	$Sr_3(PO_4)_2$	1.0×10^{-31}		
アルミニウム化合物		Ag_3PO_4	1.3×10^{-20}	$SrSO_3$	4.0×10^{-8}	**バリウム化合物**	
$AlAsO_4$	1.6×10^{-16}	Ag_2SO_3	1.5×10^{-14}	$SrSO_4$	2.8×10^{-7}	$Ba_3(AsO_4)_2$	1.1×10^{-13}
$Al(OH)_3$	1.9×10^{-33}	Ag_2SO_4	1.2×10^{-5}			$BaCO_3$	8.1×10^{-9}
$AlPO_4$	1.3×10^{-20}	Ag_2S	1.0×10^{-49}	**鉄化合物**		$BaCrO_4$	2.0×10^{-10}
		AgSCN	1.0×10^{-12}	$FeCO_3$	3.5×10^{-11}	BaF_2	1.7×10^{-6}
アンチモン化合物				$Fe(OH)_2$	7.9×10^{-15}	$Ba_3(PO_4)_2$	1.3×10^{-29}
Sb_2S_3	1.6×10^{-93}	**クロム化合物**		FeS	4.9×10^{-18}	$BaSeO_4$	2.8×10^{-11}
		$CrAsO_4$	7.8×10^{-21}	$Fe_4[Fe(CN)_6]_3$	3.0×10^{-41}	$BaSO_3$	8.0×10^{-7}
カドミウム化合物		$Cr(OH)_3$	6.7×10^{-31}	$Fe(OH)_3$	6.3×10^{-38}	$BaSO_4$	1.1×10^{-10}
$Cd_3(AsO_4)_2$	2.2×10^{-32}	$CrPO_4$	2.4×10^{-23}	Fe_2S_3	1.4×10^{-88}		
$CdCO_3$	2.5×10^{-14}					**ビスマス化合物**	
$Cd(CN)_2$	1.0×10^{-8}	**コバルト化合物**		**銅化合物**		BiOCl	7.0×10^{-9}
$Cd_2[Fe(CN)_6]$	3.2×10^{-17}	$Co_3(AsO_4)_2$	7.6×10^{-29}	CuBr	5.3×10^{-9}	BiO(OH)	1.0×10^{-12}
$Cd(OH)_2$	1.2×10^{-14}	$CoCO_3$	8.0×10^{-13}	CuCl	1.9×10^{-7}	BiI_3	8.1×10^{-19}
CdS	3.6×10^{-29}	$Co(OH)_2$	2.5×10^{-16}	CuCN	3.2×10^{-20}	$BiPO_4$	1.3×10^{-23}
		CoS (α)	5.9×10^{-21}	CuI	5.1×10^{-12}	Bi_2S_3	1.6×10^{-72}
		CoS (β)	8.7×10^{-23}	Cu_2S	1.6×10^{-48}		
カルシウム化合物		$Co(OH)_3$	4.0×10^{-45}	CuSCN	1.6×10^{-11}	**マグネシウム化合物**	
$Ca_3(AsO_4)_2$	6.8×10^{-19}	Co_2S_3	2.6×10^{-124}	$Cu_3(AsO_4)_2$	7.6×10^{-36}	$Mg_3(AsO_4)_2$	2.1×10^{-20}
$CaCO_3$	4.8×10^{-9}			$CuCO_3$	2.5×10^{-10}	MgC_2O_4	8.6×10^{-5}
$CaCrO_4$	7.1×10^{-4}	**水銀化合物**		$Cu_2[Fe(CN)_6]$	1.3×10^{-16}	MgF_2	6.4×10^{-9}
CaF_2	1.7×10^{-10}	Hg_2Br_2	1.3×10^{-22}	$Cu(OH)_2$	1.6×10^{-19}	$Mg(OH)_2$	1.5×10^{-11}
$Ca(OH)_2$	7.9×10^{-6}	Hg_2CO_3	8.9×10^{-17}	CuS	8.7×10^{-36}	$MgNH_4PO_4$	2.5×10^{-12}
$CaHPO_4$	2.7×10^{-7}	Hg_2Cl_2	1.1×10^{-18}				
$Ca(H_2PO_4)_2$	1.0×10^{-3}	Hg_2CrO_4	5.0×10^{-9}	**鉛化合物**		**マンガン化合物**	
$Ca_3(PO_4)_2$	2.0×10^{-33}	Hg_2I_2	4.5×10^{-29}	$Pb_3(AsO_4)_2$	4.1×10^{-36}	$Mn_3(AsO_4)_2$	2.1×10^{-20}
		Hg_2SO_4	6.8×10^{-7}	$PbBr_2$	6.3×10^{-6}	$MnCO_3$	1.8×10^{-11}
		Hg_2S	5.8×10^{-44}	$PbCO_3$	1.5×10^{-13}	$Mn(OH)_2$	4.6×10^{-14}
金化合物		$Hg(CN)_2$	3.0×10^{-23}	$PbCl_2$	1.7×10^{-5}	MnS	5.1×10^{-15}
AuBr	5.0×10^{-17}	$Hg(OH)_2$	2.5×10^{-26}	$PbCrO_4$	1.8×10^{-14}	$Mn(OH)_3$	1.0×10^{-36}
AuCl	2.0×10^{-13}	HgI_2	4.0×10^{-29}	PbF_2	3.7×10^{-8}		
AuI	1.6×10^{-23}	HgS	3.0×10^{-53}	$Pb(OH)_2$	2.8×10^{-16}		
$AuBr_3$	4.0×10^{-36}			PbI_2	8.7×10^{-9}		
$AuCl_3$	3.2×10^{-25}	**スズ化合物**		$Pb_3(PO_4)_2$	3.0×10^{-44}		
$Au(OH)_3$	1.0×10^{-53}	$Sn(OH)_2$	2.0×10^{-26}	$PbSeO_4$	1.5×10^{-7}		
AuI_3	1.0×10^{-46}	SnI_2	1.0×10^{-4}	$PbSO_4$	1.8×10^{-8}		
				PbS	8.4×10^{-28}		

付録 I　水溶液の 25°C における標準還元電位

酸性水溶液系での半反応	標準還元電位 $E°$ [V]
$Li^+(aq) + e^- \longrightarrow Li(s)$	−3.045
$K^+(aq) + e^- \longrightarrow K(s)$	−2.925
$Rb^+(aq) + e^- \longrightarrow Rb(s)$	−2.925
$Ba^{2+}(aq) + 2\,e^- \longrightarrow Ba(s)$	−2.90
$Sr^{2+}(aq) + 2\,e^- \longrightarrow Sr(s)$	−2.89
$Ca^{2+}(aq) + 2\,e^- \longrightarrow Ca(s)$	−2.87
$Na^+(aq) + e^- \longrightarrow Na(s)$	−2.714
$Mg^{2+}(aq) + 2\,e^- \longrightarrow Mg(s)$	−2.37
$H_2(g) + 2\,e^- \longrightarrow 2\,H^-(aq)$	−2.25
$Al^{3+}(aq) + 3\,e^- \longrightarrow Al(s)$	−1.66
$Zr^{4+}(aq) + 4\,e^- \longrightarrow Zr(s)$	−1.53
$ZnS(s) + 2\,e^- \longrightarrow Zn(s) + S^{2-}(aq)$	−1.44
$CdS(s) + 2\,e^- \longrightarrow Cd(s) + S^{2-}(aq)$	−1.21
$V^{2+}(aq) + 2\,e^- \longrightarrow V(s)$	−1.18
$Mn^{2+}(aq) + 2\,e^- \longrightarrow Mn(s)$	−1.18
$FeS(s) + 2\,e^- \longrightarrow Fe(s) + S^{2-}(aq)$	−1.01
$Cr^{2+}(aq) + 2\,e^- \longrightarrow Cr(s)$	−0.91
$Zn^{2+}(aq) + 2\,e^- \longrightarrow Zn(s)$	−0.763
$Cr^{3+}(aq) + 3\,e^- \longrightarrow Cr(s)$	−0.74
$HgS(s) + 2\,H^+(aq) + 2\,e^- \longrightarrow Hg(l) + H_2S(g)$	−0.72
$Ga^{3+}(aq) + 3\,e^- \longrightarrow Ga(s)$	−0.53
$2\,CO_2(g) + 2\,H^+(aq) + 2\,e^- \longrightarrow (COOH)_2(aq)$	−0.49
$Fe^{2+}(aq) + 2\,e^- \longrightarrow Fe(s)$	−0.44
$Cr^{3+}(aq) + e^- \longrightarrow Cr^{2+}(aq)$	−0.41
$Cd^{2+}(aq) + 2\,e^- \longrightarrow Cd(s)$	−0.403
$Se(s) + 2\,H^+(aq) + 2\,e^- \longrightarrow H_2Se(aq)$	−0.40
$PbSO_4(s) + 2\,e^- \longrightarrow Pb(s) + SO_4^{2-}(aq)$	−0.356
$Tl^+(aq) + e^- \longrightarrow Tl(s)$	−0.34
$Co^{2+}(aq) + 2\,e^- \longrightarrow Co(s)$	−0.28
$Ni^{2+}(aq) + 2\,e^- \longrightarrow Ni(s)$	−0.25
$[SnF_6]^{2-}(aq) + 4\,e^- \longrightarrow Sn(s) + 6\,F^-(aq)$	−0.25
$AgI(s) + e^- \longrightarrow Ag(s) + I^-(aq)$	−0.15
$Sn^{2+}(aq) + 2\,e^- \longrightarrow Sn(s)$	−0.14
$Pb^{2+}(aq) + 2\,e^- \longrightarrow Pb(s)$	−0.126
$N_2O(g) + 6\,H^+(aq) + H_2O(l) + 4\,e^- \longrightarrow 2\,NH_3OH^+(aq)$	−0.05
$2\,H^+(aq) + 2\,e^- \longrightarrow H_2(g)$	0.000
$AgBr(s) + e^- \longrightarrow Ag(s) + Br^-(aq)$	0.10
$S(s) + 2\,H^+(aq) + 2\,e^- \longrightarrow H_2S(aq)$	0.14
$Sn^{4+}(aq) + 2\,e^- \longrightarrow Sn^{2+}(aq)$	0.15
$Cu^{2+}(aq) + e^- \longrightarrow Cu^+(aq)$	0.153
$SO_4^{2-}(aq) + 4\,H^+(aq) + 2\,e^- \longrightarrow H_2SO_3(aq) + H_2O(l)$	0.17
$SO_4^{2-}(aq) + 4\,H^+(aq) + 2\,e^- \longrightarrow SO_2(g) + 2\,H_2O(l)$	0.20
$AgCl(s) + e^- \longrightarrow Ag(s) + Cl^-(aq)$	0.222
$Hg_2Cl_2(s) + 2\,e^- \longrightarrow 2\,Hg(l) + 2\,Cl^-(aq)$	0.27
$Cu^{2+}(aq) + 2\,e^- \longrightarrow Cu(s)$	0.337
$[RhCl_6]^{3-}(aq) + 3\,e^- \longrightarrow Rh(s) + 6\,Cl^-(aq)$	0.44

付録 I（つづき）

酸性水溶液系での半反応	標準還元電位 $E°$ [V]
$Cu^+(aq) + e^- \longrightarrow Cu(s)$	0.521
$TeO_2(s) + 4 H^+(aq) + 4 e^- \longrightarrow Te(s) + 2 H_2O(l)$	0.529
$I_2(s) + 2 e^- \longrightarrow 2 I^-(aq)$	0.535
$H_3AsO_4(aq) + 2 H^+(aq) + 2 e^- \longrightarrow H_3AsO_3(aq) + H_2O(l)$	0.58
$[PtCl_6]^{2-}(aq) + 2 e^- \longrightarrow [PtCl_4]^{2-}(aq) + 2 Cl^-(aq)$	0.68
$O_2(g) + 2 H^+(aq) + 2 e^- \longrightarrow H_2O_2(aq)$	0.682
$[PtCl_4]^{2-}(aq) + 2 e^- \longrightarrow Pt(s) + 4 Cl^-(aq)$	0.73
$SbCl_6^-(aq) + 2 e^- \longrightarrow SbCl_4^-(aq) + 2 Cl^-(aq)$	0.75
$Fe^{3+}(aq) + e^- \longrightarrow Fe^{2+}(aq)$	0.771
$Hg_2^{2+}(aq) + 2 e^- \longrightarrow 2 Hg(l)$	0.789
$Ag^+(aq) + e^- \longrightarrow Ag(s)$	0.7994
$Hg^{2+}(aq) + 2 e^- \longrightarrow Hg(l)$	0.855
$2 Hg^{2+}(aq) + 2 e^- \longrightarrow Hg_2^{2+}(aq)$	0.920
$NO_3^-(aq) + 3 H^+(aq) + 2 e^- \longrightarrow HNO_2(aq) + H_2O(l)$	0.94
$NO_3^-(aq) + 4 H^+(aq) + 3 e^- \longrightarrow NO(g) + 2 H_2O(l)$	0.96
$Pd^{2+}(aq) + 2 e^- \longrightarrow Pd(s)$	0.987
$AuCl_4^-(aq) + 3 e^- \longrightarrow Au(s) + 4 Cl^-(aq)$	1.00
$Br_2(l) + 2 e^- \longrightarrow 2 Br^-(aq)$	1.08
$ClO_4^-(aq) + 2 H^+(aq) + 2 e^- \longrightarrow ClO_3^-(aq) + H_2O(l)$	1.19
$IO_3^-(aq) + 6 H^+(aq) + 5 e^- \longrightarrow \frac{1}{2} I_2(aq) + 3 H_2O(l)$	1.195
$Pt^{2+}(aq) + 2 e^- \longrightarrow Pt(s)$	1.2
$O_2(g) + 4 H^+(aq) + 4 e^- \longrightarrow 2 H_2O(l)$	1.229
$MnO_2(s) + 4 H^+(aq) + 2 e^- \longrightarrow Mn^{2+}(aq) + 2 H_2O(l)$	1.23
$N_2H_5^+(aq) + 3 H^+(aq) + 2 e^- \longrightarrow 2 NH_4^+(aq)$	1.24
$Cr_2O_7^{2-}(aq) + 14 H^+(aq) + 6 e^- \longrightarrow 2 Cr^{3+}(aq) + 7 H_2O(l)$	1.33
$Cl_2(g) + 2 e^- \longrightarrow 2 Cl^-(aq)$	1.360
$BrO_3^-(aq) + 6 H^+(aq) + 6 e^- \longrightarrow Br^-(aq) + 3 H_2O(l)$	1.44
$ClO_3^-(aq) + 6 H^+(aq) + 5 e^- \longrightarrow \frac{1}{2}Cl_2(aq) + 3 H_2O(l)$	1.47
$Au^{3+}(aq) + 3 e^- \longrightarrow Au(s)$	1.50
$MnO_4^-(aq) + 8 H^+(aq) + 5 e^- \longrightarrow Mn^{2+}(aq) + 4 H_2O(l)$	1.507
$NaBiO_3(s) + 6 H^+(aq) + 2 e^- \longrightarrow Bi^{3+}(aq) + Na^+(aq) + 3 H_2O(l)$	1.6
$Ce^{4+}(aq) + e^- \longrightarrow Ce^{3+}(aq)$	1.61
$2 HOCl(aq) + 2 H^+(aq) + 2 e^- \longrightarrow Cl_2(g) + 2 H_2O(l)$	1.63
$Au^+(aq) + e^- \longrightarrow Au(s)$	1.68
$PbO_2(s) + SO_4^{2-}(aq) + 4 H^+(aq) + 2 e^- \longrightarrow PbSO_4(s) + 2 H_2O(l)$	1.685
$NiO_2(s) + 4 H^+(aq) + 2 e^- \longrightarrow Ni^{2+}(aq) + 2 H_2O(l)$	1.7
$H_2O_2(aq) + 2 H^+(aq) + 2 e^- \longrightarrow 2 H_2O(l)$	1.77
$Pb^{4+}(aq) + 2 e^- \longrightarrow Pb^{2+}(aq)$	1.8
$Co^{3+}(aq) + e^- \longrightarrow Co^{2+}(aq)$	1.82
$F_2(g) + 2 e^- \longrightarrow 2 F^-(aq)$	2.87

付録 I（つづき）

塩基性水溶液系での半反応	標準還元電位 $E°$ [V]
$SiO_3^{2-}(aq) + 3 H_2O(l) + 4 e^- \longrightarrow Si(s) + 6 OH^-(aq)$	−1.70
$Cr(OH)_3(s) + 3 e^- \longrightarrow Cr(s) + 3 OH^-(aq)$	−1.30
$[Zn(CN)_4]^{2-}(aq) + 2 e^- \longrightarrow Zn(s) + 4 CN^-(aq)$	−1.26
$Zn(OH)_2(s) + 2 e^- \longrightarrow Zn(s) + 2 OH^-(aq)$	−1.245
$[Zn(OH)_4]^{2-}(aq) + 2 e^- \longrightarrow Zn(s) + 4 OH^-(aq)$	−1.22
$N_2(g) + 4 H_2O(l) + 4 e^- \longrightarrow N_2H_4(aq) + 4 OH^-(aq)$	−1.15
$SO_4^{2-}(aq) + H_2O(l) + 2 e^- \longrightarrow SO_3^{2-}(aq) + 2 OH^-(aq)$	−0.93
$Fe(OH)_2(s) + 2 e^- \longrightarrow Fe(s) + 2 OH^-(aq)$	−0.877
$2 NO_3^-(aq) + 2 H_2O(l) + 2 e^- \longrightarrow N_2O_4(g) + 4 OH^-(aq)$	−0.85
$2 H_2O(l) + 2 e^- \longrightarrow H_2(g) + 2 OH^-(aq)$	−0.828
$Fe(OH)_3(s) + e^- \longrightarrow Fe(OH)_2(s) + OH^-(aq)$	−0.56
$S(s) + 2 e^- \longrightarrow S^{2-}(aq)$	−0.48
$Cu(OH)_2(s) + 2 e^- \longrightarrow Cu(s) + 2 OH^-(aq)$	−0.36
$CrO_4^{2-}(aq) + 4 H_2O(l) + 3 e^- \longrightarrow Cr(OH)_3(s) + 5 OH^-(aq)$	−0.12
$MnO_2(s) + 2 H_2O(l) + 2 e^- \longrightarrow Mn(OH)_2(s) + 2 OH^-(aq)$	−0.05
$NO_3^-(aq) + H_2O(l) + 2 e^- \longrightarrow NO_2^-(aq) + 2 OH^-(aq)$	0.01
$O_2(g) + H_2O(l) + 2 e^- \longrightarrow OOH^-(aq) + OH^-(aq)$	0.076
$HgO(s) + H_2O(l) + 2 e^- \longrightarrow Hg(l) + 2 OH^-(aq)$	0.0984
$[Co(NH_3)_6]^{3+}(aq) + e^- \longrightarrow [Co(NH_3)_6]^{2+}(aq)$	0.10
$N_2H_4(aq) + 2 H_2O(l) + 2 e^- \longrightarrow 2 NH_3(aq) + 2 OH^-(aq)$	0.10
$2 NO_2^-(aq) + 3 H_2O(l) + 4 e^- \longrightarrow N_2O(g) + 6 OH^-(aq)$	0.15
$Ag_2O(s) + H_2O(l) + 2 e^- \longrightarrow 2 Ag(s) + 2 OH^-(aq)$	0.34
$ClO_4^-(aq) + H_2O(l) + 2 e^- \longrightarrow ClO_3^-(aq) + 2 OH^-(aq)$	0.36
$O_2(g) + 2 H_2O(l) + 4 e^- \longrightarrow 4 OH^-(aq)$	0.40
$Ag_2CrO_4(s) + 2 e^- \longrightarrow 2 Ag(s) + CrO_4^{2-}(aq)$	0.446
$NiO_2(s) + 2 H_2O(l) + 2 e^- \longrightarrow Ni(OH)_2(s) + 2 OH^-(aq)$	0.49
$MnO_4^-(aq) + e^- \longrightarrow MnO_4^{2-}(aq)$	0.564
$MnO_4^-(aq) + 2 H_2O(l) + 3 e^- \longrightarrow MnO_2(s) + 4 OH^-(aq)$	0.588
$ClO_3^-(aq) + 3 H_2O(l) + 6 e^- \longrightarrow Cl^-(aq) + 6 OH^-(aq)$	0.62
$2 NH_2OH(aq) + 2 e^- \longrightarrow N_2H_4(aq) + 2 OH^-(aq)$	0.74
$OOH^-(aq) + H_2O(l) + 2 e^- \longrightarrow 3 OH^-(aq)$	0.88
$ClO^-(aq) + H_2O(l) + 2 e^- \longrightarrow Cl^-(aq) + 2 OH^-(aq)$	0.89

付録 J　理解度のチェックの解答

第 1 章

1・1　図 1・4 を参照.

1・2　(a) 3, (b) 1

1・3　(a) 16.10 m, (b) 0.005 g

1・4　299 ドル.（普通，価格を決めるとき有効数字を考えないので，ここでは無視する.）その場合も購入量は 5 ガロンの整数倍になってしまうので，実際に必要な量を超える.

1・5　4.3×10^9 W

1・6　3.34×10^4 g または 33.4 kg

1・7

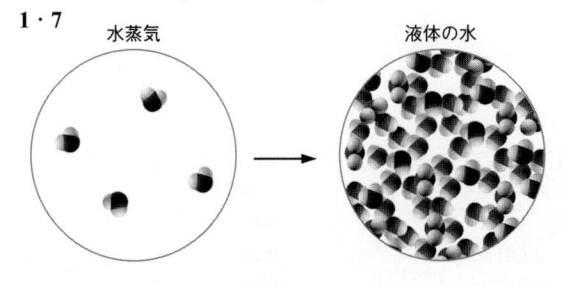

第 2 章

2・1　28.1 amu

2・2　炭素原子 8 個，水素原子 12 個，窒素原子 4 個; C_2H_3N

2・3

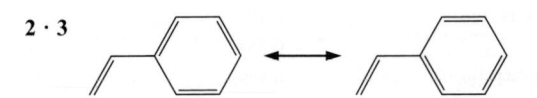

2・4　C_6H_9NO

2・5　(a) 二硫化炭素，(b) 六フッ化硫黄，(c) 七酸化二塩素

2・6　(a) 硫酸銅(II)，(b) リン酸銀，(c) 酸化バナジウム(V)

第 3 章

3・1　$C_3H_8 + 2\,O_2 \longrightarrow 3\,CH_2O + H_2O$

3・2　化合物 (a), (b), (c) はすべて可溶性; (d) は不溶性.

3・3　分子反応式: $2\,HCl(aq) + Ca(OH)_2(aq) \longrightarrow CaCl_2(aq) + 2\,H_2O(l)$
全イオン反応式: $2\,H^+(aq) + 2\,Cl^-(aq) + Ca^{2+}(aq) + 2\,OH^-(aq) \longrightarrow Ca^{2+}(aq) + 2\,Cl^-(aq) + 2\,H_2O(l)$
正味のイオン反応式: $H^+(aq) + OH^-(aq) \longrightarrow H_2O(l)$
（H^+ の代わりに H_3O^+ と書くこともできる.）

3・4　分子反応式: $Na_2SO_4(aq) + Pb(NO_3)_2(aq) \longrightarrow PbSO_4(s) + 2\,NaNO_3(aq)$
全イオン反応式: $2\,Na^+(aq) + SO_4^{2-}(aq) + Pb^{2+}(aq) + 2\,NO_3^-(aq) \longrightarrow PbSO_4(s) + 2\,Na^+(aq) + 2\,NO_3^-(aq)$
正味のイオン反応式: $SO_4^{2-}(aq) + Pb^{2+}(aq) \longrightarrow PbSO_4(s)$

3・5　(a) 98.078 g mol^{-1}, (b) 63.0128 g mol^{-1}, (c) 95.0578 g mol^{-1}

3・6　70.5 mol

3・7　6×10^6 t

3・8　$C_3H_5N_3O_9$

3・9　57 mol % Au, 22 mol % Ag, 21 mol % Cu

3・10　59 mol

3・11　0.216 M

第 4 章

4・1　13.5 mol H_2O

4・2　3.27 g H_2

4・3　9.6 g SO_2

4・4　$> 4.5 \times 10^3$ mol H_2

4・5　例題と同じ結果となり，S_8 が制限物質になることがわかる.

4・6　20.8 g B_2H_6

4・7　未燃焼の燃料は 262.2 g のアルミニウムである.

4・8　80.9%

4・9　63.3 mL

4・10　0.828 M NaOH

第 5 章

5・1　82.1 Torr

5・2　310 K

5・3　0.77 立体フィート

5・4　$V = 29.6$ L, $P_{O_2} = 0.349$ atm, $P_{N_2} = 1.78$ atm

5・5　6.4 g SO_2, 3.4 g SO_3; $P_{SO_2} = 0.98$ atm, $P_{SO_3} = 0.42$ atm

5・6　0.96 g $NaHCO_3$

5・7　9.67 L SO_2

5・8　理想気体の式を使った場合: 0.817 atm, ファンデルワールスの式を使った場合: 0.816 atm

第 6 章

6・1　6.2×10^{14} s^{-1}

6・2　1.7×10^{-19} J

6・3　2.6×10^{-20} J

6・4　97.27 nm

6・5　4d

6・6　$1s^2 2s^2 2p^6 3s^2 3p^2$: 1s 軌道にスピンを対にして 2 個の電子，2s 軌道も同様，2p 軌道の三つの軌道も同様にそれぞれ 2 個のスピン対の電子，3s も 2s 軌道と同様，3p 軌道には別の二つの軌道にスピンを平行にして配置される.

6・7　[Ar] 4s²3d¹⁰4p¹
6・8　[Xe] 6s²4f¹⁴5d¹⁰
6・9　F(最小) < Si < Cr < Sr < Cs(最大)
6・10　Rb(最低) < Mg < Si < N < He(最高)

第7章

7・1　第一イオン化エネルギーは小さく，第二イオン化エネルギーは少し大きくなり，第三イオン化エネルギーは極端に大きくなるだろう．

7・2　臭化ルビジウム（RbBr）が最も小さい格子エネルギーをもつだろう．その結晶格子は一価のイオン（Rb^+ と Br^-）だけを含み，これらのイオンが K^+ や Cl^- より大きいからである．

7・3　N–Cl [訳注：厳密にいうと，無極性分子は等核二原子分子（N_2 や Cl_2 など）に限られる．異なる原子間の結合では電子数と原子核の陽子数が異なるため，負電荷（電子）の中心と正電荷（原子核）の中心に偏りが生じるからである．]

7・4　(エタンの構造式 H–C–C–H with H's)

7・5　[H₃N–H]⁺ アンモニウムイオン，[:Ö–Cl–Ö:]⁻

7・6　:O=C=O:

7・7　八面体

7・8　(a) T字形，(b) 直線

7・9　(a) 平面三角形，(b) 直線

第8章

8・1　本文中に示されているように，体心立方構造で68%，単純立方構造で52%である．

8・2　このドーパントは，5個以上の価電子をもつ元素でなければならない．リンを選ぶのが最も適当であろう．バンド図は図8・12のようになる．

8・3　Ne(最低沸点) < CH₄ < CO < NH₃(最高沸点)

8・4　(アラニンの構造式)

第9章

9・1　+223 J
9・2　16.3°C（または16.3 K）
9・3　24.4 J °C⁻¹ mol⁻¹
9・4　64.0 °C
9・5　29.3 kJ g⁻¹
9・6　-3.28×10^4 J
9・7　1.9 kJ mol⁻¹
9・8　−252.6 kJ
9・9　−1215 kJ（2 mol の CH_4 の反応で）
9・10　41.2 g NO, 19.2 g N_2

第10章

10・1　266.8 J K⁻¹ mol⁻¹
10・2　気体は低温で凝縮する．このときエントロピーは減少するが，この過程は発熱過程なのでエンタルピー駆動である．低温ではエンタルピーが支配的である．
10・3　8.80 J K⁻¹ mol⁻¹
10・4　185.9 kJ mol⁻¹

第11章

11・1　NO_2: 8.0×10^{-6} mol L⁻¹ s⁻¹; O_2: 2.0×10^{-6} mol L⁻¹ s⁻¹

11・2　(a) H_2 について一次，I_2 について一次，全体で二次である．(b) N_2O_5 について一次，全体でも一次である．

11・3　変わらない．計算を正しく行うかぎり，実験誤差内で結果は一致するはずである．

11・4　速度定数の単位は全体の反応次数に依存するから．

11・5　870 s

11・6　一次反応，$k = 0.0023$ s⁻¹

11・7　1.6×10^{-5} s⁻¹

11・8　42 kJ mol⁻¹

11・9　(a) ある．化学量論が合っているし，3個以上の分子が衝突する過程も含まれていない．(b) この機構では N_2O_3 と NO が中間体である．(c) 最初と2番目は一分子反応，3番目は二分子反応である．

第12章

12・1　$K = \dfrac{[HNO_2]^2}{[NO][NO_2][H_2O]}$

12・2　$3 Cu^{2+}(aq) + 2 PO_4^{3-}(aq) \rightleftharpoons Cu_3(PO_4)_2(s)$;
$K = \dfrac{1}{[Cu^{2+}]^3[PO_4^{3-}]^2}$

12・3　Mn^{2+} の K は Ca^{2+} や Mg^{2+} より大きいので，Mn^{2+} は他の二つよりも水酸化物となって沈殿しやすい．

12・4　(a) $K = \dfrac{[NO]^2[H_2O]^3}{[NH_3]^2[O_2]^{5/2}}$

(b) $K = \dfrac{[NH_3]^2[O_2]^{5/2}}{[NO]^2[H_2O]^3}$

(c) $K = \dfrac{[NO]^4[H_2O]^6}{[NH_3]^4[O_2]^5}$

12・5　$K = \dfrac{[NO]^2}{[N_2][O_2]}$;
反応は $N_2(g) + O_2(g) \rightleftharpoons 2 NO(g)$.

12・6　$[H_2] = [I_2] = 0.002\,M$, $[HI] = 0.016\,M$

12・7　$[Cl_2] = [PCl_3] = 0.036\,M$, $[PCl_5] = 0.004\,M$

12・8　CH_3COOH を系から除去するか，酢酸以外の酸を加えて H^+ 濃度を増すことなどが考えられる．

12・9　(a) 反応物へシフトする．(b) 変化しない．

12・10　(a) $K_{sp} = [Mn^{2+}][OH^-]^2$,
(b) $K_{sp} = [Cu^{2+}][S^{2-}]$, (c) $K_{sp} = [Cu^+][I^-]$,
(d) $K_{sp} = [Al^{3+}]^2[SO_4^{2-}]^3$

12・11　表 12・4 のデータを使うと $7.7\times10^{-9}\,M$ と求められる．溶液の密度を $1.0\,g\,cm^{-3}$ と仮定し，溶質の濃度が十分薄いことからこの寄与を無視すると，1.0×10^{-7} g/100 g H_2O と求められる．

12・12　水中: $3.5\times10^{-4}\,M$; 0.15 M NaF 中: $7.6\times10^{-9}\,M$

12・13　炭酸水素イオン（HCO_3^-）が炭酸イオン（CO_3^{2-}）の共役酸で，水酸化物イオン（OH^-）が水の共役塩基である．

12・14　表 12・5 のデータを用いると電離度は 10.5% と見積もられる．近似せずに見積もった場合の 100% に比べ 5% ほど大きな値が得られているが，近似が妥当かどうかは求められている精度に依存する．

12・15　巻末の付録 E のデータより，$\ln K = 330$ と求められる．この値は 10^{143} にもなる巨大な数値であり，完全酸化が非常に起こりやすいことを示している．

第 13 章

13・1　亜鉛をもう一方の電極として用いると電池電位は 1.100 V となる．この場合，銅がカソードで亜鉛はアノードである．

13・2　25 ℃ とすると $[Ni^{2+}] = 5\times10^{-2}\,M$

13・3　逆反応では ΔG の符号が変わるだけで $+28.4\,kJ$ となる．正の値ということは逆反応は自発的には起こらないことを意味する．

13・4　5 A の電流が 1.1×10^4 秒，約 3 時間流れる必要がある．

13・5　0.27 V

13・6　できない．与えられた条件では 100 mg の銅しかめっきされないので 1/4 の厚さにしかならない．

13・7　0.042 A

第 14 章

14・1　$^{209}_{84}Po \longrightarrow {}^{205}_{82}Pb + {}^{4}_{2}He$

14・2　^{218}Po

14・3　$^{11}_{6}C \longrightarrow {}^{11}_{5}B + {}^{0}_{1}\beta + \nu$

14・4　$0.283\,s^{-1}$；これは ^{14}C に比べておよそ 11 桁も速い．

14・5　1.1×10^4 年

14・6　$7.034435\times10^{10}\,kJ$

用 語 解 説

アイソタクチックポリマー isotactic polymer（§8・6） 置換基がすべて主鎖の同じ側にある高分子.

亜鉛空気電池 zinc-air battery（§13・5） 亜鉛が酸化され，空気中の酸素が還元される一次電池．酸素は空気から取るためエネルギー密度が高く，携帯電話などの非常用電源に適している．

亜鉛めっき鋼 galvanized steel（§13・3） 腐食防止のため亜鉛の薄層で覆われた鋼．

アクセプター準位 acceptor level（§8・3） p型半導体において価電子帯よりわずかに高い位置にある，ドープした原子のエネルギー準位．

アクチノイド actinide（§2・5） 周期表の原子番号90から103までのトリウムからローレンシウムまでの14元素を含む．5f 軌道の価電子をもつ（IUPAC 命名法では原子番号89のアクチニウムも含む）．

アタクチックポリマー atactic polymer（§8・6） 置換基の位置が不規則な高分子．

圧 力 pressure（§5・2） 物体の単位面積あたりにかかる力．P で表す．

圧力-体積仕事（PV 仕事） PV-work（§9・2） 気体が外圧に逆らって膨張するときにする仕事．

アニオン anion（§2・3） 陰イオン，負イオンともいう．負に荷電した原子または原子団．

アノード anode（§13・2） 酸化が起こる電極．電池では負極，電気分解では陽極ともいう．

アボガドロ数 Avogadro's number（§3・4） 物質の 1 mol 中に存在する原子や分子の数．6.022×10^{23}.

アボガドロの法則 Avogadro's law（§5・3） 等温，等圧では気体の体積は存在気体の分子数（または物質量）に比例する．

アモルファス → 無定形

アルカリ金属 alkali metal（§2・5） 1族すなわち周期表のいちばん左側の列の水素を除く元素（Li, Na, K, Rb, Cs, Fr）．

アルカリ電池 alkaline battery（§13・5） 最も多く使われている一次電池．用いる電解質がペースト状 KOH であることからこの名がある．

アルカリ土類金属 alkaline earth metal（§2・5） 2族すなわち周期表の左から2番目の列の元素（Be, Mg, Ca, Sr, Ba, Ra）．

アルカン alkane（§4・1） 炭素原子が単結合で結ばれた直鎖型の炭化水素の化合物．

アルファ壊変 alpha decay（§14・2） 原子核がアルファ粒子を放出する放射壊変．質量数は4減少し，原子番号は2減少する．

アルファ線 alpha ray（§14・2） アルファ粒子から成る放射線．

アルファ粒子 alpha particle（§14・2） ヘリウムの原子核．

アレニウス挙動 arrhenius behavior（§11・5） アレニウス式に従った（速度定数の）温度変化．

アレニウス式 arrhenius equation（§11・5） 速度定数の温度依存性を表す式．$k = A e^{-E_a/RT}$.

安定帯 band of stability（§14・4） 核種チャートの中央部にあって，すべての安定核種が位置している領域．軽い核種では $Z/N = 1$ の付近にあるが，重い核種ではより小さな比の値の領域へとずれていく．

イオン ion（§2・3） 正味の電荷をもった原子または原子団．

イオン化エネルギー ionization energy（§6・7） 気相中の原子から電子を取去るのに必要なエネルギー．

イオン化力 → 電離能力

イオン結合 ionic bond（§2・4, §7・2） 異なる原子あるいは原子団の間で1個あるいは数個の電子移動を伴って生じる結合．あるいは正と負に帯電したイオン間の静電引力で生成する化学結合．

異性体 isomers（§4・1） 同じ化学式で構成原子の配置が異なるもの．C が4個以上のアルカンには炭素骨格の違いから構造異性体が存在する．異性体にはほかにも立体異性体〔光学異性体や幾何異性体（シス形，トランス形）〕がある．

一次電池 primary cell（§9・8, §13・5） 元になっている化学反応が一度起こり切ってしまうと使えなくなる電池．

一次反応 first-order reaction（§11・4） 反応速度が $k[A]$ で与えられる反応．[A]は反応種の濃度．

陰 極 → カソード

因子標識法 factor-label method → 次元解析

陰イオン → アニオン

宇 宙 universe（§9・3） 系と外界を合わせたもの．

宇宙線 cosmic ray（§14・1） 地球のはるか彼方から大気中へ飛んでくる高エネルギー粒子．

運動エネルギー kinetic energy（§9・2） 物体の運動と関係したエネルギー．物体の質量 m と速度 v により

用語解説

$1/2\,mv^2$ と定義される．

英国熱量単位 british thermal unit, Btu（§9・1） 1 atm 下1ポンド（454 g）の水の温度を1°F（0.556℃）上げるのに要する熱量単位．英国ではなく米国でおもに用いられる．

液体 liquid（§1・2） 入れた容器の形に変形する，流動的な状態．

n 型半導体 n-type semiconductor（§8・3） 過剰の価電子をもつリンやヒ素をケイ素やゲルマニウムなどにドープすることで得られる物質．この名前は，加えた電子が負電荷をもつことに由来する．

エネルギー経済 energy economy（§9・1） エネルギーの生産と消費．

エネルギー密度 energy density（§9・7） 燃やされた燃料1 g あたりに放出されるエネルギー量．

塩 salt（§3・3） 酸と塩基の反応で生成するイオン性化合物．

演繹的推論 deductive reasoning（§1・3） 二つ以上の一般的な前提から，それらを結びつけて明確で反論できない個別の結論を導き出す推論方法のこと．

塩基 base（§3・3） 水に溶けて水酸化物イオン OH⁻ を生じ，塩基性を示す物質．

塩基解離定数 base dissociation constant（§12・7） 塩基が水と反応して OH⁻ と塩基の共役酸を生じる反応の平衡定数．K_b で表す．

塩橋 salt bridge（§13・2） 電気化学電池の各半電池部へイオンが流れるようにして電気的中性条件を維持する装置．

演算子 operator（§6・4） 行わなければならない複雑な一連の数学的操作を示す．たとえば，一次微分や二次微分などの数字の操作を表す記号．

延性 ductile（§8・3） 引っ張ることにより針金のように細く変形する能力．

エンタルピー enthalpy（§9・5） 圧力一定条件下で熱の流れを表す状態関数．H で表す．$E+PV$ と定義される．

エンタルピー駆動 enthalpy driven（§10・6） ΔH と ΔS が両方とも負で，低温においてのみ自発的に起こる過程．

エンタルピー図 enthalpy diagram（§9・6） 化学反応におけるエンタルピー変化を可視化する模式図．

エントロピー entropy（§10・3） 系の利用できないエネルギーの尺度を表す状態関数．S で表す．分子レベルでの系のでたらめさや無秩序さと関係している．

エントロピー駆動 entropy driven（§10・6） ΔH と ΔS が両方とも正で，高温においてのみ自発的に起こる過程．

オクテット則 octet rule（§7・3） 化学結合をつくるときに主族元素から成る分子の多くは各原子が8個の価電子（原子価電子ともいう）をもつ構造になっている．原子が8個の電子を相互補完的に使って共有結合をつくること．

温度目盛り temperature scale（§1・4） 二つの基準となる点のとり方を決めて，それに従って温度計の目盛りをつける．一般的な温度目盛りにはカ氏度，セ氏度，ケルビン，ランキン度がある．

外界 surroundings（§9・3） 系以外の宇宙の一部で，系とエネルギーを交換することができる．

ガイガーカウンター geiger counter（§14・7） ガイガーミュラー管ともいう．一般にはアルファ線とベータ線のみを検出する装置．

改質ガソリン reformulated gasoline（§4・6） 重量で少なくとも2%の酸素を含むガソリン．

回折 diffraction（§6・4） 波が物体の陰に回り込んだり，スリットを通って広がる現象．

壊変系列 decay series（§14・4） 不安定核種から始まり安定核種に至る一連の壊変過程．

壊変定数 decay constant（§14・3） 放射壊変の一次速度定数．本書では k を用いているが，一般には λ が用いられる．

解離反応 dissociation reaction（§3・3） イオン性固体が水に溶けて，解離してその構成イオンになる化学反応．

化学エネルギー chemical energy（§9・2） 化学結合に蓄えられているポテンシャルエネルギーで，発熱反応で放出される．

化学結合 chemical bond（§2・4） 電子の働きによって二つの原子を結びつけ分子を形成すること．

化学式 chemical formula（§2・4） 元素記号と数値を用いて分子や化合物の組成を表現したもの．

科学的記数法 scientific notation（§1・4） 1から10までの数値と 10 のべき乗の部分を分けて表記する方法（工学のある分野では1から100までの数値と 10 のべき乗の部分を分けて表記する）．非常に大きい数値あるいは極端に小さい数値を表記するのに便利で，有効数字も明瞭になる．

科学的手法 scientific method（§1・1） 自然現象を観察することから始まり，その観察結果にふさわしい仮説やモデルを提案し，さらに実験によりその仮説を実証し修正すること．

化学的性質 chemical property（§1・2） 物質に起こる化学変化と関係している性質．

化学反応 chemical reaction（§3・2） 原子同士（反応物という）が結びついたり，並べ方を変えたり，離れたりして，物質が他の物質（生成物という）に変わる過程．

化学反応式 chemical equation（§3・2） 記号で表現した化学反応．

化学量論 stoichiometry（§3・2） 化学反応における反応物と生成物の量の間のさまざまな定量的な関係を表す．

化学量論係数 stoichiometric coefficients（§3・2） 化学反応式のつり合いをとるために用いられる係数．

可逆 reversible（§10・6） 平衡の近くである変数が少し変化することで，逆戻りができること．

核結合エネルギー nuclear binding energy（§14・5） た

用語解説

んに結合エネルギーともいう．自由な核子を集めてその核を形成したとしたら放出されるであろうエネルギー．あるいは構成核子へばらばらにするのに要するエネルギー．

核種 nuclide（§14・2）　陽子と中性子の数で特定される原子核．特定の同位体核．

核種チャート chart of the nuclides（§14・4）　すべての既知の核種について原子番号（Z）を中性子の数（N）に対してプロットしたもの．

核反応 nuclear reaction（§14・1）　原子核間，あるいは原子核と素粒子の衝突によって異なる種へ変換する過程．

核分裂 nuclear fission（§14・5）　重い核が二つ以上に分裂してより軽い核になる過程．

核変換 nuclear transformation（§14・6）　自然壊変や中性子衝撃などの外部干渉により，別の核種へ変化すること．

核融合 nuclear fusion（§14・5）　二つ以上の核が一緒になってより重くより安定な核をつくる過程．

化合物 chemical compound（§2・4）　2種類またはそれ以上の原子が化学結合によって結びつけられてできた純物質．

化合物命名法 chemical nomenclature（§2・7）　化合物の成分である元素やイオンとそれらの構造に基づいて系統的に名前をつける方法．

可視光線 visible light（§6・2）　人の目に感じる光．電磁スペクトルのごく一部にすぎない．波長は400〜700 nm．

カソード cathode（§13・2）　還元が起こる電極．電池では正極，電気分解では陰極ともいう．

カソード防食 cathodic protection（§13・8）　犠牲アノードとつなげることで金属を腐食から守る方法．

カチオン cation（§2・3）　陽イオン，正イオンともいう．正に荷電した原子または原子団．

活性化エネルギー activation energy（§11・5）　活性化障壁（activation barrier）ともいう．反応物が特定の化学反応を起こすのに必要な最小エネルギー（障壁）．

活性錯体 activated complex（§11・5）　反応物から生成物へ至る最小エネルギーの経路中，ポテンシャルエネルギーが最大となる付近で形成される原子配置．ポテンシャルエネルギー最大点では遷移状態とよばれる．

価電子 valence electron（§6・5）　原子の最も外側の軌道にある電子．結合の形成にかかわる．

価電子帯 valence band（§8・3）　価電子の存在するバンド．

ガルバニ電池 galvanic cell（§13・2）　自発的な化学反応を利用して電流を発生させる電気化学電池．

還元 reduction（§13・2）　化学種が電子を得る化学反応．

含酸素燃料 oxygenated fuel（§4・6）　有害なエンジン排気物を減らすために酸素化剤（メタノール，エタノール，MTBEなど）を加えたガソリンや他の燃料．

官能基 functional group（§2・6）　有機化合物中の原子や原子団がとるある特定の配列．似たような化学特性を示す傾向がある．

ガンマ線 gamma ray（§14・2）　高エネルギーの電磁波（光子）．

気圧 atmosphere, atm（§5・2）　圧力の単位．1 atmは760 Torrおよび101,325 Paと等しい．海水面における大気の平均の圧力は1 atmに近い．

気圧計 barometer（§5・2）　大気圧を測定する装置．

希ガス rare gas（§2・5）　貴ガス（noble gas）ともいう．周期表の18族の元素（He, Ne, Ar, Kr, Xe, Rn）．

記号による表記 symbolic perspective（§1・2）　物質を化学式や反応式などの記号を使って表記すること．化学の三つの視点の一つ．

希釈 dilution（§3・5）　溶液に溶媒を加えて溶質濃度を減少させる操作．

基準汚染物質 criteria pollutant（§5・1）　健康，環境，財産に対して種々の悪影響を及ぼす原因になっている都会の大気中の化合物．一酸化炭素，二酸化窒素，オゾン，二酸化硫黄，鉛，粒子状物質の6種類の物質を米国環境保護庁が特定している．

犠牲アノード sacrificial anode（§13・8）　腐食から金属を守るために用いられる，より酸化されやすい金属片．これにより金属部分はカソードとなるので酸化されない．

気体 gas（§1・2）　密度が低く，決まった形がなく，入れた容器全体に広がる状態．

気体定数 universal gas constant（§5・1）　理想気体の法則の式中の比例定数．Rで表す．SI単位で$8.314\ \mathrm{J\ K^{-1}\ mol^{-1}}$，よく使われる値として$0.082057\ \mathrm{atm\ K^{-1}\ mol^{-1}}$．

基底状態 ground state（§6・3）　原子や分子がとりうる最もエネルギーの低い状態．

起電力 electromotive force, EMF（§13・2）　電気化学電池が単位電荷あたりにすることのできる最大仕事．電池電位も参照．

軌道 orbital（§6・4）　英語では，歴史的に慣れ親しんだ，いわゆる一定の軌道，オービット（orbit）とは区別して，オービタル（orbital）という用語を用いるが，日本語訳としては相変わらず軌道を使っている．原子軌道をみよ．

軌道の重なり orbital overlap（§7・6）　共有結合を形成しようとする二つの原子軌道（すなわち電子）間の相互作用．

帰納的推論 inductive reasoning（§1・3）　一連の個別の観察や試みから，広くより普遍的な結論を見いだそうとする推論方法のこと．

揮発性 volatile（§8・5）　蒸気圧の高い液体．すぐに気化する．

ギブズエネルギー Gibbs energy（§10・6）　定圧，定温での過程が自発的かどうかを予測できる関数．Gで表す．$\Delta G = \Delta H - T\Delta S$の関係があり，いかなる自発過程でも$\Delta G < 0$である．

吸収線量 absorbed dose（§14・7） 物質により実際に吸収された線量の尺度.

吸熱的 endothermic（§9・5） 系が熱を吸収する過程は吸熱的であるといい, ΔH の値は正である.

キュリー curie, Ci（§14・3） 放射能の単位. 3.7×10^{10} Bq に等しい.

境界 boundary（§9・3） 熱力学において系と外界を分けるもの.

凝固 freezing（§9・5） 液体が固体になる相転移.

凝集 cohesion（§8・5） 同じ物質または表面間に働く引力により集まること.

共重合体 copolymer（§8・6） 2種以上のモノマーから成る高分子.

凝縮 condensation（§9・5） 気体が液体になる相転移.

共通イオン効果 common ion effect（§12・6） ある平衡に含まれるイオンと同じイオンを外部から加えたとき, 加えたイオンを消費する方向へ平衡が移動する効果.

強電解質 strong electrolyte（§3・3） 水に溶けて完全に電離あるいは解離することにより, 個々のイオンのみが存在し, 元の分子は事実上存在しない水溶液となる物質.

共鳴構造 resonance structure（§7・5） 分子構造が一つのルイス構造では正確に書き表せず, 実際の構造は二つ以上の構造を平均したものに相当する場合がある. この平均したものを, ルイス構造の共鳴混成とよぶ. 共鳴構造においてはすべての原子の位置はまったく同じで, 電子の位置だけが違っている.

共鳴混成 resonance hybrid → 共鳴構造をみよ

共役塩基 conjugate base（§12・7） 酸がプロトンを供与してできた塩基.

共役酸 conjugate acid（§12・7） 塩基がプロトンを受容してできた酸.

共役酸塩基対 conjugate acid–base pair（§12・7） プロトンが付くか付かないかの違いしかない酸と塩基の組合わせ.

共有結合 covalent bond（§2・4） 一組の原子間で電子が対となって共有される結合.

極性結合 polar bond（§7・4） 極性共有結合ともいう. 異なる電気陰性度をもつ原子間の共有結合では, 正の電荷の中心と負の電荷の中心が離れることになる. 分子は正の電荷の領域と負の電荷の領域を別々にもつために, 分子にはそれにかかわる極性が生じる.

巨視的（マクロな）視点 macroscopic perspective（§1・2） 目に見えて, 測ることができ, 容易に取扱うことができる大きさをもつものとして物質をとらえる化学の視点.

均一系触媒 homogeneous catalyst（§11・7） 反応物と同じ相にある触媒.

均一腐食 uniform corrosion（§13・1） 金属表面が環境中の水分に均一に曝露されて生じる, 酸化による劣化.

均一平衡 homogeneous equilibrium（§12・3） 反応物と生成物が同じ相中にある化学平衡.

金属 metal（§2・5） 光沢があり, 展性と延性があり, 電気伝導性もある元素. ほとんどの化合物中でカチオンになる傾向がある.

金属結合 metallic bonding（§2・4） 金属でみられる結合. 原子核といくつかの電子から成る正に荷電した"コア"が格子点にあって, それ以外の電子がその配列中をある程度自由に動き回っている.

屈折 refraction（§6・2） ある媒質から屈折率の異なる別の媒質へと光が進むときに生じる経路の曲がり.

グラフト共重合体 graft copolymer（§8・6） ある高分子の主鎖に, 別の高分子が側鎖として結合している高分子.

グリーンケミストリー green chemistry（§3・6） 化学合成や化学プロセスは, 廃棄物や汚染物質の排出を最小限にする目的をもって設計されるべきであるという取組みのこと.

クーロンの法則 Coulomb's law（§2・3） 2個の荷電粒子の相互作用を数式で表したもの.

系 system（§9・3） 熱化学で対象としている宇宙の一部.

系統的な誤差 systematic error（§1・3） 装置の未知のバイアスや不具合により測定値をつねに大きくするかあるいは小さくしすぎる誤差. 繰返し測定して平均値をとっても小さくすることはできない.

結合エネルギー（化学結合エネルギー） bond energy（§7・3） 孤立した原子同士が共有結合する際に放出されるエネルギー. 結合を切り離すために必要なエネルギーに等しい.

結合エネルギー binding energy → 核結合エネルギー

結合距離 bond distance（§7・3） 結合の長さ (bond length), 結合長ともいう. 結合した二つの原子の原子核間距離.

結合性分子軌道 bonding molecular orbital（§8・3） 2個以上の原子の原子軌道が結合してできる軌道のうち, 元の原子軌道より低いエネルギーをもつ軌道.

結合対 bonding pair（§7・3） 二つの原子で共有される電子対.

結晶 crystal（§8・2） 原子やイオンや分子が規則正しい繰返しの幾何配置をとる固体.

K捕獲 K capture → 電子捕獲

原子 atom（§1・2） それ以上分割できない極微の粒子で, ある化学系としてふるまう. 元素の化学的特性を保持できる最小の微粒子.

原子価殻電子対反発則 valence shell electron pair repulsion rule, VSEPR rule（§7・8） 分子の形を予測する簡単な方法. 分子は中心原子の原子価殻の結合と孤立電子対間の反発が最小になるような構造をとる.

原子価結合理論 valence bond model（§7・6） 結合が形成されるときは, 一つの原子の原子価軌道が, もう一方の原子の原子価軌道と重なり合う必要がある. すべての結合は原子軌道の重なりの結果として理解される.

原子軌道 atomic orbital（§6・4） 一つの原子軌道は量

子力学的には1個の電子の"位置"と同等である．しかし，電子は波と考えられているのだから，その位置は特定の点ではなく，現実には空間領域になる．この空間領域を原子軌道とよぶ．

原子質量単位 atomic mass unit, amu（§2・2） 原子の相対質量を表すために用いられる単位．なお，現在ではamuの使用は推奨されていない．代わりに統一原子質量単位uまたはDa（ドルトン）を用いる．$1\,u = 1.6605 \times 10^{-27}$ kg．

原子スペクトル atomic spectrum（§6・3） 元素が光を吸収あるいは放射する際の固有の波長パターン．

原子番号 atomic number（§2・2） その元素の原子核に含まれる陽子の数に等しい．

元 素 element（§1・2） 化学的あるいは物理的にそれ以上分割できない物質．

元素分析 elemental analysis（§3・5） 化合物中の各元素の組成を測る実験測定．

光化学スモッグ photochemical smog（§11・8） 都市部に多く現れる大気の状態．オゾン O_3，窒素酸化物 NO_x，揮発性有機化合物 VOC などが関与する一連の複雑な化学反応により生じる．

光化学反応 photochemical reaction（§3・2, §5・1） 光で誘起された化学反応．

交互共重合体 alternating copolymer（§8・6） 異なるモノマーが規則正しく繰返して並んでいる高分子．

格 子 lattice（§2・4, §7・2） 結晶性固体中でみられる原子，イオンや分子の規則正しい周期的な配列．

光 子 photon（§6・2） 質量のない"粒子"としての光．光子のエネルギーはプランク定数と光の振動数の積（$h\nu$）に等しい．

格子エネルギー lattice energy（§7・2） 孤立イオンが結晶格子をつくる際のエンタルピー変化．

構成原理 Aufbau principle（§6・5） 原子中のどの軌道に電子が存在するかを決める方法．最低エネルギーの軌道から始めてエネルギーの高い軌道へ順に進みながら，軌道を満たしていく．

光電効果 photoelectric effect（§6・2） 金属表面に適当な波長の光を当てると，金属から電子が叩き出される現象．

降伏強度 yield strength（§1・6） 物質が塑性変形（破壊）を起こすために必要な力．

高密度ポリエチレン high-density polyethylene, HDPE（§2・8, §8・6, §10・8） 密度の高いポリエチレン．

固 体 solid（§1・2） 固くて容易に変形しない状態．

コヒーレント光 coherent light（§6・8） 波として放射される光の位相が空間的にもすべて完全にそろっている光．レーザー光はその一例．

孤立電子対 lone pair（§7・3） 非共有電子対ともいう．単独の原子に関連する対電子で，結合対ではないもの．非結合性電子対ともいう．

混 成 hybridization（§7・7） さまざまな分子の形や構造を，軌道の重なりという考えで説明できるようにしたもの．2個以上の原子が化学結合を形成するほど近づくと軌道の相互作用が強まり，原子軌道が新しい形に変わる．

混成軌道 hybrid orbital（§7・7） 同じ原子の二つあるいはそれ以上のルイス構造の組合わせによって形成される原子軌道．

根平均二乗速さ root-mean-square speed（§5・6） 粒子の運動速度の二乗の平均値の平方根．

混和剤 admixture（§12・1） コンクリートの特性を調節するために加える化学物質．

最確の速さ most probable speed（§5・6） 気体中で最も多くの分子が運動している速さ．

酸 acid（§3・3） 水に溶けて水素イオン H^+（またはオキソニウムイオン H_3O^+）を生じ，酸性を示す物質．ブレンステッド酸もみよ．

酸 化 oxidation（§13・2） 化学種から電子が失われる化学反応．

酸解離定数 acid dissociation constant（§12・7） 酸が水と反応して H_3O^+ と酸の共役塩基を生じる反応の平衡定数．K_a で表す．

酸化還元反応 oxidation-reduction reaction（§9・8, §13・2） レドックス反応ともいう．一つの化学種から別の化学種への電子の移動を伴う化学反応．

三重結合 triple bond（§7・3） 一対の原子が三つの電子対を共有してできる共有結合．

三分子過程 termolecular process（§11・6） 反応物が3個の素過程．

式単位 formula unit（§2・4） 組成式ともいう．イオン性化合物中のアニオンやカチオンを最小の整数比で表したもの．

磁気量子数 magnetic quantum number（§6・4） 原子軌道の波動関数を数学的に書き表したとき必要となる3種の量子数の一つ．m_l で表す．空間的方向性に関連し，方位量子数の値に等しく，正負どちらもとりうる．

σ結合 sigma bond（§7・6） 二つの原子核間を結ぶ線（分子軸）に沿って電子密度が大きくなる結合．s軌道とp軌道間や，二つのs軌道間に生じる．

次元解析 dimensional analysis（§1・5） 計算の正確性をチェックするために測定量の単位をすべて調べる問題解法の一つ．化学の問題を解くときには測定量の単位が正しい比を導く手助けになることがある．

仕 事 work（§9・2） 質量を抵抗に逆らってある距離だけ動かす力によってなされたエネルギーの移動．w で表す．

指示薬 indicator（§4・5） 滴定操作で反応が終点に達したことを確認する色素．

実験式 empirical formula（§2・4） 含まれる元素の割合を最も簡単な原子数の相対比で表した化学式．

実際の収量 actual yield（§4・4） 化学反応で得られる生成物の量．実際に測定して得られる．

質量欠損 mass defect（§14・5） 核を形成する陽子と中性子の質量合計と核の質量との差．アインシュタインの

式により結合エネルギーに変換される.

質量数 mass number（§2・2） 原子中の陽子と中性子の数の合計に等しい.

自発的過程 spontaneous process（§10・2） 何ら継続的な外的干渉なしに起こる過程. 自発的だからといって, 過程が必ずしも素早く起こるわけではない.

弱電解質 weak electrolyte（§3・3） 水に溶けて部分的にしか電離・解離せず, 測定できる量の元の分子と個々のイオンの両方を含む水溶液となる物質.

遮蔽 shielding（§6・5） より大きな軌道にある電子が実際に感じる核の正電荷の大きさは, 実際の原子核の正電荷から, 原子核に近い小さな軌道にある電子の負電荷の影響を差し引いたものになる. この核電荷の減少を遮蔽という.

シャルルの法則 Charles's law（§5・3） 気体の温度をケルビン目盛りで表示すれば, 気体の体積と温度は正比例の関係になるという法則.

十億分率 parts per billion, ppb（§1・4） 十億個の試料中に存在するその物質の個数を表す濃度の単位. 汚染物質や大気中の微量成分の濃度を表すのに使われる. 百万分率もみよ.

周期 period（§2・5） 周期表の横の行.

周期性 periodicity（§2・5） 同族の元素のふるまいの規則性.

周期表 periodic table（§2・5） 元素を周期律に従って配列した表.

周期律 periodic law（§2・5） 元素を適切に並べたとき, その化学特性に規則的, 周期的変化がみられること.

重合度 degree of polymerization（§8・6） 高分子中の繰返し単位の数.

充填効率 packing efficiency（§8・2） ある結晶において原子によって実際に占有される空間の割合（%）.

周波数 → 振動数

収率 percentage yield（§4・4） 化学反応における実際の収量と理論収量との比. 百分率（%）で表す.

縮合重合体 condensation polymer（§8・6） 二つ以上の官能基をもつモノマーが結合するとき, 水やその他の低分子が副生成物として生じる反応で生成する高分子.

主族元素 main group element（§2・5） 典型元素ともいう. 周期表の1, 2族と13〜18族の元素で, s軌道あるいはp軌道の価電子をもつ.

主量子数 principal quantum number（§6・4） 原子軌道の波動関数を数学的に書き表したとき必要となる3種の量子数の一つ. n で表す. ある軌道の存在する電子殻を定義する. 正の整数でなくてはならない.

シュレーディンガー方程式 Schrödinger equation（§6・4） 原子や分子中の電子のふるまいに量子力学の波動関数を適用して組立てた数学の方程式.

瞬間速度 instantaneous rate（§11・2） ある一つの時点での反応速度.

蒸気圧 vapor pressure（§8・5） 密閉された容器内で純液体または固体と平衡にある物質の気相の圧力.

照射線量 exposure（§14・7） 空気分子（1 kg）の電離度に基づいた放射線量の尺度. 単位は $C\ kg^{-1}$.

状態関数 state function（§9・6） 系の状態にのみ依存し, その履歴には依存しない熱力学変数.

蒸発 vaporization（§9・5） 液体が気体になる相転移.

正味のイオン反応式 net ionic equation（§3・3） 実際に反応に関与するイオンや分子を含み, 傍観イオンを省略した化学反応式.

触媒 catalyst（§11・7） 反応速度を増大させるが, その過程で新たに生成されたり分解減少したりしない物質.

シンジオタクチックポリマー syndiotactic polymer（§8・6） 置換基が交互に主鎖の反対側にある高分子.

振動数 frequency（§6・2） 周波数ともいう. ある決まった点を1秒あたりに通過する完全な波の数（周期の数）. ν で表す.

振幅 amplitude（§6・2） 波の大きさ, つまり"高さ".

水銀電池 mercury battery（§13・5） 亜鉛が酸化され, 酸化水銀(II)が還元される電池で, かつては計算機, 時計, 補聴器などに使用されていた.

水素結合 hydrogen bonding（§8・4） N, O, F などの電気陰性度の高い元素に結合した水素原子と, 部分負電荷や孤立電子対をもったN, O, Fなどの電気陰性度の高い原子間に働く, 特に強い双極子相互作用.

水溶液 aqueous solution（§3・3） 水を溶媒とする溶液.

水和物 hydrates（§2・4） 結晶格子中に1ないし数個の水分子（結晶水という）が取込まれた化合物.

隙間腐食 crevice corrosion（§13・1） 二片の金属が接触するとき, 小さな隙間部で起こる腐食.

スピン対 spin paired（§6・5） 二つの電子が同じ軌道にあるとき, それらは必ず一対であって異なるスピンをもつ. これをスピン対という.

スピン量子数 spin quantum number（§6・5） とりうる2種のスピン（$-1/2$ と $+1/2$）を区別する量子数. m_s で表す. この量子数を通常"スピンアップ"と"スピンダウン"とよぶ.

正確さ accuracy（§1・3） 真実の値と観察した値がどれだけ近いかを示す尺度.

正極 → カソード

制御棒 control rod（§14・6） 核分裂速度を制御するために原子炉へ挿入される棒. 核分裂せずに中性子を吸収できる元素から成る.

制限反応物質 limiting reactant（§4・3） 反応で完全に消費される反応物. 制限反応物質が反応の到達点を決め, 生成物の量を制限する.

生成熱 heat of formation（§9・5） 1 mol の化合物が標準状態の元素から生成する化学反応のエンタルピー変化. ΔH_f° で表す.

生成反応 formation reaction（§9・5） 1 mol の化合物が標準状態の元素から生成する化学反応.

生成物 product（§3・2） 反応により生成する化合物. 反応式の右辺にある.

生体適合性 biocompatibility（§7・1） 免疫系の反応を誘発することなく，天然の生体物質と共存することができる材料の性質．

精密さ precision（§1・3） 測定で求めた値同士の隔たりを意味する．精密な観察では数回の測定によって近い値が得られる．

積分形速度式 integrated rate law（§11・4） 反応物または生成物の濃度を時間の関数として示す数式．

節 node（§6・4） 波（波動）の振幅が 0 である点あるいは平面．電子を見いだす確率が完全に 0 となる点または面．

絶縁体 electronic insulator（§8・3） 電気伝導性をもたない物質．価電子帯と伝導帯の間のエネルギーギャップが大きいことが特徴である．

絶対温度 absolute temperature（§5・3） ゼロ点が絶対零度である温度目盛り．ケルビン温度が最も一般的な絶対温度で，ランキン温度も使われることがある．

ゼロ次反応 zero-order reaction（§11・4） 反応速度が，関与する物質の濃度に依存せず一定である反応．

全イオン反応式 total ionic equation（§3・3） 溶液中の解離した化合物を分離したイオンとしてすべて書いた化学反応式．

遷移金属 transition metal → 遷移元素

遷移元素 transition element（§2・5） 周期表の 3〜12 族の元素で，d 軌道の価電子をもつ．

遷移状態 → 活性錯体をみよ．

線形構造 line structure（§2・6） 構造式と同様に，原子間の結合を線で表すが，多くの元素記号（C や H）を省略した書き方．

前指数項 → 頻度因子

線質係数 quality factor（§14・7） 特定の放射線が生体組織を損傷する能力を定量化するための係数．等価線量を計算するのに用いられ，相対的生物学的効果比ともいう．

線量計 dosimeter（§14・7） 個人の積算照射線量を測定する装置．

相 phase（§1・2） 物質の三つの状態すなわち固体，液体，気体のこと．

双極子 dipole（§7・4） 近くに存在する等しい正の電荷と負の電荷．

双極子間相互作用 dipole-dipole interaction（§8・4） 永久双極子をもつ分子間または分子の極性部間の引力相互作用．

相図 phase diagram（§8・1） ある特定の温度と圧力の組合わせにおいて，元素または化合物のどの状態が最も安定であるか示す図．

相対的生物学的効果比 relative biological effectivenes, RBE → 線質係数

素過程 elementary step（§11・6） 分子，イオン，原子またはそれらのラジカルが単一の衝突により起こす化学反応．素過程を組合わせて反応機構がつくられる．

族 group（§2・5） 周期表の縦の列．

速度式 rate law（§11・3） 化学反応速度を，反応物，生成物，その他の化学種の濃度に関係づけた数式．

速度定数 rate constant（§11・3） 反応速度を関与する化学種の濃度の積に関係づけるときの比例係数．k で表す．アレニウス式に従い，温度とともに変化する．

束縛エネルギー binding energy（§6・2） 金属原子が電子を保持しているエネルギー，すなわち金属表面から電子を叩き出すのに必要なエネルギー．核結合エネルギーもみよ．

組成式 composition formula → 式単位

第一基準 primary standard（§5・1） 米国環境保護庁が汚染物質の許容範囲を考慮して科学に基づいた基準あるいは標準として設定したもの．人間の健康を守るためのもの．第二基準もみよ．

体心立方 body-centered cubic, bcc（§8・2） 立方体の各頂点に原子があり，立方体の中央にも原子がある結晶格子．

第二基準 secondary standard（§5・1） 米国環境保護庁が汚染物質の許容範囲を考慮して科学に基づいた基準あるいは標準として設定したもの．環境や財産を守るためのもの．第一基準もみよ．

単 位 unit（§1・4） 測定された量の型と測定された特定の大きさを指定する標識．ほとんどの測定値は単位なしでは物理的な意味をもたない．

単位格子 unit cell（§8・2） 三次元的に繰返すと結晶の全体構造となる，原子または分子の最小の集合体．

ターンオーバー数 turnover number（§11・7） 単位時間に触媒の結合部位一つにつき反応できる分子の数．触媒の効率を表す尺度．

炭化水素 hydrocarbon（§2・6） 炭素と水素のみから成る分子．

単純立方 simple cubic, sc（§8・2） 立方体の各頂点に原子がある結晶格子．

単 色 monochromatic（§6・8） 光が一つの色，つまり一つの波長から成ること．レーザー光はその一例．

弾性率 elastic modulus（§1・6） 伸展あるいは圧縮したとき物質がひずむ現象（弾性変形）において，加えた力（応力）をひずみで割った値．

単分子過程 unimolecular process（§11・6） 反応物が 1 個の素過程．

チャップマンサイクル Chapman cycle（§11・1） 成層圏におけるオゾンの生成と分解の原因となる一連の化学反応．

中性子 neutron（§2・2） 原子核の中にある電気的に中性の極微の粒子．

中 和 neutralization（§3・3） 酸と塩基が反応して水と塩を生成する化学反応．

超伝導性 superconductivity（§8・7） 電流に対するすべての抵抗が消失する現象．通常，ある閾温度以下で生じる．

沈殿反応 precipitation reaction（§3・3） 2 種類あるいはそれ以上の溶液が反応して，不溶性の固体〔沈殿

（物）とよぶ〕が生じてくる化学反応．

強い力 strong force（§14・4）　二つの核子間の非常に短い（つまり原子核程度の）距離にわたって作用する引力．陽子間のクーロン反発に打ち勝って核子を互いに結びつける．

低密度ポリエチレン low-density polyethylene, LDPE（§2・8, §8・6, §10・8）　密度の低いポリエチレン．

滴　定 titration（§4・5）　ある試薬の量が高精度で決定できるよう，制御された条件下で行われる溶液相の反応操作．

電解質 electrolyte（§3・3）　水に溶けて電離あるいは解離し，電気を通す水溶液となる物質．

電解腐食 galvanic corrosion（§13・1）　適当な電解質の存在下で二つの異なる金属が接触するときのみに生じる，酸化による金属の劣化．

電気陰性度 electronegativity（§7・4）　分子中の共有結合を形成している共有電子が一方の原子に引きつけられる度合い．

電気化学 electrochemistry（§13・2）　酸化還元反応と電子の流れを結びつける学問．

電気分解 electrolysis（§13・6）　外部から電流を流して非自発的方向へ酸化還元反応を進める過程．

電気めっき electroplating（§13・6）　電気分解により金属の薄い皮膜をつくる技術．

電　極 electrode（§13・2）　酸化または還元が起こる導電部．

典型元素 representative element → 主族元素

電　子 electron（§2・2）　原子核の周囲に存在する，負の電荷を帯びた極微の粒子．

電子殻 electron shell（§6・4）　主量子数で定められた原子軌道の組．

電子親和力 electron affinity（§6・7）　電子を取込み，負に帯電したイオン（アニオン）をつくるために供給しなければならないエネルギー量．

電子の海モデル sea of electron model（§8・3）　金属原子の価電子が非局在化して，ある特定の原子に結合せずに固体中を自由に動き回るという，金属結合の単純化されたモデル．

電磁波 electromagnetic wave（§6・2）　振動する電場と磁場から成り，光速（2.998×10^8 m s^{-1}）で進む．

電子配置 electron configuration（§6・5）　それぞれの原子や分子において電子がどの軌道を占めるかを表したもの．

電子捕獲 electron capture（§14・2）　原子の第一電子殻の電子を原子核が捕らえる放射壊変で，同時にニュートリノが放出される．第一殻はK殻とよばれるので，電子捕獲はK捕獲ともよばれる．結果として核の陽子は中性子になり，核の電荷は1減る．

電子ボルト electron volt, eV（§14・1）　エネルギーの単位．$1.602176487 \times 10^{-19}$ J（モルあたりでは96.4853 kJ mol^{-1}）

展　性 malleability（§1・2, §8・3）　材料を圧延したり叩いて薄板にする際のしやすさの目安．

電　池 battery（§13・5）　金属の化学反応性の違いを利用して電気をつくり出す装置．

電池電位 cell potential（§13・2）　ガルバニ電池での電極間電位，すなわち起電力．

電池表記法 cell notation（§13・2）　電気化学電池の具体的内容を表すための簡単な表記法．電池を構成する電極，気体や溶液を記載する．縦線は相境界を表し，二重線は塩橋を表す．

伝導帯 conduction band（§8・3）　価電子帯のすぐ上の非占軌道．

電離真空計 ionization gauge（§5・7）　気体分子をまず電離し，つぎに集めて電流として測定する圧力測定装置．$10^{-5} \sim 10^{-11}$ Torr の低い圧力，すなわち高真空の測定に適した真空計．

電離能力 ionizing power（§14・7）　イオン化力ともいう．ある種の放射線が物質と相互作用してイオンを発生させる能力の尺度．

同位体 isotope（§2・2）　同じ元素の原子でも中性子の数が異なるもの．

同位体存在度 isotopic abundance（§2・2）　ある元素の天然に存在する特定の同位体が占める割合．

等価線量 equivalent dose（§14・7）　放射線により生じる人体組織への損傷を定量化するための尺度．線質係数を吸収線量に掛けると等価線量が得られる．

透過能力 penetrating power（§14・7）　ある種の放射線が物質と相互作用しながらどのぐらい深くにまで浸透できるかを示す尺度．

統計力学 statistical mechanics（§10・3）　統計熱力学ともいう．巨視的な系を扱う熱力学に対し，構成粒子間の相互作用を支配する統計法則を考えることで数学的にアプローチする学問．

動的平衡 dynamic equilibrium（§8・5, §12・2）　系の正味の状態は変化しないが，化学反応や物理状態変化の正方向と逆方向の速度がつり合っている状態．

ドナー準位 donor level（§8・3）　n型半導体において伝導帯よりわずかに低い位置にある，ドープした原子のエネルギー準位．

ドーピング doping（§8・3）　別の元素をケイ素やゲルマニウムのような元素の中へごく微量だけ制御して入れ，半導体をつくる手法．

ト　ル Torr（§5・2）　mmHgと等しい圧力の単位．760 Torr = 1 atm.

ドルトンの分圧の法則 Dalton's law of partial pressure（§5・4）　気体の混合物に対しては，測定される圧力は個々の成分気体に仮定される分圧の和になるという法則．

内殻電子 inner-shell electron（§6・5）　核の近くに存在する内部の電子．

内部エネルギー internal energy（§9・2）　物体を構成する原子と分子の運動エネルギーとポテンシャルエネルギーの総計．

ナノチューブ nanotube（§8・1） 長い円柱状の炭素分子．今後，広範な工業的応用が期待されている．

鉛蓄電池 lead storage battery（§13・5） 自動車用に使われる二次電池．

波と粒子の二重性 wave-particle duality（§6・2） ある立場では光や電子は波としてとてもうまく記述できるが，別の場合には粒子として考える方がうまくいくという性質．

難溶 sparingly soluble（§12・6） ほんのわずかしか溶媒（一般には水）に溶けないこと．

ニカド電池 → ニッケル-カドミウム電池

二元化合物 binary compound（§2・7） 2種類の元素だけを含む化合物．

二次電池 secondary cell（§9・8，§13・5） 外部から電流を流すことで再充電可能な電池．

二次反応 second-order reaction（§11・4） 反応速度が $k[A]^2$ または $k[A][B]$ で与えられる反応．ここで[A]，[B]は反応種の濃度である．

二重結合 double bond（§7・3） 一対の原子が二つの電子対を共有してできる共有結合．

ニッケル-カドミウム電池 nickel-cadmium battery（§13・5） ニカド電池ともいう．カドミウムが酸化され，NiO(OH)が還元される二次電池．携帯電話など多くの小型電子機器で使われている．

ニッケル水素電池 nickel-hydride battery（§13・5） 多くの小型電子機器で使われる二次電池．金属水素化物から生じる水素が酸化され，NiO(OH)が還元されるので，ニカド電池と異なり，毒性のカドミウムを使わずに済み，メモリー効果も起こしにくい．

二分子過程 bimolecular process（§11・6） 反応物が2個の素過程．

熱 heat（§9・2） 物体間の温度差のために温かい方から冷たい方へと流れるエネルギーの流れ．qで表す．

熱化学 thermochemistry（§9・1） 化学のエネルギー的因果関係に関する学問．

熱化学方程式 thermochemical equation（§9・5） 反応のエンタルピー変化を表示した，つり合いのとれた化学反応式．

熱可塑性高分子 thermoplastic polymer（§8・6） 加熱による軟化と冷却による硬化を繰返すことができる高分子またはプラスチック．

熱硬化性高分子 thermosetting polymer（§8・6） 加熱すると共有結合性の架橋ができ，分解しないかぎり溶融できなくなる高分子またはプラスチック．

熱電対真空計 thermocouple gauge（§5・7） 熱フィラメントから放出される熱伝導を利用して真空の圧力を測定する装置．

熱容量 heat capacity（§9・4） 物体の温度を一定量〔通常は1℃(K)〕上昇させるのに必要な熱量．

熱力学第一法則 first law of thermodynamics（§9・3） 宇宙の全エネルギーは一定である．エネルギーは一つの形態から別の形態へと変換できるが，何もないところから生み出したり，なくしたりはできない．

熱力学第二法則 second law of thermodynamics（§10・4） 宇宙の全エントロピー S_u はつねに増大しており，いかなる自発過程においても，$\Delta S_u > 0$ である．

熱力学第三法則 third law of thermodynamics（§10・5） 絶対温度が0に近づくと，いかなる純物質の完全結晶のエントロピーも0に近づく．

熱量測定 calorimetry（§9・4） 系に流れ込む熱および流出する熱を測定する技術．

ネルンストの式 nernst equation（§13・3） 非標準状態にある電池電位を表す式．

燃焼 combustion（§1・2） 酸素あるいは空気中で元素や化合物が燃える化学変化．炭化水素は完全燃焼すると二酸化炭素と水になる．

燃料添加剤 fuel additives（§4・6） エンジンの性能を高め，有害なエンジン排気量を減らすためにガソリンや他の燃料に加える物質．

燃料電池 fuel cell（§13・5） 燃料と酸化剤の反応により電気を生み出す電気化学電池．通常の電池と異なり，外部から燃料補給ができる．

燃料棒 fuel rod（§14・6） 濃縮された酸化ウランのペレットが埋め込まれた，原子炉の構成要素．

濃度 concentration（§3・3） 溶液における溶質と溶媒の相対量の尺度．

配位数 coordination number（§8・2） 固体の格子構造内で特定の原子に直接隣接した原子の数．

π結合 pi bond（§7・6） 二つの原子核間を結ぶ線（分子軸）の上下または前後に電子密度が局在化している結合．

ハイゼンベルクの不確定性原理 → 不確定性原理

パウリの排他原理 Pauli exclusion principle（§6・5） 一つの原子内にある二つの電子は，四つの量子数が同じ組合わせをとってはならない．

パスカル pascal, Pa（§5・2） 圧力を表すSI単位．$1 \text{ Pa} = 1 \text{ N m}^{-2}$ である．

波長 wavelength（§6・2） 隣合う波の対応する点（山，谷など）の間の距離．

バックグラウンド放射線 background radiation（§14・7） 誰もが日常的に浴びている，自然界や人工物から発生する放射線．

発光ダイオード light-emitting diode, LED（§6・8） 半導体素子の一つで，電気を通じると単色光を放射する．赤，緑，青の3色の光が得られている．

発熱的 exothermic（§9・5） 系から熱が発生するとき，その過程は発熱的であるといい，ΔH の値は負である．

波動関数 wave function（§6・4） 原子中の電子の運動を量子力学で波動として取扱う数学の関数．シュレーディンガーの波動方程式の解である．

ハロゲン halogen（§2・5） 周期表の17族の元素（F, Cl, Br, I, At）．

半金属 semimetal（§2・5） 金属と非金属の中間的な特徴を示す元素．

反結合性軌道 antibonding molecular orbital（§8・3） 2個以上の原子の原子軌道が結合してできる軌道のうち，元の原子軌道より高いエネルギーをもつ軌道．

半減期 half-life（§11・4） 反応物の濃度が元の値の半分になるのに要する時間．$t_{1/2}$ で表す．一次反応では半減期は初濃度に依存しない．

半導体 semiconductor（§8・3） 絶縁体に比べ，価電子帯と伝導帯の間のエネルギーギャップ（バンドギャップ）が小さい物質．このため高温ほど価電子帯から伝導帯へ移る電子数が増え，伝導度は大きくなる．

バンドギャップ band gap（§8・3） 価電子帯と伝導帯の間のエネルギーの隔たり．

バンド理論 band theory（§8・3） 軌道のバンドを用いて固体の化学結合を説明する理論．金属，絶縁体，半導体の電気特性を説明するのに用いられる．

反応機構 reaction mechanism（§11・6） 複数の素過程から成り，反応物が生成物へ変換される道筋を示す．

反応次数 order of reaction（§11・3） 反応速度が濃度にどのように依存するか示す数値で，速度式中の濃度項の指数で与えられる．通常は小さな整数か有理数．

反応商 reaction quotient（§12・3） 形式は平衡定数と同じだが，含まれる各濃度の値が平衡値と異なる式．平衡定数の値と比較することで自発的変化の方向がわかる．Q で表す．

反応速度 reaction rate（§11・2） 量論係数により規格化された，反応物または生成物の濃度変化速度．

反応中間体 reactive intermediate（§11・6） 反応機構の一つの段階で生じ，後の段階で消費される化学種．中間体は全体の反応式には現れない．

反応熱 heat of reaction（§9・5） 化学反応におけるエンタルピー変化．

反応物 reactant（§3・2） 反応する以前の物質．反応式の左辺にある．

半反応 half-reaction（§13・2） レドックス反応のうちの酸化または還元過程のみを示す反応．

p-n 接合 p-n junction（§8・3） p 型物質が n 型物質に接する点．集積回路で重要な構成要素である．

p 型半導体 p-type semiconductor（§8・3） 価電子を減らすアルミニウムやガリウムをケイ素やゲルマニウムなどにドープすることで得られる物質．この名前は，正孔が正電荷のようにふるまうことに由来する．

非共有電子対 unshared electron pair → 孤立電子対

非金属 nonmetal（§2・5） 金属の性質である光沢，展性や延性，電気伝導性をもたない元素．

微視状態 microstate（§10・3） 粒子の集団がある特定のエネルギーをとっている状態．

微視的（ミクロな）視点 microscopic perspective（§1・2） 物質を原子や分子レベルで考える化学の視点．試料は目に見えないし，測れないし，容易には扱えない．その大きさは小さすぎて，従来の顕微鏡では見えない．粒子概念ともいう．

非電解質 nonelectrolyte（§3・3） 水に溶けても電気を通さない物質．

比熱（比熱容量） specific heat（§9・4） 1 g の物質の温度を 1 °C (K) 上げるのに必要な熱量．c で表す．

微分形速度式 differential rate law（§11・3） 反応物または生成物の濃度変化速度で定義された，化学反応速度を表す数式．

百万分率 parts per million, ppm（§1・4, §5・1） 百万個の試料中に存在するその物質の個数を表す濃度の単位．汚染物質や大気中の微量成分の濃度を表すのに使われる．十億分率もみよ．

標準還元電位 standard reduction potential（§13・3） 標準水素電極とつないだときの半反応の電位．$E°$ で表す．化学種の酸化・還元傾向のよい尺度となる．

標準ギブズエネルギー standard Gibbs free energy（§10・7） 標準状態（1 atm または 1 M, 25 °C）にある物質が関与する過程や反応のギブズエネルギー変化．$\Delta G°$ で表す．ギブズエネルギーもみよ．

標準状態 standard state（§9・5） 25 °C, 1 atm でその元素が最も安定な状態．

標準状態（気体の） standard temperature and pressure, STP（§5・5） 気体のいろいろな量を比較したいとき，標準となる状態を使うと便利である．理想気体に対しては，温度（0 °C）と圧力（1 atm）を設定する．

標準水素電極 standard hydrogen electrode, SHE（§13・3） 標準還元電位の尺度を定義するために用いられる電極で，白金電極上で 1 M の水素イオン H^+ が 1 bar の H_2 ガスに還元される過程の電位を 0 V と定めている．

標準沸点 normal boiling point（§8・5） 蒸気圧が 1 atm に等しくなる温度．

標準モルエントロピー standard molar entropy（§10・5） 標準状態での 1 mol のエントロピー．$S°$ で表す．

表面張力 surface tension（§8・5） 液体の表面分子に働く引力のため表面に沿って生じる一種の張力．このため液体は，表面積を最小にしようとする．

頻度因子 frequency factor（§11・5） アレニウス式での前指数項のこと．この項は，速度定数に影響する，衝突頻度と幾何学的または配向による制約の寄与を含む．

ファラデー定数 Faraday constant（§13・3） 電子 1 mol あたりの電荷量 96,485 C mol^{-1}．F で表す．

不安定性の海 sea of instability（§14・4） 核種チャートの安定帯の外側の領域．

ファンデルワールスの式 van der Waals equation（§5・6） 分子の体積と分子間相互作用を考慮して，実在気体のふるまいを取扱うのに使える経験式．

不可逆 irreversible（§10・6） 平衡から離れた過程で，変数が少し変わったぐらいでは逆戻りできないこと．

不確定性原理 uncertainty principle（§6・4） ハイゼンベルクの不確定性原理ともいう．1 個の電子の位置と運動量とを同時に完全に決定することはできないという原理．

付加重合体 addition polymer（§8・6） 他の物質を生成することなく，モノマーが互いに結合してできる高分

用語解説

付加反応 addition reaction（§2・6）　分子へ新しい原子や原子団が付け加わる反応.

負極 → アノード

不均一系触媒 heterogeneous catalyst（§11・7）　反応物と違う相にある触媒.

不均一平衡 heterogeneous equilibrium（§12・3）　反応物と生成物がすべて同じ相中にはない化学平衡.

副殻 subshell（§6・4）　ある電子殻の中に定められたより小さい軌道のグループ. どの電子殻にも主量子数 n と同じ数の副殻がある.

複合核 compound nucleus（§14・6）　化学反応における活性錯体のように核反応で形成される不安定中間体核種.

副反応 side reaction（§4・4）　化学反応を行う際に, 主生成物以外ができる反応.

腐食 corrosion（§13・1）　環境に曝露された金属の, 化学的酸化による劣化.

付着 adhesion（§8・5）　異なる物質または表面間の引力により一方が他方に付くこと.

物質 matter（§1・2）　質量をもち, 空間を占め, 観察することができるもの.

物質保存の法則 law of conservation of matter（§3・2）　普通の化学反応では, 物質（質量）は創造も破壊もされないという法則.

物質量 amount of substance（§3・4）　物質の量をモル（mol）単位で表したもの.

物理的性質 physical property（§1・2）　その物質に固有の性質を変えることなく測定できる性質.

不動態化 passivation（§13・8）　金属表面の酸化物皮膜が金属の腐食を止める過程.

不溶性 insoluble（§3・3）　溶けないこと.

フリーラジカル free radical（§2・8）　反応性に富む原子や分子の断片の化学種. 不対電子を含む. 遊離基ともいう.

ブレンステッド塩基 Brønsted base（§12・7）　プロトンの受容体.

ブレンステッド酸 Brønsted acid（§12・7）　プロトンの供与体.

ブロック共重合体 block copolymer（§8・6）　同じモノマーが長く連なった領域すなわちブロックを2種類以上含む高分子.

分圧 partial pressure（§5・4）　その気体だけが混合物と同温, 同体積で存在すると仮定したときの圧力.

分極率 polarizability（§8・4）　外部電場によって分子がどれだけ電荷分布を変化させるかを示す.

分散力 dispersion force（§8・4）　一過性の（誘起）双極子の相互作用から生じる, すべての物質に共通して存在する分子間の引力. ロンドン力やファンデルワールス力とよばれることもある.

分子 molecule（§1・2, §2・4）　原子が何個か結びついてできているもので, 個々の構成原子とは異なる固有の性質をもった粒子.

分子運動論 kinetic-molecular theory（§5・6）　気体は膨大な数の粒子（原子や分子）から成り, 一定の無秩序な動きをする. そこで, 粒子の速度分布関数を仮定して巨視的な気体の状態を議論する. これを分子運動論という. ここから理想気体の状態方程式も導かれる.

分子間力 intermolecular force（§8・4）　分子の間に働く引力.

分子式 molecular formula（§2・4）　分子の原子組成を効率的に表した化学式.

分子の形 molecular shape（§7・8）　空間における構成原子の配置によって定められた, 分子やイオンの配列.

分子反応式 molecular equation（§3・3）　関与する各化合物が分子式として示されている化学反応式.

フントの規則 Hund's rule（§6・5）　原子の副殻の中では, 電子はできるだけ対にならず別々の軌道を占めるという規則.

分布関数 distribution function（§5・6）　粒子全体にわたってある性質がどのように変わるかを表す数学の関数.

平均自由行程 mean free path（§5・6）　1個の粒子が他の粒子と衝突するまでに進む平均距離.

平均速度 average rate（§11・2）　一定時間にわたって測定された反応速度.

平均の速さ average speed（§5・6）　マクスウェル–ボルツマン分布から導かれる分子運動の速さの平均.

平衡定数 equilibrium constant（§12・3）　生成物濃度の積の, 反応物濃度の積に対する比. K_{eq}, K で表す. 各濃度は, つり合いのとれた化学反応式の量論係数がべき乗されている. その値は温度に依存する.

平衡定数式 equilibrium expression（§12・3）　平衡定数を定義する式.

ベクレル becquerel, Bq（§14・3）　放射能の SI 単位. 1秒あたり1個の核の壊変と定義される.

ヘスの法則 Hess's law（§9・6）　いかなる過程のエンタルピー変化も, その過程がたどった道筋には依存しないという法則.

ベータ壊変 beta decay（§14・2）　ベータ粒子と反ニュートリノを放出する放射壊変. 核中の中性子が壊変して陽子ができるが, 陽子は核にとどまるので原子番号は一つ増え, 質量数は変わらない.

ベータ線 beta ray（§14・2）　ベータ粒子から成る放射線.

ベータ粒子 beta particle（§14・2）　原子核から放出された電子.

ボーアモデル Bohr model（§6・3）　原子中の電子は特定の大きさの円周軌道上を運動することを示唆した初期の原子モデル. 原子スペクトルの特性を説明することができたが, 現在は完全に正しいものではないことがわかっている.

ボイルの法則 Boyle's law（§5・3）　一定温度では気体の圧力と体積は反比例するという法則.

方位量子数 azimuthal quantum number（§6・4）　原子軌道の波動関数を数学的に書き表したとき必要となる3種の量子数の一つ．lで表す．原子内で同じ電子殻にある副殻を決めて原子軌道のエネルギー差の指標になる．整数であるが，0でもよく，最大値はnより一つ小さい値と規定されている．

傍観イオン spectator ion（§3・3）　化学反応に直接，関与しないイオン．

放射壊変 radioactive decay（§14・1）　不安定な原子核が自発的に原子より小さい粒子や光子を放出して新たな核種となる過程．

法則 law（§1・3）　数ある理論のなかから，十分に改良され，十分に試験され，広く受け入れられるようになった理論．

ポテンシャルエネルギー potential energy（§9・2）　物体の相対的位置に関係するエネルギー．

ポリエチレンテレフタラート poly(ethylene terephthalate)，PET（§10・1，§10・8）　ジュースなどの容器に用いられる，リサイクル可能なポリエステル．

ポリ塩化ビニル poly(vinyl chloride)，PVC（§2・1，§10・8）　塩化ビニルモノマーからつくられる熱可塑性樹脂．構造材料，パイプ，電線絶縁被覆材として広く用いられる．

ポリスチレン polystyrene（§10・8）　スチレンモノマーからつくられる熱可塑性樹脂．プラモデルや食器類に用いられるほか，空気を吹き込んで発泡スチロールやコーヒーカップ，食品用断熱容器などに加工される．

ポリプロピレン polypropylene（§8・6，10・8）　プロピレンモノマーからつくられる熱可塑性樹脂．殺菌が容易なので，注射器やその他の医療器具に広く用いられる．

ポルトランドセメント Portland cement（§12・1）　コンクリートの製造に最もよく使われるセメントで，カルシウム，ケイ素，アルミニウムの酸化物の混合物から成る．

マクスウェル–ボルツマン分布 Maxwell–Boltzmann distribution（§5・6）　多数の気体粒子の速さを表す分布関数．気体分子の質量と気体の温度に依存する．

マクロな → 巨視的

マノメーター manometer（§5・7）　圧力測定装置．

魔法数 magic number（§14・5）　異常に安定性の高い同位体の原子番号や中性子数．2，8，20，28，50，82，126が知られている．

ミクロな → 微視的

未達成地域 nonattainment area（§5・1）　検出された基準汚染物質の濃度が，米国環境保護庁が設定した第一基準を超えた地域．

密度 density，mass density（§1・2）　質量を体積で割った値．

無機化学 inorganic chemistry（§2・6）　有機化合物（炭素化合物）以外のすべての元素や化合物に関する化学の学問分野．

無定形 amorphous（§8・2）　アモルファスともいう．原子や分子の配置が長距離での秩序をもたない非晶性固体．

メチル t–ブチルエーテル methyl t–butyl ether，MTBE（§4・6）　オクタン価とガソリンの酸素含有量を共に上げる添加剤として使われていた化合物．健康問題の懸念が生じ，使用が控えられている．

面心立方 face-centered cubic，fcc（§8・2）　立方体の各頂点に原子があり，各六面の中央にも原子がある結晶格子．六方最密充填構造ともよばれる．

モノマー monomer（§2・1）　高分子を構成する小さな繰返し単位．

モル mole，mol（§3・4）　化学者が原子や分子を数えるときに通常使う特定の量．1モル（1 mol）は厳密に12 gの^{12}Cに含まれる原子の数と定義されている．この数（$6.022×10^{23}$）はアボガドロ数ともよばれる．

モル質量 molar mass（§3・4）　1 molの原子や分子の質量．

モル熱容量 molar heat capacity（§9・4）　1 molの物質の温度を1 °C(K)上げるのに必要な熱量．

モル濃度 molarity，M（§3・5）　溶液1 Lあたりの溶質の物質量で定義した濃度の単位．

モル溶解度 molar solubility（§12・6）　飽和溶液中に溶けて存在する溶質の濃度をモル濃度で表したもの．

モル比 mole ratio（§3・4，§4・2）　異なる物質の物質量の比．

融解 fusion（§9・5）　固体が液体になる相転移．

有機化学 organic chemistry（§2・6）　有機化合物（炭素化合物）を研究する化学の学問分野．

有効核電荷 effective nuclear charge（§6・5）　より大きな軌道にある電子が感じる核の正電荷の大きさは，遮蔽効果によって核の全電荷より小さくなる．これを有効核電荷という．

有効数字 significant figures（§1・4）　測定値を考察する際にその数値が何桁まで信頼できるかを表す．

陽イオン → カチオン

陽極 → アノード

溶液 solution（§3・3）　一つの相における2種類以上の物質の均一な混合物．

溶解性 soluble（§3・3）　容易に溶けること．

溶解度 solubility（§3・3）　化合物が溶液に溶ける割合．特定の温度で一定量の溶媒に溶ける溶質の飽和溶液の濃度で表す．

溶解度積 solubility product constant（§12・6）　一般には難溶性化合物の溶解の平衡定数．K_{sp}で表す．

溶質 solute（§3・3）　溶液における少量の成分．

陽電子 positron（§14・2）　正に荷電した電子．

陽電子放射断層撮影法 positron emission tomography，PET（§14・8）　陽電子を放出する同位体を利用し，陽電子消滅により標識化合物から放出されるガンマ線を記録してコンピューターが標的器官を三次元的に描き出す医学用画像診断技術．

溶媒 solvent（§3・3） 溶液において量のより多い（通常ははるかに大量に存在する）成分.

ランタノイド lanthanide（§2・5） 周期表で原子番号58から71までのセリウムからルテチウムまでの14元素を含む．4f軌道の価電子をもつ（IUPAC命名法では原子番号57のランタンも含む）.

ランダムな誤差 random error（§1・3） 測定する装置によって決まっており，その装置の測定限界と関連している誤差．測定値を大きくしすぎるかあるいは小さくしすぎることがあるので，繰返し測定して平均をとることでその誤差を小さくすることができる.

律速段階 rate-determining step（§11・6） 反応機構のなかで，最も遅い過程.

粒子概念 particulate perspective → 微視的視点

量子数 quantum number（§6・4） ある特定の量子状態（原子軌道とみなしてよい）を記述するのに必要な数．原子中の電子は主量子数，方位量子数，磁気量子数，スピン量子数の4種の量子数の組合わせで特定される.

理論収量 theoretical yield（§4・4） 量論問題を計算して解くことで得られる生成物の最大量.

量論係数 → 化学量論係数

臨界質量 critical mass（§14・6） 連鎖反応が持続するために必要な核分裂物質の量.

ルイス構造 Lewis structure（§7・3） 分子内で価電子がどのように共有されているかを示す．視覚的に共有結合分子のすべての価電子の分布がわかりやすい.

ルイスの点記号 Lewis dot symbol（§7・3） 元素記号を使って，その四方に価電子の数を示すために描く点記号．視覚的に価電子の数がわかりやすい.

ルシャトリエの原理 Lechatelier's principle（§12・5） 平衡状態にある系に何らかの変化，すなわち摂動が加えられると，系はそれに応答して，加えられた摂動を低減するように平衡を再構築するという原理.

励起状態 excited state（§6・3） 原子や分子がエネルギーを吸収したとき，電子が到達する，より高いエネルギー状態.

レーザー laser（§6・8） 単色光で，高強度で発光し，コヒーレント（位相がそろうこと）であり，指向性や収束性に優れており，はっきりした光束として放射される．laserという言葉は"放射の誘導発光による光増幅（light amplification by stimulated emission of radiation）"の頭文字をとったものである.

レドックス反応 redox reaction → 酸化還元反応

連鎖反応 chain reaction（§14・6） 一連の持続性反応．核分裂では，放出された1個以上の中性子がさらに核分裂を誘導する.

炉 心 reactor core（§14・6） 原子炉の中心部のことで，ウラン燃料，減速材，冷却材，保持装置を含む.

索　引

あ

IR（赤外線）　103
アイソタクチック　174
アインシュタイン（Albert Einstein）
　　　　　　　　　　105, 301
亜鉛空気電池　282
亜塩素酸イオン　39
亜鉛めっき　273
亜鉛めっき鋼　278
アクセプター準位　165
アクチノイド　33
アクリルガラス　35
アクリロニトリル　211
アジ化鉛　57, 62
アジドテトラゾラート　62
アジピン酸　175
2,2′-アゾビスイソブチロニトリル　29
アタクチック　174
圧　力　81
圧力-体積仕事　185
アト（a）　11
atm（気圧）　83
アニオン　26, 38
　　──の生成　131
アノード　272, 285
アボガドロ数　56
アボガドロの法則　84
アミド　37
アミド結合　175
6-アミノカプロン酸　175
アミン　37, 53
アモルファス　157
RFG（改質ガソリン）　77
アルカリ金属　32
アルカリ電池　200, 281
アルカリ土類金属　32
アルカン　65
アルキルペルオキシルラジカル　240
アルキン　37
アルケン　37
アルコール　37
アルゴン　119
RDX　59
アルデヒド　37
アルファ壊変　295
アルファ線　294
アルファ粒子　295
アルミ缶　2
アルミナ → 酸化アルミニウム

アルミニウム　2, 16, 73, 165
　　──の精錬　17, 285
　　──の物性値　18
　　──のリサイクル　215
アルミニウム-26　297
アレニウス式　232
安定核種　300
安定帯　300
安定同位体　300, 303
アンドルッソー法　250
アンペア（A）　287
アンモニア　53, 75
　　──の製造　251

い，う

イオン　26
イオン化エネルギー　121, 130
イオン結合　29, 130
イオン性化合物　130
イオン半径　132
異性体　66
イソブテン　72
一次電池　200, 281
一次反応　227
一酸化炭素　80
一酸化窒素　38, 240
易　溶　50
陰イオン → アニオン
陰極（カソード）　285
因子標識法　14

宇　宙　186
宇宙線　293
ウラン-235　304
ウラン-238　295, 301
ウラン濃縮　305
運動エネルギー　90, 111, 184
運動論　90

え，お

永久双極子　168
英国熱量単位（Btu）　182
amu（原子質量単位）　24
液　体　4, 170
液体ヘリウム温度　86
エクサ（E）　11
SI（国際単位系）　10
SI 基本単位　11

SI 組立単位　11
SHE（標準水素電極）　275
s 軌道　114, 145
エステル結合　175
sp³ 混成軌道　146
s ブロック　120
エタノール　77
　　──の生成熱　197
枝分かれポリエチレン　40
エタン　66
エチレングリコール　175, 203
エチレンジニトロアミン　58
X　線　103
HDPE（高密度ポリエチレン）　41
エーテル　37
NO$_x$　80
n 型半導体　165
エネルギー　183
　　──の転換効率　187
エネルギー経済　181
エネルギー密度　190, 198
ABS 樹脂　176
f ブロック　120
MRI（磁気共鳴画像法）　116
MTBE（メチル t-ブチルエーテル）　72, 77
エラストマー　177
LED（発光ダイオード）　124
LDPE（低密度ポリエチレン）　41
塩　54
演繹的推論　8
塩化ジエチルアルミニウム　29
塩化水素　71
塩化バリウム　54
塩化鉄　35
塩　基　53
塩基解離定数　262, 323
塩　橋　272
塩　酸　71
演算子　110
延　性　163
塩　素
　　──の同位体　26
塩素酸イオン　39
塩素酸カリウム　51
エンタルピー　191
エンタルピー駆動　212
エンタルピー図　195
エントロピー　206
エントロピー駆動　212
塩ビ → ポリ塩化ビニル

OLED（有機発光ダイオード）　126, 179
オキソアニオン　39

索引

オキソ酸 39
オキソニウムイオン 261
オクタ 38
オクタン 66
　　——の燃焼 68
オクタン価 77
オクテット則 136
オゾン 80
オゾン層 219
親核 295
温度目盛り 11

か

外界 186
ガイガーカウンター 309
ガイガーミュラー管 309
開始剤 40
改質ガソリン 77
解重合 214
回折 110
壊変系列 301
壊変定数 262, 298
解離定数 262, 322, 323
解離反応 51
過塩素酸アンモニウム 73
過塩素酸イオン 39
化学エネルギー 184
化学結合 28
化学式 28
科学的記数法 12
科学的手法 2
化学的性質 4
化学動力学 236
化学反応式 45
化学反応速度論 221
化学平衡 243, 245
化学変化 4
化学量数 222
化学量論 46, 65
化学量論係数 46
可逆 213
架橋 177
核安定性 300
核化学 293
核結合エネルギー 301
核子 301
核種 294
核種チャート 300
核スピン 116, 303
核廃棄物 306
核反応 294
核分裂 303
核変換 303
隔膜真空計 94
核融合 303, 306
確率 206
化合物 28
化合物命名法 37
過酸化物 173
可視光線 101, 103
カ氏度（°F） 11
価数 136
苛性ソーダ 16

可塑剤 177
カソード 272, 285
カソード防食 291
ガソリン 65, 77
　　——の燃焼 70
カチオン 26, 38
　　——の生成 130
活性化エネルギー 232, 239
活性化障壁 232
活性錯体 232
活量 260
価電子 119, 120, 136
価電子帯 163
価標 136
カーボンファイバー 156
過マンガン酸カリウム 51
可溶 50
加硫 177
カルノーサイクル 206
ガルバニ（Luigi Galvani） 272
ガルバニ電池 272
カルボン酸 37
カロリー（cal） 185
カロリメトリー（熱量測定） 189
還元 270
還元剤 271, 277
含酸素燃料 77
干渉 144
完全燃焼 68
カンデラ 11
乾電池 281
官能基 36
ガンマ壊変 296
ガンマ線 103, 294

き

気圧 83
気圧計 82
気化 170
ギガ（G） 11
希ガス（貴ガス） 32, 119
記号による表記 6
希釈 61
基準汚染物質 80
犠牲アノード 290
キセノン 104
気相平衡 248
気体 4, 79
　　——の状態方程式 81
　　——の標準モル体積 89
気体センサー 94
気体定数 81, 86, 233
気体分子運動論 90
基底状態 109
起電力 273
軌道 109〜111
　　——の重なり 145
　　——の混成 146
軌道エネルギー 118
軌道関数 110
帰納的推論 8
揮発性 171
揮発性有機化合物 80, 240

ギブズ（J. Willard Gibbs） 211
ギブズエネルギー 211, 279
ギブス石 2
逆反応 246
キャパシタンスマノメーター 94
吸収線量 310
吸着 239
吸熱的 191
吸熱反応 257
球棒モデル 34
球面極座標 114
キュリー（Ci） 298
強塩基 53
境界 186
凝固 192
強酸 53
凝集 172
共重合体 176
凝縮 192
凝縮相 157, 170
共通イオン効果 258
強電解質 51
共鳴 143
共鳴構造 143
共役塩基 261
共役酸 261
共役酸塩基対 261
共有結合 30, 134
極座標 114
極性 130
　　結合の—— 138
極性結合 139
巨視的視点 3
キロ（k） 11
キログラム重（kgW） 83
キロワット時（kWh） 288
均一系触媒 238
均一腐食 269
均一平衡 249
金属 33, 162
金属結合 30, 163
銀めっき 287

く

空間充填モデル 34
空気
　　——の化学成分 80
空気混和剤 244
クォーク 23, 301
屈折 103
組立単位 11
グラファイト 155, 169
　　——の結晶構造 160
グラフト共重合体 176
グリシン 175
クリプトン 119
クリプトン-92 304
グリーンケミストリー 61
グルーオン 301
グレイ（Gy） 310
クロロフルオロカーボン 141, 231, 238
クーロン（C） 23
クーロンの法則 27, 132

索引

け, こ

系　186
蛍光灯　100, 110, 119
ケイ酸カルシウム　130
ケイ素　164
　──の同位体　26
ケイ素樹脂　34
系統的な誤差　8
結　合
　──の極性　138
結合エネルギー　134, 301
結合角　148
結合距離　134
結合性軌道　163
結合対　137
結　晶　157
ケトン　37
ケプラー　41, 175
K 捕獲　296
ケルビン（K）　12
ゲルマニウム　165
限界振動数　106
原　子　5
　──の大きさ　120
原子価殻電子対反発則　147
原子核　23
原子価結合理論　145
原子軌道　111
原子質量単位　24
原子スペクトル　107
原子半径　132
原子番号　24
原子モデル　110
　ボーアの──　109
原子量　25, 313
原子力発電　304
原子炉　305
減水剤　244
元素記号　25
元素分析　59
原料リサイクル　209

鋼（スチール）　17, 273
光化学オキシダント　219
光化学スモッグ　80, 239
光化学反応　46, 80
硬化遅延剤　245
交互共重合体　176
格　子　29
光　子　105, 295
　──のエネルギー　106
格子エネルギー　133
剛　性　17
構成原理　118
光　速　102
光電効果　104
高度リサイクル　209
降伏強度　18
高分子　21, 173
　──の主鎖　22
高密度ポリエチレン　41, 216
高レベル放射性廃棄物　306
国際単位系　10

五酸化二窒素　38
固　体　4
コーティング　130
コヒーレント　125
孤立電子対　137, 149
コンクリート　243
　──の炭酸化　245
　──の風化　245
混　成　146
混成軌道　146
根平均二乗速さ　92
混和剤　243

さ

最確の速さ　92
再生可能エネルギー　182
最密充填　158
サイン関数　102
酢　酸　54
さ　び　269
さび止め剤　290
サルフェーション　284
酸　53
酸　化　270
酸化アルミニウム　7, 285
　──の抽出　16
酸解離定数　262, 322
酸化カルシウム　244
酸化還元反応（レドックス反応）　199, 270
三角両錐　148
酸化剤　271, 277
酸化数　39
酸化二窒素　38
三酸化二窒素　38
三重結合　137, 145
酸　素　220
酸素化剤　77
三分子過程　236
三硫化四リン　70

し

ジ　38
次亜塩素酸イオン　39
次亜塩素酸ナトリウム　60, 75
シアン化物イオン　38, 287
四塩化ケイ素　34
紫外線　103
四角錐　150
磁気共鳴画像法（MRI）　116
式単位　29
磁気量子数　112
σ結合　145
ジクロロジフルオロメタン　141
次元解析　14
仕　事　185, 213
四酸化二窒素　38
指示薬　76
自触媒反応　243
自然対数　280
シーソー形　150
実験式　28

実在気体　92
実際の収量　74
質量欠損　302
質量作用の式　248
質量作用の法則　247
質量数　24
質量スペクトル　24
質量分析計　24, 96
自発性　211
自発的過程　205
自発的変化　211
シーベルト（Sv）　310
ジボラン　73, 75
ジメチルテレフタラート　203
2,6-ジメチルフェノール　36
四面体　148
弱塩基　53
弱　酸　53
弱電解質　51
遮　蔽　117, 120
シャルル（Jacques Charles）　84
シャルルの法則　84
自由エネルギー　211
　──と平衡の関係　264
　電池電位と──　279
十億分率　11
周　期　31
周期表　31
周期律　31
重合度　174
重合反応　40
重曹→炭酸水素ナトリウム
充填効率　157
周波数（振動数）　102
18 金　60
充満帯　163
収　率　74
縮合重合体　174
樹脂再生　204
主族元素　33
主要族元素　33
主量子数　112
ジュール（J）　185
シュレーディンガー方程式　110
瞬間双極子　167
瞬間速度　223
昇　華　192
蒸　解　16
蒸気圧　170
硝酸アンモニウム　51
硝酸イオン　38
照射線量　310
状態関数　195
蒸　発　192
蒸発熱　191
正味のイオン反応式　52
照　明　100
触　媒　238, 257
触媒コンバーター　77, 238
初速度　223
初濃度　252
シリカ　16, 140, 152
真　空　82
真空計　95
シングルイベント効果　309
シンジオタクチック　174

348　索引

シンチレーションカウンター　309
振動数　102
振幅　102

す，せ

水銀　110
水銀気圧計　83
水銀電池　282
水酸化カリウム　54
水酸化物イオン　38, 53
水素
　——のエネルギー準位　108
　——の発光スペクトル　107
水素イオン　52
水素結合　168
水素原子核　293
水素爆弾　307
スイッチ　166
水溶液　49
水和物　29
隙間腐食　270
スズめっき　273
スチール（鋼）　17, 273
　——の物性値　18
スチレン　36
ストライクめっき　288
砂　140
スピン対　116
スピン量子数　116
スペクトル　24
スペースシャトル　60, 73
スモッグ　80, 239

正確さ　8
正極（カソード）　272
制御棒　305
正弦波　102
制限反応物質　71
正孔　165
青酸　250
生成熱　194
生成反応　194
生成物　45
生石灰　89
成層圏　220
生体適合性　130
静電塗装　290
静電容量型圧力計　94
正反応　246
精密さ　8
赤外線　103
積分形速度式　226
石油　198
セ氏度（°C）　11
ゼタ（Z）　11
節　114
絶縁体　164
石灰　16
石灰岩　244
絶対温度　12, 86
絶対零度　84, 86, 210
摂動　254
接頭辞　38

ゼプト（z）　11
セメント　243
セルシウス温度　11
セレンディピティー　9
ゼロ次反応　227
全圧　87
全イオン反応式　52
遷移金属　131
遷移元素　33
遷移状態　232
線形構造　35
前指数項　232
線質係数　310
線状ポリエチレン　40
センチ（c）　11
線量計　309

そ

相　4
双極子　139, 167
双極子間相互作用　168
相図　156
相対的生物学的効果比　310
相転移　192
　——のΔH　191
素過程　236
族　31
速度　90
速度式　224
速度定数　224
束縛エネルギー　106
組成式　29
塑性変形　18
ソルベー法　74

た

ダイアスポア　2
ダイアフラム　94
第一イオン化エネルギー　121
第一基準　80
大気汚染　79
大気化学　240
体心立方　158
対数　280
ダイナマイト　44
第二基準　80
ダイヤモンド　155
　——の結晶構造　160
太陽
　——のエネルギー源　306
対流圏　220
タクチシティー　174
ダクロン　175
多原子イオン　26, 39
脱着　239
単位格子　158
ターンオーバー数　239
炭化水素　37, 65
タングステン　100, 116
　——の電子配置　124

単結合　137
単原子イオン　26
炭酸　264
炭酸イオン　38
炭酸カルシウム　51, 89, 244
炭酸水素イオン　38
炭酸水素ナトリウム　74, 88
炭酸ナトリウム　54
　——の商業生産　74
炭酸バリウム　54
単純立方　158
単色　124
弾性率　17
炭素
　——の相図　156
　——の単体　155
　——の放射性同位体　294
炭素-14　296
　——の半減期　298
炭素-15
　——の半減期　299
炭素年代測定法　299
断熱過程　206
単分子過程　236

ち

蓄電池　283
チーグラー-ナッタ触媒　174
チタン
　——の物性値　18
窒素-14　296
窒素酸化物　80
チャップマンサイクル　220
中性子　23, 301
中性子衝撃　303
中和　54
中和熱　194
超高分子量ポリエチレン　41
超重元素　303
超伝導性　178
沈殿反応　54

つ，て

強い力　301

TNT（トリニトロトルエン）　58
d 軌道　114
定常状態近似　236
d ブロック　120
低密度ポリエチレン　41, 216
デカ　11, 38
デカボラン　78
デカン　66
滴定　76
デシ（d）　11
鉄-56　20
鉄鉱石　279
テトラ　38
テトラエチル鉛　77
テフロン　136

索引

て

テラ（T） 11
テレフタル酸 175
電荷 23
電解質 51
電解精錬 17
電解槽 285
電解腐食 270, 278
添加剤 177
点火薬 62
電気陰性度 138, 168
電気化学 269, 272
電気化学系列 277
電気伝導性 163
電気分解 285
電気めっき 287
電球 100
電極 272
典型元素 33
電子 23, 295
　——の存在確率 114
　——の電荷 23
電子殻 113
電子親和力 123, 131
電磁スペクトル 101, 103
電子の海モデル 163
電磁波 101, 295
電子配置 118, 315
電子捕獲 296
電子ボルト 294
展性 4, 162
電池 281
電池電位 273
　——と自由エネルギー 279
　——と平衡定数の関係式 280
電池表記法 272
伝導性 163
伝導帯 163
電離真空計 95
電離能力 307
電離放射線 308

と

同位体 24
同位体存在度 25
統一原子質量単位（u） 24
等温過程 206
等価線量 310
透過能力 307
動径 114
統計力学 207
動的平衡 171, 246
導電性高分子 178
塗装 290
トタン 278
ドナー単位 165
ドーパント 165
ドーピング 164, 178
トリ 38
トリウム 295
トリチェリ（Evangelista Torricelli） 83
トリニトロトルエン 58
トル（Torr） 83
ドルトン（Da） 24
ドルトンの分圧の法則 87

な, に

内殻電子 119
内部エネルギー 184
ナイロン 175
ナノ（n） 11
ナノサイエンス 1
ナノスケール 10
ナノチューブ 156
ナノテクノロジー 156
ナノ粒子 152
鉛 80
　——の除去 62
鉛蓄電池 283
鉛添加ガソリン 77
波
　——と粒子の二重性 105
難溶 50, 258

ニカド電池（ニッケル-カドミウム電池） 200, 283
二元化合物 38
二酸化硫黄 80
　——のルイス構造 143
二酸化炭素 88
二酸化窒素 38, 80, 239
二次電池 200, 283
二次反応 228
二重結合 36, 137
ニッケル 59
ニッケル-カドミウム電池 200, 283
ニッケル水素電池 200, 283
ニトログリセリン 44, 57
ニトロメタン 58
二分子過程 236
ニュートリノ 297

ね, の

ネオン灯 103
熱 185
熱化学 182
熱化学方程式 194
熱可塑性高分子 177
熱硬化性高分子 177
熱電対真空計 95
熱分解 209
熱容量 316
熱力学第一法則 186
熱力学第二法則 209
熱力学第三法則 210
熱量測定 187, 189
ネルンストの式 278
燃焼 4
燃焼熱 194
燃料 198
燃料添加剤 77
燃料電池 284
燃料棒 305
濃度 50
ノナ 38

ノナン 66
ノーベル（Alfred Nobel） 44
ノリル 36

は

配位数 160
バイオマテリアル 130
排ガス制御装置 238
排気ガス 77, 80
π 結合 145
ハイゼンベルクの不確定性原理 114
パウリの排他原理 116
白熱灯 100
爆発 43
爆薬 44
パスカル（Pa） 83
八面体 148
波長 101
白金 77
バックグラウンド放射線 309
バックミンスターフラーレン 156
発光ダイオード 124
バッチ反応 252
発電所 193
発熱的 191
発熱反応 257
波動関数 110
ハニカム構造 152
速さ 90
パラジウム 59
バリウム-141 304
バレルめっき法 287
ハロゲン 32
ハロゲンランプ 115
半金属 33
反結合性軌道 163
半減期 230, 298
半電池 275
半導体 125, 164
バンドギャップ 164
バンド図 164
バンド理論 163
反ニュートリノ 296
反応機構 236
反応次数 224
反応商 248, 254, 278
反応速度 222
反応速度論 219, 221
反応中間体 236
反応熱 193
反応物 45
万能マッチ 70
半反応 271
反物質 297

ひ

比 13
PET（ポリエチレンテレフタラート） 203, 216
PET（陽電子放射断層撮影法） 310

350 索引

psi（ポンド毎平方メートル） 82
pH 262
p-n 接合 166
PM（粒子状物質） 80
p 型半導体 165
光 101
　——の強度 102
　——の速度 102
引　数 228
p 軌道 114, 145
非共有電子対 137
非局在化 144, 163
非金属 33
非結合性電子 137
ピコ（p） 11
微視状態 207
微視的視点 4
非晶質シリカ 140
ビス（2-ヒドロキシエチル）テレフタラート 203
PTFE（ポリテトラフルオロエチレン） 136
Btu（英国熱量単位） 182, 185
非電解質 51
非電離放射線 308
ヒドラジン 60, 75
ヒドロキシアパタイト 138
ビニルアルコール 151
　——のルイス構造 142
ビニルピロリドン 36
比　熱 188, 316
比熱容量 188
被　曝 307
ppm 11
ppb 11
非標準状態 278
PVC → ポリ塩化ビニル
PV 仕事（圧力-体積仕事） 185
p ブロック 120
微分形速度式 224
百万分率 11, 80
ビュレット 76
標準還元電位 277, 325
標準ギブズエネルギー 213
標準自由エネルギー 265
標準状態 89, 194, 273
標準水素電極 275
標準生成エンタルピー 196
標準生成ギブズエネルギー 213
標準モルエントロピー 210
標準モル体積 89
標準沸点 171, 172
氷晶石 17, 286
表面張力 172
頻度因子 232

ふ

ファラデー（Michael Faraday） 279
ファラデー定数 279
ファーレンハイト（G. D. Fahrenheit） 11
不安定性の海 300
ファンデルワールス定数 93
ファンデルワールスの式 93
VSEPR 則（原子価殻電子対反発則） 147

VOC（揮発性有機化合物） 80, 240
フィラメント 95, 100
フィルムバッジ 309
p-フェニレンジアミン 175
フェムト（f） 11
フェルミ準位 163
不可逆 213
不確実さ 8
不確定性原理 114
付加重合 173
付加反応 37
不完全燃焼 67, 68
負極（アノード） 272
不均一系触媒 238
不均一平衡 249
副　殻 113, 131
複合核 303
副反応 74
腐　食 269
ブタン 66
付　着 172
フッ化水素 93
フッ化ナトリウム 133
物　質 3, 297
物質保存の法則 46
物質量 56
フッ素 138
沸　点 169, 171
物理的性質 4
物理変化 4, 5
不動態化 290
不　溶 50, 258
不溶性 50
フライアッシュ 244
プラスチック 203
フラックス（融剤） 286
ブラックライト 104
フラーレン 156, 178
プランク定数 106
ブリキ 273
プリズム 103
フリーラジカル 40, 173, 308
フレオン 12 141, 231
プレキシガラス 35
ブレンステッド塩基 261
ブレンステッド酸 261
フロー系 252
ブロック共重合体 176
プロトン供与体 261
プロトン受容体 261
プロパン 66
　——の燃焼 47
　——の燃焼熱 196
分　圧 87
分極率 168
分散力 167
分　子 5, 28
　——の形 147
分子運動論 90
分子間力 167
分子軌道 111
分子構造 147
分子式 28
分子反応式 52
フントの規則 118
分布関数 90

へ

平均運動エネルギー 90
平均自由行程 92
平均速度 223
平均の速さ 92
平衡状態 247
平衡定数 248
平衡定数式 248
平衡濃度 252
ヘキサ 38
ヘキサメチレンジアミン 175
ヘキサン 66
べき乗 10
ヘクト（h） 11
ヘクトパスカル（hPa） 83
ベクレル（Bq） 298
ヘスの法則 195
ペタ（P） 11
ベータ壊変 295
ベータ線 294
ベータ粒子 295
PET（ポリエチレンテレフタラート） 203, 216
PET（陽電子放射断層撮影法） 310
ヘプタ 38
ヘプタン 66
ヘマタイト 279
ベーム石 2
ヘリウム核 293, 295
ヘルツ（Hz） 102
ベンゼン 144
ペンタ 38
ペンタン 66

ほ

ボーア半径 114
ボイル（Robert Boyle） 84
ボーアモデル 109
ボイルの法則 84
方位量子数 112
崩壊 → 壊変
傍観イオン 52, 271
ホウ酸 266
ホウ砂 266
放射壊変 294
　——の速度論 298
放射性炭素年代測定法 299
放射性同位体
　——の半減期 299
放射能 294
防　食 290
ホウ素
　——の同位体 41
法　則 9
ボーキサイト 2, 7
ポテンシャルエネルギー 111, 132, 184
ポリアセチレン 178
ポリアミド 175
ポリエステル 175
ポリエチレン 22, 40

索引

ポリエチレンテレフタラート　203, 216
ポリ塩化ビニリデン　22
ポリ塩化ビニル　22, 216
ポリ酢酸ビニル　142
ポリスチレン　216
ポリテトラフルオロエチレン　136
ポリビニルアルコール　142
ポリビニルピロリドン　36
ポリフェニレンオキシド　36
ポリマー → 高分子
ポリメタクリル酸メチル　35, 130, 205
ホール・エルー法　286
ボルタ（Alessandro Volta）　281
ボルツマン定数　207
ポルトランドセメント　244
ホルムアルデヒド
　──の燃焼　48
ポンド毎平方インチ（psi）　83
ボンベ熱量計　189

ま，み

マイクロ（μ）　11
マイクロ波　103
マクスウェル-ボルツマン分布　90, 207
マグネシウム　290
マグネタイト　279
マクロ　3
マーデルング定数　133
マノメーター　94
魔法数　303
マンガン乾電池　200

ミクロ　3
水
　──の電気分解　6
未達成地域　80
密　度　4, 31
ミリ（m）　11
ミリメートル水銀柱（mmHg）　83

む～も

無鉛ガソリン　77
無機化学　34
無極性　139
娘　核　295
無定形　157, 177

メガ（M）　11
メソポーラスシリカ　152
メタクリル酸メチル　205
メタン　66
　──の燃焼　67, 193
　──分子の形　146
メチル t-ブチルエーテル　72, 77
メチルメタクリル酸　35
メニスカス　173
メモリー効果　283

面心立方　158
メンデレーエフ（Dmitri Mendeleev）　31
モデル　9
モ　ノ　38
モノマー　22, 173
モ　ル　56
モル質量　56
モル熱容量　188
モル濃度　60
モル比　56, 68
モル分率　87
モル溶解度　258

や　行

薬物送達　151

u（統一原子質量単位）　24
融　解　192
融解熱　191
有機 EL → 有機発光ダイオード
有機化学　34
誘起双極子　167
有機発光ダイオード　126, 179
有機ラジカル　240
有効核電荷　117, 120
有効数字　12
UHMWPE（超高分子量ポリエチレン）　41
UV（紫外線）　103

陽イオン → カチオン
溶　液　49
溶解性　50
溶解度　51
溶解度積　258, 324
溶解平衡　258
陽極（アノード）　285
陽　子　23
溶　質　49
ヨウ素-131　310
陽電子　295
陽電子放射断層撮影法　310
陽電子放出　297
溶　媒　49, 170
容量モル濃度　60
ヨクト（y）　11
ヨタ（Y）　11

ら

雷酸水銀　57
ラザフォード（Ernest Rutherford）　294, 309
ラジアン　102
ラジウム-226　298
ラジオ波　103
ラド（rad）　310
ラドン　308
ランキン度（°R）　12, 86

ランタノイド　33
ランダム共重合体　176
ランダムな誤差　8

り

リサイクル　203, 215
リチウム電池　200
律速段階　237
立方最密充塡　158
硫　酸　283
硫酸イオン　38
硫酸銅　50
硫酸バリウム　51
粒子概念　4
粒子状物質　80
量子化　110
量子数　112
量子力学モデル　110
両　性　261
量論係数　46
理　論　9
理論収量　74
リ　ン　110, 165
臨界質量　305
リン酸イオン　38
　──のルイス構造　142
リン酸カルシウム　130

る～ろ

ルイス構造　136
　──の描き方　140
ルイスの点記号　136
ルシャトリエの原理　254
レアアース　283
レアメタル　283
励　起　100
励起状態　109
レーザー　124
レーザープリンター　106
レドックス反応（酸化還元反応）　199, 270
レム（rem）　310
連鎖反応　305
レントゲン（R）　310
ロケット推進剤　73
ロケット燃料　60, 78
炉　心　305
六方最密充塡　158
ロープ　114, 147
ロンドン力　167

わ

ワット（W）　288

市村禎二郎
いちむらていじろう
- 1945年 大連に生まれる
- 1967年 九州工業大学工学部 卒
- 1972年 東京工業大学大学院理工学研究科 修了
- 東京工業大学名誉教授
- 専攻 物理化学，光化学，環境科学
- 理学博士

佐　藤　　満
さ　とう　　みつる
- 1952年 北海道に生まれる
- 1975年 東京工業大学工学部 卒
- 1980年 東京工業大学大学院理工学研究科 修了
- 東京工業大学大学院理工学研究科 准教授
- 専攻 高分子物理化学
- 工学博士

第1版 第1刷 2012年4月27日 発行

工科系学生のための化学
（原著第2版）

Ⓒ 2012

訳　者	市 村 禎 二 郎
	佐 藤 　 満
発 行 者	小 澤 美 奈 子
発　　行	株式会社東京化学同人

東京都文京区千石3丁目36-7(〒112-0011)
電話 03-3946-5311・FAX 03-3946-5316
URL: http://www.tkd-pbl.com/

印　刷　大日本印刷株式会社
製　本　株式会社青木製本所

ISBN978-4-8079-0772-4
Printed in Japan
無断複写，転載を禁じます．